高等院校环境科学与工程类"十二五"规划教材

环境分析与实验方法

吴晓芙　主编

中国林业出版社

内 容 简 介

本书主要介绍了化学分析法、电化学分析法、紫外—可见吸收光谱法、红外吸收光谱法、原子吸收光谱法、原子发射光谱法、分子发光分析法、气相色谱分析法、高效液相色谱分析法、离子色谱分析法和质谱分析法的基本原理、基本概念及方法要点，每章均安排了相应的分析技术在环境样品分析中的应用实例，章后还有思考题。考虑到样品的采集和预处理是环境分析的一个重要组成部分，本书还专辟一章介绍各种环境样品的采集、保存方法与预处理技术。

本书可作为高等院校环境类专业高年级本科生、研究生的教材或教学参考书，也可供从事环境分析、环境监测等工作的研究人员和技术人员作为参考书。

图书在版编目（CIP）数据

环境分析与实验方法/吴晓芙主编. —北京：中国林业出版社，2012.8
高等院校环境科学与工程类“十二五”规划教材
ISBN 978-7-5038-6730-9

Ⅰ.①环… Ⅱ.①吴… Ⅲ.①环境监测-分析-实验-高等学校-教材 Ⅳ.①X830.2-33

中国版本图书馆 CIP 数据核字（2012）第 206583 号

中国林业出版社·教材出版中心
策划、责任编辑： 肖基浒
电话： 83282720 83220109 **传真：** 83220109

出版发行 中国林业出版社（100009 北京市西城区德内大街刘海胡同 7 号）
E-mail:jiaocaipublic@163.com 电话:(010)83224477
http://lycb.forestry.gov.cn
经 销 新华书店
印 刷 北京市昌平百善印刷厂
版 次 2012 年 11 月第 1 版
印 次 2012 年 11 月第 1 次印刷
开 本 850mm×1168mm 1/16
印 张 23.25
字 数 565 千字
定 价 38.00 元

《环境分析与实验方法》编写人员

主　　编　吴晓芙

副主编　马祥爱　赵　芳　郭亚平

编写人员（按姓氏笔画排序）

马祥爱（山西农业大学）

文瑞芝（中南林业科技大学）

冯两蕊（山西农业大学）

吴晓芙（中南林业科技大学）

赵　芳（中南林业科技大学）

郭亚平（中南林业科技大学）

崔　旭（山西农业大学）

葛元英（山西农业大学）

前言

PREFACE

环境分析是分析化学的重要分支，也是环境化学的一个重要组成部分，它运用现代科学理论和先进实验技术鉴别和测定环境中化学物质的种类、成分、含量及化学形态，是开展环境科学研究不可缺少的基础和手段。

随着分析化学的不断发展，原有分析仪器不断完善，新型多功能和高灵敏度的分析仪器不断涌现，环境分析技术也在不断更新中。为了帮助高等院校环境类专业高年级本科生、研究生及时全面了解这些分析技术的工作原理、方法、应用范围，更好地为今后的科研实践打下坚实基础，本书编者组织编写了这本教材。

本书共分 13 章，包括绪论、环境样品的采集与预处理技术、化学分析法、电化学分析法、紫外—可见吸收光谱法、红外吸收光谱法、原子吸收光谱法、原子发射光谱法、分子发光分析法、气相色谱分析、高效液相色谱分析、离子色谱分析、质谱分析法。书中注重理论与实践的结合，不仅对每种方法的原理、仪器结构、分析方法进行详细阐述，还对各种方法在环境分析中的应用提供了具体实例，所举实例均为在环境科学领域教学及科研实践中较为常用的分析项目，一般高等院校的实验室基本具备开设这些实验的能力，具有较强的可操作性；对每种方法所适用的范围、所用的仪器与试剂、工作条件、操作步骤、结果计算方法等务求详尽，以方便读者参考。

本书由吴晓芙任主编，马祥爱、赵芳、郭亚平任副主编。参加编写的人员有：吴晓芙（第 1 章）、马祥爱（第 7 章）、赵芳（第 10～12 章）、郭亚平（第 3、第 9 章）、崔旭（第 5、第 6 章）、文瑞芝（第 4、第 13 章）、葛元英（第 8 章）、冯两蕊（第 2 章）。最后由吴晓芙教授对全书进行了审核与定稿。

由于编者本身的知识与实践经验，恳请广大读者对书中存在的疏漏与错误提出批评指正。

编　者

2012 年 2 月

目 录

CONTENTS

绪　论

✦ ✦ ✦ ✦ ✦ ✦ ✦ ✦ ✦ ✦ ✦

本章提要

环境分析既是分析化学的重要分支，又是环境化学的一个重要组成部分，它运用分析化学的理论和实验技术来鉴别和测定环境中化学物质的种类、成分、含量及化学形态，为环境科学各分支学科的研究提供科学依据。本章主要介绍了环境分析的任务及特点、选择分析方法的原则，对不同种类的环境分析方法及技术进行分类介绍，并阐述了环境分析技术的发展趋势与方向。

✦ ✦ ✦ ✦ ✦ ✦ ✦ ✦ ✦ ✦ ✦

1.1 环境分析的任务特点

环境分析是分析化学的重要分支，是运用现代科学理论和先进实验技术来鉴别和测定环境中化学物质的种类、成分、含量及化学形态的科学。环境分析又是环境化学的一个重要组成部分，是开展环境科学研究不可缺少的基础和手段，它所提供的环境中化学物质种类、含量、形态等信息为环境质量评价、环境工程学、环境化学、环境管理学、环境经济学、环境法学等环境学分支学科的研究提供了科学的依据。

与分析化学的其他领域相比，环境分析的研究对象是环境中的各种化学物质，这些物质所具有的特点对环境分析技术提出了较高的要求：

① 环境中的化学物质存在于大气、水（包括环境水体和污水）、土壤、固废和生物体中，来源非常广泛，不同来源的环境样品成分往往十分复杂，需采取不同的预处理方式及选择合适的分析方法。

② 环境中的化学物质种类繁多，且形态各异，为了测定其性质、含量、分布状态以及环境背景值，需要使用现代分析化学各个领域的测试技术和手段。目前进入环境的化学物质已达 10 万多种。在环境中难以降解、有一定残留水平、出现频率高、具有生物积累性、“三致”作用、毒性较大的污染物的分析和控制是环境分析的重点，即优先污染物优先监测。美国是最早开展优先监测的国家，早在 20 世纪 70 年代中期，就在“清洁水法”中规定了 129 种优先污染物，其后又提出了 43 种空气优先污染物名单。我国也提出了“中国环境优先污染物黑名单”，包括 14 种化学类别，68 种有毒化学物质，见表 1-1。

表 1-1 中国环境优先污染物黑名单

化学类别	名　称
卤代（烷、烯）烃类	二氯甲烷、三氯甲烷、四氯化碳、1,2-二氯乙烷、1,1,1-三氯乙烷、1,1,2-三氯乙烷、1,1,2,2-四氯乙烷、三氯乙烯、四氯乙烯、三溴甲烷
苯系物	苯、甲苯、乙苯、邻二甲苯、间二甲苯、对二甲苯
氯代苯类	氯苯、邻二氯苯、对二氯苯、六氯苯
多氯联苯类	多氯联苯
酚类	苯酚、间甲酚、2,4-二氯酚、2,4,6-三氯酚、五氯酚、对硝基酚
硝基苯类	硝基苯、对硝基甲苯、2,4-二硝基甲苯、三硝基甲苯、对硝基氯苯、2,4-二硝基氯苯
苯胺类	苯胺、二硝基苯胺、对硝基苯胺、2,6-二氯硝基苯胺
多环芳烃	萘、荧蒽、苯并[b]荧蒽、苯并[k]荧蒽、苯并[a]芘 B(a)P、茚苯[1,2,3-c,d]芘、苯并[g,h,i]苝
酞酸酯类	酞酸二甲酯、酞酸二丁酯、酞酸二辛酯
农药	六六六、滴滴涕(DDT)、敌敌畏、乐果、对硫磷、甲基对硫磷、除草醚、敌百虫
丙烯腈	丙烯腈
亚硝胺类	N-亚硝基二丙胺、N-亚硝基二正丙胺
氰化物	氰化物
重金属及其化合物	砷及其化合物、铍及其化合物、镉及其化合物、铬及其化合物、铜及其化合物、铅及其化合物、汞及其化合物、镍及其化合物、铊及其化合物

③ 化学物质在环境中不断迁移、转化，使得环境分析面对的是一个不稳定的动态系统，要求分析方法具有简便、快速和连续自动等特点。化学污染物进入环境后可能与环境中的其他因素相互作用或受外界影响而经历溶解、吸附、沉淀、氧化、还原、光解、水解、生物转化等过程。此外，污染物的形态不同，其毒理特性和化学行为则不同。因此，环境分析不仅要测定化学污染物的总量，还要测定其不同的形态。

④ 环境中的许多化学物质含量极低，多在痕量或超痕量水平，因此要求分析方法灵敏、准确、精密。

目前许多新的方法及仪器设备不断应用到环境分析中，灵敏、准确、精密、快速、简便的现代仪器分析方法逐渐取代了传统的分析方法。本书以分析方法为系统，涉及现代仪器分析中可应用于环境分析的多种仪器，介绍了这些分析仪器的工作原理、基本构成、分析方法及其在环境分析中的应用。

1.2 环境分析方法和技术

1.2.1 选择分析方法的原则

环境分析几乎采用了当代分析化学及仪器分析的各种分析方法和测试手段。由于每种方法都有其特定的适用对象和应用范围，正确选择分析方法是获得准确结果的关键因素之一，其选择原则应遵循：

灵敏度和准确度能满足测定要求　灵敏度和准确度是选择分析方法时须着重考虑的因素。每种分析方法都有其适用对象和范围，要求所选分析方法的检出限至少应小于该环境样品标准值的1/3，并力求低于标准值的1/10，这样才能做到准确定量。

方法成熟，标准化　环境分析中尽量选用国家标准分析方法，这些方法比较经典、准确度高、成熟可靠，可保证不同地区环境质量与分析数据的可比性。

选择性好　环境样品成分复杂，要求分析方法对被测组分具有良好的选择性，抗干扰能力强，避免共存组分的干扰。

操作简便　在保证分析质量的前提下，所选用的方法和仪器越简便越好，以利于普及推广以及野外监测。

1.2.2 环境分析方法和技术分类

环境分析方法和技术大致可分为化学分析方法和仪器分析方法两大类，各类方法又根据分析原理和所采用的仪器分为若干种。

1.2.2.1 化学分析法

化学分析法是一种以化学反应为基础的分析方法，具有很高的准确度，但灵敏度较低，适用于分析环境样品中的常量组分。化学分析法包括重量分析法和容量分析法。

（1）重量分析法

重量分析法分为直接测定法和间接测定法。直接测定法是准确地称量出一定量试样，然后利用适当的化学反应把其中欲测成分变成纯化合物或单体析出，采用过滤等方法与其他成分分离，经干燥或灼烧后称量，直至恒重，求出欲测成分在试样中所占比例。间接测定法，即将试样中欲测成分挥发掉，求出挥发前后试样质量差，从而求得欲测成分的含量。在环境污染物分析中，重量分析法常用于测定硫酸盐、残渣、悬浮物、油类、飘尘和降尘等。

（2）容量分析法

容量分析法是利用一种已知浓度的试剂溶液（称为标准溶液）与欲测组分的试液发生化学反应，反应迅速而定量地完成（即达到反应终点）后，根据所用标准溶液的浓度和体积（从滴定管上读取）及其当量关系，算出试液中欲测组分的含量。终点的鉴定除利用指示剂的变色目视鉴定外，还可应用各种仪器的方法来鉴定，如电位滴定法、光度滴定法、高频滴定法、电流滴定法、电导率滴定法、温度滴定法等。近年来在容量分析中已采用各种形式的自动滴定仪。在环境污染分析中，容量分析法主要应用于生化需氧量、溶解氧、化学需氧量、挥发酚类、甲醛、氰化物、硫化物等污染物的分析。

1.2.2.2 仪器分析法

仪器分析是以物理和物理化学方法为基础的分析方法。它包括光谱分析法、色谱分析法、电化学分析法、放射分析法（同位素稀释法、中子活化分析法）和流动注射分析法等。仪器分析方法被广泛用于对环境中污染物进行定性和定量的测定。

（1）光谱分析法

光谱分析法依据物质与光波相互作用后引起能级跃迁产生辐射信号变化进行分析。测量辐射波长可进行物质的定性分析，测量辐射强度可进行物质的定量分析。从辐射作用的本质上将光谱法分为原子光谱和分子光谱两类。分子光谱法包括可见—紫外吸收光谱法、红外吸收光谱法、分子荧光光谱法等。原子光谱法包括原子发射、原子吸收和原子荧光光谱法。从辐射能量传递的方式上又将光谱法分为发射光谱、吸收光谱、荧光光谱等。

（2）色谱分析法

色谱分析法是一种重要的分离分析技术，它将待测样品中的不同组分进行分离，然后依次测定其含量。按所用流动相的不同，色谱分析法可分为气相色谱法、液相色谱法，在环境分析中主要用于微量或痕量有机污染物的测定，其中气相色谱法适合分析气体、易挥发的液体或固体以及其他经衍生作用而转化为易挥发化合物的物质，液相色谱法适合分析相对分子质量较大、热不稳定化合物。离子色谱法（IC）也是色谱分析法的一种，是在离子交换原理基础上新近发展起来的一种方法，在环境分析中常用于测定大气、水、降水、土壤、工业废气、废水中的多种阴阳离子。

色谱—质谱联用技术是由色谱仪与质谱仪结合使用的一种新型完整的分析技术，它凭借着色谱仪出色的分离本领和质谱仪的高灵敏度及定性能力，成为痕量有机物分析的有力工具，可进行复杂混合化合物的定性定量分析。气相色谱或液相色谱与质谱联用技术在环境分析中被广泛用于测定大气、降水、土壤、水体及其沉积物或污泥、工业废水及废气中的农药残留物、多环芳烃、卤代烷以及其他有机污染物和致癌物。此外，还用于光化学烟雾和有机污染物的迁移转化研究。

（3）电化学分析法

电化学分析法是依据物质的电学及电化学性质测定其含量的分析方法。这种方法通常是将待测试样构成化学电池，根据电池的某些物理量与化学量之间的内在联系进行定量分析。

电化学分析法包括极谱法、溶出伏安法、电导分析法、电位分析法、离子选择电极法、库仑分析法。

(4) 其他仪器分析法

除了上述分析法，还有利用生物学、动力学、热学、声学、力学等性质进行测定的仪器分析方法和技术，如酶免疫分析法、催化动力学分析、放射分析法（同位素稀释法、中子活化分析法)、热分析、光声分析、质谱分析、流动注射分析法等。

1.3 环境分析技术的发展趋势与方向

环境分析技术的发展不但要应用现代分析化学领域的各项新成就，而且要引进物理、数学、生物学、计算机等其他学科的最新成果，研究发展适用于环境污染物分析的新型仪器和新型分析方法。当前环境分析技术的发展主要表现在以下几方面。

(1) 由手工操作向连续自动化发展

环境监测分析逐渐由经典的化学分析过渡到仪器分析，由手工操作过渡到连续自动化的操作。目前，已有许多新仪器、新技术可以实现连续自动化，出现了环境（大气、水）自动连续监测仪、在线监测仪，可连续观察空气、水体污染物浓度变化，预测预报未来环境质量。同时，地理信息系统技术（GIS)、遥感技术（RS)、全球卫星定位技术（GPS）等“3S”技术逐渐在环境监测中得到应用。

(2) 多种方法和仪器的联合使用和电子计算机化

任何一种分析技术都有其突出优点，也有局限性和不足，将不同仪器、不同方法联合使用，可以有效地发挥各种方法的优势，大大提高仪器分析的功能，解决重大的、复杂的环境分析问题。如气相色谱一质谱（GC-MS）联用在环境有机污染物的分析中占有极为重要的地位，可检测复杂有机混合物，测定相对分子质量和化学结构。目前GC-MS联用仪已用于监测工厂废气和废水，能同时鉴定工厂排污中200种以上的污染物，国内一些城市还用GC-MS分析饮用水和水源中的有机物。气相色谱法与原子吸收（GC-AAS）联用或高效液相色谱与电感耦合等离子体（HPLC-ICP）联用在有机金属化合物研究方面体现出优异的性能，国外多用它研究Hg、Pb、Cd、As、Sb、Sn的甲基化，检测灵敏度约0.1 ng。高效液相色谱与电感耦合等离子体及质谱（HPLC-ICP-MS）联用可用于生物组织、食品中痕量元素的形态分析。

电子计算机技术在环境分析中的应用极大地提高了分析速度、分析能力和研究水平。很多分析仪器采用了电子计算机控制操作程序、处理数据和显示分析结果，提高了分析效率、灵敏度和准确度。

(3) 微量分析向痕量、超痕量发展

大气、水、土壤、生物体中化学物质的本底含量极微，产生毒性效应的浓度范围也极低，环境污染物多为痕量（$10^{-6}\sim10^{-9}$）和超痕量（$10^{-9}\sim10^{-12}$g）水平，研究高灵敏度、选择性好的超痕量分析技术和有效的富集浓缩方法是环境分析的一个重要任务。随着超痕量分析技术的蓬勃发展以及新的高富集方法的使用，超痕量分析的水平有了很大的提高。

(4) 由污染物的成分分析发展到化学形态分析

污染物形态是指污染物在环境中呈现的化学状态、价态和异构状态。测定污染物的形态和结构对深入认识其环境行为、正确评价其对环境和生物的影响具有非常重要的意义。对污染物形态进行分析常用的方法有：直接测定法、分离测定法、干法和理论计算法等。直接测定法是使用专一性的化学方法或物理化学方法测定样品中污染物的各种形态，如用离子选择电极法测定离子态元素。分离测定法是将样品中不同形态的待测组分用物理法（离心、超滤、渗析等）或物理化学法（萃取、层析、离子交换等）先进行分离，然后逐一测定。干法是用电子探针、X射线衍射仪、核磁共振波谱仪等对颗粒状样品或生物样品进行非破坏性的形态分析。理论计算法是利用被研究体系有关热力学数据进行计算，确定其形态的方法。

（5）高效预富集、分离方法取代了传统的预处理方法

环境样品组成复杂，待测化学物质含量很低，当待测物浓度低于分析方法的检出限以及存在干扰组分时，直接测定是不可能的，需要采用预富集、分离的方法。传统的预富集、分离方法如离子交换、共沉淀、溶剂萃取等具有操作过程冗长、分离效率不高、手续繁琐等缺点，因此，改进传统方法，建立高效的预富集、分离方法仍是环境分析的主要发展方向之一，它包括了各种前处理新方法与新技术的研究以及这些技术与分析方法在线联用的研究。目前，新方法与新技术的研究中较成熟的有：固相萃取法（solid-phase extraction，SPE）、超临界流体萃取法（supercritical fluid extraction，SFE）、固相微萃取法（solid-phase microextraction，SPME）、微波消化法（microwave digestion，MWD）等。这些快速、简便、自动化的前处理技术不仅省时、省力，而且可减少由于不同人员操作及样品多次转移带来的误差，还可以避免使用大量的有机溶剂以减少对环境的污染。如用超临界萃取法分离、富集城市灰尘中多环芳烃，速度比传统的萃取法快48倍。

（6）分析方法标准化

为提高分析结果的可靠性和可比性，方法的标准化是一个关键。分析方法标准化是组织不同的实验室对不同样品进行方法验证，筛选出切实可行的环境分析方法作为标准分析方法，使方法的成熟性得到公认。我国近十多年来对方法的标准化很重视，已出版的标准方法有《水和废水分析方法》《空气和废气分析方法》《土壤环境质量分析方法》《食品卫生检验方法》等。

环境分析中标准分析方法的选定首先要达到所要求的检出限度，其次能提供足够小的随机和系统误差，同时对各种环境样品能得到相近的准确度和精密度，当然也要考虑技术、仪器的现实条件和推广的可能性。

为保证标准方法的成功实施，提供标准（参考）物质是十分必要的。近年来，我国标准物质发展非常迅速，目前经国家批准的一、二级标准物质已达到1 700余种，涉及国民经济各个部门。环境标准物质可以广泛地应用于环境分析中，评价分析方法和测量系统的准确度和精密度，校正并标定分析仪器，发展新的分析方法。环境标准物质在分析中的应用必将促进环境分析向更新的高度发展。

思考题

1. 简述环境分析的任务及特点。
2. 选择分析方法的原则是怎样的？

3. 用于环境分析的方法（技术）有哪些?

4. 请阐述环境分析技术的发展趋势。

参考文献

阎吉昌，徐书绅，张兰英. 2002. 环境分析 [M]. 北京：化学工业出版社.

韦进宝，钱沙华. 2002. 环境分析化学 [M]. 北京：化学工业出版社.

《水和废水监测分析方法》编委会. 2006. 水和废水监测分析方法（增补版）[M]. 4 版. 北京：中国环境科学出版社.

《空气和废气监测分析方法指南》编委会. 2006. 空气和废气监测分析方法指南 [M]. 北京：中国环境科学出版社.

吴忠标，等. 2003. 环境监测 [M]. 北京：化学工业出版社.

吕静. 2007. 仪器分析新技术 [M]. 哈尔滨：黑龙江人民出版社.

江桂斌. 2004. 环境样品前处理技术 [M]. 北京：化学工业出版社.

周梅村. 2008. 仪器分析 [M]. 武汉：华中科技大学出版社.

刘德生. 2001. 环境监测 [M]. 北京：化学工业出版社.

司文会. 2005. 现代仪器分析 [M]. 北京：中国农业出版社.

许金生. 2002. 仪器分析 [M]. 南京：南京大学出版社.

刘约权. 2006. 现代仪器分析 [M]. 2 版. 北京：高等教育出版社.

郭永，杨宏秀，李新华，等. 2001. 仪器分析 [M]. 北京：地震出版社.

邓桂春，臧树良. 2001. 环境分析与监测 [M]. 沈阳：辽宁大学出版社.

张广强，黄世德. 2001. 分析化学 [M]. 2 版. 北京：学苑出版社.

刘凤枝. 2001. 农业环境监测实用手册 [M]. 北京：中国标准出版社.

邵鸿飞. 2007. 分析化学样品前处理技术研究进展 [J]. 化学分析计量，16 (5)：19-21.

张正奇. 2001. 分析化学 [M]. 北京：科学出版社.

曾斌，胡立嵩，李庆新. 2008. 土壤样品中有机污染物提取方法的研究新进展 [J]. 长江大学学报 (5).

戴军升，周守毅. 2008. 环境水样中有机污染物前处理方法发展近况 [J]. 兰州大学学报（自然科学版），44 (7)：141-143.

环境样品的采集与预处理技术

✦ ✦ ✦ ✦ ✦ ✦ ✦ ✦ ✦ ✦ ✦

本章提要

样品的采集和预处理是环境分析的一个重要组成部分，决定着分析结果的质量。对于环境中污染物特别是有机污染物，利用经典的样品预处理方法远不能达到要求，近年来发展起来的许多预处理技术如超临界流体萃取（super-critical fluid extraction，SFE）、固相萃取（solid-phase extraction，SPE）、固相微萃取（solid-phase microextraction，SPME）、微波萃取（microwave extration，MWE）等逐步应用到环境分析中。本章重点介绍各类环境样品的采集、保存方法及环境分析中常用的预处理方法与技术。

✦ ✦ ✦ ✦ ✦ ✦ ✦ ✦ ✦ ✦ ✦

环境样品的采集和保存是保证分析数据准确、可靠的关键环节之一，样品的代表性、有效性直接会影响分析结果的准确性、可比性。为了能够确切地反映当时当地的环境状况，在样品采集之前，应进行实地调查，在调查分析的基础上制订相应的采样方案：包括采样点的设置、采样频率和分析项目的确定，采样方法和采样设备的确定，样品保存方法的确定，样品的运输和管理等。

2.1 水样的采集

2.1.1 水样的类型

我国现行的《水质 采样技术指导》（HJ 494—2009）中规定了水样的类型。

（1）瞬时水样

瞬时水样是指在某一时间和地点从水体中随机采集的分散水样。当水体水质稳定，或其组分在相当长的时间或相当大的空间范围内变化不大时，瞬时水样具有很好的代表性；当水体组分及含量随时间和空间变化时，就应隔时、多点采集瞬时样，分别进行分析，摸清水质的变化规律。

（2）混合水样

在同一采样点上以流量、时间、体积或是以流量为基础．按照已知比例（间歇的或连续的）混合在一起的样品，称为混合水样。混合水样分为等时混合水样和等比例混合水样。等时混合水样是指在同一采样点于不同时间采集的等体积瞬时水样混合后的水样，适合废水流量比较稳定，但水质有变化的情况。等比例混合水样是指在某一时段内，在同一采样点所采水样量随时间或流量成比例的混合水样，即在不同时间依照流量大小按比例采集的混合水样，这种水样适用于流量不稳定的情况，可使用专用流量比例采样器采集这种水样。

混合水样在观察平均浓度时非常有用，混合水样能节省监测分析工作量和试剂等的消耗。减少分析的样品数、节约时间，降低成本。但不适用于被测组分分布不均匀或在贮存过程中发生明显变化的水样，如挥发酚、油类、DO、硫化物、悬浮物、BOD、余氯、粪大肠菌群等。如果混合后取出部分进行项目的分析，结果往往不够准确，这时必须采集单独水样进行分析。

（3）综合水样

综合水样是指为了某种目的，把从不同采样点同时采得的瞬时水样混合起来所得到的样品。综合水样是获得平均浓度的重要方式，在某些情况下更具有实际意义。例如，当为几条排污河、渠建立综合处理厂时，以综合水样取得的水质参数作为设计的依据更为合理。

2.1.2 各类水样的采集

采样前，要根据监测项目的性质和采样方法的要求，选择适宜材质的盛水容器和采样器，并清洗干净，容器的洗涤方法视样品成分和监测项目确定，不同项目的分析采样容器洗涤方法见表 2-1。此外，还需准备好交通工具。交通工具常使用船只。对采样器具的材质要求①化学性能稳定；②大小和形状适宜；③不吸附欲测组分；④容易清洗并可反复使用。聚乙烯塑料（P）和硬质玻璃［硼硅玻璃（G）］基本上都能达到上述要求。聚乙烯塑料可用作测定金属、放射性元素和其他无机物的采样及保存容器，玻璃容器（G）可用作测定有机物和生物等的采样及保存容器。每种监测项目使用的容器材质见表 2-1。

表 2-1 水样的保存、采样体积及容器洗涤方法

项　目	采样容器	保存剂用量	保存期	采样量①(mL)	容器洗涤
浊度*	G 或 P		12 h	250	Ⅰ
色度*	G 或 P		12 h	250	Ⅰ
pH*	G 或 P		12 h	250	Ⅰ
电导率*	P		12 h	250	Ⅰ
悬浮物	G 或 P	1～5℃，避光	14 d	500	Ⅰ
碱度	G 或 P	1～5℃，避光	12 h	500	Ⅰ
酸度	G 或 P	1～5℃，避光	30 d	500	Ⅰ
COD	G	加 H_2SO_4，pH≤2	2 d	500	Ⅰ
高锰酸盐指数	G	1～5℃，避光	2 d	500	Ⅰ
DO*	溶解氧瓶	加入硫酸锰，碱性 KI 叠氮化钠溶液，现场固定	24 h	500	Ⅰ
BOD_5	溶解氧瓶		12 h	250	Ⅰ
TOC	G	加 H_2SO_4，pH≤2，1～5℃	7 d	250	Ⅰ
F^-	P	1～5℃，避光	14 d	250	Ⅰ
Cl^-	G 或 P	1～5℃，避光	30 d	250	Ⅰ
Br^-	G 或 P	1～5℃，避光	14 h	250	Ⅰ
I^-	G 或 P	NaOH，pH12	14 h	250	Ⅰ
SO_4^{2-}	G 或 P	1～5℃，避光	30 d	250	Ⅰ
PO_4^{3-}	G 或 P	加 NaOH，H_2SO_4 调 pH=7，$CHCl_3$ 0.5%	7 d	250	Ⅳ
总磷	G 或 P	HCl，H_2SO_4 酸化至 pH≤2	24 h	250	Ⅳ
氨氮	G 或 P	H_2SO_4，pH≤2	24 h	250	Ⅰ
NO_2^--N	G 或 P	1～5℃冷藏避光保存	24 h	250	Ⅰ
NO_3^--N	G 或 P	1～5℃冷藏	24 h	250	Ⅰ
凯氏氮	P	H_2SO_4，pH1～2，1～5℃避光	1 m	250	
总氮	G 或 P	H_2SO_4，pH1～2	7 d	250	Ⅰ
硫化物	G 或 P	水样充满容器。1 L 水样加 NaOH 至 pH=9，加入 5%抗坏血酸 5 mL，饱和 EDTA 3 mL，滴加饱和 $Zn(Ac)_2$，至胶体产生，常温避光	24 h	250	Ⅰ
总氰	G 或 P	NaOH，pH≥9，1～5℃冷藏	12 h	250	Ⅰ
易释放氰化物	P	加 NaOH，pH≥9，1～5℃暗处冷藏	7 d	500	Ⅰ
铍 Be	G 或 P	HNO_3，1 L 水样中加浓 HNO_3 10 mL	14 d	250	Ⅲ
B	P	HNO_3，1 L 水样中加浓 HNO_3 10 mL	14 d	250	Ⅰ
Na	P	HNO_3，1 L 水样中加浓 HNO_3 10 mL	14 d	250	Ⅱ
Mg	G 或 P	HNO_3，1 L 水样中加浓 HNO_3 10 mL	14 d	250	Ⅱ
K	P	HNO_3，1 L 水样中加浓 HNO_3 10 mL	14 d	250	Ⅱ
Ca	G 或 P	HNO_3，1 L 水样中加浓 HNO_3 10 mL	14 d	250	Ⅱ
Cr^{6+}	G 或 P	NaOH，pH 8～9	14 d	250	Ⅲ
总 Cr	G 或 P	HNO_3，1 L 水样中加浓 HNO_3 10 mL	1 m	100	酸洗

（续）

项　目	采样容器	保存剂用量	保存期	采样量[①]（mL）	容器洗涤
Mn	G 或 P	HNO_3，1 L 水样中加浓 HNO_3 10 mL	14 d	250	Ⅲ
Fe	G 或 P	HNO_3，1 L 水样中加浓 HNO_3 10 mL	14 d	250	Ⅲ
Ni	G 或 P	HNO_3，1 L 水样中加浓 HNO_3 10 mL	14 d	250	Ⅲ
Cu	P	HNO_3，1 L 水样中加浓 HNO_3 10 mL[②]	14 d	250	Ⅲ
Zn	P	HNO_3，1 L 水样中加浓 HNO_3 10 mL[②]	14 d	250	Ⅲ
As	G 或 P	HNO_3，1 L 水样中加浓 HNO_3 10 mL，DDTC 法，HCl 2 mL	14 d	250	Ⅲ
Se	G 或 P	HCl，1 L 水样中加浓 HCl 2 mL	14 d	250	Ⅲ
Ag	G 或 P	HNO_3，1 L 水样中加浓 HNO_3 2 mL	14 d	250	Ⅲ
Cd	G 或 P	HNO_3，1 L 水样中加浓 HNO_3 10 mL[②]	14 d	250	Ⅲ
Sb	G 或 P	HCl，0.2%（氢化物法）	14 d	250	Ⅲ
Hg	G 或 P	HCl，1%，如水样为中性，1 L 水样中加浓 HCl 10 mL	14 d	250	Ⅲ
Pb	G 或 P	HNO_3，1%，如水样为中性，1 L 水样中加浓 HNO_3 10 mL[②]	14 d	250	Ⅲ
油类	G	加入 HCl 至 pH≤2	7 d	250	Ⅱ
农药类	G	加入抗坏血酸 0.01～0.02 g 除去残余氯	24 h	1 000	Ⅰ
除草剂类	G	加入抗坏血酸 0.01～0.02 g 除去残余氯	24 h	1 000	Ⅰ
邻苯二甲酸酯类	G	加入抗坏血酸 0.01～0.02 g 除去残余氯	24 h	1 000	Ⅰ
挥发性有机物	G	用 1+10 HCl 调至 pH≤2，加入 0.01～0.02 g 抗坏血酸除去残余氯，1～5℃避光保存	12 h	1 000	
甲醛	G	加入 0.2～0.5 g/L 硫代硫酸钠除去残余氯，1～5℃避光保存	24 h	250	Ⅰ
酚类	G	用 H_3PO_4 调至 pH≤2，用 0.01～0.02 g 抗坏血酸除去残余氯，1～5℃，避光	24 h	1 000	Ⅰ
阴离子表面活性剂	G 或 P	加 H_2SO_4，pH1～2，1～5℃，避光	24 h	250	Ⅳ
微生物	G	加入硫代硫酸钠至 0.2～0.5 g/L 除去残余氯，1～5℃，避光	12 h	250	Ⅰ
生物	G 或 P	当不能现场测定时用甲醛固定，1～5℃	12 h	250	Ⅰ

注：1. * 表示应尽量作现场测定。

2. G 为硬质玻璃瓶；P 为聚乙烯瓶（桶）。

3. ① 为单项样品的最少采样量；

② 如用溶出伏安法测定，可改用 1 L 水样加 19 mL 浓 $HClO_4$。

4. Ⅰ，Ⅱ，Ⅲ，Ⅳ表示 4 种洗涤方法，如下：

Ⅰ：洗涤剂洗 1 次，自来水 3 次，蒸馏水 1 次。对于采集微生物和生物的采样容器，须经 160℃干热灭菌 2 h。经灭菌的微生物和生物采样容器必须在 2 周内使用，否则应重新灭菌；经 121℃高压蒸汽灭菌 15 min 的采样容器，如不能立即使用，应于 60℃将瓶内冷凝水烘干，2 周内使用。细菌监测项目采样时不能用水样冲洗采样容器，不能采混合水样，应单独采样后 2 h 内送实验室分析。

Ⅱ：洗涤剂洗 1 次，自来水洗 2 次，HNO_3(1+3) 荡洗 1 次，自来水洗 3 次，蒸馏水 1 次；

Ⅲ：洗涤剂洗 1 次，自来水洗 2 次，HNO_3(1+3) 荡洗 1 次，自来水洗 3 次，去离子水 1 次；

Ⅳ：铬酸洗液洗 1 次，自来水洗 3 次，蒸馏水洗 1 次。如果采集污水样品可省去用蒸馏水，去离子水清洗的步骤。

2.1.2.1 地表水样的采集

地表水样采样点的位置可依据采样断面、采样垂线来确定。断面确定以后，根据河宽来确定采样垂线的条数，再根据采样垂线处水深来确定采样点的数目和具体位置。

对于某一河段，一般需要设置对照、控制和削减 3 种断面。监测断面的布设原则如下：

代表性、可控性和经济性原则 监测断面的布设是水体监测工作的重要环节，应有代表性，即较真实、全面地反映水质及污染物的空间分布和变化规律；断面的设置数量应根据掌握的水环境质量状况的实际情况，考虑对污染物的控制；力求以较少的断面、垂线、测点取得最具代表性的样品。

主要居民区和工业区 在居民区和工业区的河流上、下游；湖泊、水库、河口的主要出口和入口，支流与干流汇合处，应设监测断面。

对一些特殊要求的地区或敏感区 如饮用水源地、自然保护区、与水质有关的地方病发病区、严重的水土流失区及地球化学异常区的水域或河段，应设监测断面。

设置断面后，应先根据水面的宽度确定断面上的采样垂线，然后根据垂线处水深确定采样点数目和位置。一般当河面水宽小于 50 m，设一条垂线；50～100 m，在左右近岸有明显水流处各设一条垂线；100～1 000 m，设左、中、右 3 条垂线；水面宽大于 1 500 m，至少设 5 条等距离垂线。每条垂线上，当水深小于 5 m，在水面下 0.5 m 处设一个采样点，水深 5～10 m 时，在水面下 0.5 m 处、河底以上 0.5 m 处设两个采样点；水深 10～50 m 时，除水面下、河底以上 0.5 m 外，再在 1/2 水深处增设一点，共设 3 点。

在河流、湖泊、水库、海洋中采样，可乘船到采样点采集，也可涉水或于桥上采集。

(1) 表层水样的采集

在河流、湖泊可以直接汲水的场合，可用适当的容器如塑料桶直接采集。从桥上等地方采样时，可将系着绳子的聚乙烯桶或带有坠子的采样瓶投于水中汲水。要注意不能混入漂浮于水面上的物质。

(2) 深层水样的采集

在湖泊、水库等处采集一定深度的水时，可用简易采水器、深层采水器、采水泵、自动采水器。图 2-1 为一种简易采水器，是一个装在金属框内用绳吊起的玻璃瓶，筐底装有重锤，瓶口有塞，用绳系住，绳上标有深度。采样时将其沉降至所需深度（可从提绳上的标度看出），上提瓶塞上的软绳，打开瓶塞，待水灌满后迅速提出水面，倒掉上部一层水，便得到所需水样。图 2-2 是一种急流采水器。采样河段流速大，水很深时，应选用急流采样器。它是将一根长钢管固定在铁框上，钢管内装一根上部用铁夹夹紧的橡胶管，下部与瓶塞上的短玻璃管相连，瓶塞上另有一长玻璃管通至采样瓶底。采样时将采样器沉入预定水深处，打开上部橡胶管夹，水样即沿长玻璃管流入样品瓶，瓶内空气由短玻璃管沿橡胶管排出。此法采集的水样也可用于测定水中溶解性气体，因为它是与空气隔绝的。

此外还有各种深层采水器和自动采水器，如 HGM-2 型有机玻璃采水器，778 型、806 型自动采水器等。图 2-3 泵式采水器是由抽吸泵（常用的是真空泵）、采样瓶、安全瓶、采水管等部件构成。采水管的进水口固定在带有铅锤的链子或钢丝绳上，到达预定水层后，用泵抽吸水样。

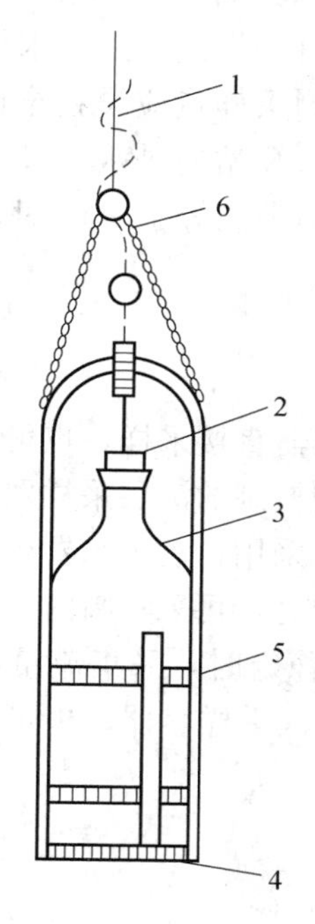

图 2-1 简易采水器

1. 绳子 2. 带有软绳的橡胶塞 3. 采样瓶 4. 铅锤 5. 铁框 6. 挂钩

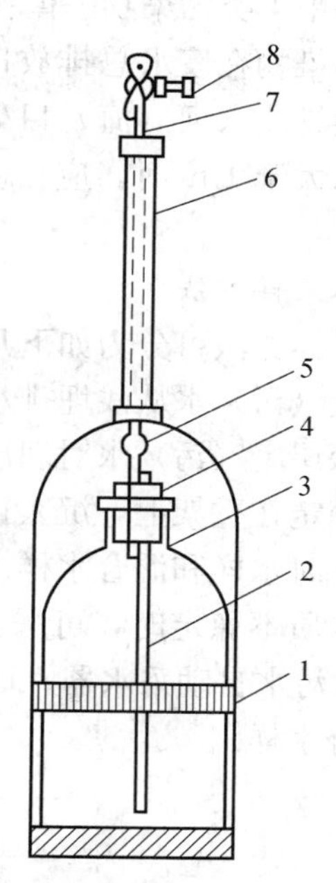

图 2-2 急流采水器

1. 铁框 2. 长玻璃管 3. 采样瓶 4. 橡胶塞 5. 短玻璃管 6. 钢管 7. 橡胶管 8. 夹子

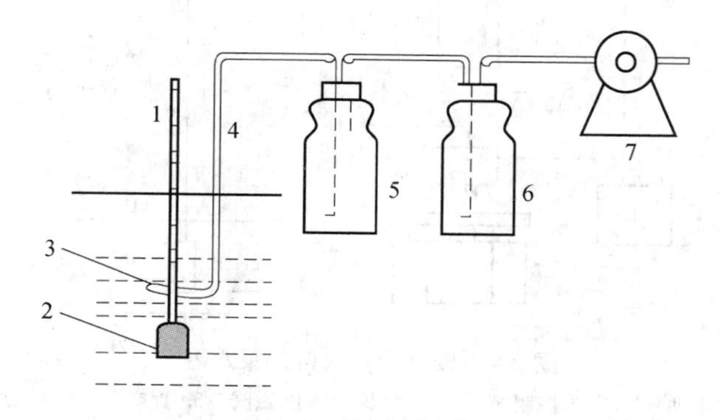

图 2-3 泵式采水器

1. 细绳 2. 重锤 3. 采样头 4. 采样管 5. 采样瓶 6. 安全瓶 7. 泵

2.1.2.2 自来水、井水、泉水的采取

对地下水通常是采瞬时水样；采集自来水一般应先放水数分钟，使积留在水管中的杂质及陈旧水排出后再取样；抽取井水样时，应开泵抽水一段时间后再取水样。对于自喷泉水，在涌水口处直接采样，对于不自喷泉水，用采集井水水样的方法采集。除特殊项目的容器外，一般情况下采样器需用所采集的水，洗涤 3 次以上。

2.1.2.3 废水样品的采集

（1）废水采样原则

废水按来源可分为工业废水和生活污水。废水采样点的布设遵循以下原则：①《污水综合排放标准》中Ⅰ类污染物一律在车间或车间处理设施排放口采样。②《污水综合排放标准》中Ⅱ类污染物在废水总排放口布点采样。③生活污水监测采样点应设在全市总排污口处，市政排污管线入河（海）口处、污水处理厂进出口、污水泵站的进水口及安全溢流口处。④当水深大于 1 m 时，应在表层下 1/4 深处采样；水深小于或等于 1 m 时，在水深的 1/2 处采样。

（2）废水采样方法

废水的采样方法可分为如下几类：

①浅层废（污）水从浅埋排水管、沟道中采样，用采样容器直接采样，也可用长把塑料勺采样。②深层废（污）水对埋层较深的排水管、沟道，使用特制的深层采样器采集，也可用聚乙烯桶固定在重架上，沉入预定深度采集。③自动采样。采用自动采水器或连续自动定时采样器采瞬时水样和混合水样。当废水排放量和水质较稳定时，可采集瞬时水样；当排放量较稳定，水质不稳定时，可采集时间混合样；当二者都不稳定时，采集流量比例混合水样。图 2-4 为污水自动采水器，可以定时将一定量水样分别采入采样容器，也可以采集 1 个周期内的混合水样。

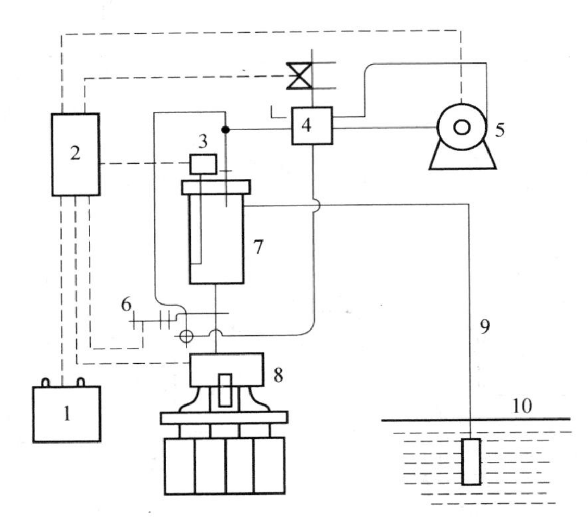

图 2-4　废（污）水自动采水器

1. 蓄电池　2. 电子控制箱　3. 传感器　4. 电磁阀　5. 真空泵　6. 夹紧阀　7. 计量瓶　8. 切换器　9. 采水管　10. 废（污）水池

2.1.2.4　样品采集量

样品采集量与分析方法及水样的性质有关，采集量应考虑实际分析用量和重复测试量（或称备用量）。样品分析时的取用量还与污染物的浓度有关，对污染物浓度较高的地方可适当少取水样，污染物浓度低的地方可增加取样量。具体各分析项目的样品采集量见表 2-1。

2.1.2.5　水样采集注意事项

① 测定油类、悬浮物、DO、BOD_5、硫化物、余氯、放射性、微生物等项目需要单独采样。

② 测定溶解氧、生化需氧量和有机污染物等项目的水样必须充满容器，不留空间。

③ pH、水温、透明度、电导率、溶解氧等项目宜在现场测定。另外，采样时还需同步测量水文参数和气象参数。

④ 测定油类的水样，应在水面至 300 mm 采集柱状水样，用广口瓶单独采样，全部用于测定，且采样瓶（容器）不能用采集的水样冲洗。

⑤ 洁净的容器在采样前，应先用该样点的水冲洗 3 次（微生物、油类、有机物、余氯、溶解氧、BOD_5 等特殊要求项目除外），然后装入水样，并按要求加入相应的固定剂。

⑥ 采样时必须认真填写采样登记表；每个水样瓶都应贴上标签（填写采样点编号、采样日期和时间、测定项目等）；要塞紧瓶塞，必要时还要密封。

2.1.3 水样的运输与保存

2.1.3.1 水样的运输

水样采集后，必须尽快送回实验室。根据采样点的地理位置和测定项目最长可保存时间，选用适当的运输方式，保证样品在运送中不被污染，完好无损。应做到以下两点：

① 为避免水样在运输过程中震动、碰撞导致损失或污染，将其装箱，并用泡沫塑料或纸条挤紧，在箱顶贴上标记。

② 需冷藏的样品，应采取制冷保存措施；冬季应采取保温措施，以免冻裂样品瓶。

2.1.3.2 水样的保存方法

水样采集后，应尽快分析检验，以免在存放过程中由于环境条件的改变，微生物新陈代谢活动和化学作用的影响而引起水质的变化。不能及时运输或尽快分析时，则应根据不同监测项目的要求，放在由性能稳定的材料制成的容器中，采取适宜的保存措施。

(1) 冷藏或冷冻法

冷藏或冷冻的作用是抑制微生物活动，减缓物理挥发和化学反应速度。原则上讲，从采样到分析的时间间隔应越短越好。水样不能及时进行分析，一般应保存在 5℃以下（3～4℃左右为宜）的低温暗室内。但要注意冷藏保存也不能超过规定的保存期限。

(2) 加入生物抑制剂

如在测定氨氮、硝酸盐氮、化学需氧量的水样中加入 $HgCl_2$，可抑制生物的氧化还原反应；对测定酚的水样，用 H_3PO_4 调 pH 至 4 时，加入适量 $CuSO_4$，可抑制苯酚菌的分解活动。

(3) 调节 pH 值

加酸能抑制微生物活动，消除微生物对 COD、TOC、油脂等项目的影响；又可防止重金属离子水解沉淀或被器壁吸附。在测定金属离子的水样时常用 HNO_3 酸化至 pH 为 1～2。加碱可抑制和防止微生物的代谢，防止微生物对有机项目的影响。在测定氰化物或挥发性酚的水样加入 NaOH 调 pH 至 12 时，使之生成稳定的钠盐。

(4) 加入氧化剂或还原剂

如测定汞的水样需加入 HNO_3（至 $pH<1$）和 $K_2Cr_2O_7$（0.05%），使汞保持高价态；测定硫化物的水样，加入抗坏血酸，可以防止被氧化；测定溶解氧的水样则需加入少量 $MnSO_4$ 和 KI 固定溶解氧等。

水样的保存期限与多种因素有关，如组分的稳定性、浓度、水样的污染程度等。我国现行保存方法和保存期见表 2-1。其中加入化学试剂的方法可以是在采样后立即往水样中投加化学试剂，也可以事先将化学试剂加到水样瓶中。加入的保存剂不能干扰以后的测定，保存剂的纯度最好是优级纯的，还应做相应的空白试验，对测定结果进行校正。

2.2 大气样品的采集

采集大气样品的方法可归纳为直接采样法和富集（浓缩）采样法2类。可以根据被测污染物在空气中存在的状态和浓度水平以及后续所用的测定方法来选择采样方法。

2.2.1 直接采样法

当空气中的污染物浓度较高，或者所用的分析方法灵敏度高时，直接采集少量气体样品，即可满足分析要求。例如，用非色散红外吸收法测定空气中的CO；用紫外荧光法测定空气中的H_2S等都用直接采样法。这种方法测得的结果是瞬时浓度或短时间内的平均浓度，能较快得到分析结果。常用的采样容器有注射器、塑料袋、真空瓶（管）等。

（1）注射器采样

常用100 mL的注射器采集空气试样，先用现场气体抽洗3～5次，然后抽取100 mL，密封进气口，送实验室分析。采样后，垂直放置以使注射器内压略大于外压，应将注射器进气口朝下，样品存放时间不宜长，一般应当天分析完。此法一般多用于有机蒸气样品的采样。

（2）塑料袋采样

选择与气样中被测组分既不发生化学反应，也不吸附、不渗漏的塑料袋。常用的有聚乙烯、聚氯乙烯及聚四氟乙烯袋等。为了防止对被测试样的吸附，可在袋的内壁衬银、铝等金属膜。使用前要做气密性检查：充足气后，密封进气口，将其置于水中，不应冒气泡。采样时，先用二联球打进现场被测气体冲洗2～3次，然后再充满气样，夹封进气口，带回实验室分析。

（3）固定容器法采样

固定容器法也是采集小量气体样品的方法，常用的设备有采气管（图2-5）和真空采气瓶（图2-6）采气管是两端具有旋塞的管式玻璃容器，其容积为100～500 mL。采样时，打开两端旋塞，将二联球或抽气泵接在管的一端，迅速抽进比采气管容积大6～10倍的欲采气体，使采气管中原有气体被完全置换出，关上两端旋塞，采气体积即为采气管的容积。真空采气瓶是一种用耐压玻璃制成的容积为500～1 000 mL的固定容器。采样前，先用抽真空装置将采气瓶内抽至剩余压力1.33 kPa左右，如瓶中预先装有吸收液，可抽至液泡出现为止；采样时，在现场打开旋塞，被测气体即充入瓶内，关闭旋塞，则采样体积为真空采气瓶的容积。如果采气瓶内真空度达不到1.33 kPa，实际采样体积应根据剩余压力进行计算。

$$V = V_0 \cdot \frac{p - p'}{p} \tag{2-1}$$

式中 V——采样体积（L）；

V_0——真空采样瓶体积（L）；

p——大气压力（kPa）；

p'——瓶中剩余压力（kPa）。

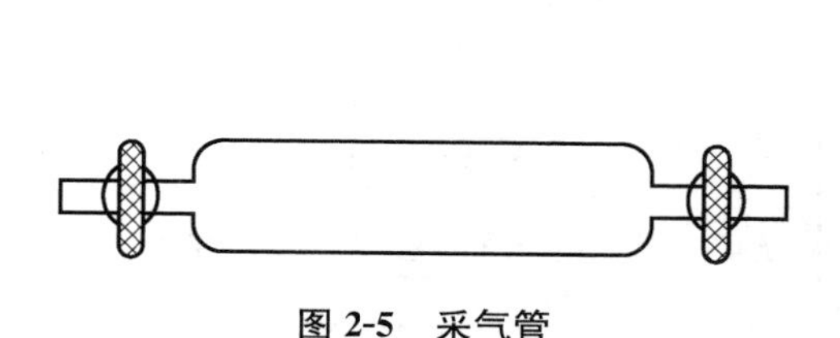

图 2-5　采气管

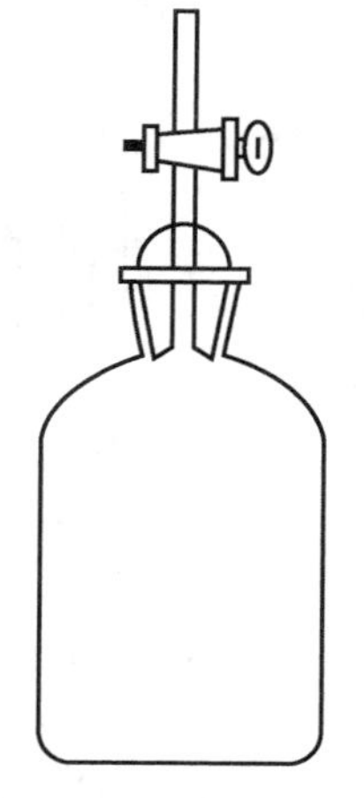

图 2-6　真空采气瓶

2.2.2　富集（浓缩）采样法

当空气中的污染物质浓度很低，所用分析方法的灵敏度又不够高时，就需用富集采样法对空气中的污染物进行浓缩。富集采样时间一般都比较长，测得结果是在采样时段的平均浓度，更能反映空气污染的真实情况。这类采样方法有溶液吸收法、填充柱阻留法、滤料阻留法、低温冷凝法和自然集积法等。

（1）*溶液吸收法*

该方法是采集空气中气态、蒸气态以及某些气溶胶态污染物质的常用方法。采样时，用抽气装置将空气样品以一定流量抽入装有吸收液的吸收管（瓶）。采样结束后，倒出吸收液进行测定，根据测得结果及采样体积计算空气中污染物的浓度。

溶液吸收法的吸收效率主要取决于吸收速度和样气与吸收液的接触面积。欲提高吸收速度，必须根据被吸收污染物的性质选择效能好的吸收液。常用的吸收液有水、水溶液和有机溶剂等。按照它们的吸收原理可分为 2 种类型：一种是溶解作用，如用水吸收空气中的甲醛；用 5%的甲醇吸收有机农药；另一种吸收原理是基于发生化学反应。例如，用 NaOH 溶液吸收空气中的硫化氢基于中和反应；用甲醛溶液吸收 SO_2 基于生成稳定的加成化合物等。理论和实践证明，伴有化学反应的吸收溶液的吸收速度比单靠溶解作用的吸收液吸收速度快得多。因此，除采集溶解度非常大的气态物质外，一般都选用伴有化学反应的吸收液。

增大被采气体与吸收液接触面积的有效措施是选用结构适宜的吸收管（瓶）。几种常用吸收管（瓶）如图 2-7 所示。气泡吸收管适用于采集分子状污染物，气溶胶态物质因不能像气态分子那样快速扩散到气液界面上，故吸收效率差。冲击式吸收管适宜采集气溶胶态物质，因为该吸收管的进气管喷嘴孔径小，距瓶底又很近，当被采气样快速从喷嘴喷出冲向管底时，则气溶胶颗粒因惯性作用冲击到管底被分散，从而易被吸收液吸收。气体分子的惯性小，因而冲击式吸收管不适合采集气态和蒸气态物质。多孔筛板吸收管除适合采集气态和蒸气态物质外，也能采集气溶胶态物质。样气通过吸收管（瓶）的筛板后，被分散成很小的气泡，且阻留时间长，大大增加了气液接触面积，从而提高了吸收效果。

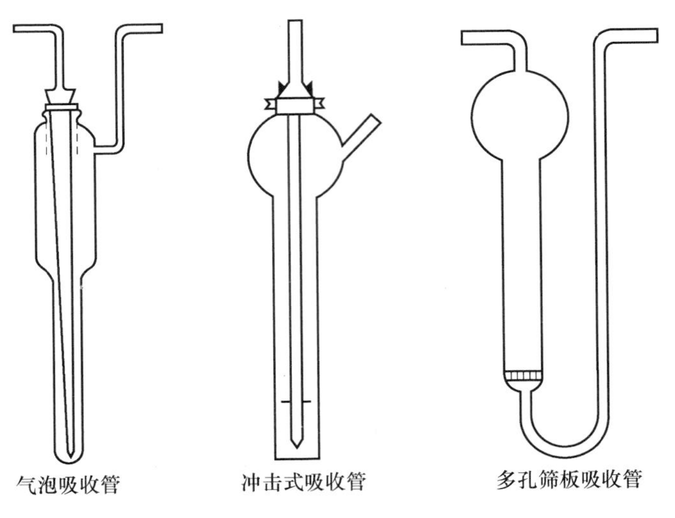

图 2-7 气体吸收管（瓶）

（2）填充柱阻留法

填充柱是用一根长 5～10 cm、内径 3～5 mm 的玻璃管或塑料管，内装颗粒状或纤维状填充剂制成。采样时，让样气以一定流速通过填充柱，则欲测组分因吸附、溶解或化学反应等作用被阻留在填充剂上，达到浓缩采样的目的。采样后，通过解吸或溶剂洗脱，使被测组分从填充剂上释放出来进行测定。根据填充剂阻留作用的原理，可分为吸附型、分配型和反应型 3 种类型。

吸附型填充柱 这种填充柱的填充剂是颗粒状固体吸附剂，如活性炭、硅胶、分子筛、高分子多孔微球等。它们都是多孔性材料，具有较大的比表面积，对气体和蒸气有较强的吸附能力。表面吸附作用有 2 种：一种是靠分子间引力产生的物理吸附，吸附力较弱，容易在物理因素的作用下使被吸附的物质解吸；另一种是剩余价键力引起的化学吸附，吸附力较强。极性吸附剂如硅胶等，对极性化合物有较强的吸附能力；非极性吸附剂如活性炭等，对非极性化合物有较强的吸附能力。一般说来，吸附能力越强，采样效率越高，但这往往会给解吸带来困难。因此，在选择吸附剂时，既要考虑吸附效率，又要考虑易于解吸。

分配型填充柱 这种填充柱的填充剂是表面涂高沸点有机溶剂（如异十三烷）的惰性多孔颗粒物（如硅藻土），类似于气液色谱柱中的固定相。当被采集气样通过填充柱时，在有机溶剂（固定液）中分配系数大的组分保留在填充剂上而被富集。例如，空气中的有机氯农药（六六六、DDT 等）和多氯联苯（PCBs）多以蒸气或气溶胶态存在，用溶液吸收法采样效率低，但用涂渍 5%甘油的硅酸铝载体填充剂采样，采集效率可达 90%～100%。根据“相似相容”原理，选择与被测物性质相似的固定液涂在担体上作为填充剂，有利于提高浓缩效果。另外，填充柱在低温下采样，采样体积可大大增加，从而提高浓缩效果。采样后，一般用加热吹起的方式，将被测组分解吸下来，转入色谱仪进行分离和测定。

反应型填充柱 这种填充柱的填充剂是由惰性多孔颗粒物（如石英砂、玻璃微球等）或纤维状物（如滤纸、玻璃棉等）表面涂渍能与被测组分发生化学反应的试剂。也可以用能和被测组分发生化学反应的纯金属微粒或金属丝毛（如金、银、铜等）作填充剂。当空气样品通过填充柱时，被测组分在填充剂表面因发生化学反应而被阻留下来。采样后，将其反应产物用适宜溶剂洗脱下来或加热吹气解吸下来进行测定。例如，测定空气中的 NO_2 的日平均浓度，用浸渍三乙醇胺的分子筛采集样品非常有效。反应型填充柱采样量大、采样速度快，富集物稳定，对分子状和颗粒态污染物都有较高的富集效率，是大气污染分析中具有广阔发展前景的富集方法。

与溶液吸收法相比，填充柱阻留法具有下述优点：

① 可以长时间采样，适用于大气中微量组分和日平均浓度的测定。溶液吸收法因液体在采样过程中有蒸发问题，因而采样时间不能过长。

② 如果填充剂选得合适，对气体、蒸气和气溶胶都有足够高的采样效率。溶液吸收法对气溶胶的采样效率往往不高。

③ 浓缩在固体填充剂上的待测物一般比在溶液中稳定得多，存放几天甚至几周都不致起变化。

④ 在现场采样较溶液吸收法方便，样品污染泄漏机会少。特别是采用高灵敏度的分析仪器（如气相色谱仪等）时，气化进样比较方便。

（3）滤料阻留法

该方法是将过滤材料（滤纸、滤膜等）放在采样夹上（图 2-8），采样时，用抽气装置抽气，空气中的颗粒物被阻留在过滤材料上，称量过滤材料采样前后的质量，根据采样体积，即可算出空气中颗粒物的浓度。滤料采集空气中颗粒物是基于滤料对颗粒物的直接阻截作用、惯性碰撞作用、扩散沉降作用、重力沉降作用以及滤料与颗粒间的静电作用等。滤料的采集效率除与自身性质有关外，还与采样速度、颗粒物的大小等因素有关。低速采样以扩散沉降为主，对细小颗粒物的采集效率高；高速采样以惯性碰撞作用为主，对较大颗粒物的采集效率高。空气中的大小颗粒物是同时并存的，当采样速度一定时，就可能使一部分粒径小的颗粒物采集效率偏低。此外，在采样过程中，还可能发生颗粒物从滤料上弹回或吹走现象，特别是采样速度大的情况下，颗粒大、质量重的粒子易发生弹回现象；颗粒小的粒子易穿过滤料被吹走，这些情况都是造成采集效率偏低的原因。

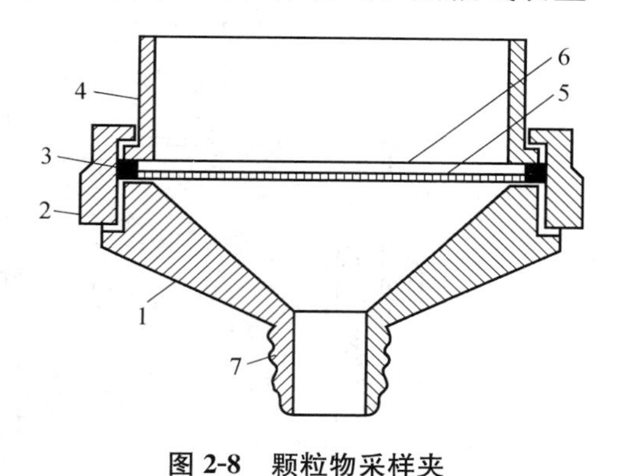

图 2-8 颗粒物采样夹

1. 底座 2. 紧固圈 3. 密封圈 4. 接座圈 5. 支撑网 6. 滤膜 7. 抽气接口

常用的滤料有定量滤纸、玻璃纤维滤膜、有机合成纤维滤料、微孔滤膜、核孔滤膜、浸渍试剂滤料等。①定量滤纸的孔隙不均匀且较少，适用于金属尘粒的采集。因滤纸吸水性较强，不宜用于重量法测定颗粒物浓度。②玻璃纤维滤膜吸湿性小，耐高温，耐腐蚀，通气阻力小，采集效率高，可常用于采集可吸入颗粒物、悬浮颗粒物，并用于颗粒物中多环芳烃、无机盐和某些元素的成分分析；但因机械强度差，其中某些元素含量较高，不能用于这些元素的测定。③有机合成纤维滤料由直径 0.1 μm 的聚苯乙烯或聚氯乙烯等合成纤维交织而成。该滤料通气阻小、吸水性均比定量滤纸小，且由于它带静电荷，采样效率也高，被广泛用于可吸入颗粒物采样。此滤膜可用有机溶剂溶解成透明溶液，便于进行颗粒物分散度及颗粒物中化学组分的分析。④微孔滤膜是由硝酸纤维素或乙酸纤维素制成的多孔性薄膜，孔径细小、均匀，重量轻，金属杂质含量极微，溶于多种有机溶剂，尤其适用于采集分析金属的气溶胶。⑤核孔滤膜是将聚碳酸酯薄膜覆盖在铀箔上，用中子流轰击，使铀核分裂产生的碎片穿过薄膜形成微孔，再经化学腐蚀处理制成。这种膜薄而光滑，机械强度好，孔径均匀，不亲水，适用于精密的重量分析，但因核孔呈圆柱状，采样效率较微孔滤膜低。⑥浸渍试剂滤料是将某种化学试剂浸渍在滤纸或滤膜上作为采样滤料。这种滤料适宜采集气态与气溶胶共存的污染物。在采样过程中，气态污染物与滤料上的试剂迅速发生反应，从而被固定在滤纸上。所以，它具有物理（吸附和过滤）和化学 2 种作用，能同时将分子态污染物和颗粒态污染物有效地采集起来。如用 KH_2PO_4 溶液浸渍过的玻璃纤维滤膜采集大气中的氟化物；用聚乙烯氧化吡啶及甘油浸渍的滤纸采集大气中的砷化氢；用 K_2CO_3 溶液浸渍的玻璃纤维滤膜采集大气中的含硫化合物等。

（4）低温冷凝法

大气中某些沸点比较低的气态污染物质，如烯烃类、醛类等，在常温下用固体吸附剂很难完全被阻留，如用制冷方法将其冷凝下来，则浓缩效果较好。制冷的方法有制冷剂法和半导体致冷器法。常用制冷剂有冰（0℃）、冰—盐水（－10℃）、干冰—乙醇（－72℃）、液氧（－183℃）、液氮（－196℃）等。

低温冷凝采样法是将 U 形或蛇形采样管插入冷阱（图 2-9）中，当大气流经采样管时，被测组分因冷凝而凝结在采样管底部。如用气相色谱法测定，可将采样管与仪器进气口连接，移去冷阱，在常温或加热情况下气化，通以载气，吹入色谱柱中分离和测定。

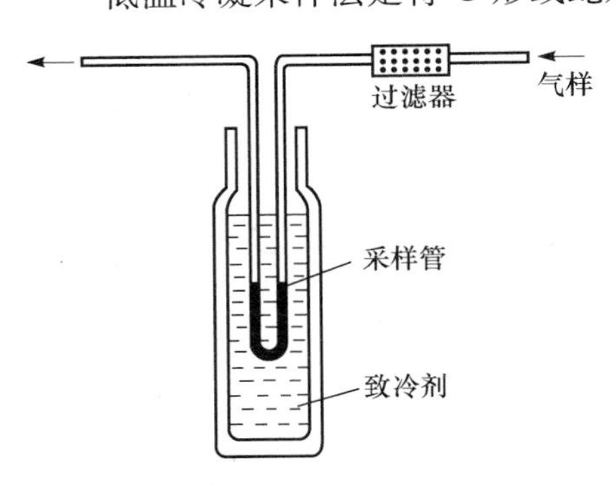

图 2-9 低温冷凝法

采样过程中，为了防止气样中的水蒸气、CO_2，甚至 O_2 也会同时冷凝下来，降低浓缩效果，甚至干扰测定。可在采样管的进气端安装选择性过滤器（选择不同的干燥剂或净化剂如过氯酸镁、碱石灰、石棉、$CaCl_2$ 等填充在内），除去空气中的水蒸气和 CO_2 等。但所用干燥剂和净化剂不能与被测组分发生作用，以免引起被测组分损失。

（5）自然集积法

这种方法是利用物质的自然重力、空气动力和浓差扩散作用采集空气中的被测物质。采样不需动力设备，简单易行，且采样时间长，测定结果能较好地反映大气污染情况。该方法多用于空气中自然降尘量、硫酸盐化速率、氟化物、挥发性（VOCs）等空气样品的采集。

降尘试样采集 降尘试样的采集是将集尘器置于采样点采集 1 个月（30 d±2 d）的降尘。采集空气中降尘的方法分为湿法和干法 2 种，其中，湿法应用更为普遍，英国采用干法（图 2-11），美国、日本和中国均采用湿法。湿法采样是在一定大小的圆筒形玻璃（或塑料、瓷、不锈钢）缸中加入 50～300 mL（视蒸发量和降雨量而定）的水，放置在距地面 5～12 m 高，附近无高大建筑物及局部污染源的地方（如空旷的屋顶上），采样口距基础面 1～

1.5 m，以避免顶面扬尘的影响。我国集尘缸的尺寸为内径 15 cm±0.5 cm、高 30 cm。为防止冰冻和抑制微生物及藻类的生长，保持缸底湿润，需加入适量乙二醇。多雨季节注意及时更换集尘缸，防止水满溢出。各集尘缸采集的样品合并后测定。

干法采样一般使用标准集尘器（图 2-10）。夏季需加除藻剂。我国干法采样用的集尘缸如图 2-11 所示，在缸底放入塑料圆环，圆环上再放置塑料筛板。

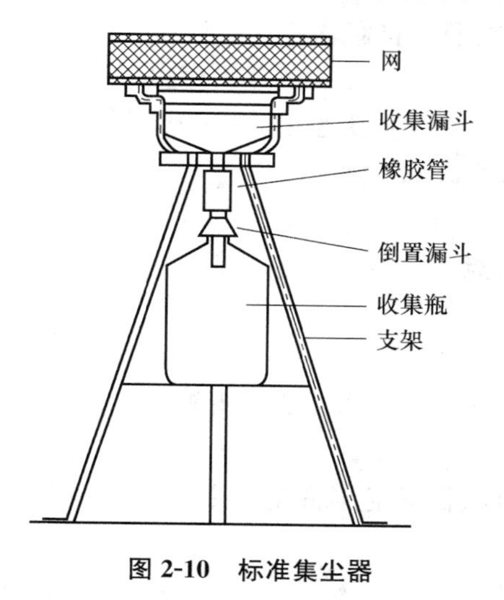

图 2-10　标准集尘器

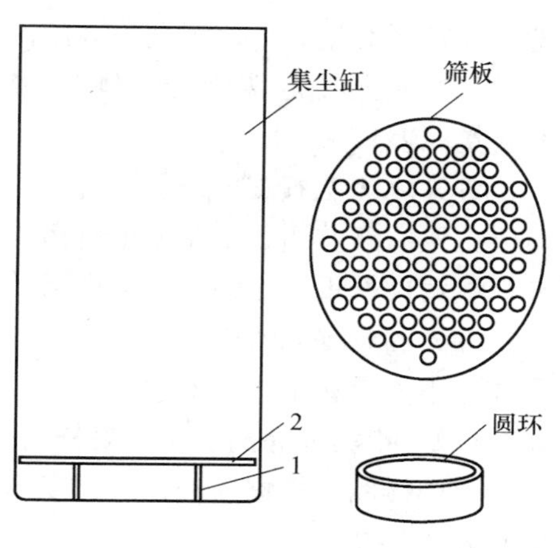

图 2-11　干法采样集尘缸

1. 圆环　2. 筛板

硫酸盐化速率试样的采集　污染源排放到空气中的 SO_2、H_2S、H_2SO_4 蒸气等含硫污染物，经过一系列氧化演变和反应，最终形成危害更大的硫酸雾和硫酸盐雾，这种演变过程的速度称为硫酸盐化速率。常用的采样方法是碱片法，将用 K_2CO_3 溶液浸渍过的玻璃纤维滤膜置于采样点上，采样高度为 5～10 m，如放在屋顶上，应距离屋顶 1～1.5 m，放置时间为 30 d±2 d，空气中的二氧化硫、硫酸雾、硫化氢等与碳酸盐反应生成硫酸盐而被采集。其结果以每日在 100 cm^2 碱片上所含三氧化硫毫克数表示。

石灰滤纸法采集大气中氟化物　经石灰悬浊液（氢氧化钙）浸渍过的滤纸平铺在采样盒底部，置于采样点，暴露在空气中，采样时间为 7 d 到 1 个月。则大气中的氟化物（HF、SiF_4）与 $Ca(OH)_2$ 反应生成 CaF_2 或氟硅酸钙，被固定在滤纸上，用酸溶解后离子电极法测定。

活性炭采集空气中有机蒸气　在室内或生产车间内，为测定 VOCs 对个人的暴露程度，可利用有机物分子自身扩散作用，以活性炭吸附法做无动力采样。

2.3　土壤样品的采集

2.3.1　土壤样品的采集

2.3.1.1　采样点的布设原则

土壤环境是一个开放的缓冲动力学体系，与外环境之间不断地进行物质和能量交换，但又具有物质和能量相对稳定和分布均匀性差的特点。为使布设的采样点具有代表性和典型性，应遵循下列原则：

(1) 合理划分采样单元

在进行土壤监测时，往往监测面积较大，需要划分成若干个采样单元，采样单元必须能代表被监测的一定面积的地区或地段的土壤。同时在不受污染源影响的地方选择对照采样单元。土壤质量监测或土壤污染监测，可按照土壤接纳污染物的途径（如大气污染型、水污染型、固体废弃物污染型、农业污染型等），参考土壤类型、农作物种类、耕作制度、商品生产基地、保护区类型、行政区划等因素，划分采样单元，同一单元的差别应尽可能小。背景值调查一般按照土壤类型和成土母质划分采样单元，因为不同类型的土壤和成土母质的元素组成和含量相差较大。

(2) 污染地优先布点

对于土壤污染监测，坚持哪里有污染就在哪里布点，并根据技术力量和财力条件，优先布设在那些污染严重、影响农业生产活动的地方。

(3) 避开各种可能的干扰

采样点不能设在田边、沟边、路边、肥堆边及水土流失严重或表层土被破坏处。

2.3.1.2 土壤样品的类型、采样深度及采样量

采集土壤样品应根据监测目的、现场情况、监测项目确定样品类型及适宜的采样方法。

(1) 混合样品

如果只是了解土壤质量现状及污染状况，对种植一般农作物（一年生的）的耕地，只需采集 0～20 cm 耕作层土壤；对于种植果林类（多年生的）农作物的耕地，采集 0～60 cm 耕作层土壤。由于土壤本身在空间分布上具有一定的不均匀性，为了保证样品的代表性，减小监测费用，常常需要采集混合样，将在一个采样单元内各采样分点采集的土样混合均匀制成混合样，组成混合样的分点数通常为 5～20 个。混合样量往往较大，需要用四分法弃取，最后留下 1～2 kg，装入样品袋。混合样的采集主要有以下几种。

对角线布点法 该方法适用于面积较小、地势平坦的污水灌溉或污染河水灌溉的田块。由田块进水口引一对角线，在对角线上至少分 5 等分，以等分点为采样分点，如图 2-12 (a) 所示。若土壤差异性大，可增加等分点。

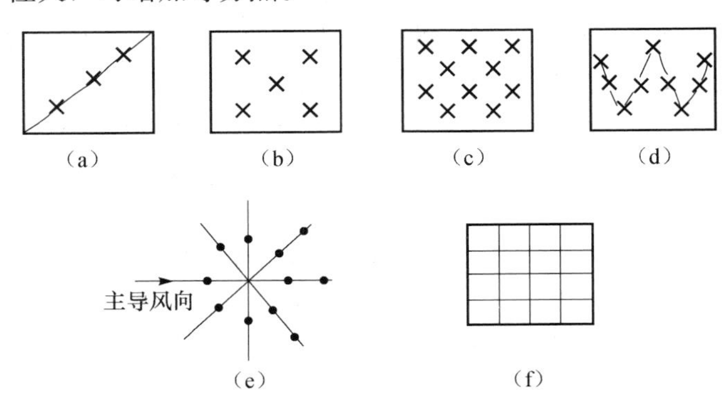

图 2-12 土壤采样点布设方法

(a) 对角线布点法 (b) 梅花形布点法 (c) 棋盘式布点法
(d) 蛇形布点法 (e) 放射状布点法 (f) 网格布点法

梅花形布点法 适用于面积较小，地势平坦，土壤组成和受污染程度较均匀的地块。中心分点设在地块两对角线相交处，一般设5～10个分点，如图2-12（b）所示。

棋盘式布点法 这种布点方法适用于中等面积、地势平坦、地形完整开阔，但土壤较不均匀的田块，一般设10个以上分点，如图2-12（c）所示。此法也适用于受污泥、垃圾等固体废物污染的土壤，因为固体废物分布不均匀，分点应在20个以上。

蛇形布点法 这种布点方法适用于面积较大，土壤不够均匀且地势不平坦的地块。布设分点数15个左右，多用于农业污染型土壤，如图2-12（d）所示。

放射状布点法 该方法适用于大气污染型土壤。以大气污染源为中心，向周围画射线，在射线上布设采样分点。在主导风向的下风向适当增加分点之间的距离和分点数量，如图2-12（e）所示。

网格布点法 适用于地形平缓的地块。将地块划分成若干均匀网状方格，采样分点设在两条直线的交点处或方格的中心，如图2-12（f）所示。农用化学物质污染型土壤、土壤背景值调查常用这种方法。

（2）剖面样品

如果要了解污染物在土壤中的垂直分布或土壤污染深度时应采集土壤剖面样，即按土壤剖面层次分层采样。土壤剖面指地面向下的垂直土体的切面。在垂直切面上可观察到与地面大致平行的若干层具有不同颜色、性状的土层。

典型的自然土壤剖面分为A层（表层、腐殖质淋溶层）、B层（亚层、淀积层）、C层（风化母岩层、母质层）和底岩层。采集土壤剖面样品时，需在特定采样地点挖掘一个规格为长1.5 m，宽0.8 m，深1.2 m的长方形土坑，一般要求达到母质或潜水处即可。根据土壤剖面颜色、结构、质地、松紧度、温度、植物根系分布等划分土层，并进行仔细观察，将剖面形态、特征自上而下逐一记录。随后在各层最典型的中部自下而上逐层用小土铲切取一片片土壤样，每个采样点的取样深度和取样量应一致。将同层次土壤混合均匀，各取1 kg左右土样，分别装入样品袋。剖面的观察面要向阳，表土和底土分两侧放置。

土壤背景值调查也需要挖掘剖面，在剖面各层次典型中心部位自下而上采样，但切忌混淆层次、混合采样。

2.3.1.3 采样注意事项

① 采样同时，填写土壤样品标签、采样记录、样品登记表。土壤标签一式两份，一份放入样品袋内，一份扎在袋口，标签上标注采样地点、时间、深度、样品编号、分析项目和采样经纬度。采样结束，需逐项检查采样记录、样品登记表、样品标签和土壤样品，如有缺项和错误，及时补齐更正。

② 测定重金属的样品，尽量用竹铲、竹片直接采集样品，或用铁铲、土钻挖掘后，用竹片刮去与金属采样器接触的部分，再用竹铲或竹片采取样品。

2.3.2 土壤样品的加工

样品加工又称样品制备，其处理程序为：风干、磨细、过筛、混合、分装，制成满足分析要求的土壤样品。加工处理的目的是：除去非土部分，使测定结果能代表土壤本身的组成；有利于样品能较长时期保存，防止发霉、变质；通过研磨、混匀，使分析时称取的样品具有较高的代表性。加工处理工作应向阳（勿使阳光直射土样）、通风、整洁、无扬尘、无挥发性化学物质的房间内进行。

（1）样品风干

在风干室将潮湿土样倒在白色搪瓷盘内或塑料膜上，摊成约 2 cm 厚的薄层，用玻璃棒间断地压碎、翻动，使其均匀风干。在风干过程中，拣出碎石、砂砾及植物残体等杂质。

（2）样品粗磨过筛

将风干的样品倒在有机玻璃板上，用木锤敲打，用木棒、有机玻璃棒再次压碎，拣出杂质，混匀，并用四分法取压碎样，过孔径 1 mm（20 目）尼龙筛。过筛后的样品全部置无色聚乙烯薄膜上，并充分搅拌混匀，再采用四分法取两份，一份交样品库存放，另一份作样品的细磨用。粗磨样可直接用于土壤 pH、阳离子交换量、元素有效态含量等项目的分析。

（3）细磨样品

用于细磨的样品再用四分法分成两份，一份研磨到全部过孔径 0.25 mm（60 目）筛，用于农药或土壤有机质、土壤全氮量等项目分析；另一份研磨到全部过孔径 0.15 mm（100 目）筛，用于土壤元素全量分析。

分析挥发性、半挥发性有机物或不稳定组分如挥发酚、氨态氮、硝态氮、氰化物等无须上述程序，需用新鲜土样。

2.3.3 土壤样品的保存

对需要保存的土壤样品，要依据欲分析组分性质选择保存方法。对于易分解或易挥发等不稳定组分的样品要采取低温保存的方法，并尽快送到实验室分析测试。测试项目需要新鲜样品的土样，采集后用可密封的聚乙烯或玻璃容器在 4℃以下避光保存，样品要充满容器。避免用含有待测组分或对测试有干扰的材料制成的容器盛装保存样品，测定有机污染物用的土壤样品要选用玻璃容器保存。具体保存条件见表 2-2。风干土样存放于干燥、通风、无阳光直射、无污染的样品库内，保存期通常为半年至 1 年。如分析测定工作全部结束，检查无误后，无须保留时可弃去。在保存期内，应定期检查样品储存情况，防止霉变、鼠害和土壤标签脱落等。

表 2-2 新鲜样品的保存条件和保存时间

测试项目	容器材质	温度（℃）	可保存时间（d）	备注
金属（Hg 和 C_r^{6+} 除外）	聚乙烯、玻璃	<4	180	
Hg	玻璃	<4	28	
As	聚乙烯、玻璃	<4	180	
C_r^{6+}	聚乙烯、玻璃	<4	1	
氰化物	聚乙烯、玻璃	<4	2	
挥发性有机物（VOCs）	玻璃（棕色）	<4	7	采样瓶装满装实并密封
半挥发性有机物	玻璃（棕色）	<4	10	采样瓶装满装实并密封
难挥发性有机物	玻璃（棕色）	<4	14	

2.4 生物样品的采集和制备

2.4.1 植物样品的采集和制备

2.4.1.1 植物样品的采集

(1) 布点原则

代表性 采集代表一定范围污染情况的植株为样品。这就要求对污染源的分布、污染类型、植物的特征、地形地貌、灌溉出入口等因素进行综合考虑，选择合适的地段作为采样区，再在采样区内划分若干小区，采用适宜的方法布点，确定代表性的植株。不要采集田埂、地边及离田埂地边 2 m 范围以内的植株。

典型性 所采集的植株部位要能充分反映通过监测所要了解的情况。根据要求分别采集植株的不同部位，如根、茎、叶、果实，不能将植株的各部位样品随意混合。

适时性 根据研究需要和污染物对植物影响的情况，在植物的不同生长发育阶段，施药、施肥前后，定期采样监测，以掌握不同时期的污染状况和对植物生长的影响。尽可能同步采集与其生长相关的土壤样品。

(2) 布点方法

在划分好的采样小区内，常采用梅花形布点法或交叉间隔布点法确定代表性的植株，如图 2-13 所示（⊕为采样点）。

(3) 采样方法

在每个采样小区内的采样点上分别采集 5～10 处植株的根、茎、叶、果实等，将同部位样混合，组成一个混合样；也可以整株采集后带回实验室再按部位分开处理。采集样品量要能满足需要，一般经制备后，至少有 20～50 g 干重样品。新鲜样品可按含 80%～90% 的水分计算所需样品量。若采集根系部位样品，应尽量保持根部的完整。在抖掉附在根上的泥土时，注意不要损失根毛，带回实验室后，应立即用清水洗净，不能浸泡，再用纱布拭干。如果采集果树样品，要注意树龄、株型、长势、载果数量和果实着生部位及方向。如要进行新鲜样品分析，则在采集后用清洁、潮湿的纱布包住或装入塑料袋，以免水分蒸发而萎缩。对水生植物，如浮萍、藻类等，应采集全株。从污染严重的河、塘中捞取的样品，需用清水洗净，挑去水草等杂物。采好的样品装入布袋或聚乙烯塑料袋，贴好标签，注明编号、采样地点、植物名称、分析项目，并填写采样登记表，对一些特殊情况也应该进行记录，以便查对和分析数据时参考。

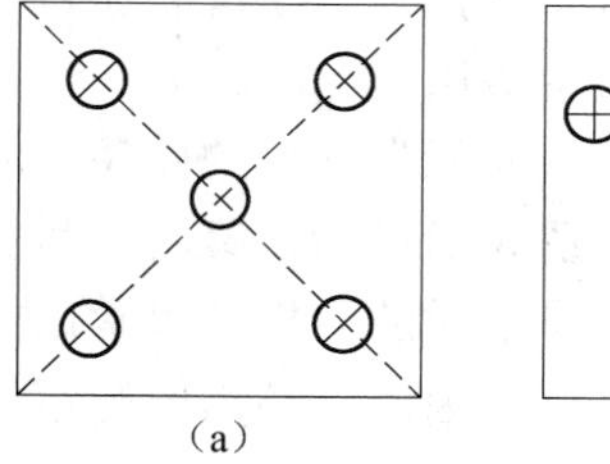

(a)

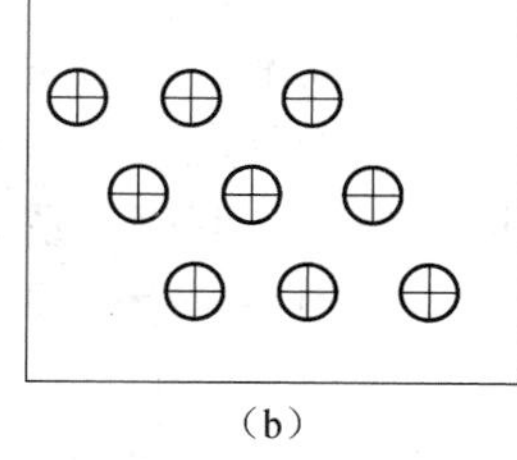

(b)

图 2-13 植物采样点布设方法

(a) 梅花形布点法 (b) 交叉间隔布点法

(4) 样品的保存

采好样品带回实验室后，如测定新鲜样品，应立即处理和分析。当天不能分析完的样品，暂时放于冰箱中保存，其保存时间的长短，视污染物的性质及在生物体内的转化特点和分析测定要求而定。如果测定干样品，则将鲜样放在干燥通风处晾干或于鼓风干燥箱中烘干。去掉灰尘、杂物、脱壳、磨碎，通过 1 mm 筛孔，贮存在磨口广口玻璃瓶中备用。

2.4.1.2 植物样品的制备

（1）鲜样的制备

测定植物样品中易挥发、转化或降解的污染物质（如酚、氰、亚硝酸盐等）、营养成分（如维生素、氨基酸、糖、植物碱等），以及多汁的瓜、果、蔬菜样品，应使用新鲜样品。鲜样的制备方法是：先将各平均样品尽快用清水冲洗 3～4 次以上，然后用去离子水（或重蒸馏水）冲洗 2 遍晾干或用干净纱布轻轻擦干。采用对角线分割法，取对角部分，将其切碎、混匀，称取 100 g 于电动高速组织捣碎机的捣碎杯中，加适量蒸馏水或去离子水，开动捣碎机捣碎 1～2 min，制成匀浆。对含水量大的样品，如熟透的西红柿等，捣碎时可以不加水；含纤维多或较硬的样品，如根、茎秆、叶子等，不能用捣碎机捣碎，可用不锈钢刀或剪刀切（剪）成小碎块，混匀后在研钵中加石英砂研磨。

（2）干样的制备

分析植物中稳定的污染物，如某些金属元素和非金属元素、有机农药等，一般用风干样品，其制备方法是：将洗净的植物鲜样尽快放在干燥通风处晾干（茎秆样品可以劈开）。如果遇到阴雨天或潮湿气候，可将样品放在 40～60℃鼓风干燥箱中烘干，以免发霉腐烂，并减少化学和生物化学变化。样品干燥后，去除灰尘、杂物，将其剪碎，用专门的切碎机切碎或用不锈钢工具切碎后，再用捣碎机磨碎。将粉碎好的样品过筛，一般要求通过 1 mm 的筛孔。根据分析项目要求，有的项目需通过 0.25 mm 的筛孔，粉碎好的样品储存于磨口玻璃广口瓶或聚乙烯瓶中备用。

对于测定某些金属元素含量的样品，应注意避免受金属器械和筛子等污染。因此，最好用玛瑙研钵磨碎，尼龙筛过筛，聚乙烯瓶保存。

植物样品中污染物质的分析结果常以干重为基础表示（mg/kg 干重），以便比较各样品某一成分含量的高低。因此，还需要测定样品的含水量，对分析结果进行换算。含水量常用重量法测定，即称取一定量新鲜样品或风干样品，于 100～105℃烘干至恒重，由其失重计算含水量。对含水量高的蔬菜、水果等，以鲜重表示计算结果为好。

2.4.2 动物样品的采集和制备

动物的尿液、血液、唾液、胃液、乳液、粪便、毛发、指甲、骨骼和组织等均可作为检验样品。

（1）尿液

绝大部分毒物及其代谢产物主要随尿液排出。尿液中的排泄物一般早晨浓度较高，可一次性收集，也可以收集 8:00 或 24:00 的尿样，测定结果为收集时间内尿液中污染物的平均含量，采集尿液的器具要先用稀硝酸浸泡洗净，再依次用自来水、蒸馏水清洗，烘干备用。

（2）血液

血液的检验可以判断动物受毒物如微量 Pb、Hg、氟化物、酚等危害的情况。以往从静脉取血样，手续较繁琐，取样量大。随着分析技术的发展，血样用量减少，可从耳垂、指血取样。一般用注射器抽取 10 mL 血样入洗净的玻璃试管中，盖好、冷藏备用。有时需加抗凝剂，如二溴酸盐等。

（3）毛发和指甲

蓄积在毛发和指甲中的污染物质残留时间较长，即使已脱离与污染物接触或停止摄入被污染食物，血液和尿液中污染物含量已下降，而毛发或指甲中仍容易检出。所以通过检测蓄积在头发和指甲中残留的污染物，可以判断历史的受污染情况。头发中的 Hg、As 等含量较高，样品容易采集和保存，故在环境分析中应用较广泛。人发样品一般采集 2～5 g，男性采集枕部发，女性采集短发。采样后，用中性洗涤剂洗涤，去离子水冲洗，最后用乙醚或丙酮洗净，室温下充分晾干后保存备用。

（4）组织和脏器

采用动物的组织和脏器作为检验样品，对调查研究环境污染物在机体内的分布、蓄积、毒性和环境毒理学等方面的研究都有重要意义。但是，组织和脏器的部位复杂，且柔软、易破裂混合，因此取样操作要细心。检验肝样品时，应剥取被膜，取右叶的前上方表面下几厘米纤维组织丰富的部位作样品。检验肾时，剥去被膜，分别取皮质和髓质部分作样品，避免在皮质与髓质结合处采样。其他心、肺等部位组织，根据需要，都可作为检验样品。检验较大的个体动物受污染情况时，可在躯干的各部位切取肌肉薄片制成混合样。采集组织和脏器样品后，应放在组织捣碎机中捣碎、混匀，制成浆状鲜样备用。

水产品生物样品从监测区域内水产品产地或最初集中地采集。一般采集产量高、分布范围广的水产品，所采品种尽可能齐全，以较客观地反映水产食品的被污染水平。一般只取水产品的可食部分制成混合样，切碎、混匀，或用组织捣碎机捣碎成糊状，立即分析或贮存于样品瓶中，置于冰箱内备用。对于较大的试样，用四分法缩分至 100～200 g 备用。

2.5 环境样品的预处理

环境样品所含组分复杂，并且多数污染组分含量低，存在形态各异，所以在分析测定之前，往往需要进行预处理，以得到适合测定方法要求的状态、形态、浓度和消除共存组分干扰的试样体系。在预处理过程中，常因挥发、吸附、污染等原因，造成欲测组分含量的变化，故应对预处理方法进行回收率考核。

迄今为止，环境样品预处理的方法多达几十种，本节主要对环境分析中主要的预处理方法进行介绍。

2.5.1 消解法

当测定样品中的无机元素时，需进行消解处理。消解处理的目的是破坏有机质或样品结构，溶解悬浮性固体，将各种状态的欲测元素氧化成单一高价态或转变成易于分离的无机化合物。消解水样的方法湿式消解法和干式分解法（干灰化法）。

2.5.1.1 湿式消解法

湿式消解多采用强酸或混合酸体系对样品进行消解，为了加速样品中欲测组分的溶解，还可以加入其他氧化剂或还原剂，如 $KMnO_4$、V_2O_5、$NaNO_2$ 等。

（1）水样的消解

水样消解操作应注意：①选用的体系能使样品完全分解；②消解过程不得使待测组分因

产生挥发性物质或沉淀而造成损失；③消解过程不得引入待测组分或任何其他干扰物质；④消解过程平稳，升温不宜过猛，以免反应过于激烈造成样品损失或人身伤害；⑤使用 $HClO_4$ 消解时，不得向含有机物的热溶液中加入 $HClO_4$；⑥消解后的水样应清澈、透明、无沉淀。常用的水样消解法包括以下几种：

a. 硝酸消解法：对于较清洁的水样，可用硝酸消解。

b. 硝酸—高氯酸消解法：两种酸都是强氧化性酸，联合使用可消解含难氧化有机物的水样。由于高氯酸能与羟基化合物反应生成不稳定的高氯酸酯，有发生爆炸的危险，故应先加入硝酸，氧化水样中的羟基化合物，稍冷后再加高氯酸处理。

c. 硝酸—硫酸消解法：两种酸都有较强的氧化能力，其中硝酸沸点低，而硫酸沸点高，二者结合使用，可提高消解温度和消解效果。常用的硝酸与硫酸的比例为（5＋2）[①]。先将硝酸加入水样中，加热蒸发至小体积，稍冷，再加入硫酸、硝酸，继续加热蒸发至冒大量白烟，冷却，加适量水，温热溶解可溶盐，若有沉淀，应过滤。

d. 硫酸—磷酸消解法：两种酸的沸点都比较高，其中硫酸氧化性较强，磷酸能与一些金属离子如 Fe^{3+} 等络合，有利于消除 Fe^{3+} 等离子的干扰。

e. 硫酸—高锰酸钾消解法：该方法常用于消解测定 Hg 的水样。消解要点是：取适量水样，加适量硫酸和 5％高锰酸钾溶液，混匀后加热煮沸，冷却，过量的高锰酸钾用盐酸羟胺溶液除去。

f. 碱分解法：当用酸体系消解水样造成易挥发组分损失时，可改用碱分解法，即在水样中加入氢氧化钠和过氧化氢溶液，或者氨水和过氧化氢溶液，加热煮沸至近干，用水或稀碱溶液温热溶解。

（2）土壤样品消解

土壤样品消解方法有酸分解、碱熔分解法、高压釜分解法、微波炉分解法。分解的作用是破坏土壤的矿物晶格和有机质，使待测元素进入试样溶液中。

酸分解法 分解土壤样品常用的混合酸消解体系有：盐酸—硝酸—氢氟酸—高氯酸、盐酸—硝酸—氢氟酸、硫酸—硝酸—高氯酸、硝酸—硫酸—氢氟酸、硝酸—硫酸—高锰酸钾或硝酸—硫酸—五氧化二钒。其中含氢氟酸的消解体系由于氢氟酸对玻璃的腐蚀作用需要用聚四氟乙烯坩埚进行消解。

使用土壤酸分解法应注意：①温度要严格控制；②在蒸至近干的过程中，冒烟时间要足够长，溶解物呈黏稠状；③应在加入高氯酸之前加入氢氟酸；④含有机物较多的土壤样品，要反复加高氯酸；⑤如果试样蒸干涸，会导致许多元素测定结果偏低，因为试样蒸干可能生成难溶的氧化物，包藏待测元素，使结果偏低。⑥分解好的样品应呈白色或淡黄色。

碱熔分解法 碱熔分解法是将土壤样品与碱混合，在高温下熔融，使样品分解的方法。适用于土壤中氟化物、稀土元素、K、B 元素的样品预处理。所用器皿有铝坩埚、铁坩埚、瓷坩埚、镍坩埚和铂金坩埚等。常用的熔剂有 Na_2CO_3、Na_2OH、过氧化钠、偏硼酸锂等。其操作要点是：称取适量土样于坩埚中，加入适量熔剂（用碳酸钠熔融时应先在坩埚底垫上少量碳酸钠或氢氧化钠），充分混匀，移入马福炉中高温熔融。熔融温度和时间及器皿的选

---

① 即硝酸与硫酸以体积比 5∶2 混合制成溶液。书中其他混合溶液配比以 $x+y$ 形式出现，均指体积比。

择视所用熔剂而定，如用碳酸钠溶剂用铂金坩埚于900～920℃熔融0.5 h，用过氧化钠或氢氧化钠可用铁坩埚或镍坩埚于650～700℃熔融20～30 min等。熔融好的土样冷却至60～80℃后，移入烧杯中，于电热板上加水和盐酸（1+1）加热浸提和中和、酸化熔融物，待大量盐类溶解后，滤去不熔物，将滤液定容，供分析测定。

碱熔法具有分解样品完全，操作简便、快速，且不产生大量酸蒸气的特点，但由于使用试剂量大，引入了大量可溶性盐，也易引进污染物质或为后续测定引入干扰。另外，有些重金属如镉、铬等在高温下易挥发损失，不能采用此方法分解。

高压釜密闭分解法 该方法是将用水润湿，加入混合酸并摇匀的土样放入能严密密封的聚四氟乙烯坩埚内，置于耐压的不锈钢套筒中，放在烘箱内加热（一般不超过180℃）分解的方法，具有用酸量少、易挥发元素损失少、可同时进行批量试样分解等特点。其缺点是：看不到分解反应过程，只能在冷却开封后才能判断试样分解是否完全；分解试样量一般不能超过1.0 g，使测定含量极低的元素时称样量受到限制。

使用高压釜密闭分解时注意：①加热温度不要超过180℃；②分解含有机质较多的土壤时，特别是在使用高氯酸的场合下，有发生爆炸的危险，可先在80～90℃加热2 h，再升温至150～180℃；③分解含铝较多的样品，可适当延长加热时间；④试样及酸量的总体积不得超过坩埚容积的2/3；⑤分解完要放置30 min以上再打开。

微波炉加热分解法 在微波磁场中，被消解样品极性分子快速转动和定向排列，从而产生振动。在较高温度和压力下消解样品，可以激化化学物质，从而使氧化剂的氧化能力大大加强，使样品表层扰动破裂，并不断产生新的与试剂接触的表面，加速了样品的消解。微波消解法是一种高效省时的现代制样技术，普遍用于原子光谱分析的样品预处理。该方法是将土壤样品和混合酸放入聚四氟乙烯容器中，置于微波炉内加热使试样分解。由于微波炉加热不是利用热传导方式使土壤从外部受热分解，而是以土样与酸的混合液作为发热体，从内部加热使土样分解，热量几乎不向外部传导损失，所以热效率非常高，并且利用微波炉能激烈搅拌和充分混匀土样，使其加速分解。如果用密闭法分解一般土壤样品，经几分钟便可达到良好的分解效果。

(3) 生物样品的消解

生物样品中含大量有机物，测定无机物或无机元素时，常用以下几种试剂体系消解。

硝酸—高氯酸 硝酸—高氯酸消解是破坏有机物比较有效的方法，但要严格按照操作程序，防止发生爆炸。通常将样品先用硝酸或硝酸—硫酸混合液进行消解，将有机物中的羟基充分氧化，再加高氯酸可减少和防止爆炸。

硝酸—硫酸 硝酸—硫酸消解法能分解各种有机物，但不能完全分解吡啶及其衍生物（如烟碱）、毒杀芬等。此法特别适用于测定金属元素的生物样品。在此消解过程中卤素元素完全损失，Hg、As、Se也有一定程度的损失。

硫酸—过氧化氢 硫酸—过氧化氢消解法应用也比较普遍，消解液可用来测定生物样品测定N、P、K、B、As、F等元素。

硫酸—硝酸—高锰酸钾/硫酸—硝酸—五氧化二钒 测定生物样品中Hg时，用硫酸和硝酸（1+1）混合液加高锰酸钾，于60℃保温分解鱼、肉样品；用5%高锰酸钾的硝酸溶液于85℃回流消解食品和尿液等样品；用硫酸加过量高锰酸钾分解尿样等，都可获得满意的效果。测定动物组织、饲料中的汞，使用加五氧化二钒的硝酸和硫酸混合液催化氧化，温度可达 190℃，能破坏甲基汞，使汞全部转化为无机汞。

对于脂肪和纤维素含量高的样品，如肉、面粉、稻米、秸秆等，加热消解时易产生大量泡沫，容易造成被测组分损失，可采用先加硝酸，在常温下放置 24 h 后再消解的方法，也可以用加入适宜防起泡剂的方法减少泡沫的产生，如用硝酸硫酸消解生物样品加入辛醇，用盐酸高锰酸钾消解生物体液加入硅油等。

采用增压溶样法分解有机物样品和难分解的无机物样品具有试剂用量少，溶样效率高，可减少污染等优点。该方法将生物样品放入外包不锈钢外壳的聚四氟乙烯坩埚内，加入混合酸或氢氟酸，在压力消解罐中密闭加热，于 140～160℃保温 2～6 h，即可将有机物分解，获得清亮的待测溶液。

2.5.1.2　干灰化法

干灰化法又称高温分解法。适合处理水样和生物样品，其处理过程是：取适量水样于白瓷或石英蒸发皿中，置于水浴上或用红外灯蒸干，移入马弗炉内，于 450～550℃灼烧到残渣呈灰白色，使有机物完全分解除去。取出蒸发皿，冷却，用适量 2% HNO_3（或 HCl）溶解样品灰分，过滤，滤液定容后供测定。与水样相比，生物样品需在低温初步炭化后再移入马弗炉高温灼烧。

本方法不适用于处理测定易挥发组分（如 As、Hg、Cd、Se、Sn 等）的水样。

灰化法分解生物样品不使用或少使用化学试剂，并可处理较大量的样品，故有利于提高测定微量元素的准确度。但是，因为灰化温度一般为 450～550℃，不宜处理测定易挥发组分的样品。此外，灰化法所用时间也较长。

根据样品种类和待测组分的要求不同，可选用不同材料的坩埚和灰化温度。常用的有石英、铂、银、镍、铁、瓷、聚四氟乙烯等材质的坩埚。通常生物样品在灰化过程中不加入其他试剂，但有时为促进分解或抑制某些元素挥发损失，常加入一些适量辅助灰化剂，如加入硝酸和硝酸盐，可加速样品氧化，疏松灰分，利于空气流通；加入硫酸和硫酸盐，可减少氯化物的挥发损失；加入碱金属或碱土金属的氧化物、氢氧化物或碳酸盐、乙酸盐，可防止氟、氯、砷等的挥发损失；加入镁盐，可防止某些待测组分和坩埚材料发生化学反应，抑制磷酸盐形成玻璃状熔融物包裹未灰化的样品颗粒等。

样品灰化完全后，经稀硝酸或盐酸溶解供分析测定。如酸溶液不能将其完全溶解时，则需要将残渣加稀盐酸煮沸，过滤，然后再将残渣用碱融法灰化。也可以将残渣用氢氟酸处理，蒸干后用稀酸溶解供测定。

对于 As、Hg、Se、F、S 等挥发性元素，可采用低温灰化法，如高频电激发灰化技术和氧瓶燃烧法技术分解生物样品。高频电激发灰化技术是一种用激发态氧在低温条件下氧化有机物的方法（装置如图 2-14 所示）。激发态氧是氧在 133～666 Pa 的压力下通过高频电场（1～50 MHz）产生的，这种氧主要以氧原子组成，寿命约 1 s，但也有处于基态和激发态的中性和电离的氧分子。用此法灰化，样品的温度在 150～200℃范围内就可使样品完全灰化，使易挥发的元素保留在低温灰化的残渣中，同时使发生玷污的可能性减少。其缺点是灰化需要较长时间。氧瓶燃烧法（图 2-15）是一种简易低温灰化方法，该方法将样品包在无灰滤纸中，滤纸包钩挂在绕结于磨口瓶塞的铂丝上，瓶内放入适当吸收液，并预先充入氧气；将

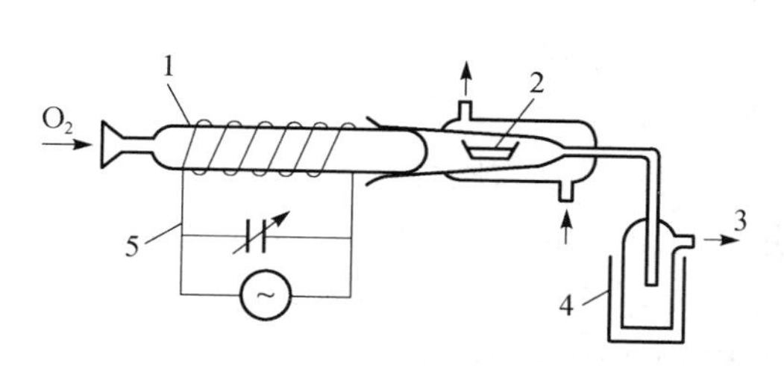

图 2-14 高频电场激发氧灰化装置

1. 石英管 2. 舟中样品 3. 接真空泵 4. 冷阱 5. 高频电发生器

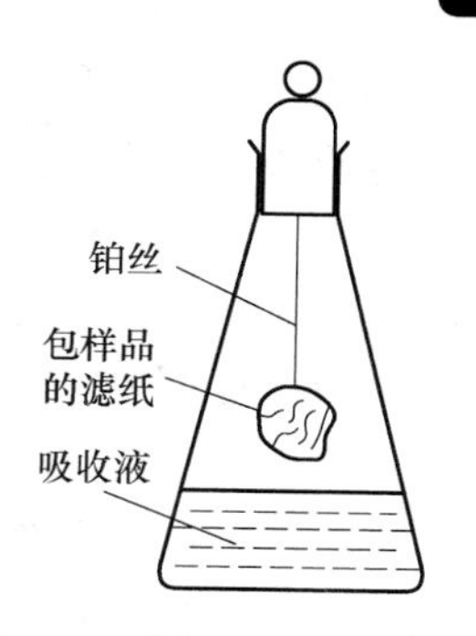

图 2-15 氧瓶燃烧灰化装置

滤纸点燃后，迅速插入瓶内，盖严瓶塞，使样品燃烧灰化，待燃烧尽，摇动瓶内溶液，使燃烧产物溶解于吸收液，供测定。

2.5.2 沉淀分离法

沉淀分离法是根据溶度积原理、利用沉淀反应进行分离的方法。在待分离试液中，加入适当的沉淀剂，在一定条件下，使欲测组分沉淀出来，或者将干扰组分析出沉淀，以达到除去干扰的目的。沉淀分离法包括沉淀、共沉淀 2 种方法。

2.5.2.1 沉淀法

在常量组分的分离中，可采用 2 种方式。

① 将欲测组分与试样中的其他组分分离，再将沉淀过滤、洗涤、烘干、最后称重，计算其含量，即重量分析法。

② 将干扰组分以微溶化合物的形式沉淀出来与待测组分分离。

在沉淀分离中关键是合适沉淀剂的选用，尽量选用能使被沉淀物具有较小溶度积的、选择性较好的、本身溶解度较大、形成的沉淀具有良好结构的沉淀剂。

2.5.2.2 共沉淀法

共沉淀法是指溶液中一种难溶化合物在形成沉淀（载体）过程中，将共存的某些痕量组分一起载带沉淀出来的现象。共沉淀现象在常量分离和分析中是力图避免的，但却是一种分离富集痕量组分的手段。

共沉淀的机理基于表面吸附、包藏、形成混晶和异电荷胶态物质相互作用等。

（1）利用吸附作用的共沉淀分离

利用共沉淀剂的吸附作用，而将痕量元素从溶液中载带下来。该方法常用的载体有 $Fe(OH)_3$、$Al(OH)_3$、$Mg(OH)_2$、$MnO(OH)_2$ 及硫化物等。由于它们是表面积大、吸附力强的非晶形胶体沉淀，故富集效率高。例如，分离含铜溶液中的微量铝，仅加氨水不能使铝以 $Al(OH)_3$ 沉淀析出，若加入适量 Fe^{3+} 和氨水，则利用生成的 $Fe(OH)_3$ 作载体，将 $Al(OH)_3$ 载带沉淀出来，达到与母液中 $Cu(NH_3)_4{}^{2+}$ 分离的目的。

（2）利用生成混晶的共沉淀分离

当欲分离微量组分及沉淀剂组分生成沉淀时，如具有相似的晶格，就可能生成混晶共同析出。例如，硫酸铅和硫酸锶的晶形相同，如分离水样中的痕量Pb，可加入适量Sr^{2+}和过量可溶性硫酸盐，则生成$PbSO_4$-$SrSO_4$的混晶，将Pb^{2+}共沉淀出来。

(3) 用有机共沉淀剂进行共沉淀分离和富集痕量组分

有机共沉淀剂可通过形成缔合物、螯合物或胶态化合物进行共沉淀。有机共沉淀剂的选择性较无机沉淀剂好，得到的沉淀也较纯净，并且通过灼烧可除去有机共沉淀剂，留下欲测元素。例如，在0.5～1 mol/LHCl介质中，In^{3+}生成$InCl_4^-$，溶液中加入甲基蓝后，$InCl_4^-$与溶液中带正电荷的甲基蓝生成难溶性正盐而被沉淀富集，又如痕量Ni^{2+}与丁二酮肟生成螯合物，分散在溶液中，若加入丁二酮肟二烷酯（难溶于水）的乙醇溶液，则析出固相的丁二酮肟二烷酯，便将丁二酮肟镍螯合物共沉淀出来。丁二酮肟二烷酯只起载体作用，称为惰性共沉淀剂。

共沉淀法操作简单，易于掌握，适用于大批量试样分析；富集倍数高，可达10^3，广泛用于水环境体系（淡水、海水、废水等）中含量为μg/L级以下的重金属的富集。缺点是需要过滤、洗涤等操作，比较费时。

2.5.3 气提、顶空和蒸馏法

气提、顶空和蒸馏法适用于测定易挥发组分的水样预处理。采用向水样中通入惰性气体或加热方法，将被测组分吹出或蒸出，达到分离和富集的目的。

2.5.3.1 气提法

该方法是把惰性气体通入调制好的水样中，将欲测组分吹出，直接送入仪器测定，或导入吸收液吸收富集后再测定。例如，用冷原子吸收法测定水样中的汞时，先将Hg^{2+}用氯化亚锡还原为单质汞，再利用汞易挥发的性质，通入惰性气体将其吹出并载入冷原子测汞仪测定；用分光光度测定水样中的硫化物时，先使之在磷酸介质中生成硫化氢，再用惰性气体载入乙酸锌—乙酸钠溶液吸收，达到与母液分离和富集的目的。

2.5.3.2 顶空法

该方法常用于测定VOCs或挥发性无机物（VICs）水样的预处理。顶空法有静态顶空法和动态顶空法之分。

静态顶空法是测定时，先在密闭的容器中装入水样，容器上部留存一定空间，再将容器置于恒温水浴中，经过一定时间，容器内的气液两相达到平衡，取液上蒸气相进行分析。欲测组分在两相中的分配系数K和两体积比β分别为：

$$K=\frac{[X]_G}{[X]_L},\quad \beta=\frac{V_G}{V_L} \tag{2-2}$$

式中 $[X]_G$，$[X]_L$——平衡状态下欲测物X在气相和液相中的浓度；

V_G，V_L——气相和液相体积。

根据物料平衡原理，可以推导出欲测物在气相中的平衡浓度和其在水样中原始浓度$[X]_L^0$之间的关系式：

$$[X]_G=\frac{[X]_L^0}{K+\beta} \tag{2-3}$$

K 与被处理对象的物理性质、水样组成、温度有关，可用标准试样在与水样相同条件下测知，而 β 也已知，故当从顶空装置取气样测得 $[X]_G$ 后，即可利用上式计算出水样中欲测物的原始浓度 $[X]_L^0$。

动态顶空法是一种连续的顶空技术，该方法是利用氮气、氦气或其他惰性气体将待测物从样品中抽提出来，是一种非平衡态的连续萃取。吹扫捕集技术就是动态顶空浓缩法，其过程为用氮气、氦气或其他惰性气体以一定的流量通过液体或固体进行吹扫，吹出所要分析的痕量挥发性组分后，被固体吸附柱冷阱中的吸附剂所吸附，然后加热脱附进入气相色谱系统进行分析。由于气体的吹扫，破坏了密闭容器中气、液两相的平衡，使挥发性组分不断地从液相进入气相而被吹扫出来，所以它比静态顶空法能测定更低的痕量组分。

顶空法由于无须对样品进行繁琐的预处理，不引入有机溶剂，减少了基体的干扰，提高了挥发性组分的检测灵敏度，在 VOCs 预处理中使用普遍。

2.5.3.3 蒸馏法

蒸馏法是利用水样中各污染组分具有不同的沸点而使其彼此分离的方法，分为常压蒸馏、减压蒸馏、水蒸气蒸馏、分馏法等。测定水样中的挥发酚、氰化物、氟化物时，均需在酸性介质中进行常压蒸馏分离；测定水样中的氨氮时，需在微碱性介质中常压蒸馏分离。图 2-16 为挥发酚和氰化物蒸馏装置。通过蒸馏起到消解、分离和富集的作用。

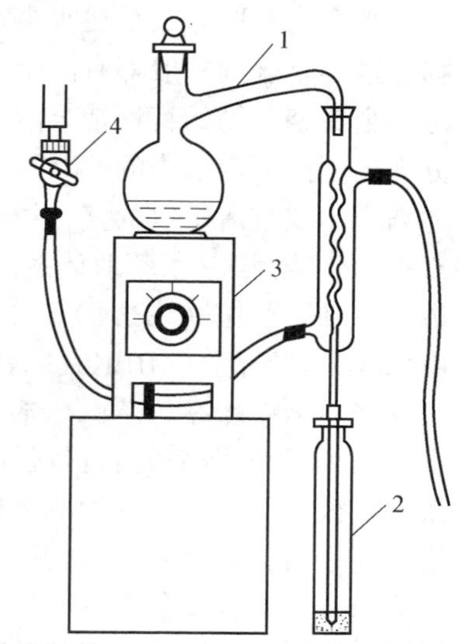

图 2-16 挥发酚、氰化物蒸馏装置

1. 500 全玻蒸馏器 2. 接收瓶 3. 电炉 4. 水龙头

2.5.4 液—液萃取法

液—液萃取也叫溶剂萃取，是基于物质在互不相溶的两种溶剂中分配系数不同，进行组分的分离和富集。通常所用的液—液萃取体系一相是水，另一相是一种合适的有机溶剂，利用与水不相溶的有机溶剂同试液一起振荡，一些组分进入有机相，另一些组分仍留在水相中，从而达到分离的目的。

在痕量分析中，液—液萃取应用于以下两个方面：

① 萃取基体，让痕量组分留于水相中，将主体成分与待测痕量组分分离。

② 将待测痕量组分从大体积水相萃取到小体积的有机相中，分离和富集痕量组分。环境样品中的有机污染物质，可根据“相似相容”原则，极性有机化合物，包括形成氢键的有机化合物及其盐类，通常易溶于水及极性有机溶剂，而不易溶于非极性或弱极性的有机溶剂；非极性或弱极性的有机化合物不易溶于水，但可溶于非极性或弱极性的溶剂，如苯、四氯化碳、氯仿等。因此，选用适当的溶剂和萃取条件，常可以从混合物中萃取某些组分，以达到分离目的。如用气相色谱法测定 DDT、六六六时，需用石油醚萃取；用红外分光光度法测定水样中的石油类和动植物油时，需要用四氯化碳萃取。但由于有机溶剂只能萃取水相中以非离子状态存在的物质，而多数无机物质在水相中以水合离子状态存在，故无法用有机溶剂直接萃取。为实现有机溶剂萃取，需先加入一种试剂，使其与水相中的离子态组分结

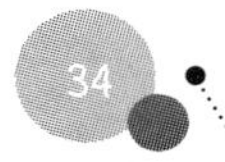

合，生成一种不带电、易溶于有机溶剂的物质。该试剂与有机相、水相共同构成萃取体系。环境分析中常用的萃取体系：

(1) 螯合萃取体系

这类萃取体系是利用金属离子与螯合剂形成疏水性的螯合物后被萃取到有机相，广泛用于金属阳离子的萃取。

螯合物萃取体系是在水中加入螯合剂，与被测金属离子生成易溶于有机溶剂的中性螯合物。这类螯合剂一般都有两个或两个以上的配位基，能够与金属离子结合，形成环状结构，这种金属螯合物的特性是难溶于水、易溶于有机溶剂，因而易被有机溶剂所萃取。例如，用分光光度法测定水中的 Cd^{2+}、Hg^{2+}、Zn^{2+}、Pb^{2+}、Ni^{2+} 等，加入双硫腙（螯合剂）能与上述离子生成难溶于水的螯合物，可用三氯甲烷（或四氯化碳）从水中萃取后测定，三者构成双硫腙-三氯甲烷-水萃取体系。常用的螯合萃取剂还有 8-羟基喹啉、铜铁试剂、吡咯烷基二硫代氨基甲酸铵（APDC）、二乙基二硫代氨基甲酸钠（NaDDC）等。常用的有机溶剂还有：甲基异丁基甲酮（MIBK）、2,6-二甲基-4-庚酮（DIBK）、乙酸丁酯等。

(2) 离子缔合物萃取体系

阳离子和阴离子通过较强的静电引力相结合形成的化合物叫离子缔合物。在这类萃取体系中，被萃取物质是一种疏水性的离子缔合物，可用有机溶机萃取。许多金属水合阳离子或络阴离子与大体积的阴离子缔合，即可生成疏水性的离子缔合物。如测定土壤中的 Pb、Cd，在 1%的盐酸介质中，于试样中加入适量 KI，试液中的 Pb^{2+}、Cd^{2+} 与 I^- 形成稳定的离子缔合物，可被甲基异丁基甲酮（MIBK）萃取，将有机相喷入火焰进行测定。

为了获得良好的萃取效果，必须根据不同的萃取体系选择适宜的萃取条件，如控制溶液的酸度、选择效果好的萃取剂和有机溶剂。在选择萃取溶剂时，主要考虑金属螯合物在该溶剂中有较大的溶解度。可以根据螯合物的结构，选择结构相似的溶剂。例如，含烷基的螯合物可用卤代烃（如 CCl_4、$CHCl_3$ 等）作萃取溶剂；含芳香基的螯合物可用芳香烃（如苯、甲苯）作萃取溶剂。

总之，液—液萃取法具有简便、快速，分离效果好的优点。缺点是大批量操作时，工作量大；大多数萃取溶剂易挥发、有毒，污染环境，危害人体健康，而且易燃且价格昂贵。目前正逐渐被新的萃取方法所替代。但作为一种经典的萃取方法仍然被作为标准方法检验新方法的可靠性。

2.5.5 索氏提取法

索氏提取器或脂肪提取器（图 2-17），常用于提取土壤、生物样品中的农药、石油类、苯并［a］芘等有机污染物质。其提取方法是：将制备好的生物样品放入滤纸筒中或用滤纸包紧，置于提取筒内；在蒸馏烧瓶中加入适当的溶剂，连接好回流装置，并在水浴上加热，则溶剂蒸气经侧管进入冷凝器，凝集的溶剂滴入提取筒，对样品进行浸泡提取。当提取筒内溶剂液面超过虹吸管的顶部时，就自

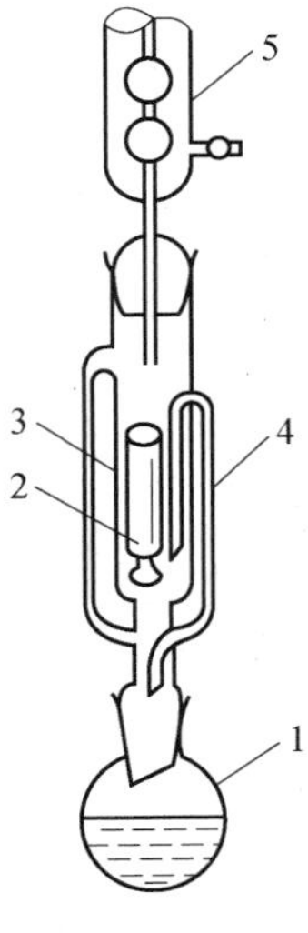

图 2-17 索氏提取器

1. 蒸馏烧瓶 2. 样品纸筒 3. 提取筒 4. 虹吸管 5. 冷凝器

动流回蒸馏瓶内，如此重复进行。因为样品总是与纯溶剂接触，所以提取效率高，且溶剂用量小，提取液中被提取物的浓度大，有利于下一步分析测定。但该方法费时，常用作研究其他提取方法的对照比较方法。

2.5.6 微波辅助萃取

由于不同物质的介电常数不同，各种物质吸收微波能的能力不同，因而产生的热能及传递给周围环境的热能也不同，利用这种差异，通过调节微波加热方式使样品中的目标有机物质被选择性加热，从而使被萃取物质从体系中分离出来，进入到介电常数小、微波吸收能力差的萃取剂中。这种方法被广泛地应用于土壤中多环芳烃、多氯联苯、有机氯农药等有机污染物的提取上，具有快速、有效、稳定性好、节能、节省溶剂、污染小、可实行多份试样同时处理等特点，与传统的索氏提取法相比，极大地缩短了萃取时间和减少了所需试剂的用量，是一种环境友好型技术，但由于该技术还停留在实验室小样品的提取阶段，工业化微波炉还未见报道，而且还未能够直接实现在线联机。从目前应用的情况来看，还远远没有达到预期效果，需要更广泛地推广。

2.5.7 加速溶剂萃取法

加速溶剂萃取（accelerated solvent extraction，ASE）是通过改变萃取条件，以提高萃取效率和加快萃取速度的新型高效的萃取方法。它是通过提高萃取剂的温度和压力，以提高萃取效率和速度的一种新型高效提取方法。提高温度增加压力一方面可使范德华力、氢键及溶剂分子和基质活性部分的偶极距吸引力被削弱，提取溶剂溶解容量增加；另一方面可使液体的黏度降低，溶剂溶质和基质的表面张力降低，有利于目标污染物与提取溶剂的接触渗透，从而显著增加其萃取速度。其突出的优点是有机溶剂用量少、快速、萃取提取效率高，以自动化方式进行萃取。此法被认为是提取效率高、使用方便灵活、操作安全可靠地从土壤中萃取有机污染物的技术，目前已被美国环境保护署（USEPA）选定为推荐的标准方法（标准方法编号 3545）。

加速溶剂萃取系统由 HPLC 泵、气路、不锈钢萃取池、萃取池加热炉、萃取收集瓶等构成。其组成与工作流程如图 2-18 所示。HPLC 泵是一种压力控制泵，萃取池采用 316 型不锈钢制造，用压缩的气体将萃取的样品吹入收集瓶内，萃取时有机溶剂的选择与索氏萃取法相同，萃取温度一般控制在 150～200℃之间，压力通常为 3.3～19.8 MPa，在上述条件下进行静态萃取，全过程约需 15 min。

加速溶剂萃取适用于固体或半固体样的预处理。目前已有报道用于环境样品中的有机磷、有机氯农药、呋喃、含氯除草剂、苯类、总石油烃、多环芳烃、多氯联苯等的萃取。根据被萃取样品挥发的难易程度，加速溶剂萃取采取两种方式对样品进行处理，即预加热法和预加入法。预加热法是在向萃取池加注有机溶剂前，先将萃取池加热。适用于不易挥发样品。预加入法是在萃取池加热前先将有机溶剂注入，主要是为了防止易挥发组分的损失。先加入溶剂易挥发组分即被溶解于溶剂中，可避免加热过程中损失，适用于易挥发样品的处理。

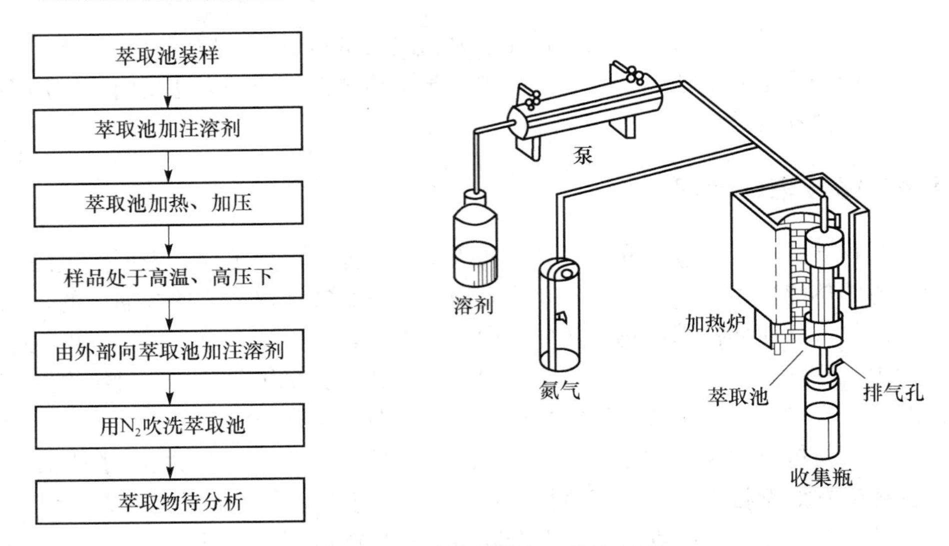

图 2-18　快速溶剂萃取工作流程图

（引自牟世芬，1997）

2.5.8　固相萃取法

2.5.8.1　固相萃取的基本原理

固相萃取的原理基本上与液相色谱分离过程相仿，是一种吸附剂萃取，主要适用于液体样品的预处理技术，其基本原理是通过颗粒细小的多孔固相吸附剂选择性地吸附溶液中的被测物质，被测物质被定量吸附后，用体积较小的另一种溶剂洗脱或用热解析的方法解析被测物质，在此过程中达到分离富集被测物质的目的。

2.5.8.2　固相萃取装置

固相萃取的基本装置是固相萃取柱或固相萃取盘，如图 2-19 所示。

（1）固相萃取柱

固相萃取柱的容积大约在 1～50 mL，柱体多由聚丙烯制成，也可采用玻璃或聚四氟乙

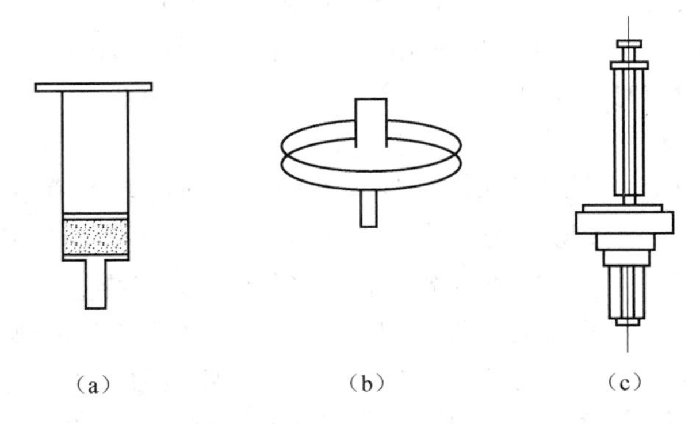

图 2-19　固相萃取装置构型（引自张海霞 等，2000）

（a）固相萃取柱　（b）固相萃取盘　（c）萃取器

烯制成。反相固相萃取柱常用的填料有 C_{18} 键合硅胶、C_8 键合硅胶、苯基键合硅胶、活性炭、碳分子筛、石墨化碳黑和多孔石墨碳等。正相固相萃取柱使用的填料有非键合硅胶、双醇基硅胶、氰腈基硅胶等。固相萃取柱中还使用离子交换剂、排阻色谱吸附剂填料、免疫亲和色谱填料和分子模板高聚物填料等。表 2-3 列出 SPE 使用的部分吸附剂及相关应用。

表 2-3　SPE 使用的不同类型吸附剂及相关应用

吸附剂	分离机理	洗脱溶剂	分析物的性质	环境分析中的应用
C_{18} 和 C_8 键合硅胶	反相	有机溶剂	非极性和弱极性	芳烃类、多环芳烃类、多氯联苯类、有机磷和有机氯农药类、烷基苯类、多氯苯酚类、邻苯二甲酸酯类、多氯苯胺类、非极性除草剂、脂肪酸类、氨基偶氮苯、氨基蒽醌
多孔聚苯乙烯—二乙烯苯（PS-DVB）	反相	有机溶剂	非极性到中等极性	苯酚、氯代苯酚、苯胺、氯代苯胺、中等极性的除草剂（三嗪类、苯磺酰脲类、苯氧酸类）
石墨碳	反相	有机溶剂	非极性到相当极性	醇类，硝基苯酚类、相当大极性的除草剂
离子交换树脂	离子交换	一定 pH 值的水溶液	阴阳离子型有机物	苯酚、次氮基三乙酸、苯胺和极性衍生物、邻苯二甲酸类
金属配合物吸附剂	配体交换	配位的水溶液	金属配合物特性	苯胺衍生物、氨基酸类、2-巯基苯并咪唑、羧酸类

固相萃取柱使用简便，应用范围广。但在实际应用中仍存在如下的一些问题：①由于柱径较小，使流速受到限制。通常只能在 1～10 mL/min 范围内使用。当需要处理大量水样时，则需要较长的时间；②采用 40 μm 左右的固定相填料，容易造成填充不均匀，出现缝隙，降低柱效。若采用较大的流速会产生动力效应，妨碍某些组分有效地收集；③对于相对较脏的样品，如各种污水，含生物样品及悬浮微粒的水样，很容易将柱堵塞，增加样品处理时间；为克服这些缺点，出现了盘状结构。

（2）固相萃取盘

固相萃取盘由粒径很细的键合硅胶或吸附树脂填料加少量聚四氟乙烯或玻璃纤维丝压制而成。填料约 SPE 盘总量的 60％～90％，盘的厚度约 1 mm。与萃取柱比，固相萃取盘增大了面积，降低了厚度，对于同质量的填料固相萃取盘的横截面积，约是固相萃取柱的 10 倍，提高了效率，增大了萃取容量。

目前盘状固相萃取剂可分为 3 大类：①由聚四氟乙烯网络包含了化学键合的硅胶或高聚物颗粒填料。由美国 3M 和 Bio-Rad Laboratories 生产。其中填料含量占 90％，聚四氟乙烯只有 10％；②由聚氯乙烯网络包含于带离子交换基团或其他亲和基团的硅胶，如 FMC 公司生产的 Anti-Disk，Anti-Mode 和 Kontes 生产的 Fastchrom 膜；③衍生化膜。它不同于前两种，固定相并非包含在膜中，而是膜本身经化学反应键合了各种功能团。上述 3 类盘状固相萃取剂中只有聚四氟乙烯网络状介质与普通固相短柱相仿，用于萃取金属离子及各种有机物，后两类主要用于富集生物大分子。

固相萃取一般包括 4 个步骤，即萃取柱或盘的预处理、加样、洗去干扰杂质、分析物的洗脱及收集。在固定相吸附分析物前，吸附剂要经过适当处理，主要是为了除去吸附剂中可能存在的杂质同时使吸附剂溶剂化。在加样吸附时样品溶液就可以与吸附剂表面紧密接触，以保证获得高的萃取效率和大的穿透体。

固相萃取自 20 世纪 70 年代末首次出现，现已经历了 20 多年的发展，基本取代了传统的液液萃取。与液液萃取等传统方法相比，固相萃取具有明显优势。首先，固相萃取大大减少了高纯有毒溶剂的使用，是一种对环境友好的富集分离方法；其次固相萃取属于无相操作，易于收集分析物组分，可以处理小体积试样。此外该方法操作简单、快速、易于实现自动化，而且固相萃取具有较高的回收率和富集倍数，广泛应用于组分复杂水样的预处理，如对测定有机氯（磷）农药、苯二甲酸酯、多氯联苯等污染物水样的预处理。美国环境保护署在建立一些分析水样的方法中，已同意使用 SPE 代替液—液萃取法（Liguid-Liguid extraction，LLE），见表 2-4。

表 2-4 用 SPE 净化和富集的美国环境保护署（EPA）方法

EPA 方法	分析物	试　样	SPE 固定相
506	邻苯二甲酸酯和己酸酯	饮用水	C_{18}
513	四氯代二苯基对二恶英	饮用水	C_{18}
508.1	含氯杀虫剂、除草剂和有机卤化物	饮用水	C_{18}
515.2	氯代酸	饮用水	PS-DVB
525.1	有机化合物（可被萃取）	饮用水	C_{18}
548.1	内氧草索	饮用水	阴离子交换剂
549.1	杀草快和百草枯	饮用水	C_8
550.1	多环芳烃	饮用水	C_{18}
552.1	卤代乙酸和茅草枯	饮用水	阴离子交换剂
553	联苯胺和含氮杀虫剂	饮用水	C_{18}或 PS-DVB
554	羰基化合物	饮用水	C_{18}
555	氯代酸	饮用水	C_{18}
548	内氧草索	饮用水	C_{18}
525.2	有机化合物	饮用水	C_{18}
3535	有机氯杀虫剂、邻苯二甲酸酯、TCLP 浸提液	水溶样	C_{18}或 PS-DVB
1658	苯氧基酸除草剂	废水	C_{18}
1656	有机卤化物除草剂	废水	C_{18}
1657	有机磷杀虫剂	废水	C_{18}
3600	有机氯杀虫剂和多氯联苯化合物	废水	氧化铝、硅胶、硅酸镁
8440	石油烃总量	沉积物、土壤、淤泥	硅胶
8325	联苯胺和含氮杀虫剂	水、废水	C_{18}
T013	苯并［a］芘和其他多环芳烃	空气	XAD-2 树脂、聚氨酯海绵 XAD-2

注：引自张海霞等，2008。

另外，固相萃取技术还可以应用在野外直接萃取水样，萃取后的介质便于保存和运送，而且污染物吸附在固定介质上比存放在冰箱中的水样中更为稳定，直至分析前再用溶剂将被测组分从固定相上洗脱下来。除了环境水样外，固相萃取液被用于大气样品的预处理，通常使用各种类型的吸附管，内装 Tenax-GC、活性炭、聚氨基甲酸酯泡沫塑料、Ameberlite

XAD、分子筛、氧化铝、硅胶等吸附剂，它们不但可以萃取大气中的污染物，而且可以捕集气溶胶和飘尘，吸附了被测物质的吸附剂可以用溶剂洗脱下来。固相萃取技术处理大气样品也可以起浓缩作用，尤其是 C_{18} 薄膜介质对大气中痕量污染物的浓缩十分有效。

目前各种规格和性能的固相柱、固相盘均有市售，且吸附剂种类繁多，可根据需要选择。今后，固相萃取的研究将向高选择性和高通用性方向发展。固相萃取装置将向微型化、高通量方向发展。

2.5.9 固相微萃取（SPME）

固相微萃取是在固相萃取技术的基础上发展起来的。固相微萃取技术有效地克服了固相萃取技术的缺点，如固体颗粒对填料的堵塞，能够大幅度地降低空白值，缩短分析时间。固相微萃取操作简便，无须使用有机溶剂洗脱，易于实现自动化，与 HPLC、GC、MS 等联用进行分析，特别适合于在野外采样。固相微萃取不是将待测物全部分离出来，而是通过样品与固相涂层之间的平衡来达到分离的目的。

SPME 采用一种略似微量进样器的装置（如图 2-20 所示），主要由两部分组成：一部分是类似于注射针头模样的熔融石英纤维，其半径一般是 15 mm 左右，上面涂布着固定体积（厚度为 10～100 μm）的聚合物固定液，构成萃取头。另一部分是就是手柄，不锈钢的活塞安装在手柄里，可以推动萃取头进出手柄。平时萃取头就收缩在手柄内，当萃取样品时，露出萃取头浸渍在样品中或置于样品上空进行顶空萃取，有机物就会吸附在萃取头上，经过 2～30 min 后吸附达到平衡，萃取头收缩于鞘内，将固相微萃取装置撤离样品，完成萃取过程。将萃取装置直接引入气象色谱仪的进样口，推出萃取头，吸附在萃取头上的有机物就在进样口进行热解吸，然后被载气送入毛细管柱进行分析测定。固相微萃取进行富集有两种方法，一种是直接 SPME 法：将萃取头直接插入样品中，当待测物与固定相之间从分配至平衡时，即可取出进样分析。另一种方法是顶空 SPME 法：萃取头不与样品直接接触，而是将其停留在顶空，于气相中使待测物质富集于固定相后供分析。顶空 SPME 法应用相对较多一些，可以避免大分子干扰物吸附于石英纤维上，适用于很多种类型的样品上。但顶空法不适用于一些沸点较高的分析物（沸点超过 450℃）。固相微萃取迅速又广泛地被应用于环境样品有机污染物的分析中，包括土壤、沉积物、水样及气样中的卤代烃（包括卤代芳烃）、有机氯农药、多环芳烃、胺类化合物以及石油类等。

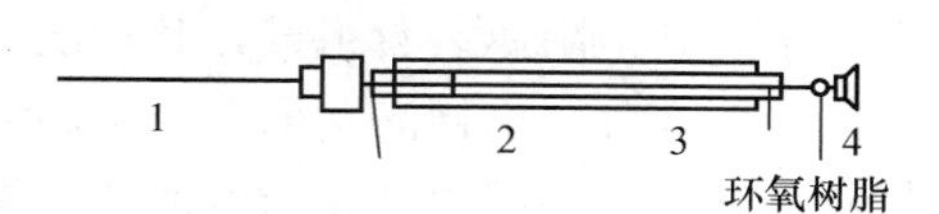

图 2-20 SPME 萃取器的形状和结构示意

1. 萃取头 2. 注射器 3. 注射芯 4. 手柄

2.5.10 超临界流体萃取（SFE）

超临界流体萃取（supercritial fluid extraction）是近年来发展很快、应用很广的一种样品预处理技术。与液—液或液—固萃取一样，超临界流体萃取也是在两相之间进行的一种萃取方法，所不同的是萃取剂不是液体，而是超临界流体。超临界流体是流体界于临界温度及压力时的一种状态，超临界流体萃取的分离原理是利用超临界流体的溶解能力与其密度的关系，即利用压力和温度对超临界流体溶解能力的影响而进行萃取的。它克服了传统的索式提取费时费力、回收率低、重现性差、污染严重等弊端，使样品的提取过程更加快速、简便，同时消除了有机溶剂对人体和环境的危害，并可与许多分析检测仪器联用。

超临界流体萃取中萃取剂的选择随萃取对象的不同而改变，通常临界条件较低的物质优先考虑，表 2-5 列出了超临界流体萃取中常用的萃取剂的临界值。其中水的的临界值最高，因为实际使用中相对最少，使用最多的是 CO_2，它不但临界值相对较低，而且具有一系列优点：化学性质不活泼，不易于溶质反应、无毒无味，不会用二次污染；纯度高，价格适中，便于广泛使用；而且沸点低，容易从萃取后的馏份中除去，后处理比较简单；特别是不需加热，极适合萃取热不稳定的化合物。但是，由于 CO_2 的极性很低，只能用于萃取低极性和非极性的化合物。对于极性较大的化合物，通常用氨或氧化亚氮作为超临界流体萃取剂。但是氨很容易与其他物质反应，对设备腐蚀很严重，而氧化亚氮有毒，没有 CO_2 使用那么普遍。低烃类物质因可燃易爆，也不如使用 CO_2 广泛。

表 2-5　常用萃取剂的临界温度与压力

流　体	乙烯	二氧化碳	乙烷	氧化亚氮	丙烯	丙烷	氨	己烷	水
临界温度（℃）	9.3	31.1	32.3	36.5	91.9	96.7	132.5	234.2	374.2
临界压力（bar）	50.4	73.8	48.8	72.7	46.2	42.5	112.8	30.3	220.5

注：1 bar=10^5 Pa。

超临界流体萃取的流程如图 2-21 所示。包括：①超临界流体发生源，由萃取剂贮槽、高压泵及其他附属装置组成，其功能是将萃取剂由常温常压态转化为超临界流体。②超临界流体萃取部分，由样品萃取管及附属装置组成。处于超临界的萃取剂在这里将被萃取的溶质从样品基体中溶解出来，随着流体的流动，使含被萃取溶质的流体与样品基体分开。③溶质减压吸附分离部分，由喷口及吸收管组成。萃取出来的溶质及流体，必须由超临界态经喷口减压降温转化为常温常压态，此时流体挥发逸出，而溶质吸附在吸收管内多孔填料表面。用合适溶剂淋洗吸收管就可把溶质洗脱收集备用。

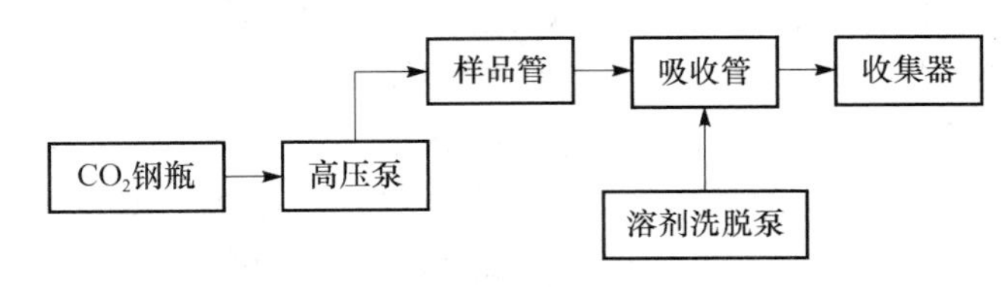

图 2-21　超临界流体萃取流程图

超临界流体萃取作为样品预处理技术几乎可以用到任何环境样品中去，但主要以处理固体样品为主，成功地用于测定土壤、沉积物、飞灰、生物组织中农药、多环芳烃、多氯联苯、石油烃类、二恶英、酚类等痕量污染物。超临界流体萃取与分析仪器的联用技术在环境分析中的应用日益增多，与脱机 SFE 及经典样品预处理技术相比，联机分析无论在样品消耗量，所需的溶剂量、处理时间等方面均有很大的优势。

思考题

1. 怎样布设江河水系的采样断面和采样点？

2. 水样有哪几种保存方法？试举几个实例说明怎样根据被测物质的性质选用不同的保存方法。
3. 对于工业废水排放源，怎么样布设采样点和确定采样类型？
4. 环境样品在分析测定之前，为什么要进行预处理？预处理包括哪些内容？
5. 填充柱阻留法和滤料阻留法各适用于采集何种污染物质？其富集原理有什么不同？
6. 简述固相萃取法在环境分析中的应用；其与液液萃取法相比，有何优点？
7. 简述固相微萃取、超临界流体萃取在环境分析中的应用。

参考文献

奚旦立，孙裕生. 2010. 环境监测 [M]. 4 版. 北京：高等教育出版社.

刘德生. 2001. 环境监测 [M]. 北京：化学工业出版社.

《水和废水监测分析方法》编委会 2006. 水和废水监测分析方法 [M]. 4 版. 北京：中国环境科学出版社.

《空气和废气监测分析方法指南》编委会. 2006. 空气和废气监测分析方法指南 [M]. 北京：中国环境科学出版社.

吴忠标，等. 2003. 环境监测 [M]. 北京：化学工业出版社.

曾斌，胡立嵩，李庆新. 2008. 土壤样品中有机污染物提取方法的研究新进展 [J]. 长江大学学报 (5).

邓桂春，臧树良. 2001. 环境分析与监测 [M]. 沈阳：辽宁大学出版社.

江桂斌. 2004. 环境样品前处理技术 [M]. 北京：化学工业出版社.

刘凤枝. 2001. 农业环境监测实用手册 [M]. 北京：中国标准出版社.

司文会. 2005. 现代仪器分析 [M]. 北京：中国农业出版社.

韦进宝，钱沙华. 2002. 环境分析化学 [M]. 北京：化学工业出版社.

张广强，黄世德. 2001. 分析化学 [M]. 2 版. 北京：学苑出版社.

中国标准出版社第二编辑室编. 2009. 环境监测方法标准汇编——土壤环境与固体废物 [M]. 2 版. 北京：中国标准出版社.

阎吉昌，徐书绅，张兰英. 2002. 环境分析 [M]. 北京：化学工业出版社.

许金生. 2002. 仪器分析 [M]. 南京：南京大学出版社.

张丽丽，胡继伟，等. 2007. 持久性有机污染物 (POPs) 的研究进展 [J]. 贵州师范大学学报，25 (1)：111-116，122.

邵鸿飞. 2007. 分析化学样品前处理技术研究进展 [J]. 化学分析计量，16 (5)：82-84.

戴军升，周守毅. 2008. 环境水样中有机污染物前处理方法发展近况 [J]. 兰州大学学报（自然科学版），44 (7)：141-143.

卫生部食品卫生监督检验所. 2004. 食品卫生检验方法（理化部分）总则 [M]. 北京：中国标准出版社.

佟百红，依海波，于丽萍. 2008. 几种环境样品前处理方法 [J]. 黑龙江环境通报，32 (3)：51-52.

《水和废水监测分析方法指南》编委会. 1990. 水和废水监测分析方法指南 [M]. 北京：中国环境科学出版社.

3

化学分析法

✦ ✦ ✦ ✦ ✦ ✦ ✦ ✦ ✦ ✦ ✦

本章提要

化学分析法是以物质的化学反应为基础的分析方法，包括重量分析法和滴定（容量）分析法，因其所用仪器设备简单，是重要的例行测试手段之一，在环境分析领域应用广泛。本章详细介绍了 4 种滴定分析法和重量分析法中的沉淀法，要求掌握滴定分析方法的分类、滴定分析原理、滴定曲线和指示剂；熟练掌握标准溶液的配制，并能进行定量计算；了解重量分析法的原理，熟悉各种化学分析法在环境分析中的应用。

✦ ✦ ✦ ✦ ✦ ✦ ✦ ✦ ✦ ✦ ✦

化学分析法是以物质的化学反应为基础的分析方法，主要包括重量分析法和滴定（容量）分析法。以称量物质的质量为计量基础的化学分析法称为重量分析法；以测量物质的体积为计量基础的化学分析法称为滴定分析法（或容量分析法）。重量分析法和滴定分析法通常用于高含量或中含量组分的测定，即待测组分的含量一般在1%以上。重量分析法的准确度比较高，但分析速度较慢。滴定分析法适用于多种化学反应，既可用于无机物的测定，也可用于有机物的测定。其操作简便、快速，且准确度较高，一般情况下，测定的相对误差为0.2%左右，所用仪器设备简单，为重要的例行测试手段之一，因此，滴定分析法在生产实践和科学试验上都有很大的实用价值。

3.1 滴定分析法

3.1.1 概述

滴定分析法是最重要的定量分析方法之一。它是将一种已知准确浓度的试剂溶液（标准溶液），用滴定管滴加到待测物质的溶液中，直到所加试剂与待测组分按化学计量关系完全反应为止，再根据所用标准溶液的浓度和所消耗的体积，计算出待测组分的含量，这种方法称为滴定分析法。

在滴定过程中，当所加入的标准溶液与被测物质按化学计量关系完全反应时，反应就到达了理论终点，理论终点也称化学计量点。在化学计量点时，滴定体系往往没有明显的外部特征，为了确定化学计量点，通常在待测溶液中加入某种物质，利用其颜色的变化来指示化学计量点，这类物质称为指示剂（如甲基橙、酚酞等）。根据指示剂的变色而终止滴定的这一点称为滴定终点。在实际分析中指示剂并不一定恰好在化学计量点时变色，滴定终点与化学计量点不能完全吻合，由此造成的分析误差称为终点误差。

3.1.2 滴定分析法分类

根据化学反应类型的不同，滴定分析法主要分为以下4类：

（1）酸碱滴定法

以酸碱中和反应为基础的一种滴定分析方法。用来测定酸、碱、植物粗蛋白等的含量，应用较广。反应可表示为：

$$H_3O^+ + OH^- = 2H_2O$$

（2）沉淀滴定法

以沉淀反应为基础的一种滴定分析方法。主要的沉淀法之一是银量法：

$$Ag^+ + SCN^- = AgSCN\downarrow$$

（3）配位滴定法

以配位反应为基础的一种滴定分析方法。可用于对金属离子进行测定，如用EDTA作配位剂的EDTA滴定法：

$$M + Y = MY$$

（4）氧化还原滴定法

以氧化还原反应为基础的一种滴定分析方法。其中包括高锰酸钾法、重铬酸钾法、碘量法等，相应的反应为：

$$MnO_4^- + 5Fe^{2+} + 8H^+ = Mn^{2+} + 5Fe^{3+} + 4H_2O$$

$$Cr_2O_7^{2-} + 6Fe^{2+} + 14H^+ = 2Cr^{3+} + 6Fe^{3+} + 7H_2O$$

$$I_2 + 2S_2O_3^{2-} = 2I^- + S_4O_6^{2-}$$

3.1.3 标准溶液

滴定分析中必须使用标准溶液，标准溶液是已知准确浓度的试剂溶液，待测物质的含量根据标准溶液的浓度和体积来计算。因此，正确配制标准溶液，准确标定标准溶液以及妥善保存标准溶液，对提高滴定分析结果的准确度均有十分重要的意义。

配制标准溶液有两种方法，即直接法和间接法。

（1）直接法

准确称取一定量的纯物质，溶解后定量转移到容量瓶中，并稀释至一定体积，然后计算出该标准溶液的准确浓度。能用直接法配制标准溶液的物质，通常称为基准物质。基准物质必须具备下列条件：

① 必须具有足够的纯度。杂质含量应小于滴定分析所允许的误差限度，一般要求纯度在 99.9%以上。

② 物质的组成应与化学式完全符合。若含结晶水，结晶水的含量也应与化学式相符。

③ 稳定性高。在烘干时不分解，称量时不吸收空气中的水分和二氧化碳，也不易被空气中的氧气所氧化等。

滴定分析中常用的基准物质及处理条件见表 3-1。

表 3-1 常用基准物质的干燥条件

基准物质		干燥后的组成	干燥条件（℃）
名称	化学式		
碳酸氢钠	$NaHCO_3$	Na_2CO_3	270～300
十水合碳酸钠	$Na_2CO_3 \cdot 10H_2O$	Na_2CO_3	270～300
硼砂	$Na_2B_4O_7 \cdot 10H_2O$	$Na_2B_4O_7 \cdot 10H_2O$	放在装有 NaCl 和蔗糖饱和溶液的密闭器皿中
碳酸氢钾	$KHCO_3$	K_2CO_3	270～300
二水合草酸	$H_2C_2O_4 \cdot 2H_2O$	$H_2C_2O_4 \cdot 2H_2O$	室温空气干燥
邻苯二甲酸氢钾	$KHC_8H_4O_4$	$KHC_8H_4O_4$	110～120
重铬酸钾	$K_2Cr_2O_7$	$K_2Cr_2O_7$	140～150
溴酸钾	$KBrO_3$	$KBrO_3$	130
碘酸钾	KIO_3	KIO_3	130
铜	Cu	Cu	室温干燥器保存
三氧化二砷	As_2O_3	As_2O_3	室温干燥器保存
草酸钠	$Na_2C_2O_4$	$Na_2C_2O_4$	130
碳酸钙	$CaCO_3$	$CaCO_3$	110
锌	Zn	Zn	室温干燥器保存
氧化锌	ZnO	ZnO	900～1 000

（续）

基准物质		干燥后的组成	干燥条件（℃）
名称	化学式		
氯化钠	$NaCl$	$NaCl$	500～600
氯化钾	KCl	KCl	500～600
硝酸银	$AgNO_3$	$AgNO_3$	220～250

但是，在滴定分析中，用来配制标准溶液的物质大多数不能满足上述条件。如氢氧化钠易吸收空气中的水分和二氧化碳，市售盐酸的含量有一定的波动，且易挥发，这些物质的标准溶液就不能用直接法配制，$KMnO_4$，$Na_2S_2O_3 \cdot 5H_2O$，H_2SO_4 等也不能直接配制标准溶液。

（2）间接法

粗略地称取一定量物质或量取一定量体积的溶液，配制成接近所需浓度的溶液，再通过一种基准物质（或另外一种已知准确浓度的标准溶液）用滴定的方式测定其准确浓度。这一过程又称为标定。

标定方法 准确称取一定量的基准物质，溶解，用待标定的溶液滴定，到达终点后根据基准物质的质量和待标定的溶液所消耗的体积，计算待标定溶液的浓度。待标定溶液浓度按式（3-1）计算：

$$c = \frac{m \times 1\,000}{MV} \tag{3-1}$$

式中 c——待标定的溶液浓度（mol/L）；

m——基准物质质量（g）；

M——基准物质摩尔质量（g/mol）；

V——待标定溶液所消耗的体积（mL）。

标定一般要求进行 3～4 次平行测定，且相对误差不大于 0.2%。

标准溶液应妥善保存 有些标准溶液保存得当可长期保持浓度不变或极少变化。溶液保存在试剂瓶中，因部分水分蒸发而凝结在瓶的内壁而使浓度改变，在每次使用前应将溶液充分摇匀。对于一些性质不够稳定的溶液，应根据它们的性质妥善保存，如见光易分解的 $AgNO_3$、$KMnO_4$ 等标准溶液要贮存于棕色瓶中，并放置暗处；对玻璃有腐蚀作用的强碱溶液最好贮存于塑料瓶中。对不够稳定的溶液，在隔一段时间后还要重新标定。

3.1.4 滴定分析方法

3.1.4.1 酸碱滴定法

（1）酸碱滴定原理

酸碱滴定是以酸碱反应为基础，利用酸碱电离平衡原理定量测定物质含量的滴定方法。其反应实质是：

$$H_3O^+ + OH^- = 2H_2O$$

在酸碱滴定中，滴定剂通常是强酸或强碱，如 HCl、H_2SO_4、$NaOH$、KOH 等。被测物质是酸、碱或能与酸碱反应的物质。滴定方式常采用直接滴定法、返滴定法和间接滴定法。例如，NaOH、HCl、HAc、$H_2C_2O_4$、H_3PO_4 等物质，可分别用酸或碱标准溶液直接滴定，即采用直接滴定法。有些物质，如 $(NH_4)_2SO_4$、$CaCO_3$、$Ca_3(PO_4)_2$ 等不能用直接滴定法时，可采用返滴定法或间接滴定法。测定 $CaCO_3$ 可用返滴定法。测定 $(NH_4)_2SO_4$ 中氮含量时可采用间接滴定法，即先使其与浓 NaOH 溶液反应，生成的 NH_3 用硼酸溶液吸收，生成的 $NH_4H_2BO_3$ 用 HCl 标准溶液滴定。酸碱滴定法是一种应用较广的滴定分析方法。

（2）酸碱滴定曲线

在酸碱滴定过程中，体系的酸碱度随滴定剂的加入而有规律的变化，以体系的 pH 为纵坐标，以滴定剂加入量（体积）为横坐标，得到一条曲线，称为滴定曲线。滴定曲线是一条“S”形曲线。滴定开始至接近化学计量点前，pH 平缓变化；在化学计量点前后较小的范围内，pH 发生突然的大幅度变化；化学计量点后，pH 变化又趋平缓。化学计量点前后 pH 的大幅度变化，称为突跃。

影响突跃大小的因素如图 3-1 所示，酸碱浓度越大，酸碱的强度越大，突跃越大。突跃的大小及突跃的 pH 范围和指示剂的选择有关，也和待滴定的酸碱能否被准确滴定有关。一般只有指示剂的变色范围位于突跃范围内，才能在化学计量点附近发生明显的颜色变化，才可用于滴定终点的指示。用指示剂法滴定时，若要准确滴定，一般要求突跃范围在 0.3 个 pH 单位以上。滴定曲线可根据酸碱电离平衡进行计算。各种溶液 H^+ 浓度的相关计算公式如下：

一元弱酸（弱碱）溶液 一元弱酸例如 HAc 在水溶液中仅部分电离，其电离平衡常数 K_a 很小，且满足条件 $cK_a \geqslant 20K_w$，$c/K_a \geqslant 500$，可用最简公式：

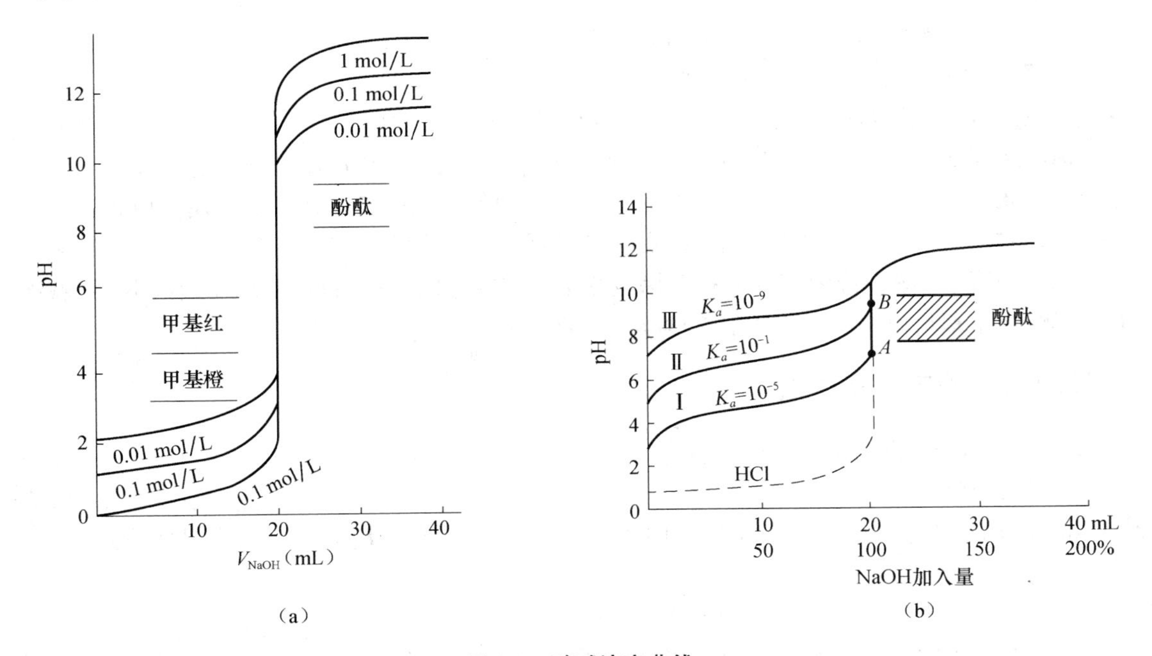

图 3-1 酸碱滴定曲线

（a）不同浓度（mol/L）的强碱滴定强酸的滴定曲线 （b）NaOH 溶液滴定不同弱酸溶液的滴定曲线

$$[H^+] = \sqrt{K_a c} \tag{3-2}$$

式中 K_a——弱酸的电离平衡常数；

c——弱酸的浓度。

同理，对于一元弱碱溶液如 $NH_3 \cdot H_2O$，其电离平衡常数 K_b 很小，且满足条件 $cK_b \geqslant 20K_w$，$c/K_b \geqslant 500$，有类似的最简公式：

$$[OH^-] = \sqrt{K_b c} \tag{3-3}$$

多元弱酸（弱碱）溶液 多元弱酸，如二元弱酸 H_2CO_3，在水溶液中是分步电离的。设某二元弱酸 H_2A 浓度为 c，其一、二级电离平衡常数分别为 K_{a_1}、K_{a_2}，当 $K_{a_1} \gg K_{a_2}$ 时，$cK_{a_1} \geqslant 20K_w$，$c/K_{a_1} \geqslant 500$，H^+ 浓度的最简公式为：

$$[H^+] = \sqrt{K_{a_1} c} \tag{3-4}$$

同理，对于多元弱碱溶液 Na_2A，其一、二级电离平衡常数分别为 K_{b_1}、K_{b_2}（其中 $K_{b_1} = K_w/K_{a_2}$，$K_{b_2} = K_w/K_{a_1}$），当 $K_{b_1} \gg K_{b_2}$ 时，$cK_{b_1} \geqslant 20K_w$，$c/K_{b_1} \geqslant 500$，有类似的最简公式：

$$[OH^-] = \sqrt{K_{b_1} c} \tag{3-5}$$

多元弱酸的酸式盐溶液 设多元弱酸的酸式盐溶液浓度及其一、二级电离平衡常数分别为 c、K_{a_1} 和 K_{a_2}，H^+ 浓度的最简计算公式为：

$$[H^+] = \sqrt{K_{a_1} K_{a_2}} \tag{3-6}$$

对于其他多元弱酸的酸式盐，可以依此类推，例如

$NaHCO_3$ 溶液 $[H^+] = \sqrt{K_{a_1} K_{a_2}}$

NaH_2PO_4 溶液 $[H^+] = \sqrt{K_{a_1} K_{a_2}}$

Na_2HPO_4 溶液 $[H^+] = \sqrt{K_{a_2} K_{a_3}}$

酸碱缓冲溶液 弱酸与弱酸盐、弱碱与弱碱盐和多元弱酸的酸式盐与其次级盐等混合溶液，它们的 pH 值能在一定范围内不因适当稀释或外加少量酸或碱而发生显著变化，这种溶液称作缓冲溶液。例如，HAc-NaAc、NH_3-NH_4Cl、$NaHCO_3$-Na_2CO_3 等均为缓冲溶液。其 H^+ 浓度的计算公式为：

弱酸与弱酸盐：
$$[H^+] = K_a \frac{c_{酸}}{c_{盐}} \tag{3-7}$$

弱碱与弱碱盐：
$$[OH^-] = K_b \frac{c_{碱}}{c_{盐}} \tag{3-8}$$

在生产实践和科研活动中，往往需要配制一定 pH 值的缓冲溶液来控制溶液的酸度。当缓冲溶液总浓度一定，其缓冲比（$c_{酸}/c_{盐}$）等于 1 时，缓冲溶液的缓冲作用最大，所以，在配制缓冲溶液时，一般选择 pH 值与 pK_a 相近的（或 pOH 值与 pK_b 相近的）。表 3-2 为常用缓冲溶液的配制方法。

表 3-2 常用缓冲溶液的配制方法

pH 值	配制方法
1.0	0.1 mol/L 盐酸
4.0	$NaAc \cdot 3H_2O$ 20 g 溶于适量水，加 134 mL 6 mol/L HAc，稀释至 500 mL
5.0	$NaAc \cdot 3H_2O$ 50 g 溶于适量水中，加 34 mL 6 mol/L HAc，稀释至 500 mL
7.0	NH_4Ac 77 g，用水溶解后，稀释至 500 mL
10.0	NH_4Cl 27 g 溶于适量水中，加 15 mol/L 氨水 197 mL，稀释至 500 mL
12.0	0.01 mol/L NaOH
13.0	0.1 mol/L NaOH

(3) 酸碱指示剂

由于酸碱滴定过程本身无外观（如颜色等）的变化，因此需借助某些物质在溶液酸度变化时的颜色变化来指示滴定的化学计量点，这些随溶液 pH 值改变而发生颜色变化的物质，称为酸碱指示剂。

酸碱指示剂的变色原理 酸碱指示剂本身一般是有机弱酸或有机弱碱，其共轭酸碱对具有不同的颜色，当溶液的 pH 值改变时，共轭酸碱对相互发生结构上的转变，从而引起颜色的变化。如甲基橙在酸性溶液中显红色，在碱性溶液中显黄色。酚酞在碱性溶液中显红色，在酸性溶液中无色。

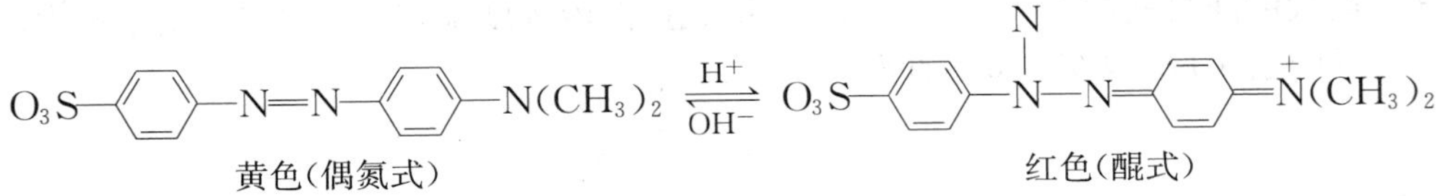

黄色(偶氮式) 红色(醌式)

甲基橙的电离平衡

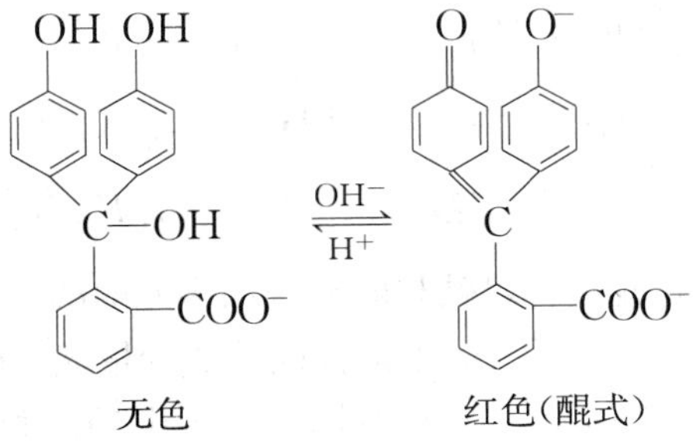

无色 红色(醌式)

酚酞的电离平衡

酸碱指示剂的变色范围 酸碱指示剂的变色范围，由指示剂在溶液中的离解平衡过程决定。用 HIn 表示复杂的有机弱酸指示剂的分子式，则其在溶液中的离解平衡可表示为：

$$\underset{(酸式色)}{HIn} \rightleftharpoons \underset{(碱式色)}{H^+ + In^-}$$

$K_{aHIn}^{\ominus}$离解平衡常数表达式：

$$K_{aHIn}^{\ominus} = \frac{[H^+][In^-]}{[HIn]} \tag{3-9}$$

不同的指示剂离解平衡常数 $K_{aHIn}^{\ominus}$值不同。式（3-9）也可写为

$$\frac{[HIn]}{[In^-]} = \frac{[H^+]}{K_{aHIn}^{\ominus}} \tag{3-10}$$

由式（3-10）可知，指示剂颜色的转变由［HIn］/［In$^-$］的比值决定，而这个比值又与［H$^+$］和指示剂的离解平衡常数 $K^{\ominus}_{aHIn}$有关。对一定的指示剂而言，在指定条件下，$K^{\ominus}_{aHIn}$是常数。因此，指示剂颜色的转变就完全由［H$^+$］决定。当［HIn］/［In$^-$］>10 时，溶液呈明显的酸式色，即 pH≤p$K^{\ominus}_{aHIn}$−1。当［HIn］/［In$^-$］<1/10 时，溶液呈明显的碱式色，此时 pH≥p$K^{\ominus}_{aHIn}$+1。显然指示剂从酸式色变成碱式色，或从碱式色转变成酸式色时，pH 值从 p$K^{\ominus}_{aHIn}$−1 到 p$K^{\ominus}_{aHIn}$+1 或从 p$K^{\ominus}_{aHIn}$+1 到 p$K^{\ominus}_{aHIn}$−1，故把 pH＝p$K^{\ominus}_{aHIn}$±1 称为指示剂的变色范围。这个范围内溶液的颜色称为过渡色。

指示剂种类很多，由于它们的离解常数不同，所以它们的变色点和变色范围也各不相同，现将常用的酸碱指示剂列于表 3-3 中。

表 3-3　常用的酸碱指示剂

指示剂	变色范围 pH	颜色变化	p$K^{\ominus}_{aHIn}$	浓　度	用量（滴/10 mL 试液）
百里酚蓝	1.2～2.8	红～黄	1.7	0.1%的 20%乙醇溶液	1～2
	8.0～10.0	黄～蓝	8.9	0.1%的 20%乙醇溶液	1～4
甲基橙	3.1～4.4	红～黄	3.4	0.05%的水溶液	1
溴甲酚绿	4.0～5.6	黄～蓝	4.9	0.1%的 20%乙醇溶液或其钠盐水溶液	1～3
甲基红	4.4～6.2	红～黄	5.0	0.1%的 60%乙醇溶液或其钠盐水溶液	1
溴百里酚蓝	6.2～7.6	黄～蓝	7.3	0.1%的 20%乙醇溶液或其钠盐水溶液	1
中性红	6.8～8.0	红～橙黄	7.4	0.1%的 60%乙醇溶液	1
酚酞	8.0～10.0	无～红	9.1	0.5%的 90%乙醇溶液	1～3
百里酚酞	9.4～10.6	无～蓝	10.0	0.1%的 90%乙醇溶液	1～2

以上介绍的酸碱指示剂都是单一的指示剂，变色范围较宽，而在一些酸碱滴定中，需要把滴定终点限制在很窄的 pH 值间隔范围内，以达到一定的准确度。这就需要变色范围比一般单一指示剂要窄，颜色变化更明显的指示剂。这时可采用混合指示剂。混合指示剂通常是由某种颜色不随溶液 pH 值改变而变化的染料与一种指示剂混合而成，或是由 $K^{\ominus}_{aHIn}$相近的两种指示剂混合而成的。常用混合指示剂如表 3-4 所示。

表 3-4　几种常用混合指示剂

指示剂溶液的组成	变色时 pH 值	颜色		备　注
		酸色	碱色	
1 份 0.1%甲基橙溶液 1 份 0.25%靛蓝二磺酸水溶液	4.1	紫	黄绿	
3 份 0.1%溴甲酚绿乙醇溶液 1 份 0.2%甲基红乙醇溶液	5.1	酒红	绿	
1 份 0.1%溴甲酚绿钠盐溶液 1 份 0.1%氯酚红钠盐溶液	6.1	黄绿	蓝紫	pH＝5.4，蓝绿色； pH＝5.8，蓝色； pH＝6.0，蓝带紫； pH＝6.2，蓝紫
1 份 0.1%中性红乙醇溶液 1 份 0.1%次甲基蓝乙醇溶液	7.0	紫蓝	绿	pH＝7.0，紫蓝

（续）

指示剂溶液的组成	变色时 pH 值	颜色		备注
		酸色	碱色	
1 份 0.1%甲酚红钠盐溶液 3 份 0.1%百里酚蓝钠盐溶液	8.3	黄	紫	pH=8.2，玫瑰红； pH=8.4，清晰的紫色
1 份 0.1%百里酚蓝 50%乙醇溶液 3 份 0.1%酚酞 50%乙醇溶液	9.0	黄	紫	从黄到绿，再到紫
1 份 0.1%酚酞乙醇溶液 1 份 0.1%百里酚酞乙醇溶液	9.9	无	紫	pH=9.6，玫瑰红； pH=10，紫红
2 份 0.1%百里酚酞乙醇溶液 1 份 0.1%茜素黄乙醇溶液	10.2	黄	紫	

3.1.4.2 氧化还原滴定法

氧化还原滴定法是以氧化还原反应为基础的滴定分析方法。该方法应用广泛，不但可以直接测定很多氧化性物质和还原性物质，而且可以间接测定一些能与氧化剂或还原剂发生定量反应的物质；不仅可以测定无机物，也可以测定一些有机物。

根据标准溶液所用氧化剂或还原剂的不同，氧化还原滴定法又可分为高锰酸钾法、重铬酸钾法、碘量法等方法。

（1）原理

氧化还原滴定以氧化还原反应为基础，其实质是物质间电子的转移。其特点是反应机理复杂，有副反应发生，反应速度较慢，受介质条件影响较大。在考虑氧化还原滴定时，不仅应注意平衡问题，还要注意反应速度及介质条件，创造条件使反应符合分析要求。

对于氧化还原反应

$$n_2\mathrm{Ox}_1 + n_1\mathrm{Red}_2 = n_1\mathrm{Ox}_2 + n_2\mathrm{Red}_1$$

$$\lg K = \lg\frac{[\mathrm{Ox}_2]^{n_1}[\mathrm{Red}_1]^{n_2}}{[\mathrm{Ox}_1]^{n_2}[\mathrm{Red}_2]^{n_1}} = \frac{(\varphi_1^{\ominus'} - \varphi_2^{\ominus'})n}{0.059\,2} \tag{3-11}$$

式中 $\varphi^{\ominus'}$——半反应的条件电极电位；

Red——还原剂；

Ox——氧化剂；

K——平衡常数；

n——转移的电子数。

一般认为，采用指示剂法确定滴定终点时，氧化剂和还原剂之间的条件电极电位之差应在 0.4 V 以上。

满足上述要求时，只能判定有可能定量滴定，还要考虑氧化还原反应速度及其影响因素。只有反应速度满足要求时，才能用于滴定分析。一般氧化还原反应较慢，为此可采用加大反应物浓度、提高反应温度、使用催化刑和诱导体等方法加快反应速度。

（2）滴定曲线

在氧化还原滴定中，氧化剂或还原剂的浓度随着滴定剂的加入而不断地变化，电位也随之改变。氧化还原滴定过程中电位的变化情况，可以通过实验测量，用滴定曲线来表示。以体系的电极电位为纵坐标，滴定剂滴定百分数为横坐标，氧化还原滴定的滴定曲线如图 3-2

所示。

由图（3-2）可见，和酸碱滴定相似，在化学计量点附近，曲线有一个突跃。影响突跃大小的因素有：两个电对的电极电位差值，差值越大突跃越大；体系的介质条件，条件不同突跃大小不同。

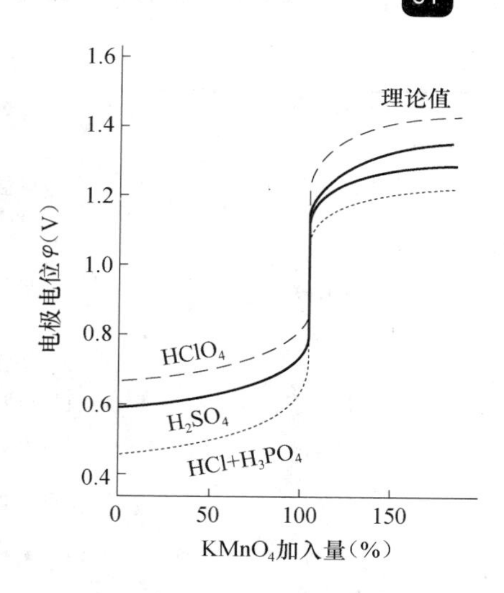

图 3-2　氧化还原滴定曲线

（3）氧化还原指示剂

氧化还原滴定中常用的指示剂有 3 种类型：

氧化还原指示剂　氧化还原指示剂一般是结构复杂的有机化合物。由于氧化还原指示剂本身就是具有氧化还原性的物质，可以参与氧化还原反应，而它的氧化态和还原态具有不同的颜色。如用氧化剂作标准溶液滴定时，应使用还原态指示剂，这样在到达化学计量点时，稍微过量的氧化剂即可将其氧化，使其发生颜色转变以指示滴定终点。例如，用 $K_2Cr_2O_7$ 滴定亚铁离子时，常用二苯胺磺酸钠作指示剂，它的还原态为无色，氧化态为紫红色，当滴定至化学计量点时，稍微过量的 $K_2Cr_2O_7$ 就能使二苯胺磺酸钠由还原态氧化为氧化态。此时溶液呈紫红色，从而指示滴定终点。

自身指示剂　例如，$KMnO_4$ 溶液本身具有紫红色，用 $KMnO_4$ 作为标准溶液滴定无色或浅色物质时，当滴定到达化学计量点，稍微过量的 $KMnO_4$ 就可使溶液呈现粉红色，从而指示滴定反应终点。这种利用自身的颜色变化以指示滴定终点的标准溶液被称为自身指示剂。

特殊指示剂　在氧化还原滴定中，有的物质本身不具有氧化还原性质，但能与标准溶液或被测定物质作用产生特殊的颜色，从而可以指示滴定终点。例如，在碘量法中，使用淀粉作指示剂，碘与淀粉可生成深蓝色物质，当滴定到达化学计量点时，稍微过量的碘可使溶液出现蓝色而指示滴定终点。

表 3-5　常用的氧化还原指示剂

指示剂	还原态颜色	氧化态颜色	φ(V)，pH=0
次甲基蓝	无色	蓝色	+0.532
二苯胺	无色	紫色	+0.76
二苯胺磺酸钠	无色	紫红色	+0.85
邻二氮菲	红色	浅蓝色	+1.06

（4）氧化还原滴定的预处理

氧化还原滴定是以氧化还原平衡为基础的方法，要准确对某一物质进行测定，要求这一物质必须全部处于同样的价态，否则会引入误差。为此，氧化还原滴定前须对试样进行氧化还原预处理，使被测物存在形式为统一的价态。氧化还原预处理使用的试剂，称预氧化剂和预还原剂。预氧化剂和预还原剂应能定量的将待测组分转化为预定的价态；应选择性的氧化或还原指定组分而对共存的其他组分无作用；当转化完成后，可以在不影响被测组分价态的

表 3-6　常用的预氧化还原剂

氧化/还原剂	反应条件	主要应用	过量除去方法
$(NH_4)_2S_2O_8$	酸性	$Mn^{2+} \longrightarrow MnO_4^-$ $Cr^{3+} \longrightarrow Cr_2O_7^{2-}$ $VO^{2+} \longrightarrow VO_3^-$	煮沸分解
$NaBiO_3$	酸性	$Mn^{2+} \longrightarrow MnO_4^-$ $Cr^{3+} \longrightarrow Cr_2O_7^{2-}$ $VO^{2+} \longrightarrow VO_3^-$	过滤
H_2O_2	碱性	$Cr^{3+} \longrightarrow CrO_4^{2-}$	煮沸分解
Cl_2	酸性或中性	$I^- \longrightarrow IO_3^-$	煮沸或通空气
SO_2	弱酸或中性	$Fe^{3+} \longrightarrow Fe^{2+}$	煮沸或通 CO_2
$SnCl_2$	酸性加热	$Fe^{3+} \longrightarrow Fe^{2+}$ $As(V) \longrightarrow As(III)$	加 $HgCl_2$ 氧化
$TiCl_3$	酸性	$Fe^{3+} \longrightarrow Fe^{2+}$	水稀释
Zn	酸性	$Sn(IV) \longrightarrow Sn(II)$ $Ti(IV) \longrightarrow Ti(III)$	过滤或加酸溶解
H_2S	强酸性溶液	$Fe^{3+} \longrightarrow Fe^{2+}$ $MnO_4^- \longrightarrow Mn^{2+}$ $Cr_2O_7^{2-} \longrightarrow Cr^{3+}$	煮沸

条件下容易除去。一般除去方法是加热、沉淀过滤和特定的化学反应。常用的预氧化剂和预还原剂列于表 3-6。

(5) 常用的氧化还原滴定方法

由于还原剂易被空气氧化而发生浓度的改变，所以，在氧化还原滴定方法中常用氧化剂做滴定剂。根据所用氧化滴定剂的名称，氧化还原滴定法分为：高锰酸钾法、重铬酸钾法、碘量法、溴酸钾法和铈量法等。多种氧化性不同的滴定剂为选择性滴定提供了有利的条件。各种方法都有其特点和应用范围，可根据实际测定情况选用。下面主要介绍前 3 种氧化还原滴定方法。

高锰酸钾法　$KMnO_4$ 是一种强氧化剂，其氧化能力和被还原产物与溶液的酸度有关。在强酸性溶液中，MnO_4^- 被还原成 Mn^{2+}

$$MnO_4^- + 8H^+ + 5e \Longrightarrow Mn^{2+} + 4H_2O \quad \varphi^\ominus = 1.51V$$

在弱酸性、中性或弱碱性溶液中，MnO_4^- 被还原成 MnO_2

$$MnO_4^- + 2H_2O + 3e \Longrightarrow MnO_2 + 4OH^- \quad \varphi^\ominus = 0.588V$$

在强碱性溶液中，MnO_4^- 被还原成 MnO_4^{2-}

$$MnO_4^- + e \Longrightarrow MnO_4^{2-} \quad \varphi^\ominus = 0.564V$$

高锰酸钾法具有较多优点：氧化能力强，可采用直接法或间接法测定多种无机物和有机物；MnO_4^- 本身有颜色，浓度约为 2×10^{-6} mol/L 时，就可显现浅粉红色，滴定无须外加指示剂。但其缺点是：标准溶液不稳定；反应历程较复杂，易发生副反应；滴定的选择性较差。为克服这些缺点，注意标准溶液的配制、保存要得当，滴定时严格控制条件。

高锰酸钾法常采用直接法和间接法两种滴定方式。

直接法：是用 $KMnO_4$ 标准溶液作滴定剂，直接滴定被测离子的滴定方法。如用高锰酸钾法直接测定草酸盐、过氧化氢或二价铁离子等。

间接法：是将被测组分转化为能用 $KMnO_4$ 直接滴定的物质，或用过量 $KMnO_4$ 与还原性物质反应，再用另一种还原剂反滴剩余的 $KMnO_4$；前者，如将钙离子先转化为草酸钙，加酸溶解后，用 $KMnO_4$ 滴定草酸根，根据换算系数计算钙含量；后者，如用过量的 $KMnO_4$ 氧化亚硝酸钠，再和过量草酸反应，最后用 $KMnO_4$ 滴定剩余的草酸，根据换算系数计算亚硝酸钠的含量。

a. 标准溶液的配制与标定。市售 $KMnO_4$ 试剂纯度一般约为 99%～99.5%，其中含少量 MnO_2 及其他杂质。同时，蒸馏水中常含有少量的有机物质。$KMnO_4$ 与有机物质会发生缓慢的反应，生成的 $MnO(OH)_2$ 又会促进 $KMnO_4$ 进一步分解。因此，$KMnO_4$ 标准溶液不能直接配制。为了获得稳定的 $KMnO_4$ 溶液，必须按下述方法配制。

① 称取稍多于计算用量的 $KMnO_4$，溶解于一定体积蒸馏水中。

② 将溶液加热至沸，保持微沸约 1 h，使还原性物质完全氧化。

③ 用微孔玻璃漏斗过滤除去 $MnO(OH)_2$ 沉淀（滤纸有还原性，不能用滤纸过滤）。

④ 将过滤后的 $KMnO_4$ 溶液贮存于棕色瓶中，置于暗处，避免光对 $KMnO_4$ 的催化分解。

若需用浓度较低的 $KMnO_4$ 溶液，通常用蒸馏水临时稀释并立即标定使用，不宜长期贮存。

b. 标定。$KMnO_4$ 溶液的基准物质很多，如 $H_2C_2O_4 \cdot 2H_2O$、$Na_2C_2O_4$、As_2O_3、$(NH_4)_2Fe(SO_4)_2 \cdot 6H_2O$ 和纯铁丝等。其中最常用的是 $Na_2C_2O_4$，它易于提纯、稳定、无结晶水，在 105～110℃烘 2 h 即可使用。

在 H_2SO_4 溶液中，MnO_4^- 和 $C_2O_4^{2-}$ 发生如下反应

$$2MnO_4^- + 5C_2O_4^{2-} + 16H^+ \xlongequal{} 2Mn^{2+} + 10CO_2 + 8H_2O$$

为了保证该反应定量进行，应注意下列滴定条件：

① 温度。此反应在室温下反应极慢，需加热至 70～80℃滴定。但若温度超过 90℃，则 $H_2C_2O_4$ 部分分解

$$H_2C_2O_4 \xlongequal{} CO_2 + CO + H_2O$$

② 酸度。酸度过低，MnO_4^- 会部分被还原成 MnO_2，酸度过高，会促进 $H_2C_2O_4$ 分解。一般滴定开始的最宜酸度约为 1 mol/L，为防止 Cl^- 的还原性及 NO_3^- 的氧化性造成的干扰，滴定应当在 H_2SO_4 介质中进行。

③ 滴定速度。开始滴定时，MnO_4^- 与 $C_2O_4^{2-}$ 的反应速度很慢，滴入的 $KMnO_4$ 褪色较慢。因此，滴定开始阶段滴定速度不宜太快。否则，滴入的 $KMnO_4$ 来不及和 $C_2O_4^{2-}$ 反应就在热的酸性溶液中发生分解。导致标定结果偏低。若滴定前加入少量 $MnSO_4$ 为催化剂，则在滴定的最初阶段就以较快的速度进行。标定好的 $KMnO_4$ 溶液在放置一段时间后，若发现有 $MnO(OH)_2$ 沉淀析出，应重新过滤并标定。

$$4MnO_4^- + 12H^+ \xlongequal{} 4Mn^{2+} + 5O_2 + 6H_2O$$

重铬酸钾法　在酸性溶液中，K_2CrO_7 也是强氧化剂，被还原成 Cr^{3+}，但氧化能力比 $KMnO_4$ 弱。

$$Cr_2O_7^- + 14H^+ + 6e \xlongequal{} 2Cr^{3+} + 7H_2O \quad \varphi^\ominus = 1.33\ V$$

重铬酸钾法与高锰酸钾法比较，具有如下优点：$K_2Cr_2O_7$ 易于提纯（含量 99.99%），可直接配制标准溶液；且 K_2CrO_7 标准溶液稳定，据文献记载，一瓶 0.017 mol/L 的 $K_2Cr_2O_7$ 溶液，放置 24 年后其浓度并无明显改变，故 $K_2Cr_2O_7$ 溶液可长期妥善保存无须重新标定；$K_2Cr_2O_7$ 氧化性较 $KMnO_4$ 弱，所以在冶金分析中选择性比较高；在 HCl 浓度低于 3 mol/L 时，$Cr_2O_7{}^{2-}$ 不氧化 Cl^-。因此，用 $K_2Cr_2O_7$ 滴定 Fe^{2+} 可以在 HCl 介质中进行。但 $Cr_2O_7{}^{2-}$ 的还原产物 Cr^{3+} 呈绿色，滴定中需要外加指示剂来确定终点。常用二苯胺磺酸钠作指示剂。

碘量法 碘量法是基于 I_2 的氧化性及 I^- 的还原性进行的测定。分为直接碘量法和间接碘量法。由于固体 I_2 在水中的溶解度很小且易于挥发，通常将 I_2 溶解于 KI 溶液中，此时它以 $I_3{}^-$ 配离子形式存在，其半反应是

$$I_3{}^- + 2e \xlongequal{} 3I^- \quad \varphi^{\ominus}(I_3{}^-/I^-) = 0.545V$$

直接碘量法是基于 I_2 的氧化性，用 I_2 标准溶液直接滴定强还原性物质如 $S_2O_3{}^{2-}$、As(Ⅲ)、$SO_3{}^{2-}$、Sn(Ⅱ)、维生素 C 等，又称碘滴定法。

间接碘量法利用 I^- 的还原性，与许多氧化性物质如 Cu^{2+}、$MnO_4{}^-$、$Cr_2O_7{}^{2-}$、H_2O_2、Fe^{3+} 等反应定量地析出 I_2，然后用 $Na_2S_2O_3$ 标准溶液滴定 I_2，从而间接地测定这些氧化性物质。间接碘量法又称滴定碘法，与直接碘量法相比，间接碘量法应用更广。

碘量法与前两种方法比较具有以下优点：测定对象广泛，不仅可测氧化剂，还可测还原剂；$I_3{}^-/I^-$ 电对可逆性好，副反应少；滴定条件不仅可在酸性介质中进行，也可在中性或弱碱性介质中进行；同时此法采用一种通用的指示剂——淀粉，其灵敏度甚高，I_2 浓度为 1×10^{-5} mol/L 即显蓝色，直接碘量法中溶液出现蓝色即为终点，间接碘量法中蓝色消失即为终点。因此，碘量法是一种应用十分广泛的滴定方法。

但是，碘量法中存在有两个主要的误差来源，即 I_2 的挥发与 I^- 被空气氧化。为防止 I_2 挥发常采用以下措施：过量 KI 与之形成 $I_3{}^-$ 配离子；溶液温度勿过高；析出 I_2 的反应最好在带塞碘量瓶中进行；反应完全后立即滴定；滴定时勿剧烈摇动。为防止 I^- 被空气氧化，应将析出 I_2 的反应瓶置于暗处并事先除去杂质（光及 Cu^{2+}、$NO_2{}^-$ 等杂质能催化空气氧化 I^-），采取以上措施后碘量法可以得到准确的测定结果。

a. 碘与硫代硫酸钠的反应。碘量法中以间接碘量法应用较广，而 I_2 与 $Na_2S_2O_3$ 的反应又是间接碘量法中最重要的反应。酸度控制不当会影响它们的计量关系，造成较大误差。I_2 与 $S_2O_3{}^{2-}$ 反应的计量关系是

$$I_2 + 2S_2O_3{}^{2-} \xlongequal{} 2I^- + S_4O_6{}^{2-}$$

产物 $S_4O_6{}^{2-}$ 称作连四硫酸根离子。I_2 与 $S_2O_3{}^{2-}$ 的物质的量比为 1∶2。

在酸度较高的条件下，易发生如下副反应

$$S_2O_3{}^{2-} + 2H^+ \xlongequal{} H_2SO_3 + S\downarrow$$

$$I_2 + H_2SO_3 + H_2O \xlongequal{} SO_4{}^{2-} + 4H^+ + 2I^-$$

这时，I_2 与 $S_2O_3{}^{2-}$ 反应的物质的量比是 1∶1，由此会造成误差。

在酸度较低的条件下，I_2 会部分歧化生成 HIO 和 $IO_3{}^-$，从而将部分 $S_2O_3{}^{2-}$ 氧化为 $SO_4{}^{2-}$。

$$4I_2 + S_2O_3^{2-} + 10OH^- = 2SO_4^{2-} + 8I^- + 5H_2O$$

这时，I_2 与 $S_2O_3^{2-}$ 反应的物质的量比是 4∶1，这也会造成误差。所以，若用 $S_2O_3^{2-}$ 滴定 I_2，必须 pH 值<9。而若是 I_2 滴定 $S_2O_3^{2-}$，pH 值的高限可达 11。

b. 标准溶液的配制与标定。碘量法中常使用的标准溶液是 $Na_2S_2O_3$ 和 I_2。

$Na_2S_2O_3$ 溶液的配制与标定：$Na_2S_2O_3$ 不能直接配制标准溶液。由于结晶的 $Na_2S_2O_3 \cdot 5H_2O$ 易风化，并含少量杂质，且 $Na_2S_2O_3$ 溶液不稳定，易被酸或水中微生物分解，易被空气氧化。因此，配制 $Na_2S_2O_3$ 溶液时，应当用新煮沸并冷却的蒸馏水（除去水中溶解的 CO_2 和 O_2 并杀死细菌）；加入少量 Na_2CO_3 使溶液呈弱碱性以抑制细菌生长；溶液贮于棕色瓶并置于暗处以防止光照分解。经过一段时间后应重新标定溶液，如发现溶液变得混浊，表示有硫析出，应弃去重配。

标定 $Na_2S_2O_3$ 可用 $K_2Cr_2O_7$、KIO_3 等基准物，采用间接法标定。以 $K_2Cr_2O_7$ 为例，在酸性溶液中与 KI 作用：

$$Cr_2O_7^{2-} + 6I^- + 14H^+ = 2Cr^{3+} + 3I_2 + 7H_2O$$

析出的 I_2，以淀粉为指示剂，用 $Na_2S_2O_3$ 滴定。$Cr_2O_7^{2-}$ 与 I^- 反应较慢。为加速反应，须加入过量的 KI 并提高酸度。然而酸度过高又加速空气氧化 I^-，一般控制酸度为 0.4 mol/L 左右，并在暗处放置 5 min 使反应完成。用 $Na_2S_2O_3$ 滴定前最好先用蒸馏水稀释，一是降低酸度可减少空气对 I^- 的氧化，二是使 Cr^{3+} 的绿色减弱，便于观察终点。淀粉指示剂应在近终点时加入，否则碘—淀粉吸附化合物会吸留部分 I_2，致使终点提前且不明显。溶液呈现稻草黄色（I_3^- 黄色+Cr^{3+} 绿色）时，预示 I_2 已不多，临近终点，可以加入淀粉指示剂。

碘溶液的配制与标定：I_2 的挥发性强，准确称量较难，也不能直接配置标准溶液。先将一定量的 I_2 溶于 KI 的浓溶液中，然后稀释至一定体积。溶液贮于棕色瓶中，置于暗、凉处，不与橡皮等有机物接触，否则溶液浓度将发生变化。

碘溶液常用 As_2O_3 基准物标定，也可用已标定好的 $Na_2S_2O_3$ 溶液标定。As_2O_3 难溶于水，可用 NaOH 溶解。在 pH8～9 时，I_2 快速而定量地氧化 $HAsO_2$。

$$HAsO_2 + I_2 + 2H_2O = HAsO_4^{2-} + 2I^- + 4H^+$$

标定时先酸化试液，再加 $NaHCO_3$ 调节 pH≈8。

3.1.4.3 配位滴定法

配位滴定法是以配位反应为基础的滴定分析方法，利用配位剂作为标准溶液直接或间接滴定被测物质，并选用适当的方法指示滴定终点。

（1）原理

配位平衡及配合物的稳定常数 配位化合物在水溶液中存在配位平衡，其平衡常数称稳定常数，用 $K_f^\ominus$ 表示。

$$M + nL = ML_n$$

$$K_f^\ominus = \frac{[ML_n]}{[M][L]^n}$$

式中 M——中心离子，通常为金属阳离子；

L——配位剂（配离子），通常为阴离子或中性分子。

一些常见配离子的稳定常数见表 3-7。

表 3-7 一些常见配离子的稳定常数（298 K）

配离子	$\lg K_f^{\ominus}$	配离子	$\lg K_f^{\ominus}$	配离子	$\lg K_f^{\ominus}$
1∶1		$[Ag(CN)_2]^-$	21.0	$[CdCl_4]^{2-}$	2.80
$[AgY]^{3-}$*	7.3	$[Cu(en)_2]^{2+}$	19.6	$[Cd(SCN)_4]^{2-}$	2.58
$[MgY]^{2-}$	8.7	$[Cu(NH_3)_2]^+$	10.86	$[CdI_4]^{2-}$	5.41
$[CaY]^{2-}$	10.7	$[Cu(CN)_2]^-$	24.0	$[Cd(NH_3)_4]^{2+}$	7.12
$[FeY]^{2-}$	14.3	$[Au(CN)_2]^-$	38.3	$[HgCl_4]^{2-}$	15.1
$[CdY]^{2-}$	16.6	1∶3		$[HgI_4]^{2-}$	29.83
$[NiY]^{2-}$	18.6	$[Fe(SCN)_3]$	3.3	$[Hg(CN)_4]^{2-}$	41.4
$[CuY]^{2-}$	18.8	$[Al(C_2O_4)_3]^{3-}$	16.3	1∶6	
$[HgY]^{2-}$	21.8	$[Ni(en)_3]^{2+}$	18.33	$[Co(NH_3)_6]^{2+}$	5.11
$[FeY]^-$	25.1	$[Fe(C_2O_4)_3]^{3-}$	20.2	$[Co(NH_3)_6]^{3+}$	35.15
$[CoY]^-$	36.0	1∶4		$[Ni(NH_3)_6]^{2+}$	8.74
1∶2		$[Co(SCN)_4]^{2-}$	3.0	$[Cd(NH_3)_6]^{2+}$	5.14
$[Ag(NH_3)_2]^+$	7.2	$[Cu(NH_3)_4]^{2+}$	12.60	$[AlF_6]^{3-}$	19.84
$[Ag(en)_2]^+$	7.70	$[Cu(CN)_4]^{3-}$	30.30	$[Fe(CN)_6]^{4-}$	35.0
$[Ag(SCN)_2]^-$	7.57	$[Zn(NH_3)_4]^{2+}$	9.46	$[Fe(CN)_6]^{3-}$	42.0
$[Ag(S_2O_3)_2]^{3-}$	13.46	$[Zn(CN)_4]^{2-}$	16.70		

* Y^{4-} =EDTA 的酸根离子。

配位反应的副反应和副反应系数 在滴定分析中，有机配位剂的应用日益增多，应用最广泛的是乙二胺四乙酸（EDTA），通常使用其二钠盐，常用 Y 表示。

在配位滴定分析中，除了被测金属离子 M 与配位剂 Y 之间的主反应外，还有许多副反应，干扰主反应的进行。如：

$$\begin{array}{ccc} \text{M} \\ \text{L}\swarrow \quad \searrow\text{OH} \\ \text{ML}_n \quad \text{MOH} \end{array} + \begin{array}{c} \text{Y} \\ \text{H}\swarrow \quad \searrow\text{N} \\ \text{H}_n\text{Y} \quad \text{NY} \end{array} \rightleftharpoons \begin{array}{c} \text{MY} \\ \text{H}\swarrow \quad \searrow\text{OH} \\ \text{MHY} \quad \text{MOHY} \end{array}$$

由于产物的副反应只有在 pH 值很高或很低时才发生，故一般忽略不计。通常所讨论的只是反应物 M 与 Y 的副反应对配位平衡的影响。常用副反应系数来描述副反应的大小。

EDTA 的副反应有酸效应和共存离子效应。其副反应系数分别用 $\alpha_{Y(H)}$ 和 $\alpha_{Y(N)}$ 表示。其定义式为：

$$\alpha_{Y(H)} = \frac{c_Y}{[Y]} = \frac{[H_6Y]+[H_5Y]+[H_4Y]+[H_3Y]+[H_2Y]+[HY]+[Y]}{[Y]}$$

$$\alpha_{Y(N)} = \frac{c_Y}{[Y]} = \frac{[Y]+[NY]}{[Y]}$$

考虑酸效应和共存离子效应，EDTA 的总副反应系数为 α_Y，则：

$$\alpha_Y = \frac{c_Y}{[Y]} = \frac{([Y]+[HY]+[H_2Y]+\cdots+[H_6Y])+[NY]}{[Y]}$$

$$= \alpha_{Y(H)} + \frac{[NY]+[Y]-[Y]}{[Y]}$$

即

$$\alpha_Y = \alpha_{Y(H)} + \alpha_{Y(N)} - 1$$

金属离子 M 的副反应有水解效应和配位效应，其大小分别用副反应系数 $\alpha_{M(OH)}$ 和 $\alpha_{M(L)}$ 表示。

$$\alpha_{M(OH)} = 1 + \beta_1[OH] + \beta_2[OH] + \cdots + \beta_n[OH]^n \tag{3-12}$$

$$\alpha_{M(L)} = \frac{c_M}{[M]} = \frac{[M] + [ML] + [ML_2] + \cdots + [ML_n]}{[M]} \tag{3-13}$$

总副反应系数为：

$$\alpha_M = \frac{c_M}{[M]} = \alpha_{M(L)} + \alpha_{M(OH)} - 1 \tag{3-14}$$

配合物的条件稳定常数 有副反应的实际滴定系统中，其平衡常数表达式应写成：

$$K'_{MY} = \frac{[MY]'}{[M]'[Y]'} = \frac{[MY]}{[M][Y]\alpha_M\alpha_Y} = \frac{K^{\ominus}_{MY}}{\alpha_M\alpha_Y} \tag{3-15}$$

式中

$$[M]' = [M] + [MOH] + [M(OH)]_2 + \cdots + [M(OH)]_n + [ML] + c[ML_2] + \cdots + [ML_n]$$
$$[Y]' = [Y] + [HY] + [H_2Y] + \cdots + [H_nY]$$

一般用对数值表示：$\lg K'_{MY} = \lg K^{\ominus}_{MY} - \lg\alpha_M - \lg\alpha_Y$ (3-16)

K'_{MY}是考虑了 M 和 Y 都发生副反应时，滴定反应生成的配合物 MY 所表现出的实际稳定常数，称为条件稳定常数。

一般情况下，常只考虑酸效应的影响，则 $\lg\alpha_M = 0$，$\lg\alpha_Y = \lg\alpha_{Y(H)}$，此时：

$$\lg K'_{MY} = \lg K^{\ominus}_{MY} - \lg\alpha_{Y(H)} \tag{3-17}$$

(2) 配位滴定曲线

应用条件稳定常数进行配位滴定曲线的计算，以滴定剂 EDTA 的加入量（滴定分数）为横坐标，以金属离子浓度（pM 值）为纵坐标作图，可以得到与酸碱滴定相类似的滴定曲线，如图 3-3 所示。

与酸碱滴定中溶液 pH 值的变化规律相似，配位滴定到达计量点附近有一个突跃，可选择适当金属指示剂来指示滴定终点。

影响滴定突跃的因素主要有：①配位化合物的条件稳定常数 K'_{MY}，当浓度一定时，K'_{MY}越大，突跃越大。②金属离子浓度 c_M，当 K'_{MY}一定时，c_M 越大，突跃越大。

滴定分析中，采用目视法观察指示剂变色来确定滴定终点，若要满足滴定误差≤±0.1%，在计量点前后必须有≥0.3 pM 单位的变化。用 EDTA 滴定金属离子 M 时，不同 K'_{MY}的滴定系统计量点前后的 pM 值变化，单一金属离子定量滴定的条件：

$$\lg c_M K'_{MY} \geqslant 6 \tag{3-18}$$

假定待测金属离子的总浓度 c_M=0.010 00 mol/L，滴定的允许误差≤±0.1%，在只考虑酸效应的配位滴定系统中，准确滴定的条件是：

$$\lg K'_{MY} = \lg K^{\ominus}_{MY} - \lg\alpha_{Y(H)} \geqslant 8$$

即

$$\lg\alpha_{Y(H)} = \lg K^{\ominus}_{MY} - 8 \tag{3-19}$$

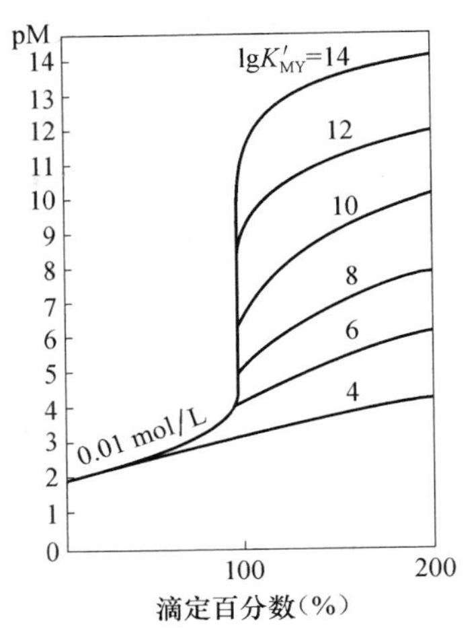

图 3-3 不同的 $\lg K'_f$ 滴定曲线

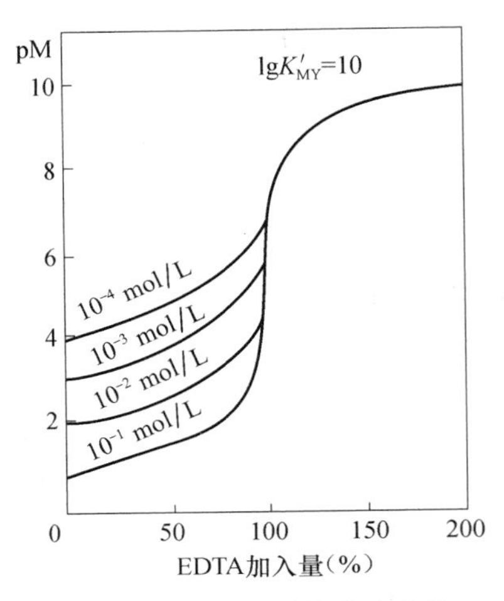

图 3-4 不同 c_M 时的滴定曲线

根据式（3-19）可算出滴定任一金属离子时的最大 $\lg\alpha_{Y(H)}$ 值，根据 $\lg\alpha_{Y(H)}$ 值可以计算得到滴定该金属离子所允许的最低 pH 值。将各种金属离子的 $\lg K^{\ominus}_{MY}$（或 $\lg\alpha_{Y(H)}$）与对应的最低 pH 值作图，所得到的曲线称作酸效应曲线（图 3-5）。从该曲线上，可以方便地查得各种金属离子被准确滴定的最低 pH 值。

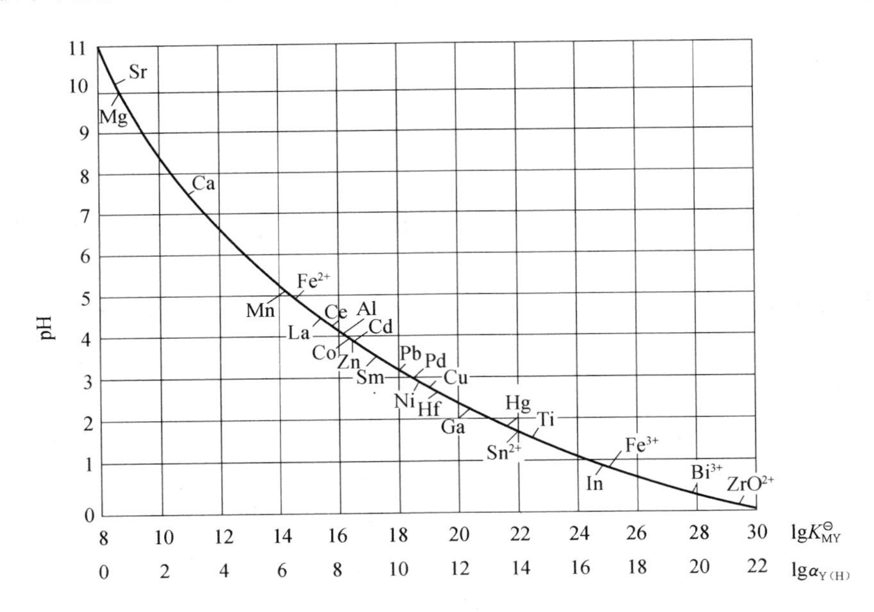

图 3-5 酸效应曲线

在实际分析工作中所采用的 pH 值要比最低 pH 值稍大一些，但并不是 pH 值越大越好，因为过浓的 OH^- 会导致金属离子水解，同时还可导致原先不发生干扰的离子因滴定条件的改变而变为干扰离子。因此，要准确滴定金属离子，不但要有最低 pH 值，也应有最高 pH 值。最高 pH 值的确定在只考虑酸效应的配位滴定系统中，仅由 M 水解时的 pH 值决定，可借助于该金属离子 $M(OH)_n$ 的溶度积求算。

（3）配位滴定指示剂

配位滴定法中使用的指示剂称作金属指示剂。金属指示剂是一种有机配位剂，能与被滴定的金属离子形成与指示剂本身颜色不同的配合物，从而以此颜色的变化作为滴定终点的判断。若以 In 表示金属指示剂，其作用原理如下：

$$M + In(甲色) \Longrightarrow MIn(乙色)$$
$$MIn(乙色) + Y \Longrightarrow MY + In(甲色)$$

金属指示剂 In 与金属离子 M 先形成 MIn，到临近滴定终点时，游离的 M 已经很低，EDTA 进而夺取 MIn 中的 M，使 In 游离出来，滴定系统的颜色转为 In 的颜色，从而指示滴定终点。

要准确地指示配位滴定的滴定终点，金属指示剂应该具备以下条件：即 $\lg K'_{MY} - \lg K'_{MIn} \geqslant 2$。常见的金属指示剂见表 3-8。

表 3-8 常见的金属指示剂

指示剂	pH 范围	In 色	MIn 色	直接滴定离子	指示剂制备
铬黑 T	9～11.5	蓝色	红色	pH=10，Mg^{2+}、Zn^{2+}、Cd^{2+}、Pb^{2+}、Mn^{2+}	10 g/L NaCl
钙指示剂	12～13	蓝色	红色	pH=12～13，Ca^{2+}	10 g/L NaCl
二甲酚橙	<6	黄色	红色	pH<1，ZrO^{2+} pH=1～3，Bi^{3+}、Th^{4+} pH=5～6，Zn^{2+}、Cd^{2+}、Pb^{2+}、Hg^{2+}	5 g/L 水溶液
酸性铬蓝 K	8～13	蓝色	红色	pH=10，Mg^{2+}、Zn^{2+} pH=13，Ca^{2+}	10 g/L NaCl
磺基水杨酸	1.5～2.5	无色	紫色	pH=1.5～3，Fe^{3+}	20 g/L 水溶液
1-(2-吡啶偶氮)-2-萘酚（PAN）	2～12	黄色	红色	pH=2～3，Bi^{3+}、Th^{4+}	1 g/L 乙醇溶液

（4）提高配位滴定选择性的方法

控制溶液的酸度 酸度不同，金属离子和 EDTA 形成的配合物的条件稳定常数就会不同。如果溶液中同时存在待测离子 M 和一种或几种干扰金属离子，要选择滴定 M，则可以通过控制溶液的酸度，使得只有 M 和 EDTA 形成稳定的配合物。

采用此法消除干扰，关键在于滴定系统酸度的选定。一般先求出待测金属离子 M 被准确滴定时的最低 pH 值，再求出干扰离子不干扰滴定的酸度，然后选择两者之间滴定误差最小的某一段 pH 值。

利用掩蔽剂提高配位滴定的选择性 当待测金属离子 M 和干扰离子 N 与 EDTA 形成的配合物的稳定性相差不大，就无法通过控制酸度来进行选择滴定或连续滴定。此时，可通过加入掩蔽剂来掩蔽干扰离子，使其不与 EDTA 反应，达到选择滴定的目的。常用的掩蔽方法有配位掩蔽法、沉淀掩蔽法和氧化还原掩蔽法等。

配位掩蔽法：利用配位反应降低干扰离子的浓度以消除干扰的方法。这是滴定分析中应用最广泛的一种方法。例如，用 EDTA 滴定水中的 Ca^{2+}、Mg^{2+} 时，Fe^{3+}、Al^{3+} 等离子的存在对测定有干扰，可加入三乙醇胺作为掩蔽剂，与 Fe^{3+}、Al^{3+} 等离子形成更稳定的配合物，从而消除 Fe^{3+} 和 Al^{3+} 的干扰。

常用的配位掩蔽剂有 NH_4F、NaF、KCN、三乙醇胺和酒石酸等。

沉淀掩蔽法：加入沉淀剂使溶液中干扰离子浓度降低以消除干扰，不分离沉淀而直接进行滴定的方法。例如，在 Ca^{2+}、Mg^{2+} 共存的滴定系统中测定 Ca^{2+} 时，可加入强碱 NaOH 溶液调节 pH＞12，此时 Mg^{2+} 形成 $Mg(OH)_2$ 沉淀，可用 EDTA 直接滴定 Ca^{2+}，NaOH 即为 Mg^{2+} 的沉淀掩蔽剂。

氧化还原掩蔽法：利用氧化还原反应来改变干扰离子的价态以消除干扰的方法。例如，为防止 Fe^{3+} 对滴定 Bi^{3+}、Sn^{2+}、Hg^{2+}、Sn^{4+} 等离子的干扰，可加入抗坏血酸或羟胺等还原剂，将 Fe^{3+} 还原成 Fe^{2+}，以消除干扰。这是因为 $\lg K^{\ominus}(FeY^{-})=25.1$，$\lg K^{\ominus}(FeY^{2-})=14.33$，二者的稳定常数相差 10^{10} 以上。

（5）EDTA 标准溶液的配制和标定

EDTA 标准溶液的浓度一般为 0.01～0.05 mol/L，大多采用 EDTA 二钠盐进行间接配制，常用金属 Zn、ZnO、$CaCO_3$ 和 $Mg_2SO_4 \cdot 7H_2O$ 等基准物质来标定。为了减少滴定误差，提高滴定的准确度，通常选用与被测样品组成类似的标准样品作基准物质，在与测定相近似的条件下进行标定。

EDTA 溶液应当贮存在聚乙烯塑料瓶或硬质玻璃瓶中，若贮存于软质玻璃瓶中，会不断溶解玻璃中的 Ca^{2+} 形成 CaY^{2-}，使 EDTA 的浓度不断降低。

3.1.4.4 沉淀滴定法

（1）原理

沉淀滴定法是以沉淀反应为基础的一种滴定分析方法。

$$M_mA_n = mM + nA$$

由于固体沉淀的平衡浓度视为 1，其平衡常数为

$$K_{sp} = \frac{[M]^m \cdot [A]^n}{[M_mA_n]} = [M]^m[A]^n \tag{3-20}$$

式中，K_{sp} 又称为溶度积常数。

当溶液中 $[M]^m[A]^n < K_{sp}$，溶液未饱和，无沉淀；

当溶液中 $[M]^m[A]^n = K_{sp}$，饱和溶液，处于平衡状态；

当溶液中 $[M]^m[A]^n > K_{sp}$，溶液过饱和，有沉淀析出。

虽然能形成沉淀的反应很多，但并不是所有的沉淀反应都能用于滴定分析。只有沉淀溶解度很小，能按化学计量关系迅速定量完成，且有适当方法确定终点的沉淀反应才能用于滴定分析。目前常用的沉淀滴定反应是生成难溶银盐的反应，称为“银量法”。用银量法可以测定 Cl^-、Br^-、I^-、Ag^+、CN^-、SCN^- 等离子。如：

$$Ag^+ + Cl^- = AgCl\downarrow$$

$$Ag^+ + SCN^- = AgSCN\downarrow$$

（2）沉淀滴定方法

莫尔法　莫尔法是以铬酸钾作指示剂，在含有 Cl^- 的中性溶液中，用 $AgNO_3$ 标准溶液滴定，溶液中首先析出 AgCl 沉淀。当 AgCl 定量沉淀后，过量一滴的 $AgNO_3$ 溶液 $c(Ag^+)$ 发生突跃，并与 $CrO_4{}^{2-}$ 生成砖红色沉淀，指示滴定终点。滴定反应如下：

$$Ag^+ + Cl^- \longequal AgCl\downarrow（白色）\qquad K_{sp}^{\ominus} = 1.8\times10^{-10}$$

$$2Ag^+ + CrO_4{}^{2-} \longequal Ag_2CrO_4（砖红色）\qquad K_{sp}^{\ominus} = 1.1\times10^{-12}$$

由于 $CrO_4{}^{2-}$ 本身显黄色，其颜色较深影响对终点的观察。实际用量一般在（2×10^{-3}～4×10^{-3} mol/L 时较为适宜，即每 50～100 mL 溶液中加入 50 g/L K_2CrO_4 溶液 1 mL。

计算证明，当用 0.100 mol/L $AgNO_3$ 溶液滴定 0.100 mol/L KCl 溶液，指示剂浓度为 4.0×10^{-3} mol/L 时，产生的终点误差为+0.05%，可以认为不影响分析结果的准确度。如果溶液较稀，如用 0.010 0 mol/L $AgNO_3$ 滴定同浓度的 KCl 时，则终点误差将达+0.5%，误差较大，准确度降低。在这种情况下，通常需要以指示剂的空白值，对测定结果进行校正。

滴定溶液的酸度应保持为中性或微碱性条件（pH=6.5～10.5）。当试液中有铵盐存在时，要求溶液的酸度范围更窄，pH 为 6.5～7.2。因为若溶液 pH 值较高时，便有相当数量的 NH_3 释放出来，与 Ag^+ 离子产生副反应，形成 $[Ag(NH_3)]^+$ 及 $[Ag(NH_3)_2]^+$ 配离子，从而使 AgCl 和 Ag_2CrO_4 溶解度增大，影响滴定。

用 $AgNO_3$ 滴定卤离子时，必须剧烈摇动。莫尔法可以测定氯化物和溴化物，但不适用于测定碘化物及硫氰酸盐，因为 AgI 和 AgSCN 沉淀更强烈地吸附 I^- 和 SCN^-，剧烈摇动达不到解除吸附（解吸）的目的。凡是能与 Ag^+ 和 $CrO_4{}^{2-}$ 生成微溶化合物或配合物的阴、阳离子，都干扰测定，应预先分离除去。例如，$PO_4{}^{3-}$、$AsO_4{}^{3-}$、S^{2-}、$CO_3{}^{2-}$、$C_2O_4{}^{2-}$ 等阴离子能与 Ag^+ 生成微溶化合物；Ba^{2+}、Pb^{2+}、Hg^{2+} 等阳离子与 $CrO_4{}^{2-}$ 生成沉淀干扰测定。另外，Fe^{3+}、Al^{3+}、Bi^{3+}、Sn^{4+} 等高价金属离子在中性或弱碱性溶液中发生水解，故也不应存在。

由于上述原因，莫尔法的应用受到一定限制。只适用于用 $AgNO_3$ 直接滴定 Cl^- 和 Br^-，不能用 NaCl 标准溶液直接测定 Ag^+。因为在 Ag^+ 试液中加入 K_2CrO_4 指示剂，立即生成 Ag_2CrO_4 沉淀，用 NaCl 滴定时，Ag_2CrO_4 沉淀转化为 AgCl 沉淀是很缓慢的，使测定无法进行。

佛尔哈德法　在酸性溶液中以铁铵矾 $[NH_4Fe(SO_4)_2]$ 作指示剂，用 NH_4SCN 或 KSCN 标准溶液滴定 Ag^+ 离子。滴定过程中首先析出白色 AgSCN 沉淀，当滴定达到化学计量点时，$c(SCN^-)$ 产生突跃，稍过量的 NH_4SCN 溶液与 Fe^{3+} 生成红色配合物，指示滴定终点。

本法可以直接用 NH_4SCN 标准溶液滴定 Ag^+，还可以用返滴定法测定卤化物。操作过程是先向含卤离子的酸性溶液中定量地加入过量的 $AgNO_3$ 标准溶液，加入适量的铁铵矾指示剂，用 NH_4SCN 标准溶液返滴定过量的 $AgNO_3$。滴定反应为：

$$Ag^+ + X^- \longequal AgX\downarrow$$

$$Ag^+（过量）+ SCN^- \longequal AgSCN\downarrow（白色）$$

$$Fe^{3+} + SCN^- = (FeSCN)^{2+}$$（红色）

滴定时溶液的酸度一般控制在0.1～1.0 mol/L之间，这时Fe^{3+}主要以$Fe(H_2O)_6{}^{3+}$的形式存在，颜色较浅。如果酸度较低，则Fe^{3+}水解形成颜色较深的羟基化合物或多核羟基化合物，如$[Fe(H_2O)_5OH]^{2+}$，$[Fe_2(H_2O)_4(OH)_4]^{2+}$等，影响终点观察。如果酸度更低，则甚至可能析出水合氧化物沉淀。

在较高的酸度下滴定是此方法的一大优点，许多弱酸根离子如$PO_4{}^{3-}$、$AsO_4{}^{3-}$、$CrO_4{}^{2-}$、$CO_3{}^{2-}$等不干扰测定，提高了测定的选择性，比莫尔法扩大了应用范围。

实验指出，为要产生能觉察到的红色，$[FeSCN]^{2+}$的最低浓度为6.0×10^{-6} mol/L。但是，当Fe^{3+}的浓度较高时，呈现较深的黄色，影响终点观察。由实验得出，通常Fe^{3+}的浓度为0.015 mol/L时，滴定误差不会超过0.1%。

用NH_4SCN直接滴定Ag^+时，生成的AgSCN沉淀强烈吸附Ag^+，由于有部分Ag^+被吸附在沉淀表面上，往往使终点提前到达，导致结果偏低。因此，在操作时必须剧烈摇动溶液，使被吸附的Ag^+解吸出来。用返滴定法测定Cl^-时，终点判定会遇到困难。这是因为AgCl的溶度积（$K^\ominus_{sp,AgCl}=1.8\times10^{-10}$）比AgSCN的溶度积（$K^\ominus_{sp,AgSCN}=1.0\times10^{-12}$）大，在返滴定达到终点后，稍过量的$SCN^-$与AgCl沉淀发生沉淀转化反应，即：

$$AgCl\downarrow + SCN^- = AgSCN\downarrow + Cl^-$$

因此，终点时出现的红色随着不断摇动而消失，得不到稳定的终点，以至多消耗NH_4SCN标准溶液而引起较大误差。要避免这种误差，阻止AgCl沉淀转化AgSCN沉淀，通常加入过量的$AgNO_3$后，将溶液加热煮沸，使AgCl沉淀凝聚，以减少AgCl沉淀对Ag^+的吸附。滤去沉淀，用稀HNO_3洗涤，然后用NH_4SCN标准溶液滴定滤液中的过量$AgNO_3$。也可在滴入NH_4SCN标准溶液前加入硝基苯1～2 mL，用力摇动，使AgCl沉淀进入硝基苯层中，避免沉淀与滴定溶液接触，从而阻止了AgCl沉淀与SCN^-的沉淀转化反应。

用返滴定法测定溴化物和碘化物时，由于AgBr和AgI的溶解度均比AgSCN小，不发生上述沉淀转化反应，所以不必将沉淀过滤或加有机试剂。但在测定碘时，应先加$AgNO_3$，再加指示剂，以避免I^-对Fe^{3+}的还原作用。

佛尔哈德法可以测定Cl^-、Br^-、I^-、SCN^-、Ag^+及有机氯化物等。

法扬司法 使用吸附指示剂确定终点的沉淀滴定法。滴定完全后，沉淀的吸附特性改变，表面吸附指示剂使其荧光颜色明显变化，指示终点到达。

在滴定时，为防止沉淀凝聚，应加入糊精和淀粉等保护剂；应根据指示剂性质控制溶液酸度；应避免强光照射；防止卤化银光解；应注意被测离子浓度不能过低；要求沉淀对指示剂的吸附略小于对待测离子的吸附。卤化银对卤化物和常用的几种吸附指示剂吸附能力大小次序如下：

I^- > 二甲基二碘荧光黄 > Br^- > 曙红 > Cl^- > 荧光黄

因此，滴定Cl^-时，不能选曙红，而应选用荧光黄为指示剂。常用的几种指示剂列于表3-9中。

表 3-9 常用吸附指示剂

指示剂名称	待测离子	滴定剂	滴定条件（pH）
荧光黄	Cl^-	Ag^+	7～10
二氯荧光黄	Cl^-	Ag^+	4～6
曙红	Br^-、I^-、SCN^-	Ag^+	2～10
溴甲酚绿	SCN^-	Ag^+	4～5
甲基紫	$SO_4{}^{2-}$、Ag^+	Ba^{2+}、Cl^-	酸性溶液
二甲基二碘荧光黄	I^-	Ag^+	中性

3.2 重量分析法

重量分析法是经典的定量分析方法之一，它是将待测组分与试样中的其他组分分离，并使之转化为具有一定称量形式的化合物，然后用称量的方法测定待测组分的含量。

3.2.1 重量分析法的分类

根据对待测组分所使用的分离方法的不同，重量分析一般分为 3 类。

（1）沉淀法

将待测组分以难溶化合物形式沉淀下来，经过滤、洗涤、干燥或灼烧，最后称重，计算其含量。该法是质量分析的主要方法。例如，测定试液中 $SO_4{}^{2-}$ 含量时，在试液中加入过量 $BaCl_2$ 使 $SO_4{}^{2-}$ 生成难溶的 $BaSO_4$ 沉淀，经过滤、洗涤、干燥后称量，从而计算出试液中 $SO_4{}^{2-}$ 离子的含量。

（2）挥发法

利用物质的挥发性，通过加热或其他方法使试样中的待测组分挥发逸出，然后根据试样减轻的质量计算试样中该组分的含量；或用吸收剂吸收逸出组分，然后根据吸收剂重量的增加计算该组分的含量。例如，测定试样中吸湿水或结晶水时，可将试样烘干至恒重，试样减少的质量，即所含水分的质量。也可以将加热后产生的水气吸收在干燥剂里，干燥剂增加的质量，即所含水分的质量。根据称量结果，可求得试样中吸湿水或结晶水的含量。

（3）电解法

利用电解的原理，控制适当的电位，使待测组分在电极上析出，然后称量电极的增重，求得待测组分的含量。

重量分析法直接用分析天平称量而获得分析结果，不需要标准试样或基准物质进行比较。如果分析方法可靠，操作细心，对于常量组分的测定能得到准确的分析结果，相对误差约 0.1%～0.2%。但是，重量分析法操作烦琐，耗时较长，也不适用于微量和痕量组分的测定。

目前，重量分析主要用于含量不太低的 Si、S、P、W、稀土元素等组分的分析。

3.2.2 沉淀分离法

在重量分析法中应用较多的主要是沉淀法。常利用沉淀法将主要成分分离出来，再用相应的分析方法测定。按所使用的沉淀剂类型，又可分为无机沉淀剂沉淀法和有机沉淀剂沉淀法。

（1）无机沉淀剂沉淀法

按沉淀形式分类，主要有：氢氧化物沉淀、硫化物沉淀、硫酸盐沉淀、磷酸盐沉淀以及金属单质沉淀等。

（2）有机沉淀剂沉淀法

按生成化合物类型不同，有机沉淀剂可分为能形成螯合物的有机螯合剂和能形成离子缔合物的有机沉淀剂。常用的性能良好的有机沉淀剂如丁二酮肟可选择性沉淀镍；8-羟基喹啉可沉淀除碱金属外的大多数金属离子等。

利用沉淀分离法应选择合适的沉淀剂，要求沉淀剂应具有较好的选择性，即要求沉淀剂只能和待测组分生成沉淀，而与试液中的其他组分不发生作用。例如，丁二酮肟和 H_2S 都可沉淀 Ni^{2+}，但在测定 Ni^{2+} 时常选用前者。又如，沉淀 Zr^{4+} 时，选用在盐酸溶液中与锆有特效反应的苦杏仁酸作沉淀剂，这时即使有钛、铁、钒、铝、铬等十多种离子存在，也不发生干扰。

还应尽可能选用易挥发或易灼烧除去的沉淀剂。这样，沉淀中带有的沉淀剂即使未洗净，也可以借烘干或灼烧而除去。一些铵盐和有机沉淀剂都能满足这项要求。许多有机沉淀剂的选择性较好，沉淀完全而且形成的沉淀组成固定，易于洗涤和过滤，简化了操作，加快了速度，称量形式的摩尔质量也较大，因此，在沉淀分离中，有机沉淀剂的应用日益广泛。

3.2.3 重量分析法对沉淀的要求

在重量分析中，沉淀是经过烘干或灼烧后再称量的，在烘干或灼烧过程中可能发生化学变化，因而称量的物质可能不是原来的沉淀，而是从沉淀转化而来的另一种物质。也就是说在重量分析中“沉淀形式”和“称量形式”不一定相同。例如，在 Ca^{2+} 的测定中沉淀形式是 $CaC_2O_4 \cdot H_2O$，灼烧后所得的称量形式是 CaO，两者不同；而用 $BaSO_4$ 重量法测定 Ba^{2+} 或 SO_4^{2-} 时，沉淀形式和称量形式都是 $BaSO_4$。

重量分析法对沉淀形式和称量形式均有一定要求。

（1）对沉淀形式的要求

①沉淀的溶度积要小，以保证被测组分沉淀完全，不致因溶解损失而引起不可忽略的误差；②尽可能获得粗大的晶形沉淀，以便于过滤和洗涤；③沉淀要纯净，以免混进杂质。④沉淀要易于转化为合适的称量形式。

（2）对称量形式的要求

①称量形式要有确定的化学组成，且必须与化学式符合，这是对称量形式最重要的要求，否则无法计算分析结果；② 称量形式要稳定，不受空气中水分、二氧化碳和氧气的影响；③称量形式的摩尔质量要大，这样，由少量的待测组分可以得到较大量的称量物质，能提高分析灵敏度，减少称量误差。

3.2.4 沉淀的过滤、洗涤、烘干或灼烧

如何使沉淀完全和纯净、易于分离，固然是重量分析中的首要问题，但沉淀以后的过

滤、洗涤、烘干或灼烧操作完成得好坏，同样影响分析结果的准确度。

（1）沉淀的过滤和洗涤

过滤和洗涤是为了除去沉淀表面吸附的杂质和混杂在沉淀中的母液。洗涤时要尽量减少沉淀的溶解损失和避免形成胶体。

（2）沉淀的烘干或灼烧

烘干是为了除去沉淀中的水分和可挥发物质，使沉淀形式转化为组成固定的称量形式，灼烧沉淀除有上述作用外，有时还可以使沉淀形式在较高温度下分解成组成固定的称量形式。灼烧温度一般在 800 ℃以上，常用瓷坩埚盛沉淀。

3.3 化学分析法在环境分析中的应用

3.3.1 酸度的测定（酸碱滴定法）

酸度是指水中所含能与强碱发生中和作用的物质的总量，包括无机酸、有机酸、强酸弱碱盐等。地表水由于溶解 CO_2 或被机械、选矿、电镀、农药、印染、化工等行业排放的含酸废水污染，使水体 pH 值降低，破坏了鱼类及其他水生生物和农作物的正常生活及生长条件，会造成鱼类及农作物等死亡。因此，酸度是衡量水体变化的一项重要指标。

（1）原理

在水中，由于溶质的解离或水解而产生 H^+，与碱标准溶液作用至一定 pH 值所消耗的量，定为酸度。滴定终点的 pH 值有两种规定，即 8.3 和 3.7。以酚酞做指示剂，用 NaOH 溶液滴定到 pH8.3 的酸度，称为“酚酞酸度”。又称总酸度，它包括强酸和弱酸。以甲基橙为指示剂，用 NaOH 溶液滴定到 pH3.7 的酸度，称为“甲基橙酸度”，测定较强的酸。

（2）试剂

①无二氧化碳水；②NaOH 标准溶液：c=0.1 mol/L（用时当天标定）；③酚酞指示剂；④甲基橙指示剂；⑤$Na_2S_2O_3$ 标准溶液：取 2.5 g $Na_2S_2O_3$ 溶解于无二氧化碳水，稀释至 100 mL。

（3）仪器

①碱式滴定管：25 mL 或 50 mL；②锥形瓶：250 mL。

（4）分析步骤

标定 NaOH 标准溶液 称取在 105～110℃干燥过的基准物邻苯二甲酸氢钾（$KHC_8H_4O_4$）约 0.5 g（精确至 0.1 mg），置于 250 mL 锥形瓶中，加无二氧化碳水 100 mL 使之溶解，加入 4 滴酚酞指示剂。用待标定的 NaOH 标准溶液滴定至浅红色为终点。同时用无二氧化碳水做空白滴定。按式（3-21）进行计算：

$$c=\frac{\mathrm{m}\times 1\,000}{(V_1-V_0)\times 204.2} \tag{3-21}$$

式中 c——NaOH 标准溶液浓度（mol/L）；

m——称取邻苯二甲酸氢钾质量（g）；

V_1——滴定邻苯二甲酸氢钾所消耗的 NaOH 标准溶液体积（mL）；

V_0——滴定空白所消耗的 NaOH 标准溶液体积（mL）；

204.2——邻苯二甲酸氢钾的摩尔质量（g/mol）。

测定 取适量水样于250 mL锥形瓶中，用无二氧化碳水稀释至100 mL，加2滴甲基橙指示剂，用NaOH标准溶液滴定至溶液由橙红色变为橘黄色为终点，记录所消耗的NaOH的体积V_1。

另取一份水样于250 mL锥形瓶中，用无二氧化碳水稀释至100 mL，加4滴酚酞指示剂，用NaOH标准溶液滴定至溶液刚变为浅红色为终点，记录所消耗的NaOH的体积V_2。

(5) 结果计算

甲基橙酸度（$CaCO_3$，mg/L）和酚酞酸度（总酸度$CaCO_3$，mg/L）按式（3-22）计算：

$$\text{甲基橙酸度} = \frac{cV_1 \times 50 \times 1\,000}{V}$$
$$\text{酚酞酸度} = \frac{cV_2 \times 50 \times 1\,000}{V} \tag{3-22}$$

式中 c——NaOH标准溶液浓度（mol/L）；

V_1——甲基橙作指示剂，滴定所消耗的NaOH标准溶液体积（mL）；

V_2——酚酞作指示剂，滴定所消耗的NaOH标准溶液体积（mL）；

V——水样体积（mL）；

50——碳酸钙（1/2 $CaCO_3$）摩尔质量（g/mol）。

(6) 干扰及消除

① 在取样、保存及测定时，防止干扰气体（如CO_2、H_2S、NH_3等）溶入水样。

② 水样中含有铁、锰、铝等离子，滴定时易产生沉淀，导致终点时指示剂褪色，遇此情况，可加热后进行滴定。

③ 水样中有游离氯时也会使指示剂褪色，可在滴定前加少许$Na_2S_2O_3$溶液去除。

④ 对有色或混浊的水样，可用无二氧化碳水稀释后滴定，或采用电位法进行滴定。

3.3.2 碱度的测定（酸碱滴定法）

水的碱度是指水中所含能与强酸发生中和作用的物质总量，包括强碱、弱碱、强碱弱酸盐等。引起碱度过高问题的污染源主要是造纸、印染、化工、电镀等行业排放的废水及洗涤剂、化肥和农药在使用过程中的流失。碱度同酸度一样，是判断水质和废水处理控制的重要指标。也常用于评价水体缓冲能力及金属在其中的溶解性和毒性等。

(1) 原理

水样用盐酸标准溶液进行滴定，终点由酸碱指示剂颜色变化来判断，根据所消耗的盐酸标准溶液体积来计算水样的碱度。

酚酞作指示剂，终点颜色由红色变为无色，溶液pH8.3，水样中氢氧根离子已被中和，碳酸根被中和为碳酸氢根，反应式如下：

$$OH^- + H^+ \longrightarrow H_2O$$
$$CO_3^{2-} + H^+ \longrightarrow HCO_3^-$$

甲基橙作指示剂，终点颜色由橘黄色变为橘红色，溶液pH约为4.4，水样中碳酸氢根已被中和完，反应式如下：

$$HCO_3^- + H^+ \longrightarrow H_2O + CO_2 \uparrow$$

根据上述两个终点到达时所消耗的盐酸标准溶液体积，可以计算水样中的碳酸盐、碳酸氢盐及总碱度。

（2）试剂

①无二氧化碳水；②盐酸标准溶液：c=0.1 mol/L（用时当天标定）；③酚酞指示剂；④甲基橙指示剂。

（3）仪器

①酸式滴定管：25 mL或50 mL；②锥形瓶：250 mL。

（4）分析步骤

标定盐酸标准溶液 称取在105～110℃干燥过的基准物硼砂（$Na_2B_4O_7 \cdot 10H_2O$）约0.5 g（精确至0.1 mg），置于250 mL锥形瓶中，加无二氧化碳水100 mL使之溶解，加入3滴甲基橙指示剂。用待标定的盐酸标准溶液滴定至橘红色为终点。同时用无二氧化碳水做空白滴定。盐酸标准溶液浓度c（mg/L）按式（3-23）计算：

$$c = \frac{2 \times m \times 1\,000}{(V_1 - V_0) \times 381.4} \tag{3-23}$$

式中 c——盐酸标准溶液浓度（mol/L）；

m——称取硼砂质量（g）；

V_1——滴定硼砂所消耗的盐酸标准溶液体积（mL）；

V_0——滴定空白所消耗的盐酸标准溶液体积（mL）；

381.4——硼砂的摩尔质量（g/mol）。

测定 取100 mL水样于250 mL锥形瓶中，加4滴酚酞指示剂，当溶液呈红色（若加酚酞为无色，则不需用盐酸滴定。）时，用盐酸标准溶液滴定至无色为终点，记录所消耗的盐酸体积V_1。再向该溶液中加3滴甲基橙指示剂，继续用盐酸标准溶液滴定至溶液由橘黄色变为橘红色为终点，记录所消耗的盐酸体积V_2。

（5）结果计算

测定水样的碱度可根据V_1和V_2数值的大小判断混合碱的组成，可能出现下列5种情况：

第一，$V_1 > V_2 > 0$：溶液含有氢氧化物（OH^-）和碳酸盐（CO_3^{2-}）。其总碱度、碳酸盐、碳酸氢盐的含量按下式计算：

$$\text{总碱度(以 } CaCO_3 \text{ 计,mg/L)} = \frac{c(V_1 + V_2) \times 50 \times 1\,000}{V}$$

$$\text{碳酸盐(以 } CaCO_3 \text{ 计,mg/L)} = \frac{cV_2 \times 50 \times 1\,000}{V}$$

$$\text{碳酸氢盐}(HCO_3^-) = 0$$

第二，$V_2 > V_1 > 0$：溶液含有碳酸盐（CO_3^{2-}）和碳酸氢盐（HCO_3^-）。其总碱度、碳酸盐、碳酸氢盐的含量按下式计算：

$$\text{总碱度(以 } CaCO_3 \text{ 计,mg/L)} = \frac{c(V_1 + V_2) \times 50 \times 1\,000}{V}$$

$$碳酸盐(以 CaCO_3 计,mg/L) = \frac{cV_1 \times 50 \times 1\,000}{V}$$

$$碳酸氢盐(以 CaCO_3 计,mg/L) = \frac{c(V_2 - V_1) \times 50 \times 1\,000}{V}$$

第三，$V_1=V_2>0$：则溶液只含碳酸盐（CO_3^{2-}）。其总碱度、碳酸盐、碳酸氢盐的含量按下式计算：

$$总碱度(以 CaCO_3 计,mg/L) = \frac{c(V_1 + V_2) \times 50 \times 1\,000}{V}$$

$$碳酸盐(以 CaCO_3 计,mg/L) = \frac{cV_1 \times 50 \times 1\,000}{V}$$

$$碳酸氢盐(HCO_3^-) = 0$$

第四，$V_1=0$，$V_2>0$：则溶液只含碳酸氢盐（HCO_3^-）。其总碱度、碳酸盐、碳酸氢盐的含量按下式计算：

$$总碱度(以 CaCO_3 计,mg/L) = \frac{cV_2 \times 50 \times 1\,000}{V}$$

$$碳酸氢盐(以 CaCO_3 计,mg/L) = \frac{cV_2 \times 50 \times 1\,000}{V}$$

$$碳酸盐(CO_3^{2-}) = 0$$

第五，$V_1>0$，$V_2=0$：则溶液只含氢氧化物（OH^-）。其总碱度、碳酸盐、碳酸氢盐的含量按下式计算：

$$总碱度(以 CaCO_3 计,mg/L) = \frac{cV_1 \times 50 \times 1\,000}{V}$$

$$碳酸盐(CO_3^{2-}) = 0$$

$$碳酸氢盐(HCO_3^-) = 0$$

式中 c——盐酸标准溶液浓度（mol/L）；

V_1——酚酞作指示剂，滴定所消耗的盐酸标准溶液体积（mL）；

V_2——甲基橙作指示剂，滴定所消耗的盐酸标准溶液体积（mL）；

V——水样体积（mL）；

50——碳酸钙（1/2 $CaCO_3$）摩尔质量（g/mol）。

（6）干扰及消除

水样混浊、有色均干扰测定，可改用电位滴定法进行测定。能使指示剂褪色的氧化还原性物质也可干扰测定。如水样中含有余氯会破坏指示剂，可加几滴 $Na_2S_2O_3$ 溶液消除干扰。

3.3.3 溶解氧（DO）的测定（碘量法）

溶解于水中的氧称为“溶解氧”。水中溶解氧的含量与空气中氧的分压、大气压力和水温有关。

如水体被易于氧化的有机物所污染或含有无机还原剂时，水中溶解氧含量大大降低，当氧化作用进行迅速而水体又不能从空气中吸收充足的氧来补充氧的消耗时，水中溶解氧不断减少，甚至会接近于零。这时厌气性细菌繁殖起来，有机物发生腐败作用，使水体产生臭气。溶解氧的测定对于研究水源自净作用有很大意义，流动的河水中，取不同地段的水样测定溶解氧，可以了解该水源在不同地点自净作用进行的速度。溶解氧对于水生动物，如鱼类等的生存有密切关系。当溶解氧为 3～4 mg/L 时，鱼类就可能窒息而死亡。

（1）原理

在样品中溶解氧与刚沉淀的二价氢氧化锰（将 NaOH 或 KOH 加入到二价 $MnSO_4$ 中制得）反应。酸化后，生成的高价锰化合物将碘化物氧化成单质碘，用 $Na_2S_2O_3$ 滴定，测定游离碘量。

（2）试剂

①H_2SO_4（1+1）溶液：碱性碘化物—叠氮化物试剂；②无水 $MnSO_4$ 溶液：340 g/L；③KIO_3 标准溶液：$c(1/6KIO_3)=10$ mmol/L；④$Na_2S_2O_3$ 标准滴定液：$c(Na_2S_2O_3)\approx$ 10 mmol/L（用时当天标定）；⑤淀粉溶液：新配制 10 g/L；⑥酚酞：lg/L 乙醇溶液；⑦I_2 溶液：约 0.005 mol/；⑧KI 或 NaI。

（3）仪器

①细口玻璃瓶：250～300 mL，校准至 1 mL；②移液管；③酸式滴定管：25 mL，50 mL；④锥形瓶：250 mL。

（4）分析步骤

样品的采集 样品应采集在细口瓶中，试样充满全部细口瓶。

溶解氧的固定 取样之后，最好在现场立即向盛有样品的细口瓶中加 1 mL $MnSO_4$ 溶液和 2 mL 碱性试剂。用移液管将试剂加到液面以下，小心盖上塞子，避免把空气泡带入。将细口瓶上下颠倒转动几次，使瓶内的成分充分混合，静置沉淀最少 5 min，然后再重新颠倒混合，保证混合均匀。

游离碘 确保所形成的沉淀物已沉降在细口瓶下 1/3 部分。慢速加入 1.5 mL H_2SO_4 溶液，盖上瓶盖，摇动瓶子，使沉淀物完全溶解，并保证碘均匀分布。

标定 $Na_2S_2O_3$ 溶液 在锥形瓶中用 100～150 mL 的水溶解约 0.5 g 的 KI 或 NaI，加入 5 mL 2 mol/L 的 H_2SO_4 溶液，混匀，加 20.00 mL 标准 KIO_3 溶液，稀释至约 200 mL，立即用 $Na_2S_2O_3$ 溶液滴定释放出的碘，当接近滴定终点时，溶液呈浅黄色，加淀粉指示剂，再滴定至蓝色刚好完全褪去为止。

$Na_2S_2O_3$ 浓度 c（mmol/L）按式（3-24）求出：

$$c=\frac{6\times 20\times 1.66}{V} \tag{3-24}$$

式中 c——$Na_2S_2O_3$ 浓度（mmol/L）；

V——$Na_2S_2O_3$ 溶液滴定量（mL）。

滴定 将细口瓶内的组分或其部分体积（V_1）转移到锥形瓶中。用 $Na_2S_2O_3$ 标准溶液滴定，在接近滴定终点（即溶液至浅黄色）时，加淀粉指示剂，继续滴定至蓝色刚好完全褪去为止。记录所消耗的 $Na_2S_2O_3$ 标准溶液的体积。

（5）结果计算

溶解氧含量 DO（mg/L）按式（3-25）计算：

$$DO(O_2, mg/L) = \frac{1\,000 \times MV_2cf_1}{4V_1}$$

$$f_1 = \frac{V_0}{V_0 - V} \tag{3-25}$$

式中 DO——溶解氧含量（mg/L）；

M——O_2 的相对分子质量，M=32；

V_1——滴定时样品的体积（mL）；

V_2——滴定样品时所消耗的 $Na_2S_2O_3$ 溶液的体积（mL）；

c——$Na_2S_2O_3$ 溶液标定的浓度（mol/L）；

V_0——细口瓶的体积（mL）；

V——$MnSO_4$ 溶液（1 mL）和碱性试剂（2 mL）体积的总和。

（6）说明

① 适用范围：碘量法是测定水中溶解氧的基准方法。在没有干扰的情况下，此方法适用于各种溶解氧浓度大于 0.2 mg/L 和小于氧的饱和浓度 2 倍（约 20 mg/L）的水样。

② 干扰及消除：易氧化的有机物，如丹宁酸、腐殖酸和木质素等会对测定产生干扰。可氧化硫的化合物，如硫化物硫脲，也易产生干扰。当含有这类物质时，宜采用电化学探头法。亚硝酸盐浓度不高于 15 mg/L 时不会产生干扰，因为它们会被加入的叠氮化钠破坏掉。

3.3.4 总硬度的测定（配位滴定法）

所谓硬度就是指水中含有钙镁的总量。水的硬度单位有两种计算法，一种以度数（°）计，一个硬度单位代表在 10 万份水中含有 1 份 CaO，即 1 L 水中含 10 mg CaO，这种表示法又称德国硬度，我国使用比较普遍。另一种用钙毫克当量/升表示，这种表示较为确切。也有些国家采用 $CaCO_3$ mg/L 来表示硬度单位。

水质硬度通常作如下分类：0～4°称很软的水，4～8°软水，8～16°中等硬水，16～30°硬水，30°以上称很硬的水。

（1）原理

在 pH=10 的条件下，用 EDTA 溶液配位滴定钙和镁离子。铬黑 T 作指示剂，与钙和镁生成紫红或紫色溶液。滴定中，游离的钙和镁离子首先与 EDTA 反应，与指示剂配位的钙和镁离子随后与 EDTA 反应，到达终点时溶液的颜色由紫色变为天蓝色。

（2）试剂

① 氨—氯化铵缓冲溶液（pH10）：16.9 g（NH_4Cl）溶于 143 mL 的浓氨水（$NH_3 \cdot H_2O$）中，用水稀释至 250 mL。

② EDTA-Na_2 标准溶液：≈10 mmol/L。将 1 份 EDTA-Na_2 二水化合物在 80℃ 干燥 2 h，放入干燥器中冷至室温，称取 3.725 g 溶于水，在容量瓶中定容至 1 000 mL，盛放在聚乙烯瓶中，定期标定其浓度。

③ 钙标准溶液：10 mmol/L。将 1 份碳酸钙（$CaCO_3$）在 150℃ 下干燥 2 h，取出放在干燥器中冷至室温，称取 1.001 g 于 500 mL 锥形瓶中，用水润湿。逐滴加入 4 mol/L 盐酸至碳酸钙全部溶解，避免滴入过量酸。加 200 mL 水，煮沸数分钟赶除二氧化碳，冷至室

温，加入数滴甲基红指示剂溶液（0.1 g 溶于 100 mL 60%乙醇），逐滴加入 3 mol/L 氨水至橙色，在容量瓶中定容至 1 000 mL。此溶液 1.00 mL 含 0.400 8 mg（0.01 mmol）钙。

④ 铬黑 T 指示剂：将 0.5 g 铬黑 T 溶于 100 mL 三乙醇胺，可最多用 25 mL 乙醇代替三乙醇胺以减少溶液的黏性，盛放在棕色瓶中。或者，配成铬黑 T 指示剂干粉，称取 0.5 g 铬黑 T 与 100 g NaCl 充分混合，研磨后通过 40～50 目，盛放在棕色瓶中，塞紧。

⑤ NaOH：2 mol/L 溶液。将 8 g NaOH 溶于 100 mL 新鲜蒸馏水中。盛放在聚乙烯瓶中，避免空气中二氧化碳的污染。

⑥ NaCN：NaCN 是剧毒品，取用和处置必须十分小心，采取必要的防护。含 NaCN 的溶液不可酸化。

⑦ 三乙醇胺：分析纯。

所有试剂均为分析纯，水为蒸馏水，或纯度与之相当的水。

（3）仪器

滴定管：50 mL，分刻度至 0.10 mL。

（4）分析步骤

采样和样品保存 采集水样可用硬质玻璃瓶（聚乙烯容器）。采集自来水及有抽水设备的井水时，应先放水数分钟，使积蓄在水管中的杂质流出，然后将水样收集于瓶中。采集无抽水设备的井水或江、河、湖等地面水时，可将采样设备浸入水中，使采样瓶口位于水面下 20～30 cm，然后拉开瓶塞，使水浸入瓶中。水样采集后（尽快送往实验室），应于 24 h 内完成测定。否则，每升水样中应加 2 mL 浓 HNO_3 作保存剂（使 pH 值降至 1.5 左右）。

标定 $EDTA\text{-}Na_2$ 溶液 用钙标准溶液标定 $EDTA\text{-}Na_2$ 溶液。

$EDTA\text{-}Na_2$ 溶液的浓度 c_1（mol/L）按式（3-26）计算：

$$c_1 = \frac{c_2 V_2}{V_1} \tag{3-26}$$

式中 c_1——$EDTA\text{-}Na_2$ 溶液浓度（mol/L）；

c_2——钙标准溶液的浓度（mol/L）；

V_2——钙标准溶液的体积（mL）；

V_1——标定中消耗的 $EDTA\text{-}Na_2$ 溶液体积（mL）。

试样的测定 用移液管吸取 50 mL 试样于 250 mL 锥形瓶中，加 4 mL 缓冲溶液和 3 滴铬黑 T 指示剂溶液或 50～100 mg 指示剂干粉，立即在不断振摇下，自滴定管加入 $EDTA\text{-}Na_2$ 溶液，滴定速度先快后慢，溶液由紫红色转为天蓝色时即为滴定终点，记录消耗 $EDTA\text{-}Na_2$ 溶液的体积。

（5）结果计算

钙和镁总量 c（mol/L）按式（3-27）计算：

$$c = \frac{c_1 V_1}{V_0} \tag{3-27}$$

式中 c_1——$EDTA\text{-}Na_2$ 溶液浓度（mol/L）；

V_1——滴定所消耗 $EDTA\text{-}Na_2$ 溶液的体积（mL）；

V_0——试样体积（mL）。

我国目前常用度（°）表示，1硬度单位表示10万份水中含有1份CaO，计算公式如式（3-28）：

$$硬度(°)=\frac{100\times c_1V_1M_{CaO}}{V_0} \tag{3-28}$$

式中 c_1——EDTA-Na_2溶液浓度（mol/L）；

V_1——滴定所消耗EDTA-Na_2溶液的体积（mL）；

V_0——试样体积（mL）。

M_{CaO}——CaO的摩尔质量（g/mol）。

（6）说明

① 适用范围：用EDTA滴定法测定地下水和地面水中钙和镁的总量，不适用于含盐量高的水，诸如海水。本方法测定的最低浓度为0.05 mmol/L。

② 干扰及其消除：如试样含铁离子为30 mg/L或以下，在滴定前加入250 mg NaCN或三乙醇胺加以掩蔽。氰化物使Zn、Cu、Co的干扰减至最小。加氰化物前必须保证溶液呈碱性。

3.3.5 氯离子的测定（沉淀滴定法）

在一个地区，对水中氯离子含量进行常规分析，调查氯化物成分与掌握正常状况下水源的分析资料，发现水体中氯化物含量的变化可了解污染情况，并可作为该地区地质或其他水文状况的重要参数。

饮用水中氯化物含量在2～100 mg/L之间，它对人的健康无影响，只有高达4 000 mg/L左右时才会影响人的健康。水中含NaCl 500～1 000 mg/L时才能尝出咸味。海水含氯化物约18 500 mg/L，当1%海水进入水体中就会使氯化物增加185 mg/L。

（1）原理

在中性至弱碱性范围内（pH6.5～10.5），以铬酸钾为指示剂，用$AgNO_3$滴定氯化物时，由于AgCl的溶解度小于Ag_2CrO_4的溶解度，氯离子首先被完全沉淀下来，然后铬酸盐以Ag_2CrO_4的形式被沉淀，产生砖红色，指示到达滴定终点。该沉淀滴定的反应如下：

$$Ag^{+}+Cl^{-}\longrightarrow AgCl\downarrow$$

$$2Ag^{+}+CrO_4^{2-}\longrightarrow Ag_2CrO_4\downarrow\text{(砖红色)}$$

（2）试剂

① $KMnO_4$溶液：c（1/5$KMnO_4$）=0.01 mol/L。

② H_2O_2溶液：30%。

③ C_2H_5OH：95%。

④ H_2SO_4溶液：c（1/2H_2SO_4）=0.05 mol/L。

⑤ NaOH溶液，c（NaOH）=0.05 mol/L。

⑥ 氢氧化铝悬浮液：125 g $KAl(SO_4)_2\cdot12H_2O$溶解于1 L蒸馏水中，60℃下边搅边加55 mL浓氨水，放置1 h，用倾泻法反复洗涤沉淀至洗出液不含氯离子为止。用水稀至约为

300 mL。

⑦ NaCl 标准溶液：c（NaCl）=0.014 1 mol/L。

⑧ $AgNO_3$ 标准溶液：c（$AgNO_3$）=0.014 1 mol/L，贮于棕色瓶（用时标定）。

⑨ K_2CrO_4 溶液：50 g/L。

⑩ 酚酞指示剂溶液：0.5 g 酚酞溶于 50 mL 95%乙醇。

所有试剂均为分析纯，水为蒸馏水，或纯度与之相当的水。

（3）仪器

①锥形瓶：250 mL；②滴定管：25 mL，50 mL，棕色；③吸量管：50 mL，25 mL。

（4）分析步骤

采样和样品保存 采集代表性水样，放在干净且化学性质稳定的玻璃瓶或聚乙烯瓶内。保存时不必加入特别的防腐剂。

标定 $AgNO_3$ 标准溶液 用吸管准确吸取 25 mL NaCl 标准溶液于 250 mL 锥形瓶中，加蒸馏水 25 mL。另取一锥形瓶，量取蒸馏水 50 mL 作空白。各加入 1 mL K_2CrO_4 溶液，在不断摇动下用 $AgNO_3$ 标准溶液滴定至砖红色沉淀刚刚出现即为终点，记下所消耗的体积，计算 $AgNO_3$ 溶液的浓度。

试样的测定 用吸量管吸取 50 mL 水样或经过预处理的水样（若氯化物含量高，可取适量水样用蒸馏水稀释至 50 mL），置于锥形瓶中。另取一锥形瓶加入 50 mL 蒸馏水作空白试验。如水样 pH 在 6.5～10.5 范围内，可直接滴定，超出此范围的水样应以酚酞作指示剂，用稀 H_2SO_4 或 NaOH 调节至红色刚退去。加 1 mL K_2CrO_4 溶液，用 $AgNO_3$ 标准溶液滴定至砖红色沉淀刚出现，即为滴定终点。同法作空白滴定。

（5）结果计算

水样中氯化物含量 c（mg/L）按式（3-29）计算：

$$c=\frac{(V_2-V_1)c_1\times 35.45\times 1\,000}{V} \tag{3-29}$$

式中 c——水样中氯化物含量（mg/L）；

V_1——蒸馏水消耗 $AgNO_3$ 标准溶液量（mL）；

V_2——试样消耗 $AgNO_3$ 标准溶液量（mL）；

c_1——$AgNO_3$ 标准溶液浓度（mol/L）；

V——试样体积（mL）。

（6）说明

① 适用范围：适用于天然水或经适当稀释的高矿化度水（如咸水、海水等）中氯化物的测定，以及经预处理除去干扰物的生活污水或工业废水。适用的浓度范围为 10～50 mg/L 的氯化物。高于此范围的水样经稀释后可以扩大其测定范围。

② 干扰及消除：溴化物、碘化物和氰化物能与氯化物一起被滴定。正磷酸盐及聚磷酸盐分别超过 250 mg/L 及 25 mg/L 时有干扰。铁含量超过 10 mg/L 时使终点不明显。如水样中含有硫化物、亚硫酸盐或硫代硫酸盐，可加 NaOH 溶液将水样调至中性或弱碱性，加入 1 mL 30% H_2O_2，摇匀。1 min 后加热至 70～80℃，以除去过量的 H_2O_2。

3.3.6 化学需氧量（COD）的测定（重铬酸钾法）

化学需氧量是指 1 L 水中的还原物质（无机的或有机的），在一定条件下经 K_2CrO_7 氧化处理，所消耗的重铬酸盐相对应的氧的质量浓度。不同条件下，得出的耗氧量不同，故要求严格控制反应条件。

水中无机还原物有 NO_2^-、S^{2-}、Fe^{2+}、SO_3^{2-}、Sn^{2+} 等。有机还原物来自植物及动物残骸分解产物（腐质物质）落入水体中，这类物质不稳定且成分复杂，使水体呈现淡黄至黄褐色，并具有霉味或特殊味道。有机还原物的另一来源是地面或浅层地下水的有机物，随污水转移，这类物质是细菌繁殖的良好介质，并可能引起传染病菌的敞布，是有害的污染水源。

（1）原理

在水样中加入已知量的 K_2CrO_7 溶液，在强酸介质下以银盐作催化剂，经沸腾回流，以试亚铁灵为指示剂，用硫酸亚铁铵滴定水样中未被还原的 K_2CrO_7，由消耗的硫酸亚铁铵的量换算成消耗的氧的质量浓度。在酸性 K_2CrO_7 条件下，芳烃及吡啶难以被氧化，其氧化效率低。在 Ag_2SO_4 催化作用下，直链脂肪族化合物可有效的被氧化。

（2）试剂

① 硫酸银（$AgSO_4$）：化学纯。

② 硫酸汞（$HgSO_4$）：化学纯。

③ 硫酸（H_2SO_4）：ρ=1.84 g/mL。

④ Ag_2SO_4-H_2SO_4 试剂：1 L H_2SO_4 中加入 10 g Ag_2SO_4。

⑤ K_2CrO_7 标准溶液：c（$1/6K_2CrO_7$）=0.025 0 mol/L。

⑥ 硫酸亚铁铵标准溶液：c［$(NH_4)_2Fe(SO_4)_2 \cdot 6H_2O$］≈0.10 mol/L（使用前须用 K_2CrO_7 标准溶液标定）。

⑦ 邻苯二甲酸氢钾标准溶液：c（$KC_6H_5O_4$）=2.082 4 mmol/L。

⑧ 1,10-菲啰啉指示剂溶液：0.7 g $FeSO_4 \cdot 7H_2O$ 溶解于 50 mL 水中，加入 1.5 g 1,10-菲啰啉，溶解后加水稀释至 100 mL。

（3）仪器

①回流装置：标准磨口的带锥形瓶的全玻璃回流装置；②加热装置；③酸式滴定管：25 mL 或 50 mL。

（4）分析步骤

采样和样品保存 水样采集于玻璃瓶中，尽快分析。如不能立即分析时，应加入 H_2SO_4 至 pH<2，4℃下保存。保存时间不多于 5 d。采集水样不得少于 100 mL。

标定硫酸亚铁铵标准溶液 取 10 mL K_2CrO_7 标准溶液置于锥形瓶中，用水稀释至约 100 mL，加入 30 mL H_2SO_4，混匀。冷却后，加 3 滴试亚铁灵指示剂，用硫酸亚铁铵滴定，溶液的颜色由黄色经蓝绿色变为红褐色即为终点。记录硫酸亚铁铵消耗的体积（mL）。

硫酸亚铁铵标准溶液浓度 c 按式（3-30）计算：

$$c[(NH_4)_2Fe(SO_4)_2 \cdot 6H_2O] = \frac{10.00 \times 0.250}{V} \qquad (3\text{-}30)$$

式中 V——滴定时消耗硫酸亚铁铵溶液的体积（mL）。

试样的测定 取试样 20 mL 于锥形瓶中，或取适量试料加水至 20 mL。加入 10 mL 重铬酸钾标准溶液和几颗防爆沸玻璃珠。将锥形瓶接到回流装置冷凝管下端，接通冷凝水。从冷凝管上端缓慢加入 30 mL Ag_2SO_4-H_2SO_4 试剂，以防止低沸点有机物的逸出，不断旋动锥形瓶使之混合均匀。回流 2 h。冷却后，用 20～30 mL 水自冷凝管上端冲洗冷凝管后，取下锥形瓶，再用水稀释至 140 mL 左右。冷至室温，加入 3 滴 1,10-菲啰啉指示剂，用硫酸亚铁铵标准溶液滴定，溶液的颜色由黄色经蓝绿色变为红褐色即为终点。记下硫酸亚铁铵标准溶液所消耗体积 V_2。

空白试验：按相同步骤以 20 mL 水代替试料进行空白试验，其余试剂和试料测定相同，记录下空白滴定时消耗硫酸亚铁铵标准溶液的体积 V_1。

校核试验：按相同方法分析 20 mL 邻苯二甲酸氢钾标准溶液的 COD 值，用以检验操作技术及试剂纯度。其理论 COD 值为 500 mg/L，如果校核试验的结果大于该值的 96%，认为试验步骤适宜，否则，必须寻找原因，重复实验，使之达到要求。

（5）结果计算

水样化学需氧量 COD（mg/L），按式（3-31）计算：

$$COD = \frac{c(V_1 - V_2) \times 8\,000}{V_0} \tag{3-31}$$

式中 COD——水样化学需氧量（mg/L）；

c——硫酸亚铁铵标准溶液浓度（mol/L）；

V_1——空白试验所消耗的硫酸亚铁铵标准溶液的体积（mL）；

V_2——试样测定所消耗的硫酸亚铁铵标准溶液的体积（mL）；

V_0——试样的体积（mL）；

8 000——1/4 O_2 的摩尔质量以 mg/L 为单位的换算值。

（6）说明

① 适用范围：适用于各种类型的含 COD 值大于 30 mg/L 的水样，未经稀释的水样测定上限为 700 mg/L。不适用含氯化物浓度大于 1 000 mg/L（稀释后）的含盐水。

② 对于 COD 值小于 50 mg/L 的水样，应采用低浓度的 K_2CrO_7 标准溶液氧化，加热回流以后，采用低浓度的硫酸亚铁铵标准溶液回滴。

③ 对于污染严重的水样，可选取所需体积 1/10 的试样和 1/10 的试剂，放入 10×150 mm 硬质玻璃管中，用酒精灯加热至沸数分钟，观察溶液是否变成蓝绿色，如呈蓝绿色，应再适当少取试料，重复以上试验，直至溶液不变蓝绿色为止。从而确定待测水样适当的稀释倍数。

④ 干扰及消除：该实验的主要干扰物为氯化物，可加入硫酸汞部分除去，经回流后，氯离子可与硫酸汞结合成可溶性的氯汞络合物。当氯离子含量超过 1 000 mg/L 时，COD 的最低允许值为 250 mg/L，低于此值结果的准确度就不可靠。

3.3.7 五日生化需氧量（BOD_5）的测定（稀释—接种法）

排放污水或废水于江湖中，会很大的消耗水中原有的溶解氧，排放污水时要充分估计到江湖中氧的平衡。要解决此问题，就须借助于生化需氧量（BOD）的测定。

水中有机物和无机物在有氧的条件下，被好气性微生物分解，好气性微生物繁殖过程中通过呼吸作用所消耗的溶解氧量称为生化需氧量（BOD），以氧毫克/升（O_2 mg/L）表示。

（1）原理

生化过程进程很慢，20℃培养时完成全过程需要100 d多，除以此作研究之外，无实用价值。一般标准是20℃培养5 d。将水样注满培养瓶，塞好后应不透气，测定样品培养前的溶解氧浓度和20℃培养5 d后的溶解氧浓度，由两者的差值可算出每升水消耗掉氧的质量，即BOD_5值。

（2）试剂

① 接种水：含有足够的合适性微生物的水，如含有城市污水的河水或湖水。

② 磷酸盐缓冲溶液（pH7.2）：将8.5 g磷酸二氢钾（KH_2PO_4）、21.75 g磷酸氢二钾（K_2HPO_4）、33.4 g七水磷酸氢二钠（$Na_2HPO_4 \cdot 7H_2O$）和1.7 g氯化铵（NH_4Cl）溶于约500 mL水中，稀释至1 000 mL并混合均匀。

③ 七水硫酸镁：22.5 g/L溶液。

④ 氯化钙：27.5 g/L溶液

⑤ 六水氯化铁（Ⅲ）：0.25 g/L溶液。

⑥ 稀释水：取上述每种盐溶液各1 mL，加入约500 mL水中，然后稀释至1 000 mL并混合均匀，将此溶液置于20℃下恒温，曝气1 h以上，采取各种措施，使其不受污染，特别是不被有机物质、氧化或还原性物质或金属污染，确保溶解氧浓度不低于8 mg/L。此溶液的BOD_5不得超过0.2 mg/L。此溶液应在8 h内使用。

⑦ 接种的稀释水：根据需要和接种水的来源，向每升稀释水中加1.0～5.0 mL接种水，将已接种的稀释水在约20℃下保存，8 h后尽早应用。已接种的稀释水的5 d（20℃）耗氧量应在0.3～1.0 mg/L之间。

⑧ HCl溶液：0.5 mol/L。

⑨ NaOH溶液：20 g/L。

⑩ Na_2SO_3溶液：1.575 g/L，现用现配。

⑪ 葡萄糖—谷氨酸标准溶液：将无水葡萄糖和谷氨酸在103℃下干燥1 h，每种称量150±1 mg，溶于蒸馏水中，稀释至1 000 mL并混合均匀，现配现用。

所有试剂均为分析纯，水为蒸馏水，或纯度与之相当的水。

（3）仪器

①培养瓶：250～300 mL带有磨口玻璃塞的细口瓶；②培养箱：能控制在20℃±1℃；③测定溶解氧仪器；④容量瓶：刻度精确到毫升，其容积大小取决于使用稀释样品的体积。

（4）分析步骤

样品的贮存 样品需充满并密封于瓶中，置于2～5℃保存到进行分析时。一般应在采样后6 h之内进行测定。若需远距离转运，在任何情况下贮存皆不得超过24 h。

试样水样的准备 将试验样品温度升至约20℃，然后在半充满的容器内摇动样品，以便消除可能存在的过饱和氧。将已知体积样品置于稀释容器中，用稀释水或接种稀释水稀释，轻轻地混合，避免夹杂空气泡。稀释倍数可参考表3-10。

表 3-10 测定 BOD_5 时建议稀释的倍数

预期 BOD_5 值（mg/L）	稀释比	结果取整到	适用的水样
2～6	1～2 之间	0.5	R
4～12	2	0.5	R，E
10～30	5	0.5	R，E
20～60	10	1	E
40～120	20	2	S
100～300	50	5	S，C
200～600	100	10	S，C
400～1 200	200	20	I，C
1 000～3 000	500	50	I
2 000～6 000	1 000	100	I

注：R——河水；
E——生物净化过的污水；
S——澄清过的污水或轻度污染的工业废水；
C——原污水；
I——严重污染的工业废水。

恰当的稀释比应使培养后剩余溶解氧至少有 1 mg/L 和消耗的溶解氧至少 2 mg/L。

测定 按采用的稀释比用虹吸管充满两个培养瓶至稍溢出。将所有附着在瓶壁上的空气泡赶走，盖上瓶盖，小心避免夹杂空气泡。将瓶子分为 2 组，每组都含有一瓶选定稀释比的稀释水样和一瓶空白溶液，放一组瓶于培养箱中，并在暗中放置 5 d。在计时起点时，测量另一组瓶的稀释水样和空白溶液中的溶解氧浓度。达到需要培养的 5 d 时，测定放在培养箱中那组稀释水样和空白溶液的溶解氧浓度。

（5）结果计算

五日生化需氧量（BOD_5）以每升水消耗氧的毫克数表示，按式（3-32）计算：

$$BOD_5 = \frac{(c_1 - c_2) - (V_t - V_e)}{V_t(c_3 - c_4)} \cdot \frac{V_t}{V_e} \tag{3-32}$$

式中 c_1——在初始计时时一种试验水样的溶解氧浓度（mg/L）；

c_2——培养 5 d 时同一种水样的溶解氧浓度（mg/L）；

c_3——在初始计时时空白溶液的溶解氧浓度（mg/L）；

c_4——培养 5 d 时空白溶液的溶解氧浓度（mg/L）；

V_e——制备该试验水样用去的样品体积（mL）；

V_t——该试验水样的总体积（mL）。

（6）说明

① 适用范围：适用于 BOD_5 大于或等于 2 mg/L 且不超过 6 000 mg/L 的水样。BOD_5 大于 6 000 mg/L 的水样仍可用本方法，但由于稀释会造成误差，有必要要求对测定结果做慎重的说明。

② 干扰：本试验的结果可能会被水中存在的某些物质所干扰，对微生物有毒的物质，如杀菌剂、有毒金属或游离氯等，会抑制生化作用。水中的藻类或硝化微生物也可能造成虚假的偏高结果。

3.3.8 高锰酸盐指数的测定（高锰酸钾法）

高锰酸盐指数是指在一定条件下，用高锰酸钾氧化水样中的某些有机物及无机还原性物质，由消耗的高锰酸钾量计算相当的氧量。是反映水体中有机及无机可氧化物质污染的常用指标。但高锰酸钾指数不能作为理论需氧量或总有机物含量的指标，因为在规定的条件下，许多有机物只能被部分氧化，易挥发的有机物也不包含在测定值之内。

（1）原理

样品中加入已知量的 $KMnO_4$ 溶液，在 H_2SO_4 介质中沸水浴 30 min，$KMnO_4$ 将样品中的某些有机物和无机还原性物质氧化，待充分反应后，加入过量的 $Na_2C_2O_4$ 还原剩余的 $KMnO_4$，再用 $KMnO_4$ 标准溶液回滴过量的 $Na_2C_2O_4$。通过计算得到样品中 $KMnO_4$ 指数。

（2）试剂

① 不含还原性物质的水：1 L 蒸馏水置于全玻璃蒸馏器中，加入 10 mL H_2SO_4 和少量 $KMnO_4$ 溶液，蒸馏。弃去 100 mL 初馏液，余下馏出液贮存于具玻璃塞的细口瓶中。

② 浓 H_2SO_4：$\rho_{20}=1.84$ g/mL。

③ H_2SO_4（1+3）溶液：100 mL H_2SO_4 慢慢加入到 300 mL 水中。

④ NaOH 溶液：500 g/L。

⑤ $Na_2C_2O_4$ 标准溶液：$c(1/2Na_2C_2O_4)=0.010\,00$ mol/L。

⑥ $KMnO_4$ 标准贮备液：$c(1/5KMnO_4)=0.01$ mol/L，贮于棕色瓶中（使用当天标定其浓度）。

（3）仪器

①水浴或相当的加热装置：有足够的容积和功率；②酸式滴定管：25 mL。

（4）分析步骤

样品的保存 采样后要加入 H_2SO_4，使 pH 达到 1～2，并尽快分析。保存需置暗处 0～5℃下，不得超过 2 d。

测定 吸取 100 mL 经充分摇匀的样品（或分取适量，用水稀释至 100 mL），置于 250 mL 锥形瓶中，加入 5 mL H_2SO_4，用滴定管加入 10 mL $KMnO_4$ 溶液，摇匀。将锥形瓶置于沸水浴内 30 min。取出后用滴定管加入 10 mL $Na_2C_2O_4$ 溶液至溶液变为无色。趁热用 $KMnO_4$ 溶液滴定至刚出现粉红色，并保持 30 s 不退。记录消耗的 $KMnO_4$ 溶液体积。

（5）结果计算

高锰酸盐指数（I_{Mn}）以每升样品消耗毫克氧数表示（O_2，mg/L），按式（3-33）计算：

$$I_{Mn}=[(10+V_1)K-10]\times c\times 8\times 1\,000/100 \quad (3\text{-}33)$$

式中 I_{Mn}——高锰酸盐指数；

V_1——样品滴定时，所消耗的 $KMnO_4$ 溶液体积（mL）；

K——校正系数，每毫升 $KMnO_4$ 溶液相当于 $Na_2C_2O_4$ 标液的体积（mL）；

c——$Na_2C_2O_4$ 标准溶液浓度，$c=0.010\,00$ mol/L。

（6）说明

① 适用范围：适用于饮用水、水源水和地面水的测定，测定范围为 1.5～4.5 mg/L。

对污染较重的水，可少取水样，经适当稀释后测定。样品中无机还原性物质如 NO_2^-、S^{2-} 和 Fe^{2+} 等可被测定。不适用于测定工业废水中有机污染的负荷量，如需测定，可用重铬酸钾法测定化学需氧量。

② 干扰及消除：当样品中氯离子浓度高于 300 mg/L，采用在碱性介质中氧化的测定方法。因为在碱性条件下，$KMnO_4$ 氧化性减弱，不能氧化水中的氯离子。

3.3.9 硫化物的测定（碘量法）

地下水及生活污水常含有硫化物，其中一部分是在厌氧条件下，由于微生物作用，使硫酸盐还原或含硫有机物分解而产生。焦化、造气、选矿、造纸、印染、制革等工业废水中亦含有硫化物。通常所测定的硫化物是指溶解性的及酸溶性的硫化物。本法介绍利用氧化还原滴定中的碘量法来测定水中的硫化物。

（1）原理

在酸性条件下，硫化物与过量的碘作用，剩余的碘用 $Na_2S_2O_3$ 滴定。由 $Na_2S_2O_3$ 溶液所消耗的量，间接求出硫化物的含量。

（2）试剂

① 盐酸（HCl）：ρ=1.19 g/mL。

② 磷酸（H_3PO_4）：ρ=1.69 g/mL。

③ 乙酸（CH_3COOH）：ρ=1.05 g/mL。

④ 载气：高纯氮，纯度不低于 99.99%。

⑤ 盐酸（1+1）溶液。

⑥ H_3PO_4（1+1）溶液。

⑦ 乙酸（1+1）溶液。

⑧ NaOH 溶液：1 mol/L。

⑨ 乙酸锌溶液：1 mol/L。

⑩ K_2CrO_7 标准溶液：0.100 0 mol/L。

⑪ 淀粉指示液：1%。

⑫ KI。

⑬ $Na_2S_2O_3$ 标准溶液：0.01 mol/L（用时标定）。

⑭ 碘标准溶液：0.01 mol/L（现用现配）。

（3）仪器

①酸化—吹气—吸收装置；②恒温水浴：0～100℃；③碘量瓶：250 mL；④棕色滴定管：50 mL。

（4）分析步骤

试样的预处理 连接好酸化—吹气—吸收装置，通载气检查各部位气密性。分取 2.5 mL 乙酸锌溶液于两个吸收瓶中，用水稀释至 50 mL。取 200 mL 现场已固定并混匀的水样于反应瓶中，放入恒温水浴内，装好导气管、加酸漏斗和吸收瓶。开启气源，以 400 mL/min 的流速连续吹氮气 5 min 驱除装置内空气，关闭气源。向加酸漏斗加磷酸 20 mL，待磷酸接近全部流入反应瓶后，迅速关闭活塞。开启气源，水浴温度控制在 60～70℃，以 75～

100 mL/min 的流速吹气 20 min，以 300 mL/min 流速吹气 10 min，再以 400 mL/min 流速吹气 5 min，赶尽最后残留在装置中的 H_2S 气体。关闭气源，按下述碘量法操作步骤分别测定两个吸收瓶中硫化物含量。

测定 将所制备的两试样各加入 10 mL 0.01 mol/L 碘标准溶液，再加 5 mL 盐酸溶液，塞紧混匀。在暗处放置 10 min，用 0.01 mol/L $Na_2S_2O_3$ 标准溶液滴定至溶液呈淡黄色时，加 1 mL 淀粉指示液，继续滴定至蓝色刚好消失为止。

（5）结果计算

预处理二级吸收的硫化物含量 c_i（mg/L）按式（3-34）计算：

$$c_i = \frac{(V_0 - V_i)c \times 16.03 \times 1\,000}{V} \quad (i = 1,2) \tag{3-34}$$

式中 c_i——预处理二级吸收的硫化物含量（mg/L）；

V_0——空白试验中，$Na_2S_2O_3$ 标准溶液用量（mL）；

V_i——滴定二级吸收硫化物含量时，$Na_2S_2O_3$ 标准溶液用量（mL）；

V——试样体积（mL）；

16.03——硫离子（$1/2S^{2-}$）摩尔质量（g/mol）；

c——$Na_2S_2O_3$ 标准溶液浓度（mol/L）。

试样中硫化物含量 c(mg/L) 按式（3-35）计算：

$$c = c_1 + c_2 \tag{3-35}$$

式中 c——试样中硫化物含量（mg/L）；

c_1——一级吸收硫化物含量（mg/L）；

c_2——二级吸收硫化物含量（mg/L）。

（6）说明

① 适用范围：适用于测定水和废水中的硫化物。试样体积 200 mL，用 0.01 mol/L $Na_2S_2O_3$ 溶液滴定时，本方法适用于含硫化物在 0.40 mg/L 以上的水和废水测定。

② 干扰及消除：试样中含有硫代硫酸盐、亚硫酸盐等能与碘反应的还原性物质产生正干扰，悬浮物、色度、浊度及部分重金属离子也干扰测定，硫化物含量为 2.00 mg/L 时，样品中干扰物的最高允许含量分别为 $S_2O_3^{2-}$ 30 mg/L、NO_2^- 2 mg/L、SCN^- 80 mg/L、Cu^{2+} 2 mg/L、Pb^{2+} 5 mg/L 和 Hg^{2+} 1 mg/L；经酸化—吹气—吸收预处理后，悬浮物、色度、浊度不干扰测定，但 SO_3^{2-} 分离不完全，会产生干扰。采用硫化锌沉淀过滤分离 SO_3^{2-}，可有效消除 30 mg/L SO_3^{2-} 的干扰。

3.3.10 悬浮物（SS）的测定（重量法）

水质中的悬浮物是指水样通过孔径为 0.45 μm 的滤膜，截留在滤膜上并于 103～105℃ 烘干至恒重的固体物质。悬浮物的测定有两种方法，一种是根据总固体和溶解性固体减差计算。另一种是直接测定法，即用已知质量的古氏坩埚（滤纸、滤膜、玻璃砂蕊坩埚均可，前两种可作灼烧称重）过滤滤渣烘干称量而得。如水的混浊度很高，往往使过滤缓慢，则采用计算法较合适。

(1) 原理

将水样倾入古氏坩埚中过滤。然后在105～110℃烘干1 h，在干燥器中冷却30 min，称量。并再烘至恒重为止。

(2) 试剂

蒸馏水或同等纯度的水。

(3) 仪器

①全玻璃微孔滤膜过滤器；②CN-CA滤膜：孔径0.45 μm、直径60 mm；③吸滤瓶、真空泵；④无齿扁嘴镊子。

(4) 分析步骤

采样及样品贮存 采集具有代表性的水样500～1 000 mL，盖严瓶盖。尽快分析测定。贮于4℃冷藏箱中，最长不得超过7 d。

滤膜准备 用扁咀无齿镊子夹取微孔滤膜放于事先恒重的称量瓶里，移入烘箱中于103～105℃烘干0.5 h，取出置干燥器内冷却至室温，称其质量。反复烘干、冷却、称量，直至两次称量的质量差≤0.2 mg。

测定 量取充分混合均匀的试样100 mL抽吸过滤。再以每次10 mL蒸馏水连续洗涤3次，继续吸滤以除去痕量水分。停止吸滤后，仔细取出载有悬浮物的滤膜放在原恒重的称量瓶里，移入烘箱中于103～105℃下烘干1 h后移入干燥器中，冷至室温，称重。反复烘干、冷却、称量，直至两次称量的质量差≤0.4 mg为止。

(5) 结果计算

悬浮物含量c（mg/L）按式（3-36）计算：

$$c = \frac{(A-B)\times 10^6}{V} \tag{3-36}$$

式中 c——水中悬浮物浓度（mg/L）；

A——悬浮物＋滤膜＋称量瓶质量（g）；

B——滤膜＋称量瓶质量（g）；

V——试样体积（mL）。

(6) 说明

① 适用范围：适用于地面水、地下水、生活污水和工业废水中悬浮物的测定。

② 利用不同的过滤材料，由于其穿透各不相同，对测定结果有一定影响。如玻璃纤维滤纸的吸湿性低，可耐600℃高温，平均厚度0.64 mm时，过滤速度可达100 mL/30 s，能捕集1 μm的悬浮物，小于0.6 μm的粒子易于穿过。

3.3.11 石油类的测定（重量法）

工业废水中石油类（各种烃类混合物）污染物主要来源于原油的开采、加工及各种炼制油的使用部门。污染物漂浮在水体表面，影响空气与水体界面间的氧交换，同时，分散于水中的油可被微生物氧化分解，消耗水中的溶解氧，使水质恶化。

(1) 原理

以H_2SO_4酸化水样，用石油醚萃取矿物油，然后蒸发除去石油醚，称量残渣质量，计算矿物油含量。

(2) 试剂

①石油醚；②H_2SO_4（1+1）溶液；③无水 Na_2SO_4；④NaCl。

(3) 仪器

①分析天平；②恒温箱；③恒温水浴锅；④1 000 mL 分液漏斗；⑤干燥器；⑥中速定性滤纸。

(4) 分析步骤

测定 将已酸化（pH<2）水样约 1 L 转移至分液漏斗，加入 NaCl（约为水样 8%），用 25 mL 石油醚洗涤采样瓶并转入分液漏斗，充分振摇 3 min，静置分层，水层放入原采样瓶，石油醚层转入 100 mL 锥形瓶中。重复萃取水样 2 次，每次用量 25 mL，合并 3 次萃取液于锥形瓶中。加入适量无水 Na_2SO_4 脱水。然后用预先以石油醚洗涤过的定性滤纸过滤，收集滤液于 100 mL 已烘至恒重的烧杯中，用少许石油醚洗涤锥形瓶、Na_2SO_4 和滤纸，洗液并入烧杯。再将烧杯置于 65℃水浴蒸出石油醚，近干后再置于 65℃恒温箱内烘干 1 h，放入干燥器中冷却 30 min，称重。

(5) 结果计算

水样中石油含量 c（mg/L）按式（3-37）计算：

$$c=\frac{(m_1-m_2)\times 10^6}{V} \tag{3-37}$$

式中 c——水样中石油含量（mg/L）；

m_1——烧杯+油质量（g）；

m_2——烧杯质量（g）；

V——水样体积（mL）。

(6) 干扰

可能含有不能被石油醚萃取去除的石油成分。另外，蒸发去除溶剂时也可能造成轻质油的损失。

3.3.12 硫酸盐的测定（质量法）

硫酸根离子是水质监测的主要项目之一，常规的分析方法有质量法、容量法和浊度法。采用重量法可以准确地测定硫酸盐含量 10 mg/L（以 SO_4^{2-} 计）以上的水样，测定上限为 5 000 mg/L（以 SO_4^{2-} 计）。

(1) 原理

在盐酸溶液中，硫酸盐与加入的氯化钡在接近沸腾的温度下反应，生成硫酸钡沉淀，陈化一段时间，过滤，用水洗至无 Cl^-，烘干或灼烧沉淀，称硫酸钡的质量。

(2) 试剂

①盐酸（1+1）溶液；②$BaCl_2 \cdot 2H_2O$ 溶液：100 g/L。注意氯化钡有毒，谨防入口；③氨水（1+1）；④甲基红指示剂溶液：1 g/L；⑤$AgNO_3$ 溶液：约 0.1 mol/L，贮于棕色瓶中，避光保存；⑥无水 Na_2CO_3。

（3）仪器

①蒸汽浴；②烘箱：带恒温控制器；③马福炉：带有加热指示器；④干燥器；⑤分析天平：称准至0.1 mg；⑥滤纸：慢速及中速定量滤纸；⑦滤膜：孔径为0.45 μm；⑧熔结玻璃坩埚：G4，约30 mL；⑨瓷坩埚：约30 mL；⑩铂蒸发皿：250 mL。

（4）分析步骤

采样 用硬质玻璃或聚乙烯瓶采集水样，并完全充满。

若分析可过滤态的硫酸盐，水样应在现场用0.45 μm的微孔滤膜过滤，滤液留待分析。若需要测定硫酸盐的总量时，应将水样摇匀后取试料，适当处理后进行分析。

预处理 将量取的可滤态试料置于500 mL烧杯中，加两滴甲基红指示剂，用盐酸或氨水调至显橙黄色，再加2 mL盐酸，加水使溶液总体积至200 mL，加热煮沸至少5 min。

如果试料中二氧化硅的浓度超过25 mg/L，则应将所取试料置于铂蒸发皿中蒸发至干，加1 mL盐酸，将皿倾斜并转动使酸和残渣完全接触，继续蒸发至干，放在180℃的烘箱内烘干。如果试料中含有有机物质，就在燃烧器的火焰上炭化，然后用2 mL水和1 mL盐酸把残渣浸湿，再在蒸气浴上蒸干，加入2 mL盐酸，用热水溶解可溶性残渣后过滤。用少量热水反复洗涤不溶解的二氧化硅，将滤液和洗涤液合并，调节酸度。如果需要测总量而试料中又含有不溶解的硫酸盐，则将试料用中速定量滤纸过滤，并用少量热水洗涤滤纸，将洗涤液和滤液合并，将滤纸转移到铂蒸发皿中，低温加热灰化滤纸，将4 g无水碳酸钠同皿中残渣混合，并在900℃加热使混合物熔融，放冷，用50 mL水将熔融混合物转移到500 mL烧杯中。使其溶解。并与滤液和洗液合并，调节酸度。

沉淀 将预处理后的溶液加热至沸，不断搅拌下缓慢加入10 mL热氯化钡溶液，直到不再出现沉淀，然后多加2 mL，在80～90℃下保持2 h以上，或在室温放置6 h以上，最好过夜以陈化沉淀。

过滤、沉淀灼烧或烘干 用少量无灰过滤纸浆与硫酸钡沉淀混合，用定量致密滤纸过滤，用热水转移并洗涤沉淀，用几份少量温水反复洗涤沉淀物，至洗涤液不含氯化物为止。滤纸和沉淀一起，置于事先在800℃灼烧恒重后的瓷坩埚里烘干，小心灰化滤纸，将坩埚移入高温炉里，在800℃灼烧1 h，放在干燥器内冷却，称重，至恒重。

或采用烘干沉淀法，用在105℃干燥并已恒重后的熔结玻璃坩埚（G4）过滤沉淀，用带橡皮头的玻璃棒及温水将沉淀定量转移到坩埚中去，用几份少量的温水反复洗涤沉淀，直至洗涤液不含氯化物，并在烘箱内于105℃干燥1～2 h，放在干燥器内冷却，称重，至恒重。

（5）结果计算

硫酸根（SO_4^{2-}）的质量浓度 c（mg/L）按式（3-38）计算：

$$c=\frac{m_1\times 411.6\times 1\,000}{V} \tag{3-38}$$

式中 c——硫酸根（SO_4^{2-}）的质量浓度（mg/L）；

m_1——从试料中沉淀出来的硫酸钡质量（g）；

V——试料的体积（mL）；

411.6——$BaSO_4$ 质量换算为 SO_4^{2-} 的因素。

（6）说明

① 适用范围：适用于地面水、地下水、含盐水、生活污水及工业废水。

② 干扰及消除：样品中若有悬浮物、二氧化硅、硝酸盐和亚硝酸盐可使结果偏高。碱金属硫酸盐，特别是碱金属硫酸氢盐常使结果偏低。铁和铬等影响硫酸钡的完全沉淀，形成铁和铬的硫酸盐也会使结果偏低。

在酸性介质中进行沉淀可以防止碳酸钡和磷酸钡沉淀，但是酸度高会使硫酸钡沉淀的溶解度增大。

当试料中含 CrO_4^{2-}、PO_4^{3-} 大于 10 mg，NO_3^- 1 000 mg，SiO_2 2.5 mg，Ca^{2+} 2 000 mg，Fe^{3+} 5.0 mg 以下不干扰测定。

3.3.13 总悬浮颗粒物（TSP）的测定（重量法）

大气中总悬浮颗粒物（TSP）是气态、液态污染物的载体，汽车尾气、工厂和居民燃煤废气均以气溶胶形式散入大气，通过呼吸道进入人体。

（1）原理

在已称重的滤膜上采集大气样品，总悬浮颗粒被阻留在滤膜上，从滤膜的增重和采样体积，计算总悬浮颗粒的浓度。

（2）仪器

①采样器：采样器流量范围 100～120 L/min；②采样头：采样头有效直径为 80 mm；③百叶箱：外形尺寸为：200 mm×200 mm×200 mm；④分析天平：精确至 0.1 mg；⑤滤膜：阻留率不低于 90%，选用超细纤维玻璃滤膜或过氯乙烯滤膜。

（3）分析步骤

滤膜准备 将大张滤膜按采样头尺寸用不锈钢剪子剪成圆片，放入专用纸袋中，在干燥器内放置 24 h，称量滤膜质量，放回干燥器内 1 h 后再次称重，两次质量之差不大于 0.4 mg 即为恒重，装入专用纸袋备用，准备的滤膜数量应多于采样所需数量的 5～7 张。

采样 用不锈钢镊子取出滤膜，平放在采样头的网板上，拧紧采样头套圈后装入采样器，放好百叶箱开始记样。记录采样开始和停止的时间、流量。采样完毕将已采样滤膜尘面向里，对折两次成扇形放回纸袋，记下采样时间和采样地点。

称重 采样后滤膜纸袋放入干燥器内，再次称至恒重。

（4）结果计算

总悬浮微粒的浓度 c（mg/m³）按式（3-39）计算：

$$c=\frac{(m-m_0)\times 1\,000}{V} \tag{3-39}$$

式中 c——总悬浮微粒浓度（mg/m³）；

m——样品和滤膜质量（g）；

m_0——空白滤膜质量（g）；

V——换算成标准状态下的采样体积（m³）。

（5）说明

① 适用范围：适合于空气中总悬浮微粒的测定。总悬浮微粒指空气动力学直径小于 100 μm 的微粒。

② 空气湿度对滤膜称重的影响：湿度较大的地区可根据实验室条件，还可选择恒温恒

湿称量、恒湿称量、校正空白称量。

思考题

1. 能直接配制标准溶液的物质必须满足哪些条件？

2. 常用的氧化还原滴定方法有哪些？

3. 怎样才能提高配位滴定法的选择性？

4. 下列物质中哪些可以用直接法配制标准溶液？哪些只能用间接法配制？

H_2SO_4，KOH，$KMnO_4$，$K_2Cr_2O_7$，KIO_3，$K_2S_2O_3 \cdot 5H_2O$

5. 如果要求分析结果达到 99.8%的准确度，问称取试样量至少要多少克？滴定所用标准溶液至少要多少毫升？

6. 把 0.880 g 有机物质里的氮转变为 NH_3，然后将 NH_3 通入 20.00 mL 0.213 3 mol/L HCl 溶液里，过量的酸以 0.196 2 mol/L NaOH 溶液滴定，需要用 5.50 mL，计算有机物中氮的质量分数。

7. 已知试样可能含有 Na_3PO_4、NaH_2PO_4 和 Na_2HPO_4 的混和物，同时含有惰性物质。称取试样 2.000 g 配成溶液，当用甲基红做指示剂，用 0.500 0 mol/L HCl 标准溶液滴定时，用去 32 mL。同样质量的试液，当用酚酞作指示剂时，需用 0.500 0 mol/L HCl 12 mL，求试样中 Na_3PO_4、Na_2HPO_4 和杂质的质量分数。

8. 将不纯的碘化钾试样 0.510 8 g，用 0.194 0 g $K_2Cr_2O_7$ 处理后，将溶液煮沸后除析出的碘；然后用过量的纯 KI 处理，这时析出的碘，需用 10 mL 0.100 0 mol/L $Na_2S_2O_3$ 溶液滴定，计算试样中碘化钾的质量分数。

9. 在 pH=10 的氨缓冲溶液中，滴定 100 mL 含 Ca^{2+}、Mg^{2+} 离子的水样，消耗 0.010 16 mol/L EDTA 15.28 mL，另取水样 100 mL，用 NaOH 处理，使 Mg^{2+} 离子生成 $Mg(OH)_2$ 沉淀，此后在 pH=8 时以相同浓度的 EDTA 溶液滴定 Ca^{2+} 离子，消耗 EDTA 溶液 10.43 mL，计算该水样中 $CaCO_3$ 和 $MgCO_3$ 的含量（用 mg/L 表示）。

10. 称取含有 NaCl 和 NaBr 的试样 0.577 6 g，用重量法测定，得到二者的银盐沉淀为 0.440 3 g；另取同样质量的试样，用沉淀滴定法测定，消耗 0.107 4 mol/L $AgNO_3$ 溶液 25.25 mL，求 NaCl 和 NaBr 的质量分数。

参考文献

曾北危. 1979. 环境分析化学 [M]. 长沙：湖南科学技术出版社.

《水和废水监测分析方法》编委会. 1997. 水和废水监测分析方法 [M]. 北京：中国环境科学出版社.

奚旦立，孙裕生，刘秀英. 1996. 环境监测 [M]. 北京：高等教育出版社.

周春山，符斌. 2010. 分析化学简明手册 [M]. 北京：化学工业出版社.

陈学泽. 2008. 无机及分析化学 [M]. 北京：中国林业出版社.

陈学泽. 2000. 无机及分析化学实验 [M]. 北京：中国林业出版社.

武汉大学，等. 2007. 分析化学 [M]. 5 版. 北京：高等教育出版社.

华中师范大学，等. 1993. 分析化学 [M]. 2 版. 北京：高等教育出版社.

国家环境保护总局科技标准司. 2001. 最新中国环境保护标准汇编水环境分册 [M]. 北京：中国环境科学出版社.

刘铁钢，赵志新，赵凤兰. 2006. 饮料检验及数据处理 [M]. 北京：中国计量出版社.

吴性良，朱万森，马林. 2004. 分析化学原理 [M]. 北京：化学工业出版社.

邓珍灵. 2002. 现代分析化学实验 [M]. 长沙：中南大学出版社.

电化学分析法

✦ ✦ ✦ ✦ ✦ ✦ ✦ ✦ ✦ ✦ ✦

本章提要

电化学分析是依据物质的电化学性质来测定物质组成和含量的分析方法，具有灵敏度高、准确度高、选择性好、仪器设备简单、易于操作、应用广泛等特点，在环境分析中不仅可应用于无机阴、阳离子的检测，还可用于有机物及药物的定性、定量分析。本章主要讨论了电化学分析的基本原理及分析方法，重点介绍了电位分析法、电位滴定法和溶出伏安法，要求掌握离子选择性电极对特定离子的选择性及几种主要的离子选择性电极，了解电化学分析法在环境分析监测中的具体应用。

✦ ✦ ✦ ✦ ✦ ✦ ✦ ✦ ✦ ✦ ✦

4.1 电化学分析基本原理

电化学分析法（electrochemical analysis）是仪器分析的一个重要部分，是依据物质的电学及电化学性质而建立起来的分析方法。它通常以待分析的样品试液为电解质溶液，选配适当电极，构成一化学电池，然后根据所组成电池的某些物理量与其化学量之间的内在联系进行定量分析。

根据所测量的物理量不同，电化学分析可以分为电位分析法、伏安分析法、电导分析法、库仑分析法、极谱法等。电位分析法是利用测量原电池中两个电极之间的电极电位差而建立起来的方法，是电分析化学的一个重要分支，可分为直接电位法和电位滴定法两大类。伏安分析法是依据测量原电池的电流与电压曲线而建立起来的方法，是一种重要的痕量分析方法。电导分析法是测量原电池的电阻（或电导）而建立起来的方法。库伦分析法是一种为测量原电池的电量（或库伦数）而建立起来的方法。使用滴汞电极的伏安分析法称为极谱法。在环境分析中前两种方法应用比较普遍，本章主要讨论电位分析法和溶出伏安法。

电化学分析法使用仪器设备简单，易于实现自动化，方法选择性好，而且灵敏度和准确度都很高，在环境监测中应用很广。

4.2 电位分析法

4.2.1 电位分析法概述

电位分析法是在环境监测中应用得最广的方法之一，是一种在零电流条件下测定电极电位的方法。它将指示电极和参比电极浸入试液中，组成化学电池，根据电池的电动势的变化进行分析。电位分析法根据其原理的不同可分为直接电位法和电位滴定两大类。

直接电位法是通过测量电池的电位差来确定指示电极的电位，然后根据能斯特方程由所测得的电极电位计算被测物质的含量。对于某一氧化还原体系：

$$\mathrm{Ox} + n\mathrm{e} = \mathrm{Red}$$

根据能斯特方程

$$\varphi = \varphi^{\ominus}_{\mathrm{Ox/Red}} + \frac{RT}{nF}\ln\frac{a_{\mathrm{Ox}}}{a_{\mathrm{Red}}} \tag{4-1}$$

式中 $\varphi^{\ominus}$——标准电极电位；

R——气体常数；

T——绝对温度；

n——电极反应中转移的电子数目；

F——法拉第常数；

a_{Ox}，a_{Red}——氧化态 Ox、还原态 Red 的活度。

电位滴定是通过测量在滴定过程中指示电极电位的变化来确定滴定终点，再按滴定中消耗的标准溶液的体积和浓度来计算待测物质含量。在电位滴定时，在化学计量点附近，由于被测物浓度产生突变，使指示电极电位出现突跃，因而根据电极电位突跃可确定终点的到达，这就是电位滴定法的原理。

电位分析法在环境监测过程中，有很好的选择性。由于指示电极，即离子选择电极不断有新的研制，对其离子有较好的选择性，在通常情况下，共存离子相互干扰很小，对组成复杂的试样往往不需要经过任何分离处理，就可直接进行测定，灵敏度较高。直接电位法的相对检出限量一般为 $10^{-5}\sim10^{-8}$ mol/L 之间，特别适用于微量组分的测定；而电位滴定法则适用于常量检测，操作简单，分析速度快。因此，电位分析法特别适应于环境分析，并已成为环境分析的重要监测手段。

4.2.2 电位法测定溶液的 pH 值

测定溶液的 pH 值的指示电极，最常见的是玻璃电极，它是最早也是应用最广泛的膜电极。pH 玻璃电极为球形的玻璃膜电极，图 4-1 为 pH 玻璃电极结构图。其下端是由特殊成分的玻璃吹制而成的球状薄膜，膜一般厚度约为 30～100 μm。在玻璃泡中装有 pH 值为一定内参比的溶液，通常为 0.1 mol/LHCl 溶液，在其内插入银—氯化银电极作为参比。

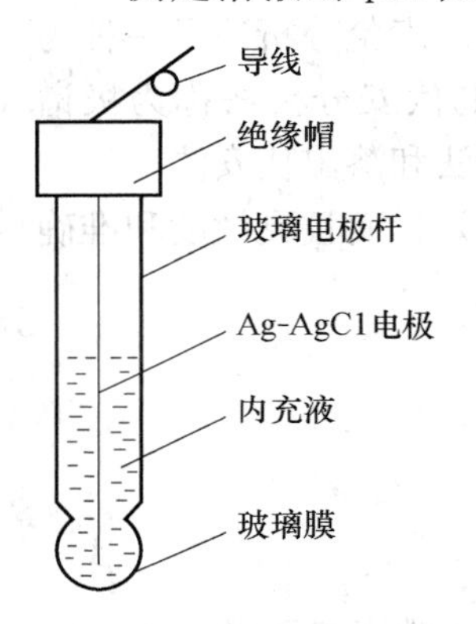

图 4-1 玻璃电极

测定溶液的 pH 值常用 pH 玻璃电极作为氢离子活度的指示电极，以饱和甘汞电极（简写 SCE）作为参比电极，与待测样品试液组成工作电池，其电池可表示为：

pH 玻璃电极 | 被测试液或标准缓冲液 || 饱和甘汞电极

$$E = \varphi_{SCE} - \varphi_{B} = 常数 - \frac{RT}{F}\ln a(H^{+}) \tag{4-2}$$

由于 pH 定义为：

$$pH = -\lg a(H^{+}) \tag{4-3}$$

故

$$E = 常数 + \frac{2.303RT}{F}pH \tag{4-4}$$

实际操作时，为了消去常数项的影响，而采用同已知 pH 的标准缓冲溶液相比较的方法，即

$$E_s = 常数 + \frac{2.303RT}{F}pH_s \tag{4-5}$$

式（4-4）减去式（4-5）得

$$pH = pH_s + \frac{E - E_S}{2.303RT/F} \tag{4-6}$$

pH 计（酸度计）是一台高阻抗输入的毫伏计，两次测量得到的是 $E-E_s$，测定的方法是校准曲线法的改进。定位的过程就是用标准缓冲溶液校准校准曲线的截距。温度校准是调整校准曲线的斜率。经过以上操作后，pH 计的刻度就符合校准曲线的要求，可以对未知溶液进行测定。测定的准确度首先取决于标准缓冲液 pH_s 的准确度，其次是标准溶液与待测

试液 pH 值相接近的程度。后者直接影响到包含液接电位的常数项是否相同。现将常用的标准缓冲溶液在不同温度下的 pH 值列于表 4-1 中。

表 4-1 在不同温度下的 pH 基准缓冲溶液的 pH 值

pH 基准缓冲溶液	温度（℃）						
	10	15	20	25	30	35	40
饱和酒石酸氢钾（25℃）	—	—	—	3.559	3.551	3.547	3.547
0.05 mol/L 邻苯二甲酸氢钾	3.996	3.996	3.998	4.003	4.010	4.019	4.029
0.025 mol/L 磷酸二氢钾＋0.025 mol/L 磷酸氢二钠	6.921	6.898	6.879	6.864	6.852	6.844	6.838
0.05 mol/L 硼砂	9.330	9.270	9.226	9.182	9.105	9.105	9.072
饱和 $Ca(OH)_2$（25℃）	13.011	12.820	12.637	12.460	12.130	12.130	11.975

4.3 离子选择性电极

4.3.1 离子选择性电极概述

离子选择电极法是电位分析的一个分支。1976 年国际纯粹与应用化学联合会（IUPAC）定义离子选择电极（ion selective electrode，ISE）是一种指示电极，它指示的电极电位与溶液中某一特定离子的活度（或浓度）符合能斯特方程。离子选择性电极一般都由薄膜（敏感膜）及其支持体、内参比电极（银/氯化银电极）、内参比溶液（待测离子的强电解质和氯化物溶液）等组成。在 pH 值测定中用的玻璃电极就是离子选择电极的一种。自 20 世纪 60 年代后期，离子选择电极在理论和技术上的研究，都取得了迅速的发展，已有数十种商品电极对近几十种离子进行监测分析。

根据 IUPAC 建议，将离子选择性电极作如图 4-2 分类：

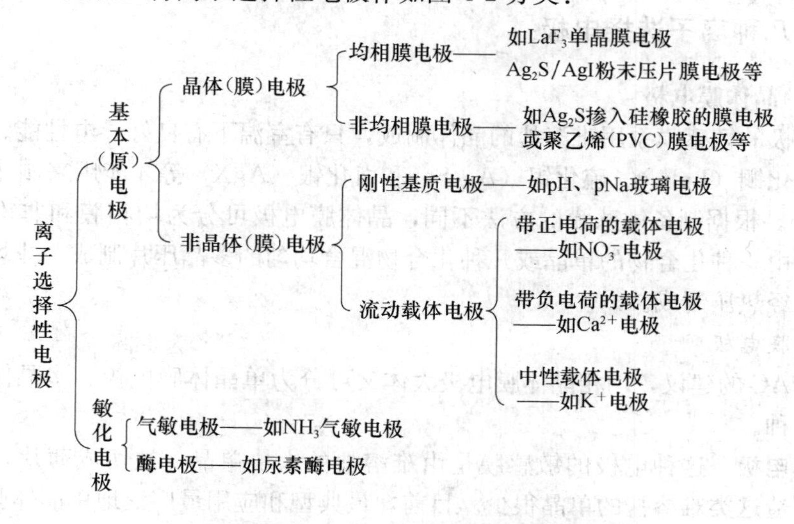

图 4-2 离子选择性电极分类

4.3.2 离子选择性电极的选择性

离子选择电极除对特定的离子产生电位响应外，还会受到其他离子，包括带有相同和相反电荷的离子的干扰。这时，膜电位可写成：

$$\Delta\varphi_{M}=K\pm\frac{2.303RT}{n_iF}\lg\left[a_i+\sum K_{i,j}a_j^{n_i/n_j}\right] \tag{4-7}$$

式中 i——待测离子；

j——干扰离子；

a_i——待测离子活度；

a_j——干扰离子活度；

n_i，n_j——i 欲测离子及 j 干扰离子的电荷数；

K——常数，对阳离子响应的电极，K 后取正号；对负离子响应的电极，K 后取负号；

$K_{i,j}$——干扰离子 j 对待测离子 i 的电极的选择性系数。

选择性系数以主要待测离子 i 和干扰离子 j 共存溶液中的离子选择电极的膜电位来计算，所以电极的选择性系数是一个实验值，不是一个常数，可理解为在相同的测定条件下，待测离子和干扰离子产生相同电位时待测离子的活度 a_i 与干扰离子活度 a_j 的比值：

$$K_{i,j}=\frac{a_i}{a_j} \tag{4-8}$$

例如，$K_{i,j}=0.001$ 时，意味着干扰离子 j 的活度比待测离子 i 的活度大 1 000 倍时，两者产生相同的电位。所以，对于任何一种离子选择电极来说，$K_{i,j}$ 越小越好，该值越小，说明待测离子 i 抗干扰离子 j 干扰的能力就越大，即此电极对欲测离子 i 的选择性就越强。根据 $K_{i,j}$ 可以判断一种离子选择电极在已知杂质存在时对离子选择性能的好坏。

4.3.3 几种离子选择电极

4.3.3.1 晶体膜电极

晶体膜电极的敏感膜系用难溶盐的晶体制成，只有室温下有良好导电性能、且溶解度小的晶体，如氟化镧（LaF_3）、硫化银（Ag_2S）和卤化银（AgX）等才能用来制作电极，膜厚约为 1～2 mm。根据制备敏感膜的方法不同，晶体膜电极可分为均相膜和非均相膜电极两类。均相晶膜由一种化合物的单晶或几种化合物混合均匀的多晶压片制成。非均相膜由多晶中掺惰性物质经热压制成。

(1) 均相膜电极

根据 IUPAC 的建议，均相晶体膜电极大体又可分为单晶体膜电极、多晶体膜电极和混晶体膜电极 3 种。

单晶体膜电极 这种电极的敏感膜是由难溶盐的大块单晶，被切成薄片，经抛光后制成。能用于制造这类难溶盐的单晶很少。目前，最典型和应用最广泛地单晶体膜电极就是氟电极，其电极膜为 LaF_3 单晶片，为了提高膜的导电效率，在膜中掺有少量的 EuF_2。氟电极

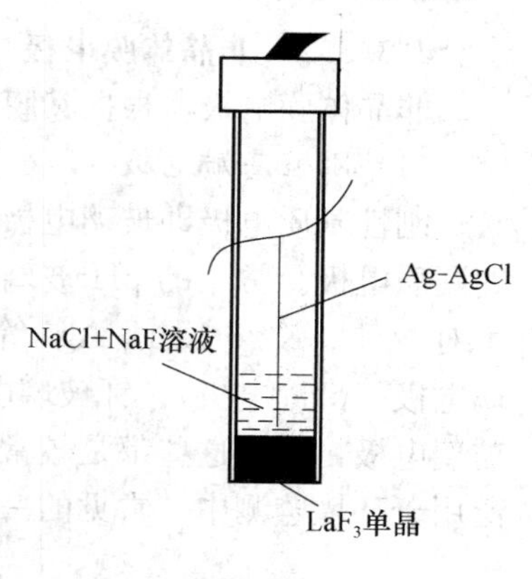

图 4-3 氟电极

的构造如图 4-3 所示。以 Ag-AgCl 电极为内参比电极，0.1 mol/L 的 NaF 和 0.1 mol/L 的 NaCl 溶液为内参比溶液。

LaF_3 单晶膜可交换的是 F^-，对 F^- 响应的线性范围为 $5\times10^{-7}\sim1\times10^{-1}$ mol/L。氟电极的电位与待测溶液中 F^- 离子活度 a_{F^-} 的关系为：

$$E = E^{\ominus} - \frac{2.303RT}{F}\lg a_{F^-} \quad (4\text{-}9)$$

在氟电极测试过程中，F^- 是电荷载体，能在单晶膜间自由移动，起着导电作用，而其他离子不能在单晶膜间自由移动，故氟电极有较好的选择性，主要干扰离子是 OH^-，当溶液中 OH^- 浓度较大时，在晶体膜表面将发生下列化学反应：

$$LaF_3 + 3OH^- = La(OH)_3 + 3F^-$$

反应产生的 F^- 将增高溶液中氟的含量，产生正干扰。如果溶液中 H^+ 浓度较大，溶液中的 F^- 以 HF 或 $HF_2{}^-$ 形式存在，使 F^- 活度降低，造成测定结果偏低。因此，F^- 电极测定氟的合适 pH 为 5～7。氟电极在环境监测过程中，广泛应用于大气、降水、地表水、地下水、污水、土壤等样品中的氟的监测和分析，是不可缺少的监测工具。

多晶膜电极和混晶膜电极 多晶膜或混晶膜电极的敏感膜由 2 种难溶盐的混合物在高压下压制而成，故又称为压膜电极。这类电极有 Ag_2S 膜电极或 Ag_2S 和由 AgCl、AgBr、AgI 混合压制的混合膜电极等，具有很高的选择性和灵敏度。可以测定 Ag^+、S^{2-}、Cl^-、Br^-、I^- 等离子。其结构与氟电极结构相似。表 4-2 为常见的均相晶体膜电极的组成及其性能。

表 4-2 均相晶体膜电极的组成及性能

电极类型	电极名称	膜材料	测量范围（mol/L）	适用 pH 值范围
单晶膜型	氟离子电极	LaF_3（掺 Eu^{2+}）	$1\sim10^{-6}$	5～8
多晶膜型	硫离子电极	Ag_2S	$1\sim10^{-7}$	0～14
	银离子电极	Ag_2S	$1\sim10^{-7}$	0～14
混合晶体膜型	氯离子电极	$AgCl+Ag_2S$	$1\sim5\times10^{-4}$	0～14
	溴离子电极	$AgBr+Ag_2S$	$1\sim5\times10^{-6}$	0～14
	碘离子电极	$AgI+Ag_2S$	$1\sim5\times10^{-8}$	0～14
	氰离子电极	$AgCN+Ag_2S$	$10^{-2}\sim10^{-6}$	>10
	铜离子电极	$CuS+Ag_2S$	$1\sim10^{-7}$	0～14
	镉离子电极	$CdS+Ag_2S$	$1\sim10^{-7}$	0～14
	铅离子电极	$PbS+Ag_2S$	$1\sim10^{-7}$	0～10

（2）非均相晶体膜电极

一些难溶盐晶体不能单独压制电极膜片，可将其分散在惰性载体材料中，这样制得的电极为非均相晶体膜电极。可作惰性载体材料的有硅橡胶、聚苯乙烯、聚氯乙烯、石蜡等，其中以硅橡胶为惰性基质材料制成的电极应用最广，性能最佳。

4.3.3.2 非晶体膜电极

非晶体膜电极，根据其膜所用材料的性质可分为刚性基质电极和流动载体电极。

(1) 刚性基质电极

刚性基质电极即玻璃电极，是离子选择电极中最常见的一种，属于非晶体固定基体电极即硬质电极。常用的 pH 玻璃电极属于刚性硬质电极。玻璃电极除了对 H^+ 产生响应外，也可对 Na^+、K^+、Li^+、Ag^+ 等产生响应，因此可制成测定一价金属离子的玻璃电极有钠玻璃电极（pNa 电极）、钾玻璃电极（pK 电极）以及银玻璃电极（pAg 电极）等，统称为 pM 玻璃电极，以上这些都是较常见的电极，其结构与 pH 玻璃电极相似。这些 pM 玻璃电极广泛用于环境监测中。常见的一些硬质玻璃电极见表 4-3。

表 4-3 某些一价金属阳离子的玻璃电极

玻璃电极	玻璃组成（物质的量）(%)	被测离子	检测范围（mol/L）	选择性系数
pLi	$15Li_2O+25Al_2O_3+60SiO_2$	Li^+	$1.0\sim10^{-5}$	$K_{Li^+,Na^+}=0.3$，$K_{Li^+,Na^+}=0.2$
pNa	$11Na_2O+18Al_2O_3+71SiO_2$	Na^+	$1.0\sim10^{-8}$	$K_{Na^+,K^+}=4\times10^{-4}$(pH=11)
pK	$27Na_2O+5Al_2O_3+68SiO_2$	K^+	$1.0\sim10^{-7}$	$K_{Na^+,K^+}=5\times10^{-2}$
pAg	$28.8Na_2O+17Al_2O_3+52.2SiO_2$	Ag^+	$1.0\sim10^{-19}$	$K_{Ag^+,Na^+}=4\times10^{-3}$

(2) 流动载体电极

流动载体电极又称液膜电极，也称活动载体电极。这类电极的敏感膜是液体，是溶于有机溶剂的金属配位剂渗透在多孔塑料膜内形成的液态离子交换体。电极结构如图 4-4 所示。

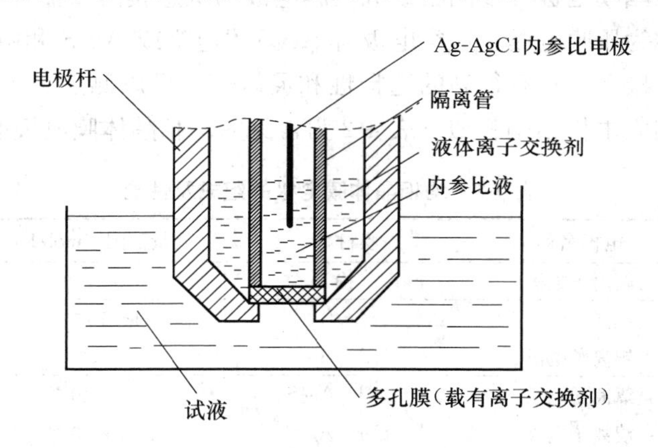

图 4-4 液膜电极

电极具有双层体腔，内部装有两种溶液，中间是内参比溶液（2%琼脂的 0.1 mol/L $CaCl_2$ 水溶液），其中插有内参比电极（Ag-AgCl 电极）；外层环形体腔是液体离子交换剂，它是一种不和水相溶有机溶液，并均与敏感膜相接触。底部为憎水性多孔性膜，仅支持离子交换剂液体形成薄膜。在薄膜上面发生如下的离子交换反应：

$$M^+ + KR \longrightarrow MR + K^+$$

水相 有机相 有机相 水相

从而也产生了相界电势。电极的选择性首先取决于该离子交换过程的选择性。

带电荷的流动载体电极的灵敏度取决于液态离子交换剂在有机相和水相中的分配系数，有机相中分配系数越大，灵敏度越高；而响应离子与离子交换剂生成的缔合物越稳定，响应离子在有机溶剂中的活度越大，选择性就越好。

某些带正电荷的离子交换剂可用于阴离子选择性电极。例如，某些金属离子与邻菲啰啉（*o*-phen）生成的带正电荷的络离子 $M(o\text{-phen})_3^{2+}$（M 为 Ni^{2+}、Fe^{2+} 等）、阳离子（季铵等）、碱性染料类阳离子（结晶紫、乙基紫、亮绿等），可与 ClO_4^-、NO_3^-、BF^-、Cl^- 等阴离子生成离子络合物，这些离子交换剂可用于制作相应的阴离子电极。带负电荷的载体电极一般为相对分子质量大的有机阴离子，可制备对某些阳离子敏感的液膜电极。

中性载体是一种不带电荷的大、中型有机分子，分子中大都含有未成对的电子，它只与具有适当电荷和原子半径的离子配位。可作为敏感膜的中性载体有抗生素、冠醚化合物和开链酰胺等几类。

4.3.3.3 气敏电极

气敏电极是一种气体传感器，能用于测定溶液中气体的含量，由离子选择性电极（指示电极）与参比电极组成，将它们装在一个盛有电解质的套管内，在管的底部，紧靠选择性电极敏感膜处装有透气膜，使电解质与外部试液隔开。试液中待测气体组分扩散通过透气膜，进入电极敏感膜和透气膜之间的极薄液层内，使液层内某一能由离子电极测出的离子活度发生变化，从而使电池电势变化，反映出待测组分的量。

能用气敏电极测定的气体有 NH_3、CO_2、SO_2、H_2S、HCN、HF、Cl_2 等，其中以 NH_3 电极较成熟。图 4-5 是气敏电极示意图。以 NH_3 气敏电极为例，其透气膜常用聚偏氟乙烯制成，指示电极用平头形玻璃电极，Ag-AgCl 电极为参比电极，中介溶液为 0.1 mol/LNH_4Cl。

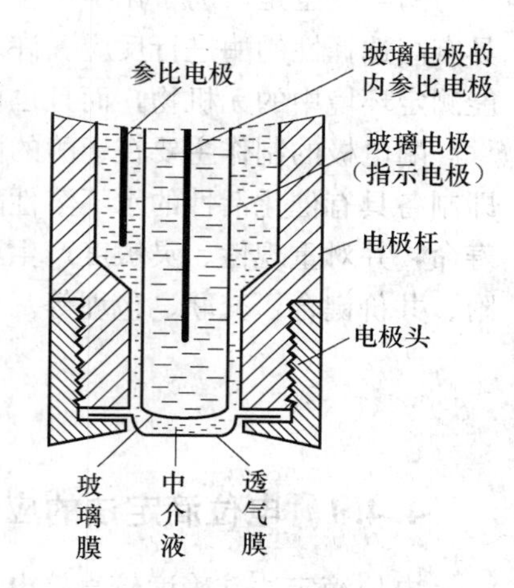

图 4-5 气敏电极

氨电极电化学电池电位：

$$E = E^{\ominus}_{玻璃} + \frac{2.303RT}{F}\lg a_{H^+} - E_{参} \tag{4-10}$$

$$= E^{\ominus\prime} + \frac{2.303RT}{F}\lg a_{H^+}$$

式中 a_{H^+}——薄层中 H^+ 的活度。

被测液产生的氨气通过透气膜扩散进入 NH_4Cl 溶液，与电解液薄层中的 H^+ 迅速建立以下平衡：

$$NH_3 + H^+ \longrightarrow NH_4^+$$

$$K = \frac{a_{H^+} \cdot P_{NH_3}}{a_{NH_4^+}} \tag{4-11}$$

由于内充液中的 NH_4^+ 的浓度较大，不致因溶入 NH_3 而发生明显改变，故可视为定值。因此：

$$a_{H^+} = \frac{K'}{P_{NH_3}} \tag{4-12}$$

代入式（4-10）得：

$$E = E^{\ominus\prime} + \frac{2.303RT}{F}\lg\frac{K'}{P_{NH_3}} \tag{4-13}$$

$$= E^{\ominus\prime\prime} - \frac{2.303RT}{F}\lg P_{NH_3}$$

式中　P_{NH_3}——NH_3 在薄层中的分压：

$$P_{NH_3} = k[NH_3] \tag{4-14}$$

式中　K——气体亨利常数。

将式（4-14）代入式（4-13），得：

$$E = E^{\ominus\prime\prime\prime} - \frac{2.303RT}{F}\lg[NH_3] \tag{4-15}$$

其他的气敏电极亦可写出类似方程，只是当测定物是酸性气体时，需要将式中的负号换成正号。

气敏电极在环境分析中已获得较多的应用。如 NH_3 气敏电极用在电厂水汽系统监测，印染厂污水和氮肥厂空气监测，以及硝酸盐用节瓦尔德合金还原为氨后的分析。SO_2 气敏电极用于石油产品的分析，HCN 电极用于农药生产废水分析，等等。

4.3.3.4　酶电极

酶电极也是借助于化学反应以改变离子选择性电极响应离子活度的装置，所不同的是用具有高选择性的酶进行反应。许多物质在酶的作用下的产物可用离子电极检出。酶电极不仅能测定环境中的无机物，而且也可以检测环境中的有机物。

酶电极的制作主要在于酶的固定化和酶膜覆盖在选择性电极膜上的方法。酶的固定化，即制备具有催化活性的水不溶性酶膜，并固定在电极表面上。酶的固定化决定了电极的使用寿命，并对重现性、灵敏度产生了很大的影响，故酶的固定非常关键。常用的固定技术有吸附、共价键合、交联、包埋等。

4.4　电位滴定法

4.4.1　电位滴定法的应用方向

电位滴定法准确度较直接电位法高，测定的相对误差可低至 0.2%，且不受溶液混浊或有色的影响，能用于连续滴定或自动滴定，并适于微量分析。另外，它也适于非水溶液的滴定，所以应用范围较广。

（1）酸碱滴定

酸碱滴定可用玻璃电极作指示电极，SCE 作参比电极。

（2）氧化还原滴定

一般选用铂电极为指示电极，SCE 作参比电极。氧化还原滴定都能用电位法确定终点。

（3）沉淀滴定

根据不同的沉淀反应，选用不同的指示电极。例如，以 $AgNO_3$ 标准溶液滴定 Cl^-、Br^-、I^- 时，则选用 Ag 电极。在这类滴定中，直接用 SCE 作参比电极是不合适的。因为

SCE漏出的Cl^-对测定有干扰，所以需用KNO_3盐桥试液与甘汞电极隔开，或选用双盐桥SCE作参比电极。

(4) 配位滴定

在配位滴定中（以EDTA为滴定剂），可根据被测金属离子选择不同的指示电极。例如，EDTA滴定Ca^{2+}时，可用Ca^{2+}选择性电极；滴定Fe^{3+}时，可用铂电极（加入Fe^{2+}）为指示电极。此外，还可选用pM电极，它能够指示多种金属离子的浓度。在试液中加入Cu-EDTA配合物，然后用Cu^{2+}选择性电极作指示电极，当用EDTA滴定金属离子时，溶液中游离Cu^{2+}的浓度受游离EDTA浓度的制约，所以Cu^{2+}电极的电位可指示溶液中游离EDTA的浓度，间接反映被测金属离子浓度的变化。

4.4.2 电位滴定法原理

电位滴定法是一种以电位法确定终点的滴定分析方法。进行电位滴定时，在待测液中插入指示电极和参比电极组成电池。随着滴定剂加入，发生化学反应，待测离子浓度不断变化，指示电极电位也随之发生变化，在化学计量点附近发生电位突跃，由此可确定滴定终点。可见，电位滴定法是以测量电位变化为基础的。测量仪器与直接电位法相同，滴定时用磁力搅拌器搅拌试液以加速反应尽快达到平衡。电位滴定法的基本仪器如图4-6所示。

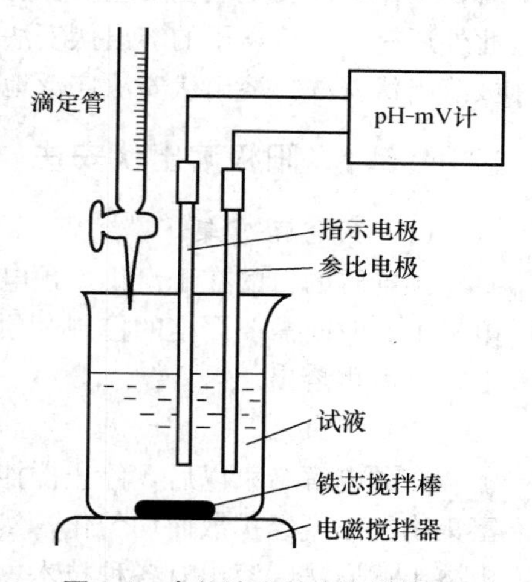

图4-6 电位滴定基本仪器装置

4.4.3 终点的确定

在滴定过程中记录电池电动势E与滴定剂体积V（毫升数），得到E-V滴定曲线，曲线的斜率变化最大处，也就是通常所说的拐点即为滴定终点。这种方法对滴定突跃不明显的体系还是不够准确。为了提高精确度，可以将$\Delta E/\Delta V$（一级微商）对加入滴定剂体积（V）作图，滴定终点就更易确定。有时还作$\Delta E^2/\Delta V^2$（二级微商）对加入滴定剂体积（V）作图，$\Delta E^2/\Delta V^2=0$为终点，用它所对应的滴定剂体积来计算滴定物的含量。

利用手工操作，该法速度较慢，不适于做日常分析。为此，人们提出了自动电位滴定。电位滴定的自动化有两种途径：一种是利用仪器自动控制加入滴定剂，自动记录滴定曲线；另一种是利用仪器自动控制滴定终点，当到达终点电位时，即自动关闭滴定装置。自动记录滴定曲线方式是在滴定过程中自动绘制滴定体系中PH（或电位值）—滴定体积变化曲线，然后由计算机找出滴定终点，给出消耗的滴定体积。自动终点停止方式是预先设置滴定终点的电位值，当电位值达到预定值后，滴定自动停止。自动滴定仪的生产和它在大量常规分析中的应用，大大加快了分析速度。

4.5 溶出伏安法

溶出伏安法是一种灵敏度很高的电化学分析方法，一般可达$10^{-11}\sim10^{-7}$ mol/L，是一种重要的痕量分析方法。

溶出伏安法将电化学富集和测定有机的结合在一起。它首先使待测物质在适当条件下（一定电位下）电解或吸附富集一段时间，然后进行电位扫描，使富集在电极上的物质电解，并记录电流—电位曲线，进行定量分析。它包括富集和溶出两个过程。为了对低浓度的物质更有效地富集，在富集时常常需要搅拌。测量时应保持溶液静止。

在适宜的条件下，溶出伏安曲线（i-E 曲线）的峰高或峰面积（溶出电流 i_p）与待测离子浓度成正比，所以用溶出伏安法可进行定量分析；峰电位（E_p）与离子的性质有关，是定性分析的基础。

溶出伏安法中使用的工作电极有悬汞电极、汞膜电极、玻碳电极等固体电极。汞膜电极用银、铂等作电极基体材料，在其表面镀汞，形成厚度为数十纳米至数百纳米的汞膜。这种电极面积大，电解富集效率高。溶出伏安法有阳极溶出伏安法和阴极溶出伏安法。在溶出时，工作电极发生氧化反应的称为阳极溶出伏安法；发生还原反应的称为阴极溶出伏安法。此外还有“变价离子的溶出伏安法”可用来测定元素的价态。在上述方法中应用最多的是阳极溶出伏安法。溶出伏安法广泛地用在环境分析和其他微量分析。

4.5.1 阳极溶出伏安法

（1）预电解-富集

预电解的目的在于富集。预电解是在恒电位下和搅拌的溶液中进行，将痕量组分富集到电极上。时间需要严格的控制。预电解一定时间，使大约2%～3%的被测物质电积在电极上，然后再溶出。

（2）溶出

在预电解结束以后，停止搅拌，静止一段时间（一般为30 s至1 min），使汞极中电积富集物的浓度经扩散而均匀化，然后进行溶出。在溶出时，工作电极发生氧化反应的称为阳极溶出伏安法。溶出有各种技术，如线性扫描溶出法、示差脉冲溶出法和交流-极谱溶出法等。常用的是线性扫描溶出法，即极化电压以一定速度由负向正改变，使电极向阳极化方向线性改变，而使富集在汞电极中的物质溶出。溶出曲线的峰高与溶液中金属离子浓度、电解富集时间、电解时溶液的搅拌速度、悬汞电极的大小及溶出时的电位变化速度等因素有关。

4.5.2 阴极溶出伏安法

在预电解富集时用汞电极（悬汞电极或汞膜电极）作为阳极，而溶出时以汞电极作阴极的溶出伏安法称阴极溶出法。

一些阴离子，如 Cl^-、Br^-、I^-、S^{2-}、$C_2O_4{}^{2-}$ 等离子，能与汞生成难溶化合物，可用阴极溶出法测定。其测定的灵敏度与该难溶盐的溶度积有关，溶度积越小，测定的灵敏度越高。

4.5.3 变价离子溶出伏安法

变价离子的溶出伏安法是利用变价离子在阳极氧化或在阴极还原使其由 M^{n+} 转变为 M^{n+m} 或 M^{n-m}。$M^{n\pm m}$ 可与溶液中另一种离子 N^{x-} 形成微溶性化合物 $M_xN_{(n\pm m)}$ 而被富集，然后再改变工作电极的电位进行电压扫描，使微溶性化合物溶解，产生氧化电流即还原电流。变价离子溶出分析的工作电极一般为玻璃态石墨电极或铂电极。在富集时所用的沉淀剂可分为无机和有机沉淀剂。可测得变价离子的元素有 Cr、Ce、Tl、Fe、Mn、Co、Ni、Sb 等。

4.6 电化学分析法在环境分析中的应用

电化学分析法具有灵敏度高、准确度高、选择性好、仪器设备简单、易于操作等特点，在环境分析中占有重要的地位，不仅适用于无机阴阳离子的检测，还可用于有机物及药物的定性、定量分析。

4.6.1 离子选择性电极法测定水中的氟化物

本方法适用于生活饮用水及其水源中可溶性氟化物的测定。本法最低检测质量为 0.2 μg，若取水样 10 mL 测定，则最低检测质量浓度为 0.2 mg/L。色度、混浊度较高及干扰物质较多的水样可用本法直接测定。为消除 OH^- 对测定的干扰，将测定的水样 pH 控制在 5.5～6.5 之间。

(1) 原理

氟化镧单晶对氟化物离子有选择性，在氟化镧电极膜两侧的不同浓度氟溶液之间存在电位差，这种电位差通常称为膜电位。膜电位的大小与氟化物溶液的离子活度有关。氟电极与饱和甘汞电极组成一对原电池。利用电动势与离子活度负对数值的线性关系直接求出水样中氟离子浓度。常用定量方法是校准曲线法和标准加入法。

(2) 试剂

所用水为去离子水或无氟蒸馏水。

① 冰乙酸。

② NaOH 溶液（400 g/L）：称取 40 g NaOH，溶于纯水中并稀释至 100 mL。

③ 盐酸溶液（1+1）：将浓盐酸与纯水等体积混合。

④ 离子强度缓冲液Ⅰ：称取 348.2 g 柠檬酸三钠（$Na_3C_6H_5O_7 \cdot 5H_2O$），溶于纯水中，用上述盐酸（1+1）溶液调节 pH 为 6 后，用纯水稀释至 1 000 mL。

⑤ 离子强度缓冲液Ⅱ：称取 59 NaCl、3.48 g 柠檬酸三钠和 57 mL 冰乙酸，溶于纯水中，用上述 400 g/L NaOH 溶液调节 pH 为 5.0～5.5 后，用纯水稀释至1 000 mL。

⑥ 氟化物标准贮备液：称取 0.221 0 g 经 105℃烘干 2 h 的基准 NaF，溶解于纯水中，并定容至 100 mL。贮存在聚乙烯瓶中。此溶液每毫升含氟离子 1 mg。

⑦ 氟化物标准使用溶液：吸取 NaF 标准贮备液 5 mL，注入 500 mL 容量瓶中，稀释至刻度。此溶液每毫升含氟离子 10 μg。

(3) 仪器

①氟离子选择性电极和饱和甘汞电极；②离子活度计或精密酸度计；③电磁搅拌器。

(4) 分析步骤

校准曲线法

① 吸取 10.00 mL 水样于 50 mL 烧杯中。若水样总离子强度过高，应取适量水样稀释

到 10 mL。加入 10 mL 离子强度缓冲溶液（若水样中干扰物质较多时用离子强度缓冲液Ⅰ，较清洁水样用离子强度缓冲液Ⅱ）。放入搅拌子于电磁搅拌器上搅拌水样溶液，插入氟离子电极和甘汞电极，在搅拌下读取平衡电位值（指每分钟电位值改变小于 0.5 mV，当氟化物浓度甚低时，约需 5 min 以上）。

② 分别吸取氟化物标准使用溶液 0、0.20 mL、0.40 mL、0.60 mL、1.00 mL、2.00 mL、3.00 mL 于 50 mL 烧杯中，各加纯水至 10 mL。加入与水样相同的离子强度缓冲溶液。此标准系列浓度分别为 0、0.20 mg/L、0.40 mg/L、0.60 mg/L、1.00 mg/L、2.00 mg/L、3.00 mg/L（以 F^- 计）。按浓度由低到高的顺序，依次插入电极，连续搅拌溶液，读取搅拌状态下的平衡电位值。

③ 以电位值（mV）为纵坐标，氟化物活度（$pF=-\lg F^-$）为横坐标，在半对数纸上绘制标准曲线。在标准曲线上查得水样中氟化物的质量浓度。

标准加入法 吸取 50 mL 水样于 200 mL 烧杯中，加 50 mL 离子强度缓冲溶液（清洁水样用离子强度缓冲液Ⅱ，若水样中干扰物质较多时用离子强度缓冲液Ⅰ）。以下步骤同校准曲线法水样测定操作相同，读取平衡电位值（E_1，mV）。

于水样中加入一体积（小于 0.5 mL）氟化物标准贮备液，在搅拌下读取平衡电位值（E_2，mV）。

（5）结果计算

① 校准曲线法。氟化物质量浓度（F^-，mg/L）可直接在校准曲线上查得。

② 水样中氟化物（F^-）的质量浓度 c（mg/L）按式（4-16）计算：

$$c(F^-)=\frac{\dfrac{c_1V_1}{V_2}}{\lg^{-1}\dfrac{E_2-E_1}{K}-1} \tag{4-16}$$

式中 $c(F^-)$——水样中氟化物（F^-）的质量浓度（mg/L）；

c_1——加入标准贮备液的质量浓度（mg/L）；

V_1——加入标准贮备液的体积（mL）；

V_2——加入水样体积（mL）；

K——测定水样的温度 t℃时的斜率，其值为 $0.1985(273+t)$。

（6）精密度和准确度

多个实验室用本法测定含氟化物 1.25 mg/L 的合成水样，相对标准偏差为 1.9%，相对误差为 0.8%。

（7）注意事项

① 电极用后应用水充分冲洗干净，并用滤纸吸去水分，放在空气中，或者放在稀的氟化物标准溶液中。如果短时间不再使用，应洗净，吸去水分，套上保护电极敏感部位的保护帽。电极使用前仍应洗净，并吸去水分。

② 如果试液中氟化物含量低，则应从测定值中扣除空白试验值。

③ 不得用手触摸电极的敏感膜；如果电极膜表面被有机物等玷污，必须先清洗干净后才能使用。

④ 标准曲线法中标准系列溶液和水样的测定温度应保持一致。

⑤ 标准加入法中 E_1 和 E_2 应相差 30～40 mV。

4.6.2 玻璃电极法测定水体 pH 值

本法适用于生活饮用水及其水源水 pH 值的测定。水的色度、混浊度、游离氯、氧化剂、还原剂及较高含盐量均不干扰测定，但在较强的碱性溶液中，当有大量钠离子存在时会产生误差，使读数偏低。pH 值可准确到 0.01 pH 单位。

（1）原理

以玻璃电极为指示电极，饱和甘汞电极为参比电极插入溶液中组成原电池。当氢离子浓度发生变化时，玻璃电极和甘汞电极之间的电动势也随之引起变化，在 25℃，溶液中每变化 1 个 pH 单位，电位差改变为 59.16 mV，据此在仪器上直接以 pH 的读数表示。温度差异在仪器上有补偿装置。

（2）试剂

配制缓冲溶液所用纯水均为新煮沸并放冷的蒸馏水。配成的溶液应储存在聚乙烯瓶或硬质玻璃瓶内。此类溶液可以稳定 1～2 个月。

以下 3 种缓冲溶液的 pH 值随温度而稍有变化差异。标准缓冲溶液（25℃）：邻苯二甲酸氢钾（$KHC_8H_4O_4$）溶液，pH 4.00；混合磷酸盐溶液，pH 6.86；四硼酸钠（$Na_2B_4O_7 \cdot 10H_2O$）溶液，pH 9.18。

（3）仪器

①精密酸度计：测量范围 0～14 pH 单位，读数精度≤0.02 pH 单位；②玻璃电极和饱和甘汞电极；③塑料烧杯。

（4）分析步骤

① 仪器校准：仪器开启半小时后，按仪器使用说明书操作，进行调零、温度补偿以及满刻度校正等工作。

② pH 定位：选用一种与被测水样 pH 接近的标准缓冲溶液，重复定位 1～2 次，当水样 pH<7.0 时，使用邻苯二甲酸氢钾缓冲液定位，以四硼酸钠或混合磷酸盐缓冲溶液复定位；如果水样 pH>7.0 时，则用四硼酸钠缓冲溶液定位，以邻苯二甲酸氢钾或混合磷酸盐缓冲溶液复定位。

③ 样品测定：测定样品时，先用蒸馏水认真冲洗电极数次，再用水样冲洗 6～8 次，然后插入水样中，小心摇动或进行搅拌使其均匀，静置，待读数稳定时记下 pH 值。

（5）精密度和准确度

多个实验室用本法测定 pH 为 8.6 和 7.7 的合成水样，相对标准偏差分别为 1.9%和 2.7%，相对误差均为 0。

（6）注意事项

① 玻璃电极在使用前先放入蒸馏水中浸泡 24 h 以上。

② 甘汞电极内为饱和氯化钾溶液，当室温升高后，溶液可能由饱和状态变为不饱和状态，故应保持一定量氯化钾晶体。

③ pH 大于 9 的溶液，应使用高碱玻璃电极测定 pH 值。

4.6.3 阳极溶出伏安法测定水中的 Pb、Cd、Cu、Zn

环境水中 Cu、Pb、Cd 和 Zn 4 种金属元素的测定，当前国内普遍采用火焰及无火焰原子吸收分光光度法、二乙氨基二硫代甲酸钠分光光度法（Cu 适用）、双硫腙分光光度法（Pb、Cd 和 Zn 适用）和阳极溶出伏安法。双硫腙分光光度法因使用有机溶剂反复萃取，消耗试剂多，操作烦琐，并且还需用 KCN 剧毒液；原子吸收分光光度法不能同时测量 4 种金属，而且需要对样品进行必要的预处理及较昂贵的原子吸收分光光度计；阳极溶出伏安法是一种十分灵敏的痕量分析方法，不仅灵敏度高，分辨率好，可以同时测定多种金属，且价格低廉，操作简便。

（1）试剂

① 纯水为蒸馏水；② HNO_3 优级纯；③（1＋3）HCl 溶液，HCl 优级纯；④ Cu^{2+}、Pb^{2+}、Cd^{2+}、Zn^{2+} 标准混合使用溶液：用环境保护部标准样品研究所的 Cu^{2+}、Pb^{2+}、Cd^{2+}、Zn^{2+} 标准溶液配制成浓度（mg/L）分别为 Cu：1.0、Pb：1.0、Cd：0.5、Zn：10.0 的混合标准适用溶液（按浓 HNO_3 和纯水体积比 1：99 配制溶液）。

（2）仪器

①伏安极谱仪及其配部件；②三电极系统：Ag-AgCl 参比电极，铂丝辅助电极，悬汞工作电极。

（3）分析步骤

样品保存 水样采集后应及时进行分析测定。如不能及时分析，应加硝酸调节水样 pH＝2 并放冰箱保存。

仪器参数设定 经试验选定的最佳仪器条件：富集电位－1.2 V，起始电位－1.15 V，终止电位 V(vs Ag-AgCl)，富集时间 210 s，平衡时间 10 s，脉冲振幅 60 mV，扫描速率 15 mV/s。

样品测定 取待测样品 10 mL 于样品管中，加入 HCl 溶液调节 pH 为 2.44，测量前用纯水清洗电解池和进样管路及加标器和加标管路 3 次，然后将样品管放入电解池中，向电解池的样品中通入 N_2 300 s 除去 O_2，用标准溶液替换加标器中的纯水，按照设定好的仪器操作参数，在三电极体系中进行测定，工作电极为悬汞电极，参比电极为 Ag-AgCl 电极，对电极为 Pt 电极。根据各金属元素溶出峰电位进行定性，各金属元素溶出峰电流在一定范围内和溶液中金属离子含量成正比的原理进行定量。测定 Cu^{2+}、Pb^{2+}、Cd^{2+}、Zn^{2+} 的溶出伏安曲线，用标准加入法进行定量分析（加入的标准溶液的体积不变，每次 0.02 mL，仅浓度发生变化）。

（4）精密度和准确度

用该方法对样品及不同加标量平行测定 5 次，Cu、Pb、Cd、Zn 的相对标准偏差和相对误差均符合室内实验质量控制要求，方法的重复性较好，测定加标回收率，检验方法的准确度高。

（5）注意事项

① 所用器皿用稀 HNO_3 浸泡 24h 以后用纯水冲洗。

② 样品测定中要消除氢波、氧波和汞所产生的背景电流对溶出信号的干扰。

4.6.4 电位滴定法测定水中阴离子洗涤剂

本法适用于测定污染水中阴离子洗涤剂。当滴定剂十六烷基溴化吡啶（简称 CPB）滴定度为 0.12 mg/L 时，其测定下限为 5 mg/L，其测定上限为 24 mg/L，水样适当稀释，测定上限可以扩大。

（1）原理

以 PVC-AD 电极为工作电极，饱和甘汞电极为参比电极，组成工作电池；以 CPB 为滴定剂对污染水样中阴离子洗涤剂进行电位滴定。在工作电极的能斯特响应区内，电池电势与阴离子洗涤剂浓度有如下关系：

$$E = E_0 - K\lg a_{阴}$$

滴定反应：

$$\text{CPB} + \text{LAS} \longrightarrow \text{CPB} \cdot\cdot \text{LAS}\downarrow（白色沉淀）$$

随着 CPB 的滴入，水样中的 LAS（标准物直链烷基苯磺酸钠）浓度不断下降，相应地电池电势也随之升高。在等当点附近，溶液中 LAS 阴离子将有一个突变，电池电势也将发生突变。用二阶微分法求出滴定终点，由终点所对应的 CPB 消耗量（毫升数）求得样品中阴离子洗涤剂的量。

（2）试剂

分析时均使用符合国家标准或行业标准分析纯试剂，去离子水或同等纯度的水。

① 浓 H_2SO_4 及 H_2SO_4(1+4) 溶液。

② NaClO 碱溶液（安替福民）：C. P，有效氯含量不小于 8.5%，稀释后获得有效氯为 10 g/L 的 NaClO 溶液。

③ NaOH 溶液：80 g/L。

④ LAS 标准贮备液：用减量法准确称取 LAS 标准品 220～250 mg，溶于新煮沸放冷的水中，在 250 mL 容量瓶中定容，4℃左右保存。

⑤ LAS 标准工作溶液：吸取 10 mL 贮备液于 100 mL 容量瓶中定容，然后取此溶液 10 mL于 100 mL 容量瓶，稀释至标线。

⑥ PVC-AD 电极活化液：量取 50 mL LAS 贮备液于 100 mL 容量瓶中稀释定容，4℃保存备用。

⑦ PVC-AD 电极内充液：在 20 mL LAS 贮备液中加入 3 mg NaCl，溶解后转入 50 mL 容量瓶中定容，4℃保存备用。

⑧ CPB 标准滴定溶液：称取 140 mg 左右 CPB 溶解后转入 1 000 mL 容量瓶中定容，其滴定度约为 0.12 mg/mL，用 LAS 标准工作溶液进行标定。标定时，取标准工作溶液 10.00 mL，用所配的 CPB 溶液进行电位滴定。

（3）仪器

①数字式酸度计：精度±1 mV；②PVC-AD 电极：级差 50 mV 以上；③饱和甘汞电极；④2 mL 微量进样管；⑤M50 型微孔可拆卸式过滤器和 0.45 μm 混合纤维滤膜。

（4）分析步骤

① 试样 LAS 含量＞10 mg/L 时，取样体积为 10 mL；＜10 mg/L 时，取样体积为 20 mL。试样置于 50 mL 烧杯内。

② 无色废水试样预处理：将上述试样 pH 调至 4 待测；有色废水试样：每 10 mL 试样中加 1 滴稀释后的 NaClO 溶液，测其 pH 值，用 H_2SO_4（1+4）溶液调 pH 至 2，混匀，加热至冒热气（70℃）。冷却至室温，用 NaOH 溶液调 pH 为 4，待测。

③ 仪器和电极的准备：按测定仪器及电极使用说明书进行仪器调试和电极组装。

④ 滴定：在试样杯内，放入搅拌子，将 PVC-AD 电极和甘汞电极插入水样中，边搅拌边滴定，每加入一定体积的 CPB，记录相应的电池电势。由于滴定终点时电池的电势一般与水的电势 $E_{水}$ 相近，因此可用 $E_{水}$ 估计终点。滴定开始时，加入体积可多些，终点附近应尽可能（以单位体积增量的电势变化 $\Delta E/\Delta V$ 变化明显为标准）少些，一般每次加 0.1 mL。且应在电势变化≤1 mV/min 时读取电势。终点时 $\Delta E/\Delta V$ 最大，用二阶微分法确定。滴定完毕后，电极需用水多次清洗至电势稳定。

（5）结果计算

阴离子洗涤剂的含量 c（mg/L）按式（4-17）计算：

$$c(\mathrm{LAS})=\frac{V_2}{V_1}c\times 0.3444\times 10^{-6} \tag{4-17}$$

式中 c（LAS）——阴离子洗涤剂 LAS 的含量（mg/L）；

c——CPB 标准滴定液的实际浓度（mol/L）；

V_1——试样体积（mL）；

V_2——CPB 标准滴定溶液的体积（mL）；

0.344 4——与 1 mL CPB 标准滴定溶液（1.000 mol/L）相当的以克表示的 LAS 的质量。

（6）注意事项

① 配溶液所用的水均为新煮沸放冷的水。

② 采集和保存样品应使用清洁玻璃瓶。采样后试样应尽快分析，若需保存，应将其 pH 调至≤2，于 4℃保存 3 d。

③ PVC-AD 电极滴定前需在活化液中浸泡 0.5 h，若长时间没有，用浸泡过夜。活化好的电极和甘汞电极需用水多次冲洗。

4.6.5 离子选择电极法测定空气中氨

本法适用于测定空气和工业废气中的氨。本方法检测限为 10 mL 吸收溶液中 0.7 g 氨。当样品溶液总体积为 10 mL，采样体积 60 L 时，最低检测浓度为 0.014 mg/m³。

（1）原理

氨气敏电极为复合电极，以 pH 玻璃电极为指示电极，Ag-AgCl 电极为参比电极。此电极对置于盛有 0.1 mol/L 氯化铵内允液的塑料套管中，管底用一张微孔疏水薄膜与试液隔开，并使透气膜与 pH 玻璃电极间有层很薄的液膜。当测定由 0.05 mol/L H_2SO_4 吸收液所吸收的大气中的氨时，借加入强碱，使铵盐转化为氨，由扩散作用通过透气膜（水和其他离子均不能通过透气膜），使氯化铵电质液膜层内的反应向左移动，引起氢离子浓度改变，由

pH 玻璃电极测得其变化。在恒定的离子强度下，测得的电极电位与氨浓度的对数呈线性关系。由此，可从测得的电位值确定样品中氨的含量。

（2）试剂

试剂均为分析纯试剂，所用水为无氨水。

① 水：无氨，可用下述方法之一制备。

蒸馏法：向 1 000 mL 的蒸馏水中加 0.1 mL 浓 H_2SO_4（ρ=1.84 g/mL），在全玻璃装置中进行重蒸馏，弃去 50 mL 初馏液，于具塞磨口的玻璃瓶中接取其余馏出液，密封，保存。

离子交换法：将蒸馏水通过强酸性阳离子交换树脂柱，其流出液收集在具塞磨口的玻璃瓶中。

② 电极内充液：0.1 mol/L 的 NH_4Cl 溶液。

③ 碱性缓冲液：含有 5 mol/L 的 NaOH 和 0.5 mol/L 的 EDTA-Na_2 的混合溶液，贮于聚乙烯瓶中。

④ 吸收液：0.05 mol/L 的 H_2SO_4 溶液。

⑤ 氨标准贮备液：1.00 mg 氨。称取 3.141 g 经 100℃干燥 2 h 的氯化铵（NH_4Cl）溶于水中，移入 1 000 mL 容量瓶中，稀释至标线，摇匀。

⑥ 氨标准使用液：用氨标准贮备液逐级稀释配制。

（3）仪器

①氨敏感膜电极；②pH 毫伏计：精确至 0.2 mV；③磁力搅拌器：带有用聚四氟乙烯包覆的搅拌棒；④大气采样器。

（4）采样

量取 10 mL 吸收液于 U 形多孔玻板吸收管中，调节采样器上的流量计的流量至 1.0 L/min（用标准流量计校正），采样 60 min。

（5）分析步骤

仪器和电极的准备　按测定仪器及电极使用说明书进行仪器调试和电极组装。

校准曲线的绘制　吸取 10 mL 浓度分别为 0.1、1.0、100、1 000 mg/L 的氨标准溶液于 25 mL 小烧杯中，浸入电极后加入 1 mL 碱性缓冲液，在搅拌下，读取稳定的电位值 E（在 1 min 内变化不超过 1 mV 时，即可读数），在半对数坐标纸上绘制 E-lgC 的校准曲线。

测定　采样后，将吸收管中的吸收液倒入 10 mL 容量瓶中，再以少量吸收液清洗吸收管，加入容量瓶，最后以吸收液定容至 10 mL，将容量瓶中吸收液放入 25 mL 小烧杯中，以下步骤与校准曲线绘制相同。由测得的电位值在校准曲线上查得气样吸收液中氨含量（mg/L），然后计算出大气中氨的浓度（mg/m^3）。

（6）结果计算

大气中氨的浓度 c（mg/m^3）按式（4-18）计算：

$$c=\frac{10\times a}{V} \tag{4-18}$$

式中　c——大气中氨的浓度（mg/m^3）；

　　a——吸收液中氨含量（mg/L）；

V——换算成标准状态下的采样体积（L）。

（7）精密度和准确度

经5个实验室分析含20.0 mg/L氨的统一分发的样品，重复性标准偏差0.259 mg/L，变异系数1.30%；再现性标准差0.273 mg/L，变异系数1.37%；加标回收率97.6%。

思考题

1. 电位分析法的基本理论基础是什么？它可以分成哪两类分析方法？
2. 用玻璃电极测定溶液的pH值的原理是什么？
3. 离子选择性电极一般由哪些部分组成？
4. 离子选择性电极有哪几种？如何衡量一种电极的选择性大小？
5. 简述氨气敏电极的测定原理。氨气敏电极在环境分析中一般应用于哪些方面？
6. 电位滴定法一般应用于哪些方面？它的终点确定有哪几种方法？
7. 溶出伏安法的工作原理是怎样的？它包括哪两个过程？
8. 溶出伏安法有哪几种？
9. 用pH玻璃电极测定pH=5.0的溶液，其电极电位为43.5 mV，测定另一未知溶液时，其电极电位为14.5 mV，若该电极的响应斜率为58.0 mV/pH，试求该未知溶液的pH值。

参考文献

阎吉昌，徐书绅，张兰英. 2002. 环境分析 [M]. 北京：化学工业出版社.

黄杉生. 2008. 分析化学 [M]. 北京：科学出版社.

邓重. 2009. 现代环境测试技术 [M]. 北京：化学工业出版社.

Leo M L Nollet. 2005. 水分析手册 [M]. 袁洪福，褚小立，王艳斌，等译. 北京：中国石化出版社.

李克安. 2005. 分析化学教程 [M]. 北京：北京大学出版社.

吴守国，袁倬斌. 2006. 电化学分析原理 [M]. 合肥：中国科学技术大学出版社.

翟美华，王文法. 1984. 醋酸铵存在下阳极溶出伏安法测定水中的铜、铅、镉、锌 [J]. 海洋环境科学，3 (2)：50-55.

于庆凯，李丹. 2009. 阳极溶出伏安法同时测定海水中的铜、铅、镉、锌 [J]. 化学工程师，169 (10)：25-27.

林义祥. 1984. 悬汞电极示差脉冲阳极溶出伏安法同时直接测定海水中的Zn、Cd、Pb、Cu [J]. 海洋通报，3 (5)：23-28.

张学华. 1990. 催化阳极溶出伏安法连续测定水中镉、铅、铜 [J]. 环境监测管理与技术，2 (2)：43-47.

孙佩君，马德航，王长青. 1990. 阴极溶出伏安法测定水中的镉 [J]. 河南大学学报，20 (8)：65-69.

中华人民共和国国家质量监督检验检疫总局，中国国家标准化管理委员会. 2008. GB/T 8538—2008 饮用天然矿泉水检验方法 [S]. 北京：中国标准出版社.

卫生部，中国国家标准化管理委员会. 2006. GB/T 5750.1～13—2006 生活饮用水标准检验方法 [S]. 北京：中国标准出版社.

国家环境保护总局. 1993. GB/T 14669—1993 空气质量 氨的测定 离子选择电极法 [S]. 北京：中国标准出版社.

紫外—可见吸收光谱法

✦ ✦ ✦ ✦ ✦ ✦ ✦ ✦ ✦ ✦ ✦

本章提要

紫外—可见吸收光谱法作为一种传统、有效的仪器分析技术，其仪器普及程度高、操作简单、灵敏度高、易于携带，被广泛应用在环境分析领域。本章主要介绍紫外—可见吸收光谱法的原理、仪器构造及应用，要求掌握有机化合物的电子跃迁类型、利用朗伯一比耳定律进行定量分析的方法，了解有机化合物的定性分析方法，了解紫外—可见分光光度计的类型、主要部件及紫外—可见吸收光谱法在水体、大气、土壤环境监测中的应用。

✦ ✦ ✦ ✦ ✦ ✦ ✦ ✦ ✦ ✦ ✦

5.1 概　　述

5.1.1 紫外—可见吸收光谱分析法的分类

物质分子的价电子在吸收辐射并跃迁到高能级后所产生的吸收光谱，通常称为电子光谱。由于其波长范围是在紫外、可见光区，所以又称为紫外—可见光谱。

紫外—可见分光光度法属于分子吸收光谱分析法。它是根据物质分子对紫外、可见光区辐射的吸收特性，对物质的组成进行定性、定量及结构分析的方法。

紫外—可见吸收光谱分析法按测量光的单色程度分为分光光度法和比色法。

分光光度法是指应用波长范围很窄的光与被测物质作用而建立的分析方法。按照所用光的波长范围不同，又可分为紫外分光光度法和可见分光光度法两种，合称为紫外—可见分光光度法。紫外—可见光区又可分为 100～200 nm 的远紫外光区、200～400 nm 的近紫外光区、400～800 nm 的可见光区。其中，远紫外光区的光能被大气吸收，所以在远紫外光区的测量必须在真空条件下操作，因此也称为真空紫外区，不易利用。近紫外光区对结构研究很重要，它又称为石英区。可见光区则是指其电磁辐射能被人的眼睛所感觉到的区域。

比色法是指应用单色性较差的光与被测物质作用而建立的分析方法，适用于可见光区。

光的波长范围可借用所呈现的颜色来表征，光的相对强度可由颜色的深浅来区别，所以称为比色法，其中以人的眼睛作为检测器的可见光吸收方法称为目视比色法，以光电转换器件作为检测器的方法称为光电比色法。

5.1.2 紫外—可见吸收光谱分析法的特点

紫外—可见吸收光谱分析法是在仪器分析中应用最广泛的分析方法之一，其优点如下：

① 灵敏度高：适于微量组分的测定，一般可测定浓度下限为 10^{-6}～10^{-5} mol/L 的物质。

② 准确度较高：相对误差一般为 1%～5%。

③ 设备和操作简单：方法简便，分析速度快。

④ 应用广泛：大部分无机化合物的微量成分都可以用这种方法进行测定，更重要的是可用于许多有机化合物的鉴定及结构分析，可鉴定同分异构体。此外，还可用于配合物的组成和稳定常数的测定。

⑤ 前景广阔：现代科学技术发展向分光光度法提出了高灵敏、高选择、高精度的要求，而分光光度法依靠本身方法及仪器的发展，使新方法、新仪器不断出现，如双波长分光光度法、导数吸收光谱法和光声光谱法等，使光度分析法不仅能分析液样，还能分析固样、混浊样，不仅能分析单一组分还能分析多组分。目前，用微处理机控制的紫外可见分光光度计可自动调零、选波长及自动进行功能检查、故障诊断，已为实验室普遍选用。

5.2 光吸收定律

5.2.1 朗伯—比耳定律

光吸收定律即朗伯-比耳定律。物质对光有选择性吸收，朗伯于 1730 年提出了光强度和吸收厚度之间的关系，1852 年比尔又提出了光强度与吸收介质中吸光质点浓度之间的关系。朗伯定律说明物质对单色光吸收的强弱与液层厚度（b）间的关系。比耳定律说明物质对单色光吸收的强弱与物质的浓度（c）间的关系。

朗伯—比耳定律可简述如下：

当一束平行的单色光通过含有均匀的吸光物质的吸收池（或气体、固体）时，光的一部分被溶液吸收，一部分透过溶液，一部分被吸收池表面反射。

设入射光强度为 I_0，吸收光强度为 I_n，透过光强度为 I_t，反射光强度为 I_r，则它们之间的关系应为：

$$I_0 = I_n + I_t + I_r \tag{5-1}$$

若吸收池的质量和厚度都相同，则 I_r 基本不变。在具体测定操作时 I_r 的影响可互相抵消（与吸光物质的 c 及 b 无关），式（5-1）可简化为：

$$I_0 = I_n + I_t \tag{5-2}$$

实验证明：当一束强度为 I_0 的单色光通过浓度为 c、液层厚度为 b 的溶液时，一部分光被溶液中的吸光物质吸收后透过光的强度为 I_t，则它们之间的关系为：

$$-\lg \frac{I_t}{I_0} = Kbc \tag{5-3}$$

式中，I_t/I_0 称为透光率，常用 T 表示；$-\lg(I_t/I_0)$ 称为吸光度，用 A 表示；K 为吸光系数，则：

$$A = -\lg T = Kbc = \varepsilon bc \tag{5-4}$$

式（5-4）即为朗伯—比耳定律的数学表达式。

朗伯-比尔定律表明：当一束平行单色光垂直通过溶有均匀、透明的吸光物质的稀溶液时，溶液对光的吸收程度与溶液的浓度及液层厚度的乘积成正比。

朗伯—比尔定律是紫外—可见分光光度法进行定量分析的理论基础，适用于可见光、紫外光、红外光和均匀非散射的液体、气体及透光固体。

吸光系数 K 的物理意义是：单位浓度的液层厚度为 1 cm 时，在一定波长下测得的吸光度，K 值大小因溶液浓度所采用的单位不同而异。在分光光度法中常用摩尔吸收系数 ε 表示，单位为 L/(mol · cm)。

5.2.2 偏离朗伯—比耳定律的原因

光吸收定律的成立需要一定的条件：单色光、介质均匀、吸光物质相互不作用，这些条件在实际测定中通常是不能满足或不能严格满足的，因此光吸收定律有其局限性。

根据光吸收定律，在理论上，吸光度对溶液浓度作图所得的直线的截距为零，斜率为 εb。实际上吸光度与浓度关系有时是非线性的，或者不通过原点，这种现象称为偏离光吸收定律。如果溶液的实际吸光度比理论值大，则为正偏离，吸光度比理论值小，为负偏离。

引起偏离光吸收定律的原因主要有以下几个方面。

（1）单色性不纯引起偏离

吸收定律成立的前提是入射光是单色光，但实际上，一般单色器所提供的入射光并非是纯单色光，而是由波长范围较窄的光带组成的复合光。物质对不同波长光的吸收程度不同，因而导致了对吸光定律的偏离。另外，光与溶液的作用机制不仅有吸收而且有散射、共振发射、荧光或磷光等，它们的存在也使光吸收定律与实际情况有偏离。

(2) 化学因素引起偏离

溶液中的吸光物质因离解、缔合，形成新的化合物而改变了吸光物质的浓度，导致偏离吸收定律；激发分子也可能引起化学反应，这种光化学反应也会引起偏离光吸收定律。因此，测量前的化学预处理工作是十分重要的，如控制好显色反应条件，控制溶液的化学平衡等，以防止产生偏离。

(3) 定律的局限性引起偏离

比尔定律只适用于浓度小于 0.01 mol/L 的稀溶液，否则将导致偏离比尔定律。为此，在实际工作中，待测溶液的浓度应控制在 0.01 mol/L 以下。

(4) 仪器性能及测量误差引起偏离

其中杂散光与仪器非线性误差的影响较大。偏离光吸收定律并不影响在高浓度范围内做定量分析，只要溶液的浓度与吸光度间有确定的关系，以及标准溶液的浓度与标准曲线有足够好的重复性与准确度，则利用标准曲线的方法仍可进行定量分析。

5.3 化合物的电子光谱

5.3.1 有机化合物的电子跃迁类型

紫外、可见吸收光谱是分子中价电子能级跃迁产生的。因此，这种吸收光谱决定于分子中价电子分布和结合情况。在有机化合物中有 3 种价电子：形成单键的电子称为 σ 电子；形成双键的电子称 π 电子；O、N、S 和卤素等杂原子上的未成键的孤对电子称为 n 电子。不同轨道上的电子具有不同的能量。当电子受到紫外光作用而吸收光辐射能量后，电子将从成键轨道跃迁到反键轨道上，或从非键轨道跃迁到反键轨道上，所以分子中主要的电子跃迁有 4 种，如图 5-1 所示。

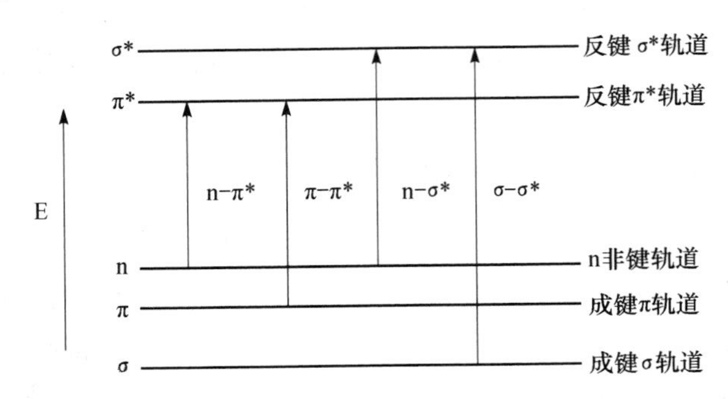

图 5-1 有机分子中的电子跃迁类型

(1) $\sigma \to \sigma^*$ 跃迁

有机化合物中饱和 C—C 键，C—H 键以及其他单键都是 σ 键，由于 σ 键结合比较牢固，$\sigma \to \sigma^*$ 跃迁需要的能量较高，一般发生在真空紫外区。饱和烃中的—C—C—键属于这种跃迁。

(2) $\pi \to \pi^*$ 跃迁

不饱和化合物及芳香族化合物除含 σ 电子外，还含有 π 电子，π 电子比较容易受激发，故 $\pi \to \pi^*$ 需要的能量低于 $\sigma \to \sigma^*$ 跃迁，吸收峰一般处于近紫外区，其特征是摩尔吸光系数大，一般 $\varepsilon_{max} > 10^4$，为强吸收带。

(3) $n \to \sigma^*$ 跃迁

分子中含有 O、N、S、卤素等杂原子的化合物，能产生 $n \to \sigma^*$ 跃迁。$n \to \sigma^*$ 跃迁所需能量低于 $\sigma \to \sigma^*$ 跃迁。其吸收光谱落于远紫外区和近紫外区。

(4) $n \to \pi^*$ 跃迁

当化合物分子同时含有 π 电子和 n 电子时，则可产生 $n \to \pi^*$ 跃迁。$n \to \pi^*$ 跃迁所需能量最低，所以其吸收波长最长，一般发生在近紫外区和可见光区。例如，羰基、硝基等的孤对电子向反键轨道的跃迁。这种跃迁的特点是谱带强度弱，ε 值较小。

综上所述，这几种电子跃迁所需能量大小是不同的，各种跃迁所需能量（ΔE）的大小次序为：

$$\sigma \to \sigma^* > n \to \sigma^* \geqslant \pi \to \pi^* > n \to \pi^*$$

5.3.2 常用术语

(1) 生色团

从广义来说，所谓生色团是指分子中可以吸收光子而产生电子跃迁的原子基团。即凡含有 π 键的基团都称为生色团或发色团。但是，通常将能吸收紫外、可见光的原子团或结构系统定义为生色团。

简单的生色团由双键或三键体系组成，例如，乙烯基、羰基、亚硝基、偶氮基（—N=N—）、乙炔基、氰基（—C≡N）等。

(2) 助色团

一个在 200 nm 以上无吸收的基团，当它连接在某生色团上时，能使该生色团的 λ_{max} 向长波长方向移动，并使其吸收强度增加（ε 增大），这样的基团称为助色团，如：—OH，—NH_2，—Cl 等。

(3) 红移

由于取代基或溶剂的影响，使吸收波长向长波长方向移动的现象称为红移。

(4) 蓝移（紫移）

由于取代基或溶剂的影响，使吸收波长向短波长方向移动的现象称为蓝移。

5.3.3 有机化合物的紫外—可见吸收带

从有机化合物的电子跃迁类型可见，它们的吸收光谱主要在紫外区。由于目前一般的紫外分光光度计只能检测近紫外区（200～400 nm）的电磁波，因而，只有含不饱和官能团（生色团）的有机化合物的吸收光谱，才能用于光谱分析，这些吸收带可分为 4 类：

(1) *R* 吸收带

由化合物的 $n \to \pi^*$ 跃迁产生的吸收带，其特点是吸收强度弱，一般 $\varepsilon < 100$。

(2) *K* 吸收带

由共轭的 $\pi\rightarrow\pi^*$ 跃迁产生的吸收带，它的特点是跃迁几率大，吸收强度强，一般 $\bar{\varepsilon}>10^4$。随着共轭系统的增大，*K* 吸收带向长波长方向移动。

(3) *B* 吸收带

B 吸收带是芳香族化合物的特征吸收带，生色团是环状共轭体系，由环状共轭体系的 $\pi\rightarrow\pi^*$ 跃迁产生，λ_{max}为 225 nm（ε=230）。在气态或非极性溶剂中，苯及其许多同系物的 *B* 带出现振动的精细结构，常用来识别芳香族化合物。但在极性溶剂中，精细结构消失。

(4) *E* 吸收带

E 吸收带是芳香族化合物的特征吸收带，有 2 个吸收带，分别为 E_1 带和 E_2 带。

E_1 带：苯环内乙烯键上的 π 电子发生 $\pi\rightarrow\pi^*$ 跃迁产生的。E_1 带的 λ_{max}在波长 180 nm 左右（$\varepsilon=6\times10^4$）。

E_2 带：苯环内共轭二烯键上的 π 电子发生 $\pi\rightarrow\pi^*$ 跃迁产生的。E_2 带的 λ_{max}为波长 200 nm（ε=8 000）。

5.4 紫外—可见分光光度计

用于测量和记录待测物质对紫外光、可见光的吸光度及紫外—可见吸收光谱，并进行定性定量以及结构分析的仪器，称为紫外—可见吸收光谱仪或紫外—可见分光光度计，其测定波长范围为 200～1 000 nm。

5.4.1 紫外—可见分光光度计的主要部件

紫外—可见分光光度计主要由光源、单色器、吸收池、检测器和信号显示器五大部分组成。

(1) 光源

光源指的是发光物体。理想的光源应能提供连续辐射，也就是说它的光谱应包括所用的光谱区内所有波长的光，光的强度必须足够大，并且在整个光谱区内其强度不应随波长有明显变化。实际上，这种理想的光源并不存在，所有光源的光强都随波长改变而改变。分光光度计中常用的光源有热辐射光源和气体放电光源两类。热辐射光源用于可见光区，如钨丝灯和卤素灯；气体放电光源用于紫外光区，如氢灯和氘灯。

(2) 单色器

单色器又称为分光系统。它是将光源发射的复合光分解为单色光的光学装置，为仪器的核心部件，其性能直接影响光谱带宽、测定的灵敏度、选择性和工作曲线的线性范围。单色器一般由狭缝、色散元件及透镜系统组成。最常用的色散元件是棱镜和光栅。目前的商品仪器多选用光栅，常用的光栅是在磨平的金属平面上刻画出许多等距离锯齿形的平行条痕，其数目根据所需波长范围而定。它可以在整个波长区域提供良好的均匀一致的分辨能力，而且成本低，容易保存。

(3) 吸收池

吸收池是放测试溶液用的。通常，可见光区可以用玻璃吸收池，而紫外光区则用石英吸收池。为了减少反射损失，吸收池的光学面必须垂直光束方向。

（4）检测器

检测器的功能是检测光信号，并将它转换成可测的电传号。对检测器的基本要求是灵敏度高、稳定性好、对辐射的响应时间短且线性关系好、可靠性好及噪声水平低等。光电管和光电倍增管均可用于弱光的检测，但后者比前者的检测灵敏度高 200 多倍，是目前在分光光定计中使用最广泛的一种检测器。

（5）信号显示器

信号显示系统的功能是将检测器的信号放大，并以适当的方式指示或记录下来。常用的信号显示装置有直读检流计、电位调节指零装置、数字显示或自动记录装置等。

目前，很多型号的分光光度计已装配微处理机，不但可对分光光度计进行操作控制，还可进行数据处理，大幅提高了分析速度、测量精度和自动化程度。

5.4.2 分光光度计的类型

目前，市售的分光光度计类型很多，可归纳为 3 种：单光束分光光度计、双光束分光光度计和双波长分光光度计。

（1）单光束分光光度计

经过单色器单色化的光只有一束，轮流通过参比溶液和样品溶液之后，进行光强度测量的光也只有一束，这种分光光度计称为单光束分光光度计。这种分光光度计的特点是结构简单、价格便宜。其缺点是测量结果受电源波动影响较大，给分析结果带来较大的误差。主要用于定量分析，不适合定性分析。

（2）双光束分光光度计

双光束分光光度计的光路图如图 5-2 所示。将经过单色器的光一分为二，一束通过参比溶液，另一束通过样品溶液，一次测量即可得到样品溶液的吸光度。由于两光束同时分别通过参比池和样品池，因而可以消除光源强度变化带来的误差。目前，一般自动记录分光光度计均是双光束的，它可以连续地绘出吸收光谱曲线。

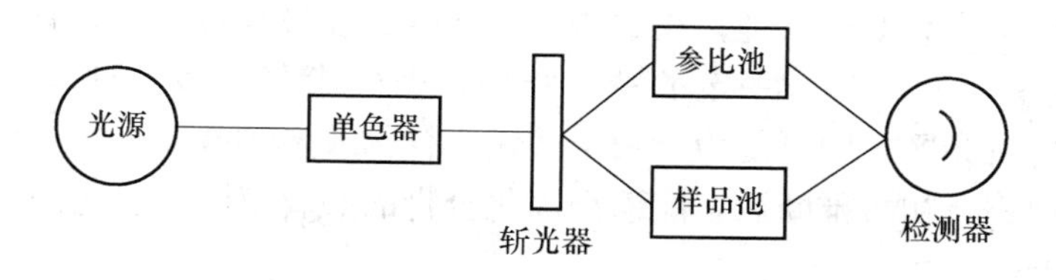

图 5-2 双光束分光光度计光路示意

（3）双波长分光光度计

双波长分光光度计与单波长分光光度计的主要区别在于采用双单色器，以同时得到两束波长不同的单色辐射。其光路如图 5-3 所示。

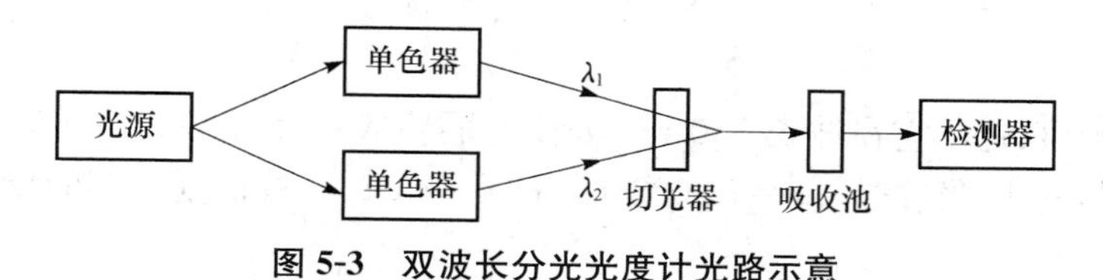

图 5-3 双波长分光光度计光路示意

由同一光源发出的光被分成两束，分别经过两个单色器，从而可以同时得到两个不同波长（λ_1 和 λ_2）的单色光。它们交替地照射同一溶液，然后经过光电倍增管和电子控制系统。这样得到的信号是两波长吸光度之差 ΔA，$\Delta A = A_{\lambda_1} - A_{\lambda_2}$。

5.4.3 紫外—可见分光光度法的应用

5.4.3.1 有机化合物的定性及结构分析

紫外—可见吸收光谱可用于有机化合物的定性及结构分析，但不是主要工具。因为大多数有机化合物的紫外—可见光谱谱带数目不多、谱带宽、缺少精细结构。但它适用于不饱和有机化合物，尤其是共轭体系的鉴定，以此推断未知物的骨架结构。再配合红外光谱、核磁共振波谱、质谱等进行结构鉴定及分析，是一种好的辅助方法。

（1）未知试样的鉴定

一般采用比较光谱法，即在相同的测定条件下，比较待测物与已知标准物的吸收光谱曲线，如果它们的吸收光谱曲线完全相同（λ_{max}及相应的 ε 均相同），则可以初步认为是同一物质。

如果没有标准物，则可以借助汇编的各种有机化合物的紫外可见标准谱图进行比较。与标准谱图比较时，仪器准确度、精密度要高，操作时测定条件要完全与文献规定的条件相同，否则可靠性差。

（2）物质纯度检查

利用紫外吸收光谱法来检查物质的纯度是非常简便可行的方法。例如，无水乙醇中常含有少量的苯，因苯的 λ_{max}为 256 nm，而乙醇在此波长处无吸收。可通过绘制样品的紫外吸收光谱图来判断是否含有杂质。

（3）推测化合物的分子结构

绘制出化合物的紫外可见吸收光谱，根据光谱特征进行推断。如果该化合物在紫外可见光区无吸收峰，则它可能不含双键或共轭体系，而可能是饱和化合物；如果在 210～250 nm 有强吸收带，表明它含有共轭双键；在 260～350 nm 有强吸收带，可能有 3～5 个共轭单位。如在 260 nm 附近有中吸收且有一定的精细结构，则可能有苯环；如果化合物有许多吸收峰，甚至延伸到可见光区，则可能为一长链共轭化合物或多环芳烃。

按一定的规律进行初步推断后，能缩小该化合物的归属范围，但还需要其他方法才能得到可靠结论。

紫外吸收光谱除可用于推测所含官能团外，还可用来区别同分异构体。例如，乙酰乙酸乙酯在溶液中存在酮式与烯醇式互变异构体：

$$\underset{\text{酮式}}{CH_3\overset{\overset{O}{\|}}{C}-CH_2-\overset{\overset{O}{\|}}{C}-OC_2H_5} \rightleftharpoons \underset{\text{烯醇式}}{CH_3\overset{\overset{OH}{|}}{C}=CH-\overset{\overset{O}{\|}}{C}-OC_2H_5}$$

酮式没有共轭双键，它在波长 240 nm 处仅有弱吸收；而烯醇式由于有共轭双键，在波长 245 nm 处有强的 K 吸收带［ε=18 000 L/(mol · cm)］。故根据它们的紫外吸收光谱可判断其存在与否。

5.4.3.2 定量分析

紫外—可见吸收光谱法是进行定量分析最有用的工具之一。定量分析的依据是比尔定律，即在一定波长处被测定物质的吸光度与它的浓度呈线性关系。因此，通过测定溶液对一定波长入射光的吸光度，即可求出溶液中物质的浓度和含量。该法不仅可以直接测定那些本身在紫外—可见光区有吸收的无机和有机化合物，而且还可以采用适当的试剂与吸收较小或非吸收物质反应生成对紫外和可见光区有强烈吸收的产物，即“显色反应”，从而对它们进行定量测定。例如，金属元素的分析。

（1）单组分体系

标准曲线法 先配制一系列已知浓度的标准溶液，在 λ_{max} 处分别测得标准溶液的吸光度，然后，以吸光度为纵坐标，标准溶液的浓度为横坐标作图，得 A-c 的校正曲线，在相同条件下测出未知试样的吸光度，就可以从标准曲线上查出未知试样的浓度。

比较法 在相同条件下配制样品溶液和标准溶液，在相同条件下分别测定吸光度 A_x 和 A_s，然后进行比较，利用式（5-5），求出样品溶液中待测组分的浓度。

$$c_x = A_x \cdot \frac{c_s}{A_s} \tag{5-5}$$

使用这种方法的要求：c_x 和 c_s 应接近，且符合光吸收定律。因此，比较法只适用于个别样品的测定。

（2）多组分体系

对于含两个以上待测组分的混合物，根据其吸收峰的互相干扰情况分为 3 种，如图 5-4 所示，对于前两种情况，可通过选择适当的入射光波长，按单一组分的方法测定。

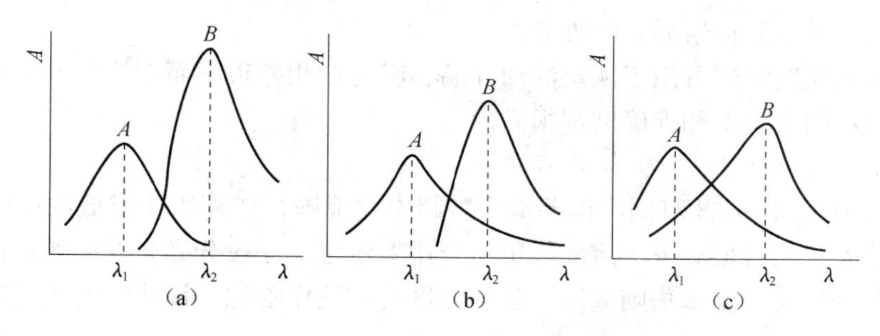

图 5-4 混合物的紫外吸收光谱

（a）不重叠 （b）部分重叠 （c）相互重叠

测定波长时一般要尽量靠近吸收峰，这样可提高灵敏度。对于最后一种情况，由于两组分的吸收曲线相互重叠严重，此时可根据吸光度加合性原理，通过适当的数学处理来进行测定。具体方法是：在 A 和 B 最大吸收波长 λ_1 及 λ_2 处分别测定混合物的总吸光度 A_{λ_1} 和 A_{λ_2}，然后通过解下列二元一次方程组，求得各组分浓度：

$$A_{\lambda_1} = \varepsilon_{\lambda_1}^{A} bc^{A} + \varepsilon_{\lambda_1}^{B} bc^{B}$$
$$A_{\lambda_2} = \varepsilon_{\lambda_2}^{A} bc^{A} + \varepsilon_{\lambda_2}^{B} bc$$

上两式中仅 c^A 和 c^B 为未知数，解方程可以求出 c^A 和 c^B。如果有 n 个组分的吸收曲线

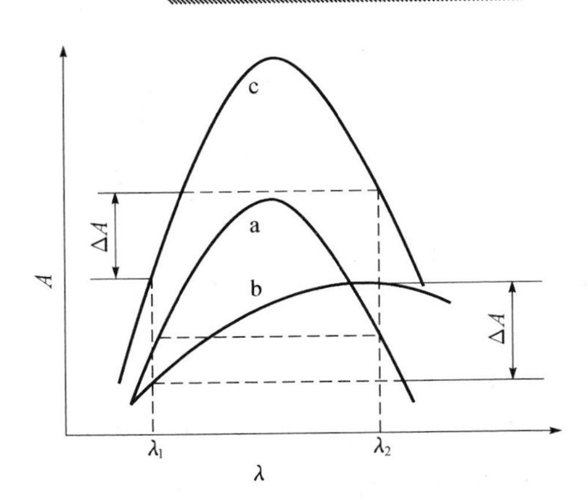

图 5-5　双波长法示意

相互重叠，就必须在 n 个波长处测定其吸光度的加合值，然后解 n 元一次方程组，才能分别求得各组分含量。但是，随着待测组分的增多，实验结果的误差也将增大。

对于吸收光谱相互重叠的多组分混合物，除用上述解联立方程式的方法测定外，还可利用双波长分光光度法进行定量分析。

在测定组分 a、b 的混合样品时，通常采用双波长法，如图 5-5 所示。

如要测定 b 含量，选择它的最大吸收波长 λ_2 为测定波长，而参比波长的选择应考虑能消除干扰物质的吸收，就是使组分 a 在 λ_1 处的吸光度等于它在 λ_2 处的吸光度，即选择 λ_2 为参比波长，$A\frac{a}{\lambda_1}=A\frac{b}{\lambda_2}$。利用吸光度的加合性，混合物在 λ_1、λ_2 处的吸光度分别为：

$$A_{\lambda_1}^{a+b}=A_{\lambda_1}^{a}+A_{\lambda_1}^{b}\quad A_{\lambda_2}^{a+b}=A_{\lambda_2}^{a}+A_{\lambda_2}^{b}$$

由双波长分光光度计测得：

$$\Delta A=A_{\lambda_1}^{a+b}-A_{\lambda_2}^{a+b}$$

由于 $A_{\lambda_1}^{b}=A_{\lambda_2}^{b}$，所以：

$$\Delta A=A_{\lambda_1}^{1}-A_{\lambda_2}^{a}=(\varepsilon_{\lambda_1}^{a}-\varepsilon_{\lambda_2}^{a})bc^{a} \tag{5-6}$$

式（5-6）中，$\varepsilon_{\lambda_1}^{a}$、$\varepsilon_{\lambda_2}^{a}$ 可由组分 a 的标准溶液在 λ_1、λ_2 处的吸光度求得，一次可求出 a 的浓度。同理，也可测得组分 b 的浓度。

双波长分光光度法还可用于测定混浊样品、吸光度相差很小而干扰又多的样品及颜色较深的样品，测定的灵敏度和准确度都很高。

（3）差示分光光度法

吸光度 A 在 0.2～0.8 范围内误差最小。超出此范围，如高浓度或低浓度溶液，其吸光度测定误差较大。尤其是高浓度溶液，更适合用差示法。一般分光光度法测定选用试剂空白或溶液空白作为参比，差示法则选用一已知浓度的溶液作参比。该法的实质是相当于透光率标度放大。

差示分光光度法与一般分光光度法区别仅仅在于它采用一个已知浓度与试液浓度相近的标准溶液作参比来测定试液的吸光度，其测定过程与一般分光光度法相同，如图 5-6 所示。然而正是由于使用了这种参比溶液，才大大提高了测定的准确度，使其可用于测定过高或过低含量的组分。

由实验测得的吸光度用式（5-7）计算。

$$\Delta A=A_s-A_x=\varepsilon b(c_s-c_x)=\varepsilon b\Delta c \tag{5-7}$$

差示分光光度法常用工作曲线法来定量。以标准溶液的浓度为横坐标，以相对吸光度为纵坐标作工作曲线。测试样时，再以 c_s 为参比溶液，测得相对吸光度 ΔA，即可从曲线上找出试样的浓度 c_x。

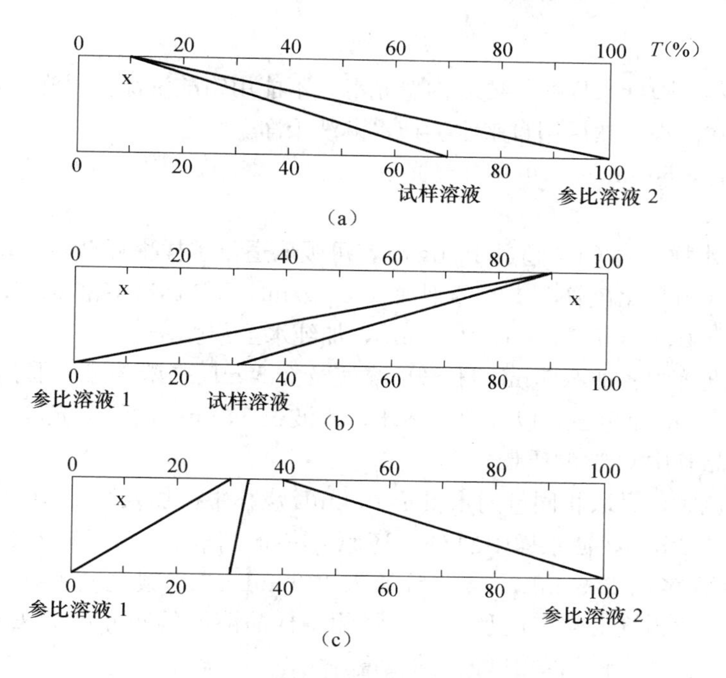

图 5-6 差示分光光度法测量示意图

(a) 高吸收法 (b) 低吸收法 (c) 最精密法

5.5 紫外—可见吸收光谱法在环境分析中的应用

5.5.1 在水质分析中的应用

5.5.1.1 水中 Cr^{6+} 的测定——二苯碳酰二肼分光光度法

本法适用于生活饮用水及其水源中 Cr^{6+} 的测定，最低检测质量为 0.2 μg（以 Cr^{6+} 计）。若取 50 mL 水样测定，则最低检测浓度为 0.04 mg/L。

铁约 50 倍于 Cr^{6+} 产生黄色，干扰测定；10 倍于铬的钒产生干扰，但显色 10 min 后钒与试剂所显色全部消失；200 mg/L 以上的钼与汞有干扰。

(1) 原理

在酸性溶液中，Cr^{6+} 可与二苯碳酰二肼作用，生成紫红色络合物，其最大吸收波长为 540 nm，以可见分光光度计测量吸光度对其进行定量分析。

(2) 试剂

① 二苯碳酰二肼丙酮溶液（2.5 g/L）：称取 0.25 g 二苯碳酰二肼，溶于 100 mL 丙酮中。盛于棕色瓶中置冰箱内可保存半月，颜色变深时不能再用。

② H_2SO_4(1+7) 溶液：将 10 mL 浓 H_2SO_4 缓慢加入 70 mL 纯水中。

③ Cr^{6+} 标准溶液 [$\rho(Cr)=1$ μg/mL]：称取 0.141 4 g 经 105～110℃烘至恒重的 $K_2Cr_2O_7$，溶于纯水中，并于容量瓶中用纯水定容至 500 mL，此浓溶液 1 mL 含 100 μgCr^{6+}。吸取此溶液 10 mL 于容量瓶中，用纯水定容至 1 000 mL。

（3）仪器

所有玻璃仪器（包括采样瓶）要求内壁光滑，不能用铬酸洗涤液浸泡。可用合成洗涤剂洗涤后再用浓硝酸洗涤，然后用自来水、纯水淋洗干净。

①具塞比色管，50 mL；②可见分光光度计。

（4）分析步骤

吸取 50 mL 水样（含 Cr^{6+} 超过 10 μg 时，可吸取适量水样稀释至 50 mL），置于 50 mL 比色管中。另取 50 mL 比色管 9 支，分别加入 1 μg/mL Cr^{6+} 标准溶液 0、0.2 mL、0.5 mL、1 mL、2 mL、4 mL、6 mL、8 mL 和 10 mL，加纯水至刻度。

向水样及标准管中各加 2.5 mL H_2SO_4 溶液及 2.5 mL 二苯碳酰二肼溶液，立即混匀，放置 10 min。用 1 cm 比色皿，以纯水为参比，于波长 540 nm 测量吸光度。绘制标准曲线，在曲线上查出样品管中 Cr^{6+} 的质量。

如水样有颜色时，另取相同量的水量于 100 mL 烧杯中，加入 2.5 mL H_2SO_4(1+7) 溶液，于电炉上煮沸 2 min，使水样中的 Cr^{6+} 还原为三价。溶液冷却后转入 50 mL 比色管中，加纯水至刻度后再多加 2.5 mL，摇匀后加入 2.5 mL 二苯碳酰二肼溶液，摇匀，放置 10 min。按上述步骤测量水样空白吸光度。将测得样品溶液的吸光度减去水样空白吸光度后，再在标准曲线上查出样品管中 Cr^{6+} 的质量。

（5）结果计算

水样中 Cr^{6+} 的质量浓度 c（mg/L）按式（5-8）计算：

$$c(Cr^{6+}) = \frac{m}{V} \tag{5-8}$$

式中 $c(Cr^{6+})$——水样中 Cr^{6+} 的质量浓度（mg/L）；

m——从标准曲线上查得的样品管中 Cr^{6+} 的质量（μg）；

V——水样体积（mL）。

（6）注意事项

铬与二苯碳酰二肼反应时，酸度对显色有影响，溶液的氢离子浓度应控制在 0.05～0.3 mol/L，且以 0.2 mol/L 时显色最稳定。温度和放置时间对显色都有影响，15℃时颜色最稳定，显色后 2～3 min，颜色可达最深，且于 5～15 min 保持稳定。

5.5.1.2 水中砷的测定——二乙胺基二硫代甲酸银分光光度法

本法适用于生活饮用水及其水源中 Ag 的测定，最低检测质量为 0.5 μg。若取 50 mL 水样测定，则最低检测质量浓度为 0.01 mg/L。

Co、Ni、Ag、Pt、Cr 和 Mo 可干扰砷化氢的发生，但饮用水中这些离子通常存在的量不产生干扰。水中锑的含量超过 0.1 mg/L 时对测定有干扰。用本法测定砷的水样不宜用硝酸保存。

（1）原理

Zn 与酸作用产生新生态的氢。在 KI 与 $SnCl_2$ 存在下，五价砷被还原为三价砷。三价砷与新生态氢生成砷化氢气体。通过用乙酸铅棉花去除硫化氢的干扰，然后与溶于三乙醇胺-三氯甲烷中的二乙胺基二硫代甲酸银作用，生成棕红色的胶态银，于 510 nm 处比色定量。

(2) 试剂

① 三氯甲烷。

② 无砷锌粒。

③ H_2SO_4(1+1) 溶液。

④ KI溶液(150 mg/L):称取15g KI,溶于纯水中并稀释至100 mL,贮于棕色瓶内。

⑤ $SnCl_2$ 溶液(400 g/L):称取40 g $SnCl_2$,溶于40 mL盐酸(ρ_{20}=1.19 g/L)中,并加纯水稀释至100 mL,投入数粒金属锡粒。

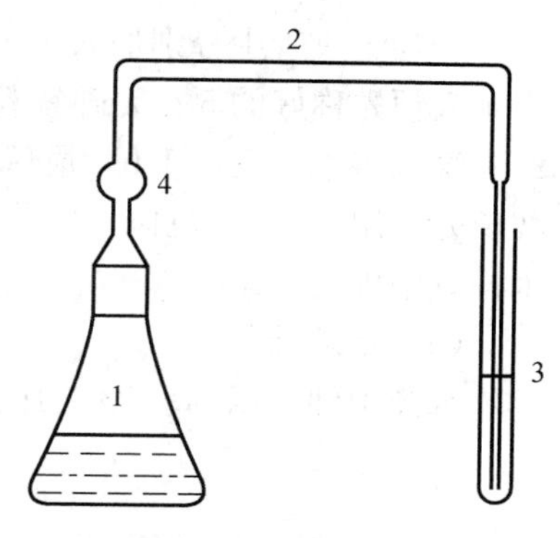

图 5-7 砷化氢发生与吸收装置图

1. 砷化氢发生瓶 2. 导气管 3. 吸收管 4. 乙酸铅棉花

⑥ 乙酸铅棉花:将脱脂棉浸入乙酸铅溶液(100 mg/L)中,2 h后取出,让其自然干燥。

⑦ 吸收溶液:0.25 g 二乙胺基二硫代甲酸银($C_5H_{10}NS_2 \cdot Ag$),研碎后用三氯甲烷溶解,加入1.0 mL三乙醇胺[$N(CH_2CH_2OH)_3$],再用三氯甲烷稀释至100 mL。用力振荡使其尽量溶解。静置暗处24 h后,倾出上清液或用定性滤纸过滤,贮于棕色玻璃瓶中,于2~5℃冰箱中保存。本试剂溶液中二乙胺基二硫代甲酸银浓度以2.0~2.5 g/L为宜,浓度过低将影响测定的灵敏度及重现性。溶解性不好的试剂应更换。实验室制备的试剂具有很好的溶解度。制备方法是:分别溶解1.7 g硝酸盐、2.3 g二乙胺基二硫代甲酸银溶于100 mL纯水中,冷却到20℃以下,缓缓搅拌混合。过滤生成的柠檬黄色银盐沉淀,用冷的纯水洗涤沉淀数次,置于干燥器中,避光保存。

⑧ 砷标准贮备液[ρ(As)=1000 mg/L]:称取0.660 0 g经105℃干燥2 h后的三氧化二砷(As_2O_3)溶于5 mL NaOH溶液(200 g/L)中。用酚酞作指示剂,以H_2SO_4(1+17)溶液中和到中性溶液后,再加入15 mL H_2SO_4(1+17)溶液,转入500 mL容量瓶中,加水至刻度。

⑨ 砷标准中间溶液[ρ(As)=100 mg/L]:吸取10 mL砷标准贮备液于100 mL容量瓶中,用蒸馏水稀释至标线,摇匀。

⑩ 砷标准使用溶液[ρ(As)=1 mg/L]:吸取砷标准中间溶液10 mL,置于1 000 mL容量瓶中,加纯水至刻度,混匀。

(3) 仪器

①可见分光光度计。②1 cm比色皿。③砷化氢发生装置,此仪器由下述部件组成:

砷化氢发生瓶:容量为150 mL、带有磨口玻璃接头的锥形瓶;

导气管:一端带有磨口接头、并有一球形泡(内装乙酸铅棉花);一端拉成毛细管,管口直径不大于1 mm;

吸收管:内径为8 mm的试管,带有5.0 mL刻度。

(4) 分析步骤

吸取50 mL水样,置于砷化氢发生瓶中。另取砷化氢发生瓶八个,分别加入砷标准使用溶液0、0.5 mL、1 mL、2 mL、3 mL、5 mL、7 mL和10 mL,各加纯水至50 mL。

向水样和标准系列中各加4 mL H_2SO_4 溶液、2.5 mL KI溶液及2 mL $SnCl_2$ 溶液,混匀,放置15 min。

于各吸收管中分别加入 5 mL 吸收溶液，插入塞有乙酸铅棉花导气管。迅速向各发生瓶中倾入预先称好的 5 g 无砷锌粒，立即塞紧瓶塞，防止漏气。在室温（低于 15℃时可置于 25℃温水浴中）反应 1 h，最后用三氯甲烷将吸收液体积补充至 5 mL。在 1 h 内于 510 nm 波长处，用 1 cm 比色皿，以三氯甲烷为参比，测定吸光度。绘制工作曲线，从曲线上查出水样管中砷的质量。

（5）结果计算

水样中砷（以 As 计）的质量浓度 c（mg/L）按式（5-9）计算：

$$c(\mathrm{As}) = \frac{m}{V} \tag{5-9}$$

式中 $c(\mathrm{As})$——水样中砷（以 As 计）的质量浓度（mg/L）；

m——从工作曲线上查得的水样中砷（以 As 计）的质量（μg）；

V——水样体积（mL）。

（6）注意事项

颗粒大小不同的锌粒在反应中所需酸量不同，一般为 4～10 mL，需在使用前用标准溶液进行预试验，以选择适宜的酸量。

5.5.1.3 水中总氮的测定——碱性过硫酸钾消解紫外分光光度法

本法可测定水中亚硝酸盐氮、硝酸盐氮、无机铵盐、溶解态氨及大部分有机含氮化合物中氮的总和，适用于地面水、地下水中总氮的测定。氮的最低检出浓度为 0.050 mg/L，测定上限为 4 mg/L。

本方法的摩尔吸光系数为 1.47×10^3 L/(mol · cm)。测定中干扰物主要是碘离子与溴离子，碘离子相对于总氮含量的 2.2 倍以上，溴离子相对于总氮含量的 3.4 倍以上有干扰。

某些有机物在本法规定的测定条件下不能完全转化为硝酸盐时对测定有影响。

可滤性总氮：指水中可溶性及含可滤性固体（小于 0.45 μm 颗粒物）的含氮量。总氮：指可溶性及悬浮颗粒中的含氮量。

（1）原理

在 60℃以上水溶液中，过硫酸钾可分解产生硫酸氢钾和原子态氧，硫酸氢钾在溶液中离解而产生氢离子，故在 NaOH 的碱性介质中可促使分解过程趋于完全。

分解出的原子态氧在 120～124℃条件下，可使水样中含氮化合物的氮元素转化为硝酸盐，在此过程中有机物同时被氧化分解。可用紫外分光光度法于波长 220 nm 和 275 nm 处，分别测出吸光度 A_{220} 及 A_{275} 按式（5-10）求出校正吸光度 A：

$$A = A_{220} - 2A_{275} \tag{5-10}$$

按 A 的值查校准曲线并计算总氮（以 NO_3-N 计）含量。

（2）试剂和材料

除非另有说明，分析时均使用符合国家标准或专业标准的分析纯试剂。实验用水均为无氨水。

① 无氨水。按下述方法之一制备：a. 离子交换法：将蒸馏水通过一个强酸型阳离子交换树脂（氢型）柱，流出液收集在带有密封玻璃盖的玻璃瓶中；b. 蒸馏法：在 1 000 mL 蒸

馏水中，加入 0.10 mL 浓 H_2SO_4(ρ=1.84 g/mL)，并在全玻璃蒸馏器中重蒸馏，弃去前 50 mL 馏出液，然后将馏出液收集在带有玻璃塞的玻璃瓶中。

② 200 g/L NaOH 溶液：称取 20 g NaOH 溶于水中，稀释至 100 mL。

③ 20 g/L NaOH 溶液：将 200 g/L NaOH 溶液稀释 10 倍而得。

碱性过硫酸钾溶液：称取 40 g 过硫酸钾（$K_2S_2O_8$），另称取 15 g NaOH，溶于水中，稀释至 1 000 mL，溶液存放在聚乙烯瓶内，最长可贮存 1 周。

④ 盐酸（1+9）溶液。

⑤ KNO_3 标准贮备液 [c（N）=100 mg/L]：硝酸钾（KNO_3）在 105～110℃烘箱中干燥 3 h，在干燥器中冷却后，称取 0.721 8 g，溶于水中，移至 1 000 mL 容量瓶中，用水稀释至标线在 0～10℃暗处保存，或加入 1～2 mL 三氯甲烷保存，可稳定 6 个月。

⑥ KNO_3 标准使用液 [c（N）=10 mg/L]：将贮备液用水稀释 10 倍而得。现用现配。

⑦ H_2SO_4（1+35）溶液。

（3）仪器和设备

①紫外分光光度计及 10 mm 石英比色皿；②医用手提式蒸气灭菌器或家用压力锅（压力为 1.1～1.4 kg/cm^2），锅内温度相当于 120～124℃；③具玻璃磨口塞比色管，25 mL；④所用玻璃器皿可以用 HCl(1+9) 溶液或 H_2SO_4(1+35) 溶液浸泡，清洗后再用水冲洗数次。

（4）样品

① 采样：水样采集后立即放入冰箱中或低于 4℃的条件本保存，但不得超过 24 h。水样放置时间较长时，可在 1 000 mL 水样中加入约 0.5 mL H_2SO_4(ρ=1.84 g/mL)，酸化到 pH 小于 2，并尽快测定。样品可贮存在玻璃瓶中。

② 试样的制备：取实验室样品用 NaOH 溶液或 H_2SO_4 溶液调节 pH 至 5～9 从而制得试样。

（5）分析步骤

试样测定 用无分度吸管取 10.00 mL 试样（c_N 超过 100 μg 时，可减少取样量并加水稀释至 10 mL）置于比色管中。

试样不含悬浮物时，按下述步骤进行。

① 加入 5 mL 碱性过硫酸钾溶液，塞紧磨口塞用布及绳等方法扎紧瓶塞，以防弹出。

② 将比色管置于医用手提蒸气灭菌器中，加热，使压力表指针到 1.1～1.4 kg/cm^2，此时温度达 120～124℃后开始计时。或将比色管置于家用压力锅中，加热至顶压阀吹气时开始计时。保持此温度加热 0.5 h。

③ 冷却、开阀放气，移去外盖，取出比色管并冷至室温。

④ 加盐酸（1+9）溶液 1 mL，用无氨水稀释至 25 mL 标线，混匀。

⑤ 移取部分溶液至 10 mm 石英比色皿中，在紫外分光光度计上，以无氨水作参比，分别在波长为 220 nm 及 275 nm 处测定吸光度，并用式（5-10）计算出校正吸光度 A。

⑥ 试样含悬浮物时，加入 5 mL 碱性过硫酸钾溶液，塞紧磨口塞用布及绳等方法扎紧瓶塞，以防弹出；将比色管置于医用手提蒸气灭菌器中，加热，使压力表指针到 1.1～1.4 kg/cm^2，此时温度达 120～124℃后开始计时。或将比色管置于家用压力锅中，加热至

顶压阀吹气时开始计时。保持此温度加热 0.5 h；冷却、开阀放气，移去外盖，取出比色管并冷至室温；加盐酸（1+9）1 mL，用无氨水稀释至 25 mL 标线，混匀。然后待澄清后移取上清液到石英比色皿中。在紫外分光光度计上，以无氨水作参比，分别在波长为 220 nm 与 275 nm 处测定吸光度，并用式（5-10）计算出校正吸光度 A。

空白试验 空白试验除以 10 mL 水代替试料外，采用与测定完全相同的试剂、用量和分析步骤进行平行操作。

（注：当测定在接近检测限时，必须控制空白试验的吸光度 A_b 不超过 0.03，超过此值，要检查所用水、试剂、器皿和家用压力锅或医用手提灭菌器的压力。）

校准曲线的绘制 用分度吸管向一组（10 支）比色管中，分别加入硝酸盐氮标准使用溶液 0.00、0.10 mL、0.30 mL、0.50 mL、0.70 mL、1 mL、3 mL、5 mL、7 mL、10 mL，加水稀释至 10 mL，按样品测定中步骤进行测定。

零浓度（空白）溶液和其他硝酸钾标准使用溶液制得的校准系列完成全部分析步骤，于波长 220 nm 和 275 nm 处测定吸光度后，分别按下式求出除零浓度外其他校准系列的校正吸光度 A_s 和零浓度的校正吸光度 A_b 及其差值 A_r

$$A_s = A_{s220} - 2A_{s275} \tag{5-11}$$

$$A_b = A_{b220} - 2A_{b275} \tag{5-12}$$

$$A_r = A_s - A_b \tag{5-13}$$

式中 A_{s220}——标准溶液在 220 nm 波长的吸光度；

A_{s275}——标准溶液在 275 nm 波长的吸光度；

A_{b220}——零浓度（空白）溶液在 220 nm 波长的吸光度；

A_{b275}——零浓度（空白）溶液在 275 nm 波长的吸光度。

按 A_r 值与相应的 NO_3-N 含量（μg）绘制校准曲线。

（6）结果计算

按式（5-10）计算得试样校正吸光度 A_r，在校准曲线上查出相应的总氮微克数（μg/mL），总氮质量浓度 c（mg/L）按式（5-14）计算：

$$c(\mathrm{N}) = \frac{m}{V} \tag{5-14}$$

式中 c（N）——总氮质量浓度（mg/L）；

m——试样测出含氮量（μg）；

V——测定用试样体积（mL）。

5.5.1.4 水中氰化物的测定——异烟酸—吡唑啉酮分光光度法

本法适用于地表水、生活污水和工业废水中氰化物的测定。本法检出限为 0.004 mg/L，测定下限为 0.016 mg/L，测定上限为 0.25 mg/L。

（1）原理

在中性条件下，样品中的氰化物与氯胺 T 反应生成氯化氰，再与异烟酸作用，经水解后生成戊烯二醛，最后与吡唑啉酮缩合生成蓝色染料，在波长 638 nm 处测定其吸光度，在一定浓度范围内，吸光度与氰化物质量浓度成正比。

（2）试剂和材料

本法所用试剂除非另有说明，分析时均使用符合国家标准的分析纯化学试剂，实验用水为新制备的不含氰化物和活性氯的蒸馏水或去离子水。

NaOH 溶液

$\rho(NaOH)=1$ g/L：称取 1 g NaOH 溶于水中，稀释至 1 000 mL，摇匀，贮于聚乙烯塑料容器中。

$\rho(NaOH)=10$ g/L：称取 10 g NaOH 溶于水中，稀释至 1 000 mL，摇匀，贮于聚乙烯塑料容器中。

$\rho(NaOH)=20$ g/L：称取 20 g NaOH 溶于水中，稀释至 1 000 mL，摇匀，贮于聚乙烯塑料容器中。

磷酸盐缓冲溶液（pH=7） 称取 34.0 g 无水磷酸二氢钾（KH_2PO_4）和 35.5 g 无水磷酸氢二钠（Na_2HPO_4）溶于水，稀释定容至 1 000 mL，摇匀。

氯胺 T 溶液

$\rho(C_7H_7ClNNaO_2S\cdot 3H_2O)=10$ g/L：称取 1.0 g 氯胺 T 溶于水，稀释定容至 100 mL，摇匀，贮于棕色瓶中，现用现配。

（注：氯胺 T 发生结块不易溶解，可致显色无法进行，必要时需用碘量法测定有效氯浓度。氯胺 T 固体试剂应注意保管条件以免迅速分解失效，勿受潮，最好冷藏。）

异烟酸—吡唑啉酮溶液

异烟酸溶液：称取 1.5 g 异烟酸（$C_6H_6NO_2$，iso-nicotinic acid）溶于 25 mL NaOH 溶液（20 g/L），加水稀释定容至 100 mL。

吡唑啉酮溶液：称取 0.25 g 吡唑啉酮（3-甲基-1-苯基-5-吡唑啉酮，$C_{10}H_{10}ON_2$）溶于 20 mL N,N-二甲基甲酰胺［$HCON(CH_3)_2$］。

异烟酸—吡唑啉酮溶液：将吡唑啉酮溶液和异烟酸溶液按 1∶5 混合，现用现配。

（注：异烟酸配成溶液后如呈现明显淡黄色，使空白值增高，可过滤。为降低试剂空白值，实验中以选用无色的 N，N-二甲基甲酰胺为宜。）

$AgNO_3$ 溶液

0.01 mol/L $AgNO_3$ 标准溶液：称取 1.699g $AgNO_3$ 溶于水中，稀释定容至 1 000 mL，摇匀，贮于棕色试剂瓶中，待标定后使用。

$AgNO_3$ 标准溶液的标定：吸取 NaCl 标准溶液［$c(NaCl)=0.0100$ mol/L］10 mL 于 250 mL 锥形瓶中，加入50 mL水。另取 60 mL 实验用水作空白试验。

向溶液中加入 3～5 滴铬酸钾指示剂，将待标定的 $AgNO_3$ 溶液加入 10 mL 棕色酸式滴定管中，在不断旋摇下，滴定直至 NaCl 标准溶液由黄色变成浅砖红色为止，记下读数（V）。同样滴定空白溶液，记下读数（V_0）。

$AgNO_3$ 标准溶液的浓度按式（5-15）计算：

$$c_1=\frac{c\times 10.00}{V-V_0} \tag{5-15}$$

式中 c_1——$AgNO_3$ 标准溶液的摩尔浓度（mol/L）；

c——NaCl 标准溶液的摩尔浓度（mol/L）；

V——滴定 NaCl 标准溶液时 $AgNO_3$ 溶液的用量（mL）；

V_0——滴定空白溶液时 $AgNO_3$ 溶液的用量（mL）。

KCN 标准溶液

KCN 贮备溶液的配制：称取 0.25 g KCN（注：KCN 有剧毒！避免尘土的吸入或与固体或溶液的接触）置于 100 mL 棕色容量瓶中，溶于 NaOH（1 g/L）并稀释至标线，摇匀，避光贮于棕色瓶中，4℃以下冷藏至少可稳定 2 个月。本溶液氰离子（CN^-）质量浓度约为 1 g/L，临用前用 $AgNO_3$ 标准溶液标定其准确浓度。

KCN 贮备溶液的标定：吸取 10 mL KCN 贮备溶液于锥形瓶中，加入 50 mL 水和 1 mL NaOH(20 g/L)，加入 0.2 mL（对二甲氨基亚苄基罗丹宁）指示剂，用 $AgNO_3$ 标准溶液滴定至溶液由黄色刚变为橙红色为止，记录 $AgNO_3$ 标准溶液用量（V_1）。

另取 10 mL 实验用水作空白试验，记录 $AgNO_3$ 标准溶液用量（V_0）。

氰化物贮备溶液质量浓度以氰离子（CN^-）计，按式（5-16）计算：

$$\rho_2 = \frac{c(V_1 - V_0) \times 52.04}{10} \tag{5-16}$$

式中 ρ_2——氰化物贮备溶液的质量浓度（g/L）；

c——$AgNO_3$ 标准溶液的摩尔浓度（mol/L）；

V_1——滴定 KCN 贮备溶液时 $AgNO_3$ 标准溶液的用量（mL）；

V_0——滴定空白试验时 $AgNO_3$ 标准溶液的用量（mL）；

52.04——氰离子（$2CN^-$）摩尔质量（g/mol）；

10——KCN 贮备液的体积（mL）。

KCN 标准中间溶液［ρ(KCN)＝10.00 mg/L］：先按式（5-17）计算出配制 500 mL KCN 标准中间溶液时，应吸取 KCN 贮备溶液的体积 V：

$$V = \frac{10.00 \times 500}{\rho \times 1\,000} \tag{5-17}$$

式中 V——吸取 KCN 贮备溶液的体积（mL）；

ρ——KCN 贮备溶液的质量浓度（g/L）；

10.00——KCN 标准中间溶液的质量浓度（mg/L）；

500——KCN 标准中间溶液的体积（mL）。

准确吸取 V(mL)KCN 贮备溶液于 500mL 棕色容量瓶中，用 NaOH 溶液（1g/L）稀释至标线，摇匀，避光，现用现配。

KCN 标准使用溶液［ρ(KCN)＝1.00 mg/L］：吸取 10 mL KCN 标准中间溶液于 100 mL棕色容量瓶中，用 NaOH 溶液（1 g/L）稀释至标线，摇匀，避光，现用现配。

试银灵指示剂 称取 0.02 g 试银灵溶于丙酮中，并稀释至 100 mL。贮于棕色瓶并放于暗处可稳定 1 个月。

（4）仪器和设备

①本方法均使用经检定为 A 级的玻璃量器；②可见分光光度计；③恒温水浴装置，控温精度±1℃；④250 mL 锥形瓶；⑤25 mL 具塞比色管。

（5）分析步骤

校准曲线的绘制 取 8 支具塞比色管，分别加入 KCN 标准使用溶液 0.00、0.20 mL、

0.50 mL、1 mL、2 mL、3 mL、4 mL 和 5 mL，再加入 1 g/L NaOH 溶液 10 mL。向各管中加入 5 mL 磷酸盐缓冲溶液，混匀，迅速加入 0.20 mL 氯胺 T 溶液，立即盖塞子，混匀，放置 3～5 min。向各管中加入 5.0 mL 异烟酸—吡唑啉酮溶液，混匀。加水稀释至标线，摇匀。在 25～35℃的水浴装置中放置 40 min，立即于分光光度计中，在 638 nm 波长处，用 10 mm 比色皿，以试剂空白（零浓度）作参比，测定吸光度，绘制校准曲线。

（注：当氰化物以 HCN 存在时易挥发，因此，加入缓冲溶液后，每一步骤操作都要迅速，并随时盖紧塞子。）

试样的测定 吸取 10 mL 试样“A”于具塞比色管中，按校准曲线的绘制方法进行操作。从校准曲线上计算出相应的氰化物质量浓度。

（注：当用较高浓度的 NaOH 溶液作为吸收液时，加缓冲溶液前应以酚酞为指示剂，滴加盐酸溶液至红色褪去。同时需要注意绘制校准曲线时，和水样保持相同的 NaOH 浓度。）

空白实验 另取 10 mL 空白试验试样“B”于具塞比色管中，按校准曲线的绘制方法进行操作。

（6）结果计算

氰化物质量浓度 c_3 以氰离子（CN^-）计，按式（5-18）计算：

$$c_3 = \frac{A - A_0 - a}{b} \cdot \frac{V_1}{V_2 V} \tag{5-18}$$

式中 c_3——氰化物的质量浓度（mg/L）；

A——试样的吸光度；

A_0——空白试样的吸光度；

a——校准曲线截距；

b——校准曲线斜率；

V——样品的体积（mL）；

V_1——试样（试样“A”）的体积（mL）；

V_2——试料（比色时，所取试样“A”）的体积（mL）。

5.5.1.5 硫酸盐——铬酸钡分光光度法（热法）

本法适用于生活饮用水及其水源水中可溶性硫酸盐的测定，最低检测质量为 0.25 mg，若取 50 mL 水样测定，则最低检测质量浓度为 5 mg/L。

本法适用于测定硫酸盐浓度为 5～200 mg/L 的水样。水样中碳酸盐可与钡离子形成沉淀干扰测定，但经加酸煮沸后可消除其干扰。

（1）原理

在酸性溶液中，铬酸钡与硫酸盐生成硫酸钡沉淀和铬酸离子。将溶液中和后，过滤除去多余的铬酸钡和硫酸钡，滤液中即为硫酸盐所取代的铬酸离子，呈现黄色，于波长 420 nm 处测量吸光度定量。

（2）试剂

① 硫酸盐标准溶液［$\rho(SO_4^{2-})$=1 mg/mL］：称取 1.478 9 g 无水硫酸钠（Na_2SO_4）或 1.814 1 g 无水硫酸钾（K_2SO_4），溶于纯水中，并定容至 1 000 mL。

② $BaCrO_4$ 悬浊液：称取 19.44 g K_2CrO_4 和 24.44 g 氯化钡（$BaCl_2 \cdot 2H_2O$），分别溶于 1 000 mL 纯水中，加热至沸。将两种溶液于 3 000 mL 烧杯中混合，使生成黄色 $BaCrO_4$

沉淀。待沉淀下降后，倾出上层清液。每次用 1 000 mL 纯水以倾斜法洗涤沉淀 5 次，加纯水至 1 000 mL 配成悬浊液。每次使用前混匀。

（注：每 5mL 悬浊液约可沉淀 48mg 硫酸盐。）

③ 氨水（1+1）：取氨水（ρ_{20}=0.88 g/mL）与纯水等体积混合。

④ 盐酸溶液［$c(HCl)$=2.5 mol/L］：取 208 mL 盐酸（ρ_{20}=1.19 g/mL）加纯水稀释至 1 000 mL。

（3）仪器

①具塞比色管：50 mL 和 25 mL；②可见分光光度计。

（4）分析步骤

吸取 50 mL 水样，置于 150 mL 锥形瓶中（注：本法所用玻璃仪器不能用 K_2CrO_7 洗液处理。为防止其影响实验效果，锥形瓶临用前以盐酸（1+1）溶液处理后并用自来水及纯水淋洗干净）。另取 150 mL 锥形瓶 8 个，分别加入 0、0.25 mL、0.50 mL、1 mL、3 mL、5 mL、7 mL 和 10 mL 硫酸盐标准溶液，各加纯水至 50 mL。

向水样及标准系列中各加 1 mL 盐酸溶液，加热煮沸 5 min 左右，以分解除去碳酸盐的干扰。各加铬酸钡悬浊液，再煮沸 5 min 左右（此时溶液体积约为 25 mL）。

取下锥形瓶，各瓶逐滴加入氨水至液体呈柠檬黄色，再多加 2 滴。冷却后，移入 50 mL 具塞比色管，加纯水至刻度，摇匀。

将上述溶液通过干的慢速定量滤纸过滤，弃去最初的 5 mL 滤液，收集滤液于干燥的 25 mL比色管中。用 0.5 cm 比色皿，以纯水作参比，于波长 420 nm 处测量吸光度（注：若采用 440 nm 波长，应使用 1 cm 比色皿，低于 4mg 的硫酸盐系列可采用 3 cm 比色皿）。

绘制工作曲线，从曲线上查出样品管中硫酸盐质量。

（5）结果计算

水样中硫酸盐（以 SO_4^{2-} 计）质量浓度按式（5-19）计算：

$$c(SO_4^{2-}) = \frac{m \times 1\,000}{V} \tag{5-19}$$

式中 $c(SO_4^{2-})$ ——水样中硫酸盐（以 SO_4^{2-} 计）质量浓度（mg/L）；

m——从工作曲线查得样品中硫酸盐的质量（mg）；

V——水样体积（mL）。

5.5.1.6 水中氟化物的测定——氟试剂分光光度法

本法适用于生活饮用水及其水源水中的可溶性氟化物的测定，最低检测质量为 2.5 μg，若取 25 mL 水样测定，则最低检测浓度为 0.1 mg/L。

水样中存在 Al^{3+}、Fe^{3+}、Pb^{2+}、Zn^{2+}、Ni^{2+} 和 Co^{2+} 等金属离子均能干扰测定，Al^{3+} 能生成稳定的 AlF_6^{3-}，微克水平的 Al^{3+} 含量即可干扰测定。草酸、酒石酸、柠檬酸盐也能干扰测定。大量的氯化物，硫酸盐、过氯酸盐也能引起干扰，因此，当水样含干扰物质多时应经蒸馏法预处理。

（1）原理

氟化物与氟试剂和硝酸镧反应生成蓝色络合物，颜色深度与氟离子浓度在一定范围内呈线性关系，于 620 nm 波长测定吸光度定量。当 pH 为 4.5 时，生成的颜色可稳定 24 h。

（2）试剂

硫酸（ρ_{20}＝1.84 g/mL）；Ag_2SO_4；丙酮；NaOH 溶液（40 g/L）；HCl(1＋11）溶液。

① 缓冲溶液：称取 85 g 乙酸钠（$NaC_2H_3O_2 \cdot 3H_2O$），溶于 800 mL 纯水中，加入 60 mL冰乙酸（ρ_{20}＝1.06 g/mL），用纯水稀释至 1 000 mL，此溶液的 pH 值应为 4.5，否则用乙酸或乙酸钠调节 pH 至 4.5。

② 硝酸镧溶液：称取 0.433 g 硝酸镧［$La(NO_3)_3 \cdot 6H_2O$］滴加盐酸溶液溶解，加纯水至 500 mL。

③ 氟试剂溶液：称取 0.385 g 氟试剂（$C_{19}H_{15}NO_8$）于少量纯水中，滴加 NaOH 溶液使之溶解。然后加入 0.125 g 乙酸钠（$NaC_2H_3O_2 \cdot 3H_2O$），加纯水至 500 mL，贮于棕色瓶内，保存在冷暗处。

④ 氟化物标准储备溶液［$\rho(F^-)$＝1 mg/mL］，称取经 105℃干燥 2 h 的 NaF 0.221 0 g，溶解于纯水中，并稀释定容至 100 mL，贮于聚乙烯瓶中。

⑤ 氟化物标准使用溶液［$\rho(F^-)$＝10 μg/mL］，吸取氟化物标准储备溶液 5 mL。于 500 mL 容量瓶中用纯水稀释到刻度。

⑥ 酚酞溶液［1g/L］：称取 0.1 g 酚酞（$C_{20}H_{14}O_4$）溶于乙醇溶液［$\varphi(C_2H_5OH)$＝50%］中。

（3）仪器

①全玻璃蒸馏器：具 1 000 mL 蒸馏瓶；②50 mL 具塞比色管；③分光光度计。

（4）分析步骤

水样的预处理　水样中有干扰物质时，需将水样在全玻璃蒸馏器（如图 5-8 所示）中蒸馏。将 400 mL 纯水置于 1 000 mL 蒸馏瓶中，缓缓加入 200 mL H_2SO_4 混匀，放入 20～30 粒玻璃珠，加热蒸馏至液体温度升高到 180℃时为止。弃去馏出液，待瓶内液体温度冷却至 120℃下，加入 250 mL 水样。若水样中含有氯化物，蒸馏前可按每毫克氯离子加入 5 mg Ag_2SO_4 的比例，加入固体 Ag_2SO_4。加热蒸馏至瓶内温度接近至 180℃时为止，收集馏液于 250 mL 容量瓶，加纯水至刻度。

（注：蒸馏水样时，勿使温度超过 180℃，以防止 H_2SO_4 过多蒸出。连续蒸馏几个水样时，可待瓶内 H_2SO_4 溶液温度降低至 120℃以下，再加入另一个水样，蒸馏过水样后，应在蒸馏另一个水样前加入 250 mL 纯水，用同法蒸馏，以清除可能留在蒸馏器中的氟化物。）

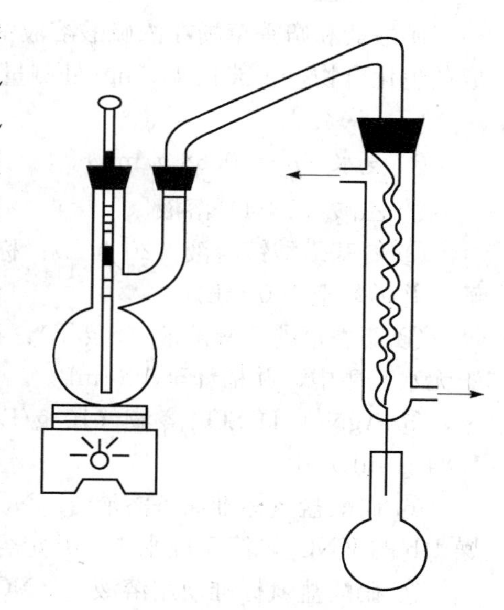

图 5-8　氟化物蒸馏装置

测定　吸取 25 mL 澄清水样或经蒸馏法预处理的试样液，置于 50 mL 比色管中，如氟化物大于 50 μg，可取适量水样，用纯水稀释至 25 mL。

另取 8 支 50 mL 具塞比色管，分别吸取氟化物标准使用溶液 0、0.25 mL、0.50 mL、1 mL、2 mL、3 mL、4 mL 和 5 mL 置于其中，各加纯水至 25 mL。

向各比色管中分别加入 5 mL 氟试剂溶液及 2 mL 缓冲液，混匀（注：由于反应生成的蓝色三元络合物随 pH 增高而变深，为使标准与试样的 pH 一致，必要时可用酚酞指示剂调节 pH 到中性后再加入缓冲溶液，使各管的 pH 均在 4.1～4.6 之间）。缓缓加入硝酸镧溶液 5 mL，摇匀。加入 10 mL 丙酮。加纯水至 50 mL 刻度，摇匀，在室温放置 60 min。用 1 cm 比色皿，以纯水为参比，于波长 620 nm 处测量吸光度。

绘制标准曲线，从曲线上查出氟化物的质量。

(5) 结果计算

水样中氟化物的质量浓度 c（mg/L）按式（5-20）计算：

$$c(F^-)=\frac{m}{V} \tag{5-20}$$

式中 $c(F^-)$——样中氟化物的质量浓度（mg/L）；

m——从工作曲线查得样品中氟化物的质量（μg）；

V——水样体积（mL）。

5.5.1.7 水中硝酸盐氮的测定——麝香草酚分光光度法

本法适用于生活饮用水及其水源水中硝酸盐氮的测定，最低检测质量为 0.5 μg 硝酸盐氮，若取 1 mL 水样测定，则最低检测质量浓度为 0.5 mg/L。

亚硝酸盐对本方法呈正干扰，可用氨基磺酸铵除去；氯化物对本方法呈负干扰，可用 Ag_2SO_4 消除。

(1) 原理

硝酸盐和麝香草酚在浓硫酸溶液中形成硝基酚化合物，在碱性溶液中发生分子重排，生成黄色化合物，于波长 415 nm 处测量吸光度定量。

(2) 试剂

① 氨水（ρ_{20}＝0.88 g/mL）。

② 乙酸（1＋4）溶液。

③ 氨基磺酸铵溶液（20 g/L）：称取 2.0 g 氨基磺酸铵（$NH_4SO_3NH_2$）。用乙酸溶液溶解，并稀释至 100 mL。

④ 麝香草酚乙醇溶液（5 g/L）：称取 0.5 g 麝香草酚［$(CH_3)(C_3H_7)C_6H_3OH$］，溶于无水乙醇中，并稀释至 100 mL。

⑤ $AgNO_3$-H_2SO_4 溶液（10 g/L）：称取 1.0 g Ag_2SO_4，溶于 100 mL H_2SO_4（ρ_{20}＝1.84 g/mL）中。

⑥ 硝酸盐氮标准储备溶液［$\rho(NO_3^-\text{-N})$＝1 mg/mL］：称取 7.218 0 g 经 105～110℃干燥 1 h 的 KNO_3，溶于纯水中，并定容至 1 000 mL。加 2 mL 三氯甲烷为保存剂。

⑦ 硝酸盐氮标准使用溶液［$\rho(NO_3^-\text{-N})$＝10 μg/mL］：吸取 5 mL 硝酸盐氮标准储备溶液定容至 500 mL。

(3) 仪器

①具塞比色管：50 mL；②可见分光光度计。

(4) 分析步骤

取 1 mL 水样于干燥的 50 mL 比色管中。另取 50 mL 比色管 6 支，分别加入硝酸盐氮标准使用溶液 0.00、0.05 mL、0.10 mL、0.30 mL、0.50 mL、0.70 mL 和 1 mL，用纯水稀释至 1 mL。

向各管加入 0.1 mL 氨基磺酸铵溶液，摇匀后放置 5 min。各加 0.2 mL 麝香草酚乙醇溶液（由比色管中央直接滴加到溶液中，勿沿壁管流下），摇匀后加 2 mL Ag_2NO_3-H_2SO_4 溶液，混匀后放置 5 min。加 8 mL 纯水，混匀后滴加氨水至溶液黄色到达最深，并使 AgCl 沉淀溶解为止（约加 9 mL）。加纯水至 25 mL 刻度，混匀。用 2 cm 比色皿，以纯水为参比，于波长 415 nm 处测量吸光度。

绘制标准曲线，从曲线上查出样品中硝酸盐氮的质量。

（5）结果计算

水样中硝酸盐氮的质量浓度 c（mg/L）按式（5-21）计算：

$$c(NO_3^- -N) = \frac{m}{V} \tag{5-21}$$

式中 $c(NO_3^- -N)$ ——水样中硝酸盐氮质量浓度（mg/L）；

m——从标准曲线查得硝酸盐氮的质量（μg）；

V——水样体积（mL）。

5.5.1.8 水中硫化物的测定——N,N-二乙基对苯二胺分光光度法

本法适用于生活饮用水及其水源中质量浓度低于 1 mg/L 的硫化物测定，最低检测质量为 1.0 μg，若取 50 mL 水样测定，则最低检测质量浓度为 0.02 mg/L。

亚硫酸盐超过 40 mg/L，硫代硫酸盐超过 20 mg/L，对本方法有干扰；水样有颜色或者混浊时亦有干扰，应分别采用沉淀分离或曝气分离法消除干扰。

（1）原理

硫化物与 N,N-二乙基对苯二胺及氯化铁作用，生成稳定的蓝色，于 665 nm 波长处测定吸光度定量。

（2）试剂

盐酸（ρ_{20}=1.19 g/mL）；盐酸（1+1）溶液；乙酸溶液（ρ_{20}=1.06 g/mL）；NaOH 溶液（40 g/L）；H_2SO_4（1+1）溶液。

① 220 g/L 乙酸锌溶液：称取 22 g 乙酸锌 [$Zn(CH_3COO)_2 \cdot 2H_2O$]，溶于纯水并稀释至 100 mL。

② N,N-二乙基对苯二胺溶液：称取 0.75 g N,N-二乙基对苯二胺硫酸盐 [$(C_2H_5)_2NC_6H_4NH_2H_2SO_4$，简称 DPD，也可用盐酸盐或草酸盐]，溶于 50 mL 纯水中，加 H_2SO_4（1+1）溶液至 100 mL 混匀，贮于棕色瓶中，如发现颜色变红，应予重配。

③ 1 000 g/L $FeCl_3$ 溶液：称取 100 g $FeCl_3 \cdot 6H_2O$，溶于纯水，并稀释至 100 mL。

④ 20 g/L 抗坏血酸溶液，此试剂现用现配。

⑤ EDTA-Na_2 溶液：称取 3.7 g 乙二胺四乙酸二钠（$C_{10}H_{12}Na_2 \cdot 2H_2O$）和 4.0 g NaOH，溶于纯水，并稀释至 1 000 mL。

⑥ 碘标准溶液 [$c(1/2I_2)$=0.012 50 mol/L]：称取 40 g KI，置于玻璃乳钵内，加少许纯水溶解，加入 13 g 碘片，研磨使碘完全溶解，移入棕色瓶内，用纯水稀释至 1 000 mL，用 $Na_2S_2O_3$ 标准溶液标定后保存在暗处，临用时将此碘液稀释为 $c(1/2I_2)$=0.012 50 mol/L

碘标准溶液。

⑦ $Na_2S_2O_3$ 标准溶液 [$c(Na_2S_2O_3)=0.1$ mol/L]：称取 26 g $Na_2S_2O_3 \cdot 5H_2O$，溶于新煮沸放冷的纯水中，并稀释至 1 000 mL，加入 0.4 g NaOH 或 0.2 g 无水碳酸钠（Na_2CO_3），贮于棕色瓶内，放置 1 个月，过滤，按下述方法标定其准确浓度。

准确称取 3 份各 0.11～0.13 g 在 105℃干燥至恒量的 KIO_3，分别放入 250 mL 碘量瓶中，加 100 mL 纯水，待 KIO_3 溶解后，各加 3 g KI 及 10 mL 乙酸，在暗处静置 10 min，用待标定的 $Na_2S_2O_3$ 溶液滴定，至溶液呈淡黄色时，加入 1 mL 淀粉溶液，继续滴定至蓝色褪去为止。记录 $Na_2S_2O_3$ 溶液的用量，并按式（5-22）计算 $Na_2S_2O_3$ 溶液的浓度：

$$c=\frac{m}{V\times 0.035\,67} \tag{5-22}$$

式中 c——$Na_2S_2O_3$ 溶液的浓度（mol/L）；

m——KIO_3 的质量（g）；

V——$Na_2S_2O_3$ 溶液的用量（mL）；

0.035 67——与 1 mL $Na_2S_2O_3$ 溶液 [$c(Na_2S_2O_3)=1.000$ mol/L] 相当的以克（g）表示的 KIO_3 质量。

⑧ 淀粉溶液（5 g/L）：称取 0.5 g 可溶性淀粉，用少量纯水调成糊状，用刚煮沸的纯水稀释至 100 mL，冷却后加 0.1 g 水杨酸或 0.4 g 氯化锌。

⑨ $Na_2S_2O_3$ 溶液 [$c(Na_2S_2O_3)=0.012\,50$ mol/L]：准确吸取经过标定的 $Na_2S_2O_3$ 标准溶液，放在容量瓶内，用煮沸放冷却的纯水稀释为 0.012 50 mol/L。

⑩ 硫化物标准储备溶液：取硫化钠晶体（$Na_2S \cdot 9H_2O$），用少量纯水清洗表面，并用滤纸吸干，称取 0.2～0.3 g，用煮沸放冷的纯水溶解并定容到 250 mL（临用前制备并标定），此溶液 1 mL 约含 0.1 mg 硫化物（以 S^{2-} 计），标定方法如下：

取 5 mL 乙酸锌溶液置于 250 mL 碘量瓶中，加入 20 mL 硫化物标准储备溶液及25 mL 0.012 50 mol/L 碘标准溶液，同时用纯水作空白试验，各加 5 mL 盐酸溶液，摇匀，于暗处放置 15 min，加 50 mL 纯水，用 $Na_2S_2O_3$ 标准溶液滴定，至溶液呈淡黄色时，加 1 mL 淀粉溶液，继续滴定至蓝色消失为止。每毫升硫化物溶液含 S^{2-} 的毫克数按式（5-23）计算：

$$c(S^{2-})=\frac{(V_0-V_1)\times c\times 16}{20} \tag{5-23}$$

式中 $c(S^{2-})$——硫化物（以 S^{2-} 计）的质量浓度（mg/mL）；

V_0——空白所消耗的 $Na_2S_2O_3$ 标准溶液的体积（mL）；

V_1——Na_2S 溶液所消耗的 $Na_2S_2O_3$ 标准溶液的体积（mL）；

c——$Na_2S_2O_3$ 标准溶液的浓度（mol/L）；

16——与 1.00 mL $Na_2S_2O_3$ 标准溶液 [$c(Na_2S_2O_3)=1.000$ mol/L] 相当的以毫克（mg）表示的硫化物质量。

硫化物标准使用溶液：取一定体积新标定的 Na_2S 贮备溶液，加 1 mL 乙酸锌溶液，用新煮沸放冷的纯水定容至 50 mL，配成 $\rho(S^{2-})=10.00$ μg/mL。

（3）仪器

①碘量瓶：250 mL；②具塞比色管：50 mL；③磨口洗气瓶：125 mL；④高纯氮气钢

瓶；⑤可见分光光度计。

（4）采样

由于硫化物（S^{2-}）在水中不稳定，易分解，采样时尽量避免曝气。在 500 mL 硬质玻璃瓶中，加入 1 mL 乙酸锌溶液和 1 mL NaOH 溶液，然后注入水样（近满，留少许空隙），盖好瓶塞，反复摇动混匀，密塞、避光，送回实验室测定。

（5）分析步骤

直接比色法（适用于清洁水样） 取均匀水样 50 mL，含 S^{2-} 小于 10 μg，或取适量用纯水稀释至 50 mL。另取 50 mL 比色管 8 支，各加纯水约 40 mL，再加硫化物标准使用溶液 0、0.1 mL、0.2 mL、0.3 mL、0.4 mL、0.6 mL、0.8 mL 及 1 mL，加纯水至刻度，混匀。

临用时取氯化铁溶液和 N,N-二乙基对苯二胺溶液按 1+20 混匀，作显色液。向水样管和标准管各加 1 mL 显色液，立即摇匀，放置 20 min。用 3 cm 比色皿，以纯水作参比，于波长 665 nm 处测量样品和标准系列溶液的吸光度。

绘制标准曲线，从曲线上查出样品中硫化物的质量。水样中硫化物（S^{2-}）的质量浓度按式（5-24）计算：

$$c(S^{2-})=\frac{m}{V} \tag{5-24}$$

式中 $c(S^{2-})$——水样中硫化物（S^{2-}）的质量浓度（mg/L）；

m——从标准曲线上查得样品中硫化物（S^{2-}）的质量（μg）；

V——水样体积（mL）。

沉淀分离法 本法适用于含 $SO_3{}^{2-}$ 和 S_2O^{3-} 或其他干扰物质的水样。将采集的水样摇匀，吸取适量置于 50 mL 比色管中，在不损失沉淀的情况下，缓缓吸收出尽可能多的上层清液，加纯水至刻度，以下按照直接比色法步骤进行测定。

曝气分离法

本法适用于混浊、有色或存在其他干扰物质的水样。用硅橡胶管（或用内涂有一薄层磷酸的橡胶管），照图 5-9 将各瓶连接成一个分离系统。

取 50 mL 均匀水样，移入洗气瓶中，加 2 mL $EDTA\text{-}Na_2$ 溶液、2 mL 抗坏血酸溶液。经分液漏斗向样品中加 5 mL 盐酸溶液，以 0.25～0.3 L/min 的流速通氮气 30 min，导管出口端带多孔玻砂滤板。吸收液为约 40 mL 煮沸放冷的纯水，内加 1 mL $EDTA\text{-}Na_2$ 溶液。

取出并洗净导管，用纯水稀释至刻度，混匀后按照直接比色法测定。

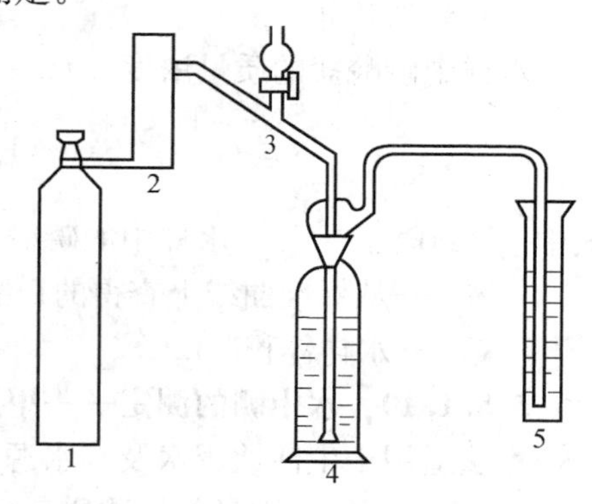

图 5-9 硫化物分离装置

1. 高纯氮气钢瓶 2. 流量计 3. 分液漏斗 4. 125 mL 洗气瓶 5. 吸收管（50 mL 比色管）

5.5.1.9 水中磷酸盐的测定——磷钼蓝分光光度法

本法适用于生活饮用水及其水源水中磷酸盐的测定，最低检测质量为 5 μg，若取 50 mL

水样测定，则其最低检测质量浓度为 0.1 mg/L。

本法适用于测定磷酸盐（HPO_4^{2-}）浓度为 10 mg/L 以下的水样。如果水样混浊或带色可加入少量活性碳处理后测定。

（1）原理

在强酸性溶液中，磷酸盐与钼酸铵作用生成磷钼杂多酸，能被还原剂（氯化亚锡等）还原，生成蓝色的络合物，于波长 650 nm 处测其吸光度定量。

（2）试剂

① 磷酸盐标准溶液 [$\rho(HPO_4^{2-})=0.01$ mg/L]：称取 0.716 5 g 在 105℃条件下至干燥的磷酸二氢钾（KH_2PO_4），溶于纯水中，并定容至 1 000 mL，吸取 10 mL，用纯水准确定容至 500 mL。

② 钼酸铵—硫酸溶液：向约 70 mL 纯水中缓慢加入 28 mL H_2SO_4（$\rho_{20}=1.84$ g/mL），稍冷，加入 2.5 g 钼酸铵 [$(NH_4)_6Mo_7O_{24}\cdot 4H_2O$]。待固体完全溶解后，用纯水稀释至 100 mL。

③ $SnCl_2$ 溶液（50 g/mL）：加热溶解 5 g $SnCl_2\cdot 2H_2O$ 于 5 mL 盐酸（$\rho_{20}=1.19$ g/mL）中，用纯水稀释至 100 mL。此试剂不稳定，现用现配。

④ 活性碳：不含磷酸盐。

（3）分析步骤

取 50 mL 水样，置于 50 mL 比色管中，加入 4 mL 钼酸铵—硫酸溶液，摇匀。加入 1 滴氯化亚锡溶液，再摇匀，10 min 后于波长 650 nm 处测其吸光度。

如果水样混浊或带色时，可事先在 100 mL 水样中加入少量活性碳，充分振摇 1 min，用中等密度干滤纸过滤后，再行测定。

分别吸取磷酸盐标准溶液 0、0.50 mL、1 mL、2 mL、4 mL、6 mL、8 mL、10 mL，置于 50 mL 比色管中，加纯水至 50 mL，然后按水样测定步骤进行，绘制标准曲线。

（4）结果计算

水样中磷酸盐的质量浓度 c（mg/L）按式（5-25）计算：

$$c(HPO_4^{2-}) = \frac{m \times 1\,000}{V} \tag{5-25}$$

式中 $c(HPO_4^{2-})$——水样中的磷酸盐的质量浓度（mg/L）；

m——从标准曲线上查得的样品管中磷酸盐的含量（mg）；

V——水样体积（mL）。

5.5.1.10 水中硼的测定——甲亚胺-H 分光光度法

本法适用于生活饮用水及其水源水中可溶性硼的测定，最低检测质量为 1.0 μg，若取 5.0 mL 水样测定，则最低检测质量浓度为 0.20 mg/L。

（1）原理

硼与甲亚胺-H 形成黄色配合物，于波长 420 nm 处测定吸光度定量。

（2）试剂

① 甲亚胺-H 溶液（5 g/L）：称取 0.5 g 甲亚胺-H（$C_{17}H_{13}O_8S_2N$），2.0 g 抗坏血酸（$C_6H_8O_6$），加 100 mL 纯水，微热（<50℃）使完全溶解，此溶液需现用现配。

甲亚胺-H的合成，将18 g H酸［$NH_2C_{10}H_4(OH)(SO_3H)SO_3N \cdot 1.5H_2O$］溶于1 L水中，稍加热使之溶解完全，用KOH(100 g/L) 中和至中性，缓缓加入盐酸（$\rho_{20}=1.19$ g/mL）20 mL，并不断搅拌，加入20 mL水杨醛。40℃加热1 h，并不停搅拌，静置16 h，于布氏漏斗上抽滤，用少量无水乙醇洗涤4～5次，抽干，于40℃烤箱中经2 h干燥（或者自然干燥），贮于干燥器中。

② 乙酸盐缓冲液（pH5.6)：称取75 g乙酸铵（$CH_3COOONH_4$）和5.0 g EDTA-Na_2溶于110 mL纯水中；加入37.5 mL冰乙酸（$\rho_{20}=1.06$ g/L）

③ 硼标准储备溶液［$\rho(B)=100$ μg/mL］：称取0.286 0 g硼酸（H_3BO_3），加纯水溶解，并定容至500 mL，贮于聚乙烯试剂瓶中。

④ 硼标准使用溶液［$\rho(B)=10.00$ μg/mL］：吸取10 mL硼标准储备溶液于100 mL容量瓶中，加纯水稀释至刻度，贮于聚乙烯瓶中。

(3) 仪器

①可见分光光度计；②具塞比色管（无硼）：10 mL。

(4) 分析步骤

吸取水样5 mL于10 mL比色管中。另取6支10 mL比色管，分别吸取0、0.10 mL、0.30 mL、0.50 mL、0.70 mL和1 mL硼标准使用溶液置于其中，用纯水稀释至5 mL。向各比色管中分别加入2 mL乙酸盐缓冲溶液，混匀。准确加入2 mL甲亚胺-H溶液，混匀后静置90 min。用1 cm比色皿，以试剂空白为参比，于波长420 nm处测定吸光度。

绘制标准曲线，从曲线上查出水样中硼的质量。

(5) 结果计算

水样中硼的质量浓度c（mg/L）按式（5-26）计算：

$$c(\mathrm{B})=\frac{m}{V} \tag{5-26}$$

式中 $c(\mathrm{B})$——水样中硼的质量浓度（mg/L）；

m——相当于硼标准的质量（μg）；

V——水样的体积（mL）。

5.5.1.11 水中氨氮的测定——纳氏试剂分光光度法

本法适用于生活饮用水及其水源水中氨氮的测定，最低检测质量为1.0 μg氨氮，若取50 mL水样测定，则最低检测质量浓度为0.02 mg/L。

水中常见的Ca^{2+}、Mg^{2+}、Fe^{3+}等离子能在测定过程中生成沉淀，可加入酒石酸钾钠掩蔽。水样中氯与氨结合成氯胺，可用$Na_2S_2O_4$脱氯。水中悬浮物可用$ZnSO_4$和NaOH混凝沉淀除去。

硫化物、铜、醛等亦可引起溶液混浊。脂肪胺、芳香胺、亚铁等可与碘化汞钾产生颜色。水中有颜色的物质，亦能发生干扰。遇此情况，可用蒸馏法除去。

(1) 原理

水中氨与纳氏试剂（K_2HgI_4）在碱性条件下生成黄至棕色的化合物（NH_2Hg_2OI），于波长420 nm处测定吸光度。

（2）试剂

本法所有试剂均需用无氨水配制。无氨水制备方法见“5.5.1.3 水中总氮的测定——碱性过硫酸钾消解紫外分光光度法”。

① $Na_2S_2O_3$ 溶液（3.5 g/L）：称取 0.35 g $Na_2S_2O_3 \cdot 5H_2O$ 溶于纯水中，并稀释至 100 mL。此溶液 0.4 mL 能除去 200 mL 水样中 1 mg/L 的余氯，使用时可按水样中余氯的质量浓度计算加入量。

② 四硼酸钠溶液（9.5 g/L）：称取 9.5 g 四硼酸钠（$NaB_4O_7 \cdot 10H_2O$）用纯水溶解，并稀释至 1 000 mL。

③ NaOH 溶液（4 g/L、320 g/L）。

④ 硼酸盐缓冲溶液：量取 88 mL NaOH 溶液（4 g/L），用四硼酸钠溶液（9.5 g/L）稀释至 1 000 mL。

⑤ 硼酸溶液（20 g/L）。

⑥ $ZnSO_4$ 溶液（100 g/L）：称取 10 g $ZnSO_4 \cdot 7H_2O$，溶于少量纯水中，并稀释至 100 mL。

⑦ 酒石酸钾钠溶液（500 g/L）：称取 50 g 酒石酸钾钠（$KNaC_4H_4O_6 \cdot 4H_2O$），溶于 100 mL 纯水中，加热煮沸至不含氨为止，冷却后再用纯水补充至 100 mL。

⑧ 纳氏试剂：称取 100 g HgI_2 及 70 g KI，溶于少量纯水中，将此溶液缓缓倾入已冷却的 500 mL NaOH 溶液（320 g/L）中，并不停搅拌，然后再以纯水稀释至 1 000 mL。贮于棕色瓶中，用橡胶塞塞紧，避光保存。试剂有毒，应谨慎使用。

（注：配制试剂应注意勿使 KI 过剩。过量的碘离子将影响有色络合物的生成，使发色变浅，储存已久的纳氏试剂，使用前应先用已知量的氨氮标准溶液显色，并核对吸光度，加入试剂后 2h 内不得出现混浊，否则应重新配制。）

⑨ 氨氮标准储备溶液［$\rho(NH_3\text{-}N)=1.00$ mg/mL］：将 NH_4Cl 置于烘箱内，105℃烘烤 1 h，冷却后称取 3.819 0 g，溶于纯水中于容量瓶内定容至 1 000 mL。

⑩ 氨氮标准使用液［$\rho(NH_3\text{-}N)=10.00$ μg/mL］（临用时配制）：吸取 10 mL 氨氮标准储备溶液，用纯水定容到 1 000 mL。

（3）仪器

①全玻璃蒸馏器：500 mL；②具塞比色管：50 mL；③可见分光光度计。

（4）样品的预处理

水样中氨氮不稳定，采样时每升水样加 0.8 mL 浓 H_2SO_4（$\rho_{20}=1.84$ mg/L），4 ℃保存并尽快分析。无色澄清的水样可直接测定。色度、混浊度较高和干扰物质较多的水样，需经过蒸馏或混凝沉淀等预处理步骤。

蒸馏 取 200 mL 纯水于全玻璃蒸馏器中，加入 5 mL 硼酸盐缓冲液及数粒玻璃珠，加热蒸馏，直至馏出液用纳氏试剂检不出氨为止。稍冷后倾出并弃去蒸馏瓶中残液，量取 200 mL水样（或取适量，加纯水稀释至 200 mL）于蒸馏瓶中，根据水中余氯含量，计算并加入适量 $Na_2S_2O_3$ 溶液脱氯。用 NaOH 溶液（4 g/L）调节水样至呈中性。

加入 5 mL 硼酸盐缓冲液，加热蒸馏。用 200 mL 容量瓶为接收瓶，内装 20 mL 硼酸溶液作为吸收液。蒸馏器的冷凝管末端要插入吸收液中，待蒸出 150 mL 左右，使冷凝管末端离开液面，继续蒸馏以清洗冷凝管。最后用纯水稀释至刻度，摇匀，供测定用。

混凝沉淀 取200 mL水样，加入2 mL $ZnSO_4$溶液，混匀。加入0.8～1 mL NaOH溶液（320 g/L），使pH值为10.5，静置数分钟，倾出上清液，待用。

经$ZnSO_4$和NaOH沉淀的水样，静置后一般均能澄清。如必须过滤，应注意滤纸中的铵盐对水样的污染，必须预先将滤纸用无氨水反复淋洗，至用纳氏试剂检查不出氨后再使用。

（5）分析步骤

取50 mL澄清水样或经预处理的水样（如氨氮含量大于0.1 mg，则取适量水样加纯水至50 mL）于50 mL比色管中。

另取50 mL比色管8支，分别加入氨氮标准使用溶液0、0.10 mL、0.20 mL、0.30 mL、0.50 mL、0.70 mL、0.90 mL及1.20 mL，对高浓度氨氮的标准系列，则分别加入氨氮标准使用溶液0、0.50 mL、1 mL、2 mL、4 mL、6 mL、8 mL及10 mL，用纯水稀释至50 mL。

向水样及标准溶液管内分别加入1 mL酒石酸钠溶液（经蒸馏预处理过的水样，水样及标准管中均不加此试剂），混匀，加1 mL纳氏试剂混匀后放置10 min，用1 cm比色皿，以纯水作参比，于波长420 nm处测定吸光度；如氨氮含量低于30 μg，改用3 cm比色皿，低于10 μg可用目视比色。

（注：经蒸馏处理的水样，只向各标准管中加5 mL硼酸溶液，然后向水样及标准管各加2mL纳氏试剂。）

绘制标准曲线。从曲线上查出样品管中氨氮含量，或目视比色记录水样中相当于氨氮标准的质量。

（6）结果计算

水样中氨氮的质量浓度c（mg/L）按式（5-27）计算：

$$c(NH_3\text{-}N)=\frac{m}{V} \tag{5-27}$$

式中 c（NH_3-N）——水样中氨氮的质量浓度（mg/L）；

m——从标准曲线上查得的样品管中氨氮的质量（μg）；

V——水样的体积（mL）。

5.5.1.12 水中亚硝酸盐氮测定——重氮偶合分光光度法

本法适用于生活饮用水及其水源水中亚硝酸盐氮的测定，最低检测质量为0.05 μg亚硝酸盐氮，若取50 mL水样测定，则最低检测质量浓度为0.001 mg/L。

水中三氯胺产生红色干扰，铁、铅等离子可产生沉淀引起干扰，铜离子起催化作用，可分解重氮盐使结果偏低，有色离子有干扰。

（1）原理

在pH 1.7以下，水中亚硝酸盐与对氨基苯磺酰胺重氮化，再与盐酸N-（1-萘）-乙二胺产生偶合反应，生成紫红色的偶氮染料，于540 nm波长处测定吸光度定量。

（2）试剂

① 氢氧化铝悬浮液：称取125 g硫酸铝钾［$KAl(SO_4)_2\cdot 12H_2O$］或硫酸铝铵［$NH_4Al(SO_4)_2\cdot 12H_2O$］，溶于1 000 mL纯水中。加热至60℃，缓缓加入55 mL氨水（ρ_{20}=0.88 g/mL），使氢氧化铝沉淀完全。充分搅拌后静置，弃去上清液，用纯水反复洗涤

沉淀，至倾出上清液中不含氯离子（用 $AgNO_3$-HNO_3 溶液试验）为止。然后加入 300 mL 纯水成悬浮液，使用前振摇均匀。

② 对氨基苯磺酰胺溶液（10 g/L）：称取 5 g 对氨基苯磺酰胺（$H_2NC_6H_4SO_3NH_2$），溶于 350 mL 盐酸（1+6）溶液中，用纯水稀释至 500 mL。

③ 盐酸 N-(1-萘)-乙二胺溶液（1.0 g/L）：称取 0.2 g 盐酸 N-(1-萘)-乙二胺（$C_{10}H_7NH_2CHCH_2 \cdot NH_2 \cdot 2HCl$），溶于 200 mL 纯水中，储存于冰箱内，可稳定数周，如试剂色变深，应弃去重配。

④ 亚硝酸盐标准贮备液 [$\rho(NO_2\text{-}N)=50$ μg/mL]：称取 0.246 3 g 在玻璃干燥器内放置24 h的亚硝酸钠（$NaNO_2$），溶于纯水中，定容至 1 000 mL。每升中加 2 mL 三氯甲烷保存。

⑤ 亚硝酸盐氮标准使用溶液 [$\rho(NO_2\text{-}N)=0.10$ μg/mL]：称取 10 mL 亚硝酸盐氮标准贮备液于容量瓶中，用纯水定容至 500 mL，再从中吸取 10 mL，用纯水于容量瓶中定容至 100 mL。

（3）仪器

①具塞比色管：50 mL；②可见分光光度计。

（4）分析步骤

若水样混浊或色度较深，可先取 100 mL，加入 2 mL 氢氧化铝悬浮液，搅拌静置数分钟，过滤。

先将水样或处理后的水样用酸或碱调近中性，取 50 mL 置于比色管中。另取 50 mL 比色管 8 支，分别加入亚硝酸盐氮标准液 0、0.50 mL、1 mL、2.50 mL、5 mL、7.50 mL、10 mL 和 12.50 mL，用纯水稀释至 50 mL。

向水样及标准管中分别加入 1 mL 对氨基苯磺胺溶液，摇匀后放置 2～8 min，加入 1 mL盐酸 N-(1-萘)-乙二胺溶液，立即摇匀。用 1 cm 比色皿，以纯水作参比，在 10 min 至 2 h 内，于波长 540 nm 处测定吸光度，如亚硝酸盐氮浓度低于 4 μg/L 时，改用 3 cm 比色皿。

绘制标准曲线，从曲线上查出水样中亚硝酸盐氮的含量。

（5）结果计算

水样中亚硝酸盐氮的质量浓度 c（mg/L）按式（5-28）计算：

$$c(NO_2\text{-}N) = \frac{m}{V} \tag{5-28}$$

式中 $c(NO_2\text{-}N)$——水样中亚硝酸盐氮的质量浓度（mg/L）；

m——从标准曲线上查得样品管中亚硝酸盐氮的质量（μg）；

V——水样体积（mL）。

5.5.2 在气体分析中的应用

5.5.2.1 大气中氮氧化物（NO 和 NO_2）的测定——盐酸萘乙二胺分光光度法

本方法适用于空气中氮氧化物的测定。氮氧化物指空气中以 NO 和 NO_2 形式存在的氮的氧化物（以 NO_2 计）。

本方法的检出限为 0.36 μg/10 mL 吸收液。当吸收液总体积为 10 mL，采样体积为 24 L时，空气中氮氧化物的检出限为 0.015 mg/m^3。当吸收液总体积为 50 mL，采样体积 288 L时，空气中氮氧化物的检出限为 0.006 mg/m^3，本方法对空气中氮氧化物的测定范围为 0.024～2.0 mg/m^3。

(1) 原理

空气中的 NO_2 被串联的第一支吸收瓶中的吸收液吸收并反应生成粉红色偶氮染料。空气中的 NO 不与吸收液反应，通过氧化管时被酸性 $KMnO_4$ 溶液氧化为 NO_2，被串联的第二支吸收瓶中的吸收液吸收并反应生成粉红色偶氮染料。生成的偶氮染料在波长540 nm处的吸光度与 NO_2 的含量成正比。分别测定第一支和第二支吸收瓶中样品的吸光度，计算两支吸收瓶内 NO_2 和 NO 的质量浓度，二者之和即为氮氧化物的质量浓度（以 NO_2 计）。

(2) 试剂和材料

除非另有说明，分析时均使用符合国家标准或专业标准的分析纯试剂和无 NO_2^- 的蒸馏水、去离子水或相当纯度的水。

① 冰乙酸。

② 盐酸羟胺溶液，ρ=(0.2～0.5)g/L。

③ H_2SO_4 溶液 [$c(1/2H_2SO_4)=1$ mol/L]：取 15 mL 浓 H_2SO_4 （$\rho_{20}=1.84$ g/mL），缓缓加入 500 mL 水中，搅拌均匀，冷却备用。

④ 酸性 $KMnO_4$ 溶液 [$\rho(KMnO_4)=25$ g/L]：称取 25 g$KMnO_4$ 于 1 000 mL 烧杯中，加入 500 mL 水，稍微加热使其全部溶解，然后加入 1 mol/L H_2SO_4 溶液 500 mL，搅拌均匀，贮于棕色试剂瓶中。

⑤ N-(1-萘基) 乙二胺盐酸盐贮备液 [$\rho(C_{10}H_7NH(CH_2)_2NH_2 \cdot 2HCl)=1.00$ g/L]：称取 0.50 g N-(1-萘基) 乙二胺盐酸盐置于 500 mL 容量瓶中，用水溶解稀释至刻度。此溶液贮于密闭的棕色瓶中，在冰箱中冷藏可稳定保存 3 个月。

⑥ 显色液：称取 5.0 g 对氨基苯磺酸 [$NH_2C_6H_4SO_3H$] 溶解于约 200 mL 40～50℃热水中，将溶液冷却至室温，全部移入 1 000 mL 容量瓶中，加入 50 mL N-(1-萘基) 乙二胺盐酸盐贮备溶液和 50 mL 冰乙酸，用水稀释至刻度。此溶液贮于密闭的棕色瓶中，在 25℃以下暗处存放可稳定 3 个月。若溶液呈现淡红色，应弃之重配。

⑦ 吸收液：使用时将显色液和水按 4∶1(v/v) 比例混合，即为吸收液。吸收液的吸光度应≤0.005。

⑧ 亚硝酸盐标准贮备液 [$\rho(NO_2)=250$ μg/mL]：准确称取 0.375 0 g 亚硝酸钠 ($NaNO_2$，优级纯，使用前在 105℃±5℃干燥恒重) 溶于水，移入 1 000 mL 容量瓶中，用水稀释至标线。此溶液贮于密闭棕色瓶中于暗处存放，可稳定保存 3 个月。

⑨ 亚硝酸盐标准工作液 [$\rho(NO_2)=2.5$ μg/mL]：准确吸取亚硝酸盐标准贮备液 1 mL 于 100 mL 容量瓶中，用水稀释至标线，临用现配。

(3) 仪器和设备

① 可见分光光度计。

② 空气采样器：流量范围 0.1～1.0 L/min。采样流量为 0.4 L/min 时，相对误差小于 ±5%。

③ 恒温、半自动连续空气采样器：采样流量为 0.2 L/min 时，相对误差<±5%，能将吸收液温度保持在 20℃±4℃。采样管：硼硅玻璃管、不锈钢管、聚四氟乙烯管或硅胶管，内径约为 6 mm，尽可能短些任何情况下不得超过 2 m，配有朝下的空气入口。

④ 吸收瓶：可装 10 mL、25 mL 或 50 mL 吸收液的多孔玻板吸收瓶，液柱高度不低于 80 mm。吸收瓶的玻板阻力、气泡分散的均匀性及采样效率按本方法附录 A 检查。图 5-10 示出较为适用的两种多孔玻板吸收瓶。使用棕色吸收瓶或采样过程中吸收瓶外罩黑色避光罩。新的多孔玻板吸收瓶或使用后的多孔玻板吸收瓶，应用（1+1）HCl 浸泡 24 h 以上，用清水洗净。

⑤ 氧化瓶：可装 5 mL、10 mL 或 50 mL 酸性 $KMnO_4$ 溶液的洗气瓶，液柱高度不能低于 80 mm。使用后，用盐酸羟胺溶液浸泡洗涤。图 5-11 示出了较为适用的两种氧化瓶。

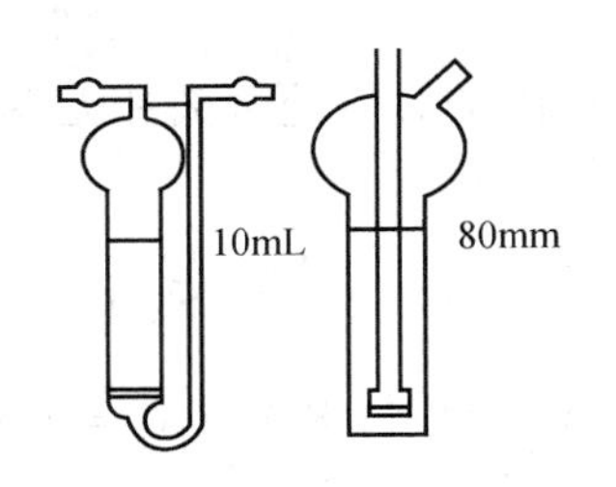

图 5-10 多孔玻板吸收瓶示意

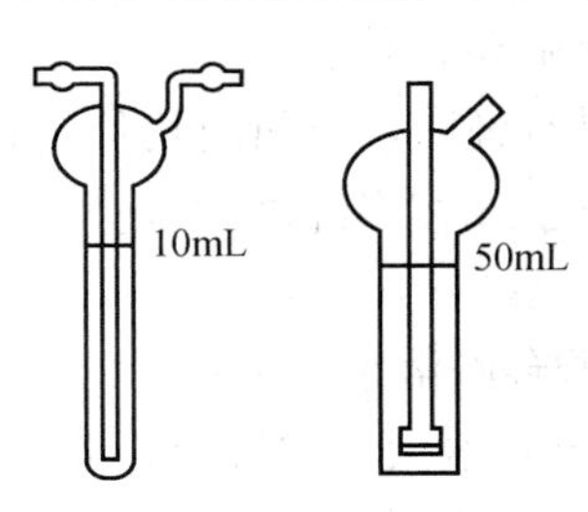

图 5-11 氧化瓶示意

（4）干扰及消除

空气中二氧化硫浓度为氮氧化物浓度 30 倍时，对 NO_2 的测定产生负干扰；空气中过氧乙酰硝酸酯（PAN）对 NO_2 的测定产生正干扰；空气中臭氧浓度超过 0.25 mg/m^3 时，对 NO_2 的测定产生负干扰。采样时在采样瓶入口端串接段（15～20）cm 长的硅橡胶管，可排除干扰。

（5）样品

短时间采样（1 h 以内）：取两支内装 10 mL 吸收液的多孔玻板吸收瓶和一支内装 5～10 mL 酸性 $KMnO_4$ 溶液的氧化瓶（液柱高度不低于 80 mm），用尽量短的硅橡胶管将氧化瓶串联在二支吸收瓶之间（如图 5-12 所示），以 0.4 L/m 流量采气 4～24 L。

长时间采样（24 h）：取两支大型多孔玻板吸收瓶，装入 25 mL 或 50 mL 吸收液（液柱高度不低于 80 mm），标记液面位置。取一支内装 50 mL 酸性 $KMnO_4$ 溶液的氧化瓶，按图 5-12 所示接入采样系统，将吸收液恒温在 20℃±4℃，以 0.2 L/min 流量采气 288 L。

（注：氧化管中有明显的沉淀物析出时，应及时更换。一般情况下，内装 50 mL 酸性 $KMnO_4$ 溶液的氧化瓶可使用 15～20 d（隔日采样）。采样过程注意观察吸收液颜色变化，避免因氮氧化物浓度过高而穿透。）

采样要求：采样前应检查采样系统的气密性，用皂膜流量计进行流量校准。采样流量的相对误差应小于±5%；采样期间，样品运输和存放过程中应避免阳光照射。气温超过 25℃时，长时间（8 h 以上）运输和存放样品应采取降温措施；采样结束时，为防止溶液倒吸，应在采样泵停止抽气的同时，闭合连接在采样系统中的止水夹或磁阀（如图 5-12 或图 5-13）。

现场空白：装有吸收液的吸收瓶带到采样现场，与样品在相同的条件下保存，运输，直至送交实验室分析，运输过程中应注意防止沾污；要求每次采样至少做 2 个现场空白。

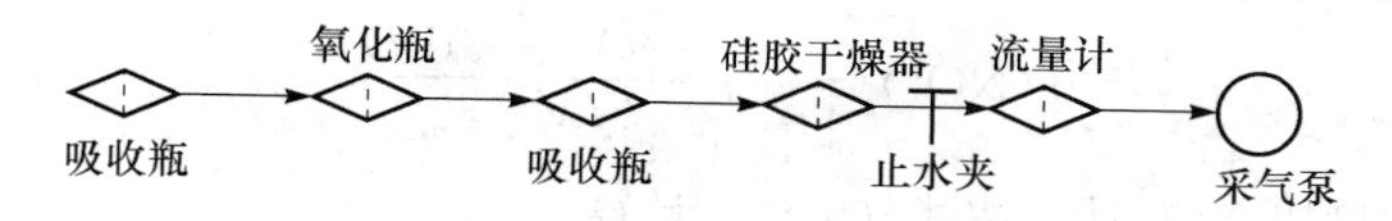

图 5-12 手工采样系列示意

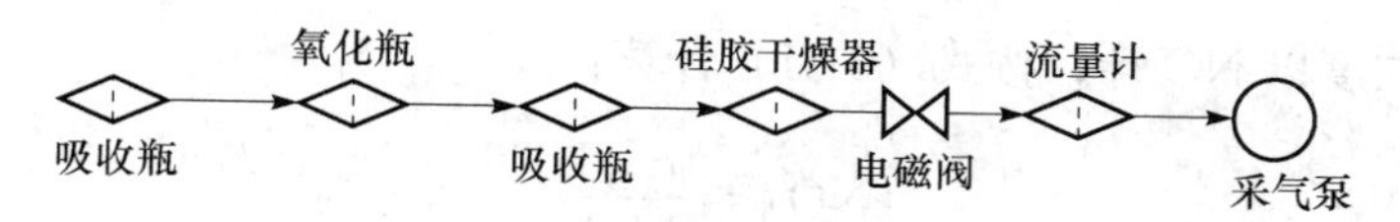

图 5-13 连续自动采样系列示意

样品的保存：样品采集、运输及存放过程中避光保存，样品采集后尽快分析。若不能及时测定，应将样品于低温暗处存放，样品在 30℃暗处存放，可稳定 8 h；在 20℃暗处存放，可稳定 24 h；于 0～4℃冷藏，至少可稳定 3 d。

（6）分析步骤

标准曲线的绘制 取 6 支 10 mL 具塞比色管，按表 5-1 制备亚硝酸盐标准溶液系列。根据表 5-1 分别移取相应体积的亚硝酸钠标准工作液，加水至 2 mL，加入显色液 8 mL。

表 5-1 NO_2^-标准溶液系列

管　号	0	1	2	3	4	5
标准工作液（mL）	0.00	0.40	0.80	1.20	1.60	2.00
水（mL）	2.00	1.60	1.20	0.80	0.40	0.00
显色液（mL）	8.00	8.00	8.00	8.00	8.00	8.00
NO_2^-浓度（μg/mL）	0.00	0.10	0.20	0.30	0.40	0.50

各管混匀，于暗处放置 20 min（室温低于 20℃时放置 40 min 以上），用 10 mm 比色皿，以水为参比，在波长 540 nm 处测定吸光度，扣除 0 号管的吸光度以后，对应 NO_2 的浓度（μg/mL），用最小二乘法计算标准曲线的回归方程；标准曲线斜率控制在 0.180～0.195（吸光度・mL/μg），截距控制在±0.003 之间。

空白试验

实验室空白试验：取实验室内未经采样的空白吸收液，用 10 mm 比色皿，在波长 540 nm 处，以水为参比测定吸光度。实验室空白吸光度 A_0 在显色规定条件下波动范围不超过±15%。

现场空白：同空白试验测定吸光度。将现场空白和实验室空白的测量结果相对照，若现场空白与实验室空白相差过大，查找原因，重新采样。

样品测定 采样后放置 20 min，室温 20℃以下时放置 40 min 以上，用水将采样瓶中吸收液的体积补充至标线，混匀。用 10 mm 比色皿，在波长 540 nm 处，以水为参比测量吸光度，同时测定空白样品的吸光度；若样品的吸光度超过标准曲线的上限，应用实验室空白试液稀释，再测定其吸光度，但稀释倍数不得大于 6。

（7）结果计算

空气中 NO_2 浓度 c（NO_2）（mg/m^3）按式（5-29）计算：

$$c(NO_2) = \frac{(A_1 - A_0 - a)VD}{bfV_0} \tag{5-29}$$

空气中 NO 浓度以 NO_2 计，按式（5-30）计算：

$$c(NO) = \frac{(A_2 - A_0 - a)VD}{bfV_0K} \tag{5-30}$$

空气中 NO 浓度以 NO 计，按式（5-31）计算：

$$c'(NO) = \frac{c_{NO} \times 30}{46} \tag{5-31}$$

空气中氮氧化物的浓度 c（NO_x），（mg/m^3）以 NO_2 计，按式（5-32）计算：

$$c(NO_x) = c(NO_2) + c(NO) \tag{5-32}$$

式中：A_1，A_2——为串联的第一支和第二支吸收瓶中样品的吸光度；

A_0——实验室空白的吸光度；

b——标准曲线的斜率（吸光度· mL/μg）；

a——标准曲线的截距；

V——采样用吸收液体积（mL）；

V_0——换算为标准状态（101.325 kPa，273 K）下的采样体积（L）；

K——$NO \rightarrow NO_2$ 氧化系数，取 0.68；

D——样品的稀释倍数；

f——Saltzman 实验系数，0.88（当空气中 NO_2 浓度高于 0.72 mg/m^3 时，f 取值 0.77）。

（注：氧化系数：空气中的 NO 通过酸性 $KMnO_4$ 溶液氧化管后，被氧化为 NO_2 且被吸收液吸收生成偶氮染料的量与通过采样系统的 NO 的总量之比。Saltzman 实验系数：用渗透法制备的 NO_2 校准用混合气体，在采气过程中被吸收液吸收生成的偶氮染料相当于亚硝酸根的量与通过采样系统的 NO_2 总量的比值，测定方法见附录 B。）

附录 A（规范性附录）吸收瓶的检查与采样效率的测定

A1　玻板阻力及微孔均匀性检查

新的多孔玻板吸收瓶在检查前，应用 HCl（1+1）溶液浸泡 24 h 以上，用清水洗净。

每支吸收瓶在使用前或使用一段时间以后应测定其玻板阻力，检查通过玻板后气泡分散的均匀性。阻力不符合要求和气泡分散不均匀的吸收瓶不宜使用。

内装 10 mL 吸收液的多孔玻板吸收瓶，以 0.4 L/min 流量采样时，玻板阻力应在 4～5 kPa之间，通过玻板后的气泡应分散均匀。

内装 50 mL 吸收液的大型多孔玻板吸收瓶，以 0.2 L/min 流量采样时，玻板阻力应在 5～6 kPa 之间，通过玻板后的气泡应分散均匀。

A2　采样效率（E）的测定

采样效率低于 0.97 的吸收瓶，不宜使用。吸收瓶在使用前和使用一段时间以后，应测定其采样效率。

吸收瓶的采样效率测定方法如下：

将两支吸收瓶串联，按样品测定操作，采集环境空气，当第一支吸收瓶中 NO_2 浓度约为 0.4 μg/mL 时，停止采样。按样品测定方法测量前后两支吸收瓶中样品的吸光度，计算第一支吸收瓶的采样效率 E 按下式计算：

$$E=\frac{c_1}{c_1+c_2}$$

式中 c_1，c_2——为串联的第一支、第二支吸收瓶中 NO_2 的浓度（μg/mL）；

E——吸收瓶的采样效率。

附录 B（资料性附录）Saltzman 实验系数的测定

按 GB/T 5275.10—2009 规定的方法，制备空气和欲测浓度范围的 NO_2 校准用混合气体。采集混合标气。当吸收瓶中 NO_2 浓度达到 0.4 μg/mL 左右时，停止采样。测量样品的吸光度。Saltzman 实验系数（f）按下式计算：

$$f=\frac{(A-A_0-a)V}{bV_0c(NO_x)}$$

式中 A——样品溶液的吸光度；

A_0——实验室空白样品的吸光度；

b——测得的标准曲线的斜率（吸交度・mL/μg）；

a——测得的标准曲线的截距；

V——采样用吸收液体积（mL）；

V_0——换算为标准状态（101.325 kPa，273 K）的采样体积（L）；

$c(NO_x)$——通过采样系统的 NO_2 标准混合气体的浓度（mg/m³）（标准状态 101.325 kPa、273 K）。

f 值的大小受空气中 NO_2 的浓度、采样流量、吸收瓶类型、采样效率等因素的影响，故测定 f 值时，应尽量使测定条件与实际采样时保持一致。

5.5.2.2 空气中二氧化硫的测定——甲醛吸收—副玫瑰苯胺分光光度法

本方法适用于空气中二氧化硫的测定。当使 10 mL 吸收液，采样体积为 30 L 时，测定空气中二氧化硫的检出限为 0.007 mg/m³，测定下限为 0.028 mg/m³，测定上限为 0.667 mg/m³。当使用 50 mL 吸收液，采样体积为 288 L，试样为 10 mL 时，测定空气中二氧化硫的检出限为 0.004 mg/m³，测定下限为 0.014 mg/m³，测定上限为 0.347 mg/m³。

（1）原理

二氧化硫被甲醛缓冲溶液吸收后，生成稳定的羟甲基磺酸加成化合物，在样品溶液中加入 NaOH 使加成化合物分解，释放出的二氧化硫与副玫瑰苯胺、甲醛作用，生成紫红色化合物，用分光光度计在波长 577 nm 处测量吸光度。

（2）干扰及消除

本方法的主要干扰物为氮氧化物、臭氧及某些重金属元素。采样后放置一段时间可使臭氧自行分解；加入氨磺酸钠溶液可消除氮氧化物的干扰；吸收液中加入磷酸及环己二胺四乙酸二钠盐可以消除或减少某些金属离子的干扰。10 mL 样品溶液中含有 50 μg Ca、Mg、Fe、

Ni、Cd、Cu 等金属离子及 5 μg 二价锰离子时，对本方法测定不产生干扰。当 10 mL 样品溶液中含有 10 μg 二价锰离子时，可使样品的吸光度降低 27%。

（3）试剂和材料

除非另有说明，分析时均使用符合国家标准的分析纯试剂，实验用水为新制备的蒸馏水或同等纯度的水。

① 碘酸钾（KIO_3）：优级纯，经 110℃干燥 2 h。

② 氢氧化钠溶液［$c(NaOH)=1.5$ mol/L］：称取 6.0 g NaOH，溶于 100 mL 水中。

③ 环己二胺四乙酸二钠溶液［$c(CDTA\text{-}Na_2)=0.05$ mol/L］：称取 1.82 g 反式-1,2-环己二胺四乙酸（$CDTA\text{-}Na_2$），加入 1.5 mol/L NaOH 溶液 6.5 mL，用水稀释至 100 mL。

④ 甲醛缓冲吸收贮备液：吸取 36%～38%的甲醛溶液 5.5 mL，0.05 mol/L $CDTA\text{-}Na_2$ 溶液 20 mL；称取 2.04 g 邻苯二甲酸氢钾，溶于少量水中；将 3 种溶液合并，再用水稀释至 100 mL，贮于冰箱可保存 1 年。

⑤ 甲醛缓冲吸收液：用水将甲醛缓冲吸收贮备液稀释 100 倍。现用现配。

⑥ 氨磺酸钠溶液［$\rho(NaH_2NSO_3)=6.0$ g/L］：称取 0.60 g 氨磺酸（H_2NSO_3H）置于 100 mL 烧杯中，加入 4 mL 1.5 mol/L NaOH，用水搅拌至完全溶解后稀释至 100 mL，摇匀。此溶液密封可保存 10d。

⑦ 碘贮备液［$c(1/2I_2)=0.10$ mol/L］：称取 12.7 g 碘（I_2）于烧杯中，加入 40 g KI 和 25 mL 水，搅拌至完全溶解，用水稀释至 1 000 mL，贮于棕色细口瓶中。

⑧ 碘溶液［$c(1/2I_2)=0.010$ mol/L］：量取碘贮备液 50 mL，用水稀释至 500 mL，贮于棕色细口瓶中。

⑨ 淀粉溶液（$\rho=5.0$ g/L）：称取 0.5 g 可溶性淀粉置于 150 mL 烧杯中，用少量水调成糊状，慢慢倒入 100 mL 沸水，继续煮沸至溶液澄清，冷却后贮于试剂瓶中。

⑩ KIO_3 基准溶液［$c(1/6KIO_3)=0.1000$ mol/L］：准确称取 3.566 7 g KIO_3 溶于水，移入 1 000 mL 容量瓶中，用水稀至标线，摇匀。

⑪ 盐酸溶液［$c(HCl)=1.2$ mol/L］：量取 100 mL 浓盐酸，用水稀释 1 000 mL。

⑫ $Na_2S_2O_3$ 标准贮备液［$c(Na_2S_2O_3)=0.10$ mol/L］：称取 25.0g $Na_2S_2O_3.5H_2O$，溶于 1 000 mL 新煮沸但已冷却的水中，加入 0.2 g 无水 Na_2CO_3，贮于棕色细口瓶中，放置 1 周后备用。如溶液呈现混浊，必须过滤。标定方法：吸取 3 份 20 mL KIO_3 基准溶液分别置于 250 mL 碘量瓶中，加 70 mL 新煮沸但已冷却的水，加 1 g KI，振摇至完全溶解后，加 10 mL 1.2 mol/L 盐酸溶液，立即盖好瓶塞，摇匀。于暗处放置 5 min 后，用 0.10 mol/L $Na_2S_2O_3$ 标准溶液滴定溶液至浅黄色，加 2 mL$\rho=5.0$ g/L 淀粉溶液，继续滴定至蓝色刚好褪去为终点。$Na_2S_2O_3$ 标准溶液的摩尔浓度按式（5-33）计算：

$$c_1=\frac{0.1000\times 20.00}{V} \tag{5-33}$$

式中 c_1——$Na_2S_2O_3$ 标准溶液的摩尔浓度（mol/L）；

V——滴定所耗 $Na_2S_2O_3$ 标准溶液的体积（mL）。

⑬ $Na_2S_2O_3$ 标准溶液［$c(Na_2S_2O_3)=0.01$ mol/L$\pm$0.000 01 mol/L］：取 50 mL

$Na_2S_2O_3$ 贮备液置于 500 mL 容量瓶中，用新煮沸但已冷却的水稀释至标线，摇匀。

⑭ 乙二胺四乙酸二钠盐（$EDTA\text{-}Na_2$）溶液（ρ＝0.50 g/L）：称取 0.25 g $EDTA\text{-}Na_2$ 溶于 500 mL 新煮沸但已冷却的水中。现用现配。

⑮ Na_2SO_3 溶液［$\rho(Na_2SO_3)=1$ g/L］：称取 0.2 g Na_2SO_3，溶于 ρ＝0.50 g/L 200 mL $EDTA\text{-}Na_2$ 溶液中，缓缓摇匀以防充氧，使其溶解。放置 2～3 h 后标定。此溶液每毫升相当于 320～400 μg 二氧化硫。标定方法：a. 取 6 个 250 mL 碘量瓶（A_1、A_2、A_3、B_1、B_2、B_3），分别加入 50 mL $c(1/2I_2)=0.010$ mol/L 碘溶液。在 A_1、A_2、A_3 内各加入 25 mL 水，在 B_1、B_2 内加入 25 mL $\rho(Na_2SO_3)=1$ g/L Na_2SO_3 溶液，盖好瓶盖。b. 立即吸取 2 mL Na_2SO_3 溶液加到一个已装有 40～50 mL 甲醛缓冲吸收贮备液的 100 mL 容量瓶中，并用甲醛缓冲吸收贮备液稀释至标线、摇匀。此溶液即为二氧化硫标准贮备溶液，在 4～5℃下冷藏，可稳定 6 个月。c. 紧接着再吸取 25 mL Na_2SO_3 溶液加入 B_3 内，盖好瓶塞。d. A_1、A_2、A_3、B_1、B_2、B_3 6 个瓶子于暗处放置 5 min 后，用 $c(Na_2S_2O_3)=0.01$ mol/L ±0.000 01 mol/L $Na_2S_2O_3$ 溶液滴定至浅黄色，加 5 mL 淀粉指示剂，继续滴定至蓝色刚褪去。平行滴定所用 $Na_2S_2O_3$ 溶液的体积之差应不大于 0.05 mL。

二氧化硫标准贮备溶液的质量浓度 c（μg/mL）按公式（5-34）计算：

$$c=\frac{(\bar{V}_0-\bar{V})c_2\times 32.02\times 10^3}{25.00}\times\frac{2.00}{100} \tag{5-34}$$

式中 c——二氧化硫标准贮备溶液的质量浓度（μg/mL）；

$\bar{V}_0$——空白滴定所用 $Na_2S_2O_3$ 溶液的体积（mL）；

$\bar{V}$——样品滴定所用 $Na_2S_2O_3$ 溶液的体积（mL）；

c_2——$Na_2S_2O_3$ 溶液的浓度（mol/L）。

⑯ 二氧化硫标准溶液［$\rho(Na_2SO_3)=1.00$ μg/mL］：用甲醛缓冲吸收液将二氧化硫标准贮备溶液稀释成每毫升含 1.0 μg 二氧化硫的标准溶液。此溶液用于绘制标准曲线，在 4～5℃下冷藏，可稳定 1 个月。

⑰ 盐酸副玫瑰苯胺（pararosaniline，PRA，即副品红或对品红）贮备液（ρ＝0.2 g/100 mL）。其纯度应达到副玫瑰苯胺提纯及检验方法的质量要求（见附录 A）。

⑱ 副玫瑰苯胺溶液（ρ＝0.050 g/100mL）：吸取 25 mL 副玫瑰苯胺贮备液于 100 mL 容量瓶中，加 30 mL 85％的浓磷酸，12 mL 浓盐酸，用水稀释至标线，摇匀，放置过夜后使用。避光密封保存。

⑲ 盐酸—乙醇清洗液：由 3 份盐酸（1＋4）溶液和 1 份 95％乙醇混合配制而成，用于清洗比色管和比色皿。

（4）仪器和设备

① 可见分光光度计。

② 多孔玻板吸收管：10 mL 多孔玻板吸收管，用于短时间采样；50 mL 多孔玻板吸收管，用于 24 h 连续采样。

③ 恒温水浴：0～40℃，控制精度为±1℃。

④ 具塞比色管：10 mL。用过的比色管和比色皿应及时用盐酸—乙醇清洗液浸洗，否则红色难以洗净。

⑤ 空气采样器：用于短时间采样的普通空气采样器，流量范围 0.1～1 L/min，应具有保温装置。用于 24 h 连续采样的采样器应具备有恒温、恒流、计时、自动控制开关的功能，流量范围 0.1～0.5 L/min。

(5) 样品采集与保存

① 短时间采样：采用内装 10 mL 吸收液的多孔玻板吸收管，以 0.5 L/min 的流量采气 45～60 min。吸收液温度保持在 23～29℃范围。

② 24 h 连续采样：用内装 50 mL 吸收液的多孔玻板吸收瓶，以 0.2 L/min 的流量连续采样 24 h。吸收液温度保持在 23～29℃范围。

③ 现场空白：将装有吸收液的采样管带到采样现场，除了不采气之外，其他环境条件与样品相同。

(注：样品采集、运输和贮存过程中应避免阳光照射。放置在室（亭）内的 24 h 连续采样器，进气口应连接符合要求的空气质量集中采样管路系统，以减少二氧化硫进入吸收瓶前的损失。)

(6) 分析步骤

校准曲线的绘制 取 16 支 10 mL 具塞比色管，分 A、B 两组，每组 7 支，分别对应编号。A 组按表 5-2 配制校准系列。

表 5-2 二氧化硫校准系列

管 号	0	1	2	3	4	5	6
二氧化硫标准溶液Ⅱ（mL）	0	0.50	1	2	5	8	10
甲醛缓冲吸收液（mL）	10	9.50	9	8	5	2	0
二氧化硫含量（μg/10mL）	0	0.50	1.00	2.00	5.00	8.00	10.00

在 A 组各管中分别加入 0.5 mL 氨磺酸钠溶液和 0.5 mL NaOH 溶液，混匀。在 B 组各管中分别加入 1mL PRA 溶液。

将 A 组各管的溶液迅速全部倒入对应编号并盛有 PRA 溶液的 B 管中，立即加塞混匀后放入恒温水浴装置中显色。在波长 577 nm 处，用 10 mm 比色皿，以水为参比测量吸光度。以空白校正后各管的吸光度为纵坐标，以二氧化硫的质量浓度（μg/10 mL）为横坐标，用最小二乘法建立校准曲线的回归方程。

显色温度与室温之差不应超过 3℃。根据季节和环境条件按表 5-3 选择合适的显色温度与显色时间：

表 5-3 显色温度与显色时间

显色温度（℃）	10	15	20	25	30
显色时间（min）	40	25	20	15	5
稳定时间（min）	35	25	20	15	10
试剂空白吸光度 $A0$	0.030	0.035	0.040	0.050	0.060

样品测定 样品溶液中如有混浊物，则应离心分离除去。样品放置 20 min，以使臭氧分解。

① 短时间采集的样品：将吸收管中的样品溶液移入 10 mL 比色管中，用少量甲醛吸收液洗涤吸收管，洗液并入比色管中并稀释至标线。加入 0.5 mL 氨磺酸钠溶液，混匀，放置

10 min 以除去氮氧化物的干扰。以下步骤同校准曲线的绘制。

② 连续 24 h 采集的样品：将吸收瓶中样品移入 50 mL 容量瓶（或比色管）中，用少量甲醛吸收液洗涤吸收瓶后再倒入容量瓶（或比色管）中，并用吸收液稀释至标线。吸取适当体积的试样（视浓度高低决定取 2～10 mL）于 10 mL 比色管中，再用吸收液稀释至标线，加入 0.5 mL 氨磺酸钠溶液，混匀，放置 10 min 以除去氮氧化物的干扰，以下步骤同校准曲线的绘制。

（7）结果计算

空气中二氧化硫的质量浓度 c（mg/m^3）按式（5-35）计算：

$$c=\frac{(A-A_0-a)}{bV_s}\cdot\frac{V_t}{V_a} \tag{5-35}$$

式中 c——空气中二氧化硫的质量浓度（mg/m^3）；

A——样品溶液的吸光度；

A_0——试剂空白溶液的吸光度；

b——校准曲线的斜率（吸光度·10mL/μg）；

a——校准曲线的截距（一般要求小于 0.005）；

V_t——样品溶液的总体积（mL）；

V_a——测定时所取试样的体积（mL）；

V_s——换算成标准状态下（101.325 kPa，273 K）的采样体积（L）。

计算结果准确到小数点后 3 位。

（8）质量保证和质量控制

多孔玻板吸收管的阻力为 6.0 kPa±0.6 kPa，2/3 玻板面积发泡均匀，边缘无气泡逸出。

采样时吸收液的温度在 23～29℃时，吸收效率为 100%。10～15℃时，吸收效率偏低 5%。高于 33℃或低于 9℃时，吸收效率偏低 10%。

每批样品至少测定 2 个现场空白。即将装有吸收液的采样管带到采样现场，除了不采气之外，其他环境条件与样品相同。

当空气中二氧化硫浓度高于测定上限时，可以适当减少采样体积或者减少试料的体积。

如果样品溶液的吸光度超过标准曲线的上限，可用试剂空白液稀释，在数分钟内再测定吸光度，但稀释倍数不要大于 6。

显色温度低，显色慢，稳定时间长；显色温度高，显色快，稳定时间短。操作人员必须了解显色温度、显色时间和稳定时间的关系，严格控制反应条件。

测定样品时的温度与绘制校准曲线时的温度之差不应超过 2℃。

在给定条件下校准曲线斜率应为 0.042±0.004，试剂空白吸光度 A_0 在显色规定条件下波动范围不超过±15%。

六价铬能使紫红色络合物褪色，产生负干扰，故应避免用硫酸—铬酸洗液洗涤玻璃器皿。若已用硫酸—铬酸洗液洗涤过，则需用盐酸（1+1）溶液浸洗，再用水充分洗涤。

附录 A（资料性附录）副玫瑰苯胺提纯及检验方法

1. 试剂

正丁醇；冰乙酸；盐酸溶液［c(HCl)＝1 mol/L］。

乙酸—乙酸钠溶液［$c(CH_3COONa)$＝1.0 mol/L］：称取 13.6 g 乙酸钠（$CH_3COONa \cdot 3H_2O$）溶于水，移入 100 mL 容量瓶中，加 5.7 mL 冰醋酸，用水稀释至标线，摇匀。此溶液 pH 为 4.7。

2. 试剂提纯方法

取正丁醇和 1 mol/L 盐酸溶液各 500 mL，放入 1 000 mL 分液漏斗中盖塞振摇 3 min，使其互溶达到平衡，静置 15 min，待完全分层后，将下层水相（盐酸溶液）和上层有机相（正丁醇）分别转入试剂瓶中备用。称取 0.100 g 副玫瑰苯胺放入小烧杯中，加入平衡过的 1 mol/L盐酸溶液 40 mL，用玻璃棒搅拌至完全溶解后，转入 250 mL 分液漏斗中，再用平衡过的正丁醇 80 mL 分数次洗涤小烧杯，洗液并入分液漏斗中。盖塞，振摇 3 min，静止 15 min，待完全分层后，将下层水相转入另一个 250 mL 分液漏斗中，再加 80 mL 平衡过的正丁醇，按上述操作萃取。按此操作每次用 40 mL 平衡过的正丁醇重复萃取 9～10 次后，将下层水相滤入 50 mL 容量瓶中，并用 1 mol/L 盐酸溶液稀释至标线，摇匀。此 PRA 贮备液约为 0.20%，呈橘黄色。

3. 副玫瑰苯胺贮备液的检验方法

吸取 1 mL 副玫瑰苯胺贮备液于 100 mL 容量瓶中，用水稀释至标线，摇匀。取稀释液 5 mL 至 50 mL 容量瓶中，加 5 mL 乙酸—乙酸钠溶液用水稀释至标线，摇匀，1 h 后测量光谱吸收曲线，在波长 540 nm 处有最大吸收峰。

5.5.2.3 空气中氨的测定——纳氏试剂比色法

本方法适用于制药、化工、炼焦等工业行业废气中氨的测定。

当吸取液体积为 50 mL，采样体积为 2.5～10 L 时，测定范围为 0.5～800 mg/m^3。对于浓度更高的样品，测定前必须进行稀释。

当样品溶液总体积为 50 mL，采样体积为 10 L 时，最低检出限为 0.25 mg/m^3。

（1）原理

用稀 H_2SO_4 溶液吸收氨，以铵离子与纳氏试剂反应生成黄棕色络合物，该络合物的色度与氨的含量成正比，在波长 420 nm 处进行分光光度测定。

（2）试剂

① 无氨水：按下述方法之一制备。

离子交换法：将蒸馏水通过一个强酸性阳离子交换树脂（氢型）柱，流出液收集在磨口玻璃瓶中。每升流出液中加入 10 g 同类树脂，以利保存。

蒸馏法：在 1 000 mL 蒸馏水中，加入 0.1 mL 浓 H_2SO_4（ρ=1.84 g/mL），并在全玻璃蒸馏器中重蒸馏。弃去前 50mL 馏出液，将约 800 mL 馏出液收集在磨口玻璃瓶中。每升收集的馏出液中加入 10 g 强酸性阳离子交换树脂（氢型），以利保存。

② 纳氏试剂：称取 12 g NaOH，溶于 60 mL 水中，冷至室温；称取 1.7 g 二氯化汞（$HgCl_2$）溶解在 30 mL 水中；称取 3.5 g KI 于 10 mL 水中。在搅拌下，将 $HgCl_2$ 溶液慢慢

加入 KI 溶液中，直至形成的红色沉淀不再溶解为止。在搅拌下，将冷的 NaOH 溶液缓慢加入到上述 $HgCl_2$ 和 KI 的混合液中。再加入剩余的 $HgCl_2$ 溶液，于暗处静置 24h，倾出上清液，储于棕色瓶中，用橡皮塞塞紧。贮于冰箱中，可稳定 1 个月。

③ 酒石酸钾钠溶液：称取 50 g 酒石酸钾钠，溶于 100 mL 水中加热煮沸以驱除氨，冷却后补充至 100 mL。

④ 盐酸（HCl）溶液 [c(HCl)=0.1 mol/L]。

⑤ 氨标准贮备液（1 mg/mL）：准确称取 0.314 2 g 经 105℃干燥 1 h 的优级纯氯化铵（NH_4Cl），用少量水溶解，移入 100 mL 容量瓶中，稀释至刻度。

⑥ 氨标准溶液（20 μg/mL）：吸取 5 mL 氨标准贮备液于 250 mL 容量瓶中，稀释至刻度，摇匀。现用现配。

（3）仪器

①气体采样装置；②大型玻板吸收瓶或大气冲击式吸收瓶：125 mL 或 50 mL；③具塞比色管：10 mL；④可见分光光度计；⑤聚四氟乙烯管（或玻璃管）：6～7 mm。

（4）采样及样品保存

采样系统由采样管、吸收瓶、流量测量装置和抽气泵等组成。用一个内装 50mL 吸收液的冲击式气体吸收瓶或大型多孔玻板吸收瓶，以 0.5～1.0 L/min 的流量，采气 5～10 min。

采集好的样品，应尽快分析。必要时于 2～5℃下冷藏，可储存 1 周。

（5）分析步骤

预处理 样品中含有三价铁等金属离子、硫化物和有机物时干扰测定，处理方法如下：

① 络合掩蔽：加入 0.50 mL 酒石酸钾溶液可消除三价铁等金属离子的干扰。

② 除硫化物：若样品因产生异色而引起干扰（如硫化物存在时为绿色），可在样品溶液中加入稀盐酸去除。

③ 低 pH 下煮沸：有些有机物质（如甲醛）生产沉淀干扰测定，可在比色前用 0.1 mol/L的盐酸溶液将吸收液酸化到 pH 不大于 2 后煮沸而除之。

测定

① 绘制校准曲线：按表 5-4 在 10 mL 比色管中制备标准系列。

表 5-4 标准溶液系列

管　号	0	1	2	3	4	5	6
标准溶液（mL）	0.00	0.10	0.25	0.50	1.00	1.50	2.00
水（mL）	10.00	9.90	9.75	9.50	9.00	8.50	8.00
氨含量（μg）	0	2	5	10	20	30	40

以上各管分别加入 0.50 mL 纳氏试剂，摇匀，放置 10 min 后，用 1 cm 比色皿，以水做参比，在波长 420 nm 处测定各管的吸光度。以氨含量（μg）为横坐标，绘制校准曲线，或用最小二乘法计算校准曲线的回归方程，见式（5-36）。

$$Y = a + bX \tag{5-36}$$

式中　Y——$(A\text{-}A_0)$，标准溶液吸光度（A）与试剂空白吸光度（A_0）之差；

a——校准曲线的截距，即试剂空白液的吸光度单位；

b——校准曲线的斜率（校准因子：$B_s=1/b$）；

X——各标准管中氨含量（μg）。

② 样品测定：试样溶液用吸收液定容至 50 mL，取一定量试样溶液（吸取量视试样浓度而定）于 10 mL 比色管中，再用吸收液稀释至 10 mL。以下步骤按校准曲线中比色步骤进行分光光度测定。

③ 空白试验：用 50 mL 吸收液代替试样溶液，按校准曲线中比色步骤进行分光光度测定。

（6）结果计算

试样中氨含量 c（mg/m^3）按式（5-37）计算：

$$c=\frac{(A-A_0)B_sV_s}{V_{nd}V_0} \tag{5-37}$$

式中 A——样品溶液吸光度；

A_0——试剂空白液吸光度；

B_s——校准因子（μg/吸光度单位）；

V_s——样品溶液总体积（mL）；

V_0——分析时所取分析液体积（mL）；

V_{nd}——所采气体标准体积（L）（101.325 kPa，0℃）。

5.5.2.4 空气中臭氧的测定——靛蓝二磺酸钠分光光度法

本方法适用于空气中臭氧的测定。相对封闭环境（如室内、车内等）中臭氧的测定也可参照本方法。

当采样体积为 30 L 时，本法测定空气中臭氧的检出限为 0.010 mg/m^3，测定下限为 0.040 mg/m^3。当采样体积为 30 L 时，吸收液浓度为 2.5 μg/L 或 5.0 μg//L 时，测定上限分别为 0.50 mg/m^3 或 1.00 mg/m^3。当空气中臭氧浓度超过该上限浓度时，可适当减少采样体积。

（1）原理

空气中的臭氧在磷酸盐缓冲剂存在下，与吸收液中蓝色的靛蓝二磺酸钠等摩尔反应，褪色生成靛红二磺酸钠，在波长 610 nm 处测量吸光度。

（2）试剂和材料

除非另有说明，本法所用试剂均使用符合国家标准的分析纯化学试剂，实验用水为新制备的去离子水或蒸馏水。

① 溴酸钾标准贮备溶液［$c(1/6KBrO_3)=0.1000$ mol/L］：准确称取 1.391 8 g 溴化钾（优级纯，180℃烘 2 h），置烧杯中，加入少量水溶解，移入 500 mL 容量瓶中，用水稀释至标线。

② 溴酸钾—溴化钾标准溶液［$c(1/6KBrO_5)=0.0100$ mol/L］：吸取 10.00 mL 溴酸钾标准贮备溶液于 100 mL 容量瓶中，加入 1.0 g 溴化钾（KBr），用水稀释至标线。

③ $Na_2S_2O_3$ 标准贮备溶液［$c(Na_2S_2O_3)=0.1000$ mol/L］。

④ $Na_2S_2O_3$ 标准工作溶液［$c(Na_2S_2O_3)=0.00500$ mol/L］：临用前，取 $Na_2S_2O_3$ 标准

贮备溶液用新煮沸并冷却到室温的水准确稀释 20 倍。

⑤ H_2SO_4（1+6）溶液。

⑥ 淀粉指示剂溶液（ρ=2.0 g/L）：称取 0.20 g 可溶性淀粉，用少量水调成糊状，慢慢倒入 100 mL 沸水，煮沸至溶液澄清。

⑦ 磷酸盐缓冲溶液［$c(KH_2PO_4-Na_2HPO_4)$=0.050 mol/L］：称取 6.8 g 磷酸二氢钾（KH_2PO_4）和 7.1 g 无水磷酸氢二钠（Na_2HPO_4），溶于水，稀释至 1 000 mL。

⑧ 靛蓝二磺酸钠（$C_{16}H_8O_8Na_2S_2$）（简称 IDS），分析纯、化学纯或生化试剂。

IDS 标准贮备溶液：称取 0.25 g 靛蓝二磺酸钠溶于水，移入 500 mL 棕色容量瓶内，用水稀释至标线，摇匀，在室温暗处存放 24 h 后标定。此溶液在 20℃以下暗处存放可稳定 2 周。

标定方法：准确吸取 20 mL IDS 标准贮备溶液于 250 mL 碘量瓶中，加入 20 mL 溴酸钾—溴化钾溶液，再加入 50 mL 水，盖好瓶塞，在 16℃±1℃生化培养箱（或水浴）中放置至溶液温度与水浴温度平衡时（达到平衡的时间与温差有关，可以预先用相同体积的水代替溶液，加入碘量瓶中，放入温度计观察达到平衡所需要的时间），加入 5.0 mL H_2SO_4 溶液，立即盖塞、混匀并开始计时，于 16℃±1℃暗处放置 35 min±1.0min 后，加入 1.0 g 碘化钾，立即盖塞，轻轻摇匀至溶解，暗处放置 5 min，用 $Na_2S_2O_3$ 溶液滴定至棕色刚好褪去呈淡黄色，加入 5 mL 淀粉指示剂，继续滴定至蓝色消褪，终点为亮黄色。记录所消耗的 $Na_2S_2O_3$ 标准溶液的体积（平行滴定所消耗的硫代硫酸钠标准溶液体积不应大 0.10 mL）。

每毫升靛蓝二磺酸钠溶液相当于臭氧的质量浓度 c（μg/mL）按式（5-38）计算：

$$c=\frac{c_1V_1-c_2V_2}{V}\times 12.00\times 10^3 \tag{5-38}$$

式中 c——每毫升靛蓝二磺酸钠溶液相当于臭氧的质量浓度（μg/mL）；

c_1——溴酸钾—溴化钾标准溶液的浓度（mol/L）；

V_1——加入溴酸钾—溴化钾标准溶液的体积（mL）；

c_2——滴定时所用 $Na_2S_2O_3$ 标准溶液的浓度（mol/L）；

V_2——滴定时所用 $Na_2S_2O_3$ 标准溶液的体积（mL）；

V——IDS 标准贮备溶液的体积（mL）；

12.00——臭氧的摩尔质量（1/4 O_3）(g/mol)。

IDS 标准工作溶液：将标定后的 IDS 标准贮备液用磷酸盐缓冲液逐级稀释成每毫升相当于 1.00 μg 臭氧的 IDS 标准工作溶液，此溶液于 20℃以下暗处存放可稳定 1 周。

IDS 吸收液：取适量 IDS 标准贮备液，根据空气中臭氧浓度的高低，用磷酸盐缓冲液稀释成每毫升相当于 2.5 μg（或 5.0 μg）臭氧的 IDS 吸收液，此溶液于 20℃以下暗处可保存 1 个月。

(3) 仪器和设备

本法除非另有说明，分析时均使用符合国家 A 级标准的玻璃量器。

① 空气采样器：流量范围 0～1.0 L/min，流量稳定。使用时，用皂膜流量计校准采样系统在采样前和采样后的流量，相对误差应小于±5%。

② 多孔玻板吸收管：内装 10 mL 吸收液，以 0.50 L/min 流量采气，玻板阻力应为 4～

5 kPa，气泡分散均匀。

③ 具塞比色管：10 mL。

④ 生化培养箱或恒温水浴：温控精度为±1℃。

⑤ 水银温度计：精度为±0.5℃。

⑥ 可见分光光度计：具 20 mm 比色皿。

(4) 样品采集与保存

试样采集 用内装 10.00 mL±0.02 mL IDS 吸收液的多孔玻板吸收管，罩上黑色避光套，以 0.5 L/min 流量采气 5～30 L。当吸收液褪色约 60%时（与现场空白样品比较），应立即停止采样。样品在运输及存放过程中应严格避光。当确信空气中臭氧的浓度较低，不会穿透时，可以用棕色玻板吸收管采样。样品于室温暗处存放至少可稳定 3 天。

现场空白样品 用同一批配制的 IDS 吸收液，装入多孔玻板吸收管中，带到采样现场。除了不采集空气样品外，其他环境条件保持与采集空气的采样管相同。每批样品至少带两个现场空白样品。

(5) 分析步骤

绘制校准曲线 取 10 mL 具塞比色管 6 支，按表 5-5 制备标准溶液系列。

表 5-5 标准溶液系列

管 号	1	2	3	4	5	6
IDS 标准溶液（3.10）(mL)	10.00	8.00	6.00	4.00	2.00	0.00
磷酸盐缓冲溶液（3.7）(mL)	0.00	2.00	4.00	6.00	8.00	10.00
臭氧浓度（μg/mL）	0.00	0.20	0.40	0.60	0.80	1.00

各管摇匀，用 20 mm 比色皿，以水作参比，在波长 610 nm 处测定吸光度。以校准系列中零浓度管的吸光度 A_0 与各标准色列管的吸光度 A 之差为纵坐标，臭氧浓度为横坐标，用最小二乘法计算校准曲线的回归方程［式 (5-39)］：

$$y = bx + a \tag{5-39}$$

式中 y——$A_0 - A$，空白样品的吸光度与各标准色列管的吸光度之差；

x——臭氧浓度（μg/mL）；

b——回归方程的斜率；

a——回归方程的截距。

用已知浓度的臭氧标准气体绘制标准工作曲线。

当用本方法作紫外臭氧分析仪的二级传递标准时，用已知浓度的臭氧标准气体绘制标准工作曲线，详见本法的附录 A。

样品测定 采样后，在吸收管的入气口端串接一个玻璃尖嘴，在吸收管的出气口端用吸耳球加压将吸收管中的样品溶液移入 25 mL（或 50 mL）容量瓶中，用水多次洗涤吸收管，使总体积为 25 mL（或 50 mL）。用 20 mm 比色皿，以水作参比，在波长 610 nm 处测定吸光度。

(6) 结果计算

空气中臭氧的浓度 c（mg/m^3）按式 (5-40) 计算，所得结果精确至小数点后 3 位：

$$c = \frac{(A_0 - A - a)V}{bV_0} \tag{5-40}$$

式中 c——空气中臭氧的浓度（mg/m^3）；

A_0——现场空白样品吸光度的平均值；

A——样品的吸光度；

b——标准曲线的斜率；

a——标准曲线的截距；

V——样品溶液的总体积（mL）；

V_0——换算为标准状态（101.325 kPa，273 K）的采样体积（L）。

（7）注意事项

① 干扰：空气中的 NO_2 可使臭氧的测定结果偏高，约为 NO_2 质量浓度的 6%。

空气中二氧化硫、硫化氢、过氧乙酰硝酸酯（PAN）和氟化氢的浓度分别高于 750 $\mu g/m^3$、110 $\mu g/m^3$、180 0 $\mu g/m^3$ 和 2.5 $\mu g/m^3$ 时，干扰臭氧的测定。

空气中氯气、二氧化氯的存在使臭氧的测定结果偏高。但在一般情况下，这些气体的浓度很低，不会造成显著误差。

② IDS 标准溶液标定：市售 IDS 不纯，作为标准溶液使用时必须进行标定。用溴酸钾-溴化钾标准溶液标定 IDS 的反应，需要在酸性条件下进行，加入 H_2SO_4 溶液后反应开始，加入 KI 后反应即终止。为了避免副反应使反应定量进行，必须严格控制培养箱（或水浴）温度（16℃±1℃）和反应时间（35 min±1.0 min）。一定要等到溶液温度与培养箱（或水浴）温度达到平衡时再加入 H_2SO_4 溶液，加入 H_2SO_4 溶液后应立即盖塞，并开始计时。滴定过程中应避免阳光照射。

③ IDS 吸收液的体积：本方法为褪色反应，吸收液的体积直接影响测量的准确度，所以装入采样管中吸收液的体积必须准确，最好用移液管加入。采样后向容量瓶中转移吸收液应尽量完全（少量多次冲洗）。装有吸收液的采样管，在运输、保存和取放过程中应防止倾斜或倒置，避免吸收液损失。

附录 A 用已知浓度的臭氧标准气体绘制标准曲线

1. 仪器

臭氧发生器；配气装置；一级紫外校准光度计或紫外臭氧分析仪。

2. 标准曲线的绘制

借助于臭氧发生器和配气装置，制备浓度范围在 0.05～1.00 mg/m^3 的至少 4 种不同浓度的臭氧标准气体，标准气体的浓度用一级紫外校准光度计或用一级标准校准过的紫外臭氧分析仪测定。同时用 IDS 吸收液按本方法采集不同浓度的臭氧标准气体，测量样品的吸光度。以臭氧浓度为横坐标，以现场空白样品的吸光度 A_0 与各不同浓度标准气体的吸光度 A 之差为纵坐标，用最小二乘法计算标准曲线的回归方程：

$$y = bx + a$$

式中 y——$A_0 - A$，现场空白样品的吸光度与各不同浓度标准气体样品的吸光度之差；

x——臭氧含量（μg/mL）；

b——回归方程的斜率；

a——回归方程的截距。

5.5.3 在土壤分析中的应用

5.5.3.1 土壤中总铬的测定——二苯碳酰二肼分光光度法

（1）原理

土壤试液中，铬在酸性介质中经 $KMnO_4$ 氧化为六价铬，过量的 $KMnO_4$ 用叠氮化钠还原除去，六价铬与加入的二苯碳酰二肼反应生成紫红色化合物，于波长 540 nm 处进行分光光度测定。

（2）试剂

HNO_3（优级纯）；H_2SO_4（1＋1）溶液；磷酸（1＋1）溶液；0.5％ $KMnO_4$ 溶液；0.5％叠氮化钠溶液，临用现配；0.25％二苯碳酰二肼乙醇溶液（或丙酮溶液）。

① 铬标准贮备液：准确称取 0.282 9 g K_2CrO_7（优级纯，预先在 110℃烘 2 h）溶于水中，转移入 1 000 mL 容量瓶中，并稀释至标线，摇匀，此溶液每毫升含铬 100 μg。

② 铬标准使用液：准确吸取铬标准贮备液 10 mL 于 1 000 mL 容量瓶中，加水定容，摇匀。此溶液含铬 1.00 μg/mL。

（3）仪器

①电热板；②可见分光光度计；③离心机。

（4）分析步骤

试液制备 称取土壤样品 0.3 g 于聚乙烯坩埚中，加 H_2SO_4（1＋1）溶液 3 mL，HNO_3 3 mL。待剧烈反应停止后，移到电热板上加热分解至开始冒白烟。取下稍冷，加 HNO_3 3 mL，氢氟酸 3 mL，继续加热至冒浓白烟。取下坩埚稍冷，用水冲洗坩埚壁，再加热至冒白烟以驱除氢氟酸。加水溶解，转入 50 mL 比色管中，定容，摇匀。放置澄清或离心。

显色与测定 准确移取试液 5.0 mL 于 25 mL 比色管中，加磷酸（1＋1）溶液 1 mL，摇匀。滴加 1～2 滴 0.5％ $KMnO_4$ 溶液至紫红色，置水浴中煮沸 15 min，若紫红色消失，再补加 $KMnO_4$ 溶液。趁热滴加叠氮化钠溶液至紫红色恰好褪去，将比色管放入冷水中迅速冷却。加水至刻度，摇匀。加入二苯碳酰二肼溶液 2 mL，迅速摇匀。10 min 后，用 30 mm 比色皿，于波长 540 nm 处，以试剂空白为参比测量吸光度。

校准曲线的绘制 分别移取铬标准使用液 0、1 mL、2 mL、4 mL、6 mL、8 mL 于 25 mL 比色管中，加磷酸（1＋1）溶液 1 mL，H_2SO_4（1＋1）溶液 0.25 mL，加水至刻度，摇匀。以下显色和测量与试液的操作步骤相同。

（5）结果计算

样品中铬的含量 W（mg/kg）按式（5-41）计算：

$$W(\mathrm{Cr})(\mathrm{mg/kg})=\frac{W_1V_{总}}{W_2\mathrm{V}} \tag{5-41}$$

式中 W（Cr）——样品中 Cr 的含量（mg/kg）；

W_1——从校准曲线上查得 Cr 的含量（μg）；

$V_{总}$——试样定容体积（mL）；

W_2——试样质量（g）；

V——测定时取试样溶液体积（mL）。

（6）说明

① 加入磷酸掩蔽铁，使之形成无色络合物，同时也可络合其他金属离子，避免一些盐类析出产生混浊。在磷酸存在下还可以排除硝酸根、氯离子的影响。如果在氧化时或显色时出现混浊可考虑加大磷酸的用量。

② 消解后，残渣转移时，多洗几次，尽力洗涤干净，否则会使结果偏低。

③ 用 $KMnO_4$ 氧化低价铬时，七价锰有可能被还原为二价锰，出现棕色而影响低价铬的氧化完全，因此要控制好溶液的酸度及 $KMnO_4$ 的用量。

④ 加入二苯碳酰二肼丙酮溶液后，应立即摇动，防止局部有机溶剂过量而使六价铬部分被还原为三价铬，使测定结果偏低。

5.5.3.2 土壤中总砷的测定——二乙胺基二硫代甲酸银分光光度法

本法的检出限为 0.5 mg/kg（按称取 1 g 试样计算）。

锑和硫化物对测定有正干扰。锑在 300 μg 以下，可用 KI-$SnCl_2$ 掩蔽。在试样氧化分解时，硫已被硝酸氧化分解，不再有影响。试剂中可能存在的少数硫化物，可用乙酸铅脱脂棉吸收除去。

（1）原理

通过化学氧化分解土壤试样中以各种形式存在的砷，使之转化为可溶态砷离子进入溶液。Zn 与酸作用产生新生态的氢。在 KI 与 $SnCl_2$ 存在下，五价砷被还原为三价砷。三价砷与新生态氢生成砷化氢气体。通过用乙酸铅棉花去除硫化氢的干扰，然后与溶于三乙醇胺—三氯甲烷中的二乙基二硫代胺基甲酸银作用，生成红色的胶体银，于波长 510 nm 处测定吸收液的吸光度。

（2）试剂

① 浓 H_2SO_4：ρ=1.84 g/mL。

② H_2SO_4（1+1）溶液。

③ HNO_3：ρ=1.42 g/mL。

④ $HClO_4$：ρ=1.67 g/mL。

⑤ 盐酸（HCl）：ρ=1.19 g/mL。

⑥ KI 溶液：将 15 g KI 溶于蒸馏水中并稀释至 100 mL。

⑦ $SnCl_2$ 溶液：将 40 g $SnCl_2 \cdot H_2O$ 置于烧杯中，加入 40 mL 盐酸，微微加热。待完全溶解后，冷却，再用蒸馏水稀释至 100 mL。加数粒金属锡保存。

⑧ $CuSO_4$ 溶液：将 15 g $CuSO_4 \cdot 5H_2O$ 溶于蒸馏水中并稀释至 100 mL。

⑨ 乙酸铅溶液：将 8 g 乙酸铅［Pb（$CH_3COO)_2 \cdot 5H_2O$］溶于蒸馏水中并稀释至 100 mL。

⑩ 乙酸铅棉花：将 10 g 脱脂棉浸于 100 mL 乙酸铅溶液中，浸透后取出风干。

⑪ 无砷锌粒（10～20 目）。

⑫ 二乙胺基二硫代甲酸银（$C_5H_{10}NS_2Ag$）。

⑬ 三乙酸胺（$(HOCH_2CH_3)_3N$）。

⑭ 三氯甲烷（$CHCl_3$）

⑮ 吸收液：将 0.25 g 二乙胺基二硫代甲酸银用少量三氯甲烷溶成糊状，加入 2 mL 三乙醇胺，再用氯仿稀释到 100 mL。用力振荡使其尽量溶解。静置暗处 24h 后，倾出上清液或用定性滤纸过滤，贮于棕色玻璃瓶中，并置于 2～5℃冰箱中。

⑯ NaOH 溶液（2 mol/L）：贮于聚乙烯瓶中。

⑰ 砷标准贮备溶液（1.00 mg/mL）：称取放置在硅胶干燥器中充分干燥过的 0.132 0 g 三氧化二砷（As_2O_3）溶于 2 mL NaOH 溶液中，溶解后加入 10 mL H_2SO_4 溶液，转移到 100 mL 容量瓶中，用蒸馏水稀释至标线，摇匀。

⑱ 砷标准中间溶液（100 mg/L）：取 10 mL 砷标准贮备液于 100 mL 容量瓶中，用蒸馏水稀释至标线，摇匀。

⑲ 砷标准使用溶液（1.00 mg/L）：取 1 mL 砷标准中间溶液置于 100 mL 容量瓶中，用蒸馏水稀释至标线，摇匀。

（3）仪器

①可见分光光度计；②10 mm 玻璃比色皿；③砷化氢发生器（见图 5-7）。

（4）样品

将采集的土壤样品（一般不少于 500 g）混匀后用四分法缩分至约 100 g。缩分后的土样经风干（自然风干或冷冻干燥）后，除去土样中石子和动、植物残体等异物，用木棒（或玛瑙棒）研压，过 2 mm 尼龙筛（除去 2 mm 以上的砂砾），混匀。用玛瑙研钵将通过 2 mm 尼龙筛的土样研磨至全部通过 100 目（孔径 0.149 mm）尼龙筛，混匀后备用。

（5）分析步骤

试液的制备 称取制备的样品 0.5～2 g（精确至 0.000 2 g）于 150 mL 锥形瓶中，加 7 mL H_2SO_4 溶液，10 mL HNO_3，2 mL $HClO_4$，置电热板上加热分解，破坏有机物（若试液颜色变深，应及时补加 HNO_3），蒸至冒白色高氯酸浓烟。取下放冷，用水冲洗瓶壁，再加热至冒浓白烟，以驱尽 HNO_3。取下锥形瓶，瓶底仅剩下少量白色残渣（若有黑色颗粒物应该补加硝酸继续分解），加蒸馏水至约 50 mL。

测定 于盛有试液的砷化氢发生瓶中，加 4 mL KI 溶液，摇匀，再加 2 mL $SnCl_2$ 溶液，混匀，放置 15 min。取 5 mL 吸收液至吸收管。加 1 mL $CuSO_4$ 溶液和 4 g 无砷锌粒于砷化氢发生瓶中，并立即将导气管与砷化氢发生瓶连接，保证反应器密闭。在室温下维持反应 1 h，使砷化氢完全释出。加三氯甲烷将吸收液体积补充至 5 mL。用 10 mm 比色皿，以吸收液为参比液，在波长 510 nm 处测量吸收液的吸光度。

空白试验 每分析一批试样，按相同步骤制备至少两份空白试样，并同步进行测定。

校准曲线 分别加入 0.00、1 mL、2.5 mL、5 mL、10 mL、15 mL、20 mL 及 25 mL 砷标准使用溶液于 8 个砷化氢发生瓶中，并用蒸馏水稀释至 50 mL。加入 7 mL H_2SO_4 溶液，以下按试样测定步骤进行分析。以测得的吸光度为纵坐标，对应的砷含量（μg）为横坐标，绘制校准曲线。将试样吸光度减去空白试验所测得的吸光度，从校准曲线上查出试样中的含砷量。

(6) 结果计算

土样中总 As 的含量 W(mg/kg) 按式 (5-42) 计算：

$$W(\mathrm{As})=\frac{W_1}{W_2(1-f)} \tag{5-42}$$

式中 W (As) ——土样中总 As 的含量 (mg/kg)；

W_1——测得试液中砷量 (μg)；

W_2——称取土样质量 (g)；

f——土样水分含量 (%)。

(7) 注意事项

① 三氯化二砷剧毒，小心使用。

② 砷化氢剧毒，整个砷化氢发生反应应在通风橱中进行。

③ 完全释放砷化氢后，红色生成物在 2.5 h 内是稳定的，应在此期间内测定吸光度。

思考题

1. 试说明紫外吸收光谱产生的原理。

2. 试说明有机化合物的紫外吸收光谱的电子跃迁的类型及吸收带类型。

3. 在采用分光光度法测定被测试样组分时，为什么一般要选用参比溶液进行参比对照？

4. 根据朗伯—比耳定律，在一定条件下，以吸光度 A 对溶液浓度 c 作图，应得到一条通过原点的直线。但在实际分析工作中，A 与 c 间的线性关系常常发生偏离，其主要原因是什么？

5. 紫外—可见分光光度法在定性分析中的应用主要有哪些？

6. 在单组分的定量测定方法中，对校正曲线法与比较法各有何要求？

7. 从仪器的结构原理来看，紫外—可见分光光度计主要由哪些部件组成？

8. 分光光度计的主要性能指标有哪些？

9. 在采用分光光度法测定被测试样组分时，为什么通常选择最强吸收带的最大吸收波长 (λ_{max}) 为测量的入射波长？

10. 在采用分光光度法测定被测试样组分时，为什么一般要通过调整被测试样溶液的浓度，或选择适当的吸收池使测量的吸光度控制在 0.15～1.00？

参考文献

周梅村. 2008. 仪器分析 [M]. 武汉：华中科技大学出版社.

许金生. 2009. 仪器分析 [M]. 南京：南京大学出版社.

刘约权. 2006. 现代仪器分析 [M]. 2 版. 北京：高等教育出版社.

陈集，饶小桐. 2002. 仪器分析 [M]. 重庆：重庆大学出版社.

张广强，黄世德. 2001. 分析化学下册：仪器分析 [M]. 3 版. 北京：学苑出版社.

郭永等. 2001. 仪器分析 [M]. 北京：地震出版社.

王彤. 2000. 仪器分析与实验 [M]. 青岛：青岛出版社.

李吉学. 1999. 仪器分析 [M]. 北京：中国医药科技出版社.

朱明华，胡坪. 2008. 仪器分析 [M]. 4 版. 北京：高等教育出版社.

王世平，王静，仇厚援. 1999. 现代仪器分析原理与技术 [M]. 哈尔滨：哈尔滨工程大学出版社.

陈培榕，邓勃. 1999. 现代仪器分析实验与技术 [M]. 北京：清华大学出版社.
邓桂春，臧树良. 2001. 环境分析与监测 [M]. 沈阳：辽宁大学出版社.
阎吉昌. 2002. 环境分析 [M]. 北京：化学工业出版社.
吴忠标. 2003. 环境监测 [M]. 北京：化学工业出版社.
奚旦立. 2010. 环境监测 [M]. 4 版. 北京：高等教育出版社.

红外吸收光谱法

✦ ✦ ✦ ✦ ✦ ✦ ✦ ✦ ✦ ✦ ✦

本章提要

红外吸收光谱法是依据物质分子对红外辐射的特征吸收而建立起来的一种光谱分析方法。本章主要介绍红外吸收光谱产生的条件，分子振动的类型；红外吸收光谱与分子结构的关系，常见化合物主要基团的特征吸收频率，引起基团吸收频率位移的因素；红外吸收光谱的定性、定量及结构分析；红外吸收光谱仪的构造；红外吸收光谱法在水体、大气、土壤环境监测中的应用。

✦ ✦ ✦ ✦ ✦ ✦ ✦ ✦ ✦ ✦ ✦

6.1 概　　述

红外吸收光谱法（infrared absorption spectrometry），也称为红外分光光度法（infrared spectrophotometry），简称红外光谱法，以 IR 表示，是以研究物质分子对红外辐射的吸收特性而建立起来的一种定性（包括结构分析）、定量分析方法。该方法依据物质对红外辐射的特征吸收建立起来的一种光谱分析方法。当样品受到频率连续变化的红外光照射时，分子吸收了某些频率的辐射，并由其振动或转动运动引起偶极矩的净变化。产生分子振动和转动能级从基态到激发态的跃迁，使相应于这些吸收区域的透射光强度减弱。记录红外光透光率与波数或波长关系的曲线，就得到红外光谱。就物质分子与光的作用关系而言，红外吸收光谱法与紫外、可见吸收光谱法都属于分子吸收光谱的范畴，但光谱产生的机理不同，前者为振动—转动光谱，后者为电子光谱。

红外吸收光谱法产生于 20 世纪初，人们从 1918 年到 1940 年通过对双原子分子系统研究，建立了一套完整的理论，随后在量子力学的基础上又建立了多原子分子光谱的理论基础，但到目前为止红外光谱法的理论尚未成熟，还难于解释复杂有机物的分子结构与其红外光谱的相互关系。人们从丰富的红外光谱资料中归纳出的大量经验规律是解决结构分析问题的一把钥匙，是有机化合物结构分析最成熟方法之一。

6.1.1　红外光区的划分

红外光谱在可见光区和微波区之间，其波长范围大致为 0.75～1 000 μm（波数 12 800～10 cm^{-1}）。

习惯上将红外光区分为 3 个区：近红外光区、中红外光区、远红外光区。3 个区的波长（波数）范围和能级跃迁类型见表 6-1。

表 6-1　红外光谱区的划分

区　域	波长 λ（μm）	波数 σ（cm^{-1}）	能级跃迁类型
近红外区（泛频区）	0.78～2.5	12 841～4 000	OH、NH 及 CH 键的倍频吸收
中红外区（基本振动区）	2.5～50	4 000～200	分子基团振动，伴随转动
远红外区（转动区）	50～1 000	200～10	分子转动，晶格振动

6.1.2　红外吸收光谱的表示方法

红外吸收光谱中，可用波长 λ、频率 ν 和波数 σ 来表示吸收谱带的位置。由于分子振动的频率数值较大（数量级一般为 10^{13}），使用起来不方便，通常选用波长 λ(μm) 或波数（cm^{-1}）来表示，它们之间的关系为：

$$\sigma(cm^{-1}) = \frac{1}{\lambda(cm)} = \frac{10^4}{\lambda(\mu m)}$$

能量与波数成正比。因此，常用波数作为红外光谱图的横轴标度。红外光谱图的纵坐标表示红外吸收的强弱，常用透光率（*T*）表示。*T*-σ 图上吸收曲线的峰尖向下，聚苯乙烯的红外光谱图如图 6-1 所示。

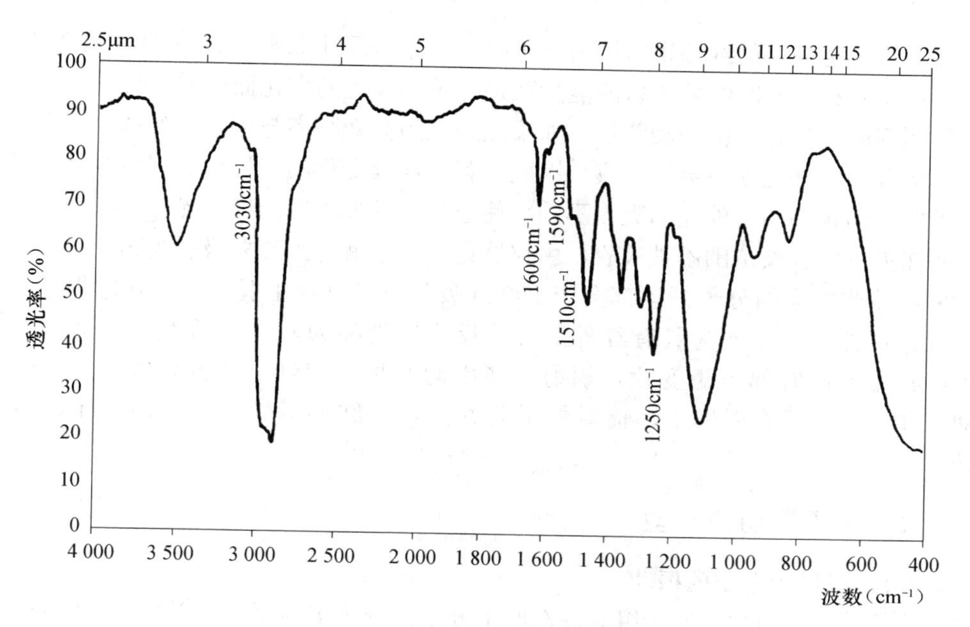

图 6-1　聚苯乙烯的红外光谱图

6.1.3　红外吸收光谱法的特点

红外吸收光谱法有以下特点：

① 具有高度的特征性。除光学异构体外，没有两个化合物的红外吸收光谱完全相同，即每一种化合物都有自己特征的红外吸收光谱，这是进行定性鉴定及结构分析的基础。

② 应用范围广。紫外吸收光谱法不能研究饱和有机化合物，而红外吸收光谱法不仅对所有有机化合物都适用，还能研究配合物、高分子化合物及无机化合物；不受样品状态的限制，无论是固态、液态，还是气态都能直接测定。

③ 分析速度快，操作简便，样品用量少，属于非破坏分析。

④ 红外光谱法灵敏度低。在进行定性鉴定及结构分析时，需要将待测样品提纯。在定量分析中，红外光谱法的准确度低，对微量成分无能为力，远不如比色法及紫外吸收光谱法重要。

6.2　红外吸收光谱法的基本原理

6.2.1　红外光谱产生的条件

红外光谱是由于样品分子吸收电磁辐射导致振转能级跃迁而形成的。但样品分子不是任意吸收一种电磁辐射就能导致振动和转动能级的跃迁，因为分子吸收红外辐射必须满足两个条件：①辐射应具有刚好能满足物质发生振动能级跃迁所需的能量；②辐射与物质之间有偶合作用。即分子振动引起瞬间偶极矩变化。

因此，当一定频率的红外辐射照射分子时，如果分子中某些基团的振动频率和它一致，二者就会产生共振，此时红外辐射的能量通过分子偶极矩的变化而传递给分子，这个基团就吸收一定频率的红外光产生振动跃迁。如果红外光的振动频率与分子中各基团的振动频率不符合，该部分的红外光就不会被吸收。因此，若用连续变化的红外辐射照射样品分子，由于样品分子对不同频率的红外光的吸收不同，使通过样品分子后的红外光在一些波长范围内被吸收，而在另一些波长范围不被吸收，由仪器记录下来就得到红外吸收光谱。

可见，并非所有的分子振动都会产生红外吸收，只有发生偶极矩变化的振动才能引起红外吸收，这种振动称之为具有红外活性；反之，则称为非红外活性。完全对称的双原子分子，其振动没有偶极矩变化，辐射不能引起共振，无红外活性，如 N_2、O_2、Cl_2 等的振动；非对称分子有偶极矩，辐射能引起共振，属红外活性，如 HCl、H_2O 等偶极矩的振动。

6.2.2 分子振动的类型

6.2.2.1 双原子分子的振动

最简单的分子是由两个原子组成的双原子分子。分子中的原子以平衡点为中心，以非常小的振幅作周期性的振动，称为简谐振动。双原子分子就是简谐振动中一种最简单的例子。对双原子分子，可以把它看作一个弹簧两端连接着两个刚性小球，m_1、m_2 分别代表两个小球的质量，弹簧的长度 r 就是化学键的长度，如图 6-2 所示。根据这个模型，双原子分子的振动方式就是在两个原子的键轴方向作简谐振动。

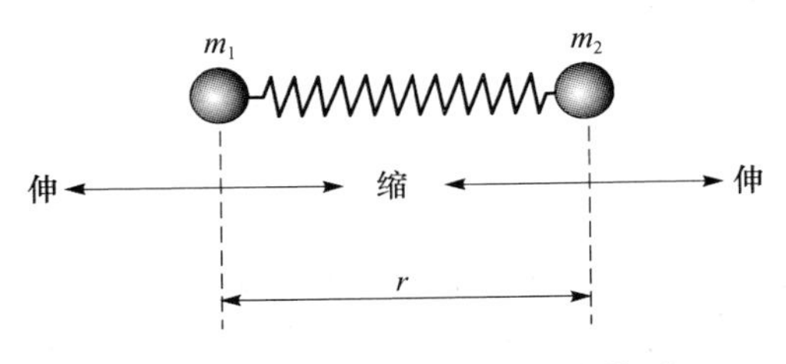

图 6-2 成键双原子间的振动模型

这个体系的振动频率，可用经典力学的虎克定律导出的公式：

$$\nu = \frac{1}{2\pi c}\sqrt{\frac{k}{\mu}} \tag{6-1}$$

式中 ν——振动频率；

c——光速，$c=3\times10^8$ m/s；

k——为弹簧的力常数，在此为连结两个原子的化学键的力常数（N/cm）；

μ——两个原子的折合质量，以原子质量（amu）为单位。

$$\mu = \frac{m_1 \cdot m_2}{m_1 + m_2} \tag{6-2}$$

式（6-1）可以简化为：

$$\nu = 1\,303\sqrt{\frac{k}{\mu}} \tag{6-3}$$

如果振动行为用简谐振动模型表示时，分子的振动频率可以用式（6-3）来计算。即分子的振动频率取决于化学键的强度（力常数）和原子的质量，化学键的力常数 k 越大，原子折合质量 μ 越小，化学链的振动频率越高，吸收峰将出现在高波数区；相反，则出现在低波数区。

已测得：

单键的力常数　$k=4\sim6$ N/cm；

双键的力常数　$k=8\sim12$ N/cm；

三键的力常数　$k=12\sim18$ N/cm。

实际上用简谐振动的谐振子模型来讨论键的振动，显然是不符合实际的。上面的这种计算，只适用于双原子分子或多原子分子中影响因素小的谐振子。实际上，在一个分子中，基团与基团之间，基团的化学键之间都相互有影响，因此，基本振动频率除了决定于化学键力常数和化学键两端的原子的质量外，还与内部及外部因素有关。

6.2.2.2　多原子分子的振动

多原子分子的振动，包括双原子分子沿其核—核的伸缩振动，以及能引起键角参数变化的各种变形振动。因此，一般将振动形式分为两类：伸缩振动和变形振动。

（1）伸缩振动

伸缩振动是指原子沿着键轴方向伸缩使键长发生周期性变化的振动，即振动时键长发生变化，键角不变。伸缩振动又分为对称伸缩振动和不对称伸缩振动。对称伸缩振动频率用符号 ν_s 表示，振动时各键同时伸长和缩短。不对称伸缩振动频率用符号 ν_{as} 表示，振动时某些键伸长而另外的键则缩短。对同一基团来说，不对称伸缩振动的频率要稍高于对称伸缩振动的频率。这是因为不对称伸缩振动所需的能量比对称伸缩振动所需的能量高。

（2）变形振动

变形振动又称为弯曲振动，是指键角发生变化的振动，其基团键角发生周期变化，而键的长度不变。它又分为面内弯曲振动和面外弯曲振动。面内弯曲振动的振动方向位于分子的平面内，而面外弯曲振动则是在垂直于分子平面方向上的振动。

面内弯曲振动又分为剪式振动和平面摇摆振动。两个原子在同一平面内彼此相向弯曲称为剪式振动，其频率用符号 δ 表示；若键角不发生变化，两个原子只是作为一个整体在平面内左右摇摆，称为平面摇摆振动，其频率用符号 ρ 表示。

面外弯曲振动也分为两种。一种是面外摇摆振动，振动时基团作为整体垂直于分子平面前后摇摆，键角基本不发生变化，其频率用符号 ω 表示；另一种是扭曲振动，两个原子在垂直于分子平面的方向上前后相反地来回扭动，其频率用符号 τ 表示。

图 6-3 为亚甲基（—CH_2—）的基本振动形式。对于同一个基团，弯曲振动所需要的能量小，出现在低频区；伸缩振动所需要的能量高，出现在高频区。

6.2.2.3　分子的振动自由度与红外吸收峰数

双原子分子只有一种振动形式——伸缩振动，多原子分子则不然。组成分子的原子越多，振动的形式就越多，一般用振动自由度（degress of freedom）来描述。振动自由度，即分子独立振动的数目。多原子分子虽然振动形式复杂，但可以分解成许多简单的基本振动，如上述分解成伸缩振动、各种弯曲振动等。

分子的振动数目与分子中所含原子的数目有关。分子中每一原子可沿三维坐标的 X、Y、Z 轴运动，即每个原子在空间的运动有 3 个自由度，那么含有 N 个原子的分子在空间的运动就有 $3N$ 个自由度。由于化学键将 N 个原子连结在一起构成一个整体，分子作为一个

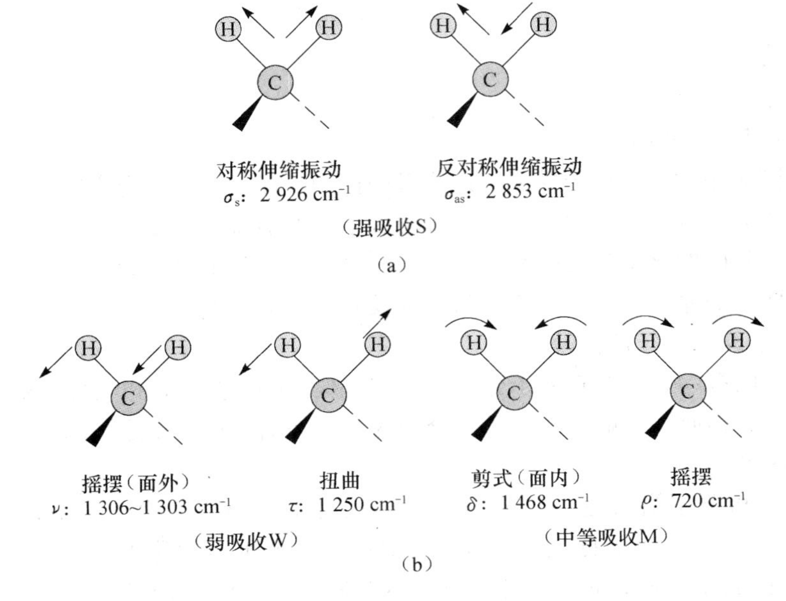

图 6-3 亚甲基（—CH_2—）的基本振动形式

（a）伸缩振动 （b）变形振动

整体的运动有平动、转动和振动。N 个原子都向一个坐标方向运动就构成平动，1 个分子有 3 个平动自由度。转动是分子围绕其质量重心轴所作的旋转运动，非线性分子可以绕 X、Y 和 Z3 个轴转动，有 3 个转动自由度；线性分子只有 2 个转动自由度，因为以键轴为轴的转动惯量（即原子质量和原子与转轴距离之平方的乘积的总和）为零，因此以键轴为轴的转动不能算作转动自由度。

由 $3N$ 个自由度扣除平动及转动自由度后即为分子的振动自由度或分子的基本振动数目。

振动数目＝$3N-6$（非线性分子）或振动数目＝$3N-5$（线性分子）

例如，水分子是非线性分子，其基本振动数为 $3\times3-6=3$，故水分子有 3 种振动形式，如图 6-4 所示；CO_2 分子是线性分子，基本振动数 $3\times3-5=4$，故有 4 种基本振动形式，如图 6-4 所示。

6.2.2.4 吸收峰数目减少的原因

理论上，有机分子有多种简并振动方式，每种简并振动都具有一定能量，可以在特定的频率发生吸收，每种简并振动对应一种基频峰，因此，其红外光谱中基频峰数应等于简并振动或数，即应有（$3N-6$）或（$3N-5$）个基频吸收峰。也就是说，每一个振动自由度（基本振动）在红外吸收光谱中出现一个吸收峰，分子振动自由度数目越多，则在红外吸收光谱中出现的峰数也就越多。但是，实际峰数一般少于基本振动数。其原因如下：

① 没有偶极矩变化的振动不产生红外吸收，如 CO_2 分子的对称伸缩振动。

② 相同频率的振动吸收重叠，即简并，如 CO_2 分子的面内变形振动和面外变形振动。

③ 仪器不能区别那些频率十分接近的振动，或因吸收带很弱，仪器检测不出。

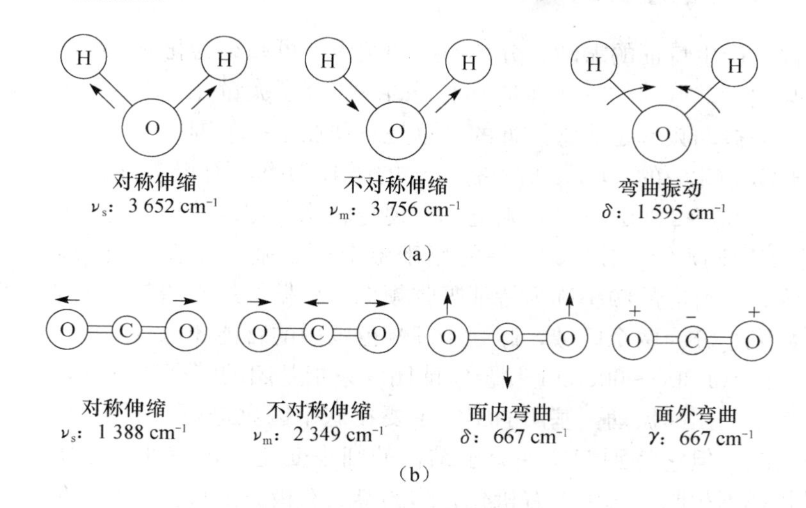

图 6-4　水分子和二氧化碳分子振动方式

(a) 水分子的简并振动形式　(b) 二氧化碳分子的简并振动形式

④ 有些吸收带落在仪器检测范围之外。

6.2.3　红外吸收峰的强度

红外光谱中，吸收峰的强度主要由两个因素决定。

(1) 振动偶极矩变化程度

振动中取决于振动偶极矩变化的程度，振动偶极矩越大，吸收峰强度越强。偶极矩变化的大小主要取决于下列因素：键两端原子电负性、振动方式、分子的对称性及其他影响因素(如费米共振、形成氢键及共轭等因素)。

(2) 能级跃迁概率大小

能级跃迁概率的大小，跃迁概率越大，则吸收峰强度越大。通常 $\Delta V=\pm 1$ 跃迁的概率最大，所以基频峰比相应的倍频、组频峰的强度高。倍频峰是从基态跃迁到第二激发态，偶极距变化大，峰强本该增大，但是由于跃迁的概率很低，结果峰强反而很弱。而试样浓度加大，峰强也随之加大，则是跃迁概率增加的结果。

在红外光谱中，按摩尔吸光系数 ε [L/(mol · cm)] 的大小来划分吸收场的强弱等级，其具体划分清况如下：

$\varepsilon>100$ L/(mol · cm)	非常强峰 (vs)
20 L/(mol · cm) $<\varepsilon<$100 L/(mol · cm)	强峰 (s)
10 L/(mol · cm) $<\varepsilon<$20 L/(mol · cm)	中强峰 (m)
1 L/(mol · cm) $<\varepsilon<$10 L/(mol · cm)	弱峰 (w)

6.3　红外吸收光谱与分子结构的关系

6.3.1　红外吸收光谱特征吸收频率

红外光谱的最大特点是具有特征性。复杂分子中存在许多原子基团，各个原子基团在分子被激发后，都会产生特征的振动。分子的振动实质上可归结为化学键的振动。因此，红外光谱的特征性与化学键振动的特征性是分不开的。研究了大量化合物的红外光谱后发现，同一类型的化学键的振动频率是非常接近的，总是出现在某一范围内。

例如，CH_3CH_2Cl 中的—CH_3 基团有一定的吸收频率，而很多具有—CH_3 基团的化合物在这个频率（3 000～2 800 cm^{-1}）附近亦出现吸收峰，可以认为出现在这个范围内的频率是—CH_3 基团的特征频率。因此，凡是能用于鉴定原子基团存在并有较高强度的吸收峰，称为特征吸收峰，其对应的频率称为特征吸收频率。根据红外光谱与分子结构的特征，可将红外光谱按波数大小分为两个区域，即处于高频范围内的官能团区（4 000～1 300 cm^{-1}）和频率较低的指纹区（1 300～600 cm^{-1}）。官能团区系指基团的特征频率区，它的吸收光谱主要反映分子中特征基团的振动，基团的鉴定主要在这个区里进行。而指纹区犹如人的指纹，吸收光谱十分复杂，但它特别能反映分子结构的细小变化，每一种化合物在该区的谱带位置、强度和形状都不相同，所以对有机化合物的鉴定有极大的价值。利用红外光谱鉴定有机化合物，应该熟悉重要的红外光谱区域内基团和频率的关系。

6.3.2 官能团区

4 000～1 300 cm^{-1}区域的峰是由 X—H（X 为 O、N、C 等）单键的伸缩振动，以及各种双键、三键的伸缩振动所产生的吸收带。由于基团吸收峰一般位于此高频范围，并且在该区内峰较稀疏，因此，它是基团鉴定工作最有价值的区域，称为官能团区（或基频区）。

官能团区又可分为 4 个区域。

（1）X-H 伸缩振动区（X 代表 C、O、N、S 等原子）

频率范围为 4 000～2 500 cm^{-1}，在这个区域内主要包括 O—H、N—H、C—H 和 S—H 键的伸缩振动。O—H 伸缩振动在 3 700～3 100 cm^{-1}，氢键的存在使频率降低，谱峰变宽，它是判断有无醇、酚和有机酸的重要依据；C—H 伸缩振动分饱和烃和不饱和烃两种，饱和烃 C—H 伸缩振动在 3 000 cm^{-1}以下，不饱和烃 C—H 伸缩振动（包括烯烃、炔烃、芳烃的 C—H 伸缩振动）在 3 000 cm^{-1}以上。因此，3 000 cm^{-1}波数是区分饱和烃和不饱和烃的分界线。N—H 伸缩振动在 3 500～3 300 cm^{-1}区域，它和 O—H 谱带重叠，但峰形比 O—H 尖锐。伯、仲酰胺和伯仲胺类在该区都有吸收谱带。

（2）叁键和累积双键区

频率范围在 2 500～2 000 cm^{-1}。该区红外谱带较少，主要包括—C≡C—，—C≡C—，—C≡N等三键的伸缩振动和—C═C═C，—C═C═O 等累积双键的反对称伸缩振动。

（3）双键伸缩振动区

在 2 000～1 500 cm^{-1}区域，该区主要包括 C═O，C═C，C═N，N═O 等的伸缩振动以及苯环的骨架振动，芳香族化合物的倍频谱带。羰基的伸缩振动在 1 600～1 900 cm^{-1}区域，所有羰基化合物，如醛、酮、羧酸、酯、酰卤、酸酐等在该区均有非常强的吸收带。因此，C═O 伸缩振动吸收带是判断有无羰基化合物的主要依据。C═C 伸缩振动出现在 1 600～1 900 cm^{-1}，一般情况下强度比较弱。单环芳烃的 C═C 伸缩振动出现在 1 500～1 480 cm^{-1}和 1 600～1 590 cm^{-1}两个区域。这两个峰是鉴别有无芳环存在的重要标志之一。

苯的衍生物在 2 000～1 667 cm^{-1}区域出现 C—H 面外弯曲振动的倍频峰或组合频峰，

它的强度很弱，但该区吸收峰的数目和形状与芳环的取代类型有直接关系，在鉴定苯环取代类型上非常有用。

（4）X—Y 伸缩振动及 X—H 变形振动区<1 650 cm^{-1}

这个区域的光谱比较复杂，主要包括 C—H、N—H 变形振动 C—O、C—X（卤素）等伸缩振动，以及 C—C 单键骨架振动。

从上述可见，利用官能团区不同类型基团产生的特征频率以及同一类型基团在不同化合物中由于环境不同造成的特征频率的差别可推断分子中含有哪些基团，确定化合物的类别。

6.3.3 指纹区

1 300～400 cm^{-1}区域称为指纹区，该区的能量比官能团区低，各种单键的伸缩振动，以及多数基团的变形振动均在此区出现。该区的吸收光谱较为复杂，当分子结构稍有不同时，该区的吸收就有细微的差异。这种情况就像每个人都有不同的指纹一样，因而称为指纹区。指纹区对于区别结构类似的化合物很有帮助。

习惯上将指纹区分为两个波段：

（1）1 300～900 cm^{-1} 区域

该区域的红外吸收信息非常丰富，所有单键的伸缩振动的分子骨架振动都在这个区域。该区域包括 C—O、C—N、C—F、C—P、C—S、P—O、Si—O 等键的伸缩振动频率区和 C═S、S═O、P ═O 等双键的伸缩振动频率区，以及一些变形振动频率区。其中甲基（—CH_3）的对称变形振动出现在 1 380 cm^{-1}附近，对判断甲基很有价值；C—O 的伸缩振动出现在 1 300～1 000 cm^{-1}范围，是该区域最强的峰，也易识别。

（2）900～400 cm^{-1} 区域

这一区域的吸收峰可用来确认化合物的顺反构型。例如，烯烃的═C—H 面外弯曲振动的吸收峰位置取决于双键的取代情况，反式构型的吸收谱带出现在 990～970 cm^{-1}，而顺式结构的吸收谱带出现在 690 cm^{-1}附近。利用本区域中苯环的 C—H 面外变形振动吸收峰和 2 000～1 667 cm^{-1}区域苯的倍频或组合频吸收峰，可以共同配合来确定苯环的取代类型。

指纹区和官能团区的信息功能各不相同。从官能团区可以找出该化合物具有的官能团，指纹区的吸收则宜用于与标准图谱（或已知物对照图谱）进行比较，从而得出该未知物与已知物结构是否相同的确切结论。在未知物鉴定、结构分析中，官能团区和指纹区的功能可以互相补充。

6.3.4 常见化合物主要基团的特征吸收频率

一个基团常有数种振动形式，每种红外活性振动都能在红外图谱上产生一个相应的吸收峰，因此情况相当复杂。用红外光谱确定某官能团是否存在时，首先应考察官能团区的特征峰是否存在，同时也应找到它们的相关峰进行佐证。例如，—C—OH（C 上下各连一键）除在 1 000 cm^{-1}分别有 O—H 面内变形振动和 C—O 伸缩振动。后面的这两个峰的出现，进一步证实了 —C—OH（C 上下各连一键）的存在。

表 6-2 中列出了典型化合物重要基团频率，以供参考。

表 6-2 典型化合物重要基团频率 σ

化合物类型	振动形式	波数范围（cm^{-1}）
烷烃	C—H 伸缩振动 CH_3 变形振动 CH_2 变形振动 CH_2 变形振动（4 个以上）	2 975～2 800 ～1 465 1 385～1 370 ～720
烯烃	=CH 伸缩振动 C=C 伸缩振动（孤立） C=C 伸缩振动（共轭） C—H 面内变形振动 C—H 变形振动（—CH=CH_2） C—H 变形振动（反式） C—H 变形振动（顺式） C—H 变形振动（三取代）	3 100～3 010 1 690～1 630 1 640～1 610 1 430～1 290 ～990 和～910 ～970 ～700 ～815
炔烃	≡C—H 伸缩振动 C≡C 伸缩振动 ≡C—H 变形振动	～3 300 ～2 150 650～600
芳烃	=C—H 伸缩振动 C=C 骨架伸缩振动 C—H 变形振动和 δ 环（单取代） C—H 变形振动（邻位二取代） C—H 变形振动和 δ 环（间位二取代） C—H 变形振动（对位二取代）	3 100～3 000 ～1 650 和～1 500 770～730 和 715～685 770～735 ～880、～780 和～690 850～800
醇	O—H 伸缩振动 C—O 伸缩振动	～3 650 或 3 400～3 300（氢键） 1 260～1 000
醚	C—O—C 伸缩振动（脂肪族） C—O—C 伸缩振动（芳香族）	1 300～1 000 ～1 250 和～1 120
醛	O=C—H 伸缩振动 C=O 伸缩振动	～2 820 和～2 720 ～1 725
酮	C=O 伸缩振动 C—C 伸缩振动	～1 715 1 300～1 100
酸	O—H 伸缩振动 C=O 伸缩振动 C—O 伸缩振动 O—H 变形振动 O—H 面外变形振动	3 400～2 400 1 760 或 1 710（氢键） 1 320～1 210 1 440～1 400 950～900
酯	C=O 伸缩振动 C—O—C 伸缩振动（乙酸酯） C—O—C 伸缩振动	1 750～1 735 1 260～1 230 1 210～1 160
酰卤	C=O 伸缩振动 C—Cl 伸缩振动	1 810～1 775 730～550
酸酐	C=O 伸缩振动 C—O 伸缩振动	1 830～1 800 和 1 775～1 740 1 300～900

（续）

化合物类型	振动形式	波数范围（cm^{-1}）
胺	N—H 伸缩振动 N—H 变形振动 C—N 伸缩振动（烷基碳） C—N 伸缩振动（芳基碳） N—H 变形振动	3 500～3 300 1 640～1 500 1 200～1 025 1 360～1 250 ～800
酰胺	N—H 伸缩振动 C═O 变形振动（伯酰胺） N—H 变形振动（伯酰胺） N—H 变形振动（仲酰胺） N—H 面外变形振动	3 500～3 180 1 680～1 630 1 640～1 550 1 570～1 515 ～700
卤代烃	C—F 伸缩振动 C—Cl 伸缩振动 C—Br 伸缩振动 C—I 伸缩振动	1 400～1 000 785～540 650～510 600～485
氰基化合物	C≡N 伸缩振动	～2 250
硝基化合物	—NO_2（脂肪族） —NO_3（芳香族）	1 600～1 530 和 1 390～1 300 1 550～1 490 和 1 355～1 315

6.3.5 引起基团吸收频率位移的因素

分子中各基团的振动并不是孤立的，要受到分子中其他部分，特别是邻近基团的影响，有时还会受到溶剂、测定条件等外部因素的影响。因此，了解基团振动频率的影响因素，对于解析红外光谱和推断分子的结构是非常有用的。引起基团频率位移的因素大致可分成两类，即内部因素和外部因素。

6.3.5.1 内部因素

（1）诱导效应（I 效应）

分子内某个基团邻近带有不同电负性的取代基时，由于诱导效应引起分子中电子云分布的变化，从而引起键力常数的改变，使基团吸收频率变化。通常情况下，吸电子基团使邻近基团吸收峰移向高波数区，给电子基团使邻近基团吸收峰移向低波数区。如 R—C(═O)—OR′ 中 $\nu_{C=O}$（1 725 cm^{-1}）比 R—C(═O)—R′ $\nu_{C=O}$（1 715 cm^{-1}）高，这是由于酯中吸电子基团—OR′的吸电子作用比—R′强，使酯中羰基碳原子上正电荷增加，而使 C═O 的双键性增加，力常数增大，$\nu_{C=O}$向高波数方向移动。

（2）中介效应（M 效应）

当含有孤对电子的原子（如 O、N、S 等）与具有多重键的原子相连时，孤对电子和多重键形成 p-π 共轭作用，称为中介作用。例如， R—C(═O)—NH_2 中氮有孤对电子，和 C═O 双键形成共轭作用，使 C═O 键的力常数减小，振动频率向低波数方向位移到 1 650 cm^{-1}左右。事实上，在酰胺分子中，除了氮原子的中介效应外，还同时存在诱导效应，由于氮原子的电负性比碳原子大，会增加 C═O 键的力常数。对同一基团来说，若诱导效应 I 和中介效应 M 同时存在，则振动频率最后位移的方向和程度取决于这两种效应的净结果。当 I 效应>M 效应时，振动频率向高波数方向移动；反之，振动频率向低波数方向移动。

$\sigma_{C=O}(cm^{-1})$　R—C(═O)→ÖR　1 735（I效应>M效应）　R—C(═O)—R′　1 715　R—C(═O)→S̈R　1 690（I效应<M效应）

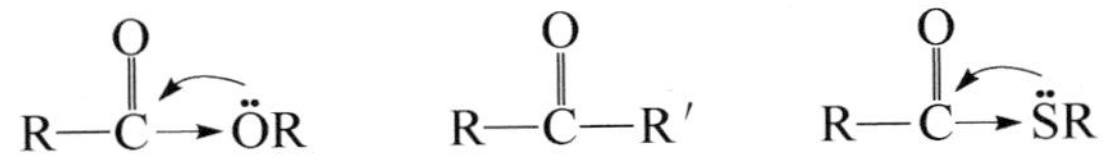

（3）共轭效应（C 效应）

共轭效应使共轭体系中电子云分布密度平均化，使共轭双键的电子云密度比非共轭双键的电子云密度低，共轭双键略有伸长，力常数减小，因而振动频率向低波数方向移动。

$\nu_{C=O}(cm^{-1})$　R—C(═O)—R′　1 725~1 710　R—C(═O)—C₆H₅　1 695~1 680　C₆H₅—C(═O)—C₆H₅　1 667~1 661　—CH═CH—C(═O)—CH₂—　1 685~1 665

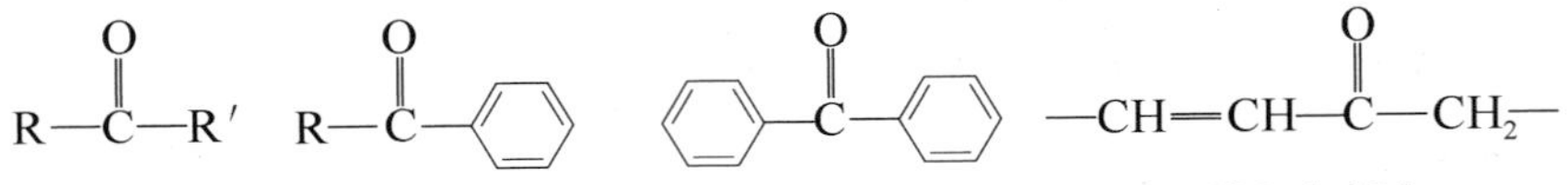

（4）氢键效应

氢键使基团化学键的力常数减小，伸缩振动波数降低、峰形变宽，吸收强度增加。变形振动吸收频率移向高波数区，但变化不如伸缩振动显著。氢键可分为分子间氢键和分子内氢键。分子内氢键的形成可使化合物的谱带大幅度地向低波数方向移动。例如，邻羟基苯甲酸的羟基与羰基形成分子内氢键时，$\nu_{C=O}$、$\nu_{O\text{-}H}$ 都移向低波数区。分子间氢键与溶液的浓度和溶剂的性质有关。例如，以 CCl_4 为溶剂测定乙醇的红外光谱，当乙醇浓度小于 0.01 mol/L 时，分子间不形成氢键，只显示游离 OH 的吸收（3 640 cm^{-1}）；但随着溶液中乙醇浓度的增加，游离羟基的吸收减弱，二聚体（3 515 cm^{-1}）和多聚体（3 350 cm^{-1}）的吸收相继出现，并显著增加。当乙醇浓度为 1.0 mol/L 时，主要以多缔合形式存在。分子内氢键不受溶液浓度的影响。因此，采用改变溶液浓度的办法进行测定，可以与分子间氢键区别。

（5）位阻效应

若分子结构中存在空间阻碍，使共轭效应受到限制，则基团吸收接近正常值。

（6）环的张力

一般而言，随着环的缩小，环的张力增大时，环双键伸缩振动的吸收频率逐渐升高；环内双键的 C═C 伸缩振动吸收频率随环的减小而降低。前者可能与轨道杂化状态的变化有关，后者与键角变小有关。

（7）振动耦合

振动耦合是指化合物中两个化学键的振动频率相等或接近并具有一个公共的原子时，通过公共原子使两个键的振动相互作用，使振动频率发生变化，一个向高频率移动，一个向低频率移动，使谱带分裂。

振动耦合常常出现在一些二羰基化合物中。例如，在酸酐 R—C(═O)—O—C(═O)—R 中，由于两

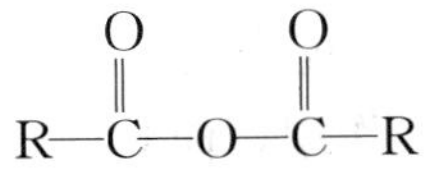

个羰基的振动耦合，使$\sigma_{C=O}$的吸收峰分裂成两个峰，分别出现在1 820 cm^{-1}和1 760 cm^{-1}。

(8) 费米共振

当弱的倍频（或组合频）位于某强的吸收峰附近时，它们的吸收峰强度常常随之增加，或发生谱峰分裂。这种倍频（或组合频）与基频之间的振动耦合，称为费米共振。

例如，在正丁基乙烯基醚（C_4H_9—O—CH—CH_2）中，烯基$\sigma_{—CH}$810 cm^{-1}的倍频（约在1 600 cm^{-1}）与烯基的$\sigma_{C=C}$发生费米共振，结果在1 640 cm^{-1}和1 613 cm^{-1}出现两个强的吸收峰。

(9) 杂化的影响

杂化轨道中s轨道成分越多，键能越高，键长越短，力常数越大，伸缩振动的频率向高频移动，所以$\nu_{C—H}$(饱和) <3 000 cm^{-1}，$\nu_{C—H}$(不饱和) >3 000 cm^{-1}。

(10) 分子互变异构

当有互变异构现象存在时，在红外光谱上能够看到各种异构体吸收带。各种吸收的相对强度不仅与基团种类有关，而且与异构体的含量有关。如乙酰乙酸乙酯有酮式和烯醇式结构，两者的吸收都能在红外谱图上找到，但烯醇式$\nu_{C=O}$较酮式$\nu_{C=O}$弱，说明烯醇式较少。

6.3.5.2 外部因素

影响基团频率位移的外部因素主要指测定时试样的状态、溶剂效应等因素。同一物质在不同状态时，由于分子间相互作用力不同，所得光谱也往往不同。分子在气态时，其相互作用很弱，可测得的谱带波数最高，并能观察到伴随振动光谱的转动精细结构。处于液态和固态时，分子间的作用力较强，测得的谱带波数较低，如丙酮在气态时，$\nu_{C=O}$=1 742 cm^{-1}，液态时为1 718 cm^{-1}。

在溶液中测定光谱时，由于溶剂种类、溶液浓度和测定时的温度不同，同一物质所测得的光谱也不相同。通常在极性溶剂中，溶质分子的极性基团伸缩振动频率随溶剂极性的增加而向低波数方向移动，并且强度增大。因此，在红外光谱测定中，应尽量采用非极性溶剂，并在查阅标准谱图时注意试样的状态和制样方法。

可见，基团频率的位置主要由4个方面决定，即化学键两端原子的质量、化学键的力常数、分子的内部结构以及外部化学环境等。

6.3.6 红外吸收光谱法的应用

6.3.6.1 红外吸收光谱的定性及结构分析

红外吸收光谱最大的特点是具有高度的特征性，除光学异构体外，几乎所有的有机化合物都有其特征的红外吸收光谱。因此，红外吸收光谱法是进行有机化合物定性及结构分析的主要工具之一。

如果被鉴定的化合物的结构明确，仅要求用红外吸收光谱证实它是否为所期待的化合物，通常采用比较法。该法是把相同条件下记录的被测物质与标准物质的红外吸收光谱进行比较。如两者的制样方法、测试条件都相同，记录所得的红外吸收光谱图在吸收峰位置、强度和峰形上都相同，则此两种物质便是同一种物质。相反，如果两光谱图面貌不一样，或者峰位不对，则说明两种物质不为同一物质，或试样中含有杂质。

确定未知物的结构是红外吸收光谱定性分析的一个重要用途。在定性分析过程中，除了获得清晰可靠的光谱图外，最重要的是对光谱图作出正确的解析。光谱图解析就是根据实验所测绘的红外吸收光谱图的吸收峰位置、强度和形状，利用基团振动频率与分子结构的关系来确定吸收带的归属，确认分子所含的基团或键，并进一步推定分子的结构。

6.3.6.2 红外吸收光谱的定量分析

红外吸收光谱定量分析的原理和紫外—可见吸收光谱一样，也是依据朗伯—比尔定律，通过对特征吸收谱带强度的测量，来求组分含量。由于红外吸收光谱的谱带较多，特征吸收波长选择余地大，样品不受状态限制，这是红外光谱定量分析的有点。但该法灵敏度低，不适合微量组分的测定。

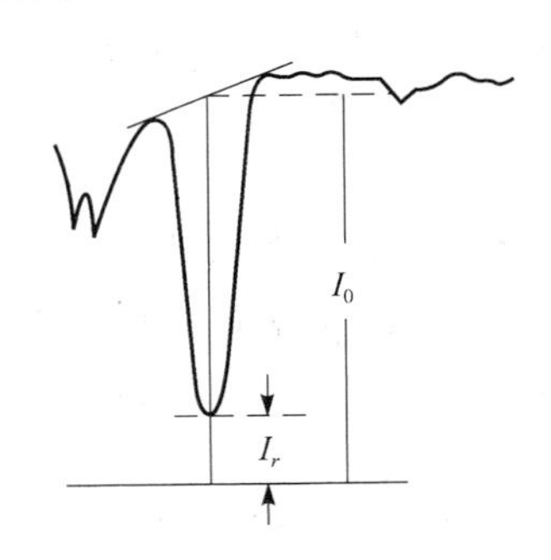

图 6-5 基线法测量吸光度

红外光谱定量时吸光度的测定通常采用基线法，如图 6-5 所示。在红外光谱分析中，背景吸收完全可以忽略的情况是很少见的，而且谱带的形状往往是不对称的，这种情况下，在定量谱带的两侧，选谱带两边的最大透光率处的两点划切线作为基线，图中 I 与 I_0 之比就是透光率（T），测定后即可转换为吸光度。由此可知，所谓基线法，实际上就是用基线来表示该分析峰不存在的背景吸收线，并用它来代替记录纸上的 100%（完全透过）坐标。另外，还可用校正曲线法、联立方程求解法等方法进行定量分析。

6.4 红外吸收光谱仪

目前，生产和使用的主要有两类红外光谱仪：一是色散型红外光谱仪，二是傅里叶变换型红外光谱仪。色散型红外光谱仪指色散元件棱镜、光栅作为分光系统的第一代和第二代红外光谱仪；傅里叶变换型红外光谱仪是指利用光的干涉作用进行测定的第三代光谱仪，它是 20 世纪 70 年代出现的，没有色散元件。

6.4.1 仪器的构造

红外吸收光谱仪同紫外—可见分光光度计相似，也是由光源、单色器、吸收池、检测器和记录器等部分所组成。但由于两类仪器工作波长范围不同，各部件的材料、结构及工作原理都有差异。它们最基本的一个区别是：红外吸收光谱仪的吸收池放在光源和单色器之间，紫外—可见分光光度计的吸收池则放在单色器的后面。试样被置于单色器之前，一是因为红外辐射没有足够的能量引起试样的光化学分解；二是可使抵达检测器的杂散辐射量（来自试样和吸收池）减至最小。

6.4.1.1 光源

红外吸收光谱仪所用的红外光源通常是一种惰性固体，用电加热，使之产生类似于黑体辐射的连续辐射。最常用的是能斯特灯和硅碳棒灯。

（1）能斯特灯

能斯特灯由氧化钇、氧化锆和氧化钍等稀土元素氧化物的混合物烧结制成，是直径 2 mm，长约 30 mm 的圆筒状物体，工作温度为 1 750℃，功率约 50～200 W，使用波数范围为 400～5 000 cm^{-1}。稳定性好，发光强度大，但机械强度较差，性脆易碎。

（2）硅碳棒

硅碳棒是由碳化硅烧结而成，一般为两端粗中间细的实心棒，直径约 2.5 mm，长约 50 mm，中间为发光部分，工作温度为 1 200～1 400℃，功率约 200～400 W，使用范围为 400～5 000 cm^{-1}。发光面积大、坚固耐用，寿命长。

6.4.1.2 吸收池

由于玻璃、石英等对红外光均有吸收，因此，红外光谱吸收池窗口一般用一些盐类的单晶作为透光材料制作而成，如 NaCl、KBr、CsI 等。盐片窗易吸潮变乌，因而应注意防潮。

6.4.1.3 单色器

单色器位于吸收池和检测器之间，单色器由可变的入射和出射狭缝、用于聚焦和反射光束的准直反射镜和色散元件按一定的组合构成。其作用是把通过吸收池进入入射狭缝的复合光分解成单色光再照射到检测器上。色散元件为棱镜或光栅。制作棱镜的材料和吸收池一样，应能透过红外辐射。由于棱镜易吸收水蒸气而使表面透光性变差，其折射率会随温度升高而降低，近年已被衍射光栅取代。衍射光栅是在金属基材上的每毫米间隔内，用激光刻画数十条甚至上百条的等距漏空线槽而构成的。当红外光照射到光栅表面，光栅的每个狭缝对光的衍射和缝间干涉产生的衍射光强度的极大位置与波长相关。

早期的红外光谱仪的棱镜一般由 NaCl 或 KBr 等盐的晶体制成，现代的红外光谱仪采用平面衍射光栅。傅里叶变换红外光谱仪不需要分光。

6.4.1.4 检测器

由于红外光子能量低，不足以引发电子发射，紫外—可见检测器中的光电管等不适用于红外光的检测。红外光区要使用以辐射热效应为基础的热检测器。

热检测器通过小黑体吸收辐射，并根据引起的热效应测量入射辐射的功率。为了减少环境热效应的干扰。吸收元件应放在真空中，并与其他热辐射源隔离。

热检测器分为 3 类：真空热电偶、热电检测器和光电导检测器。

（1）真空热电偶

真空热电偶是色散型红外吸收光谱仪中最常用的一种检测器。它根据热电偶的两端点由于温度不同产生温差热电势这一原理，让红外光照射热电偶的一端，使两端点间的温度不同，而产生电势差的。当回路中有电流通过时，电流的大小会随照射的红外光的强弱而变化。它以一片涂黑的金箔作为红外辐射的接收面。而金箔的另一面焊有两种不同的金属、合金或半导体作为热电偶的“热端”。在冷接点端（通常为室温）连有金属导线。为了提高灵敏度和减少热传导的损失，热电偶密封在一个高真空的腔体内。在腔体上对着涂黑的金箔开一小窗，窗口用红外透光材料（如 KBr、CsI、KRS-5 等）制成。

（2）热电检测器

热电检测器是在傅里叶变换红外吸收光谱仪中应用的检测器。它用硫酸三甘肽（简称 TGS）的单晶薄片作为检测元件。TGS 的极化效应与温度有关，温度升高，极化强度降低。在 TGS 薄片的一面镀铬，另一面镀金，即形成两个电极，当红外光照射在薄片上时，引起温度升高，极化度改变，表面电荷减少，相当于因温度升高而释放了部分电荷，通过外部连接的电路测量电流的变化可实现检测。热电检测器的特点是响应速度很快，可以跟踪干涉仪随时间的变化，实现高速扫描。目前使用最广泛的晶体材料是氘代硫酸三苷肽（DTGS）。

（3）光电导检测器

光电导检测器是由一层半导体薄膜（如硫化铅、汞/镉碲化物或者锑化铟等）沉积到玻璃表面组成的，而且将其抽真空并密封以与大气隔绝。这些半导体材料，当有红外光照射时，非导电电子将被激发到受激导电态。测量其电导或电阻的变化，可以检测红外光的强度。除硫化铅广泛应用于近红外光区外，在中红外和远红外光区主要采用汞/镉碲化物作为敏感元件，为了减少噪声，必须用液氮冷却。以汞/镉碲化物作为敏感元件的光电导检测器提供了优于热电检测器的响应特征，广泛应用于多通道傅里叶变换红外吸收光谱仪中．特别是在与气相色谱联用的仪器中。

6.4.2 色散型红外光谱仪

色散型双光束红外分光光度计工作原理如图 6-6 所示。

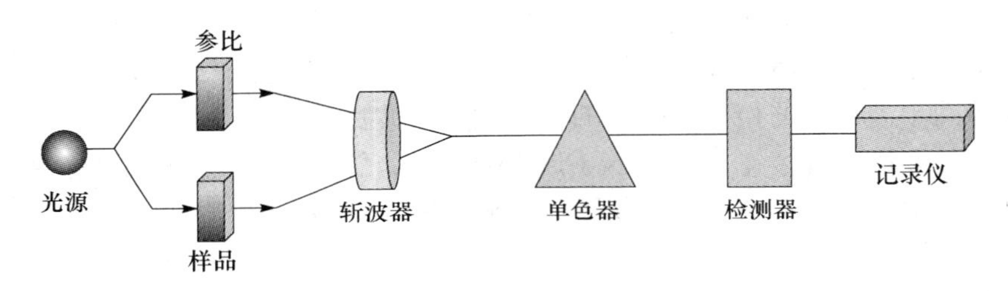

图 6-6 色散型双光束红外分光光度计工作原理

从光源发出的红外辐射分成等强度的两束：一束通过参比池，另一束通过样品池。通过参比池的光束经衰减器（光梳）与通过样品池的光束在切光器（斩波器）处汇集。切光器（斩波器）能使参比光束和样品光束（经镜面反射或穿过空隙）交替进入单色器。经光栅色散之后，两光束交替射到检测器上。光栅的转动与红外图谱图纸横坐标方向的运动相关联。若样品在某一波段对红外光有吸收，两光束的强度就不平衡，于是检测器产生一个交变信号。该信号经放大、整流后，负反馈于连接衰减器的同步马达，该马达使光梳更多地遮挡参比光束，直至两光束强度相等（此时交变信号为零，不再有反馈信号）。由于记录笔和衰减器同步，通过连续扫描，就能得到红外吸收光谱图。

色散型红外光谱仪价格较低，用途广泛，能满足一般分析和研究要求。将其与计算机联用，具有数据储存、累加、差谱、谱库检索和定量分析等功能，除了扫描速度慢，不适用于快速化学反应跟踪和不利于与气液色谱联用外，其他均可与傅里叶变换红外光谱仪相媲美。

6.4.3 傅里叶变换红外光谱仪

傅里叶变换红外吸收光谱仪由光源、迈克尔逊干涉仪、样品室、检测器、计算机系统和记录显示装置组成。

傅里叶变换红外吸收光谱仪的核心部分是迈克尔逊干涉仪，图 6-7 是它的光学示意和工作原理图。由光源发出的红外光先进入干涉仪，干涉仪主要由互相垂直排列的固定反射镜

(定镜)M_1 和可移动反射镜(动镜)M_2 以及与两反射镜呈45°的分光板BS组成。分光板BS使照射在它上面的入射光分裂为等强度的两束，50%透过，50%反射。透射光Ⅰ穿过BS被动镜 M_2 反射，沿原路回到BS并被反射到达检测器D；反射光Ⅱ则由定民 M_1 沿原路反射回来通过BS到达检测器D。这样，在检测器D上所得到的是Ⅰ光和Ⅱ光的相干光。若进入干涉仪的是波长为 λ 的单色光，则随着动镜 M_2 的移动，使两束光到达检测器的光程差为零或为 $\lambda/2$ 的偶数倍时，落到检测器上的相干光相互叠加，有相长干涉，产生明线，相干光强度有最大值；相反，当两束光的光程差为 $\lambda/2$ 的奇数倍时，则落到检测器上的相干光将相互抵消，发生相消干涉，产生暗线，其相干光强度有极小值。而部分相消干涉发生在上述两种位移之间。因此，当动镜 M_2 以匀速向分光板BS移动时，也即连续改变两光束的光程差时，就会得到干涉图。当试样吸收了某频率的能量，所得到的干涉图强度曲线就会发生变化，这些变化在干涉图内一般难以识别。通过计算机将这种干涉图进行快速博里叶变换后，即可得到我们熟悉的红外吸收光谱图。

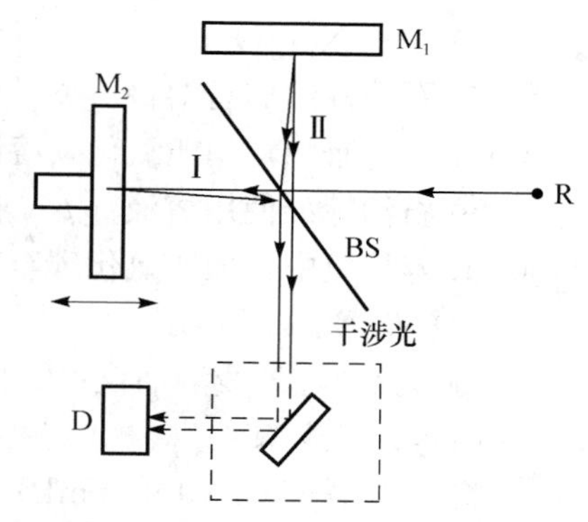

图 6-7 迈克尔逊干涉仪光学示意和工作原理图

傅里叶变换红外吸收光谱仪不用狭缝，因而消除了狭缝对于通过它的光能的限制，可以同时获得光谱所有频率的全部信息。傅里叶变换红外光谱仪比一般色散型红外光谱仪有着很多突出的优点。扫描速度快，测量时间短，可在1 s内获得红外吸收光谱，适于对快速反应过程的追踪，也便于和色谱联用；灵敏度高，检出限可达 10^{-12}～10^{-9}g；分辨率高，波数精度可达0.01 cm^{-1}；光谱范围广，可研究整个红外区(10 000～10 cm^{-1})的光谱；测定精度高，重复性可达0.1%，而杂散光小于0.01%。

傅里叶变换红外吸收光谱仪适于微量试样的研究，它是近代化学研究不可缺少的基本设备之一。

6.5 红外吸收光谱法在环境分析中的应用

6.5.1 水中石油的非分散红外光度法的测定

本方法最低检测质量为0.05 mg，若取1 000 mL水样测定，则最低检测质量浓度为0.05 mg/L。

(1) 原理

水样中石油经四氯化碳萃取后，在波长3 500 nm处测量吸收值定量。

(2) 试剂

① 四氯化碳，在红外测油仪上测定，在波长3 500 nm处不应有吸收，否则应重蒸馏精制。

② 盐酸(1+3)溶液。

③ NaCl。

④ 无水 Na_2SO_4。

⑤ 石油标准储备溶液［ρ（石油）＝1.00 mg/mL］：称取 0.100 g 机油（50 号）置于 100 mL容量瓶中，用四氯化碳溶解，并加四氯化碳至刻度。

⑥ 石油标准使用溶液［ρ（石油）＝100 μg/mL］：吸取 10 mL 石油标准储备溶液于 100 mL容量瓶中，加四氯化碳至刻度。

（3）仪器

①非分散红外线测油仪；②分液漏斗：500 mL 和 1 000 mL；③具塞比色管：25 mL。

（4）分析步骤

将水样瓶（500～1 000 mL）中水样全部倒入 1 000 mL 分液漏斗中，加入盐酸（1＋3）溶液酸化，加 10 g NaCl，摇匀使溶解。用 25 mL 四氯化碳分次洗涤采样瓶后倒入分液漏斗中，振摇 5 min，静置分层。收集萃取液于 25 mL 具塞比色管中，用四氯化碳稀释至刻度。用无水 Na_2SO_4 脱水后，注入测油仪测量吸收值。

取一组 25 mL 具塞比色管，分别加入 0、0.5 mL、1.0 mL、1.5 mL、2.0 mL、和 2.5 mL 石油标准使用溶液，加四氯化碳到刻度，使每 25mL 中含石油 0、50 μg、100 μg、150 μg、200 μg 和 250 μg。注入测油仪测量吸收值。

绘制标准曲线，从曲线上查出水样中石油的质量。

（5）结果计算

水样中石油的含量 c（mg/L）按式（6-4）计算：

$$c(\text{油}) = \frac{m}{V} \tag{6-4}$$

式中 c（油）——水样中石油的质量浓度（mg/L）；

m——从标准曲线查得石油的质量（μg）；

V——水样体积（mL）。

6.5.2 空气质量 一氧化碳的测定——非分散红外法

本方法测定范围为 0～62.5 mg/m³，最低检出浓度为 0.3 mg/m³。

（1）原理

样品进入仪器，在前吸收室吸收 4.67 μm 谱线中心的红外辐射能量，在后吸收室吸收其他辐射能量。两室因吸收能量不同，破坏了原吸收室内气体受热产生相同振幅的压力脉冲，变化后的压力脉冲通过毛细血管在差动式薄膜微音器上，被转化为电容量的变化，通过放大器再转变为与浓度成比例的直流量值。

（2）仪器

①一氧化碳红外分析仪：量程 0～62.5 mg/m³；②记录仪：0～10 mV；③流量计：0～1 L/min；④采气袋、止水夹、双联球；⑤氮气：要求其中一氧化碳浓度已知，或是制备霍加拉特加热管除去其中一氧化碳。

一氧化碳标定气：浓度应选在仪器量程的 60%～80%的范围内。

（3）采样

使用仪器现场连续监测将样品气体直接通入仪器进气口。

现场采样实验室分析时，用双联球将样品气体挤入采气袋中，放空后再挤入，如此清洗3～4次，最后挤满并用止水夹夹紧进气口。记录采样地点、采样日期和时间、采气袋编号。

(4) 分析步骤

仪器调零 开机接通电源预热30 min，启动仪器内装泵抽入氮气，用流量计控制流量为0.5 L/min。调节仪器调零电位器，使记录器指针指在所用氮气的一氧化碳浓度的相应位置。

使用霍加拉特管调“0”时，将记录器的指针调在零位。

仪器标定 在仪器进气口通入流量为0.5 L/min的一氧化碳标定气，调节仪器灵敏度电位器，使记录器指针调在一氧化碳浓度的相应位置。

样品分析 接上样品气体到仪器进气口，待仪器读取指示格数。

(5) 结果计算

样品中一氧化碳浓度c (mg/m^3) 按式 (6-5) 计算：

$$c(CO) = 1.25 \times n \tag{6-5}$$

式中 $c(CO)$——样品气体中一氧化碳浓度 (mg/m^3)；

n——仪器指示的一氧化碳格数；

1.25——一氧化碳换算成标准状态下的mg/m^3换算系数。

6.5.3 环境空气 二氧化碳的测定——红外分光光度法

本方法适用于室内空气的监测和评价，不适用于生产性场所的室内环境。测量范围：0～20 536 mg/m^3 (0～10 000 ppm) 二氧化碳。

(1) 原理

根据朗伯—比尔定律和二氧化碳对红外线有选择性吸收的原理，采用双光束系统、气体滤波、Insb半导体检测器，经液晶显示，直接读数。

(2) 仪器

①便携式红外二氧化碳监测仪；②二氧化碳标准气体。

(3) 操作步骤

仪器启动 交流供电时要将稳压电源的Φ3.5插头插在仪器面板“外接”插孔处；直流供电时将6节电池装好。打开仪器开关，泵开关处于“关”状态，将波段开关置于“检”的位置。这时仪器表头指示为电压数值应大于6.5 V，否则需要充电。后将波段开关置于“测”的位置，这时仪器指示由小到大变化约1 min后，指示回到“0”附近。

校零点 将过滤器串接在仪器入口及出口，打开泵开关，可听到泵的声音，说明泵在工作。旋钮仍处在“测”的位置。这时如果指示不是“0”，旋下零点电位器护盖，缓慢拧动电位器，使仪器指示为“0”。

校终点 校好仪器零点后，关上泵开关，打开标准气总阀。在缓慢旋动减压气旋杆，用橡皮管与气瓶出口连接，将皮管放在耳边能听到轻微的“咝咝”声，这时流量大约为0.5 L/min，将皮管插到仪器入口“IN”处，出口放空，这时仪器指示上升，待稳定后，调终点电位器，使指示值与标准气值相等，约9 241～10 268 mg/m^3 (4 500～5 000 mg/kg) 二氧化碳（气瓶标签上有）。关上标准气总阀再用过滤器串在仪器入口与出口处，开泵后指示又回到“0”附近，终点就校好了。

测量 启动，校好“零点”，“终点”后，就可以开始测量了。将取样器探头拉开，用皮管将取样器与仪器入口相接，出口放空打开泵开关，便可将被测环境的气体抽入仪器内，从显示器上能直接读得被测气体中二氧化碳的浓度值。测量第二个数时，可不必再回零了。将探头指向被测处，可直接测第二个数值，1 h后，可回零检查。零点变化较大时，可以旋动电位器调“0”。结果液晶显示直接读数，单位以ppm表示。

主要技术数据：

线性度：≤±2%F. S；

重复性：≤1%F. S；

预热时间：2 min；

零点漂移：±2%F. S/h；

响应时间：T0～T90≤10 s；

跨度漂移：±2%F. S/3h；

环境温度：0～35℃（极限环境使用温度40℃）；

环境湿度：90%R. H。

6.5.4 水质 总有机碳的测定——燃烧氧化—非分散红外吸收法

本方法适用于地表水、地下水、生活污水和工业废水中总有机碳（TOC）的测定，检出限为0.1 mg/L，测定下限为0.5 mg/L。总有机碳（total organic carbon，TOC）是指溶解或悬浮在水中有机物的含碳量（以质量浓度表示），是以含碳量表示水体中有机物总量的综合指标。总碳（total carbon，TC）是指水中存在的有机碳、无机碳和元素碳的总含量。无机碳（inorganic carbon，IC）是指水中存在的元素碳、二氧化碳、一氧化碳、碳化物、氰酸盐、氰化物和硫氰酸盐的含碳量。可吹扫有机碳（purgeable organic carbon，POC）是指在本方法规定条件下水中可被吹扫出的有机碳。不可吹扫有机碳（non-purgeable organic carbon，NPOC）是指在本方法规定条件下水中不可被吹扫出的有机碳。

（1）原理

差减法测定总有机碳 将试样连同净化气体分别导入高温燃烧管和低温反应管中，经高温燃烧管的试样被高温催化氧化，其中的有机碳和无机碳均转化为二氧化碳，经低温反应管的试样被酸化后，其中的无机碳分解成二氧化碳，两种反应管中生成的二氧化碳分别被导入非分散红外检测器。在特定波长下，一定浓度范围内二氧化碳的红外线吸收强度与其浓度成正比，由此可对试样总碳（TC）和无机碳（IC）进行定量测定。总碳与无机碳的差值，即为总有机碳。

直接法测定总有机碳 试样经酸化曝气，其中的无机碳转化为二氧化碳被去除，再将试样注入高温燃烧管中，可直接测定总有机碳。由于酸化曝气会损失可吹扫有机碳（POC），故测得总有机碳值为不可吹扫有机碳（NPOC）。

（2）干扰及消除

水中常见共存离子超过下列浓度时：SO_4^{2-} 400 mg/L、Cl^- 400 mg/L、NO^{3-} 100 mg/L、

PO_4^{3-} 100 mg/L、S^{2-} 100 mg/L，可用无二氧化碳水稀释水样，至上述共存离子浓度低于其干扰允许浓度后，再进行分析。

（3）试剂和材料

本法所用试剂除另有说明外，均应为符合国家标准的分析纯试剂。所用水均为无二氧化碳水。

① 无二氧化碳水：将重蒸馏水在烧杯中煮沸蒸发（蒸发量10%），冷却后备用。也可使用纯水机制备的纯水或超纯水。无二氧化碳水应临用现制，并经检验 TOC 浓度不超过 0.5 mg/L。

② 浓 H_2SO_4：ρ（H_2SO_4）=1.84 g/mL。

③ 邻苯二甲酸氢钾（$KHC_8H_4O_4$）：优级纯。

④ 无水 Na_2CO_3：优级纯。

⑤ $NaHCO_3$：优级纯。

⑥ NaOH 溶液：ρ（NaOH）=10 g/L。

⑦ 有机碳标准贮备液［ρ（有机碳，C）=400 mg/L］：准确称取邻苯二甲酸氢钾（预先在 110～120℃下干燥至恒重）0.850 2 g，置于烧杯中，加水溶解后，转移此溶液于 1 000 mL 容量瓶中，用水稀释至标线，混匀。在 4℃冰箱中可保存 2 个月。

⑧ 无机碳标准贮备液［ρ（无机碳，C）=400 mg/L］：准确称取无水 Na_2CO_3（预先在 105℃下干燥至恒重）1.763 4 g 和 $NaHCO_3$（预先在干燥器内干燥）1.400 0 g，置于烧杯中，加水溶解后，转移此溶液于 1 000 mL 容量瓶中，用水稀释至标线，混匀。在 4℃冰箱中可保存 2 周。

⑨ 差减法标准使用液［ρ（总碳，C）=200 mg/L，ρ（无机碳，C）=100 mg/L］：用单标线吸量管分别吸取 50 mL 有机碳标准贮备液和无机碳标准贮备液于 200 mL 容量瓶中，用水稀释至标线，混匀。在 4℃冰箱中贮存可稳定保存 1 周。

⑩ 直接法标准使用液［ρ（有机碳，C）=100 mg/L］：用单标线吸量管吸取 50 mL 有机碳标准贮备液于 200 mL 容量瓶中，用水稀释至标线，混匀。在 4℃冰箱中贮存可稳定保存 1 周。

⑪ 载气：氮气或氧气，纯度大于 99.99%。

（4）仪器和设备

①除非另有说明，分析时均使用符合国家 A 级标准的玻璃量器；②非分散红外吸收 TOC 分析仪。

（5）样品采集与保存

水样应采集在棕色玻璃瓶中并应充满采样瓶，不留顶空。水样采集后应在 24 h 内测定。否则应加入 H_2SO_4 溶液将水样酸化至 pH≤2，在 4℃冰箱中可保存 7 d。

（6）分析步骤

仪器的调试　按 TOC 分析仪说明书设定条件参数，进行调试。

校准曲线的绘制　差减法校准曲线的绘制：在一组 7 个 100 mL 容量瓶中，分别加入 0、2 mL、5 mL、10 mL、20 mL、40 mL、100 mL 差减法标准使用液，用水稀释至标线，混匀。配制成总碳浓度为 0、4 mg/L、10 mg/L、20 mg/L、40 mg/L、80 mg/L、200 mg/L 和无机碳浓度为 0、2 mg/L、5 mg/L、10 mg/L、20 mg/L、40 mg/L、100 mg/L 的标准系列溶液，按照样品测定的步骤测定其响应值。以标准系列溶液浓度对应仪器响应值，分别绘制总碳和无机碳校准曲线。

直接法校准曲线的绘制：在一组 7 个 100 mL 容量瓶中，分别加入 0、2 mL、5 mL、10 mL、20 mL、40 mL、100 mL 直接法标准使用液，用水稀释至标线，混匀。配制成有机碳浓度为 0、2 mg/L、5 mg/L、10 mg/L、20 mg/L、40 mg/L、100 mg/L 的标准系列溶液，按照样品测定的步骤测定其响应值。以标准系列溶液浓度对应仪器响应值，绘制有机碳校准曲线。

上述校准曲线浓度范围可根据仪器和测定样品种类的不同进行调整。

空白试验 用无二氧化碳水代替试样，按照样品测定的步骤测定其响应值。每次试验应先检测无二氧化碳水的 TOC 含量，测定值应不超过 0.5 mg/L。

样品测定

差减法：经酸化的试样，在测定前应以 NaOH 溶液中和至中性，取一定体积注入 TOC 分析仪进行测定，记录相应的响应值。

直接法：取一定体积酸化至 pH≤2 的试样注入 TOC 分析仪，经曝气除去无机碳后导入高温氧化炉，记录相应的响应值。

(7) 结果计算

差减法 根据所测试样响应值，由校准曲线计算出总碳和无机碳浓度。试样中总有机碳浓度为：

$$c(\mathrm{TOC}) = c(\mathrm{TC}) - c(\mathrm{IC}) \tag{6-6}$$

式中 c（TOC）——试样总有机碳浓度（mg/L）；

c（TC）——试样总碳浓度（mg/L）；

c（IC）——试样无机碳浓度（mg/L）。

直接法 根据所测试样响应值，由校准曲线计算出总有机碳的浓度 c（TOC）。

结果表示：当测定结果小于 100 mg/L 时，保留到小数点后一位；大于或等于 100 mg/L 时，保留 3 位有效数字。

(8) 质量保证和质量控制

每次试验前应检测无二氧化碳水的 TOC 含量，测定值应不超过 0.5 mg/L。

每次试验应带一个曲线中间点进行校核，其相对误差应不超过 10%。

(9) 注意事项

① 本法测定 TOC 分为差减法和直接法。当水中苯、甲苯、环已烷和三氯甲烷等 VOCs 含量较高时，宜用差减法测定；当水中 VOCs 含量较少而无机碳含量相对较高时，宜用直接法测定。

② 当元素碳微粒（煤烟）、碳化物、氰化物、氰酸盐和硫氰酸盐存在时，可与有机碳同时测出。

③ 水中含大颗粒悬浮物时，由于受自动进样器孔径的限制，测定结果不包括全部颗粒态有机碳。

思考题

1. 产生红外吸收的条件是什么？是否所有的分子振动都能产生红外吸收光谱？为什么？
2. 预计水、苯、乙炔各有多少基本振动模式？
3. 试计算下列红外辐射的波数所对应的红外吸收峰的波长为多少μm。
   (1) $1.59\times103\ cm^{-1}$ (2) $9.52\times102\ cm^{-1}$ (3) $7.59\times102\ cm^{-1}$ (4) $7.25\times103\ cm^{-1}$
4. 从以下红外数据来鉴定特定的二甲苯。
   (1) 吸收带在 767 cm^{-1}和 692 cm^{-1}处
   (2) 吸收带在 792 cm^{-1}处
   (3) 吸收带在 742 cm^{-1}处
5. 影响红外吸收峰强度的主要因素有哪些？
6. 色散型红外吸收光谱仪和紫外一可见分光光度计的主要部件各有哪些？指出两者的最本质区别是什么？
7. 影响基团频率的因素有哪些？什么是“指纹区”，其特点是什么？
8. 简述傅里叶变换红外分光光度计的优点。

参考文献

周梅村. 2008. 仪器分析 [M]. 武汉：华中科技大学出版社.
许金生. 2009. 仪器分析 [M]. 南京：南京大学出版社.
刘约权. 2006. 现代仪器分析 [M]. 2 版. 北京：高等教育出版社.
陈集，饶小桐. 2002. 仪器分析 [M]. 重庆：重庆大学出版社.
张广强，黄世德. 2001. 分析化学下册：仪器分析 [M]. 3 版. 北京：学苑出版社.
郭永等. 2001. 仪器分析 [M]. 北京：地震出版社.
王彤. 2000. 仪器分析与实验 [M]. 青岛：青岛出版社.
朱明华，胡坪. 2008. 仪器分析 [M]. 4 版. 北京：高等教育出版社.
王世平，王静，仇厚援. 1999. 现代仪器分析原理与技术 [M]. 哈尔滨：哈尔滨工程大学出版社.
陈培榕，邓勃. 1999. 现代仪器分析实验与技术 [M]. 北京：清华大学出版社.
邓桂春，臧树良. 2001. 环境分析与监测 [M]. 沈阳：辽宁大学出版社.
吴忠标. 2003. 环境监测 [M]. 北京：化学工业出版社.
奚旦立. 2010. 环境监测 [M]. 4 版. 北京：高等教育出版社.

原子吸收光谱法

✦ ✦ ✦ ✦ ✦ ✦ ✦ ✦ ✦ ✦ ✦

本章提要

原子吸收光谱分析法是环境样品中痕量和超痕量金属元素分析的重要手段之一。原子荧光光谱分析法在应用方面尚不及原子吸收光谱法和原子发射光谱法广泛，但原子荧光光谱法测定某些特定的元素（As、Hg、Se、Sb）效果好，可与原子吸收法互补使用。本章重点介绍了原子吸收光谱法和原子荧光光谱法的基本原理、定量方法、仪器的组成、分析技术，并结合国家环境标准，列举实例，阐述原子吸收光谱法和原子荧光光谱法在环境分析领域中的应用。

✦ ✦ ✦ ✦ ✦ ✦ ✦ ✦ ✦ ✦ ✦

7.1 原子吸收光谱分析法概述

原子吸收光谱分析法（atomic absorption spectrometry）又称原子吸收分光光度法，简称为原子吸收法（AAS）。它是基于从光源辐射出具有待测元素的特征谱线的光，通过试样蒸气时被蒸气中待测元素基态原子所吸收，由辐射特征谱线光被减弱的程度来测定试样中该元素含量的一种方法。该方法是20世纪50年代后期才逐渐发展起来的，随着商品仪器的出现与不断完善，现已成为环境分析中金属元素测定的基本方法之一。

早在1802年，伍朗斯顿（Wollaston）在研究太阳光谱时就发现太阳连续光谱中存在一些暗线，但其产生原因长期不明。直到1860年本生（Bunsen）和克希霍夫（Kirchhoff）才指出："太阳光谱中的暗线是太阳外围大气层中较冷蒸气组分中钠原子蒸气对太阳连续光谱吸收的结果。"尽管对原子吸收现象的观察已有很长时间，但原子吸收光谱分析法作为一种分析方法还是从1955年澳大利亚物理学家沃尔什（Walsh）发表了他的著名论文《原子吸收光谱在化学分析中的应用》以后才开始的，这篇论文奠定了原子吸收光谱分析法的理论基础，同时展出了由他设计的第一台原子吸收分光光度计。随后，1959年，苏联里沃夫（L′vov）发表了非火焰原子吸收光谱法的研究论文，提出石墨原子化器，使得原子吸收光谱分析法的灵敏度得到较大提高。1965年威尔斯（Willis）将氧化亚氮—乙炔高温火焰成功应用于火焰原子吸收分光光度法中，大大扩大了所测元素的范围，使可测元素达到70种之多。20世纪70年代以来，背景扣除、波长调制、连续光源、原子捕集、脉冲进样、流动注射在线分离、氢化物原子化、"间接"原子吸收等方法与技术的发展与应用，使原子吸收分析技术日臻完善，同时，也为原子吸收光谱分析法开辟了新的广阔的应用领域。

原子吸收光谱法具有干扰少、准确度高、灵敏度高、测量范围广、仪器简单、操作方便、分析速度快等许多优点，现已被广泛应用于机械、冶金、地质、采矿、石油、农业、环境、医药、食品等各个领域。

原子吸收光谱法也有其局限性。例如，测定每一种元素都需要使用同种元素金属制作的空心阴极灯，这不利于进行多种元素的同时测定；对难熔元素的分析能力低；对共振线处于真空紫外区的卤素等非金属元素不能直接测定，只能用间接法测定；非火焰法虽然灵敏度高，但准确度和精密度不够理想，这些均有待进一步改进和提高。

7.2 原子吸收光谱分析基本原理

7.2.1 原子吸收光谱的产生

一个原子可具有多种能态，在正常状态下，原子处在最低能态，即基态。基态原子受到外界能量激发，其外层电子可能跃迁到不同能态，因此有不同的激发态。电子吸收一定的能量，从基态跃迁到能量最低的第一激发态时，由于激发态不稳定，电子会在很短的时间内跃迁返回基态，并以光的形式辐射出同样的能量，这种谱线称为共振发射线。使电子从基态跃迁到第一激发态所产生的吸收谱线称为共振吸收线。共振发射线和共振吸收线都简称为共振线。

根据 $\Delta E = hv = hc/\lambda$ 可知，由于各种元素的原子结构及其外层电子排布不同，核外电子从基态受激发而跃迁到其第一激发态所需能量不同，同样，再跃迁回基态时所发射的共振线也就不同，因此这种共振线就是元素的特征谱线。由于第一激发态与基态之间跃迁所需能量极低，最容易发生，因此，对大多数元素来说，共振线就是元素的灵敏线。原子吸收分析就是利用处于基态的待测原子蒸气对从光源辐射的共振线的吸收来进行的。

7.2.2 谱线轮廓与谱线变宽

7.2.2.1 谱线轮廓

原子吸收谱线并非一条严格意义上的几何线，而是具有一定宽度和轮廓的谱线，如图 7-1 所示。描述谱线轮廓特征的物理量是中心频率 v_0 和半宽度 Δv，中心频率 v_0 是最大吸收系数 K_0 所对应的频率，其能量等于产生吸收的两量子能级间真实的能量差，中心频率 v_0 由原子的能级分布特征决定。半宽度 Δv 是峰值辐射强度 1/2 处所对应的频率范围，用以表征谱线轮廓变宽的程度。半宽度除本身具有的自然宽度外还受多种因素的影响。

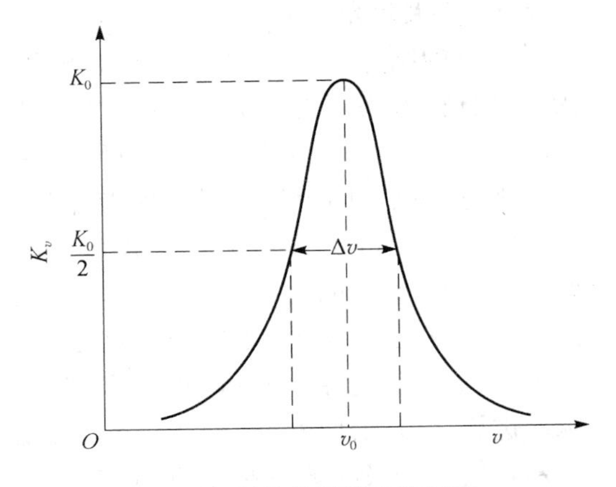

图 7-1 吸收线轮廓与半宽度

7.2.2.2 吸收线的变宽

造成谱线变宽的原因很多，主要有原子内部因素引起的自然宽度和外部因素引起的热变宽、碰撞变宽、场变宽等。

(1) 自然宽度 Δv_N

这是指无外界条件影响时谱线所具有的宽度。它与激发态原子的有限寿命有关，寿命越长，谱线越窄。吸收线的自然宽度通常约为 10^{-5} nm 数量级，与其他因素引起的变宽相比要小得多，故可忽视不计。

(2) 多普勒变宽 Δv_D

多普勒变宽又称为热变宽，在原子吸收分析中的原子蒸气内，气态的原子总是处于无序的热运动状态，其速度和方向都是杂乱无章的，有的原子跑向光源，有的原子背离光源。如果和光源相对静止的基态原子吸收光谱的中心频率为 v_0，那么跑向光源的原子的吸收光的频率就会略低于 v_0；反之，背离光源的原子的吸收光的频率就会略高于 v_0，于是检测器便接收到许多频率略有差异的光，这种运动着的原子的多普勒效应便引起了吸收谱线的总体变宽。多普勒变宽由式 (7-1) 决定：

$$\Delta v_D = 7.162 \times 10^{-7} v_0 \sqrt{\frac{T}{M}} \tag{7-1}$$

式中 v_0——吸收谱线的中心频率；

T——体系的绝对温度 (K)；

M——吸光原子的相对原子质量。

由此可知，多普勒变宽 Δv_D随温度升高，吸光原子的相对质量减小而增宽。对于大多数元素来说，在原子吸收分析的条件下，Δv_D约为 10^{-3} nm 数量级，它是谱线变宽的主要原因。

(3) 碰撞变宽

蒸气中的吸光原子与其他原子或分子相互碰撞时，会引起能级的微小变化，使发射或吸收光量子频率改变，由此而导致的谱线变宽称为碰撞变宽。

当吸光原子与异种元素的原子或分子相碰撞时所引起的谱线变宽称为洛伦兹变宽，用 Δv_L表示。与此同时，还会引起谱线中心频率的频移和谱线的非对称性。Δv_L随着其他元素的原子或分子的蒸气浓度的增加而增大，当浓度相当高时，Δv_L与 Δv_D有相同的数量级。

当吸光原子与同种元素原子相碰撞时所引起的谱线变宽称为赫尔兹马克变宽，又称为压力变宽，以表示 Δv_H 表示。Δv_H 随试样原子蒸气浓度的增加而增加，在一般原子吸收测定的条件下，由于试样原子蒸气压较小，Δv_H 完全可以忽略不计。

除了以上因素外，蒸气外部的电场和磁场也会引起谱线的变宽，分别称为斯塔克变宽和塞曼变宽，但在原子吸收测定的条件下，这两种场变宽均可不予考虑，在通常的原子吸收分析的实验条件下，吸收线达到轮廓主要受多普勒变宽和洛伦兹变宽的影响。在 2 000～3 000 K 的温度范围内，Δv_D与 Δv_L有相同的数量级（10^{-3}～10^{-2} nm），当采用火焰原子化装置时，Δv_L是主要的，但由于 Δv_L与蒸气中其他原子或分子的浓度（压强）有关，当蒸气中异种元素原子或分子的浓度较小时，特别在采用无火焰原子化装置时，多普勒变宽 Δv_D将占主要地位。但是不论是哪一种因素，谱线的变宽都将导致原子吸收分析灵敏度的下降。

7.2.3 原子吸收光谱测量方法

7.2.3.1 积分吸收测量法

积分吸收测量法依据的是吸收线所包括的总面积，即气态基态原子吸收共振线的总能量，它代表真正的吸收程度。对于一条原子吸收线，由于谱线有一定的宽度，所以可看成是极为精细的许多频率相差甚小的光波组成。在图 7-1 中，吸收线轮廓内的总面积即为吸收系数对频率的积分。根据光的吸收定律和爱因斯坦辐射量子理论，谱线的积分吸收与基态原子密度的关系由式（7-2）表示：

$$\int Kv\mathrm{d}v = \frac{\pi e^2}{mc} fN_0 \tag{7-2}$$

式中 e——电子电荷；

m——电子质量；

c——光速；

f——振子强度，即每个原子中能被入射光激发的平均电子数；

N_0——基态原子密度。

对给定的元素，在一定条件下，$\frac{\pi e^2}{mc}f$ 项为一常数，设为 k'，则

$$\int Kv\mathrm{d}v = k'N_0 \tag{7-3}$$

该式表明，积分吸收与原子密度在一定条件下成正比。如果能求得积分吸收，便可求得

待测定元素的浓度，这种关系与产生吸收线轮廓的方法以及与被测元素原子化的手段无关。

然而，在实际工作中，积分吸收值的测定很难实现，主要是由于大多数元素吸收线的半宽度为 10^{-3} nm，需要高分辨率色散仪测量其积分吸收，这是长期以来未能实现积分测量的原因，阻碍了原子吸收法的应用。目前仍然采用低分辨率的色散仪，以峰值吸收测量法代替积分吸收测量法进行定量分析。

7.2.3.2 峰值测量法

1955 年，沃尔什提出采用锐线光源作为辐射源测量谱线峰值吸收的新见解，锐线光源就是能发射出谱线半宽度很窄的发射线的光源。沃尔什证明了当使用很窄的锐线光源作原子吸收测量时，在一定条件下，峰值吸收同被测定元素的原子数也呈线性关系，因此，解决了原子吸收光谱分析法的实际测量问题。

实验证明，当原子化条件控制适当并且稳定时，试样中待测元素的浓度 c 和单位体积蒸气中待测原子总数 N 成正比，这样，便得到了原子吸收分析的定量式（7-4）：

$$A = k'c \tag{7-4}$$

式中 A——吸光度；

k'——在一定条件下为常数；

c——试样中待测元素浓度。

此式说明，在一定条件下，待测元素的吸光度和浓度的关系符合比尔定律，我们只要用仪器测得试样的吸光度，就能求出待测元素的浓度。

7.3 原子吸收分光光度计的结构

原子吸收分光光度计是由光源、原子化系统、分光系统和检测系统 4 个主要部分组成，图 7-2（a）为单光束原子吸收分光光度计，此类仪器结构简单，但会因光源不稳定而引起基线漂移。图 7-2（b）为双光束型原子吸收分光光度计示意图，它与单光束型仪器的主要区别为光源辐射的特征光被旋转切光器分成参比光束和测量光束，前者不通过原子化器，光强不变。两束光交替进入分光系统并送入检测系统测量，测量结果是两信号的比值，可大大减小光源强度变化的影响，克服了单光束型仪器因光源强度变化导致的基线漂移现象。使检出限和测定精度都比单光束系统有所改善，而且光源不需预热就能进行分析，提高了分析速度，延长了灯的使用寿命。

7.3.1 光源

光源的作用是发射待测元素的特征谱线，一般是共振线，它是原子吸收光谱仪的重要组成部分，直接影响基线的稳定性和仪器的灵敏度。在原子吸收光谱分析中，光源必须满足以下要求：①发射的谱线宽度要窄（谱线半宽度应小于 0.02 nm），以利于提高吸收的灵敏度和改善标准曲线的线性关系，这样的光源称为锐线光源；②发射强度要稳定，满足分析过程中仪器基线稳定性的要求，以保证测量精度；③发射强度大而且背景小，以利于提高信噪比，降低检出限；④使用寿命长。空心阴极灯和无极放电灯都能满足上述要求，但在原子吸

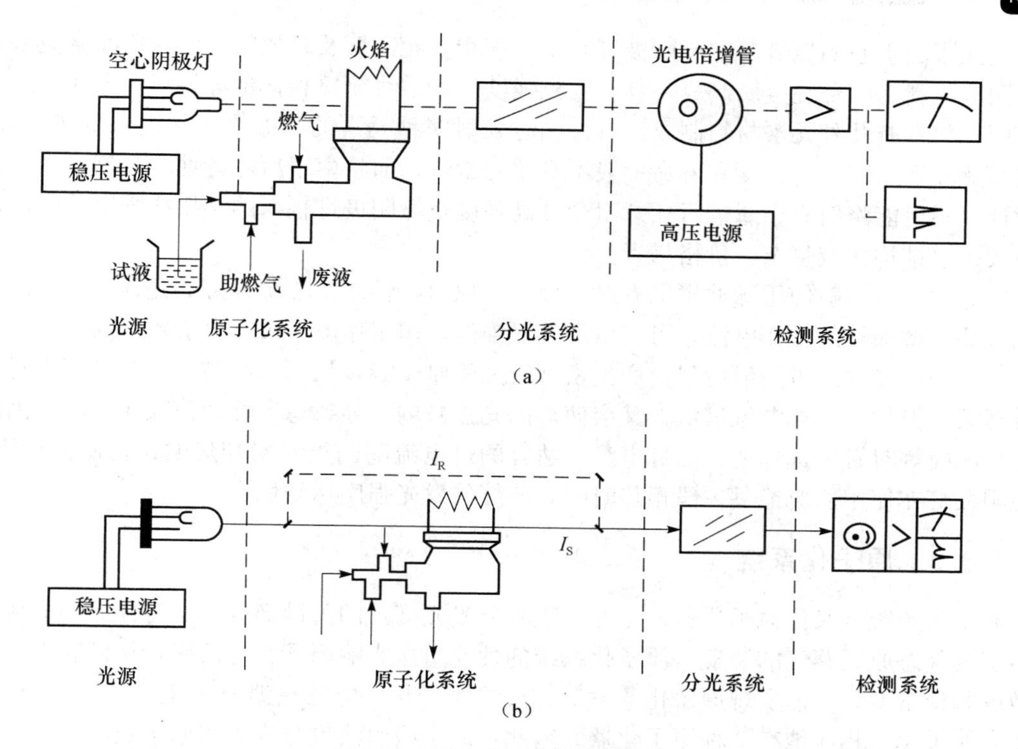

图 7-2　原子吸收分光光度计示意

(a) 单光束型原子吸收分光光度计　(b) 双光束型原子吸收分光光度计

收分析中，空心阴极灯是最常用的光源。

空心阴极灯的结构如图 7-3 所示，它是利用空心阴极效应而制成的一种特殊辉光放电管。由一个空心圆筒形阴极和一个阳极组成，阴极由被测元素纯金属或其合金制成，阳极由钨或钛、镍等材料制作的。阴极和阳极封闭在带有光学窗口的硬质玻璃管内。管内充有低压惰性气体氖或氩。它的发光机理是：在阴极和阳极间施加一个 300～500 V 的电压，使电子由阴极向阳极运动，在电子通路上与惰性气体原子碰撞而使惰性气体发生电离，电离气体的正离子以极高的速度向阴极运动，并向阴极内壁猛烈撞击，使阴极表面的金属原子溅射出来，溅射出来的金属原子再与电子、原子或离子发生碰撞而被激发，处于激发态的原子很不稳定，自动回到基态，同时释放出能量，发射出相应元素的特征共振谱线。这种特征光谱线宽度窄，干扰少，故称空心阴极灯为锐线光源。用不同的待测元素做阴极材料，可制成各相

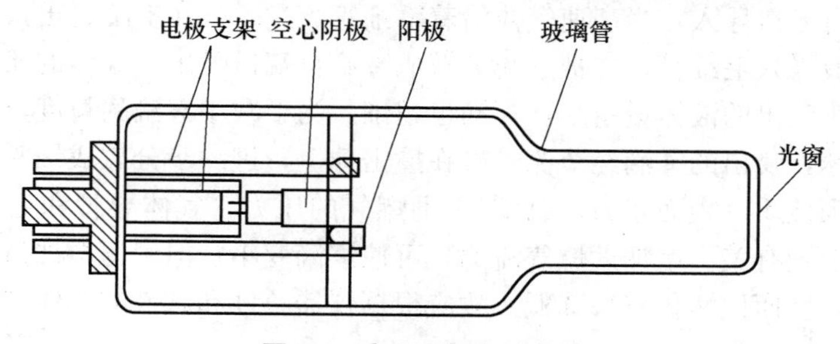

图 7-3　空心阴极灯结构图

应待测元素的空心阴极灯。空心阴极灯有单元素和多元素灯及高强度灯等，单元素空心阴极灯的阴极材料为一种纯金属制成，具有发光强度大、谱线简单和稳定等特点，多元素空心阴极灯阴极材料有几种元素材料制成，可以同时发射多种元素的共振线，其优点是使用方便，但谱线比较复杂，谱线强度和寿命一般不及单元素灯，而且由于冶炼特性和光谱方面的某些局限性，不可能将所有金属进行任意组合。高强度空心阴极灯辐射的共振线强度更大，但灯寿命较短，结构比较复杂，价格昂贵。

空心阴极灯一般使用脉冲供电方式，以改善放电特性。空心阴极灯的光强度与灯的工作电流有关。增加灯的工作电流，可以增加发射强度。但工作电流过大会缩短灯的寿命；放电不正常，使灯光的阴极溅射增强，产生密度较大的电子云，从而引起谱线变宽，灯本身发生自吸现象；但如果工作电流过低，又会使灯的光强减弱，导致稳定性和信噪比下降。因此使用空心阴极灯时必须选择适宜的灯电流，适宜的灯电流随阴极元素和灯的设计不同而不同。空心阴极灯在使用前应经过一段预热时间，使灯的发光强度达到稳定。

7.3.2 原子化系统

原子化系统（又称原子化器）是原子吸收分光光度计的关键部分，是将样品中的待测元素转变成基态原子蒸气的装置。原子化系统的性能直接影响原子化的效率，从而影响测定的灵敏度和精密度。目前实现原子化的方法有火焰原子化、电热高温原子化（石墨炉原子化）和化学原子化，相应地有 3 种原子化器。因此，原子吸收法也分为火焰原子吸收法、石墨炉原子吸收法、冷原子吸收法和氢化物发生原子吸收法。

7.3.2.1 火焰原子化器

火焰原子化器为喷雾燃烧器，包括雾化器、雾化室、燃烧器、火焰及气体供给部分。按照火焰的燃气和助燃气的混合方式与进样方式不同，火焰原子化器可分为全消耗型和预混合型两类，试液直接喷入火焰的为全消耗型燃烧器；预混合型原子化器是目前应用最广的原子化器，是采用雾化器将试液雾化成雾滴，这些雾滴在雾化室中与气体（燃气与助燃气）均匀混合，除去大液滴后，在进入燃烧器形成火焰，最后，试液在火焰中产生原子蒸气。其结构如图 7-4 所示。

（1）雾化器

雾化器是原子化器的关键部分，其作用是将试液雾化。原子化过程中，要求雾化器喷雾稳定，产生的雾滴要尽量细小而均匀，且雾化效率高。否则会对测定灵敏度、精密度产生显著影响。目前普遍采用的是气动同轴型雾化器，其雾化效率可达 10%以上。雾化器的工作原理是：助燃气自入口导入，当高速气体沿着毛细管流过时，在毛细管出口处产生负压，由于虹吸作用使试液吸入毛细管，并被气流分散成雾滴自端口喷出，气体的流速越高，毛细管端口压力降越大，吸出的液体量越多，雾滴也越细。为了减小雾滴的粒度，在雾化器前几毫米处放置一撞击球，喷出的雾滴经节流管碰在撞击球上，进一步分散成细雾。雾化器的雾化效率与试液的物理性质（表面张力、黏度）、助燃气的压力、气体导管和毛细管孔径的相对大小及撞击球的位置有关。增加助燃气流速，可使雾滴变小；但气压增加过大，会提高单位时间试液的用量，反而使雾化效率降低。故应根据仪器条件和试液的具体情况来确定助燃气条件。

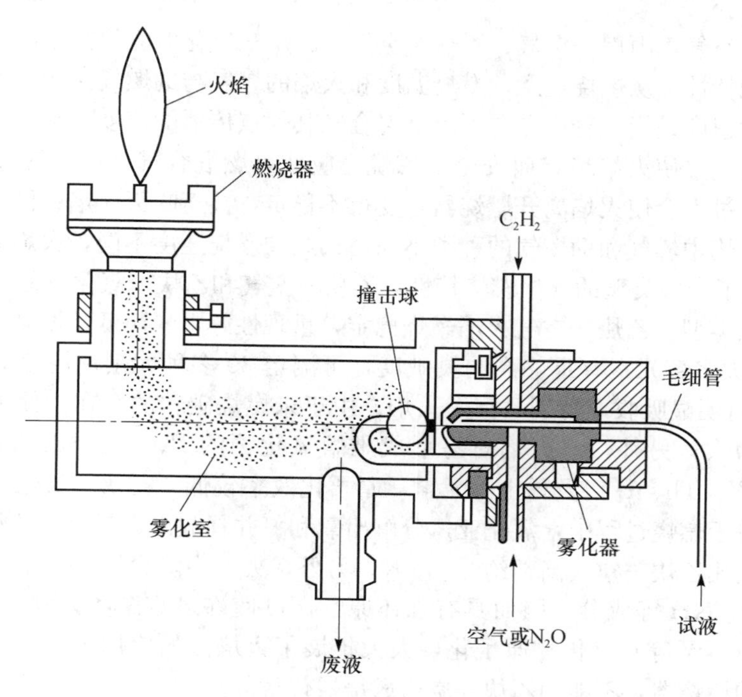

图 7-4　预混合型火焰原子化器

(2) 雾化室

试液雾化后进入雾化室，其作用是使雾珠进一步细化并得到一个平稳的火焰环境。雾化室一般做成圆筒状，内壁具有一定的锥度，下面开一废液管。原子化过程中，对雾化室的要求是：能使雾滴和燃气充分混合，记忆效应（即前测样品组分对后测样品组分的影响）小，噪声低和废液排除快。在雾化室中，雾化器产生的较大雾珠由于重力作用重新在室内凝结成大液珠，沿内壁流入废液管排出；小雾珠与燃气在雾化室内均匀混合，减少了它们进入火焰时引起的火焰扰动。

(3) 燃烧器

燃烧器的作用是通过火焰燃烧将试样原子化。被雾化的试液雾滴进入燃烧器，在火焰高温和火焰气氛的作用下，经历干燥、熔融、蒸发、解离和原子化等过程，产生大量的基态原子和少量激发态原子、离子和分子。为防止在高温下变形，燃烧器一般用不锈钢制成。燃烧器所用的喷灯有孔形和长狭缝形 2 种。在预混合型燃烧器中，一般采用吸收光程较长的长狭缝形喷灯，这种喷灯灯头金属边缘宽，散热较快，不需要水冷。原子吸收分析中要求燃烧器应具有原子化效率高、噪声小、火焰稳定、热效应好、耐腐蚀和燃烧安全等，以保证较高的测定灵敏度和精密度。

(4) 火焰及气体源

原子吸收分析测定的是基态原子对特征谱线的吸收情况，因此，对火焰的基本要求是：温度要足够高，使化合物完全解离为游离的基态原子，但又不使原子进一步激发或电离；火焰燃烧要稳定；本身的背景吸收和发射要少。

火焰提供了原子化过程中所需要的能量，由燃气和助燃气组成。在原子吸收分析中使用的火焰有氢气—空气，丙烷—空气、乙炔—空气、乙炔—氧化亚氮等。

火焰的燃烧特性可从燃烧速度、燃烧温度和火焰的燃气与助燃气比例（燃助比）等方面加以描述。燃烧速度是指由着火点向可燃烧混合气其他点传播的速度，它影响火焰的安全使用和燃烧稳定性。要使火焰稳定而安全地燃烧，应使可燃混合气体可供应速度大于燃烧速度。但供气速度过大会使火焰离开燃烧器，变得不稳定，甚至吹灭火焰；供气速度过小，将会引起回火。火焰中燃气和助燃气的种类不同，火焰的燃烧速度不同，火焰的最高温度也不同。表 7-1 列出了一些类型的火焰燃烧特性，乙炔—空气和乙炔—氧化亚氮是原子吸收光谱法最常用的火焰类型。乙炔—空气火焰燃烧稳定，重现性好，噪声低，温度较高，最高温度约 2 300 K，对大多数元素有足够高的灵敏度，可测定 30 多种元素；但该火焰对波长小于 230 nm 的辐射有明显吸收，特别是富燃火焰，由于未燃烧碳粒的存在，使火焰的发射和自吸增强，噪声增大；另外，该火焰对易形成难熔氧化物的 B、Be、Sc、Ti、Y、Zr、Hf、V、Nb、Ta、W、Th、U 以及稀土等元素，原子化效率较低。乙炔—氧化亚氮是另一应用较多的火焰，由于燃烧过程中，氧化亚氮分解出氧和氮并释放出大量热，乙炔借助其中的氧燃烧，火焰温度比乙炔—空气高，约 3 000 K。另外，火焰中除含 C、CO、OH 等半分解产物外，还有 CN、NH 等成分，因而具有强还原性，可使许多难解离元素（如 Al、B、Be、Ti、Zr、V、Ta、W 等）氧化物原子化，大大扩展了火焰法的应用范围。乙炔—氧化亚氮必须使用专用的燃烧器，不能用乙炔—空气燃烧器代替。

表 7-1　常用火焰的燃烧特性

燃　气	助燃气	燃烧速度（cm/s）	火焰温度（K）
乙炔	空气	160	2 300
乙炔	氧气	1 130	3 060
乙炔	氧化亚氮	180	2 955
氢气	空气	320	2 050
氢气	氧气	900	2 700
氢气	氧化亚氮	390	2 610
丙烷	空气	82	1 925

对于同一类型的火焰，根据燃助比的不同可分为 3 种类型：①化学计量火焰，其燃助比约为 1∶4，与燃气助燃气的燃烧反应计量关系相近，火焰呈蓝色、透明，层次清楚，温度高、稳定，火焰本身不具有氧化还原性，又称为中性火焰。适合 30 多种元素的测定。②富燃火焰，其燃助比在 1∶4 以上，大于化学计量的火焰，该火焰因燃气增加使火焰中碳原子浓度增高，火焰呈亮黄色，火焰燃烧高度较高，层次模糊，火焰还原性较强，又称为还原性火焰，适用于稀土元素和 Al、Cr、Mo、Ti、V、W、Sn 等易氧化而形成难解离氧化物的元素测定。③贫燃火焰，其燃助比小于 1∶6，该火焰呈蓝色但燃烧高度较低，由于燃烧完全，其温度较高，但范围小，这种火焰能产生原子吸收的区域较窄，并具明显氧化性，多用于碱土金属和 Ag、Au、Cu、Co、Pb、Cd、Ni、Bi、Pd 等不易氧化的元素的测定。

7.3.2.2　非火焰原子化器

非火焰原子化器又称无火焰原子化器。它是利用电热、阴极溅射、高频感应或激光等方法使试样中待测元素原子化的。最常用的无火焰原子化器是电热高温石墨炉原子化器，其结构如图 7-5 所示。它是由加热电源、保护器控制系统、石墨管状炉组成。该装置实为石墨电阻加热器，两端开口的石墨管固定在两个电极之间，安装时使其长轴与光束通路重合；管中央有一小孔为进样口，用微量进样器从可卸式窗及进样口将试样注入石墨管内，对石墨管施加 300～500 A 的大电流，使石墨管的最高温度可达 3 000 K，从而使试样原子化。为防止石墨管被高温氧化，保护原子化的原子不再被氧化，需在石墨管内、外通入惰性气体（N_2 或 Ar）加以保护。为使石墨管在每次分析之间能迅速降至室温，石墨管炉体需具有水冷外套保护系统。

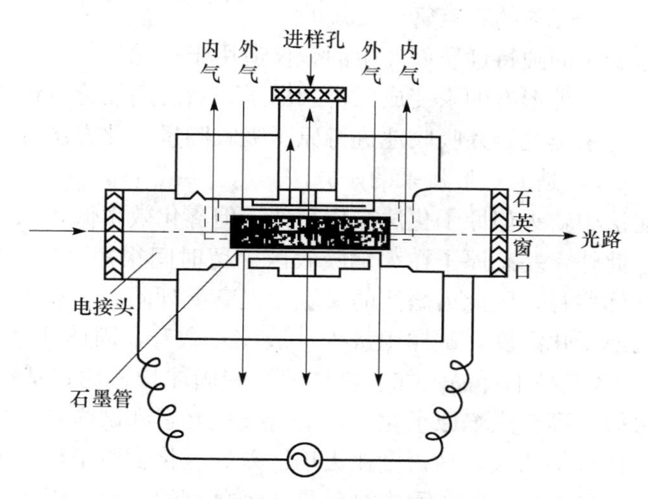

图 7-5 石墨炉原子化器示意

石墨炉原子化过程可分为 4 个阶段，即干燥、灰化、原子化和净化，目前多采用斜坡程序升温方式，如图 7-6 所示。干燥的目的是在低温（80～100℃）除去样品中的溶剂或水分，干燥的温度一般高于溶剂的沸点，干燥时间视样品体积而定，通常为 10～20 s。灰化的作用是在较高的温度（350～1 200℃）下进一步去除易挥发的基体和有机物质，以减少基体组分对待测元素的干扰及光散射或分子吸收引起的背景吸收，灰化时间为 10～20 s。原子化的目的是使试样中待测元素转变为基态原子，此阶段采用最大功率加热方式达到待测元素的适宜原子化温度，原子化温度随待测元素而异，一般为 2 400～3 000℃，时间为 5～8 s，在此阶段记录原子吸收信号，进行吸光度的测量。在原子化过程中，应停止载气通过，延长基态原子在石墨管中的停留时间，以提高方法的灵敏度。净化的作用是将温度升至最大允许值，去除石墨管中的试样残渣，消除记忆效应，为下一次进行分析做好准备。除残温度应高于原子化温度，为 2 500～3 200℃，时间为 3～5 s。

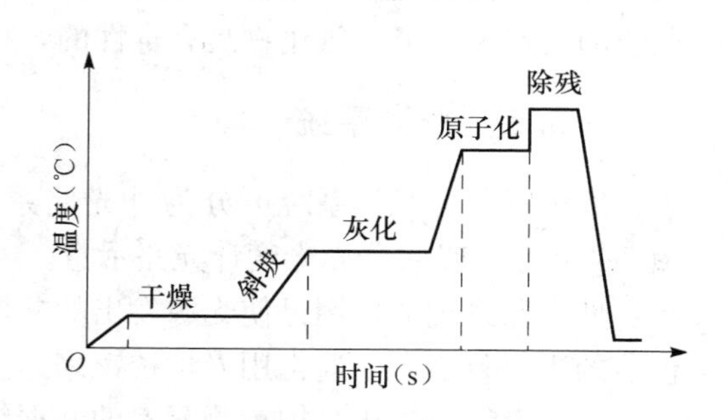

图 7-6 石墨炉升温程序

7.3.2.3 化学原子化法

化学原子化法又称低温原子化法，是将一些元素的化合物在低温下与强还原剂反应，使样品溶液中的待测元素以气态原子或化合物的形式与反应液分离，然后送入吸收池中或在低温下加热进行原子化的方法。常用的方法有氢化物原子化法和冷原子化法。

氢化物原子化器是由氢化物发生器和原子化器两部分组成。氢化物原子化法是近年发展起来的一种低温原子化法，主要用来测定As、Sb、Bi、Sn、Ge、Se、Pb和Te等元素，其原理是这些元素在酸性介质中与强还原剂$NaBH_4$（或KBH_4）作用生成气态氢化物，然后将此氢化物送入原子化系统进行测定。氢化物的形成是一个氧化还原过程，生成的氢化物在热力学上不稳定，在不是很高的温度（约几百度）下就能分解出自由原子，达到瞬间原子化。瞬间原子化是在一个受热的石英管内实现的。

冷原子化法是基于汞的独特性质而产生的，仅适用于汞元素的测定。在测定时先将试样进行必要的预处理，使各种形态的汞变成二价汞离子，然后用氯化亚锡还原二价汞离子为单质汞，用空气或氮气将汞蒸气导入吸收池进行原子吸收测量。此方法的灵敏度和准确度都较高（可检出0.01 μg汞），是测量痕量汞的好方法。

上述3种原子化法中，火焰原子化法操作简便，但雾化效率低，原子化效率也低，火焰类型决定火焰温度。此外，基态原子在火焰吸收区停留时间很短（约10^{-4} s），同时原子蒸气在火焰中被大量气体稀释，因此火焰法的灵敏度提高受到限制。非火焰原子化法的最大优点是有较高和可调的原子化温度，试样用量少（液体几微升，固体几毫克），原子化的效率高（90%以上），对于较黏稠的样品（如生物体液）和固体均适用；基态原子在吸收区停留的时间长，因此其灵敏度高于火焰原子化法，适合痕量元素和试样量少的样品的测定。但其共存化合物的干扰要比火焰法大，精密度比火焰法差。氢化物原子化法由于还原转化为氢化物时的效率高，而且生成氢化物的过程本身就是一个分离的过程，因而，此方法具有高灵敏度、基体干扰和化学干扰较少等特点；但氢化物法的精密度不如火焰原子化法。此外，校准曲线的线性范围窄。氢化物是有毒性的，在实验中特别注意通风和安全。

7.3.3 光学系统

原子吸收的光学系统可分为外光路系统（照明系统）和分光系统（单色器）两部分。图7-7为原子吸收分光光度计光路示意。

外光路系统的作用是使光源发出的共振线准确地通过被测试液的原子蒸气，并投射到单色器的入射狭缝上。通常用光学透镜来达到这一目的。

分光系统的作用是把待测元素的共振线从其他谱线中分离开来，只让待测元素的共振线通过，送到检测器检测。分光系统（单色器）主要由色散元件（光栅或棱镜）、反射镜、狭缝等组成。由入射狭缝投射出来的经待测试液的原子蒸气吸收后的透射光，经反射镜、色散元件光栅、出射狭缝，最后照射到光电检测器上，以备光电转换。

原子吸收法要求单色器有一定的分辨率和集光本领，这可通过选用适当的光谱通带来满足，所谓光谱通带是通过单色器出射狭缝的光束的波长宽度，即光电检测器所接受到的光的波长范围，用W表示，它等于光栅的倒线色散率D与出射狭缝宽度S的乘积，即

$$W = DS \tag{7-5}$$

式中 W——单色器的通带宽度（nm）；

D——光栅的倒线色散率（nm/mm）；

S——狭缝宽度（mm）。

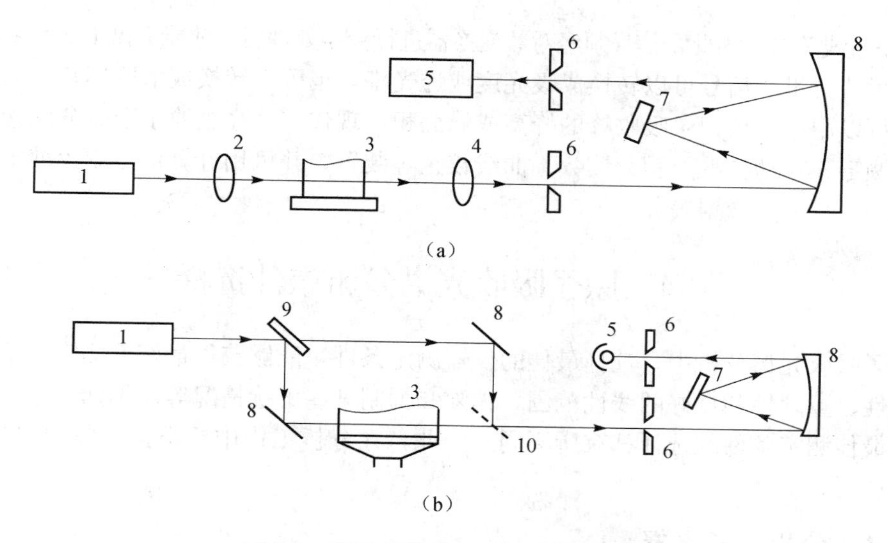

图 7-7 原子吸收分光光度计光路示意

(a) 单光束型 (b) 双光束型

1. 空心阴极灯 2，4. 透镜 3. 原子化器 5. 检测器 6. 狭缝 7. 光栅 8. 反射镜 9. 旋转反射镜 10. 半反射镜

由于仪器单色器采用的光栅一定，其倒线色散率 D 也为定值，因此，单色器的分辨率和集光本领取决于狭缝宽度。调宽狭缝，使光谱通带加宽，单色器的集光本领加强，出射光强度增加；但同时出射光包含的波长范围也相应加宽，使光谱干扰和背景干扰增加，单色器的分辨率降低，导致测得的吸收值偏低，工作曲线弯曲，产生误差。反之，调窄狭缝，光谱通带变窄，实际分辨率提高，但出射光强度降低，相应地要求提高光源的工作电流和增加检测器增益，会产生谱线变宽和噪声增加的不利影响。实际工作中，应根据测定的需要调节合适的狭缝宽度。例如，对碱金属及碱土金属，由于待测元素共振线附近干扰及连续背景很小，应采用较大的狭缝宽度；对于过渡及稀土等具有复杂光谱或有连续背景的元素，宜采用较小的狭缝宽度，以减少非吸收谱线的干扰，得到线性好的工作曲线。

7.3.4 检测系统

检测系统包括光电转换器、检波放大器和信号显示与读数装置。检测系统的作用是将待测光信号转换成电信号，经过检波放大、数据处理后显示结果。

常用的光电转换元件有光电池、光电管和光电倍增管等。在原子吸收分光光度计中，通常使用光电倍增管做检测器，光电倍增管是一种具有多级电流放大作用的真空光电管。它可以将经过原子蒸气吸收和单色器分光后的微弱光信号转变成电信号。其放大倍数可达 $10^6 \sim 10^8$ 倍。光电倍增管适用的波长范围取决于涂敷阴极的光敏材料。为了使光电倍增管输出信号具有高度稳定性，必须使负高压电源电压稳定，一般要求电压能达到0.01%～0.05%的稳定度。在使用上，应注意光电倍增管的疲劳现象。由于疲劳程度随辐照光强和外加电压而加大，因此，要设法遮挡非信号光，并尽可能不要使用过高的增益，以保持光电倍增管的良好工作特性。

检波放大器的作用是将光电倍增管输出的电压信号进行放大。由于原子吸收测量中处理的信号波形接近方波，因而多采用同步检波放大器，以改善信噪比。由于蒸气吸收后的光强度并不直接与浓度呈直线关系，因此，信号须经对数变换器进行变换处理后，才能提供给显示装置。

在显示装置里，信号可以转换成吸光度或透光率，也可以转换成浓度用数字显示器显示出来，还可以用记录仪记录吸收峰的峰高或峰面积。现代一些高级原子吸收分光光度计中还设有自动调零、自动校准、积分读数、曲线校正等装置，并可用计算机绘制校准工作曲线以及高速处理大量测定数据等。

7.4 原子吸收光谱分析条件选择

在原子吸收光谱分析中，选择最佳的仪器测定条件，能够获得最好的测定灵敏度、准确度、稳定性、重现性和良好的线性范围，消除和抑制某些干扰情况等。不同型号以及不同的元素，其最佳测定条件的选择都有所不同。因此，在分析工作中要根据实际情况进行选择，具体条件如下。

7.4.1 分析波长选择

一般元素都有多条共振线可供选择，分析波长的选择可从灵敏度、稳定性、有无干扰、仪器自身条件等方面进行考虑。在原子吸收分析中通常选择元素最灵敏的共振线作为分析波长，这样可使吸收强度大，测定的灵敏度高。但并非任何情况下都作这样的选择，有时应选择灵敏度较低的共振线作为分析线。在对高含量元素分析时，吸收信号过大，为了避免试样溶液的过度稀释和减少污染的机会，则选择次灵敏线。如测定高浓度钠时，不选择灵敏线（589.0 nm），而选用次灵敏线（330.2）。在选择分析波长时，还必须考虑到其他谱线的干扰以及背景吸收等的影响。例如，Pb 的最灵敏线为 217.0 nm，次灵敏线为 283.3 nm，因空气—乙炔火焰在短波方向对光源的入射光吸收大、噪声大、稳定性差，因此，为了得到精密和准确的测量，宁愿选 283.3 nm 作为 Pb 的测量波长。同样，As、Hg、Se 等元素的共振线位于 200 nm 以下，火焰组分对其有明显吸收，故用火焰法测定时，不宜选用这些元素的最灵敏共振线。表 7-2 列出了部分元素常用的分析线。

表 7-2 原子吸收光谱法常用的分析线

元　素	谱线波长（nm）	元　素	谱线长（nm）
Ag	328.1、338.3	K	766.5、769.9
Al	309.3、308.2	Li	670.8、323.3
As	193.7、197.2	Mg	285.2、202.6
Au	242.8、267.6、312.3	Mn	279.5、403.7
Ca	422.7、239.9	Mo	313.3、317.0
Cd	228.8、326.1	Na	589.0、330.3
Co	240.7、242.5	Ni	232.0、341.5
Cr	357.9、359.4	Pb	217.0、283.3
Cu	324.8、327.4	Sb	217.6、206.8
Fe	248.3、252.3	Se	196.1、204.0
Ga	287.4、294.4	Sn	224.6、286.3
Ge	265.2、259.3	Sr	460.7、407.8
Hg	253.7	Tl	276.8、377.6
In	303.9、325.6	Zn	213.9、307.6

7.4.2 狭缝宽度选择

狭缝宽度影响光谱通带宽度与检测器接收到的辐射强度。狭缝宽度的选择既要考虑仪器的分辨本领，又要考虑到光的强度以及测量波长处有无光谱干扰。狭缝较宽，光强增大，信噪比提高，但谱线的分辨率降低，背景和邻近谱线干扰加大；狭缝较窄，灵敏度较高，但光强减弱，信噪比变差。在原子吸收光谱分析中，应根据分析元素的实际情况选择合适的狭缝宽度。对于测量波长处无光谱干扰的元素如 Cu、Zn、Pb、Cd 可选用较宽的光谱通带；对于测量波长附近有光谱干扰的元素如 Ni、Cr、Mn、Fe、Co，应选择较小的光谱通带。

7.4.3 灯电流选择

空心阴极灯的发射特性取决于灯电流的大小。灯电流过小，放电不稳定，光谱输出稳定性差，而且光谱输出强度小；灯电流过大，发射谱线变宽，导致灵敏度下降，校正曲线弯曲，灯寿命缩短。通常，商品空心阴极灯都标有允许使用的最大工作电流和可用的电流范围，但并不是工作电流越大越好，其确定的基本原则是：在保证稳定和合适的光强输出的前提下，尽量选用较低的工作电流。对大多数元素灯来说，日常分析的工作电流应保持额定电流的 40%～60%较为合适，保证稳定、合适的锐线光强输出。对于高熔点的镍、钴、钛、锆等的空心阴极灯使用电流可大些，对于低熔点易溅射的铋、钾、钠、铷、锗、镓等的空心阴极灯，使用电流以小为宜。在具体的分析中，可通过测定吸光度随灯电流的变化来选定最适宜的工作电流。空心阴极灯在使用前一般须预热 10～30 min。

7.4.4 原子化条件的选择

7.4.4.1 火焰条件选择

（1）火焰类型和燃助比的选择

在火焰原子吸收法中，火焰类型和燃助比是影响原子化效率的主要因素，通常需要根据元素的性质，选择不同的火焰的类型及火焰类型。对于易原子化的元素，使用乙炔—空气火焰；对于难解离化合物的元素，应选择温度较高的乙炔—氧化亚氮火焰；对分析线在 220 nm 以下的元素，可选用氢气—空气火焰。火焰类型确定后，还须调节燃气和助燃气流量的合适比例，以得到适宜的火焰状态或性质，提高原子化的效率。易生成难解离氧化物或氢氧化物的元素，用富燃火焰，营造还原环境；过渡金属或氧化物不稳定的元素，宜用化学计量火焰或贫燃火焰。使用乙炔—氧化亚氮火焰应小心，注意防止回火。禁止直接点燃乙炔—氧化亚氮火焰，点燃时应先点燃乙炔—空气火焰并调节为还原性火焰（火焰变黄，出现黑烟），再过渡到乙炔—氧化亚氮火焰，并保持为还原性火焰。

（2）燃烧器高度的选择

锐线光源的光束通过火焰的不同部位时对测定的灵敏度和稳定性有一定影响，为保证测定的灵敏度高应使光源发出的锐线光通过火焰中基态原子密度最大的“中间薄层区”。这个区的火焰比较稳定，干扰也少，约位于燃烧器狭缝口上方 20～30 mm 附近。因此，在原子吸收分析时要对燃烧器高度进行调节，方法是用一固定浓度的溶液喷雾，再缓缓上下移动燃烧器直到吸光度达到最大值，此时的位置即为最佳燃烧器高度。此外，燃烧器也可以转动，当缝口与光轴一致时，即燃烧头的狭缝严格与发射光束平行，则可获得最高灵敏度。

7.4.4.2 石墨炉原子化条件选择

（1）石墨管的种类及选择

常用的石墨管种类有普通石墨管、热解涂层石墨管、平台式石墨管、平台式热解涂层石墨管。

普通石墨管的使用温度可达3 000℃，适用于一般中低温和部分高温原子化的元素，如Pb、Zn、Cd、Ag、Cu、Bi、Mn、Li、K、Na、Al、As、Au、Ca、Co、Cr、Fe、Mo、Ni、Pt、Pd、Sb、Sn、Sr等元素的测定可以选择普通石墨管。因其价格低廉，且碳活性很强，因此，对那些通过碳还原而原子化的元素的测定十分有利。

热解涂层石墨管由于其表面超高密度的碳涂层，大大抑制了碳化物的形成，因此对于那些高温下易于石墨结合产生碳化物的元素要使用热解涂层石墨管。另外，热解涂层石墨管由于不会使金属元素渗入石墨层，因而增加了原子吸收的灵敏度。Ti、Zr、Hf、V、Nb、Ta、Mo、W、Si、B、Y、U、Th稀土等元素的测定宜选用热解涂层石墨管。

对于那些基体复杂的样品及高温元素可选择平台石墨管，使用此平台不但可以消除干扰，而且可以提高测定灵敏度。

（2）石墨炉条件的选择

石墨炉原子化法采用了程序升温的方式，合理选择干燥、灰化、原子化及除残温度与时间是十分重要的。关于各个元素的石墨炉原子化条件，方法及仪器都有推荐条件。石墨炉原子化各个阶段条件的设置要点如下：

干燥条件直接影响分析结果的精度，升温模式一般都选择斜坡升温方式，温度略高于溶剂的沸点，时间由进样体积确定，每微升2～3 s。要求通过缓慢而平稳的升温过程到达设定的温度，没有发生样品飞溅，在将温度恒定保持一段时间（10～30 s），达到溶剂完全蒸发除去。干燥温度低了，蒸发干燥不完全，温度高了，又容易引起飞溅造成样品丢失。

灰化阶段的温度和时间选择和控制得好，能大大简化测定过程。此阶段在不损失待测元素的前提下，灰化温度应尽可能高一些，以蒸发除去共存的基体和局外组分，从而减轻基体干扰、降低背景吸收。灰化温度和时间可以通过用纯标准溶液做分析元素灰化曲线（在固定干燥、原子化程序不变的条件下，仅改变灰化温度或时间来绘制吸光度随温度或时间的变化曲线）来确定。若在此灰化温度下，不能或只能小部分蒸发除去基体共存物质，就要考虑使用化学改进剂，把待分析元素转变成低挥发性化合物，从而提高灰化温度，达到除去基体共存物质要求。在实验过程中应注意观察灰化阶段有无原子吸收信号出现，就能立即知道待分析元素有无损失。

原子化阶段一般都选择温控最大功率升温方式，原子化温度的选择是以达到最大吸收信号的最低温度为最佳原子化温度。原子化时间的选择，则以保证待测元素完全蒸发和原子化为原则。过高的温度和过长的时间会使石墨管的寿命缩短；但过低的温度和不足的原子化时间也会使吸收信号降低，造成待分析元素和基体物质在管内残留聚集，使记忆效应增大。最佳的原子化温度和时间的选择方法是在固定其他条件下，仅改变原子化温度（或时间），观察原子吸收信号的变化，并绘制原子化曲线，选择吸收信号不随温度变化（变化相对较小）

的较低温度为最佳原子化温度。吸收信号不随时间变化的较短时间作为最佳原子化时间。另外，原子化阶段停止通保护气，以延长自由原子在石墨炉内的平均停留时间。

净化阶段是将残存在石墨管中的基体和未完全蒸发的待测元素完全除去，为下一次分析做好准备。净化温度应高于原子化温度 200～400℃，净化时间宜短，一般为 3～5 s。

7.5 原子吸收光谱法定量方法

原子吸收光谱法常用的定量方法主要有标准曲线法和标准加入法。

7.5.1 标准曲线法

标准曲线是原子吸收分析中常规分析方法，方法简便、快速，适合大批量组成简单的试样分析。

标准曲线法和分光光度法一样，先配制相同基体的含有不同浓度待测元素的系列标准溶液，在选定的操作条件下，将标准溶液由低到高依次分别测定其吸光度 A，以扣除空白值之后的吸光度 A 作纵坐标，以待测元素的浓度 c（或质量 m）为横坐标绘制 $A-c$（或 $A-m$）标准曲线或利用最小二乘法计算回归方程 $y=a+bx$ 和相关系数 r。然后在相同的实验条件下，测定试样溶液的吸光度，由标准曲线或回归方程求得该吸光度所对应的待测元素的浓度或质量。

在实际分析中，当待测元素浓度较高时，曲线会向浓度坐标弯曲。这是由于待测元素含量较高时，吸收线产生热变宽和压力变宽，这种变宽会使吸收线轮廓不对称，导致锐线光源辐射的共振线的中心波长与共振吸收线的中心波长错位，使吸光度减小而造成的。此外，化学干扰和物理干扰的存在也会导致工作曲线弯曲。标准曲线法最佳分析范围的吸光度应在 0.1～0.5 之间；浓度范围可根据待测元素的灵敏度来估计。

使用该方法时应注意：①标准曲线必须是线性的，而且应在线性范围内使用，使用中不得在高浓度端任意外推，也不能向低浓度端随意顺延。②为保证测定的准确度，应尽量使标准溶液的组成与待测试液的基体组成相一致，以减少因基体组成的差异而产生的测定误差。标准溶液和样品溶液都应该用相同的试剂处理。③整个分析过程中工作条件始终保持不变。由于燃气流量的变化或空气流量变化所引起的吸喷速率变化，会引起测定过程中标准曲线斜率发生变化。④由于仪器的不稳定或其他因素的影响会使标准曲线的斜率发生改变，因而在测定过程中，要用标准溶液对吸光度进行检查和校正。

7.5.2 标准加入法

如果试样的基体组成复杂且对测定有明显干扰，则在标准曲线呈线性关系的浓度范围内，可使用标准加入法来定量。此法是一种用于消除基体干扰的测定方法，适用于少量样品的分析。其具体操作方法是：取 4～5 份相同体积的待测元素试液，从第二份起再分别加入同一浓度不同体积的被测元素的标准溶液，并稀释至相同体积。设待测试液中元素的浓度为 ρ_X，加入标准溶液后的浓度分别为 ρ_X、$\rho_X+\rho_0$、$\rho_X+2\rho_0$、$\rho_X+4\rho_0$，相同实验条件下依次测量各个试液的吸光度为 A_X、A_1、A_2、A_3。以吸光度 A 对加入标准溶液的浓度 ρ 作图，得到

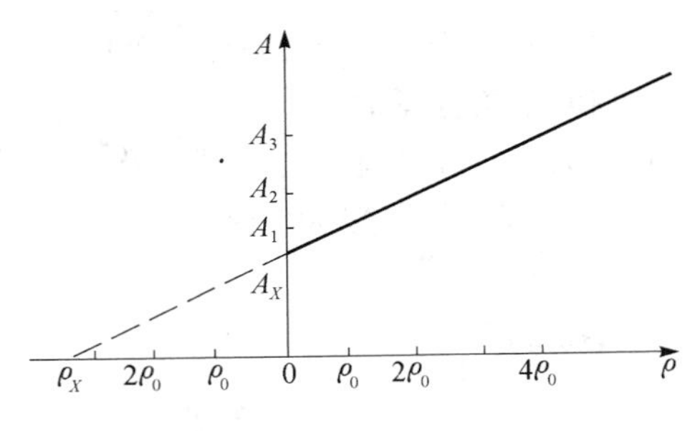

图 7-8 标准加入法曲线

一条不通过原点的直线。截距的大小反映了待测试液中待测元素的存在引起的光吸收效应。外延此直线与横坐标相交，交点至原点的距离 ρ_X 即为试样溶液中待测元素的浓度（如图 7-8 所示）。

使用标准加入法应注意一下几点：①标准加入法曲线应呈线性关系；②为了得到较为精确的外推结果，最少应采用 4 个点来作外推曲线，而且要使第一份标准溶液加入量产生的吸收值为试样吸收值的一半左右；③对于斜率较小的曲线（灵敏度差），容易引起较大的误差；④标准加入法能消除基体效应带来的影响，但不能消除背景吸收的影响，因此，在测定时应进行背景校正，扣除背景，否则将使测定结果偏高。⑤将试液的标准加入法曲线斜率和待测元素标准工作曲线斜率比较，可说明基体效应是否存在。两条曲线斜率相同，表示试液不存在基体干扰；两条曲线斜率不相同表明存在基体效应，就要考虑加入基体改进剂或用标准加入法定量。

7.6 原子吸收光谱分析中的干扰及消除

原子吸收光谱分析法由于使用了锐线光源，被认为是一种选择性好、干扰少甚至无干扰的分析方法。但在实际工作中，由于工作条件、分析对象的多样性和复杂性，在某些情况下，干扰还是存在的，有时甚至还很严重。因此．必须了解可能产生干扰的原因及其抑制方法，以便采取措施降低和消除干扰对测定的影响。

原子吸收光谱分析法中，干扰效应按其性质和发生的原因，可以分为 4 类：物理干扰、化学干扰、电离干扰和光谱干扰。下面分别进行讨论。

7.6.1 化学干扰与消除

化学干扰是指试样溶液转化为自由基态原子的过程中，待测元素与其他组分之间发生化学作用而引起的干扰效应。化学干扰是原子吸收分析中主要的干扰来源，主要影响待测元素的熔融、蒸发、解离以及原子化过程，是一种选择性干扰。它不仅取决于待测元素与共存元素的性质，而且还与火焰温度、火焰状态和部位等条件密切相关。产生化学干扰的原因是多方面的，典型的化学干扰是由于待测元素与共存物质作用生成难挥发和离解的化合物，致使参与锐线吸收的基态原子数目减少，影响测定结果的准确性。由于产生化学干扰的机理复杂，消除干扰的方法要视具体情况不同而采取相应的措施。常用的方法有以下 4 种。

（1）提高火焰温度

火焰温度直接影响样品的熔融、蒸发和解离过程，许多在低温火焰中出现的干扰在高温火焰中可以部分或完全消除。对于生成难熔、难解离化合物的干扰，可以通过改变火焰的种类、提高火焰的温度来消除。如在空气—乙炔火焰中，PO_4^{3-} 对钙的测定有干扰，当改用氧化亚氮—乙炔火焰后，提高火焰温度，可消除此类干扰。

（2）加入释放剂

向试样中加入一种试剂，使干扰元素与之生成更稳定、更难解离的化合物，将待测元素释放出来，加入的这种物质称为释放剂。常用的释放剂有氯化镧和氯化锶等。例如，测 Mg^{2+} 时，铝盐会与镁生成 $MgAl_2O_4$ 难熔晶体，使镁难于原子化而干扰测定。若在试液中加入释放剂 $SrCl_2$，可与铝结合成稳定的 $SrAl_2O_4$ 而将镁释放出来。磷酸根会与钙生成难解离化合物而干扰钙的测定。若加入释放剂 $LaCl_3$，则由于生成更难离解的 $LaPO_4$ 而将钙释放出来。

（3）加入保护剂

加入一种试剂使待测元素不与干扰物质生成难挥发的化合物，保护待测元素不受干扰，这种试剂称为保护剂。例如，为了消除磷酸盐对钙的干扰，加入 EDTA 使 Ca 转化为 EDTA-Ca 配合物，后者在火焰中易于原子化，这样可消除磷酸盐的干扰。同样，在含铅溶液中加入 EDTA，可消除磷酸盐、碳酸盐、硫酸盐、氟离子、碘离子对 Pb 测定的干扰。加入 8-羟基喹啉，可消除铝对镁、铍的干扰。加入氟化物，使 Ti、Zr、Hf、Ta 转变为含氧氟化合物，能比氧化物更有效地原子化，可使这些元素的测定灵敏度提高。应该指出，使用有机配合剂是有利的，因为有机配合物容易解离而使待测元素更易原子化。

（4）加入缓冲剂

在试样和标准溶液中加入一种过量的干扰元素，使干扰效应达到饱和，而不再随干扰元素量的变化而变化。这种干扰物质称为缓冲剂。如用乙炔—氧化亚氮测定钛时，铝有干扰，难以获准结果，向试样中加入铝盐使铝的浓度达到 200 μg/mL 时，铝对钛的干扰就不再随溶液中铝含量的变化而改变，从而可以准确测定钛。但这种方法不很理想，它会显著降低测定的灵敏度。

加入各种释放剂和保护剂来消除化学干扰的方法简单、有效，在原子吸收分析中被广泛地应用。另外，标准加入法也是一种消除化学干扰的行之有效的方法。如果上述方法不能有效地消除化学干扰，也可以采用化学分离法，如溶剂萃取、离子交换、沉淀法等。采用化学分离法不仅可以消除干扰，而且还会使待测元素得到富集，提高测定的灵敏度。

7.6.2 电离干扰与消除

电离干扰是由于基态原子在火焰中发生电离而引起的干扰效应。电离干扰使自由基态原子浓度减少，降低待测元素的吸光度，导致标准曲线弯曲。这种干扰主要发生于电离电位较低的碱金属和碱土金属，而且火焰温度越高，电离干扰越显著。抑制电离干扰一方面可采用改变火焰类型和状态的方法，使火焰温度降低，另一方面可采用加入消电离剂的方法，即加入 K、Rb、Cs 等较易电离元素，在火焰中优先被电离，从而抑制和减小了待测元素基态原子的电离。此外，标准加入法也可在一定程度上消除某些电离干扰。

7.6.3 物理干扰与消除

物理干扰是指试样在转移、蒸发和原子化的过程中，由于物理的特性（如黏度、表面张力、密度等）的变化引起吸收强度变化的效应。它主要影响试样喷入火焰的速度、雾化效率、雾滴的大小及分布、溶剂与固体微粒的蒸发等。如试样的黏度主要影响试样喷入火焰的速度；表面张力的大小影响雾滴的大小和分布；溶剂的蒸气压影响蒸发速度和凝聚损失；雾化气体压力将影响喷入量的多少。总之，物理干扰一般为负干扰，最终都影响进入火焰中待测元素的原子数量，进而影响吸光度的测定。消除物理干扰最常用的方法是配制与被测试样具有相似组成的标准溶液，或者采用简单的稀释试样的方法，也可采用标准加入法来消除物理干扰。

7.6.4 光谱干扰及消除

光谱干扰是与光谱发射和吸收有关的干扰效应，主要来自光源和原子化器。光谱干扰包括多重线干扰、谱线重叠干扰、非吸收线干扰、背景吸收（分子吸收和光散射）等。

7.6.4.1 多重线干扰

多重线干扰是指在光谱通带内有几条发射线，都参与了吸收，这种情况常见于多谱线元素（如 Fe、Co、Ni 等）。通过减小狭缝宽度可以改善或消除多重线干扰。

7.6.4.2 谱线重叠干扰

在原子吸收分析中，由于电极材料中的杂质线、空心阴极灯填充气的谱线、多元素空心阴极灯谱线、共存元素的吸收线与待测元素分析线十分接近乃至重叠而引起光谱线重叠干扰。一般谱线重叠的可能性较小，但并不能完全排除这种干扰存在的可能性。此时，可以选用填充合适惰性气体、纯度较高的单元素灯，选择其他谱线分析或者分离干扰元素等方法避免干扰。

7.6.4.3 非吸收线干扰

非吸收线干扰是指在分析线附近存在非待测元素谱线。如果此谱线是该元素的非吸收线。将会使待测元素的灵敏度下降，消除此种干扰的方法是减小狭缝的宽带；如果此谱线是某元素的吸收线，而当试样中又含有此元素时，将产生“假吸收”，从而得到不正确的结果，产生正误差，这种干扰主要是由于空心阴极灯的阴极材料不纯且常见于多元素灯。若选用纯度较高的单元素灯，即可避免这种干扰。

7.6.4.4 背景吸收干扰

背景吸收干扰是光谱干扰的一种特殊形式。主要包括分子吸收和光散射。在原子吸收分析时，分子吸收和光散射的后果是相同的，均产生表观吸收，使测定结果偏高。

（1）分子吸收干扰

分子吸收干扰是指在原子化过程中生成的气体分子、氧化物及盐类分子对辐射吸收而引起的干扰。分子吸收是带状光谱，不同的化合物有不同的吸收光谱。例如，碱金属卤化物在紫外区（200～400 nm）有很强的分子吸收；硫酸和磷酸在 250 nm 以下有很强的分子吸收，而硝酸和盐酸的分子吸收却很小，因此在原子吸收分析中使用酸时大多采用硝酸和盐酸。分子吸收的情况与干扰物质的浓度有关，浓度越高，分子吸收越强；同时与火焰温度也有关，使用高温火焰是消除分子吸收的最好办法。对于火焰中一些产物或半产物如 OH、CH、CN、C 等产生的分子吸收与波长、火焰类型和状态有关。波长越短火焰气体分子吸收越强，空气—乙炔火焰在小于 230 nm 的波段就有明显的吸收；不同类型的火焰其分子吸收的大小也不同，同一类型的火焰状态不同其干扰程度也不同，其中以还原性（富燃）火焰状态中气体的分子吸收干扰最大。火焰气体分子的吸收干扰可采用调零的方法予以消除，但当干扰严重时会影响测定的灵敏度和检出限，为了获得较好的测定精密度，应选择合适的火焰类型和状态以减小分子吸收产生的干扰。

(2) 光散射干扰

光散射干扰是在原子化过程中产生的固体颗粒使光产生散射作用，使被散射的光偏离光路而不能被检测器接收，结果导致吸光度偏高。在石墨炉原子吸收法中，光散射要比火焰法中严重得多，这是由于有机物在惰性气体中灰化时，会有相当大的颗粒进入光路而引起光散射。还有人认为在石墨炉原子化中，光散射主要是样品蒸气在传输过程中冷凝于石墨管较冷的两端所形成的分子颗粒产生的。

(3) 背景吸收的消除和背景校正技术

在石墨炉原子化法中的背景吸收干扰较火焰原子化法严重，因此石墨炉分析中采用基体改进技术是非常必要的，同时也可以通过修改石墨炉灰化阶段的加热参数来实现选择性蒸发。另外，根据背景吸收在光谱带宽内大多数表现为与波长无关的特性，从而发展起来一些背景校正技术，广泛应用于现代原子吸收分光光度计上。

基体改进技术 在石墨炉分析法中，当待测样品成分与背景干扰成分的挥发性相近时，为消除背景吸收的干扰，通常在样品中加入化学试剂，这种方法称为基体改进技术。一般基体改进降低干扰的途径有以下 7 种：①使基体生成易挥发化合物来降低干扰；②使基体生成难离解化物，避免待测元素形成易挥发难离解的卤化物；③使待测元素形成较易离解化合物，避免形成热稳定的碳化物；④使待测元素形成热稳定的化合物，以防止灰化损失；⑤与待测物形成稳定的金属互化物，降低待测元素的挥发性，防止灰化损失；⑥形成强还原性气氛，改善原子化过程；⑦改善基体物理特性。常用的基体改进剂有 50 余种，分为无机改进剂、有机改进剂和活性气体，具体的使用情况见表 7-3。

表 7-3 分析元素与常见基体改进剂

元素	基体改进剂	元素	基体改进剂	元素	基体改进剂
Al	Mg $(NO_3)_2$、NH_4OH、$(NH_4)_2SO_4$、Triton X-100	Co	抗坏血酸、偏矾酸	Pb	NH_4NO_3、La、Pd、$NH_4H_2PO_4$
Ag	EDTA	Cu	抗坏血酸、EDTA、$(NH_4)_2SO_4$	Se	Ni、Cu、Mo、Rh、NH_4NO_3、Pd、Pd+Ni
As	Triton X-100、NH_4NO_3	Fe	NH_4NO_3	Si	Ca
Au	Ca、Ba、Ca+Mg	Ga	抗坏血酸	Sn	抗坏血酸
Be	Al、Ca、Mg $(NO_3)_2$	Ge	Pd、Pd+Mg、Pd+Ni	Sb	Cu、Ni、Pt、Pd、
Bi	Ni、EDTA、Pd	Hg	Ag、Pd、Te、$(NH_4)_2S$	Te	Ni、Pd
Ca	HNO_3	In	O_2	Ti	HNO_3、H_2SO_4
Cd	$NH_4H_2PO_4$、La、EDTA	Li	H_3PO_4、H_2SO_4	Zn	柠檬酸、EDTA、NH_4NO_3
Cr	$NH_4H_2PO_4$	Mn	Pd+抗坏血酸		
V	Ca、Mg	Mo	NH_4NO_3、EDTA、硫脲		

改变石墨炉灰化阶段条件 石墨炉灰化阶段的目的是除去共存的基体和局外组分，从而减轻基体干扰，降低背景吸收。所以，可以通过选择合理的灰化温度和时间来降低和消除背景吸收的干扰。

石墨管改进技术 石墨管的改进技术主要体现在涂层石墨管的使用和平台石墨管的使用。

常用的涂层石墨管有热解石墨涂层管和难熔碳化物涂层管。热解涂层管是通过将有机物的热解产物热解石墨沉积在石墨管的内表面制作而成的，它与普通石墨管相比具有更高的升华点（3 700℃），抗氧化能力提高数十倍、寿命更长、分析灵敏度更高、精密度更好等特点。难熔碳化物涂层管应用易形成碳化物的元素的溶液处理石墨管的表面，使其形成更难熔的碳化物，经过这种处理的石墨管可以改善一些元素的测定灵敏度和延长石墨管的使用寿命。

平台石墨管是在石墨管中央放置一个石墨平台，样品不是放置在管壁上而是在平台上。当石墨炉升温时，首先管壁被加热，通过管壁的热辐射再将平台加热，平台升温滞后于管壁升温是石墨平台技术的基本特征。当管壁温度达到原子化温度时，平台的温度还没有达到原子化温度，待平台温度达到原子化温度时，管内气氛的温度已处于稳定不变的状态，试样的原子化基本上接近和达到了等温原子化状态。石墨炉平台技术有利于减轻或消除基体引起的背景吸收和化学干扰以及物理干扰等，目前在石墨炉原子吸收分析中广泛使用。

背景校正的方法 在原子吸收光谱分析中，校正背景的方法有连续光源背景校正法、邻近线校正背景法、塞曼效应校正背景法。

a. 连续光源背景校正法（氘灯背景校正法）：目前，原子吸收分光光度计一般都配有氘灯校正背景装置，其校正原理是：切光器可使锐线光源与氘灯连续光源交替进入原子化器。锐线光源测定的吸光度值为原子吸收与背景吸收的总吸光度。连续光源所测吸光度为背景吸收，将锐线光源吸光度值减去连续光源吸光度值，即为校正背景后的被测元素的吸光度值。

氘灯校正背景装置简单，采用两种不同的光源，需较高技术调整光路平衡。可校正吸光度为 0.5 以内的背景干扰，但只能在氘灯辐射较强的波长范围（190～350 nm）内应用，且只有在背景吸收不是很大时，才能较完全地扣除背景。氘灯校正法非常适合火焰校正，在火焰分析中比塞曼效应校正法优越得多，在火焰和石墨炉共用的机型中，采用氘灯校正法是最折衷的方法。

b. 邻近非吸收线校正背景：由于非吸收线不被待测元素的原子所吸收，用它测得的吸光度即为背景吸收的吸光度，而用待测元素的分析线测得的吸光度是待测元素原子吸收和背景吸收的总吸光度，将两次测量的吸光度相减即得到校正背景之后的待测原子的吸光度。

背景吸收随波长而改变，因此，非共振线校正背景法的准确度较差。这种方法只适用于分析线附近背景分布比较均匀的场合。

c. 塞曼效应背景校正法：当仅使用石墨炉进行原子化时，最理想是利用塞曼效应进行背景校正。塞曼效应是指光通过加在石墨炉上的强磁场时，引起光谱线发生分裂的现象。塞曼效应校正背景是基于光的偏振特性，塞曼效应校正背景方式有恒定磁场调制方式和可变磁场调制方式。

恒定磁场调制方式是在原子化器上施加一恒定磁场，磁场垂直于光束方向，在磁场作用下吸收线被分裂为平行于磁场和垂直于磁场方向的两束光。平行于磁场方向光束的波长与原来吸收线波长相同，产生了原子吸收和背景吸收；垂直于磁场方向的光束波长偏离原来吸收线波长，不产生原子吸收而仅有背景吸收。因此，当光源共振发射线通过旋转起偏器后，交替产生偏振面平行于磁场方向和垂直于磁场方向的两束光，两次测定的吸光度之差，便是校正背景吸收之后的净原子吸收的吸光度。缺点是在光路中加有偏振器，使光的能量损失了一半，大大降低了检测的灵敏度。

可变磁场调制方式是在原子化器上加一垂直于光束方向的电磁场，光源前的偏振器仅仅使得垂直于磁场方向的偏振光通过原子化蒸气。在零磁场时，吸收谱线没有塞曼分裂，测得的吸光度为原子吸收和背景吸收之和，在激磁时通过的垂直于磁场的偏振光，只能测得背景吸收的吸光度。这样在磁场关闭和接通时测定的吸光度之差，即为校正背景吸收之后的净原子吸收的吸光度。由于光路中没有偏振器，光的能量较恒定磁场调制方式多 50%，检测灵敏度也较高。

塞曼效应使用同一光源进行测量，是非常理想的校正方法，它要求光能集中同方向地通过电磁场中线进行分裂，但在火焰分析中，由于火焰中的固体颗粒对锐性光源产生多种散射、光偏离，燃烧时粒子互相碰撞等因素产生许多不可预见因素，造成光谱线分裂紊乱，在火焰中的应用极不理想，并且塞曼效应的检测灵敏度低于氘灯校正法。

7.7 原子荧光光谱法

原子荧光光谱法（atomic fluorescence spectrometry，AFS）是 20 世纪 60 年代中期以后发展起来的一种新的痕量分析技术。该方法是通过测量待测元素的原子蒸气在特定频率辐射能激发下所产生的荧光强度，来测定待测元素含量的一种仪器分析方法。从机理上看，它属于原子发射光谱分析法，但使用的仪器及操作技术又与原子吸收光谱法相近。

原子荧光光谱法具有如下优点：①有较低的检出限，灵敏度高。由于原子荧光的辐射强度与激发光源强度呈比例关系，采用高强度新光源，可进一步提高原子荧光的灵敏度，降低其检出限。目前，已有 20 多种元素的检出限低于原子吸收光谱法的检出限。②干扰较少，谱线比较简单。即不需要昂贵精密的分光计，采用一些装置，可以制成非色散原子荧光分析仪，这种仪器结构简单，价格便宜。③能实现多元素同时测定。原子荧光是向空间各个方向发射的，便于制作多道仪，因而能实现多元素同时测定。④线性范围宽。在低浓度范围内，线性范围可达 3～5 个数量级，而原子吸收光谱法仅有 2 个数量级。虽然原子荧光光谱法有许多优点，但由于存在荧光猝灭效应，以致在测定复杂基体的试样及高含量样品时，尚有一定困难。此外，散射光的干扰也是原子荧光分析中的一个麻烦问题。因此，原子荧光光谱分析法在应用方面尚不及原子吸收光谱法和原子发射光谱法广泛，但可作为这两种方法的补充。

7.7.1 原子荧光光谱法的基本原理

7.7.1.1 原子荧光光谱的产生

气态自由原子吸收了特征波长的辐射后，原子的外层电子跃迁到较高能级，接着又以辐射形式去活化，跃迁返回基态或较低能级，同时发射出与原激发辐射波长相同或不同的辐射即为原子荧光。原子荧光是光致发光，当激发光源停止照射后，发射过程立即停止。

7.7.1.2 原子荧光的类型

原子荧光可分为共振荧光、非共振荧光与敏化荧光 3 种类型。

共振荧光 气态自由原子吸收共振线被激发后，发射出与原激发辐射波长相同的辐射即为共振荧光，其特点是激发线与荧光线的高低能级相同。

非共振荧光 当荧光和激发光的波长不相同时，产生非共振荧光。

敏化荧光 受光激发的原子与另一种原子碰撞时，把激发能传递给另一个原子使其激发，后者再以辐射形式去激发而发射荧光即为敏化荧光。

在上述各类原子荧光中，共振荧光强度最大，最为常用。

7.7.1.3 原子荧光法定量基础与定量方法

在一定试验条件下，当原子浓度十分稀薄，激发光源强度一定时，荧光强度与溶液中待测元素的浓度成正比，即

$$I_F = Kc \tag{7-6}$$

此式即为原子荧光定量分析的基础。因此，可采用标准曲线法进行定量分析，即作 I_F-c 标准曲线，测得样品中待测元素的荧光强度，在曲线上求出元素的含量。在某些情况下，也可采用标准加入法进行定量。

7.7.2 原子荧光光度计

原子荧光光度计与原子吸收光谱仪非常相似，它们都由激发光源（辐射源）、原子化器、单色器和检测系统等部分组成。二者主要区别在于：原子荧光光度计必须使用强光源，以及光源和其他部件不在一直线上，而是呈 90°。这样可以避免光源发射线进入单色器而影响荧光信号的检测。

原子荧光光度计分为非色散型和色散型两类，它们的结构基本相似，只是单色器不同。其结构模块如图 7-9 所示。

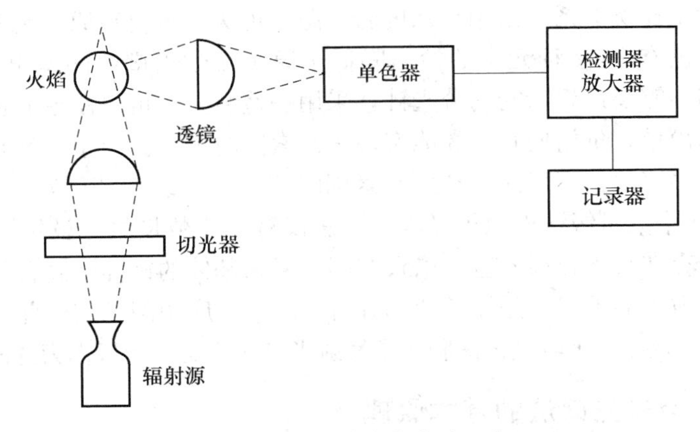

图 7-9 原子荧光光度计示意

激发光源 可用连续光源或锐线光源。连续光源稳定，操作简便，寿命长，能用于多元素同时分析，但检出限较差；常用的连续光源是氙灯。锐线光源辐射强度高，稳定，可得到更好的检出限；常用的锐线光源是高强度空心阴极灯、无极放电灯、激光等。

原子化器 原子荧光光度计对原子化器的要求与原子吸收分光光度计基本相同。

光学系统 光学系统的作用是充分利用激发光源的能量和接收有用的荧光信号以减少和除去杂散光。色散系统对分辨能力要求不高，但要求有较大的集光本领，常用的色散元件是光栅。非色散型仪器的滤光器用来分离分析线和邻近谱线，降低背景。非色散型仪器的优点是照明立体角大，光谱通带宽，集光本领大，荧光信号强度大。仪器结构简单，操作方便；

缺点是散射光的影响大。

检测器 常用的是光电倍增管做检测器。色散型原子荧光光度计用光电倍增管。非色散型的多采用日盲光电倍增管，它的光阴极由Cs-Te材料制成，对波长160～280 nm的辐射有很高的灵敏度，但对波长大于320 nm的辐射不灵敏。检测器与激发光束呈直角配置，以避免激发光源对检测原子荧光信号的影响。

7.7.3 干扰及消除

原子荧光的主要干扰是荧光猝灭。这种干扰可采用减少试液中其他干扰离子浓度的方法加以避免，其他干扰因素（如光谱干扰、化学干扰、物理干扰等）与原子吸收光谱分析法相似。

在原子荧光法中由于光源强度比荧光强度高几个数量级，因此散射光可产生较大的正干扰。例如，火焰中水微滴和未挥发的气溶胶微粒对光源辐射的散射是原子荧光中最易碰到的干扰。减少散射光干扰，主要是减少散射微粒，采用预混合火焰，增高火焰观测高度和火焰温度，或使用高挥发性溶剂等均可以减少散射微粒。也可采用扣除散射光背景的方法消除其干扰。

使用原子荧光分析法注意以下几点：

① 荧光强度随激发光源强度的增加而增高，因此，用强光源可提高测量的灵敏度。延长吸收光程，可提高测量灵敏度。

② 在低原子浓度时，原子荧光强度与辐射荧光的原子浓度呈线性关系。所以原子荧光分析法特别适用于痕量元素测定。同时，线性范围较宽，可分析的含量范围较宽，更适合于多元素的同时测定。

③ 原子荧光光谱分析的主要缺点是高浓度时产生自吸收；在某些情况下存在荧光猝灭效应，降低了方法的灵敏度；对光源的稳定性的要求比原子吸收高。

④ 由于原子荧光是向空间各个方向发射的，因此便于制作多道仪器以进行多元素同时测定。但要注意荧光猝灭效应、散射光的影响，在复杂基体的试样及高含量试样的测定上尚存在困难。

7.8 原子吸收和原子荧光光谱法在环境分析中的应用

原子吸收和原子荧光法以其灵敏度高、精密度及准确度好等特点成为目前分析水、土壤、沉积物、生物、大气中金属元素的最重要的手段之一。火焰原子吸收法主要应用于环境分析中Cu、Zn、Fe、Mn、Pb、Cd、Cr、Ni、Sr、Sb、Co、Ca、Mg、Ag、Al的测定。石墨炉原子吸收法主要应用于环境分析中Cd、Pb、V、Ge、Sn、Be的测定。冷原子吸收法测定环境中的Hg。氢化物原子吸收法主要用来测定环境中As、Sb、Bi、Sn、Ge、Se、Pb、Te等元素。原子荧光光谱法已广泛应用于环境分析中As、Hg、Pb、Zn、Sb、Bi、Sn、Se、Cd、Te、Ge的测定。本节主要以环境中常规检测的项目为例来介绍原子吸收法和原子荧光光谱法在环境分析中的应用。

7.8.1 原子吸收和原子荧光光谱法在水和废水分析中的应用

如果测定水样中可溶态的金属元素，可将样品通过0.45 μm的微孔滤膜后再进行测定。

如果测定水样中金属总量，清洁水样可不经处理直接测定，污染的地面水和废水需用硝酸或硝酸—高氯酸消解，并进行过滤，定容后测定。

7.8.1.1 直接吸入火焰原子吸收法测定水中 Cu、Zn、Pb、Cd

该方法适用于测定地下水、地面水和废水中 Cd、Pb、Cu、Zn。将样品或消解处理过的样品直接吸入火焰，在火焰中形成的原子对特征电磁辐射产生吸收，将测得的样品吸光度和标准溶液的吸光度进行比较，确定样品中被测元素的浓度。测定浓度范围与仪器的特性有关，表 7-4 列出一般仪器的测定范围。地下水和地面水中的共存离子和化合物在常见浓度下不干扰测定。但当钙的浓度高于 1 000 mg/L 时，抑制 Cd 的吸收，浓度为 2 000 mg/L 时，信号抑制达 19%。铁的含量超过 100 mg/L 时，抑制 Zn 的吸收。当样品中含盐量很高，特征谱线波长又低于 350 nm 时，可能出现非特征吸收。如高浓度的钙，因产生背景吸收，使 Pb 的测定结果偏高。为了检验是否存在基体干扰或背景吸收。一般通过测定加标回收率判断基体干扰的程度，通过测定特征谱线附近 1 nm 内的一条非特征吸收谱线处的吸收可判断背景吸收的大小。根据表 7-5 选择与特征谱线对应的非特征谱线。

表 7-4 适用浓度范围

元　素	浓度范围（mg/L）	元　素	浓度范围（mg/L）
Cu	0.05～5	Pb	0.2～10
Zn	0.05～1	Cd	0.05～1

表 7-5 背景校正邻近线波长

元　素	特征谱线（nm）	非特征吸收谱线（nm）
Cu	324.7	324（锆）
Zn	213.8	214（氘）
Pb	283.3	283.7（锆）
Cd	228.8	229（氘）

如果存在基体干扰，用标准加入法测定并计算结果。如果存在背景吸收，用自动背景校正装置或非特征吸收谱线法进行校正，后一种方法是从特征谱线处测得的吸收值中扣除邻近非特征吸收谱线处的吸收值，得到被测元素原子的真正吸收。此外，也可使用螯合萃取法或样品稀释法降低或排除产生基体干扰或背景吸收的组分。

（1）主要试剂

① HNO_3（1+1）溶液。

② 0.2% HNO_3（1+499）溶液。

③ 混合标准液：用 HNO_3（1+499）溶液稀释金属贮备液配制 Cu、Zn、Pb、Cd 的标准溶液，浓度分别为 50.00 mg/L、10.00 mg/L、100.00 mg/L 和 10.00 mg/L。

④ 燃料：乙炔，用钢瓶气或由乙炔发生器供给，纯度不低于 99.6%。

⑤ 氧化剂：空气，一般由气体压缩机供给，进入燃烧器以前应经过适当过滤，以除去其中的水、油和其他杂质。

（2）仪器与工作条件

原子吸收分光光度计及相应的辅助设备，配有乙炔—空气燃烧器；Cu、Zn、Pb、Cd 空心阴极灯。仪器工作条件参照表 7-6，仪器操作可参照厂家的说明进行选择，调节仪器光路、燃烧器位置、燃助比等使仪器处于最佳工作状态。

表 7-6 分析波长和火焰类型

元 素	特征谱线波长（nm）	火焰类型
Cu	324.7	乙炔—空气，氧化性
Zn	213.8	乙炔—空气，氧化性
Pb	283.3	乙炔—空气，氧化性
Cd	228.8	乙炔—空气，氧化性

（3）分析步骤

试样制备 清洁水样可以直接测定。如果样品含有机物需要消解，混匀后取 100 mL 实验室样品置于 200 mL 烧杯中，加入 5 mL 浓 HNO_3，在电热板上加热消解，确保样品不沸腾，蒸至 10 mL 左右，加入 5 mL 浓 HNO_3 和 2 mL $HClO_4$，继续消解，蒸至 1 mL 左右。如果消解不完全，再加入 5 mL 浓 HNO_3 和 2 mL $HClO_4$，再蒸至 1 mL 左右。取下冷却，加水溶解残渣，通过中速滤纸（预先用酸洗）滤入 1 001 mL 容量瓶中，用水稀释至标线。

空白实验 取 100 mL0.2% HNO_3 溶液代替样品，按样品相同的程序操作，以此为空白样。

标准曲线 吸取 0、0.50 mL、1 mL、3 mL、5 mL 和 10 mL 的标准溶液，分别放入 6 个 100 mL 容量瓶中，用 0.2% HNO_3 溶液稀释定容，此混合标准系列各金属的浓度见表 7-7，接着按样品测定的步骤测量吸光度，用经空白校正的各标准的吸光度与相对应的浓度作图，绘制校准曲线。

表 7-7 标准溶液系列

工作标准溶液浓度（mg/L）	标准溶液加入体积（mL）					
	0	0.50	1	3	5	10
Cu	0	0.25	0.50	1.50	2.50	5.00
Zn	0	0.05	0.10	0.30	0.50	1.00
Pb	0	0.50	1.00	3.00	5.00	10.0
Cd	0	0.05	0.10	0.30	0.50	1.00

样品测定 根据表 7-6 选择波长和调节火焰，吸入 0.2% HNO_3 溶液，将仪器调“0”。吸入空白样、试样，测量其吸光度。扣除空白样吸光度后，从校准曲线上查出样品中的金属浓度。如可能，也可从仪器上直接读出试样中的金属浓度。

（4）结果计算

水样中金属 Cu、Zn、Pb、Cd 质量浓度 c（mg/L）按式（7-7）计算：

$$c(\text{Cu、Zn、Pb、Cd}) = \frac{c_1 \times 100}{V} \tag{7-7}$$

式中 c（Cu、Zn、Pb、Cd）——水样中 Cu、Zn、Pb、Cd 质量浓度（mg/L）；

c_1——试液中 Cu、Zn、Pb、Cd 质量浓度（mg/L）；

V——分析用水样体积（mL）。

（5）注意事项

① 消解中使用 $HClO_4$ 有爆炸危险，整个消解要在通风橱中进行。

② 在测定过程中，要定期地复测空白和工作标准溶液，以检查基线的稳定性和仪器的灵敏度是否发生了变化。

③ 实验用的玻璃或塑料器皿用洗涤剂洗净后，在 HNO_3（1+1）溶液中浸泡，使用前用水冲洗干净。

7.8.1.2 石墨炉原子吸收法测定水中 Cd、Cu、Pb

本法适用于地下水和清洁地表水。方法原理为将样品或消解处理过的样品直注入石墨管，用电加热方式使石墨炉升温，样品蒸发离解形成原子蒸气，对来自光源的对特征电磁辐射产生吸收。将测得的样品吸光度和标准溶液的吸光度进行比较，确定样品中被测金属的含量。石墨炉原子吸收法的基体效应比较显著和复杂。在原子化过程中，样品基体蒸发，在短波范围内出现分子吸收或光散射，产生背景吸收。可以采用连续光源背景校正法或塞曼偏振光校正法进行校正。如果存在基体效应，可采用标准加入法消除或加入基体改良剂的方法抑制。测 Cu 时，20 μL 水样加入 40%硝酸铵溶液 10 μL；测 Pb 时，20 μL 水样加入 15%钼酸铵溶液 10 μL；测 Cd 时，20 μL 水样加入 5%磷酸钠溶液 10 μL。1%磷酸溶液或 10%的磷酸氢二铵也可作为基体改良剂，而硝酸钯是用于 Cd、Cu、Pb 最好的基体改进剂，同时使用 La、W、Mo、Zn 等金属碳化物涂层石墨管测定，既可提高灵敏度，也能克服基体干扰。该法一般仪器的测定浓度范围：Cd 为 0.1～2 μg/L，Cu 为 1～50 μg/L，Pb 为 1～5 μg/L。

（1）主要试剂

① HNO_3（1+1）溶液，0.2%。

② 1%（v/v）的 HNO_3。

③ 1%（v/v）的 HNO_3。

④ 混合标准溶液：由金属标准贮备液稀释配置，用 0.2% HNO_3 溶液进行稀释。制成含 Cu、Pb、Cd 分别 200 μg/L、200 μg/L、10.0 μg/L 的标准使用液。

（2）仪器与工作条件

原子吸收分光光度计及相应的辅助设备，石墨炉原子化器，背景校正装置，铜、铅、镉空心阴极灯等。仪器工作条件参照表 7-8，仪器操作可参照厂家的说明进行选择。

表 7-8 仪器工作参数

工作参数	元素		
	Cd	Pb	Cu
光源	空心阴极灯	空心阴极灯	空心阴极灯
灯电流（mA）	7.5	7.5	7.0
波长（nm）	228.8	283.3	324.7
通带宽度（nm）	1.3	1.3	1.3
干燥	80～100℃/20 s	80～180℃/20 s	80～180℃/20 s
灰化	450～500℃/20 s	700～750℃/20 s	450～500℃/20 s
原子化	1 500℃/5 s	2 500℃/5 s	2 500℃/5 s
清除	2 600℃/3 s	2 700℃/3 s	2 700℃/3 s
氩气流量	200 mL/min	200 mL/min	200 mL/min
进样体积（μL）	20	20	20

（3）分析步骤

试样制备 取水样 200 mL 于 250 mL 的高型玻璃烧杯中，加入 5 mL 浓 HNO_3 及数粒玻璃球，在电热板上低温蒸发至干，加入 2.5 mL HNO_3（1+1）溶液，再加入 1%的 H_3PO_4 溶液 1 mL，冷却后用水定容至 25 mL，摇匀，待样液澄清后测定。另外，以蒸馏水代替样品做空白试验。

标准曲线绘制 准确移取混合标准使用液 0、1 mL、2 mL、3 mL、4 mL、5 mL 于 10 mL 的容量瓶中，加入 1%的 H_3PO_4 溶液 1 mL，用 1%的 HNO_3 定容，该标准溶液含 Cu、Pb 0、20 μg/L、40 μg/L、60 μg/L、80 μg/L、100 μg/L；另取混合标准使用液 0、1 mL、2 mL、3 mL、4 mL、5 mL 于 100 mL 的容量瓶中，加入 1%的 H_3PO_4 溶液 1 mL，用 1%的 HNO_3 定容，该标准溶液含 Cd 0、1.0 μg/L、2.0 μg/L、3.0 μg/L、4.0 μg/L、5.0 μg/L。各吸取 20 μL 注入石墨炉，测得吸光度，求得线性回归方程。

（注：校准曲线的系列浓度可根据仪器本身的灵敏度进行调整）

样品测定 将样品和空白液分别吸取 20 μL 注入石墨管，参照仪器工作参数测量吸光度，样品吸光度扣除空白样吸光度后，从校准曲线上查出样品中被测金属的浓度，或者从仪器上直接读出。

（4）结果计算

样品中 Cu、Pb、Cd 含量 c（mg/L）按式（7-8）计算：

$$c(\text{Cu、Pb、Cd})(\text{mg/L}) = \frac{c_1 V_1}{V_2 \times 1\,000} \tag{7-8}$$

式中 c（Cu、Pb、Cd）——样品中铜、铅、镉浓度（μg/L）；

c_1——试液中 Cu、Pb、Cd 浓度（μg/L）；

V_1——试液定容体积（mL）；

V_2——水样体积（mL）。

7.8.2 原子吸收和原子荧光光谱法在土壤分析中的应用

由于土壤样品的基体很复杂，常对原子吸收的测量产生干扰和基体效应，尤其对石墨炉原子吸收法的影响更为严重，因此在土壤样品的分析中，需采用有效措施，消除共存元素的干扰及基体效应，提高方法的选择性，保证分析结果的准确可靠。

7.8.2.1 火焰原子吸收分光光度法测定土壤中总铬

采用盐酸—硝酸—氢氟酸—高氯酸全分解的方法，破坏土壤的矿物晶格，使试样中的待测元素全部进入试液，并且在消解过程中，所有铬都被氧化成 $Cr_2O_7^{2-}$。然后，将消解液喷入富燃性空气—乙炔火焰中。在火焰的高温下，形成铬基态原子，并对铬空心阴极灯发射的特征谱线 357.9 nm 产生选择性吸收。在选择的最佳测定条件下，测定铬的吸光度。本法的检出限（按称取 0.5 g 试样消解定容至 50 mL 计算）为 5 mg/kg，测定下限为 20mg/kg。铬是易形成耐高温氧化物的元素，其原子化效率受火焰状态和燃烧器高度的影响较大，需使用富燃性（还原性）火焰，观测高度以 10 cm 处最佳。另外，加入氯化铵可以抑制 Fe、Co、Ni、V、Al、Mg、Pb 等共存离子的干扰。

（1）主要试剂

①浓盐酸。盐酸（1+1）溶液；②浓硝酸；③HF 酸：$HClO_4$。NH_4Cl 水溶液，质量分数为 10%；④铬标准使用液，50 mg/L。

表 7-9 仪器测量条件

元 素	Cr
测定波长（nm）	357.9
通带宽度（nm）	0.7
火焰性质	还原性
次灵敏度（nm）	359.0；360.5；425.4
燃烧器高度	8 mm（使空心阴极灯光斑通过火焰亮蓝色部分）

（2）仪器与工作条件

原子吸收分光光度计，铬空心阴极灯，乙炔钢瓶，空气压缩机（应备有除水、除油和除尘装置）。

不同型号仪器的最佳测定条件不同，可根据仪器使用说明书自行选择。通常本方法采用表 7-9 中的测量条件。

（3）分析步骤

样品制备 将采集的土壤样品（一般不少于 500 g）混匀后用四分法缩分至约 100 g。缩分后的土样经风干（自然风干或冷冻干燥）后，除去土样中石子和动植物残体等异物，用木棒（或玛瑙棒）研压，通过 2 mm 尼龙筛（除去 2 mm 以上的沙砾），混匀。用玛瑙研钵将通过 2 mm 尼龙筛的土样研磨至全部通过 100 目（孔径 0.149 mm）尼龙筛，混匀后备用。

试液制备 准确称取 0.2～0.5g（精确至 0.000 2 g）试样于 50 mL 聚四氟乙烯坩埚中，用少量水润湿，加入浓盐酸溶液 10 mL，于通风橱内的电热板上低温加热，使样品初步分解，待蒸发至约 3mL 左右时，取下稍冷，然后加入浓 HNO_3 5 mL，HF 酸 5 mL，$HClO_4$ 3 mL，加盖后于电热板上中温加热 1 h 左右，然后开盖，电热板温度控制在 150℃，继续加热除硅，为了达到良好的飞硅效果，应经常摇动坩埚，当加热至冒浓厚的 $HClO_4$ 白烟时，加盖，使黑色有机碳化物分解。待坩埚壁上的黑色有机物消失后，开盖，驱赶白烟并蒸至内容物呈黏稠状。视消解情况，可再补加浓 HNO_3 3 mL，HF 酸 3 mL，$HClO_4$ 1 mL，重复以上消解过程。取下坩埚稍冷，加盐酸（1+1）溶液 3 mL，温水溶解可溶性残渣，全量转移至 50 mL 容量瓶中，加入 5 mL NH_4Cl 溶液。冷却后定容至标线，摇匀。用去离子水代替试样，采用和以上样品相同的步骤和试剂，制备全程序空白溶液，每批样品至少制备两个以上的空白溶液。

由于土壤种类较多，所含有机质差异较大，在消解时，应注意观察，各种酸的用量可视消解情况酌情增减。

（注：电热板温度不宜太高，否则会使聚四氟乙烯坩埚变形。）

测定 按照仪器使用说明书调节仪器至最佳工作状态，测定空白及试液的吸光度。

校准曲线 准备移取铬标准使用液 0、0.5 mL、1 mL、2 mL、3 mL、4 mL 于 50 mL 容量瓶中，然后，分别加入 5 mL 的 NH_4Cl 溶液（3.7），3 mL 盐酸（1+1）溶液，用水定容至标线，摇匀，其铬的含量为 0.05 mg/L、1.00 mg/L、2.00 mg/L、3.00 mg/L、4.00 mg/L。此浓度范围应包括试液中铬的浓度。按测定步骤中的条件由低到高浓度顺次测定标准溶液的吸光度。

用减去空白的吸光度与相对应的元素含量（mg/L）绘制校对曲线。

（4）结果计算

土壤样品中 Cr 的含量 W（mg/kg）按式（7-9）计算：

$$W(Cr)=\frac{cV}{m(1-f)} \tag{7-9}$$

式中 W（Cr）——土壤样品中 Cr 的含量（mg/kg）；

c——试液的吸光度减去空白实验的吸光度，然后在标准曲线上查得铬的含量（mg/L）；

V——试液定容的体积（mL）；

m——称取试样的质量（g）；

f——试样中的水分含量（%）。

附录 A

土壤水分含量的测定

A_1 称取通过 100 目筛的风干土样 5～10 g（精确至 0.01 g），置于已恒重的铝盒或称量瓶中，在 105℃烘箱中烘 4～5 h，烘干至恒重。

A_2 以百分数表示风干土样水分含量 f（%）$=\frac{m_1-m_2}{m_1}\times 100$

式中 m_1——烘干前土样质量（g）；

m_2——烘干后土样质量（g）。

7.8.2.2 KI-MIBK 萃取火焰原子吸收分光光度法测定土壤中 Pb、Cd

采用盐酸—硝酸—氢氟酸—高氢酸全分解的方法，彻底破坏土壤的矿物晶格，使试样中的待测元素全部进入试液中。然后，在约 1%的盐酸介质中，加入适量的 KI，试液中的 Pb^{2+}、Cd^{2+} 与 I^- 形成稳定的离子缔合物，可被甲基异丁基甲酮（MIBK）萃取。将有机相喷入火焰，在火焰的高温下，Pb、Cd 化合物离解为基态原子，该基态原子蒸气对相应的空心阴极灯发射的特征谱线产生选择性吸收。在吸收的最佳测定条件下，测定 Pb、Cd 的吸光度。

当盐酸浓度为 1%～2%、KI 浓度为 0.1 mol/L 时，甲基异丁基甲酮（MIBK）对 Pb、Cd 的萃取率分别是 99.4%和 99.3%以上。在浓缩试样中 Pb、Cd 的同时，还达到与大量共存成分铁铝及碱金属、碱土金属分离的目的。本方法的检出限（按称取 0.5 g 试样消解定容至 50 mL 计算）为：Pb 0.2 mg/kg，Cd 0.05 mg/kg。

（1）主要试剂

①盐酸（1+1）溶液；②盐酸溶液，体积分数为 0.2%；③HNO_3（1+1）溶液；④抗坏血酸水溶液，质量分数为 10%；⑤KI 溶液，2 mol/L：称取 33.2 g KI 溶于 100 mL 水中；⑥甲基异丁基甲酮（MIBK），水饱和溶液：在分液漏斗中放入和 MIBK 等体积的水，振摇 1 min，静置分层（约 3 min）后弃去水相，取 MIBK 相使用；⑦Pb、Cd 标准使用液，Pb 5 mg/L、Cd 0.25 mg/L：用 0.2%盐酸逐级稀释 Pb、Cd 贮备液。

（2）仪器与工作条件

原子吸收分光光度计（带有背景校正装置），Pb 空心阴极灯，Cd 空心阴极灯，乙炔钢瓶，空气压缩机（应备有除水、除油和除尘装置）。

不同型号的仪器的最佳测试条件不同，可根据仪器使用说明书自行选择。通常本方法采

表 7-10 仪器测量条件

元 素	Pb	Cd
测定波长（nm）	217.0	228.8
通带宽度（nm）	1.3	1.3
灯电流（mA）	7.5	7.5
火焰性质	氧化性	氧化性

用的测量条件见表 7-10。

（3）分析步骤

样品制备 将采集的土壤样品（一般不少于500 g）混匀后用四分法缩分至约100 g。缩分后的土样经风干后，除去土样中石子和动植物残体等异物，用木棒研压，通过 2 mm 尼龙筛，混匀。用玛瑙研钵将通过 2 mm 尼龙筛的土样研磨至全部通过 100 目（孔径 0.149 mm）尼龙筛，混匀后备用。

试液制备 准确称取 0.2～0.5 g（精确至 0.000 2 g）通过 0.149 mm 孔径的土壤样品于 50 mL 聚四氟乙烯坩埚中，用水润湿后加入 10 mL 浓盐酸，于通风橱内的电热板上低温加热，使样品初步分解，待蒸发至约剩 3 mL 时，取下稍冷，然后加入 5 mL 浓 HNO_3，5 mL HF 酸，3 mL $HClO_4$，加盖后于电热板上中温加热 1 h 左右，然后开盖，继续加热除硅，为了达到良好的飞硅效果，应经常摇动坩埚。当加热至冒浓厚 $HClO_4$ 白烟时，加盖，使黑色有机物充分分解。待坩埚壁上的黑色有机物消失后，开盖，驱赶白烟并蒸发至内容物呈黏稠状。视消解情况，可再加入 3 mL 浓 HNO_3，3 mL HF 酸，1 mL $HClO_4$，重复上述消解过程。当白烟再次冒尽且内容物呈黏稠状时，取下稍冷，用水冲洗坩埚盖及内壁，并加入 1 mL 盐酸（1+1）溶液温热溶解残渣。然后全量转移至 100 mL 分液漏斗中，加水至约 50 mL 处。用去离子水代替试样，采用上述相同的步骤和试剂，制备全程序空白溶液。每批样品至少制备两个以上的空白溶液。

由于土壤种类多，所含有机质差异较大，在消解时，应注意观察，各种酸的用量可以根据情况酌情增减。土壤消解液应呈白色或淡黄色（含铁较高的土壤），没有明显沉淀物存在。（注：电热板温度不宜太高，否则会使坩埚变形。）

萃取 在分液漏斗中，加入 2 mL 抗坏血酸溶液，2.5 mL KI 溶液，摇匀。然后，准确加入 5 mL 甲基异丁基甲酮，振摇 1～2 min，静置分层。取有机相备测。

测定 按照仪器使用说明书调节仪器至最佳工作条件，测定有机相试液（MIBK）的吸光度。

校准曲线 参考表 7-11 在 100 mL 分液漏斗中加入不同体积的铅、镉混合标准使用液，然后加入1 mL 盐酸（1+1）溶液，加水至 50 mL 左右，接萃取步骤后由低到高顺次测定标准溶液的吸光度。

表 7-11 标准溶液系列

项 目	混合标准溶液体积					
	0	0.50	1	2	3	5
MIBK 中 Pb 的浓度（mg/L）	0	0.5	1	2	3	5
MIBK 中 Cd 的浓度（mg/L）	0	0.025	0.05	0.10	0.15	0.25

用减去空白的吸光度与相应的元素含量（mg/L）绘制标准曲线。

（4）结果计算

土壤样品中的Pb、Cd的含量W（mg/kg）按式（7-10）计算。

$$W=\frac{cV}{m(1-f)} \tag{7-10}$$

式中 W——土壤样品中Pb、Cd含量（mg/kg）；

c——试液的吸光度减去空白实验的吸光度，然后在标准曲线上查得Pb、Cd的含量（mg/L）；

V——试液（有机相）的体积（mL）；

m——称取试样的质量（g）；

f——试样中的水分含量（%）。

7.8.2.3 火焰原子吸收分光光度法测定土壤中Cu、Zn

采用盐酸—硝酸—氢氟酸—高氯酸全分解的方法，彻底破坏土壤的矿物晶格，使试样中的待测元素全部进入试液中。然后，将土壤消解液喷入空气—乙炔火焰中。在火焰的高温下，Cu、Zn化合物离解为基态原子，该基态原子蒸气对相应的空心阴极灯发射的特征谱线产生选择性吸收。在选择的最佳测定条件下，测定Cu、Zn的吸光度。本方法的检出限（按称取0.5 g试样消解定容至50 mL计算）为：Cu 1 mg/kg，Zn 0.5 mg/kg。当土壤消煮液中含铁量大于100 mg/L时，抑制Zn的吸收，加入硝酸镧可消除共存成分的干扰，含盐类高时，往往出现非特征吸收，此时可用背景校正加以克服。

（1）主要试剂

①HNO_3（1+1）溶液；②HNO_3溶液0.2%；③硝酸镧[La（NO_3）$_3$ · 6H_2O]水溶液，质量分数为5%；④Cu、Zn混合标准使用液，Cu 20 mg/L，Zn 10.0 mg/L：用0.2% HNO_3溶液逐级稀释Cu、Zn标准贮备液。

（2）仪器及工作条件

原子吸收分光光度计（带有背景校正器），Cu空心阴极灯，Zn空心阴极灯，乙炔钢瓶，空气压缩机（应备有除水、除油和除尘装置）。

不同型号仪器的最佳测试条件不同，可根据仪器使用说明书自行选择。通常本法采用表7-12中的测量条件。

表7-12 仪器测量条件

元　素	Cu	Zn
测定波长（nm）	324.8	213.8
通带宽度（nm）	1.3	1.3
灯电流（mA）	7.5	7.5
火焰性质	氧化性	氧化性
其他可测定波长（nm）	327.4，225.8	307.6

（3）分析步骤

试液的制备 准确称取0.2～0.5 g（精确至0.000 2 g）试样于50 mL聚四氟乙烯坩埚

中，用水润湿后加入 10 mL 浓盐酸，于通风橱内的电热板上低温加热，使样品初步分解，待蒸发至约剩 3 mL 时，取下稍冷，然后加入 5 mL 浓 HNO_3，5 mL HF 酸，3 mL $HClO_4$，加盖后于电热板上中温加热。1 h 后，开盖，继续加热除硅，为了达到良好的飞硅效果，应经常摇动坩埚。当加热至冒浓厚白烟时，加盖，使黑色有机碳化物分解。待坩埚壁上的黑色有机物消失后，开盖驱赶 $HClO_4$ 白烟并蒸至内容物呈黏稠状。视消解情况可再加入3 mL浓 HNO_3，3 mL HF 酸和 1 mL $HClO_4$，重复上述消解过程。当白烟再次基本冒尽且坩埚内容物呈黏稠状时，取下稍冷，用水冲洗坩埚盖和内壁，并加入 1 mL HNO_3（1+1）溶液温热溶解残渣。然后将溶液转移至 50 mL 容量瓶中，加入 5 mL 硝酸镧溶液，冷却后定容至标线摇匀，备测。用去离子水代替试样，采用以上相同的步骤和试剂，制备全程序空白溶液，每批样品至少制备 2 个以上的空白溶液。

由于土壤种类较多，所含有机质差异较大，在消解时，要注意观察，各种酸的用量可视消解情况酌情增减。土壤消解应呈白色或淡黄色（含铁量高的土壤），没有明显沉淀物存在。

（注：电热板温度不宜太高，否则会使聚四氟乙烯坩埚变形。）

测定 按照仪器使用说明书调节仪器至最佳工作条件，测定试液的吸光度。

校准曲线 参考表 7-13，在 50 mL 容量瓶中，各加入 5 mL 硝酸镧溶液，用 0.2% HNO_3 溶液稀释混合标准使用液，配制至少 5 个标准工作溶液，其浓度范围应包括试液中 Cu、Zn 的浓度。由低到高浓度测定其吸光度。

表 7-13 校准溶液系列

项目	混合标准使用液加入体积（mL）					
	0.00	0.50	1	2	3	5
校准曲线溶液浓度（Cu，mg/L）	0.00	0.20	0.40	0.80	1.20	2.00
校准曲线溶液浓度（Zn，mg/L）	0.00	0.10	0.20	0.40	0.60	1.00

用减去空白的吸光度与相应的元素含量（mg/L）绘制校准曲线。

（4）结果计算

土壤样品中的 Cu、Zn 的含量 W（mg/kg）按式（7-11）计算：

$$W = \frac{cV}{m(1-f)} \tag{7-11}$$

式中 W——土壤样品中的 Cu、Zn 含量（mg/kg）；

c——试液的吸光度减去空白实验的吸光度，然后在标准曲线上查的 Cu、Zn 的含量（mg/L）；

V——试液（有机相）的体积（mL）；

m——称取试样的质量（g）；

f——试样中的水分含量（%）。

7.8.2.4 冷原子吸收分光光度法测定土壤中汞

汞原子蒸气对波长为 253.7 nm 的紫外光具有强烈的吸收作用，汞蒸气浓度与吸光度成正比。通过氧化分解试样中以各种形式存在的汞，使之转化为可溶态汞离子进入溶液，用盐酸羟胺还原过剩的氧化剂，用氯化亚锡将汞离子还原成汞原子，用净化空气做载气将汞原子载入冷原子吸收测汞仪的吸收池进行测定。易挥发的有机物和水蒸气在波长 253.7 nm 处有吸收而产生干扰。易挥发的有机物可通过样品消解除去，水蒸气用无水氯化钙、过氯酸镁除去。该方法的最低检出限为 0.005 mg/kg（按称取 2 g 土壤样品计算）。

（1）主要试剂

① H_2SO_4-HNO_3（1＋1）混合液。

② $KMnO_4$ 溶液：将 20 g 的 $KMnO_4$ 用蒸馏水溶解，稀释至 1 000 mL。

③ 盐酸羟胺溶液：将 20 g 的盐酸羟胺用蒸馏水溶解，稀释至 100 mL。

④ $SnCl_2$ 溶液：将 20 g $SnCl_2 \cdot 2H_2O$ 置于烧杯中，加入 20 mL 浓盐酸，微微加热。待完全溶解后，冷却，再用蒸馏水稀释至 100 mL。若有汞，可通入氮气鼓泡除汞。现用现配。

⑤ 汞标准固定液：将 0.5 g K_2CrO_7 溶于 950 mL 蒸馏水中，再加 50 mL 浓 HNO_3。

⑥ 稀释液：将 0.2 g K_2CrO_7 溶于 972.2 mL 蒸馏水中，再加 27.8 mL 浓 HNO_3。

⑦ 汞标准贮备溶液，100 mg/L。

⑧ 汞标准中间溶液，10.0 mg/L：吸取汞标准贮备溶液 10 mL，移入 100 mL 容量瓶中，加汞标准固定液稀释至标线，摇匀。

⑨ 汞标准使用溶液，0.100 mg/L：吸取汞标准中间溶液 1 mL 移入 100 mL 容量瓶，加汞标准固定液稀释至标线，摇匀。

（2）主要仪器

①测汞仪。②汞还原瓶：总容积分别为 50 mL、75 mL、100 mL、250 mL、500 mL，具有磨口，带莲蓬形多孔吹气头的玻璃翻泡瓶。为防止管路错接引起溶液倒吸，还原瓶内装有自动封闭浮子，以免溶液倒流。③汞回收三路活塞。④余汞吸收瓶。

可根据不同测汞仪特点及具体条件，参考图 7-10 进行连接。

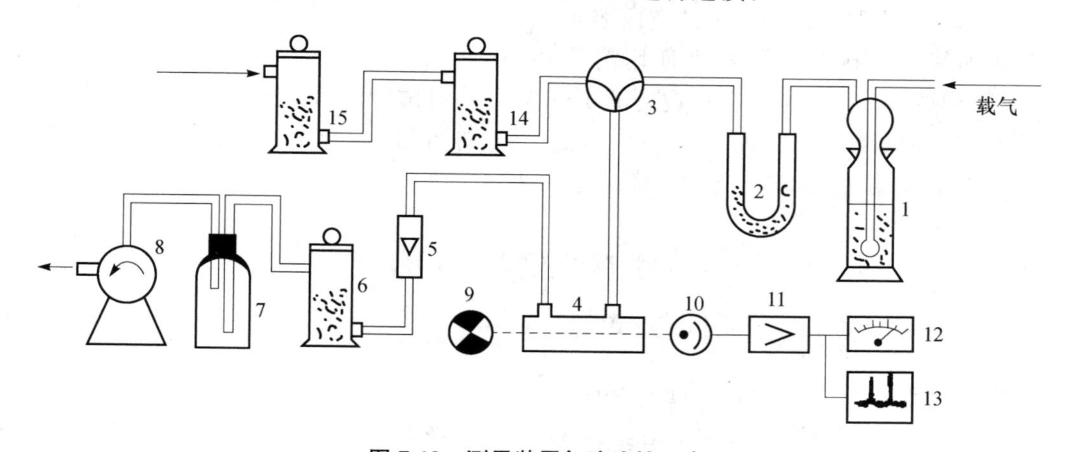

图 7-10 测汞装置气路连接示意

1. 汞还原瓶 2. 硅胶管 3. 三通阀 4. 吸收池 5. 流量计 6，14. 汞吸收瓶 7. 缓冲瓶 8. 抽气泵 9. 汞灯 10. 光电倍增管 11. 放大器 12. 指示表 13. 记录仪 15. 水蒸气吸收瓶

（3）分析步骤

试液的制备

① 硫酸—硝酸—高锰酸钾消解法：称取制备好的 0.149 mm 土壤样品 0.5～2 g（精确

至0.000 2 g）于150 mL锥形瓶中，用少量蒸馏水润湿样品，加H_2SO_4-HNO_3混合液5～10 mL，待剧烈反应停止后，加蒸馏水10 mL，$KMnO_4$溶液10 mL，在瓶口插一小漏斗，置于低温电热板上加热至近沸，保持30～60 min。分解过程中若紫色褪去，应随时补加$KMnO_4$溶液，以保持有过量的$KMnO_4$存在。取下冷却。在临测定前，边摇边滴加盐酸羟胺溶液，直至刚好使过剩的$KMnO_4$及器壁上的水合二氧化锰全部褪色为止。

（注：对有机质含量较多的样品，可预先用HNO_3加热回流消解，然后再加H_2SO_4和$KMnO_4$继续消解。）

② 硝酸—硫酸—五氧化二钒消解法：称取制备好的0.149 mm土壤样品0.5～2 g（准确至0.000 2 g）于150 mL锥形瓶中，用少量蒸馏水润湿样品加入五氧化二钒50 mg，浓HNO_3 10～20 mL，浓H_2SO_4 5 mL玻璃珠3～5粒，摇匀。在瓶口插一小漏斗，置于低温电热板上加热至近沸，保持30～60 min。取下稍冷，加蒸馏水20 mL，继续加热煮沸15 min，此时试样为浅灰白色（若试样色深应适当补加HNO_3再进行分解）。取下冷却，滴加$KMnO_4$溶液至紫色不褪。在临测定前，边摇边滴加盐酸羟胺溶液，直至刚好使过剩的$KMnO_4$及器壁上的水合二氧化锰全部褪色为止。

测定 连接好仪器，按说明书调试好测汞仪，选择好灵敏档和载气流速。将三通阀旋至“校零”端。取出汞还原瓶吹气头，将试液（含残渣）全部移入汞还原瓶，用蒸馏水洗涤锥形瓶3～5次，洗涤液并入还原瓶，加蒸馏水至100 mL，加1 mL10%$SnCl_2$，迅速插入吹气头，然后将三通阀旋至“进样”端，使载气通入汞还原瓶，记下最高吸光度或峰高。待仪器读数回零后，将三通阀旋至“校零”端。取出汞还原瓶吹气头，弃去废液，用蒸馏水清洗汞还原瓶两次，再用稀释液洗1次，除去可能残留的汞，然后进行下一个试样的测定。

空白试样 用去离子水代替试样，采用与样品相同的步骤和试剂，制备全程序空白溶液，每批样品至少制备两个以上的空白溶液。

校准曲线 准确移取汞标准使用溶液0、0.50 mL、1 mL、2 mL、3 mL、4 mL于150 mL锥形瓶中，加硫酸—硝酸混合液4 mL，加高锰酸钾溶液5滴，加蒸馏水20 mL，摇匀。测定前滴加盐酸羟胺还原，以下按步骤（二）进行测定。将扣除空白后的吸光度为纵坐标，对应的汞含量（μg）为横坐标，绘制校准曲线。

（4）结果计算

土样中总Hg的含量W（mg/kg）按式（7-12）计算：

$$W=\frac{m_1}{m(1-f)} \tag{7-12}$$

式中 W——土样中总Hg含量（mg/kg）；

m_1——试液的吸光度减去空白实验的吸光度，然后在标准曲线上查得汞含量（μg）；

m——称取土样的质量（g）；

f——试样中的水分含量（%）。

（5）注意事项

① 易挥发的有机物和水蒸气在波长253.7 nm处有吸收而产生干扰。易挥发有机物在样品消解时可除去，水蒸气用无水氯化钙、过氯酸镁除去。

② 所有玻璃仪器及盛样瓶，均用仪器洗液浸泡过夜，用蒸馏水冲洗干净。仪器洗液的

配制方法：将 1.0 g K_2CrO_7 溶于 900 mL 蒸馏水中，加入 100 mL 浓 HNO_3。

7.8.2.5 原子荧光法测定土壤中总汞

采用硝酸—盐酸混合试剂在沸水浴中加热消解土壤试样，再用硼氢化钾（KBH_4）或硼氢化纳（$NaBH_4$）将样品中所含汞还原成原子态汞，由载气（氩气）导入原子化器中，在特制汞空心阴极灯照射下，基态汞原子被激发至高能态，在去活化回到基态时，发射出特征波长的荧光，其荧光强度与汞的含量成正比，与标准系列比较，求得样品中汞的含量。本方法检出限为 0.002 mg/kg。

（1）主要试剂

① 硝酸—盐酸混合试剂［（1+1）王水］：取 1 份浓 HNO_3 与 3 份浓盐酸混合，然后去离子水稀释 1 倍。

② 还原剂［0.01%硼氢化钾（KBH_4）+0.2%氢氧化钾（KOH）溶液］：称取 0.2 g KOH 放入烧杯中，用少量水溶解，称取 0.01 g KBH_4 放入 KOH 溶液中，用水稀释至 100 mL，此溶液现用现配。

③ 载液［HNO_3（1+19）溶液］：量取 25 mL 浓 HNO_3 缓缓倒入放有少量去离子水的 500 mL 容量瓶中，用去离子水定容至刻度，摇匀。

④ 保存液：称取 0.5 g K_2CrO_7，用少量水溶解，加入 50 mL 浓 HNO_3，用水稀释至 1 000 mL。

⑤ 稀释液：称取 0.2 g K_2CrO_7，用少量水溶解，加入 28 mL 浓 H_2SO_4，用水稀释至 1 000 mL。

⑥ 汞标准贮备液：100 μg/mL。

⑦ 汞标准中间溶液：吸取 10 mL 汞标准贮备液注入 1 000 mL 容量瓶中，用保⑦ 存液稀释至刻度，摇匀。此标准溶液汞浓度为 1.00 μg/mL。

⑧ 汞标准工作溶液：吸取 2 mL 汞标准中间溶液注入 100 mL 容量瓶中，用保存液稀释至刻度。此标准溶液汞浓度为 20.0 ng/mL（现用现配）。

（2）仪器与工作条件

氢化物发生原子荧光光度计，汞空心阴极灯，水浴锅。不同型号仪器的最佳参数不同，可根据仪器使用说明书自行选择。表 7-14 列出了本法通常采用的参数。

表 7-14 仪器参数

参 数	数 值	参 数	数 值
负高压（V）	280	加热温度（℃）	200
A 道灯电流（mA）	35	载气流量（mL/min）	300
B 道灯电流（mA）	0	屏蔽气流量（mL/min）	900
观测高度（mm）	8	测量方法	校准曲线
读数方式	峰面值	读数时间（s）	10
延迟时间（s）	1	测量重复次数	2

（3）分析步骤

试样制备 称取经风干、研磨并过 0.149 mm 孔径筛的土壤样品 0.2～1.0 g（精确至

0.000 2 g）于 50 mL 具塞比色管中，加少许水润湿样品，加入 10 mL（1+1）王水，加塞后摇匀，于沸水浴中消解 2 h，取出冷却，立即加入 10 mL 保存液，用稀释液稀释至刻度，摇匀后放置，取上清液待测，同时做空白实验，每批样品至少做两个以上空白溶液。

校准曲线 分别准确吸取 0、0.50 mL、1 mL、2 mL、3 mL、5 mL、10 mL 汞标准工作液置于七个 50 mL 容量瓶中，加入 10 mL 保存液，用稀释液稀释至刻度，摇匀，即得含汞量分别为 0.00、0.20 ng/mL、0.40 ng/mL、0.80 ng/mL、1.20 ng/mL、2.00 ng/mL、4.00 ng/mL 的标准系列溶液。此标准系列适用于一般样品的测定。

测定 将仪器调至最佳工作条件，在还原剂和载液的带动下，测定标准系列各点的荧光强度，以减去标准空白后的荧光强度对各点浓度绘制校准曲线，然后测定样品空白、试样的荧光强度。

（4）结果计算

土壤样品总汞含量 W（mg/kg）按式（7-13）计算：

$$W = \frac{(c - c_0)V}{m(1 - f) \times 1\,000} \tag{7-13}$$

式中 W——土壤样品总汞含量（mg/kg）；

c——从校准曲线上查得汞元素含量（ng/mL）；

c_0——试剂空白液测定浓度（ng/mL）；

V——样品消解后定容体积（mL）；

m——试样质量（g）；

f——土壤水分含量（%）；

1 000——将“ng”换算为“μg”的系数。

（5）注意事项

① 操作中要注意检查全程序的试剂空白，发现试剂或器皿玷污，应重新处理，严格筛选，并妥善保管，防止交叉污染。

② 硝酸—盐酸消解体系不仅由于氧化能力强，使样品中大量有机物得以分解，同时也能提取各种无机形态的汞。而盐酸存在条件下大量 Cl^- 与 Hg^{2+} 作用形成稳定的 $[HgCl_4]^{2-}$ 络离子，可抑制汞的吸附和挥发。但应避免使用沸腾的王水处理样品，以防止汞以氯化物的形式挥发而损失。样品中含有较多的有机物时，可适当增大硝酸—盐酸混合试剂的浓度和用量。

③ 由于环境因素的影响及仪器稳定性的限制，每批样品测定时须同时绘制校准曲线。若样品中汞含量太高，不能直接测量，应适当减少称样量，使试样含汞量保持在校准曲线的直线范围内。

④ 样品消解完毕，通常要加保存液并以稀释液定容，以防止汞的损失。样品试液宜尽早测定，一般情况下只允许保存 2～3 d。

7.8.2.6 原子荧光法测定土壤中总砷

样品中的砷经加热消解后，加入硫脲使五价砷还原为三价砷，再加入硼氢化钾（KBH_4）将其还原为砷化氢，由氩气导入石英原子化器进行原子化分解为原子态砷，在特制砷空心阴极灯的发射光激发下产生原子荧光，产生的荧光强度与试样中被测元素含量成正比，与标准系列比较，求得样品中砷的含量。该法方法检出限为 0.01 mg/kg。

（1）主要试剂

① (1+1) 王水：取 1 份浓 HNO_3 与 3 份浓盐酸混合，然后用去离子水稀释 1 倍。

② 还原剂 [1% KBH_4 +0.2% KOH 溶液]：称取 0.2 g KOH 放入烧杯中，用少量水溶解，称取 1.0 g KBH_4 放入 KOH 溶液中，溶解后用水稀释至 100 mL，此溶液现用现配。

③ 载液 [盐酸 (1+9) 溶液]：量取 50 mL 盐酸，加水定容至 500 mL，混匀。

④ 5%硫脲溶液：称取 10 g 硫脲，溶解于 200 mL 水中，摇匀。用时现配。

⑤ 抗坏血酸 (5%)：称取 10 g 抗坏血酸，溶解于 200 mL 水中，摇匀。用时现配。

⑥ 砷标准贮备液：1.00 mg/mL。

⑦ 砷标准中间溶液：浓度为 100 μg/mL。

⑧ 砷标准工作溶液：吸取 1 mL 砷标准中间溶液注入 100 mL 容量瓶中，用盐酸 (1+9) 溶液稀释至刻度，摇匀。此标准溶液砷浓度为 1.00 μg/mL。

（2）仪器与工作条件

氢化物发生原子荧光光度计，砷空心阴极灯，水浴锅。不同型号仪器的最佳参数不同，可根据仪器使用说明书自行选择。表 7-15 列出了本法通常采用的参数。

表 7-15 仪器参数

参 数	数 值	参 数	数 值
负高压 (V)	300	加热温度 (℃)	200
A 道灯电流 (mA)	0	载气流量 (mL/min)	400
B 道灯电流 (mA)	60	屏蔽气流量 (mL/min)	1 000
观测高度 (mm)	8	测量方法	校准曲线
读数方式	峰面值	读数时间 (s)	10
延迟时间 (s)	1	测量重复次数	2

（3）分析步骤

试液的制备 称取经风干、研磨并过 0.149 mm 孔径筛的土壤样品 0.2 g～1.0 g（精确至 0.000 2 g）于 50 mL 具塞比色管中，加少许水润湿样品，加入 10 mL (1+1) 王水，加塞摇匀于沸水浴中消解 2 h，中间摇动几次，取下冷却，用水稀释至刻度，摇匀后放置。吸取一定量的消解试液于 50 mL 比色管中，加 3 mL 浓盐酸、5 mL 硫脲溶液、5 mL 坏血酸溶液，用水稀释至刻度，摇匀放置，取上清液待测。同时做空白实验，每批样品至少制备 2 个以上空白溶液。

校准曲线 分别准确吸取 0.00、0.50 mL、1.00 mL、1.50 mL、2.00 mL、3.00 mL 砷标准工作液置于 6 个 50 mL 容量瓶中，分别加入 5 mL 浓盐酸、5 mL 硫脲溶液、5 mL 抗坏血酸溶液，然后用水稀释至刻度，摇匀，即得含砷量分别为 0、10.0 ng/mL、20.0 ng/mL、30.0 ng/mL、40.0 ng/mL、60.0 ng/mL 的标准系列溶液。此标准系列适用于一般样品的测定。

测定 将仪器调至最佳工作条件，在还原剂和载液的带动下，测定标准系列各点的荧光强度，以减去标准空白后的荧光强度对各点浓度绘制校准曲线，然后测定样品空白、试样的荧光强度。

（4）结果计算

土壤样品总砷含量 W（mg/kg）按式（7-14）计算：

$$W=\frac{(c-c_0)V_2V_{总}}{m(1-f)V_1\times 1\,000} \tag{7-14}$$

式中 W——土壤样品总砷含量（mg/kg）；

c——从校准曲线上查得砷元素含量（ng/mL）；

c_0——试剂空白液测定浓度（ng/mL）；

V_2——测定时分取样品溶液稀释定容体积（mL）；

$V_{总}$——样品消解后定容总体积（mL）；

V_1——测定时分取样品消解液体积（mL）；

m——试样质量（g）；

f——土壤水分含量（%）；

1 000——将“ng”换算为“μg”的系数。

7.8.2.7 原子荧光法测定土壤中总 Pb

采用盐酸—硝酸—氢氟酸—高氯酸全消解的方法，消解后的样品中 Pb 与还原剂 KBH_4 反应生成挥发性 Pb 的氢化物（PbH_4）。以氩气为载体，将氢化物导入电热石英原子化器中进行原子化。在特制 Pb 空心阴极灯照射下，基态 Pb 原子被激发至高能态，在去活化回到基态时，发射出特征波长的荧光，其荧光强度与 Pb 的含量成正比，最后根据标准系列进行定量计算。该方法检出限为 0.06 mg/kg。

（1）主要试剂

① 盐酸（1+1）溶液：取一定体积的盐酸，加入同体积水配制。

② 盐酸（1+66）溶液：量取 1.5 mL 浓盐酸，加水定容至 100 mL，混匀。

③ HNO_3（1+1）溶液。

④ 草酸溶液（100 g/L）：称取 10 g 草酸，加水溶解，定容至 100 mL。

⑤ 铁氰化钾溶液（100 g/L）：称取 10 g 铁氰化钾，加水溶解，定容至 100 mL。

⑥ 还原剂［2%硼氢化钾（KBH_4）+0.5%氢氧化钾（KOH）溶液］：称取 0.5 g KOH 放入烧杯中，用少量水溶解，称取 2.0 g KBH_4 放入 KOH 溶液中，溶解后用水稀释至 100 mL，此溶液现用现配。

⑦ 载液：取 3 mL 盐酸（1+1）溶液、2 mL 草酸溶液、4 mL 铁氰化钾溶液放入烧杯中，用水稀释至 100 mL，混匀。

⑧ Pb 标准贮备液：此标准溶液 Pb 的浓度为 1.00 mg/mL。

⑨ Pb 标准中间溶液：吸取 10 mL Pb 标准贮备液注入 1 000 mL 容量瓶中，用盐酸溶液（1+66）稀释至刻度，摇匀。此标准溶液 Pb 的浓度为 10.00 μg/mL。

⑩ 铅标准工作溶液：吸取 2 mL Pb 标准中间溶液注入 100 mL 容量瓶中，用盐酸（1+66）溶液稀释至刻度，摇匀。此标准溶液 Pb 的浓度为 0.20 μg/mL。

（2）仪器与工作条件

氢化物发生原子荧光光度计，Pb 双阴极空心阴极灯，电热板。不同型号仪器的最佳参数不同，可根据仪器使用说明书自行选择。表 7-16 列出了本法通常采用的参数。

表 7-16 仪器参数

参数	数值	参数	数值
负高压（V）	280	加热温度（℃）	200
A 道灯电流（mA）	80	载气流量（mL/min）	400
B 道灯电流（mA）	0	屏蔽气流量（mL/min）	1 000
观测高度（mm）	8	测量方法	校准曲线
读数方式	峰面值	读数时间（s）	10
延迟时间（s）	1	测量重复次数	2

（3）分析步骤

试液的制备 称取经风干、研磨并过 0.149 mm 孔径筛的土壤样品 0.2～1.0 g（精确至 0.000 2 g）于 25 mL 聚四氟乙烯坩埚中，用少许的水润湿样品，加入 5 mL 浓盐酸、2 mL 浓 HNO_4 摇匀，盖上坩埚盖，浸泡过夜，然后置于电热板上加热消解，温度控制在 100℃左右，至残余酸量较少时（2～3 mL），取下坩埚稍冷后加入 2 mL HF 酸，继续低温加热至残余酸液为 1～2 mL 时取下，冷却后加入 2～3 mL $HClO_4$，将电热板温度升至 200℃左右，继续消解至白烟冒净为止。加少许浓盐酸淋洗坩埚壁，加热溶解残渣，将盐酸赶尽，加入 15 mL 盐酸（1＋1）溶液于坩埚中，在电热板上低温加热，溶解至溶液清澈为止。取下冷却后转移至 50 mL 容量瓶中，用水稀释至刻度，摇匀后取 5 mL 溶液于 50 mL 容量瓶中，加入 2 mL 草酸溶液、2 mL 铁氰化钾溶液，然后用水稀释至刻度，摇匀，放置 30 min 待测。同时做空白实验，每批样品至少制备 2 个以上空白溶液。

校准曲线 分别准确吸取 0、1 mL、2 mL、3 mL、5 mL、7.50 mL、10 mL Pb 标准工作液（置于 7 个 50 mL 容量瓶中，用少量水稀释后，加 1.5 mL 盐酸（1＋1）溶液、2 mL 草酸溶液、2 mL 铁氰化钾溶液，最后用水稀释至刻度，摇匀。此标准系列相当于 Pb 的浓度分别为 0.00、4.00 ng/mL、8.00 ng/mL、12.0 ng/mL、20.0 ng/mL、30.0 ng/mL、40.0 ng/mL，适用于一般样品的测定。

测定 将仪器调至最佳工作条件，在还原剂和载液的带动下，测定标准系列各点的荧光强度。以减去标准空白后的荧光强度对各点浓度绘制校准曲线，然后测定样品空白、试样的荧光强度。

（4）结果计算

土壤样品总 Pb 含量 W（mg/kg）按式（7-15）计算：

$$W=\frac{(c-c_0)V_2V_{总}}{m(1-f)V_1\times 1\,000} \tag{7-15}$$

式中 W——土壤样品总 Pb 含量（mg/kg）；

c——从校准曲线上查得 Pb 元素含量（ng/mL）；

c_0——试剂空白液测定浓度（ng/mL）；

V_2——测定时分取样品溶液稀释定容体积（mL）；

$V_{总}$——样品消解后定容总体积（mL）；

V_1——测定时分取样品消解液体积（mL）；

m——试样质量（g）；

f——土壤水分含量（%）；

1 000——将“ng/g”换算为“mg/kg”的系数。

(5) 注意事项

① 测定溶液中盐酸的要求比较严格，所以样品消解至赶酸时，应特别注意务必将酸赶尽，然后再准确加入 15 mL 盐酸（1＋1）溶液，低温加热溶解完全。取下冷却后转移至 50 mL容量瓶中，用水稀释至刻度，摇匀后取 5 mL 溶液置于 50 mL 容量瓶中，加入 2 mL 草酸溶液，加入 2 mL 铁氰化钾溶液，然后用水稀释至刻度，摇匀。这一步是为确保待测溶液的盐酸浓度在 0.18～0.24 mol/L 范围内。同样，标准系列的盐酸浓度也应控制在 0.18～0.24 mol/L 的范围内。

② 制备好的样品试液应放置 30 min 后再测定，以确保试液中的二价 Pb 全部被氧化为四价 Pb，标准系列也同样放置 30 min 后测定。

③ 重复实验结果以算术平均值表示，保留三位有效数字。

7.8.2.8 石墨炉原子吸收分光光度法测定土壤中的 Pb、Cd

采用盐酸—硝酸—氢氟酸—高氢酸全分解的方法，彻底破坏土壤的矿物晶格使试样中的待测元素全部进入试液中。然后，将试液注入石墨炉中。经过预先设定的干燥、灰化、原子化等升温程序使共存基体成分蒸发除去，同时在原子化阶段的高温下，Pb、Cd 化合物离解为基态原子蒸气，对相应的空心阴极灯发射的特征谱线产生选择性吸收。在选择的最佳测定条件下，测定 Pb、Cd 的吸光度。使用背景扣除方式，并在磷酸氢二铵或氯化铵基体改进剂存在下，直接测定试液中痕量 Pb、Cd 未见干扰。该方法的检出限（按 0.5 g 试样消解定容至 50 mL 计算）为 Pb 0.1 mg/kg，Cd 0.01 mg/kg。

(1) 主要试剂

①HNO_3（1＋5）溶液；②HNO_3 溶液，体积分数为 0.2%；③磷酸氢二铵水溶液，质量分数为 5%；④Pb、Cd 混合标准使用液：Pb 250 μg/L、Cd 50 μg/L。

(2) 仪器与工作条件

①石墨炉原子吸收分光光度计（带有背景校正装置）；②手动进样器；③Cd 空心阴极灯。不同型号的仪器的最佳测试条件不同，可根据仪器使用说明书自行选择。通常本法采用的测量条件见表 7-17。

表 7-17 仪器测量条件

工作参数	元素	
	Cd	Pb
光源	空心阴极灯	空心阴极灯
灯电流（mA）	7.5	7.5
波长	228.8	283.3
通带宽度（nm）	1.3	1.3
干燥	80～100℃/20 s	80～100℃/20 s
灰化	450～500℃/20 s	700～750℃/20 s
原子化	1 500℃/5 s	2 000℃/5 s
清除	2 600℃/3 s	2 700℃/3 s
Ar 气流量	200 mL/min	200 mL/min
原子化阶段是否停气	是	是
进样体积（μL）	10	10

（3）分析步骤

试液的制备 准确称取0.1～0.3 g（精确至0.000 2 g）0.149 mm土壤样品于50 mL聚四氟乙烯坩埚中，用水润湿后加入5 mL浓盐酸，于通风橱内的电热板上低温加热，使样品初步分解，待蒸发至2～3 mL时，取下稍冷，然后加入5 mL浓HNO_3，4 mL HF酸，2 mL $HClO_4$，加盖后于电热板上中温加热1 h左右，然后开盖，继续加热除硅，为了达到良好的飞硅效果，应经常摇动坩埚。当加热至冒浓厚$HClO_4$白烟时，加盖，使黑色有机物充分分解。待坩埚壁上的黑色有机物消失后，开盖，驱赶白烟并蒸发至内容物呈黏稠状。视消解情况，可再加入2 mL浓HNO_3，2 mL HF酸，1 mL $HClO_4$，重复上述消解过程。当白烟再次冒尽且内容物呈黏稠状时，取下稍冷，用水冲洗坩埚盖及内壁，并加入1 mL（1+5）硝酸溶液温热溶解残渣。然后将溶液转移至25 mL容量瓶中，加入3 mL磷酸氢二铵溶液冷却后定容，摇匀备测。用去离子水代替试样，采用以上样品相同的步骤和试剂，制备全程序空白溶液。每批样品至少制备2种以上的空白溶液。

由于土壤种类多，所含有机质差异较大，在消解时，应注意观察，各种酸的用量可以根据情况酌情增减。土壤消解液应呈白色或淡黄色（含铁较高的土壤），没有明显沉淀物存在。（注：电热板温度不宜太高，否则会使坩埚变形。）

测定 按照仪器使用说明书调节仪器至最佳工作条件，测定试液及空白的吸光度。

校准曲线 准确移取Pb、Cd标准使用液，0、0.50 mL、1 mL、2 mL、3 mL、5 mL于25 mL容量瓶中。加入3 mL磷酸氢二铵溶液，用0.2%硝酸溶液定容。该标准溶液含Pb 0、5.0 μg/L、10.0 μg/L、20.0 μg/L、30.0 μg/L、50.0 μg/L，含Cd 0、1.0 μg/L、2.0 μg/L、4.0 μg/L、6.0 μg/L、10.0 μg/L。按测定步骤中的条件由低到高浓度顺次测定标准溶液的吸光度。

用减去空白的吸光度与相应的元素含量（μg/L）分别绘制Pb、Cd校准曲线。

（4）结果计算

土壤样品中的Pb、Cd的含量W（mg/kg）按式（7-16）计算：

$$W = \frac{cV}{m(1-f)} \tag{7-16}$$

式中 W——土壤样品中的Pb、Cd含量（mg/kg）；

c——试液的吸光度减去空白实验的吸光度，然后在标准曲线上查得Pb、Cd的含量（μg/L）；

V——试液定容体积（L）；

m——称取试样的质量（g）；

f——试样中的水分含量（%）。

7.8.3 原子吸收和原子荧光光谱法在食品分析中的应用

7.8.3.1 石墨炉原子吸收法测定食品中的Cd

样品经灰化或酸消解后，注入原子吸收分光光度计石墨炉中，电热原子化后吸收228.8 nm共振线，在一定浓度范围，其吸收值与镉含量成正比，与标准系列比较定量。该方法最低检出浓度为0.1 μg/kg。

（1）主要试剂

① 过氧化氢（30%）。

② HNO_3（1+1）溶液。

③ HNO_3（0.5 mol/L）：取 3.2 mL 浓 HNO_3，加入 50 mL 水中，稀释至 100 mL。

④ 盐酸（1+1）溶液。

⑤ 磷酸铵溶液（20 g/L）：称取 2.0 g 磷酸铵，以水溶解稀释至 100 mL。

⑥ 混合酸：HNO_3+$HClO_4$（4+1）。取 4 份 HNO_3 与 1 份 $HClO_4$ 混合。

⑦ Cd 标准使用液：100.0 ng/mL，用 0.5 mol/L HNO_3 多次稀释 Cd 标准贮备液得 100.0 ng/mL 的 Cd 标准使用液。

（2）仪器与工作条件

①原子吸收分光光度计（附石墨炉装置）；②Pb 空心阴极灯；③马弗炉；④恒温干燥箱；⑤瓷坩埚；⑥压力消解器、压力消解罐或压力溶弹；⑦可调式电热板；⑧可调式电炉。仪器参考条件为波长 228.8 nm，狭缝 0.5～1.0 nm，灯电流 8～10 mA，干燥温度 120℃下 20 s；灰化温度 350℃下 15～20 s，原子化温度 1 700～2 300℃下 4～5 s，背景校正为氘灯或塞曼效应。

（3）分析步骤

样品制备 粮食、豆类去杂质后，磨碎，过 20 目筛，贮于塑料瓶中，保存备用。蔬菜、水果、鱼类、肉类及蛋类等水分含量高的鲜样用食品加工机或匀浆机打成匀浆，贮于塑料瓶中，保存备用。

样品消解（可根据实验室条件选用以下任何一种方法消解）

① 压力消解罐消解法：称取 1.00～2.00 g 样品（干样、含脂肪高的样品＜1.00 g，鲜样＜2.0 g 或按压力消解罐使用说明书称取样品）于聚四氟乙烯内罐，加 HNO_3 2～4 mL 浸泡过夜。再加过氧化氢（30%）2～3 mL（总量不能超过罐容积的 1/3）。盖好内盖，旋紧不锈钢外套，放入恒温干燥箱，120～140℃保持 3～4 h，在箱内自然冷却至室温，用滴管将消化液洗入或过滤入（视消化后样品的盐分而定）10～25 mL 容量瓶中，用水少量多次洗涤罐，洗液合并于容量瓶中并定容至刻度，混匀备用；同时作试剂空白。

② 干法灰化：称取 1.00～5.00 g（根据 Cd 含量而定）样品于瓷坩埚中，先小火在可调式电炉上炭化至无烟，移入马弗炉 500℃灰化 6～8 h 时，冷却。若个别样品灰化不彻底，则加 1 mL 混合酸在可调式电炉上小火加热，反复多次直到消化完全，放冷，用 HNO_3（0.5 mol/L）将灰分溶解，用滴管将样品消化液洗入或过滤入（视消化后样品的盐分而定）10～25 mL 容量瓶中，用水少量多次洗涤瓷坩埚，洗液合并于容量瓶中并定容至刻度，混匀备用；同时作试剂空白。

③ 过硫酸铵灰化法：称取 1.00～5.00 g 样品于瓷坩埚中，加 2～4 mL HNO_3 浸泡 1 h 以上，先小火炭化，冷却后加 2.00～3.00 g 过硫酸铵盖于上面，继续炭化至不冒烟，转入马弗炉，500℃恒温 2 h，再升至 800℃，保持 20 min，冷却，加 2～3 mL HNO_3（1.0 mol/L），用滴管将样品消化液洗入或过滤入（视消化后样品的盐分而定）10～25 mL 容量瓶中，用水少量多次洗涤瓷坩埚，洗液合并于容量瓶中并定容至刻度，混匀备用；同时作试剂空白。

④ 湿式消解法：称取样品 1.00～5.00 g 于三角瓶或高脚烧杯中，放数粒玻璃珠，加

10 mL混合酸（或再加1～2 mL HNO_3），加盖浸泡过夜，加一小漏斗电炉上消解，若变棕黑色，再加混合酸，直至冒白烟，消化液呈无色透明或略带黄色，放冷用滴管将样品消化液洗入或过滤入（视消化后样品的盐分而定）10～25 mL容量瓶中，用水少量多次洗涤三角瓶或高脚烧杯，洗液合并于容量瓶中并定容至刻度，混匀备用；同时作试剂空白。

测定 根据各自仪器性能调至最佳状态。分别吸取样液和试剂空白液各10 μL注入石墨炉，测得其吸光值，代入标准系列的一元线性回归方程中求得样液中Cd含量。

标准曲线绘制 吸取镉标准使用液0、1 mL、2 mL、3 mL、5 mL、7 mL、10 mL于100 mL容量瓶中稀释至刻度，相当于0、1.0 ng/mL、2.0 ng/mL、3.0 ng/mL、5.0 ng/mL、7.0 ng/mL、10.0 ng/mL，各吸取10 μL注入石墨炉，测得其吸光值。并求得吸光值与浓度关系的一元线性回归方程。

基体改进剂的使用 对有干扰样品，则注入适量的基体改进剂磷酸铵溶液（20 g/L）（一般为<5 μL）消除干扰。绘制Cd标准曲线时也要加入与样品测定时等量的基体改进剂磷酸铵溶液。

（4）结果计算

样品中Cd含量 X（μg/kg或μg/L）按式（7-17）计算：

$$X=\frac{(c_1-c_2)V\times 1\,000}{m\times 1\,000} \tag{7-17}$$

式中 X——样品中Cd含量（μg/kg或μg/L）；

c_1——测定样品消化液中Cd含量（ng/mL）；

c_2——空白液中Cd含量（ng/mL）；

V——试样消化液总体积（mL）；

m——样品质量或体积（g或mL）。

7.8.3.2 氢化物原子荧光法测定食品中锡

样品中的锡经加热消解后，被氧化成四价锡，在硼氢化钠（$NaBH_4$）的作用下生成锡的氢化物，由氩气导入石英原子化器进行原子化，在特制锡空心阴极灯的照射下，基态锡原子被激发至高能态，在去活化回到基态时，发射出特征波长的荧光，其荧光强度与试样中锡含量成正比，与标准系列比较定量。该法方法检出限为0.23 ng/mL。标准曲线的线性范围：0～200 ng/mL。

（1）主要试剂

① HNO_3+HClO_4（4+1）混合酸。

② 硼氢化钠（$NaBH_4$）溶液（7 g/L）：称取7.0 g $NaBH_4$ 溶于NaOH溶液（5 g/L）中，并定容至1 000 mL，此溶液现用现配。

③ H_2SO_4（1+9）溶液：量取100 mL浓 H_2SO_4，倒入900 mL水中，混匀。

④ 硫脲（150 g/L）+抗坏血酸（150 g/L）：分别称取15 g硫脲和15 g抗坏血酸溶于水中，并稀释至100 mL。此溶液置于棕色瓶中避光保存。

⑤ 锡标准工作溶液：吸取1 mL锡标准溶液（100 μg/mL）注入100 mL容量瓶中，用 H_2SO_4（1+9）溶液稀释至刻度，摇匀。此标准溶液浓度为1.00 μg/mL。

（2）仪器与工作条件

氢化物发生双道原子荧光光度计，锡空心阴极灯，电热板。不同型号仪器的最佳参数不

表 7-18 仪器参数

参 数	数 值	参 数	数 值
负高压（V）	380	原子化温度（℃）	850
A 道灯电流（mA）	0	载气流量（mL/min）	500
B 道灯电流（mA）	70	屏蔽气流量（mL/min）	1 200
观测高度（mm）	10	测量方法	校准曲线
读数方式	峰面积	读数时间（s）	15
延迟时间（s）	1	测量重复次数	2

同，可根据仪器使用说明书自行选择。表 7-18 列出了本法通常采用的参数。

（3）分析步骤

样品制备 粮食、豆类去杂质后，磨碎，过 40 目筛，贮于塑料瓶中，保存备用。蔬菜、水果、水产类、肉类洗净晾干，取可食部分用食品加工机或匀浆机打成匀浆，贮于塑料瓶中，保存备用。

样品消解 称取样品 1.00～5.00 g 于锥形瓶中，加 1.0 mL 浓 H_2SO_4，10 mL HNO_3＋$HClO_4$ 混合酸（4＋1），放数粒玻璃珠，加盖浸泡过夜，次日置电热板上加热消化，若酸液过少，可适当补加 HNO_3。继续消化至冒白烟，待液体体积近 1 mL 时取下冷却。用水将消化试样转入 50 mL 容量瓶中，加水定容至刻度，混匀备用；同时做空白试验。

分别取定容后的试样 10 mL 于 15 mL 比色管中，再加入 2 mL 硫脲＋抗坏血酸混合溶液，摇匀。

标准曲线 分别吸取锡标准使用液 0、0.1 mL、0.5 mL、1.0 mL、1.5 mL、2.0 mL 于 15 mL 比色管中，分别加入 H_2SO_4（1＋9）溶液 2.0 mL、1.9 mL、1.5 mL、1.0 mL、0.5 mL、0，用水定容至 10 mL，再加入 2 mL 硫脲＋抗坏血酸混合溶液，摇匀。

测定 参考仪器参数设定好仪器的最佳条件，逐步将炉温升至所需温度后，稳定 10～20 min 后开始测量。依次测定标准曲线、试样、空白等。

（4）结果计算

样品中锡含量 X（mg/kg 或 mg/L）按式（7-18）进行计算：

$$X=\frac{(C_1-C_0)V\times 1\,000}{m\times 1\,000\times 1\,000} \tag{7-18}$$

式中 X——样品中锡含量（mg/kg 或 mg/L）；

C_1——测定样品消化液中锡含量（ng/mL）；

C_0——空白液中锡含量（ng/mL）；

V——试样消化液总体积（mL）；

m——样品质量或体积（g 或 mL）。

计算结果保留两位有效数字。

7.8.4 火焰原子吸收分光光度法测定环境空气中颗粒 Pb

环境空气中的 Pb，是指酸溶性 Pb 及 Pb 的氧化物。用玻璃纤维滤膜采集的试样，经 HNO_3-H_2O_2 溶液浸出制备成试料溶液。直接吸入空气—乙炔火焰中原子化，在波长 283.3 nm

处测量基态原子对空心阴极灯特征辐射的吸收。在一定条件下，根据吸收光度与待测样中金属浓度成正比。方法检出限为0.5 μg/mL（1%吸收），当采样体积为50 m^3 进行测定时，最低检出浓度为 5×10^{-4} mg/m^3。

（1）主要试剂

① HNO_3 溶液，1%。

② HNO_3（1+1）溶液。

③ HNO_3-H_2O_2 混合液：用 HNO_3 和 H_2O_2 按（1+1）配制，现用现配。

④ Pb标准溶液，c=100 μg/mL。用1%的 HNO_3 稀释Pb贮备液制得。

⑤ 燃气：乙炔，纯度不低于99.6%。用钢瓶气或由乙炔发生器供给。

⑥ 滤膜：聚氯乙烯等有机滤膜。空白滤膜的最大含Pb量，要明显低于本方法所规定测定的最低检出浓度。

（2）仪器与工作条件

①原子吸收分光光度计及相应的辅助设备；②Pb空心阴极灯；③真空抽滤装置；④微波消解装置或电热板；⑤总悬浮颗粒物采样器：中流量或大流量采样器。

工作条件：波长283.3 nm；等电流：4 mA；火焰类型：空气—乙炔，氧化型。

（3）样品采集

用总悬浮颗粒物采样器（大流量或中流量采样器），采样80～150 m^3。采样时应将滤膜毛面朝上，放入采样夹中拧紧。采样后小心取下滤膜尘面朝里对折两次叠成扇形，放回纸袋中，并详细记录采样条件。

（4）分析步骤

试液溶液

① HNO_3-H_2O_2 溶液浸出法：取试样滤膜，置于聚四氟乙烯烧杯中，加入10 mL HNO_3-H_2O_2 混合溶液浸泡2 h以上，在电热板上沙浴加热至沸腾，保持微沸10 min。冷却后加入30% H_2O_2 10 mL，沸腾至微干，冷却，加1% HNO_3 溶液20 mL，再沸腾10 min，热溶液通过真空抽滤装置，收集于试管中，用少量热的1% HNO_3 溶液冲洗过滤器数次。待滤液冷却后，转移到50 mL容量瓶中，再用1% HNO_3 溶液稀释至标线，即为试样溶液。

② 微波消解法：取试样滤膜，放入微波消解的溶样杯中，加入浓 HNO_3 5 mL、30% H_2O_2 2 mL，用微波消解器在1.5 MPa下消解5 min。取出冷却后用真空抽滤装置过滤，再用1%热稀 HNO_3 冲洗数次。待滤液冷却后，转移至50 mL容量瓶中，用1%的 HNO_3 稀释至标线，即为试样溶液。

取同批号等面积空白滤膜，按上述两种样品预处理方法操作，分别制备成空白溶液。

校准曲线的绘制　参照表7-19，取6个100 mL容量瓶，分别加入Pb标准使用溶液，然后用1% HNO_3 溶液稀释至标线，配制成工作标准溶液，其浓度范围包括试样中被测Pb浓度。

表7-19　标准溶液系列

项　目	序　号						
	0	1	2	3	4	5	6
Pb标准液加入体积（mL）	0	0.50	1.00	2.00	4.00	8.00	10.00
工作标准溶液浓度（mg/L）	0	0.50	1.00	2.00	4.00	8.00	10.00

根据选定的原子吸收分光光度计工作条件，测定工作标准溶液的吸光度。以吸光度对Pb浓度（mg/L），绘制标准曲线。

（注：在测定过程中，要定期地复测空白和标准溶液，以检查基线的稳定性和仪器灵敏度是否发生了变化。）

试料溶液测定 按校准曲线绘制时的仪器工作条件，吸入1% HNO_3 溶液，将仪器调“0”，分别吸入空白和试样溶液，记录吸光度值。

（5）结果计算

根据所测的吸光度值，在校准曲线上查出试料溶液和空白溶液的浓度，空气中Pb的含量 c（mg/m^3）按式（7-19）计算。

$$c=\frac{V(a-b)N}{V_n\times 1\,000}\cdot\frac{S_t}{S_a} \tag{7-19}$$

式中 c——Pb及其无机化合物（换算成Pb）浓度（mg/m^3）；

a——试样溶液中Pb浓度（μg/mL）；

b——空白溶液中Pb浓度（μg/mL）；

V——试料溶液体积（mL）；

V_n——换算成标准状态下（0℃、101 325 Pa）的采样体积（m^3）；

S_t——试料滤膜总面积（cm^2）；

S_a——测定时所取滤膜面积（cm^2）。

思考题

1. 简述原子吸收分光光度计的组成及各部分的作用。
2. 石墨炉原子吸收分光光度法与火焰原子吸收分光光度法有何不同？两种方法各有何优点？
3. 石墨炉原子化过程分为几个阶段？并简述各阶段的作用及条件设置要点。
4. 怎样选择原子吸收法的分析条件？
5. 原子吸收光谱分析中的干扰及消除方法有哪些？
6. 简述原子吸收法和原子荧光光谱法在环境分析中的应用及其特点。
7. 火焰原子吸收法测定土壤中总铬的原理是怎样的？为什么要使用富燃性（还原性）火焰？
8. 石墨炉原子吸收法测定环境样品中铅、镉的原理如何？有哪几种定量方法？
9. 用标准加入法测定水样中的镉，取4份等量水样，分别加入不同量的镉标准溶液（加入量见下表），稀释至100 mL，依次用石墨炉原子吸收法测定，测得吸光度列于下表，求该水样中镉的含量。

编 号	水样量（mL）	加入镉标准溶液（1 μg/mL）（mL）	吸光度
1	20	0	0.042
2	20	0.1	0.080
3	20	0.2	0.116
4	20	0.4	0.190

10. 冷原子吸收分光光度法和原子荧光法测定土壤中汞，在原理和仪器方面有何相同和不同之处？

参考文献

奚旦立，孙裕生. 2010. 环境监测［M］. 4版. 北京：高等教育出版社.

刘德生. 2001. 环境监测［M］. 北京：化学工业出版社.

《水和废水监测分析方法》编委会. 2006. 水和废水监测分析方法（增补版）［M］. 4版. 北京：中国环境科学出版社.

《空气和废气监测分析方法指南》编委会. 2006. 空气和废气监测分析方法指南［M］. 北京：中国环境科学出版社.

吴忠标，等. 2003. 环境监测［M］. 北京：化学工业出版社.

《水和废水监测分析方法指南》编委会. 1990. 水和废水监测分析方法指南［M］. 北京：中国环境科学出版社.

张正奇. 2001. 分析化学［M］. 北京：科学出版社.

周梅村. 2008. 仪器分析［M］. 武汉：华中科技大学出版社.

吕静. 2007. 仪器分析新技术［M］. 哈尔滨：黑龙江人民出版社.

司文会. 2005. 现代仪器分析［M］. 北京：中国农业出版社.

钱沙华，韦进宝. 2004. 环境仪器分析［M］. 北京：化学工业出版社.

刘约权. 2006. 现代仪器分析［M］. 北京：高等教育出版社.

郭永，杨宏秀，李新华，等. 2001. 仪器分析［M］. 北京：地震出版社.

邓桂春，臧树良. 2001. 环境分析与监测［M］. 沈阳：辽宁大学出版社.

许金生. 2002. 仪器分析［M］. 南京：南京大学出版社.

张广强，黄世德. 2001. 分析化学［M］. 2版. 北京：学苑出版社.

刘凤枝. 2001. 农业环境监测实用手册［M］. 北京：中国标准出版社.

中国标准出版社第二编辑室编. 2009. 环境监测方法标准汇编，土壤环境与固体废物［M］. 2版. 北京：中国标准出版社.

阎吉昌，徐书绅，张兰英. 2002. 环境分析［M］. 北京：化学工业出版社.

吴性良，朱万森，马林. 2004. 分析化学原理［M］. 北京：化学工业出版社.

卫生部食品卫生监督检验所. 2004. 食品卫生检验方法（理化部分）总则［M］. 北京：中国标准出版社.

8 原子发射光谱法

✦ ✦ ✦ ✦ ✦ ✦ ✦ ✦ ✦ ✦ ✦

本章提要

原子发射光谱分析法通过测量电子能级跃迁时发射谱线的波长和谱线的强度对元素进行定性、定量分析。本章主要介绍原子发射光谱分析法的基本原理和特点；原子发射光谱仪的组成；原子发射光谱法进行定性分析的原理、方法、干扰的鉴别与消除，半定量分析的原理、方法及定量分析的原理、方法和定量分析工作条件的选择。在环境分析领域的应用主要介绍了电感耦合等离子体发射光谱法测定水体、土壤中重金属的方法。

✦ ✦ ✦ ✦ ✦ ✦ ✦ ✦ ✦ ✦ ✦

8.1 概　述

原子发射光谱法（atomic emission spectrometry，AES），是利用物质在热激发或电激发下，每种元素的原子或离子发射特征光谱来判断物质的组成，从而进行元素的定性与定量分析的。原子发射光谱法可对约70种元素（金属元素及磷、硅、砷、碳、硼等非金属元素）进行分析。在一般情况下，用于1%以下含量的组分测定，检出限可达10^{-9}，精密度为±10%左右，线性范围约2个数量级。这种方法可有效地用于测量高、中、低含量的元素。

8.1.1 发射光谱分析法基本原理

原子发射光谱分析是以原子中电子能级跃迁为基础而建立起来的分析方法。原子发射光谱分析通过测量电子能级跃迁时发射谱线的波长和谱线的强度，对元素进行定性、定量分析。

原子是由原子核和核外电子所组成的，原子核外的电子在不同状态下所具有的能量，可用能级来表示，离核较远的为高能级，离核较近的为低能级。在一般情况下，原子处于稳定状态，这种状态能量最低，称为基态。当原子受到外界能量（如热能、电能）等的作用时，就会获得足够的能量，使外层电子从低能级跃迁至高能级，这种高能级状态称为激发态。处于激发态的电子是很不稳定的，约经过10^{-9}～10^{-8} s，便跃迁回到基态或其他较低的能级而释放出多余的能量，释放能量的方式可以是通过与其他粒子的碰撞，进行能量的传递，这是无辐射跃迁；也可以以一定波长的电磁波形式辐射出去，辐射的波长与其能量有关，等于电子跃迁前后两个能级的能量之差，见式（8-1）。

$$\Delta E = E_2 - E_1 = h\nu = \frac{hc}{\lambda} \tag{8-1}$$

式中　h——普朗克常量；

ν——光子频率（Hz）；

c——光速（m/s），$c=3\times10^8$m/s；

λ——光的波长（A）；

E_2，E_1——电子所在的较高能级能量和较低能级能量（eV）。

显然，原子发射光谱线的波长为

$$\lambda = \frac{hc}{\Delta E}$$

在一定条件下，一种原子的电子可能在多种能级间跃迁，能辐射出不同特征频率的光。利用分光仪将原子发射的特征光按频率分成若干条线状光谱，这就是原子发射光谱。

不同元素原子结构各有差异，能级间的能量差各不相同。当原子受激发时，就辐射出各元素所固有的特征谱线。光谱分析就是利用光谱仪检查光谱图中某波长特征谱线的有无，来判断试样中某元素是否存在。同时，当试样中某元素的含量多时，该元素特征谱线的强度就大。因而又可根据辐射光的强度测定元素的含量。

为了使元素产生谱线，必须将其原子由低能级激发至高能级。即必须供给原子ΔE能量后，才能使其激发，这个能量称为激发电位。各种元素的激发电位不同，因此应根据激发电位的大小选择适当的激发光源。激发电位低的元素可用能量较低的光源，如 Na、K 的谱线可用火焰激发。激发电位高的元素，则须用能量较高的光源，如电弧、火花等光源。某些激发电位低的元素用高能量光源激发时，往往会使其电离成离子，这种使元素的原子达到电离所需的能量，称为电离电位。离子与中性原子一样，也能被激发产生光谱，这种光谱称为离子线。

8.1.2 原子发射光谱法的特点

原子发射光谱定性分析是可靠的方法，既灵敏快速又简便，周期表上约 70 个元素都可以用光谱方法较容易地定性鉴定，这是光谱分析的突出应用。

原子发射光谱分析方法有以下一些优点：

① 原子发射光谱法是一种多元素测定法，可同时测定样品中的数十种元素，且不必进行复杂的分离操作，有时不需纯样品即可根据图谱数据库进行定性分析。

② 简便快速，在 1～2 min 内可给出数十种元素的分析结果。

③ 用样量少，样品不需要化学处理即可直接进行分析，取样量通常只有几毫克或数十毫克。

④ 选择性好，灵敏度高。由于不同的原子可产生不同的特征谱线，可选择性地进行定性分析，最低检出限量通常在 10^{-10} g 数量级，是比较灵敏的仪器分析法。

原子发射光谱分析方法的缺点：由于取样量少，往往因为样品不均匀而使分析结果的误差增大；光谱分析是一种相对的分析方法，需要一套标准样品对照，往往由于标准品不易制备，给光谱分析造成一定的困难；对一些非金属元素，如硫、硒、碲、卤素等，光谱分析的灵敏度很低，不宜采用。此外，光谱仪价格较高、实验费用较大，一般的化验室很难普遍采用。

8.2 原子发射光谱仪器

原子发射光谱仪主要由光源、光谱仪和检测装置组成。

8.2.1 光源

光源的主要作用是为试样的蒸发、离解及气态原子或离子的激发提供能量。光源对光谱分析的检出限，精密度和准确度有很大影响。目前常用的经典光源有火焰、直流电弧、交流电弧、电火花等，其他新型光源有直流等离子体喷焰（DCP）、电感耦合等离子炬光源（ICP）。各种光源有其不同性能（激发温度、蒸发温度、稳定性、强度、热性质等）和特点。与其他光源相比，ICP 具有稳定性好、基体效应小、检出限低、线性范围宽等特点而被广泛应用，目前已被公认为最有活力、前途广阔的激发源。

等离子体光源是 20 世纪 60 年代发展起来的一类新型发射光谱分析用光源。等离子体是指含有一定浓度阴、阳离子能导电的气体混合物，在等离子体中，阴、阳离子的浓度是相等的，净电荷为零。通常用等离子体进行发射光谱分析，虽然也会存在少量试样产生的阳离子，但是氩离子和电子是主要导电物质。

电感耦合等离子体焰炬，如图 8-1 所示，它是利用高频感应激发的光源，在外观上与火焰类似。它由高频发生器和感应圈、炬管和供气系统、试样引入系统三部分组成。在高频感应圈内，装一个由 3 个同心石英管组合而成的等离子管（简称炬管）。外层气流以切线方向通入，使等离子体离开管的内壁并冷却外壁；中层气流为工作气体，起维持等离子体的作用；内层气体为载气，由它将气溶胶带入焰炬。所用气体均为等离子气，常用的等离子气为氩气。

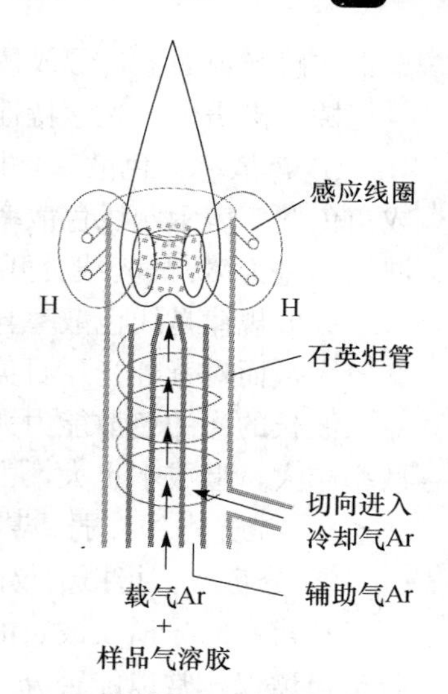

图 8-1　电感耦合高频等离子体光源示意

由超雾化装置产生的试样的气溶胶，由载气从下端引入内层石英管，由喷嘴喷出。工作气体从下端由中层石英管引入，当经过感应圈时，由于感应圈的感应加热，使工作气体电离，从而形成等离子体焰炬，温度可高达 1×10^4 K。被雾化的试样在焰炬内被蒸发、原子化并进而被激发。将发射的光引入光谱仪，即可进行定性、定量分析。

8.2.2　光谱仪

光谱仪是用来观察光源的光谱的仪器。它的作用是将来自光源的复合光分解成按波长顺序排列的单色光，并把它记录下来。根据光谱仪中分光元件不同，可分为棱镜光谱仪和光栅光谱仪两大类；按照光谱记录与测量方法的不同，又可分为照相式摄谱仪和光电直读光谱仪。本章仅简单介绍目前还在广泛使用的摄谱仪。

8.2.2.1　棱镜摄谱仪

棱镜摄谱仪是以棱镜为色散元件并用照相法记录光谱的光谱仪，它是利用光的折射现象进行分光的。棱镜摄谱仪主要由照明系统、准光系统、色散系统（棱镜）及投影系统（暗箱）组成，如图 8-2 所示。

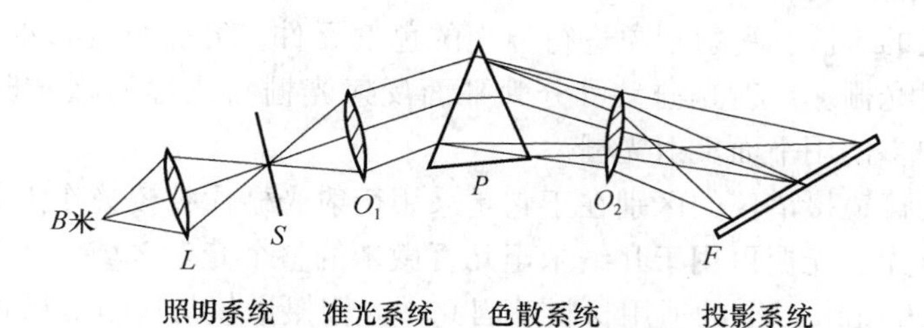

图 8-2　棱镜摄谱仪光路示意

① 照明系统：照明系统由光源和透镜组成。透镜可分为单透镜和三透镜两类。使用透镜的目的是使被分析物质在电极上被激发而形成的光源均匀而有效地照射于狭缝 S 上，减小摄谱仪的内部遮光，使相板上谱线成像均匀。

② 准光系统：由狭缝 S 及准光镜 O_1 构成，又称为准光管或平行光管。其作用是使进入狭缝的光通过狭缝 S 的光，经 O_1 后成平行光束照射到棱镜 P 上。

③ 色散系统：由一个或多个棱镜组成。其作用是经过准光镜 O_1 后所得的平行光束，通过棱镜 P 时产生色散现象，使不同波长的复合光分成按一定波长顺序排列的谱像。

④ 投影系统：包括暗箱物镜 O_2 及感光板 F。其作用是将色散后的单色光束，经物镜 O_2

聚集在感光板面上，形成按波长顺序排列的狭缝像——光谱。

棱镜摄谱仪的光学特性通常从色散率、分辨率和集光本领 3 方面进行考虑。

① 色散率：色散率是指将不同波长的光分散开的能力。色散率又可以分别以线色散率或角色散率表示。线色散率指两条波长相差为 $\Delta\lambda$ 的谱线在焦面上的距离，角色散率指两条波长相差为 $\Delta\lambda$ 的光线分开的角度。

一般规律是线色散率与棱镜材料本身的色散率成正比。对可见光，玻璃材料的棱镜色散率较大，而对紫外光，石英材料的棱镜色散率较大；同一棱镜，对短波长的光的色散能力比对长波长的光的色散能力大。线色散率与棱镜顶角 α 及棱镜数目 m 成正比，即 m 越多，色散率越大，但成本也大，由于设计及结构上的困难，最多用 3 个；α 越大，色散率越大，但 α 过大，聚光本领减弱，甚至产生反射，一般 α 值取 60°左右为宜。

② 分辨率：指摄谱仪的光学系统能够正确分辨出紧邻两条谱线的能力。一般常用两条可以分辨开的光谱线波长的平均值 $\bar{\lambda}$ 与其波长差 $\Delta\lambda$ 的比值来表示，即 $R=\bar{\lambda}/\Delta\lambda$。对于中型石英摄谱仪，常以能否分开 Fe 310.066 6 nm、Fe310.030 4 nm 和 Fe 309.997 1 nm 三条谱线来判断分辨率的好坏。一般光谱仪的分辨率在 5 000～60 000 之间。例如，某光谱仪在 300 nm 附近的分辨率为 50 000，即表明在此波长附近的任何两条谱线的波长差必须大于或等于 0.006 nm 时，才能分辨清楚。分辨率的大小与棱镜的形状，棱镜材料及光辐射波长有关，与照明情况、谱线宽度、狭缝宽度、感光板性能等也有关系。

③ 集光本领：集光本领是摄谱仪光学系统传递辐射的能力，它直接影响谱线强度的大小。它与成像物镜的相对孔径的平方 $(d/f)^2$ 成正比（d 为成像物镜的孔径，f 为成像物镜的焦距），而与狭缝宽度无关；狭缝增宽，单位面积上的能量不变。增大成像物镜的焦距 f 可增大分辨率，但会减小集光本领。

8.2.2.2 光栅摄谱仪

光栅是利用光的干涉和衍射现象进行分光的色散元件。光栅分为透射光栅和反射光栅，用得较多的是反射光栅。反射光栅又可分为平面反射光栅（或称闪耀光栅）和凹面反射光栅，发射光谱仪中多使用平面反射光栅。

光栅摄谱仪与棱镜摄谱仪的区别在于它是采用衍射光栅代替棱镜作为分光元件，利用光的衍射现象进行分光。光栅可用于几纳米至几百微米的整个光学区域，而对于棱镜则很难找到 120 nm 以下和 60 μm 以上的适用材料，因此，光栅摄谱仪与棱镜摄谱仪相比，具有适用波长范围广泛，线色散率和分辨率较大，不受光栅材料性质的限制，色散率与波长几乎无关等优点。如图 8-3 是国产 WSP-1 型平面光栅摄谱仪的光路示意图。

当试样被激发后发射的光，经三透镜照明系统 L 均匀地照射在狭缝 S 上，经平面反射镜 P_1 折向球面反射镜下方的准直镜并被准直镜射 O_1 于光栅 G 上。光栅将平行光分解成按波长顺序排列的单色平行光，然后由成像物镜 O_2 聚焦在感光板 F 上，成为沿水平方向展开的光谱。旋转光栅转台 D 可改变光栅的入射角，以改变所需的波段范围和光谱级次。P_2 是二次衍射反射镜，衍射由光栅 G 到它表面的光线被射回光栅，被光栅再分光一次，然后再到成像物镜 O_2，最后聚集成像在一次衍射谱下面 5 mm 处。经过两次衍射的光谱其色散率和分辨率比一次衍射的大 1 倍。在暗盒前设有光栏，可将一次衍射光谱挡掉，以免一次衍射光谱与二次衍射光谱相互干扰。

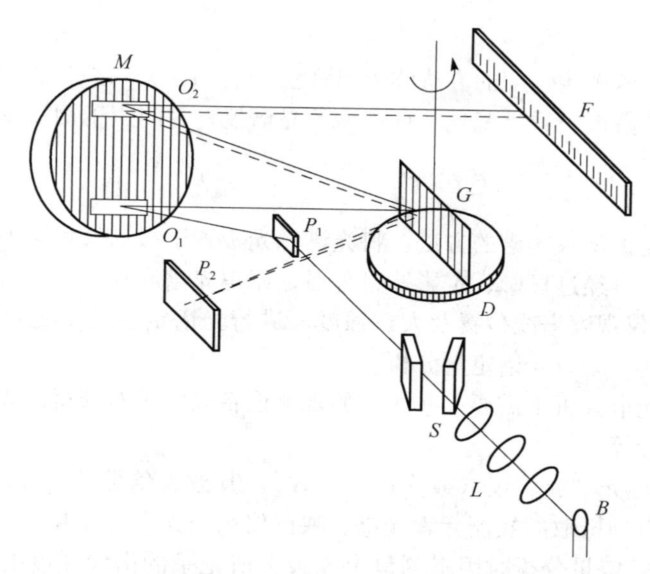

图 8-3 国产 WSP-1 型平面光栅摄谱仪的光路示意

B：光源 D：光栅转台 F：感光板 G：光栅 S：狭缝 L：三透镜照明系统 P_1：平面反射镜 P_2：二次衍射反射镜 M：凹面反射镜 O_1：准直反射镜 O_2：成像物镜

光栅的光学特性常从色散率、分辨率和闪耀光栅 3 个方面进行考虑。

① 色散率：光栅色散率常用线色散率（linear dispersion）$dl/d\lambda$（mm/nm）和倒线色散率（reciprocal of linear dispersion）$d\lambda/dl$（nm/mm）表示。其中，线色散率 $dl/d\lambda$ 表示具有单位波长差的两条谱线在焦平面上分开的距离。

② 分辨率：对光栅来说，其分辨率 R 可表示为：

$$R=\frac{\lambda}{\Delta\lambda}=nN \tag{8-2}$$

式中 n——衍射的级次；

N——受照射的刻线数。

因此，刻痕面积越大，级次越高，光栅的分辨率就越大。

③ 闪耀光栅：普通光栅色散后的衍射能量在不同的波长及不同的光谱级次中的分布是不均匀的。无色散作用的零级光谱能量最大。为克服这种缺陷，近代光栅采用了定向闪耀的办法，将光栅刻痕刻成一定形状，使光栅每一刻痕的小反射面与光栅平面成一定角度，可使衍射光的能量集中在所需要的光谱级次和一定的波长范围内。这种光栅称为闪耀光栅或强度定向光栅，如图 8-4 所示。

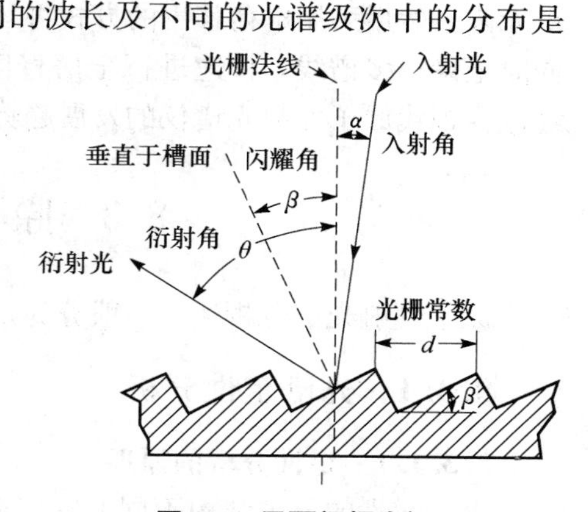

图 8-4 平面闪耀光栅

8.2.3 检测装置

在原子发射光谱法中，常用的检测方法有目视法，摄谱法和光电法 3 种。

(1) 目视法

用眼睛来观测光谱谱线强度的方法称为目视法（看谱法）。这种方法仅适用于可见光波段。常用的仪器为看谱镜。看谱镜是一种小型的光谱仪，专门用于钢铁及有色金属的半定量分析。

(2) 摄谱法

摄谱法是用感光板记录光谱的方法。将光谱感光板置于摄谱仪焦面上，接受被分析试样的光谱作用而感光，再经过显影、定影等过程后，制得光谱底片（其上有许多黑度不同的光谱线），然后用映谱仪观察谱线位置及大致强度、进行光谱定性及半定量分析，再用测微光度计测量谱线的黑度，进行光谱定量分析。

因此，在发射光谱分析中需要一些相应的观测设备以便于对获得的光谱图进行检测，如映谱仪、测微光度计等。

① 映谱仪：又称光谱放大仪（或光谱投影仪），其放大倍数约为 20 倍，将谱板置于映谱仪上，可清楚地看到摄取的被测元素光谱。映谱仪用于光谱定性和半定量分析。

② 测微光度计：定量分析时用来测量感光板上所记录的谱线黑度的仪器称为测微光度计。根据黑度的定义，谱线黑度的测量包括测量通过未感光部分的透过光强度 I_0 和通过谱线的透过光强度 I。

(3) 光电法

光电法是利用光电测量的方法直接测定谱线强度的光谱仪。这类光谱仪常称为光电直读光谱仪，有单道扫描式、多道固定狭缝式和全谱直读式 3 种类型。

在单、多道光电光谱仪的焦面上，一个出射狭缝和一个光电倍增管构成一个光通道，可接收一条谱线，将其转变为电信号。单道扫描式光谱仪只有一个通道，这个通道可以在光谱仪的焦面上扫描移动，在不同的时间检测不同的谱线。多道光电直读光谱仪则是安装了多个固定的出射狭缝和光电倍增管，可同时测量多条谱线。但由于出射狭缝位置固定，测量波长有限，因而一台多道光谱仪只能测若干种固定元素。

全谱直读光谱仪采用的是 CID（电荷注入检测器）、CCD（电荷耦合检测器）、SCD（分段式电荷耦合检测器）等固体检测器。这类检测器由金属——氧化物半导体经过特殊加工制成。当一定强度的光照射到检测器某个检测单元上后，产生一定量的电荷，并且储存在检测单元内，然后采用电荷移出的方式将其读出。由于固态检测器包含许多检测单元，因此可以同时记录很多谱线，快速进行全谱直读。目前，以 ICP 作为激发源的全谱直读光谱仪，已经成为现代原子发射光谱仪的发展趋势。

8.3 原子发射光谱分析方法

原子发射光谱分析法，一般分为定性分析、半定量分析及定量分析 3 类。

8.3.1 光谱定性分析

8.3.1.1 定性分析的原理

由于元素的原子结构不同，它们激发时所产生的光谱也不同。每种元素的原子被激发后，可以得到其特有的光谱。利用这种特性，就能对各种试样进行分析。如果在试样光谱中发现某种元素的特征光谱线存在，就可以断定试样中存在某元素。这样的分析方法，就称作光谱定性分析。

每种元素发射的特征谱线有多有少（多的可达几千条）。当进行定性分析时，对于被检定的元素，并不要求也不可能找出它的所有谱线，一般只要找出它的一根或几根不受干扰的灵敏线即可。

（1）分析线（analytical line）

进行分析时所使用的谱线称为分析线。如果只见到某元素的一条谱线，不可断定该元素确实存在于试样中，因为有可能是其他元素谱线的干扰。

（2）灵敏线（sensitive line）

要检出某元素是否存在，必须有两条以上不受干扰的最后线与灵敏线。灵敏线是元素激发电位较低、最容易激发、强度较大的谱线，多是共振线。元素谱线的强度是随试样中该元素的含量减少而降低的。

（3）最后线（final line）

最后线是指当样品中某元素的含量逐渐减少时，最后仍能观察到的几条谱线。它也是该元素的最灵敏线。例如，质量分数为10%的Cd溶液的光谱中，可以出现14条Cd谱线，当Cd的质量分数为0.1%时，出现10条光谱线；当Cd的质量分数为0.001%时，仅出现1条光谱线（226.5 nm），因此，这条谱线就是Cd的最后线。

各元素灵敏线的波长，可在《光谱波长表》中查到。其中，应用广泛的是冶金工业部科技情报产品标准研究所编译的《光谱线波长表》(中国工业出版社，1971)。

8.3.1.2 定性分析方法

通常辨认谱线的方法是以谱线的位置为依据，辨认波长，从而确定存在何种元素，常用方法有以下两种。

（1）铁光谱比较法

此法是以铁的光谱图作为基准波长，把各种元素的灵敏线波长标于图中，从而构成一个标准图谱。当把样品与铁并列摄谱于同一感光板上后，把感光板上的铁谱与标准铁光谱图对准位置，根据标准图谱上标明的各元素灵敏线，可对照找出试样中存在的元素。

（2）标准光谱比较法

若只需鉴定少数几种元素，且这几种元素的纯物质比较容易获得，可采用标准光谱比较法。将待查的纯物质、样品与铁一并摄谱于同一感光板上，用这些元素纯物质所出现的谱线与样品中所出现的谱线对比，如果样品中有谱线与元素纯物质光谱的谱线在同一波长位置，表明样品中存在此元素。

8.3.1.3 定性分析中光谱干扰的鉴别与消除

（1）光谱干扰的来源

光谱干扰是光谱定性分析的主要干扰，包括谱线的重叠和背景，主要由以下几种情况造成：

① 试样中的主体元素或所含大量元素的干扰：每一种元素的谱线有几百条，多则几千条，谱线数目随着含量的增高而增多，当试样中含量高的元素的某些谱线恰好与分析元素的

灵敏线重合时（也就是仪器不能把它们分开）就产生干扰现象。例如，分析 Bi 矿中的 Sn 时，主体元素 Bi 的波长为 286.38 nm 的谱线与分析元素 Sn 的灵敏线 286.30 nm 重叠。

② 杂质元素谱线之间的干扰。

③ 氰带的干扰：用碳棒或石墨作为电极时，由于碳与空气中的 N_2 在高温厂生成 CN 分子而产生 CN 分子光谱。其带头波长为 359.0 nm、383.3 nm、421.6 nm、460.0 nm、474.0 nm,其中 460.0 nm 及 474.0 nm 两个谱带仅在激发很强烈而且曝光时间较长时才出现。但 359.0 nm、383.3 nm、421.6 nm 的 3 个谱带就极容易出现，而且强度很大，其谱线密集在 350.0～421.6 nm 之间。因此，落在该波段范围内的灵敏线无法检出。

（2）干扰的鉴别

判断谱线彼此是否干扰应考虑两条谱线其波长至少相差多少才能在谱板上区分开来。根据仪器的色散率及谱板上谱线的宽度可计算出两条谱线不相互干扰的波长差。例如，在 300.0 nm 波段时，仪器的色散率为 1.6 nm/mm，如果谱线有 0.03 mm 宽，则 1.6 nm/mm×0.03 mm=0.048 nm，也就是说，只有当两条谱线的波长差大于 0.048 nm 才能分开，小于 0.048 nm 就分不开了。根据这个波长差，查阅波长表可以确定被分析元素的谱线附近是否有其他元素的谱线干扰。

（3）干扰的防止及消除

① 利用分馏效应（由于元素的挥发顺序不同，易挥发的元素先蒸发，难挥发的元素后蒸发的现象称为“分馏”）采取分段摄谱。即将易挥发元素、中等挥发元素及难挥发元素分段进行摄谱，从而减少各元素谱线之间的相互干扰。

② 采用大色散率仪器，提高分辨率，使干扰谱线分开。

③ 为了消除氰带干扰，可不用碳电极，选用其他电极，或在 Ar 等不含 N_2 的气体中进行激发。

8.3.2 光谱半定量分析

在实际工作中常常需要对试样中组成元素的含量作粗略估计，例如，钢材、合金的分类，矿石品位的评定，以及在光谱定性中，除需给出试样中存在哪些元素外，还需要指出其大致含量等。这时用光谱半定量分析法可以快速、简便地解决问题。

光谱半定量分析的依据是谱线的强度和谱线的出现情况与元素含量密切相关。常用的半定量方法是比较黑度法和谱线呈现法等。

（1）比较黑度法

这种方法须配制一个基体与试样组成近似的被测元素的标准系列。在相同条件下，在同一块感光板上标准系列与试样并列摄谱，然后在映谱仪上用目视法直接比较试样与标准系列中被测元素分析线的黑度。黑度若相同，则可做出试样中被测元素的含量与标准样品中某一个被测元素含量近似相等的判断。例如，分析矿石中的 Pb，即找出试样中灵敏线（283.3 nm），再与标准系列中的 Pb 283.3 nm 线相比较，如果试样中的 Pb 线的黑度介于 0.01%～0.05%之间，并接近 0.01%，则可表示为 0.01%～0.05%。

（2）谱线呈现法

这种方法又称为显线法。由于被测元素谱线的数目随着元素的含量增加而增加，含量大时，其次灵敏线甚至更弱的谱线也会出现。因此，根据实验可绘制出元素含量与谱线出现的数目关系表，然后就可以根据某一谱线是否出现来估计试样中该元素的大致含量。此法的优点是可以事先制备好谱线表，以后就不需要每次配制标样了，方法简便、快速。谱线呈现法的准确度同样受到试样的组成和分析条件等多因素的影响。

8.3.3 光谱定量分析

8.3.3.1 定量分析的原理

元素谱线强度 I 与样品浓度 c 之间的关系可由罗马金—赛伯经验公式表示：

$$I = ac^b \tag{8-3}$$

式中 a——一个常数，样品组成、光源类型、工作条件和激发过程等因素有关；

b——自吸常数，对于没有自吸收的谱线，$b=1$（如元素含量很低时）。$b<1$ 时，有自吸；元素含量越大，自吸越严重，b 值越小。

公式两边取对数得 $\lg I = b\lg c + \lg a$

该式是光谱定量分析的基本关系式。

自吸收现象对谱线形状的影响可以从图 8-5 看出。当原子浓度低时，谱线不呈现自吸收现象。原子浓度增大，谱线产生自吸收现象，使其发射强度减小。由于发射谱线的宽度比吸收谱线的宽度大，所以谱线中心的吸收程度要比边缘部分大，因而使谱线出现“边强中弱”的现象。当自吸收现象非常严重时，谱线中心的辐射将完全被吸收，这种现象称为自蚀。所以，只有在严格控制实验条件一定的情况下，在一定的被测元素含量的范围内，a 和 b 才是常数，$\lg I$ 与 $\lg c$ 才具有线性关系。

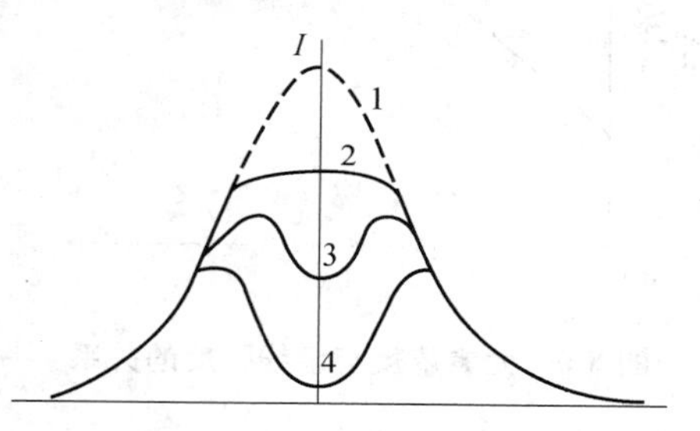

图 8-5 谱线自吸轮廓

1. 无自吸 2. 有自吸
3. 自蚀 4. 严重自蚀

a 值受试样组成、形态及放电条件等因素的影响，在实验中很难保持为常数，故通常不采用测量谱线绝对强度的方法来进行光谱定量分析，而是采用“内标法”。

8.3.3.2 内标法

内标法是在被测元素的谱线中选一条谱线作为分析线，然后在基体元素（或在试样中定量加入的其他元素）的谱线中选一条谱线作为内标线（或叫比较线），这两条谱线组成所谓的分析线对，分析线与内标线两条谱线绝对强度的比值称相对强度。内标法就是借助测量分析线对的相对强度来进行分析的。这样可以使由光源波动而引起的谱线强度的变化得到补偿。设被测元素和内标元素浓度分别为 c 和 c_0，分析线和内标线强度分别为 I 和 I_0，分析线和内标线的自吸系数分别为 b 和 b_0。则

$$I = ac^b \tag{8-4}$$

$$I_0 = a_0 c_0^{b_0} \tag{8-5}$$

分析线与内标线强度之比 R 称为相对强度，有

$$R = \frac{I}{I_0} = \frac{ac^b}{a_0 c_0^{b_0}} \tag{8-6}$$

式中，内标元素浓度 c_0 为常数，实验条件一定时，$A=\frac{a}{a_0 c_0^{b_0}}$ 为常数，则

$$R=\frac{I}{I_0}=Ac^b \tag{8-7}$$

取对数，得

$$\lg R=b\lg c+\lg A \tag{8-8}$$

式（8-8）为内标法光谱定量分析的基本关系式。以 $\lg R$ 对 $\lg c$ 作因所得到的曲线与图 8-6 中的关系曲线相同。因此，只要测出分析线对谱线的相对强度 R，便可以从相应的工作曲线上求得试样中待测元素的含量。内标法的优点是：尽管蒸发、激发条件等变化对谱线强度有影响，但对分析线和内标线的影响基本上是一样的，所以对其强度比值的影响不大。

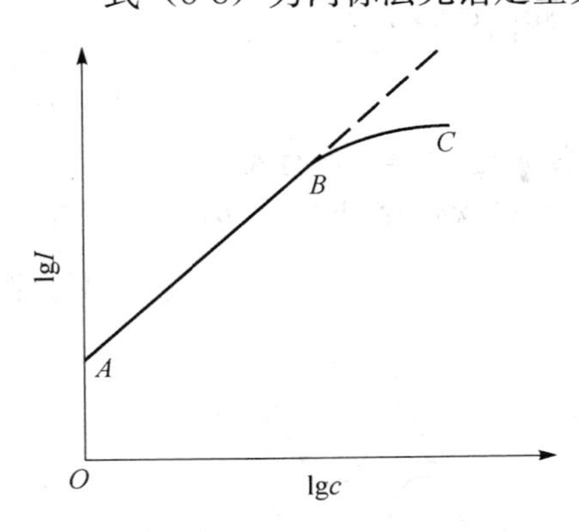

图 8-6 元素浓度与谱线强度的关系

内标元素和分析线对的选择原则：

① 内标元素和被测元素有相近的物理化学等性质，如沸点、熔点相近，在激发光源中有相近的蒸发性。

② 内标元素和被测元素有相近的激发能，如果选用离子线组成分析线对时，则不仅要求两线对的激发电位相近，还要求其电离电位也相近。

③ 若内标元素是外加的，则样品中不应含有内标元素。

④ 内标元素的含量必须适量且固定。

⑤ 分析线和内标线无自吸或自吸很小，且不受其他谱线干扰。

⑥ 若用照相法测量谱线强度，则要求两条谱线的波长应尽量靠近。

应用内标法时，对内标元素和分析线对的选择是很重要的，选择时应注意：金属光谱分析中的内标元素一般采用基体元素。如钢铁分析中，内标元素是铁。但在矿石光谱分析中，由于组分变化很大，又因为基体元素的蒸发行为与待测元素多不相同，故一般不用基体元素作内标，而是加入定量的其他元素。

8.3.3.3 摄谱法光谱定量分析

(1) 乳剂特性曲线

摄谱法是利用感光板来记录光谱的。乳剂特性曲线是感光板上感光层的黑度（S）与作用其上的曝光量（$\lg H$）之间的关系曲线，如图 8-7 所示。

乳剂特性曲线可分为 4 部分：AB 为曝光不足部分，BC 为正常曝光部分，CD 为曝光过量部分，DE 为负感部分。在光谱定量分析工作中，通常需要利用乳剂特性曲线的正常曝光部分 BC，因为此时黑度和曝光量 H 的对数之间可用简单的数学公式表示：

$$S=\gamma(\lg H-\lg H_i)=\gamma\lg H-i \tag{8-9}$$

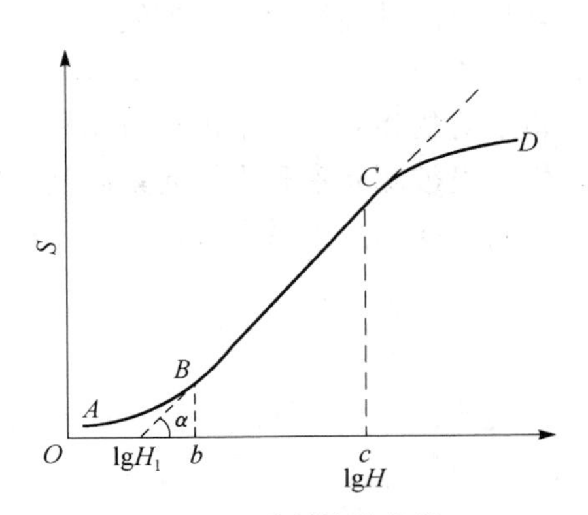

图 8-7 乳剂特性曲线

式中　H_i——感光板的惰延量，可从直线 BC 延长至横轴上的截距求出；

i——$\gamma \lg H_i$；

γ——相应直线的斜率，称为“对比度”或“反衬度”。它表示感光板在曝光量改变时，黑度改变的程度。

曝光量等于感光层所接收的照度和曝光时间的乘积：

$$H = Et \tag{8-10}$$

式中　H——曝光量；

E——照度；

t——时间。

照度为投射于接收器上单位面积内所辐射的功或辐射通量：

$$E = \frac{\Phi}{S} \tag{8-11}$$

式中　S——面积；

Φ——辐射通量。

谱线强度为单位立体角上之辐射通量：

$$I = \frac{\Phi}{\omega} \tag{8-12}$$

式中　I——谱线强度；

ω——立体角。

所以，照度的大小与谱线强度成正比，由此得出曝光量与谱线强度成正比，如以 $\lg I$ 代替 $\lg H$，对于乳剂特性曲线的形状没有影响，只会使零点的位置沿横轴移动。

即得：

$$\mathrm{S} = r \lg K \cdot l \cdot t - i \tag{8-13}$$

用摄谱法进行光谱定量分析时，最后测得的是谱线的黑度而不是强度。故此时应考虑谱线黑度与被测元素含量的关系。

谱线影像的黑度与作用于感光板上的光强度、曝光时间、显影剂的化学成分、浓度、温度、显影时间以及乳剂本身的性质等有关。当乳剂的种类和显影条件保持一致时，则黑度与落在乳剂上的曝光量有关。

则

$$H = It \tag{8-14}$$

式中　H——曝光量；

I——光线射入乳剂上的光强；

t——曝光时间。

当摄谱时间控制一定时，曝光量 H 与光强 I 成正比。光强越强，则黑度 S 值越大。如果测得 S，就得到了 I。

当谱线强度 I 所产生的黑度落在乳剂特性曲线的直线部分，根据式（8-13）和式（8-14）：

对于分析线：　　$S_1=\gamma_1\log H_1-i_1=\gamma_1\log I_1\cdot t_1-i_1$

对于内标线：　　$S_2=\gamma_1\log H_2-i_2=\gamma_2\log I_2\cdot t_2-i_2$

由于在同一感光板上曝光时间相等，则 $t_1=t_2$

当两条谱线的波长很接近，而且谱线的黑度都落在乳剂特性曲线的直线部分，则

$$i_1=i_2,\quad r_1=r_2$$

将 S_1 减去 S_2，则

$$\Delta S=S_1-S_2=\gamma_1\log I_1-\gamma_2\log I_2=\gamma\log\frac{I_1}{I_2} \tag{8-15}$$

由前面已经讨论的内标法中已知：

$$\log R=\log\frac{I_1}{I_2}=b\log c+\log a$$

所以　　$\Delta S=\gamma\log R=\gamma b\log c+\gamma\log a$

这就是摄谱法光谱定量分析关系式。

此公式使用的条件是：

① 分析线对的黑度值必须落在乳剂特性曲线的直线部分。

② 在分析线对波长范围内，乳剂的反衬度 γ 值应保持不变。

③ a 为常数，$b=1$，内标元素的含量为一定值。

(2) 光谱定量分析方法

校正曲线法　在确定的分析条件下，用 3 个或 3 个以上含有不同浓度被测元素的标准样品与试样在相同的条件下激发光谱，以分析线对强度比 R 或 $\log R$ 对浓度 C 或 $\log C$ 作校准曲线，再由校准曲线求得试样浓度或含量。

分析线强度和校准曲线的取得可以用摄谱法，根据黑度值来确定，要求分析线和内标线都落在乳剂特性曲线的正常曝光部分。也可用光电直读法测定光强度或 R 值。

标准加入法　当测定低含量元素，且找不到合适的基体来配制标准试样时，一般采用标准加入法。设试样中被测元素含量为 C_x，在几份试样中分别加入不同浓度 c_1、c_2、c_3…的被测元素，在同一实验条件下，激发光谱，然后测量试样与不同加入量样品分析线对的强度比 R。在被测元素浓度低时，自吸系数 $b=1$，分析线对强度 $R\propto c$，$R-c$ 图为一直线，将直线外推，与横坐标相交截距的绝对值即为试样中待测元素含量 C_x。

标准加入法可用来检查基体纯度、估计系统误差、提高测定灵敏度。

(3) 光谱定量分析工作条件的选择

光谱仪　对于谱线不太复杂的试样一般采用中型光谱仪，但对谱线复杂的元素（如稀土元素等）则需选用色散率大的大型光谱仪。所选用的狭缝要比定性分析宽得多，一般可达 20 μm 左右。

光源　可根据被测元素的含量、元素的特征及分析要求等选择合适的光源。测量高含量元素时，应选用自吸小的光源。

内标元素和内标线　对于金属分析，一般采用基体元素作内标元素。如钢铁分析中，内标元素选用铁，对于矿石分析，由于组分变化大，基体元素的蒸发行为与待测元素多不相

同，所以一般不用基体元素作内标，而是加入定量的其他元素。

光谱缓冲剂 试样组分影响弧焰温度，弧焰温度又直接影响待测元素的谱线强度。这种由于其他元素存在而影响待测元素谱线强度的作用称为第三元素的影响。对于成分复杂的样品，第三元素的影响往往非常显著，并引起较大的分析误差。为了减少试样成分对弧焰温度的影响，使弧焰温度稳定，试样中可加入一种或几种辅助物质，用来抵偿试样组成变化的影响，这种物质称为光谱缓冲剂。

常用的缓冲剂有碱金属盐类用做挥发元素的缓冲剂、碱土金属盐类用做中等挥发元素的缓冲剂。碳粉也是缓冲剂常见的组分。

此外，缓冲剂还可以稀释试样，这样可减少试样与标样在组成及性质上的差别。在矿石光谱分析中，缓冲剂的作用是不可忽视的。

光谱载体 进行光谱定量分析时，在样品中加入的一些有利于分析的高纯度物质称为光谱载体。它们多为一些金属氧化物、盐类、碳粉等。载体的作用主要是增加谱线强度，提高分析的灵敏度，并且提高准确度和消除干扰等。

① 控制试样中的蒸发行为。通过化学反应，使试样中被分析元素从难挥发性化合物（主要是氧化物）转化为低沸点、易挥发的化合物，使其提前蒸发，提高分析的灵敏度。

载体量大可控制电极温度，从而控制试样中元素的蒸发行为，并可改变整体效应。基体效应是指试样组成和结构对谱线强度的影响，或称为元素间的影响。

② 稳定与控制电弧温度。电弧温度由电弧中电离电位低的元素控制，可选择适当的载体，以稳定与控制电弧温度，从而得到对被测元素有利的激发条件。

③ 电弧等离子区中大量载体原子蒸气的存在，阻碍了被测元素在等离子区中的自由运动范围，增加了它们在电弧中的停留时间，并提高谱线强度。

④ 稳定电弧，减少直流电弧的漂移，提高分析的准确度。

ICP 工作参数 采用 ICP 激发源时，要注意以下工作参数的选择：

① 射频输出功率。增大射频功率，可提高 ICP 温度，使谱线增强，同时减轻基体影响，但背景会增大。因此，通常信背比随功率增大而下降。取低功率有利于获得大的信背比，降低检出限，但基体影响较重。因此，一般取稍大的功率 1.0～1.1 kW 作为信背比和基体影响两种因素的折中。

② 观测高度。观测高度是光谱仪观察窗中点与线圈上缘之间的高度，以 mm 为单位。由于 ICP 激发源中温度、电子密度、氩的各种粒子密度在中心通道内的轴向分布不同，因而各元素谱线的信背比以及干扰情况与观测高度有关，在进行 ICP-AES 分析时，需要根据元素、分析线波长及干扰情况选择最适合的观察高度。

③ 冷却气（等离子气）流速。对于给定的 ICP 体系，冷却气流速有个最低限，低于这个限度会导致外管过热而烧毁，或使焰炬熄灭。从经济角度考虑，通常采用比稳定 ICP 焰炬所需最低限稍大的冷却气流速。

④ 载气流速。载气流速影响导入等离子焰炬中的气溶胶的量和等离子体特性。当载气流速增大时，通过雾化器导入的样品气溶胶增多，可使谱线强度增大；但同时较大量的样品气溶胶使等离子体温度下降，也可使谱线强度减弱。故要根据不同载气流速下，气溶胶流量和等离子体特性对谱线强度的综合影响，选择最适宜的载气流速。

8.4 原子发射光谱法在环境监测中的应用

随着现代工业的发展，环境污染越来越严重，而重金属污染是环境污染的一个重要方面，由于ICP-AES作为一种常量、微量及痕量元素分析的有效手段，具有灵敏度高、检出限低、稳定性好、干扰少、可实现多元素同时或顺序测定的特点，而成为环境试样中金属元素测定的最有效方法之一。

8.4.1 电感耦合等离子体发射光谱法测定生活饮用水及其水源水中Al、Sb、As、Ba、Be、B、Cd、Ca、Cr、Co、Cu、Fe、Pb、Li、Mg、Mn、Mo、Ni、K、Se、Si、Ag、Na、Sr、Tl、V和Zn

本法适用于生活饮用水及其水源水中的Al、Sb、As、Ba、Be、B、Cd、Ca、Cr、Co、Cu、Fe、Pb、Li、Mg、Mn、Mo、Ni、K、Se、Si、Ag、Na、Sr、Tl、V和Zn含量的测定。

本法对各种元素的最低检测质量浓度、所用测定波长列于表8-1中。

表8-1 推荐的波长、最低检测质量浓度

元素	波长（nm）	最低检测质量浓度（μg/L）	元素	波长（nm）	最低检测质量浓度（μg/L）
Al	308.22	40	Mg	279.08	13
Sb	206.83	30	Mn	257.61	0.5
As	193.70	35	Mo	202.03	8
Ba	455.40	1	Ni	231.60	6
Be	313.04	0.2	K	766.49	20
B	249.77	11	Se	196.03	50
Cd	226.50	4	Si（SiO_2）	212.41	20
Ca	317.93	11	Ag	328.07	13
Cr	267.72	19	Na	589.00	5
Co	228.62	2.5	Sr	407.77	0.5
Cu	324.75	9	Tl	190.86	40
Fe	259.94	4.5	V	292.40	5
Pb	220.35	20	Zn	213.86	1
Li	670.78	1			

（1）原理

ICP源是由离子化的氩气流组成，氩气经电磁波为27.1 MHz射频磁场离子化。磁场通过一个绕在石英炬管上的水冷却线圈得以维持，离子化的气体被定义为等离子体。样品气溶胶是由一个合适的雾化器和雾室产生并通过安装在炬管上的进样管引入等离子体。样品气溶胶直接进入ICP源，温度为6 000～8 000 K。由于温度很高，样品分子几乎完全解离，从而大大降低了化学干扰。此外，等离子体的高温使原子发射更为有效，原子的高电离度减少了离子发射谱线。可以说，ICP提供了一个典型的“细”光源，它没有自吸现象，除非样品浓度很高。许多元素的动态线性范围达 4～6 个数量级。

ICP 的高激活效率使许多元素有较低的最低检测质量浓度。这一特点与较宽的动态线性范围使金属多元素测定成为可能。ICP 发出的光可聚集在单色器和复色器的入口狭缝，散射。用光电倍增管测定光谱强度时，精确调节出口狭缝可用于分离发射光谱部分。单色器一般用一个出口狭缝或光电倍增管，还可以使用计算机控制的示值读数系统同时监测所有检测的波长。这一方法提供了更大的波长范围，同时此方法也增大了样品量。

（2）试剂

①纯水：均为去离子蒸馏水；② HNO_3：$\rho_{20}=1.42$ g/mL；③ HNO_3（2＋98）溶液；④各种金属离子标准储备溶液：选用相应浓度的特征混合标准溶液、单标溶液，并稀释到所需浓度；⑤混合校准标准溶液：配置混合校准标准溶液，其浓度为 10mg/L；⑥氩气：高纯氩气。

（3）仪器设备

①电感耦合等离子体发射光谱仪；②超纯水制备仪。

（4）分析步骤

① 仪器操作条件：根据所使用仪器的制造厂家的说明，使仪器达到最佳工作状态。

② 标准系列的制备：吸取标准使用液，用硝酸溶液配制 Al、Sb、As、Ba、Be、B、Cd、Ca、Cr、Co、Cu、Fe、Pb、Li、Mg、Mn、Mo、Ni、K、Se、Si、Ag、Na、Sr、Tl、V 和 Zn 混合标准溶液 0、0.1 mg/L、0.5 mg/L、1.0 mg/L、1.5 mg/L、2.0 mg/L、5.0 mg/L。

③ 标准系列的测定：开机，仪器达到最佳状态后。编制测定方法，测定标准序列，绘制标准曲线，计算回归方程。

④ 样品的测定：取适量样品进行酸化，然后直接进样。

（5）结果计算

根据样品信号计数，从标准曲线或回归方程中查得样品中各元素质量浓度（mg/L）。

（6）干扰及校正

光谱干扰　来自谱源的光发射产生的干扰要比关注的元素对净信号强度的贡献大。光谱干扰包括谱线直接重叠，强谱线的拓宽，复合原子—离子的连续发射，分子带发射，高浓度时元素发射产生的光散射。要避免谱线重叠可以选择适宜的分析波长。避免或减少其他光谱干扰，可用正确的背景校正。元素线区域波长扫描对于可能存在的光谱干扰和背景校正位置的选择都是有用的。要校正残存的光谱干扰可用经验决定校正系数和光谱制造厂家提供的计算机软件共同作用或用下面详述的方法。如果分析线不能准确分开，则经验校正方法不能用于扫描光谱仪系统。此外，如果使用复色器，因为检测器中没有通道设置，所以可以证明样品中某一元素光谱干扰的存在。要做到这一点，可分析浓度为 100 mg/L 的单一元素溶液，注意每个元素通道，干扰物质的浓度是否明显大于元素的仪器最低检测质量浓度。

非光谱干扰　物理干扰是指与样品雾化和迁移有关的影响。样品物理性质方面的变化，如黏度、表面张力，可引起较大的误差，这种情况一般发生在样品中酸含量为 10%（体积）或所用的标准校准溶液酸含量小于等于 5%，或溶解性固体大于 1 500 mg/L。无论何时遇到一个新的或不常见的样品基体，要用 5 步骤检测。物理干扰的存在一般通过稀释样品，使用基体匹配的标准校准溶液或标准加入法进行补偿。

溶解性固体含量高，则盐在雾化器气孔尖端上沉积，导致仪器基线漂移。可用潮湿的氩气使样品雾化，减少这一问题。使用质量流速控制器可以更好地控制氩气到雾化器的流速，提高仪器性能。

化学干扰是由分子化合物的形成，离子化效应和热化学效应引起的，它们与样品在等离子体中蒸发、原子化等有关。一般而言，这些影响是不显著的，可通过认真选择操作条件（入射功率、等离子体观察位置）来减小影响。化学干扰很大程度上依赖于样品基体和关注的元素，与物理干扰相似，可用基体匹配的标准或标准加入法予以补偿。

校正

① 空白校正：从每个样品值中减去与之有关部门的校准空白值，已校正基线漂移（所指的浓度值应包括正值和负值，以补偿正面和负面的基线漂移，确定用于空白校对的校正空白未被记忆效应污染）。用方法空白分析的结果校正试剂污染，向适当的样品中分散方法空白，一次性减去试剂空白和基线漂移校正值。

② 稀释校正：如果样品在制备过程中被稀释或浓缩，按式（8-16）把结果乘以稀释系数（DF）：

$$DF=\frac{\text{最后的质量或体积}}{\text{开始的质量或体积}} \tag{8-16}$$

③ 光谱干扰校正：用厂家提供的计算机软件校正光谱干扰或者用一种基于校正干扰系数的方法来校正光谱干扰。在同样品相近的条件下对浓度适当的单一元素贮备液进行分析来测定干扰校正系数。除非每天的分析条件都相同或长期一致。每次测定样品时，其结果产生影响的干扰校正系数也要进行测定。从高纯的贮备溶液计算干扰校正系数（K_{ij}）见式（8-17）。

$$K_{ij}=\frac{\text{元素 } i \text{ 的表观浓度}}{\text{干扰元素 } j \text{ 的实际浓度}} \tag{8-17}$$

元素 i 的浓度在贮备液中和在空白中不同。对元素 i 和元素 j、k 的光谱干扰校正样品的浓度（已经对基线漂移进行校正）。

例如，元素 i 光谱干扰校正浓度＝i 浓度－（K_{ij}）（干扰元素 j 浓度）－（K_{ij}）（干扰元素 k 浓度）－（K_{ij}）（干扰元素 l 浓度）。

如果背景校正用于元素 I 则干扰校正系数可能为负值。干扰线在波长背景中要比在波长峰顶上 K_{ij} 为负的概率大。在元素 j、k、l 的线性范围内测定其浓度值。对于计算相互烦扰（i 干扰 j 和 j 干扰）需要迭代法或矩阵法。

④ 非光谱干扰校正：如果非光谱干扰校正是必要的，可以采用标准加入法。元素在加入标准中和在样品中的物理和化学形式是一样的。或者将金属在样品和加标中的形式统一，干扰作用不受加标金属浓度的影响，加标浓度在样品中元素浓度的 50%～100%，以便不会降低测量精度，多元素影响的干扰也不会带来错误的结果。仔细选择离线点后，用背景校正将该方法用于样品系列中所有的元素。如果加入元素不会引起干扰则可以考虑多元素标准加入法。

8.4.2 电感耦合等离子体发射光谱法测定土壤中Cd、Pb、Cu、Zn、Fe、Mn、Ni、Mo和Cr

方法最低检出限为Cd 0.1 mg/kg，一般土壤中Cd含量低于此检测限。Pb 0.5 mg/kg，Cu 0.5 mg/kg，Zn 5 mg/kg，Fe 5 mg/kg，Mn 5 mg/kg，Ni 0.5 mg/kg，Mo 0.5 mg/kg，Cr 5 mg/kg。

（1）原理

土壤样品经过消解后，通过进样装置被引入到电感耦合等离子体中，根据各元素的发光强度测定其浓度。

（2）试剂

① 水：18 MΩ去离子水或相当纯度的去离子水。

② HNO_3：ρ约1.4 g/mL，65%，优级纯。

③ 盐酸：ρ约1.16 g/mL，37%，优级纯。

④ $HClO_4$：ρ约1.67 g/mL，70%，优级纯。

⑤ 元素标准贮备液：Cd 100 mg/L，Pb 100 mg/L，Cu 100 mg/L，Zn 100 mg/L，Fe 100 mg/L，Mn 100 mg/L，Ni 100 mg/L，Mo 100 mg/L，Cr 100 mg/L。

⑥ 混合标准溶液（10 μg Cd、10 μg Pb、10 μg Cu、10 μg Zn、10 μg Fe、10 μg Mn、10 μg Ni、10 μg Mo、10 μg Cr mL)：分别准确移取50 mL元素标准贮备溶液于500 mL容量瓶中，加入10 mL HNO_3（1+1）溶液，以去离子水定容至刻度线。

（3）仪器与工作条件

电感耦合等离子体发射光谱仪：

① 进样装置：可以控制样品输送量，安装有可控流量的蠕动泵、雾化器和喷雾室等组成。为了降低溶液产生的物理干扰，提高喷雾效率，也可以使用超声波雾化器。

② 等离子体发光部：由等离子体炬、电感耦合圈构成，炬管通常为三个同心石英管，由中心管导入样品。

③ 光谱部：分光器是由具有分离邻近谱线分辨率的色散元件构成，扫描型分光器使用光电倍增管或半导体检测器。

④ 气体：高纯氩气（99.99%）。

⑤ 加热装置：将树脂材料密封容器放入到微波消解装置中的加热装置，将聚四氟乙烯材料的内置容器放入到不锈钢外容器中后密闭，放入到烘箱中的加热装置。

测定条件：参考按照下述参数设定仪器条件，但是，由于仪器型号不同。操作条件也会有变化，需要设定最佳仪器条件。

分析波长：见表8-2；

射频功率：1.2～1.5 kW；

等离子体气体流量：16 L/min；

辅助气体流量：0.5 L/min；

载气流量：1.0 L/min。

表 8-2 各元素的 ICP-AES 分析波长

元素	分析波长（nm）			
	1	2	3	4
Cd	226.502	228.802	214.438	
Pb	220.351	216.999	405.782	
Cu	327.396	324.754	224.700	
Zn	213.856	202.551	206.191	
Fe	259.940	239.562	238.204	232.036
Mn	257.610	259.373	260.569	
Ni	231.604	341.477	221.647	
Mo	203.844	281.615	202.030	
Cr	267.716	206.149	205.552	
In	451.131			

（4）分析步骤

试液的制备 样品消解分为湿式消解法和加压容器消解法，样品经过酸消解后制备成样品溶液。

① 湿式消解法：准确称取风干土壤样品（2～5 g，精确至 0.01 g）放入到 200 mL 烧杯中分别加入 10 mL HNO_3 和 20 mL 盐酸，轻轻振动，使样品和酸混合，之后放在电热板上加热，加热过程中烧杯上盖表面皿（伴随消解的反应停止后，将表面皿稍稍挪开，或用玻璃棒等适当方式将表面皿撑起）。烧杯中液体体积近一半时，将烧杯从加热板上取下，再加入 20 mL HNO_3 和 5 mL $HClO_4$，继续放在加热板上加热，在液体体积在 20 mL 左右时，取下并放置冷却。如果 $HClO_4$ 发白烟后液体颜色还是黑褐色或褐色时，再加入 10 mL HNO_3 并加热。该操作重复多次直至液体颜色变为淡黄色或无色，同时驱赶尽剩余的 $HClO_4$，之后是液体蒸干。放置冷却后，向烧杯中加入 2 mL HNO_3 和少量的水。再加入50 mL 去离子水，静静加热后，直到不溶解物质沉淀下来，经滤纸过滤，滤液全部转移至 100 mL 容量瓶中。用少量去离子水洗涤烧杯中的残渣，并经滤纸过滤至容量瓶中。此过程重复 2～3 次（注意不要使滤液体积超过 100 mL，如果超过 100 mL，需将滤液转移至烧杯中重新加热浓缩）。用去离子水定容至刻度线。

② 压力容器法：准确称取风干土壤样品（2～5 g，精确至 0.01 g）放入到密闭式聚四氟乙烯容器中。加入 5 mL HNO_3 和 2 mL 盐酸，密闭后放入到加热装置中，加热消解（消解条件取决于所使用的加热装置和样品量）。冷却后，确认溶液的颜色为浅黄色或白色，之后转移至 100 mL 聚四氟乙烯烧杯中，用少量的去离子水冲洗消解容器和密封盖并转移至烧杯中，加热直至蒸干（液体的颜色如果仍为茶褐色，需要继续再次消解）。将 2 mL HNO_3 和少量去离子水加入到聚四氟乙烯烧杯中，加热使杯中固体溶解，之后用少量水洗涤杯壁。加入 50 mL 去离子水并静置加热后，直到不溶解物物质沉淀下来，经滤纸过滤，滤液全部转移至 100 mL 容量瓶中。用少量水洗涤烧杯中的不溶物质，经滤纸过滤后并入容量瓶中。此操作重复 2～3 次。用去离子水定容至刻度。

测定 移取适量消解后的样品溶液于 100 mL 容量瓶中，加入适量 HNO_3 使样品溶液酸浓度为 0.1～0.5 mol/L，加入去离子水定容至刻度。

在ICP-AES正常运行后，将样品溶液通过进样系统引入到电感耦合等离子体中，以表8-2中分析波长测定各元素的光谱强度。

（注：各目标元素的浓度过高时，样品测定前需要稀释样品溶液。如果仪器可以同时测定两个以上不同波长谱线的发射光谱强度时，也可以采用内标法。该方法是在100 mL容量瓶中准确加入10 mL铟标准溶液（50 μg/mL），加入适量的HNO_3使溶液酸度与样品溶液的酸度相同，用去离子水定容至刻度线。对该溶液进行测定，在目标元素分析波长的测定同时测定铟的波长451.131 nm的发射光谱强度，求出目标元素与铟的发射光谱强度比。另外，分别移取0.1～10 mL的混合标准溶液2.6～100 mL容量瓶中，分别加入10 mL铟标准溶液（50 μg/mL），加入适量HNO_3，使目标溶液达到与样品溶液相同的酸度后，用去离子水定容至刻度线。得到的校准用标准溶液进行操作，测定各目标元素和内标元素的发射光谱强度，以各元素的浓度对元素的发射光谱强度/内标元素发射光谱强度比值关系做成校准曲线，由校准曲线求出样品中元素发射光谱强度比所相当的目标元素的浓度。对于高盐浓度的样品，不能直接使用定量校准曲线时，可以采用标准加入法。但是，必须进行空白校正。为了考察土壤中共存的主要元素的影响，可以测定同一元素的多个波长的发射光谱强度，确认不同波长处测定值是否有差异。）

空白试验 在不加土壤样品的条件下重复试液制备的操作步骤，按照样品测定的操作求出各目标元素的发射光谱强度和强度比，并用来校正样品中各目标元素的发射光谱强度。

校准曲线 在样品溶液测定时制作校准曲线。分别移取0.1～10 mL的混合标准溶液（10 μg Cd、10 μg Pb、10 μg Cu、10 μg Zn、10 μg F5、10 μg Mn、10 μg Ni、10 μg Mo、10 μg Cr）至100 mL容量瓶中，加入适量HNO_3，使标准溶液与样品相同的酸度后，用去离子水定容至刻度线。对得到的校准溶液进行测定。另外，取20.0 mL去离子水加入到100 mL容量瓶中，加入适量HNO_3使溶液与样品溶液的酸度一致，用去离子水定容。得到的空白溶液进行测定，修正标准溶液的发射光谱强度。以各元素的浓度对元素的发射光谱强度关系做成校准曲线。

（5）结果表示

由定量校准曲线求出各目标元素的浓度，并换算为干样品中各元素的浓度（mg/kg）。

思考题

1. 原子发射光谱法的特点有哪些？
2. 解释下列名词并注意它们之间的区别。
   （1）分析线、灵敏线、最后线　（2）自吸、自蚀
3. 摄谱仪由哪几部分组成？各组成部分的主要作用是什么？
4. 简述原子发射光谱定性分析的基本原理、光谱定性分析方法的种类及各自的适用范围。
5. 原子发射光谱内标法定量的原理是什么？如何选择内标元素和内标线？
6. 什么是乳剂特性曲线？
7. 简述平面光栅的色散原理。

参考文献

周梅村. 2008. 仪器分析 [M]. 武汉：华中科技大学出版社.

许金生. 2009. 仪器分析 [M]. 南京：南京大学出版社.

刘约权. 2006. 现代仪器分析 [M]. 2版. 北京：高等教育出版社.

陈集，饶小桐. 2002. 仪器分析 [M]. 重庆：重庆大学出版社.
高庆宇. 2002. 仪器分析实验 [M]. 徐州：中国矿业大学出版社.
郭永等. 2001. 仪器分析 [M]. 北京：地震出版社.
王彤. 2000. 仪器分析与实验 [M]. 青岛：青岛出版社.
朱明华，胡坪. 2008. 仪器分析 [M]. 4版. 北京：高等教育出版社.
王世平，王静，仇厚援. 1999. 现代仪器分析原理与技术 [M]. 哈尔滨：哈尔滨工程大学出版社.
陈培榕，邓勃. 1999. 现代仪器分析实验与技术 [M]. 北京：清华大学出版社.
邓桂春，臧树良. 2001. 环境分析与监测 [M]. 沈阳：辽宁大学出版社.
阎吉昌. 2002. 环境分析 [M]. 北京：化学工业出版社.
吴忠标. 2003. 环境监测 [M]. 北京：化学工业出版社.
奚旦立. 2010. 环境监测 [M]. 4版. 北京：高等教育出版社.

分子发光分析法

✦ ✦ ✦ ✦ ✦ ✦ ✦ ✦ ✦ ✦ ✦

本章提要

分子发光分析方法具有较高的灵敏度和选择性，而仪器结构较为简单、价廉且易于操作，因而在环境分析中得到广泛应用。本章介绍了 2 种分子发光分析方法，即分子荧光分析法和化学发光分析法。要求掌握分子荧光和化学发光分析法的基本原理、常用分析仪器和测定方法，并能根据荧光强度或化学发光强度与物质浓度之间的关系进行定量分析；了解分子荧光和化学发光分析法在环境分析中的应用。

✦ ✦ ✦ ✦ ✦ ✦ ✦ ✦ ✦ ✦ ✦

当基态分子吸收了外来能量后，其外层电子可能被激发而跃迁至更高能级的激发态，这种处于激发态的分子不稳定，以辐射跃迁形式将其能量释放而返回基态，便产生了分子发光(molecular luminescence)。分子发光的类型，可按分子激发的模式不同，分为光致发光和化学发光等。如果分子通过吸收光能而被激发，所产生的发光称为光致发光；如果分子是由化学反应而释放出来的化学能所激发，其发光称为化学发光。光致发光按激发态的类型又可分为荧光和磷光两种。本章主要讨论分子荧光（molecular fluorescence）和化学发光(chemiluminescence）分析法。

9.1 荧光分析法

物质分子吸收光子能量而被激发，然后从激发态的最低振动能级返回基态时所发射出的光称为荧光。根据物质的荧光谱线位置及强度进行物质鉴定和物质含量测定的方法称为荧光分析法，简称荧光法。

早在16世纪，人们观察到当紫外和可见光照射到某些物质时，这些物质就会发出各种颜色和不同强度的光，而当照射停止时，物质的发光也随之消失。到1852年才由斯托克斯(Stokes）给予了解释，即它是物质在吸收了光能后发射出的分子荧光。斯托克斯在对荧光强度与浓度之间的关系进行研究的基础上，于1846年提出可将荧光作为一种分析手段。1867年Goppelsroder应用铝—桑色素络合物的荧光对铝进行了测定。进入20世纪，随着荧光分析仪器的问世，荧光分析的方法和技术得到了极大的发展，如今已成为一种重要且有效的光谱分析手段。

荧光分析法的最大优点是灵敏度高，它的检出限通常比分光光度法低2～4个数量级；选择性也较分光光度法好。虽然能产生强荧光的化合物相对较少，荧光分析法的应用不如分光光度法广泛，但由于它的高灵敏度以及许多重要的生物物质都具有荧光性质，使得该方法在药物、临床、环境、食品的微量、痕量分析以及生命科学研究各个领域具有重要意义。

9.1.1 基本原理

9.1.1.1 分子荧光的产生

当物质受光照射时，基态分子吸收光能就会产生电子跃迁而处于第一电子激发态（或更高激发态)，处于电子激发态的分子是不稳定的，它会很快地通过无辐射跃迁和辐射跃迁释放能量而返回基态。辐射跃迁发生光子的发射，产生分子荧光；无辐射跃迁则以热的形式释放能量。

9.1.1.2 荧光效率及其影响因素

(1) 荧光效率

物质在吸收了紫外和可见光后，激发态分子是以辐射跃迁还是以无辐射跃迁回到基态，决定了物质是否能发荧光。通常以荧光效率（或荧光量子产率）来描述辐射跃迁概率的大小。荧光效率定义为发荧光的分子数目与激发态分子总数的比值，即

$$荧光效率(\varphi_f)=\frac{发荧光的分子数}{激发态分子总数} \tag{9-1}$$

荧光效率越高，辐射跃迁概率就越大，物质发射的荧光也就越强。荧光效率的极大值为1，即每吸收一个激发光量子就发射一个荧光光量子。而荧光效率低的物质虽然有强的紫外吸收，但所吸收的能量以无辐射跃迁的形式释放，内部猝灭和外部猝灭的速度很快，所以没有荧光发射。若以各种跃迁的速率常数来表示，则

$$\varphi_f = \frac{K_f}{K_f + \sum K_i} \tag{9-2}$$

式中 K_f——荧光发射过程的速率常数；

$\sum K_i$—— 无辐射跃迁的速率常数之和。

一般来说，K_f 主要取决于物质的化学结构，而 $\sum K_i$ 则主要取决于化学环境，同时也与化学结构有关。具有分析应用价值的荧光化合物，其荧光效率在 0.1～1 之间。

(2) 荧光与分子结构的关系

能够发射荧光的物质必须同时具备两个条件：发荧光的物质分子中必须有强的吸收和一定的荧光效率；另外，分子结构中必须含有共轭双键这样的强吸收基团，且共轭体系越大，π 电子的离域性越强，越易被激发而产生荧光。

共轭效应 大部分能发荧光的物质都含有一个以上的芳环，随共轭芳环增大，荧光效率提高，荧光峰向长波长方向移动。如苯的荧光效率为 0.11，荧光波长为 270 nm，萘的荧光效率为 0.29，荧光波长为 310 nm，而蒽的荧光效率为 0.46，荧光波长为 400 nm。

刚性结构和共平面效应 分子的刚性平面结构有利于荧光的产生。以荧光黄和酚酞为例，二者结构十分相似，但荧光黄在 0.1mol/L NaOH 溶液中的荧光效率高达 0.92，而酚酞由于没有氧桥，分子不易保持刚性平面，不易产生荧光。刚性平面结构可以减少分子的振动和碰撞去活的可能性。

一些有机配位剂与金属离子形成螯合物后荧光大大增强，这也可用刚性结构的影响来解释。例如，8-羟基喹啉本身荧光较弱，与 Mg^{2+} 形成螯合物后则是强荧光化合物。再如，滂铬 BBR 本身不发荧光，与 Al^{3+} 在 pH=4.5 时形成的螯合物发红色荧光。

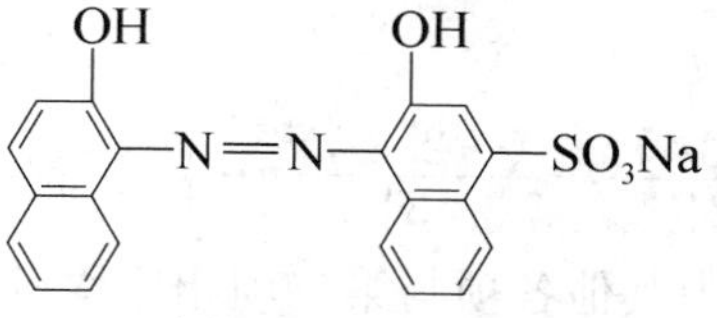

滂铬 BBR 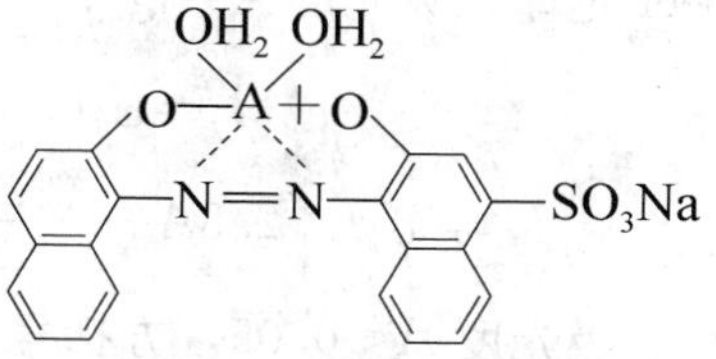　　　　Al^{3+}——滂铬 BBR 螯合物

取代基效应 取代基对荧光物质的荧光光谱和强度都产生很大影响。给电子取代基如—OH、—NH_2、—NHR、—NR_2、—CN 和—OR 等能增加分子的共轭程度，导致荧光增强；吸电子取代基如—COOH、—NO、—SH、—X 和—NO_2 等能减弱分子的共轭性，使荧光减弱甚至熄灭。例如，苯胺和苯酚的荧光较苯强，而硝基苯为非荧光物质。

(3) 环境因素对荧光的影响

溶剂 同一荧光物质在不同的溶剂中可能表现出不同的荧光性质。一般来说，电子激发态比基态具有更大的极性。溶剂的极性增强，对激发态会产生更大的稳定作用，结果使物质

的荧光波长红移，荧光强度增大。例如，喹啉在苯、乙醇和水中荧光效率的相对大小分别为1、300和1 000。

温度 通常认为，辐射跃迁的速率基本不随温度而变，而无辐射跃迁的速率随温度升高而显著的增大。当温度升高时，分子间碰撞概率增加，使无辐射跃迁增加，从而降低了荧光强度。因此，对于大多数荧光物质，升高温度会使无辐射跃迁概率增大，荧光效率降低。

pH 大多数含有酸性或碱性基团的芳香族化合物的荧光性质受溶液pH的影响很大。共轭酸碱两种型体往往具有不同的荧光性质，有各自特殊的荧光效率和荧光波长，例如：

$^{-}O_3S$—(萘)—OH $\xrightarrow[pH=6.4\sim7.4]{-H^+}$ $^{-}O_3S$—(萘)—O^-

无荧光　　　　蓝色荧光

(萘)—NH_2 $\xrightarrow[pH=4.8\sim3.4]{+H^+}$ (萘)—NH_3^+

蓝色荧光　　　　无荧光

有序介质 表面活性剂属于有序介质，对发光分子的发光特性有着显著的影响。溶液中表面活性剂的存在，可以使荧光物质处于更有序的胶束微环境中，对处于激发态的荧光物质分子起保护作用，减小无辐射跃迁的概率，从而提高了荧光效率。

9.1.1.3 荧光强度与溶液浓度的关系

根据荧光效率的定义，溶液的荧光强度（I_f）应为溶液所吸收的光强度（I_a）与荧光效率（φ_f）的乘积：

$$I_f = \varphi_f I_a \tag{9-3}$$

而吸收光强度等于入射光强度（I_0）减去透射光强度（I_t），于是

$$I_f = \varphi_f(I_0 - I_t) \tag{9-4}$$

由 Lamber-Beer 定律　吸光度 $A=\lg\dfrac{I_0}{I_t}$　则 $I_t = I_0 \cdot 10^{-A}$

可得

$$I_f=\varphi_f I_0\ (I-10^{-A}) \tag{9-5}$$

$$I_f = \varphi_f I_0\left[2.3A - \frac{(2.3A)^2}{2!} - \frac{(-2.3A)^3}{3!}\cdots\right] \tag{9-6}$$

如果溶液很稀，吸光度$A<0.05$，方括号中其他各项与第一项相比均可忽略不计，则上式可简化为：

$$\begin{aligned} I_f &= 2.3\varphi_f I_0 A \\ &= 2.3\varphi_f I_0 \varepsilon bc \end{aligned} \tag{9-7}$$

式中 ε——摩尔吸收系数；

b——液池厚度；

c——溶液的浓度。

可见，当$A<0.05$时，荧光强度（I_f）与物质的荧光效率（φ_f）、激发光强度（I_0）、物质的摩尔吸收系数（ε）和溶液的浓度（c）成正比。对于一给定物质，当激发光波长和强度

一定时，荧光强度只与溶液浓度有关：

$$I_f = Kc \tag{9-8}$$

式（9-8）为荧光定量分析的基本依据。以荧光强度对荧光物质的浓度作图，在低浓度时，呈现良好的线性关系。当荧光物质的溶液浓度较高时，荧光强度同浓度之间的线性关系将发生偏离，有时甚至随溶液浓度增大而降低。导致标准曲线弯曲的原因，除了式（9-6）中的高次项影响外，还存在猝灭效应。

荧光猝灭是指荧光物质分子与溶剂分子或溶质分子之间所发生的导致荧光强度下降的物理或化学作用过程。与荧光物质分子发生相互作用而引起荧光强度下降的物质，称为荧光猝灭剂。像氧分子、溴化物、碘化物等都是常见的荧光猝灭剂。由荧光物质自身引起的荧光强度减弱的现象称为荧光自猝灭效应。经常遇到的自猝灭现象有 2 种。一种是当荧光物质发出的荧光通过溶液时被荧光物质的基态分子吸收，即自吸收现象。另一种是由于激发态分子之间的碰撞，导致无辐射跃迁概率增大，荧光效率降低。很显然，不论哪种情况，增大荧光物质的浓度均会使荧光猝灭效应增强，从而导致荧光强度降低。

9.1.1.4 荧光的激发光谱和发射光谱

荧光物质分子都有 2 个特征光谱，即激发光谱和发射光谱。

激发光谱是固定荧光波长，以不同波长的入射光激发荧光物质，并测定相应的荧光强度。以入射光激发波长为横坐标，荧光强度为纵坐标绘制关系曲线，便可得到荧光物质的激发光谱。激发光谱实质上就是荧光物质的吸收光谱。若固定激发光的波长和强度不变，测定不同荧光波长下的荧光强度，绘制荧光强度随荧光波长变化的关系曲线，便可得到荧光发射光谱，简称荧光光谱。

荧光物质的最大激发波长和最大荧光波长既是鉴别荧光物质的依据，也是定量测定时最灵敏的光谱条件。

9.1.2 荧光分析仪器

常用的荧光分析仪器有荧光光度计和荧光分光光度计，它们一般由激发光源、单色器、试样池、光检测器及读数装置 5 部件组成。激发光通过入射狭缝，经激发单色器分光后照射到被测物质上，发射的荧光再经发射单色器分光后用光电倍增管检测，并经信号放大系统放大后记录。仪器的构造简如图 9-1 所示。

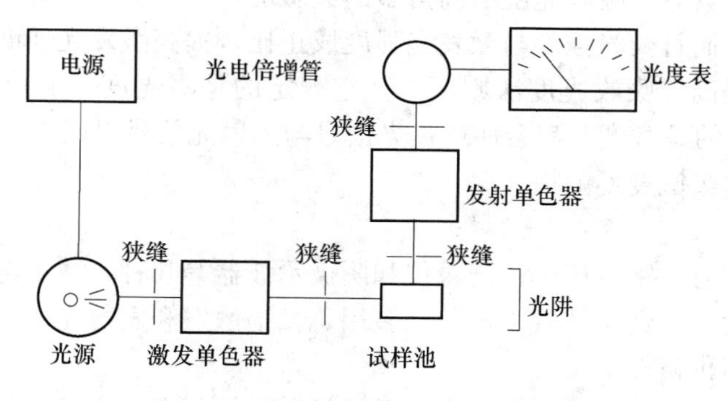

图 9-1 荧光分光光度计的构造简图

与分光光度计比较，荧光分析仪器主要差别有：①荧光分析仪器采用垂直测定方式，即在与激发光相垂直的方向测定荧光，以消除透射光的影响；②荧光分析仪器有2个单色器，一个是置于试样池前的激发单色器，用于获得单色性较好的激发光；另一个是置于试样池和检测器之间的发射单色器，用于分出某一波长的荧光，消除其他杂散光的干扰。

(1) 光源

荧光测定中的激发光源应具有强度大、适用波长范围宽两个特点。荧光计常采用卤钨灯作光源；荧光分光光度计常采用高压汞灯或氙弧灯做光源。

高压汞灯是利用汞蒸气放电发光的光源，其光谱略呈带状，其中以365 nm的谱线为最强。荧光分析中常使用365 nm、405 nm和436 nm 3条谱线。

高压氙弧灯是荧光分光光度计应用最广泛的一种光源，这种放电灯外套为石英，内充氙气，工作时，在相距约8 mm的钨电极间形成一强电子流（电弧），氙原子与电子流相撞而解离为正离子，氙正离子与电子复合而发光，其光谱在250～800 nm范围内呈连续光谱。

为了弥补汞灯和氙灯各自存在的缺陷，出现了高压汞-氙弧灯。这种灯在紫外光区的发射比氙灯强得多。

此外，由于激光光源强度大，单色性好，其运用不仅可大大提高荧光测定的灵敏度，还使荧光分析法实现了单分子检测的目标，把荧光分析技术推向一个新高度。

(2) 单色器

荧光计的单色器是滤光片，因而荧光计只能用于定量分析，不能获得光谱。荧光分光光度计一般采用两个光栅单色器，荧光分光光度计既可获得激发光谱，又可获得荧光广谱。

(3) 试样池

测定荧光用的试样池需用低荧光的玻璃或石英材料制成。形状以方形为宜，并用于90°测量。但为了一些特殊的测量需要，如浓溶液、固体样品等，则改用试管形试样池，从正面、30°或45°检测。

(4) 光检测器

荧光的强度一般较弱，要求检测器具有较高的灵敏度。荧光计采用光电管作检测器，荧光分光光度计采用光电倍增管（PMT）作为检测器。在一定条件下，PMT的电流量与入射光强度成正比。PMT工作时，要求其高压电源很稳定，以保证它对入射的光强度有良好的线性响应。

荧光分析之所以具有比吸收光度法高得多的灵敏度，是由于现代电子技术具有检测十分微弱光信号的能力，而且荧光强度与激发光强度成正比，提高激发光强度也可以增大荧光强度，使测定灵敏度提高。吸收光度法则不然，它测定的是吸光度，不管是增大入射光强度I_0，还是提高检测器的灵敏度，都会使透过光信号与入射光信号以同样的比例增大，吸光度值并不会改变，因而灵敏度不能提高。

(5) 读数装置

以往的读数装置有数字电压表、记录仪和阴极示波器等几种。数字电压表用于例行的荧光强度测定，既准确、方便又便宜。记录仪多用于扫描激发和发射光谱。阴极示波器显示的速度较记录仪快，但价格较贵。

目前，性能较好的荧光分光光度计都有微机控制，并配有相应的软件，可按指令进行波长的自动扫描，数据处理，并在屏幕上显示所要求的各种谱图。

9.1.3 荧光的常规测定方法

（1）直接测定法

直接测定法用于分析本身能发荧光的待测物质，通过测量其荧光强度来测定待测物的浓度。测量荧光强度多采用标准曲线法（工作曲线法），即以已知量的标准物质经过和待测试样同样处理后，配成一系列不同浓度的标准溶液，并测定它们的荧光强度，绘制荧光强度—浓度的标准曲线。在相同条件下测定未知试样的荧光强度，从标准曲线上就可以找到与之对应的未知试样的浓度。

（2）间接测定法

对于本身不发荧光或因荧光效率太低而无法进行直接测定的物质，只能采用间接的测定方法。

① 荧光衍生法：运用某种手段将自身不发荧光的待测物质转变为能发荧光的化合物，再通过测定该化合物的荧光强度，以间接测定待测物的分析方法。

根据所采用的衍生手段不同，荧光衍生法又可分为：化学衍生法、电化学衍生法和光化学衍生法。其中，应用最多的是化学衍生法。如测定许多无机金属离子，就是先通过使它们与某些金属螯合剂反应生成具有荧光的螯合物之后再加以测定。

② 荧光猝灭法：有些待测物质本身虽不发荧光，却能使某种荧光试剂的荧光猝灭，且荧光猝灭的程度与待测物的浓度有定量的关系，那么，就可以通过测量该荧光试剂荧光强度的下降程度，来间接测定待测物的浓度。例如，大多数过渡金属离子与具有荧光性质的芳族配体形成配合物后，会使配体的荧光猝灭，从而间接测定这些过渡金属离子。

③ 敏化荧光法：对于不发荧光的待测物，如果可以通过选择合适的荧光试剂作为能量受体，当待测物受激发后，通过能量转移，将激发能传递给荧光试剂，使其分子被激发，测定能量受体的荧光强度，从而间接测定待测物。

9.1.4 荧光分析新技术简介

（1）激光荧光分析

激光荧光分析法主要区别在于使用了强度大、单色性好的激光作为光源，大大提高了荧光分析法的灵敏度和选择性。同时，激光荧光分析法仅用一个单色器，而普通荧光分光光度计一般采用两个单色器。目前，激光分子荧光分析法已成为分析超低浓度物质的灵敏而有效的方法。

（2）时间分辨荧光分析

针对不同分子的不同荧光寿命，在激发和检测之间延缓一段时间，使具有不同荧光寿命的物质得以分别检测。该法可有选择性地测定混合物中的某一组分，可以省去前处理的麻烦。目前，已将时间分辨荧光分析法用于免疫分析，发展成为时间分辨荧光免疫分析。

（3）同步荧光分析

在荧光物质的激发光谱和荧光光谱中选择适宜波长差值，同时扫描发射波长和激发波长，得到同步荧光光谱。因荧光物质浓度与同步荧光峰高呈线性关系，故可用于定量分析。

9.2 荧光分析法在环境分析中的应用

荧光分析法由于灵敏度高，取样量少，测试快速、简便，有多种特性参数可供选择测定，已在环境分析中得到广泛应用，其主要应用范围是对水体中的无机物进行单项指标的测定（如测定铍、铝、硼、氟、硫、铁、钴、镍、铜、镁、锌、镉、镓等元素）以及对水体中的有机物进行综合指标的测定（如测定多环芳烃、芳族硝基/羰基化合物、酚和醌、杂环化合物、有机酸和油分等）。

9.2.1 荧光分光光度法测定水中/食品中苯并［a］芘

多环芳烃（PAH）有200多种，在自然界中广泛存在，以煤和煤焦油、石油和石油产品中最多，其中以苯并［a］芘［B(a)P］为代表的PAH是公认的致癌物。B(a)P在水中的溶解度极小，但能很好地溶解在丙酮、苯、甲苯、已烷、环已烷、氯仿等有机溶剂中。若水中含有咖啡因、吡啶等有机物时会使其溶解度成千上万倍的增加。

（1）原理

水中多环芳烃及环已烷可溶物经环已烷萃取（水样必须充分摇匀），萃取液用无水Na_2SO_4脱水、浓缩，然后经乙酰化滤纸分离。分离后的B(a)P用荧光分光光度计测定。

（2）试剂

除另有说明外，分析时均用分析纯试剂和蒸馏水。

丙酮：重蒸；甲醇；乙醚；苯：重蒸；乙酸酐；浓H_2SO_4（$\rho=1.84$ g/mL）；无水Na_2SO_4。

① B(a)P标准溶液的配制：称取5.00 mg固体标准B(a)P于50 mL容量瓶中［因B(a)P是强致癌物，为减少污染，以少转移为好］，用少量苯溶解后，加环已烷至标线，其浓度为100 μm/L。将此贮备液用环已烷稀释成10 μm/L的标准适用液，避光贮于冰箱中。

② 乙酰化滤纸的制备：把5 cm×30 cm的层析滤纸15～20张卷成15 cm的圆筒状，逐张放入1 000 mL高型烧杯中，杯壁与靠杯的第一张纸间插入一根玻璃棒，杯中间放一枚玻璃熔封的电磁搅拌铁芯。在通风柜中，沿杯壁慢慢倒入乙酰化剂（由苯＋乙酰＋浓硫酸＝750 mL＋250 mL＋0.5 mL混合配制成），磁力恒温搅拌器的温度保持55℃±1℃，连续反应6 h。取出乙酰化滤纸，用自来水漂洗3～4次，再用蒸馏水漂洗2～3次，晾干。翌日用无水乙醇浸泡4h后，取出乙酰化滤纸，晾干压平，备用。

③ 环已烷：重蒸，用荧光分光光度计检查。在荧光激发波长367 nm，夹缝10 nm；荧光发射夹缝2 nm，波长405 nm应无峰出现。

④ 二甲基亚砜（DMSO）：用前先用环已烷萃取2次（500 mL，二甲基亚砜加50 mL环已烷萃取）。弃去环已烷后备用。

（3）仪器与设备

实验室常用设备和仪器如下：

①荧光分光光度计：备有紫外激发和荧光分光，光程为10 mm的石英比色皿。②紫外分析仪：带365 nm或254 nm的滤光片。③康氏振荡器。④磁力恒温搅拌器。⑤立式离心

机：转速为 4 000 r/min。⑥分液漏斗：1 L、3 L、100 mL，活塞上禁用油性润滑剂，活塞直接用水或有机溶剂润滑即可。⑦锥形瓶：250 mL，具磨口玻璃塞。⑧恒温水浴锅。⑨层析缸。⑩具磨口塞刻度离心管：5 mL。⑪点样用玻璃毛细管（自制）。⑫分析天平：精准至 0.1 mg。

（4）分析步骤

样品保存 水样应贮于玻璃瓶中并避光，24 h 内用环己烷萃取，环己烷萃取液放入冰箱中保存。

样品和标样的预处理 清洁水和地面水萃取：取充分混匀的清洁水样 2 000 mL 放入 3 000 mL分液漏斗中，用环己烷萃取两次，每次用 50 mL，在康氏振荡器上每次振荡3 min，取下放气，静置 30 min，待分层后，将两次环己烷萃取液收集于具塞锥形瓶中，弃去水相部分。

工业废水的萃取：取混匀的工业废水样 1 000 mL，放入 1 000 mL 分液漏斗中，每次用 50 mL 环己烷萃取两次，在康氏振荡器上每次振荡 3 min，取下放气，静置 0.5 h，待分层后，将两次环己烷萃取液收集于具塞锥形瓶中，弃去水相部分。

脱水、浓缩 在上述环己烷萃取液中加入无水 Na_2SO_4（20～50 g），静置至完全脱水（1～2 h），至具塞锥形瓶底部无水为止。如果环己烷萃取液颜色比较深，则将脱水后环己烷定容至 100 mL，分取其一定体积浓缩；如果颜色不深则全部浓缩。在温度为 70～75 ℃用 KD 浓缩器减压浓缩至近干，用苯洗涤浓缩管壁 3 次，每次用 3 滴，再浓缩至 0.05 mL，以备纸层析用。

纸层析分离 在乙酰化滤纸 30 cm 长的下端 3 cm 处，用铅笔画一横线，横线两端各留出 1.5 cm，以 2.4 cm 的间隔将标准 B(a)P 与样品浓缩液用玻璃毛细管交叉点样。点样斑点直径不超过 3～4 mm。点样过程中用冷风吹干。每支浓缩管洗两次，每次用 1 滴苯，全部点在纸上。将点过样的层析滤纸挂在层析缸内架子上，加入展开剂（甲醇＋乙醚＋蒸馏水＝4＋4＋1（体积比）），直到滤纸下端浸入展开剂 1 cm 为止。加盖，用透明胶纸密封。于暗室中展开 2～4 h。取出层析滤纸，在紫外分析仪照射下用铅笔圈出标样 B(a)P 点以及样品中与其高度（R_f 值）相同的紫蓝色斑点范围。

剪下用铅笔圈出的斑点，剪成小条，分别放入 5 mL 具塞离心管中。在 105～110℃烘箱中烘 10 min（亦可在干燥器中或干净空气中晾干）。在干燥器内冷却后，加入丙酮至标线。用手振荡 1 min 后。以 3 000 r/min 的速度离心 2 min。上清液留待测量用。

测定 将标准 B(a)P 斑点和样品斑点的丙酮洗液分别注入 10 mm 的石英比色皿中，在激发，发射狭缝分别为 10 nm、2 nm，激发波长为 367 nm 处，测其发射波长为 402 nm、405 nm、408 nm 处的荧光强度 F。

（5）结果计算

用窄基线法按下列公式计算出标准 B(a)P 和样品 B(a)P 的相对荧光强度，再计算出 B(a)P 的含量 c（用相对比较计算法）。

$$\text{相对荧光强度 } F = F_{405\ \text{nm}} - \frac{1}{2}(F_{402\ \text{nm}} + F_{408\ \text{nm}})$$

$$c = \frac{MF_{\text{样品}}R}{F_{\text{标准}}V} \tag{9-9}$$

式中 c——水样 B(a)P 含量（μg/L）；

M——标准 B(a)P 点样量（μg）；

$F_{标准}$——标准 B(a)P 的相对荧光强度；

$F_{样品}$——样品斑点的相对荧光强度；

V——水样体积（L）；

R——环己烷提取液总体积与浓缩时所取的环己烷提取液的体积之比值。

（6）说明

① 适用范围：适用于饮用水、地面水、生活污水、工业废水中 B(a)P 的测定。最低检出浓度为 0.004 μg/L。

② 注意事项：B(a)P 是一种由五个环构成的多环芳烃，它是多环芳烃类的强致癌代表物。基于 B(a)P 的强致癌性，分析时必须戴抗有机溶剂的手套，操作应在白搪瓷盘中进行（如溶液转移、定容、点样等）。室内应避免阳光直接照射，通风良好。

③ 干扰及消除：石油、含油废水对测定产生干扰，可按下面预处理方法消除干扰：将环己烷萃取液定容后取出 20 mL，放入 100 mL 分液漏斗。用 DMSO 萃取 2 次，每次 5 mL，用手振荡 2 min，注意放气，静置 0.5 h。待分层后收集两次萃取的 DMSO 液于另一个 100 mL 分液漏斗中，弃去环己烷液。于盛有 10 mL DMSO 液的分液漏斗中加入事先用冰冷却过的盐酸（1∶1）溶液 15 mL，冷却至室温，再用环己烷反萃取两次，每次 5 mL，用手振荡 2 min，注意放气。合并两次环己烷萃取液 10 mL 于另一个 100 mL 分液漏斗中，加 5 mL 15% NaOH 溶液洗 1 次，振荡 2 min，弃去 NaOH 溶液层。再加蒸馏水洗 2～3 次，每次 15 mL，直至洗涤后的蒸馏水 pH=7，弃去水相。再按相同方法进行脱水、浓缩、分离及测定。

9.2.2 紫外荧光法测定空气中的 SO_2

SO_2 是大气中的主要污染物，来源于煤和石油等燃料的燃烧、含硫矿石的冶炼、硫酸等化工产品生产排放的废气等。SO_2 是能通过呼吸进入气管，对局部组织产生刺激和腐蚀作用，严重危害生态环境和人类健康。测定 SO_2 常采用分光光度法、紫外荧光法、火焰光度法等。本文介绍荧光分析法，利用荧光素为荧光试剂，在碘存在下间接测定 SO_2。

（1）原理

在弱酸性介质中，碘与荧光素反应导致荧光素荧光强烈猝灭，而 SO_3^{2-} 的存在可以有效抑制该猝灭作用，使得体系的荧光强度增强，从而测定 SO_3^{2-}。最大激发波长为 484 nm，最大发射波长为 515 nm。

（2）试剂

① 荧光素贮备液：1.0×10^{-4} mol/L（乙醇配制），用时稀释成 5.0×10^{-7} mol/L。

② 碘贮备液：1.0 g/L，用时稀释成 10 mg/L（乙醇配制）。

③ 亚硫酸根标准溶液：10 mg/L（现用现配）。

④ 柠檬酸—磷酸氢二钠缓冲液：pH 5.0～7.6。

所有试剂均为分析纯，水为 3 次重蒸去离子水。

（3）仪器

荧光分光光度计。

（4）分析步骤

① 试验方法：移取 0.24 mL 5.0×10^{-7} mol/L 荧光素溶液于 10 mL 容量瓶中，加入 0.6 mL pH=5.8 的柠檬酸—磷酸氢二钠缓冲溶液和一定量的亚硫酸根标准溶液，加水少许，摇匀。加入 10 mg/L 的碘溶液 0.3 mL，用水定容后摇匀。在 $\lambda_{ex}/\lambda_{em}=485/515$ nm 处测定体系的相对荧光强度。

② 操作步骤：将不同地方受 SO_2 污染的空气以 0.25 L/min 的速度通入气体吸收装置，用 45 mL 1.0×10^{-3} mol/L NaOH 溶液吸收 200 min，然后用 0.1 mol/L H_2SO_4 中和，用水稀释至 50 mL。随后马上取出吸收的实际样品溶液按实验方法进行测定。

③ 工作曲线：在最佳条件下，制作工作曲线。线性范围为 0.025～0.15mg/L SO_3^{2-}，回归方程为：$\Delta F=ac+b$（c 为 10 mL 中的μg 数）。

（5）说明

① 酸度影响：当 pH 在 5.6～6.0 范围内，体系的相对荧光强度最大且稳定，选择 pH=5.80。

② 荧光素浓度的影响：当荧光素浓度在 1.0×10^{-8}～1.4×10^{-8} mol/L 范围内时，方法灵敏度最高且稳定，选择荧光素浓度为 1.2×10^{-8} mol/L。

③ 干扰及其消除：对于测定 0.08 mg/L 的 SO_3^{2-}，当允许误差为±5%时，共存离子允许量为：K^+、Na^+、Sr^+、Cl^-（100 倍）；Li^+、Mg^{2+}、SO_4^{2-}、NO_3^-（500 倍）；SiO_3^{2-}、Ca^{2+}、Ba^{2+}、Al^{3+}、Cr^{3+}（200 倍）；Zn^{2+}、Co^{2+}、CO_3^{2-}（100 倍）；Br^-、V^{5+}、Cu^{2+}（80 倍）；Pb^{2+}（40 倍）；Ni^{2+}、Hg^{2+}、Mn^{2+}（20 倍）；F^-（15 倍）；NO_2^-（10 倍）不影响测定。

9.3 化学发光分析法

9.3.1 概述

化学发光是利用某些化学反应提供的化学能来激发物质所产生的光辐射。基于这类现象而建立的分析方法，称为化学发光分析法。

19 世纪中期，化学发光现象已为人们所熟知，20 世纪 50～60 年代，将化学发光现象应用于分析化学方面。1970 年左右，化学发光分析法被推荐用于监测分析空气中的污染物。70 年代后，液相化学发光分析法得到快速发展。目前，这一方法已广泛应用于痕量元素分析、环境监测以及生物医学分析等领域，成为一种重要的痕量分析手段。

化学发光分析法具有以下特点：

① 灵敏度高：例如，利用鲁米诺化学发光体系测定 Cr^{3+}、Co^{2+} 等离子的检出限可低至 10^{-12} g/mL。

② 测定的线性范围宽：一般有 5～6 个数量级。

③ 仪器设备简单：化学发光分析仪没有激发光源，由于不存在杂散光和散射光等引起的背景干扰，并且检测的是整个光谱范围内的发光总量，因而也不需要单色器。

④ 分析速度快：流动注射化学发光分析每小时可测定 100 个以上的试样。

但化学发光分析法仍存在一些局限性，如可供发光用的试剂有限，发光机理有待进一步研究，方法的选择性有待进一步提高等。

9.3.2 基本原理

(1) 化学发光反应的条件

化学发光的激发能由化学反应所提供，在反应过程中，某一反应产物的分子接受反应所释放出的能量而被激发，形成激发态分子，当它们从激发态返回基态时，以辐射的形式将能量释放出来。这一过程可用反应式表示：

$$A+B \longrightarrow C^{*}+D$$

$$C^{*} \longrightarrow C+h\nu$$

能够产生化学发光的反应必须满足以下条件：

① 反应速度快且能释放足够高的能量，才能引起电子激发。由 $\Delta E=h\upsilon$，要在可见光区观察到化学发光现象，则需 170～300 kJ/mol 的激发能。许多氧化还原反应放出的能量能满足这种要求，特别是具有过氧化物中间产物的氧化反应。因此，大多数化学发光反应为氧化还原反应。

② 反应途径有利于激发态分子的形成，不至于将化学能转化为热能。

③ 激发态分子能够以辐射跃迁的方式返回基态，或能够将其能量转移给可以产生辐射跃迁的其他分子，而不是以热的形式消耗激发能。

(2) 化学发光效率和发光强度

① 化学发光效率：化学发光效率 φ_{CL} 为发射的光子数占参加反应的分子数的百分率，等于生成激发态分子的化学效率 φ_r 和激发态分子的发光效率 φ_f 的乘积。其数学表达式为：

$$\varphi_{CL}=\frac{\text{发射的光子数}}{\text{参加反应的分子数}}=\varphi_r\varphi_f \tag{9-10}$$

其中：

$$\varphi_r=\frac{\text{激发态分子数}}{\text{参加反应的分子数}}$$

$$\varphi_f=\frac{\text{发射的光子数}}{\text{激发态分子数}}$$

化学效率 φ_r 主要取决于发光所依赖的化学反应本身；而发光效率 φ_f 的影响因素与荧光效率的影响因素相同，既取决于发光体本身的结构和性质，亦受环境的影响。

② 化学发光强度：化学发光分析是基于发光强度 I_{CL} 与被测定物质的浓度 C 成正比的关系。化学发光强度以单位时间内发射的光子数表示，与反应速率 $\frac{\mathrm{d}C}{\mathrm{d}t}$ 有如下关系：

$$I_{CL}(t)=\varphi_{CL}\cdot\frac{\mathrm{d}C}{\mathrm{d}t} \tag{9-11}$$

由于化学发光的强度随着时间和反应物消耗的变化逐渐减少，如果反应是一级反应，t 时刻的 $I_{CL}(t)$ 与该时刻分析物浓度 C 成正比，即化学发光峰值强度与被测定物质的浓度呈线性关系。在化学发光分析中，常用发光总强度来进行定量分析。为此，将式 (9-11) 积分，得：

$$\int I_{CL}\mathrm{d}t=\varphi_{CL}\int\frac{\mathrm{d}C}{\mathrm{d}t}\mathrm{d}t=\varphi_{CL}\cdot C \tag{9-12}$$

由式（9-12）可知，发光总强度与被测定物质的浓度成正比。因此，根据已知时间内的发光总强度来进行化学发光分析的定量分析。

（3）化学发光反应的类型

① 液相化学发光：液相化学发光反应在痕量分析中十分重要。常用于化学发光分析的发光试剂是鲁米诺，它可以测定 Cl_2、HOCl、H_2O_2、O_2 和 NO_2 等，其化学发光反应的发光效率为 0.01～0.05。

在碱性溶液中，鲁米诺被 H_2O_2、I_2 等氧化剂氧化，氧化过程中释放的化学能是氧化产物激发，可产生最大发射波长为 425 nm 的光辐射。

$$\text{(NH}_2\text{, NH, NH, O)} \xrightarrow[OH^-]{\text{氧化剂}} \left[\text{(NH}_2\text{, COO}^-\text{, COO}^-\text{)}\right]^* \longrightarrow \text{(NH}_2\text{, COO}^-\text{, COO}^-\text{)} + h\nu$$

除鲁米诺外，光泽精、没食子酸、过氧草酸盐和洛粉碱等也可被氧化剂氧化产生液相化学发光。

② 气相化学发光：在气相中，主要有 O_3、NO 和 S 的化学反应发光，可用于检测空气中的 O_3、SO_2、NO、CO、NO_2 和 H_2S 等气体。

O_3 与 NO 的气相化学反应灵敏度高，可达 1 ng/mL。在测定空气中的 NO_2 时，可先将 NO_2 还原为 NO，测得 NO 总量后，从总量中扣除试样中 NO 的含量，就可得到 NO_2 的含量。其反应机理如下：

$$NO + O_3 \longrightarrow NO_2^*$$

$$NO_2^* \longrightarrow NO_2 + h\nu \quad (\lambda \geqslant 600\ nm)$$

O_3 可与 40 余种有机化合物产生化学发光反应，原子氧也能氧化 SO_2、NO、CO 等产生化学发光反应。例如：

$$CO + O \longrightarrow CO_2^*$$

$$CO_2^* \longrightarrow CO_2 + h\nu \quad (\lambda = 300 \sim 500\ nm)$$

9.3.3 化学发光分析的仪器

（1）分立取样式仪器

分立取样式化学发光分析仪是一种静态下测量液相化学发光信号的装置。基本构造如图 9-2 所示。先将试剂与试样加入反应器中，然后开启旋塞使溶液流入反应池混合，混合后化学发光反应立即发生。发光信号通过光电倍增管检测，再经放大后在记录仪上记录下来。根据所测量的发光峰高或发光面积的积分值来进行定量测定。

分立式取样式仪器具有设备简单、造价低、体积小和灵敏度高等特点，还可记录化学发光反应的全过程，用于反应动力学的研究。但手工进样重复性差，测量的精密度不高，而且难于实现自动化，分析效率也比较低。

（2）流动注射式仪器

流动注射式分析是一种自动化溶液分析技术。它是把一定体积的试液（几十微升至几百

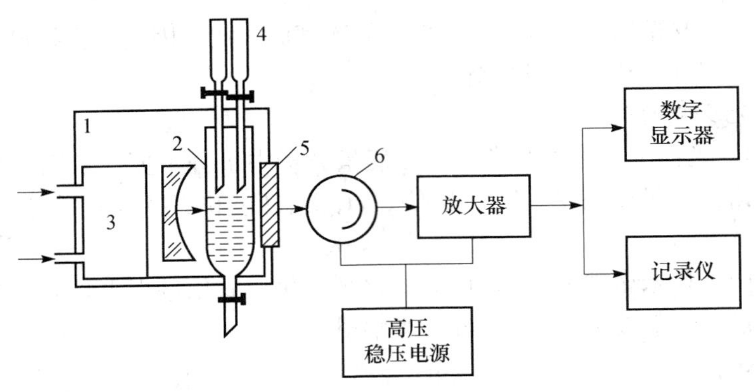

图 9-2　分立取样式化学发光仪器示意

1. 反应器　2. 反应池　3. 恒温水箱　4. 贮液管　5. 滤光片　6. 光电倍增管

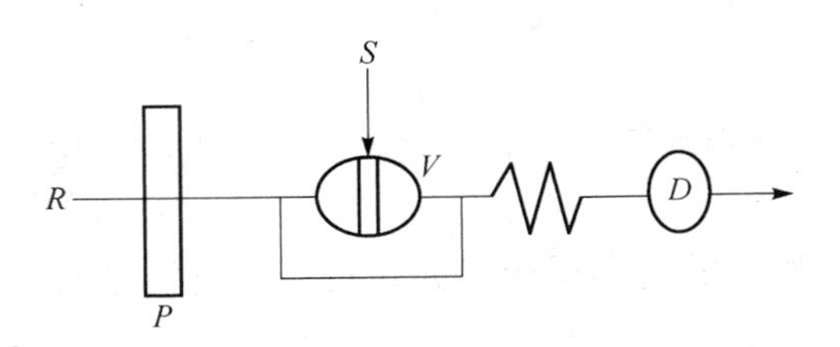

图 9-3　流动注射式化学发光仪器示意图

R. 试剂载流　*S*. 试液　*P*. 蠕动泵

V. 进样阀　*D*. 化学发光检测器

微升）注射到一个连续流动着的载流中，试样在流动过程中分散、反应，并被检测。流动注射式化学发光分析仪如图 9-3 所示。由蠕动泵、进样阀、反应盘管和化学发光检测器组成。蠕动泵的作用在于推动载流在一细孔径管道中连续稳定地流动。进样阀以重现性很高的方式把一定体积的试液注射到载流中，在流动过程中，试液逐渐分散并与载流中的试剂发生反应。在化学发光检测器中，化学发光信号被光电倍增管检测，经放大后记录下来。

由于流动注射式仪器被检测的光信号只是整个发光动力学曲线的一部分，必须根据反应速率调整进样阀至检测器之间的管道长度或流速，以控制留存时间，使发光信号的峰值恰好被检测，从而获得最大灵敏度。目前，用流动注射式进行化学发光分析，得到了比分立取样式发光测定更高的灵敏度和精密度。

9.4　化学发光分析法在环境分析中的应用

化学发光法是一种仪器结构简单、造价低廉、灵敏度高、测量速度快的分析方法，在环境分析中主要用于测定大气中多种空气污染物，能有效地测定环境空气中的 CO_2、NO_2、O_3、SO_2 等成分。

9.4.1　化学发光分析法测定空气中的氮氧化物（NO_x）

（1）概述

氮氧化物是评价空气质量的控制标准之一。氮的氧化物有一氧化氮、二氧化氮、三氧化氮和五氧化二氮等多种形式。大气中的氮氧化物主要以一氧化氮和二氧化氮形式存在。它们主要来源于石化燃料高温燃烧和硝酸、化肥等生产排放的废气，以及汽车排气。NO_x 对环境的损害作用极大，它既是形成酸雨的主要物质之一，也是形成大气中光化学烟雾的主要物质和消耗臭氧的一个重要因子。氮氧化物对眼睛和上呼吸道黏膜刺激较轻，主要侵入呼吸道深部的细支气管及肺泡。测定方法主要有化学发光法、盐酸萘乙二胺分光光度法、传感器法和库仑原电池法等。本文主要介绍化学发光法，利用 NO_x 监测仪，快速测定空气中的 NO_x。这种类型的监测仪，灵敏度低于 1 ppt（v/v）的 NO_2，响应频率快，可达 3 Hz，质量却只有 25 磅（1 磅＝0.453 6 kg）。

（2）光化学反应原理

利用 NO 和 O_3 反应过程中发出的荧光强度与样气中 NO 浓度成正比的原理，采用化学发光光度检测技术，测量大气中 NO 的浓度。光化学反应原理如下：

$$NO + O_3 \xrightarrow{P.T} NO_2\cdot + O_2$$

$$NO_2\cdot \longleftrightarrow NO_2 + h\nu$$

在一定的压力和温度条件下，NO 和过量的 O_3 发生气相反应，产生激发态 $NO_2^{\cdot}$。当激发态 $NO_2^{\cdot}$ 返回到常态 NO_2 时，将产生波长为 600～2 400 nm，中心波长为 900 nm 的近红外荧光，其中一份光子的能量为 $h\nu$。根据上述光化学反应公式可知，参加反应的 NO 的浓度与反应过程中产生的荧光强度（或光子能量）成正比。

（3）化学发光 NO_x 监测仪

监测仪的气路结构如图 9-4 所示。

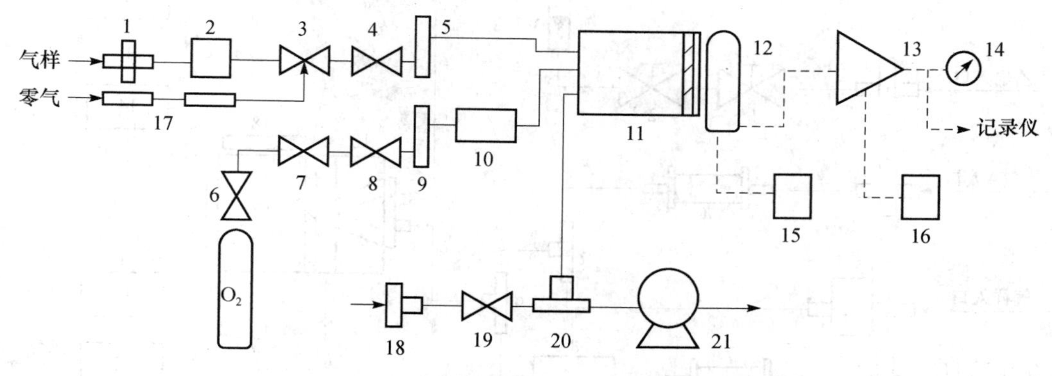

图 9-4　化学发光 NO_x 监测仪工作原理

1、18. 尘埃过滤器　2. $NO_2 \to NO$ 转换器　3、7. 电磁阀　4、6、19. 针形阀　5、9. 流量计　8. 膜片阀　10. O_3 发生器　11. 反应室及滤光片　12. 光电倍增管　13. 放大器　14. 指示表　15. 高压电源　16. 稳压电源　17. 零气处理装置　20. 三通管　21. 抽气泵

由图可知，气路分为两部分，一是 O_3 发生气路，二是气样经尘埃过滤器进入转换器，将 NO_2 转换成 NO，再通过三通电磁阀、流量计到达反应室。气样中的 NO 和 O_3 在反应室中发生光化学反应，产生的荧光强度由光学平台中的光电倍增管探测，经放大处理后由记录仪表显示和记录测定结果。

9.4.2　化学发光分析法测定空气中的 O_3

（1）概述

臭氧是最强的氧化剂之一，它是大气中的氧在太阳紫外线的照射下或受雷击形成的。臭氧具有强烈的刺激性，在紫外线作用下，参与烃类和氮氧化物的光化学反应。同时，臭氧又是高空大气的正常组分，能强烈吸收紫外光，保护人和生物免受紫外光的辐射。测定方法主要有化学发光法、吸光光度法和紫外线吸收法等。本文主要介绍化学发光法，利用 O_3 监测仪，快速测定空气中的 O_3。测定臭氧的化学发光法主要有罗丹明 B（$C_{28}H_{31}Cl$）法、一氧化氮法和乙烯法。最常用的自动监测仪是采用乙烯法，即利用臭氧在乙烯气体中的化学发光反应测定臭氧。仪器稳定、效果好、响应速度为 0.1～0.5 Hz，检测限约为 1 ppb（v/v）。

（2）光化学反应原理

基于 O_3 能与乙烯发生均相化学发光反应，即气样中的 O_3 与过量乙烯反应，生成激发态甲醛，而激发态甲醛瞬间回至基态，放出光子，波长范围为 300～600 nm，峰值波长 435 nm。发光强度与浓度呈正比，反应式如下：

$$2O_3 + 2C_2H_4 \longrightarrow 4HCHO^{\cdot} + O_2$$

$$HCHO^{\cdot} \longrightarrow HCHO + h\nu$$

该反应是 O_3 特有的，SO_2、NO_2、Cl_2 等共存时不干扰测定。

（3）化学发光 O_3 监测仪

乙烯法化学发光 O_3 监测仪工作原理如图 9-5 所示。

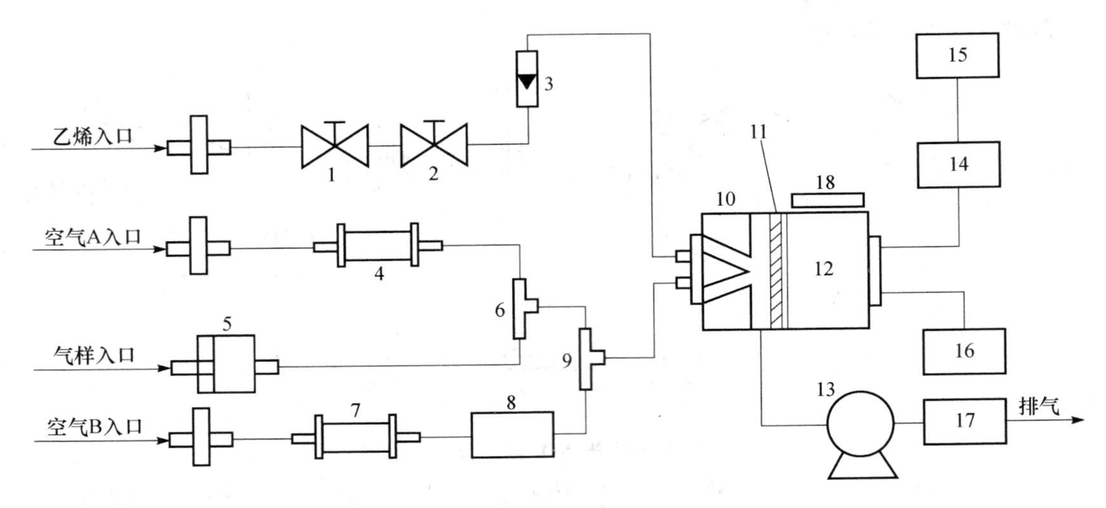

图 9-5　乙烯法 O_3 监测仪工作原理

1. 稳压阀　2. 稳流阀　3. 流量计　4. 净化器　5. 粉尘过滤器　6、9. 三通阀　7. 过滤器　8. 标准 O_3 发生器　10. 反应室　11. 滤光片　12. 光电倍增管　13. 抽气泵　14. 阻抗转换及放大器　15. 显示、记录仪表　16. 高压电源　17. 催化燃烧除烃装置　18. 半导体致冷器

由图 9-5 可知，测定过程中需通入 4 种气体，反应气乙烯由钢瓶供给，经稳压、稳流后进入反应室；空气 A 经活性炭过滤器净化后作为零气抽入反应室，用来调节一起零点。空气 B 经净化后进入标准 O_3 发生器，产生标准浓度的 O_3 进入反应室校准仪器刻度。样气经粉尘过滤器吸入反应室与乙烯发生化学发光反应，其发射光经滤光片过滤投至光电倍增管，经阻抗转换和放大后由记录仪表显示，记录测定结果。

思考题

1. 名词解释
   (1) 分子发光　(2) 荧光量子产率　(3) 荧光激发光谱　(4) 荧光发射光谱
   (5) 荧光猝灭　(6) 化学发光效率
2. 与分光光度法比较，荧光分析法有哪些优点？原因何在？
3. 简述影响荧光效率的主要因素。
4. 强荧光物质通常具备哪些主要的结构因素？
5. 试从原理和仪器两方面比较荧光分析法和化学发光分析法。
6. 化学发光反应需要满足哪些条件？
7. 化学发光反应有哪些类型？各有何特点？
8. 简述流动注射式化学发光分析法及其特点。

参考文献

曾北危. 1979. 环境分析化学 [M]. 长沙：湖南科学技术出版社.
《水和废水监测分析方法》编委会. 1997. 水和废水监测分析方法 [M]. 北京：中国环境科学出版社.
奚旦立，孙裕生，刘秀英. 1996. 环境监测 [M]. 北京：高等教育出版社.
阎吉昌. 2002. 环境分析 [M]. 北京：化学工业出版社.
刘约权. 1998. 现代仪器分析 [M]. 北京：中国农业科技出版社.
周春山，符斌. 2010. 分析化学简明手册 [M]. 北京：化学工业出版社.
武汉大学，等. 2007. 分析化学 [M]. 5 版. 北京：高等教育出版社.
华中师范大学，等. 1993. 分析化学 [M]. 2 版. 北京：高等教育出版社.
国家环境保护总局科技标准司. 2001. 最新中国环境保护标准汇编水环境分册 [M]. 北京：中国环境科学出版社.
刘铁钢，赵志新，赵凤兰. 2006. 饮料检验及数据处理 [M]. 北京：中国计量出版社.
吴性良，朱万森，马林. 2004. 分析化学原理 [M]. 北京：化学工业出版社.
邓珍灵. 2002. 现代分析化学实验 [M]. 长沙：中南大学出版社.
李弘. 2001. 环境检测技术 [M]. 北京：化学工业出版社.
何燧源. 2001. 环境污染分析监测 [M]. 北京：化学工业出版社.
黄秀莲. 1989. 环境分析与监测 [M]. 北京：高等教育出版社.
《水和废水监测分析方法》编委会. 2002. 水和废水监测分析方法 [M]. 4 版. 北京：中国环境科学出版社.
刘约权. 2001. 现代仪器分析 [M]. 北京：高等教育出版社.
赵藻藩，等. 1990. 仪器分析 [M]. 北京：高等教育出版社.

10

气相色谱分析

✦ ✦ ✦ ✦ ✦ ✦ ✦ ✦ ✦ ✦ ✦

本章提要

气相色谱法是目前为止色谱分析中发展最为成熟的分析方法，具有分离效能高、选择性好、灵敏度高、分析速度快等优点，应用范围非常广泛。本章主要介绍了气相色谱法的基本原理、仪器构成及定性定量方法，要求掌握气相色谱法的分离原理，了解色谱分离的基本理论、不同固定相的组成及选择方法、常用检测器原理、优缺点及适用范围；掌握常用定性方法及定量方法的优缺点；了解气相色谱法的优点及在环境分析中的适用范围。

✦ ✦ ✦ ✦ ✦ ✦ ✦ ✦ ✦ ✦ ✦

10.1 概　　述

1906年，俄国植物学家茨维特（M. Tswett）在研究植物绿叶中的色素时，采用石油醚浸取植物叶片中的色素，并将其注入到一根装填有碳酸钙颗粒的玻璃管上端，再加入纯净石油醚进行淋洗。随着石油醚的不断淋洗，玻璃管上端的混合液不断向下移动，并逐渐分离成具有一定间隔的颜色不同的清晰色带，成功地分离了混合液中的叶绿素a、叶绿素b、叶黄素和胡萝卜素等组分。他将这种分离分析法命名为色谱法（chromatography）。现在我们已经知道色谱法不仅可分离有色物质，也可以分离无色物质，“色谱”一词已经失去了原来的意义，但色谱法这个名称一直保留了下来。

色谱法是一种物理化学分离分析技术，又称色层法、层析法，其分离原理是利用混合物中各组分在两相间分配系数的差异，使两相作相对移动，各组分在两相间进行反复多次分配，从而产生差速迁移，使各组分得到分离。两相中固定不动的一相称为固定相（stationary phase），另一相则为携带混合物流过此固定相的流体，称为流动相（mobile phase）。按先后不同次序从固定相中流出的组分可分别进行定性和定量分析。色谱分离分析技术具有选择性好、分离效能高、灵敏度高、分析快速等优点，已成为现代仪器分析方法中应用最广泛的一种方法。

10.1.1 色谱法分类

从不同角度出发，色谱法有各种类型。

① 按流动相的物态，色谱法可分为气相色谱法（流动相为气体）、液相色谱法（流动相为液体）和超临界流体色谱法（流动相为超临界流体）；按固定相的物态，又可分为气—固色谱法（固定相为固体吸附剂）、气—液色谱法（固定相为涂在固体担体上或毛细管壁上的液体）、液—固色谱法和液—液色谱法等。

② 按固定相使用的形式，可分为柱色谱法（固定相装在色谱柱中）、纸色谱法（以滤纸为固定相）和薄层色谱法（将吸附剂粉末制成薄层作固定相）等。其中柱色谱包括填充柱色谱和固定相附着或键合在管内壁上的空心毛细管柱色谱。

③ 按分离过程的机制，可分为吸附色谱法（利用吸附剂表面对不同组分的物理吸附性能的差异进行分离）、分配色谱法（利用不同组分在两相中有不同的分配系数来进行分离）、离子交换色谱法（利用离子交换原理）和排阻色谱法（利用多孔性物质对不同大小分子的排阻作用）等。

本章讨论气相色谱分析。

10.1.2 气相色谱仪

如前所述，气相色谱法采用气体作为流动相，用来载送试样的惰性气体称为载气。图10-1为气相色谱仪的一般工作流程：

由图10-1可见，气相色谱仪一般由五部分组成。

载气系统　包括气源、气体净化和气体流速控制部件。载气是不与被测物作用的惰性气

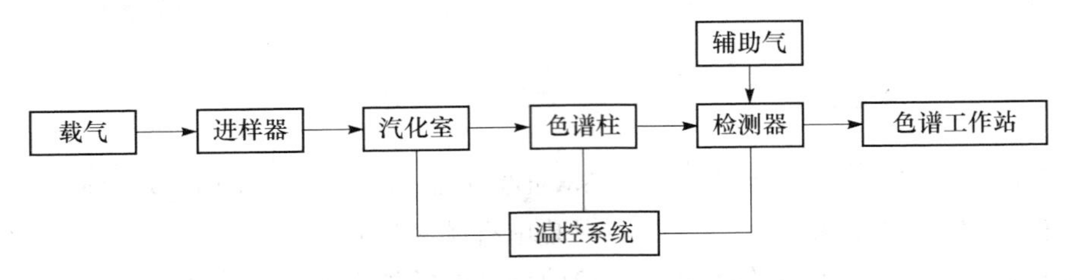

图 10-1 气相色谱仪方块流程图

体，一般为 H_2、N_2 和 He。由气源输出的载气通过装有催化剂或分子筛的净化器，以除去水、氧等有害杂质，净化后的载气经稳压阀或自动流量控制装置后，使流量按设定值恒定输出。

进样系统 包括进样器、气化室。气体试样可用注射器或定量阀进样，液体或固体试样可稀释或溶解后直接用微量注射器进样。试样在气化室瞬间气化后，随载气进入色谱柱分离。

分离系统 包括色谱柱、柱箱和温度控制装置。色谱柱是气相色谱仪的核心部分，混合物的分离在此完成。色谱柱包括管柱与固定相两部分。管柱的材质可以是玻璃及不锈钢。固定相是色谱分离的关键部分，其种类很多，详见 10.3 节。

检测系统 包括检测器、放大器、检测器的电源控温装置。从色谱柱流出的各组分，通过检测器把浓度信号转换成电信号，经放大器放大后送到数据记录装置得到色谱图。常用气相色谱检测器参见 10.4 节。

记录及数据处理系统 早期采用记录仪，现采用积分仪或色谱工作站。

10.1.3 色谱流出曲线和有关术语

如上所述，试样中各组分经色谱柱分离后，随载气依次流出色谱柱，经检测器转换为电信号，然后用数据记录装置将各组分的浓度变化记录下来，即得色谱图。色谱图是以组分的浓度变化引起的电信号作为纵坐标，流出时间作为横坐标的，这种曲线称为色谱流出曲线。现以组分流出曲线图（图 10-2）来说明有关色谱术语。

(1) 基线（baseline）

当色谱柱后没有组分进入检测器时，在实验操作条件下，反映检测器系统噪声随时间变

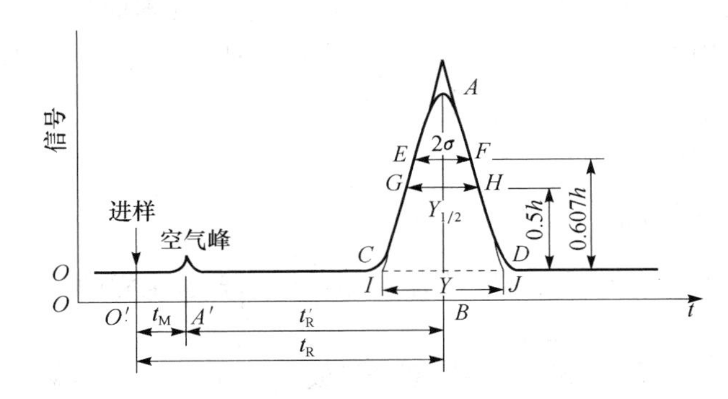

图 10-2 色谱流出曲线图

化的线称为基线。稳定的基线是一条直线，如图 10-2 中所示的直线。

① 基线漂移（baseline drift）：指基线随时间定向的缓慢变化。

② 基线噪声（baseline noise）：指由各种因素所引起的基线起伏。

(2) 保留值（retention value）

表示试样中各组分在色谱柱中滞留时间的数值。通常用时间或用将组分带出色谱柱所需载气的体积来表示。如前所述，被分离组分在色谱柱中的滞留时间，主要取决于在两相间的分配过程，因而保留值是由色谱分离过程中的热力学因素所控制的，在一定的固定相和操作条件下，任何一种物质都有确定的保留值，这样就可以作为定性参数。

① 死时间（dead time）t_M：指不被固定相吸附或溶解的气体（如空气、甲烷）从进样开始到柱后出现浓度最大值时所需的时间，如图 10-2 中 $O'A'$ 所示。显然，死时间正比于色谱柱的空隙体积。

② 保留时间（retention time）t_R：指被测组分从进样开始到柱后出现浓度最大值所需的时间，如图 10-2 中 $O'B$。

③ 调整保留时间（adjusted retention time）t'_R：指扣除死时间后的保留时间，如图 10-2 中 $A'B$，即

$$t'_R = t_R - t_M \tag{10-1}$$

此参数可理解为，某组分由于溶解或吸附于固定相，比不溶解或不被吸附的组分在色谱柱中多滞留的时间。

④ 死体积（dead volume）V_M：指色谱柱在填充后柱管内固定相颗粒间所剩留的空间、色谱仪中管路和连接头间的空间以及检测器的空间的总和。当后两项很小而可忽略不计时，死体积可由死时间与色谱柱出口的载气体积流量 $q_{V,0}$（mL/min）来计算，即

$$V_M = t_M q_{V,0} \tag{10-2}$$

⑤ 保留体积（retention volume）V_R：指从进样开始到柱后被测组分出现浓度最大值时所通过的载气体积，即

$$V_R = t_R q_{V,0} \tag{10-3}$$

载气流量大，保留时间相应降低，两者乘积仍为常数，因此 V_R 与载气流量无关。

⑥ 调整保留体积（adjusted retention volume）V'_R：指扣除死体积后的保留体积，即

$$V'_R = t'_R q_{V,0} \quad 或 \quad V'_R = V_R - V_M \tag{10-4}$$

同样，V'_R 与载气流量无关。死体积反映了柱和仪器系统的几何特性，它与被测物的性质无关，故保留体积值中扣除死体积后将更合理地反映被测组分的保留特性。

⑦ 相对保留值（relative retention value）r_{21}：指某组分 2 的调整保留值与另一组分 1 的调整保留值之比，即

$$r_{21} = \frac{t'_{R(2)}}{t'_{R(1)}} = \frac{V'_{R(2)}}{V'_{R(1)}} \neq \frac{t_{R(2)}}{t_{R(1)}} \neq \frac{V_{R(2)}}{V_{R(1)}} \tag{10-5}$$

相对保留值的优点是，只要柱温、固定相性质不变，即使柱径、柱长、填充情况及流动相流速有所变化，r_{21} 值仍保持不变，因此它是色谱定性分析的重要参数。

r_{21}亦可用来表示固定相（色谱柱）的选择性。r_{21}值越大，相邻两组分的t'_R相差越大，分离得越好，$r_{21}=1$时，两组分不能被分离。

（3）区域宽度（peak width）

色谱峰区域宽度是色谱流出曲线中一个重要参数。从色谱分离角度着眼，希望区域宽度越窄越好。通常度量色谱峰区域宽度有3种方法。

① 标准偏差（standard deviation）σ：即0.607倍峰高处色谱峰宽度的一半，如图10-2中EF的一半。

② 半峰宽度（peak width at half-height）$Y_{1/2}$：又称半宽度或区域宽度，即峰高为一半处的宽度，如图10-2中GH，它与标准偏差的关系为

$$Y_{1/2}=2\sigma\sqrt{2\ln 2}=2.35\sigma \qquad (10\text{-}6)$$

由于$Y_{1/2}$易于测量，使用方便，所以常用它表示区域宽度。

③ 峰底宽度（peak width at peak base）Y：自色谱峰两侧的转折点所作切线在基线上的截距，如图10-2中的IJ所示。它与标准偏差的关系为

$$Y=4\sigma \qquad (10\text{-}7)$$

利用色谱流出曲线可以解决以下问题：

a. 根据色谱峰的位置（保留值）可以进行定性鉴定；

b. 根据色谱峰的面积或峰高可以进行定量测定；

c. 根据色谱峰的位置及其宽度，可以对色谱柱分离情况进行评价。

10.2 气相色谱分析理论基础

10.2.1 气相色谱的基本原理

气相色谱的分离原理有气—固吸附色谱和气—液分配色谱之分。气—固色谱分析中的固定相是一种具有多孔性及较大表面积的吸附剂颗粒。试样由载气携带进入色谱柱时，立即被吸附剂所吸附。载气不断流过吸附剂时，吸附着的被测组分又被洗脱下来，该现象称为脱附。脱附的组分随载气继续前进，又可被前面的吸附剂所吸附。随着载气的流动，被测组分在吸附剂表面进行反复的吸附、脱附过程，由于各组分的性质不同，它们在吸附剂上的吸附能力就不一样，与吸附剂亲和力弱的组分移动速度较快，而与吸附剂亲和力强的组分移动速度较慢，经过一定时间，即通过一定量的载气后，试样中的各个组分就彼此分离而先后流出色谱柱。

气—液色谱分析中的固定相是在化学惰性的固体颗粒（此固体是用来支持固定液的，称为担体）表面，涂上一层高沸点有机化合物的液膜，这种高沸点有机化合物称为固定液。在气—液色谱柱内，被测物质中各组分的分离是基于各组分在固定液中溶解度的不同。当载气携带被测物质进入色谱柱与固定液接触时，气相中的被测组分就溶解到固定液中去。载气连续流经色谱柱，溶解在固定液中的被测组分会从固定液中挥发到气相中去。随着载气的流动，挥发到气相中的被测组分分子又会溶解在前面的固定液中。这样反复多次溶解、挥发、

再溶解、再挥发，由于各组分在固定液中溶解能力不同，溶解度大的组分较难挥发，停留在柱中的时间就长些，往前移动速度较慢。而溶解度小的组分停留在柱中的时间则短，往前移动速度较快。经过一定时间后，各组分就彼此分离。

10.2.2 色谱分离的基本理论

物质在固定相和流动相（气相）之间发生的吸附、脱附或溶解、挥发的过程叫分配过程。一定温度下组分在两相间分配达到平衡时，组分在固定相与在气相中浓度之比，称为分配系数。不同物质在两相间的分配系数不同，分配系数小的组分，每次分配后在气相中的浓度较大，当分配次数足够多时，只要各组分的分配系数不同，混合的组分就可分离，依次离开色谱柱。相邻两组分之间分离的程度，既取决于组分在两相间的分配系数，又取决于组分在两相间的扩散作用和传质阻力，前者与色谱过程的热力学因素有关，后者与色谱过程的动力学因素有关。气相色谱的两大理论——塔板理论和速率理论分别从热力学和动力学的角度阐述了色谱分离效能及其影响因素。

（1）塔板理论

塔板理论是在对色谱过程进行多项假设的前提下提出的一个半经验理论，该理论把色谱柱比作精馏塔，柱内由许多想象的塔板组成（即色谱柱可分成许多个小段），当欲分离的组分随载气进入色谱柱后，就在这些塔板间隔的气液两相间进行分配并不断达到分配平衡。每个塔板的高度称为理论塔板高度 H，若柱长为 L，则此柱的理论塔板数 n 与理论塔板高度 H 之间有如下关系：

$$H=\frac{L}{n} \tag{10-8}$$

理论塔板数 n 或理论塔板高度 H 是反映分离效能的参数，可用于评价实际分离效果。n 值越大（H 值越小），表示组分在色谱柱中达到分配平衡的次数越多，柱的分离能力越强。

由塔板理论导出的 n 与色谱峰半峰宽度或峰底宽度的公式如下：

$$n=5.54\left(\frac{t_R}{Y_{1/2}}\right)^2=16\left(\frac{t_R}{Y}\right)^2 \tag{10-9}$$

式中 t_R——组分的保留时间；

$Y_{1/2}$——半峰宽度；

Y——峰底宽度。

由式（10-8）和式（10-9）可知，对给定组分，色谱峰越窄，则理论塔板数 n 越多，理论塔板高度 H 越小，此时柱效越高。

（2）速率理论

1956 年荷兰学者范·第姆特（van Deemter）等提出了色谱过程的动力学理论，他们吸收了塔板理论的概念，并把影响塔板高度的动力学因素结合进去，导出了塔板高度 H 与载气线速度 u 的关系，称为 van Deemter 方程：

$$H=A+\frac{B}{u}+C_Gu+C_Lu \tag{10-10}$$

式中 A——涡流扩散项；

B——分子纵向扩散系数；

C_G——气相传质阻力系数；

C_L——液相传质阻力系数；

A、B、C_G、C_L——常数。

由式（10-10）可知，当 u 一定时，只有 A、B、C_G、C_L 较小时 H 才能较小，柱效才能较高，反之则柱效降低，色谱峰将展宽。涡流扩散项 A 与填充物的平均粒径大小和填充不规则因子有关，而与载气性质、线速度和组分性质无关，可以通过使用较细粒度和颗粒均匀的填料，并尽量填充均匀来减小涡流扩散，提高柱效；分子纵向扩散系数 B 与组分的性质、载气的流速、性质、温度、压力等有关，为减小 B 项可以采用相对分子质量大的载气（如 N_2）和增加其线速度；气相传质阻力系数 C_G 与填充物粒度平方成正比，与组分在载气中的扩散系数成反比，因此，采用粒度小的填充物和相对分子质量相对小的气体（如 H_2、He）作载气可减小 C_G；降低固定液含量、减小液膜厚度会加快组分在液相中的扩散，因此液相传质阻力系数 C_L 可采用低固定液配比和低黏度的固定液来降低。

速率理论是在对色谱过程动力学因素进行研究的基础上提出的，它充分考虑了溶质在两相间的扩散和传质过程，更接近溶质在两相间的实际分配过程，对于分离条件的选择具有指导意义。

10.3 气相色谱固定相

气相色谱分析中，混合物中的各组分能否分离，主要取决于色谱柱中的固定相，因此选择适当的固定相对色谱分析非常重要。

10.3.1 气—固色谱固定相

气—固色谱固定相一般采用固体吸附剂，主要用于分离和分析永久性气体及气态烃类物质。利用固体吸附剂对气体的吸附性能差别，来得到满意的分析结果。

常用的固体吸附剂主要有强极性的硅胶、弱极性的氧化铝、非极性的活性炭和具有特殊吸附作用的分子筛，根据它们对各种气体的吸附能力的不同来选择最合适的吸附剂。使用前，固体吸附剂均需进行预处理，使其活化后投入使用。

固体吸附剂具有比表面积大、耐高温和价廉的优点，但其柱效低、重现性差、不易得到对称色谱峰。近年来，通过对固体吸附剂的表面进行物理化学改性，研制出了一些结构均匀的新型吸附剂。

10.3.2 气—液色谱固定相

气—液色谱固定相由固定液和担体（载体）构成，是气相色谱中应用最为广泛的固定相。

（1）担体

担体又称载体，是一种多孔性的、化学惰性的固体颗粒，为固定液提供一个具有较大表面积的惰性表面，用以承担固定液，使固定液能在其表面展成薄而均匀的液膜。

对担体的要求 理想的担体应是能牢固地保留固定液并使其呈均匀薄膜状的无活性物质，为此，担体应具有足够大的表面积和良好的孔穴结构，以便使固定液与试样间有较大的接触面积，且能均匀地分布成一薄膜。但担体表面积不宜太大，否则易造成色谱峰拖尾；担体表面应具备化学惰性，没有吸附性或吸附性很弱，更不能与被测物起反应。此外，担体还应形状规则、粒度均匀，具有一定的机械强度和浸润性以及好的热稳定性。

担体类型 气相色谱所用担体可分为硅藻土和非硅藻土两类。硅藻土担体是目前气相色谱中常用的一种担体，它由天然硅藻土经煅烧而成，主要成分为二氧化硅和少量无机盐，根据制造方法的不同，又分为红色担体和白色担体。

红色担体由硅藻土与黏合剂经 900℃煅烧后，破碎过筛而成，因含有氧化铁呈红色，故称为红色担体。红色担体表面孔穴密集、孔径较小、比表面积较大（约 4 m^2/g），但表面存在活性吸附中心，对强极性化合物具有较强的吸附性和催化性。因此，红色担体适于涂渍非极性固定液，分析非极性和弱极性物质，对极性物质会由于吸附而产生严重的拖尾现象。

白色担体是将硅藻土与 Na_2CO_3（助熔剂）混合煅烧而成，呈白色。它结构疏松，比表面积较小（约 1 m^2/g），吸附性和催化性弱，机械强度不如红色担体。但较红色担体其表面活性中心显著减少，因此，白色担体适于涂渍极性固定液，分析极性或碱性物质。

硅藻土担体的表面不是完全惰性的，具有活性中心如硅醇基（—Si—OH）或含有矿物杂质如氧化铝、氧化铁等，从而使色谱峰产生拖尾。因此，使用前要对硅藻土担体表面进行化学处理，以改进孔隙结构，屏蔽活性中心。处理方法有：酸洗（除去碱性作用基团）、碱洗（除去酸性作用基团）、硅烷化（除去氢键结合力）、釉化（表面玻璃化，堵住微孔）及添加减尾剂。

非硅藻土担体适于特殊分析，如氟担体用于极性样品和强腐蚀性物质如 HF、Cl_2 等。非硅藻土担体包括有机玻璃微球、氟载体（如聚四氟乙烯）、高分子多孔微球等。其中，有机玻璃微球属非孔型，固定液涂渍量小且不均匀，导致柱效低；聚四氟乙烯表面属非浸润性，其柱效也不高。

(2) 固定液

固定液一般为高沸点有机物，均匀地涂在担体表面，呈液膜状态。

对固定液的要求

第一，选择性高，即对沸点相同或相近的不同物质有尽可能高的分离能力。

第二，热稳定性好，在操作温度下，不会发生聚合、分解和交联等现象，并且有较低蒸气压，不易流失。通常，固定液有一个“最高使用温度”。

第三，化学稳定性好，不与试样或载气发生化学反应。

第四，对试样各组分有适当的溶解能力，否则组分易被载气带走而起不到分配作用。

第五，黏度低、凝固点低，以便在载体表面能均匀分布。

固定液的分类 色谱柱内所涂渍的固定液决定了色谱柱性能。固定液种类众多，其组成、性质和用途各不相同，文献报道，用于色谱的固定液已有千余种。现大多按固定液的极性和化学类型来进行分类。此外，也可以将有相同官能团的固定液排列在一起，然后按官能团的类型来进行分类。

按固定液的化学组成进行分类，可分为烃类、醇类、腈类、酯类、胺类、聚硅氧烷等不同类型。

固定液的极性可用麦氏（Mcreynolds）常量表示，麦氏常量在 0～1 000 为非极性固定液；1 000～2 000 为弱极性；2 000～3 000 为极性；3 000～5 000 为强极性。表 10-1 按极性大小列出常用的 12 种固定液，这 12 种固定液的极性均匀递增，可作为色谱分离的优选固定液。

表 10-1　常用的 12 种固定液的麦氏（Mcreynolds）常量

固定液	商品名	总极性	最高使用温度（℃）
角鲨烷	SQ	0	100
甲基硅橡胶	SE-30	217	300
苯基（10%）甲基聚硅氧烷	OV-3	423	350
苯基（20%）甲基聚硅氧烷	OV-7	592	350
苯基（50%）甲基聚硅氧烷	DC-710	827	225
苯基（60%）甲基聚硅氧烷	OV-22	1 075	350
三氟丙基（50%）甲基聚硅氧烷	QF-1	1 500	250
氰乙基（25%）甲基硅橡胶	XE-60	1 785	250
聚乙二醇-2 000	PEG-20M	2 308	225
己二酸二乙二醇聚酯	DEGA	2 764	200
丁二酸二乙二醇聚酯	DEGS	3 504	200
三（2-氰乙氧基）丙烷	TCEP	4 145	175

固定液的选择　一般可按“相似相溶”原则来选择固定液。所谓相似是指待测组分和固定相分子的性质（极性、官能团等）相似，此时分子间的作用力强，选择性高，分离效果好。具体来说，可从以下几个方面进行考虑：

第一，分离非极性物质，一般选用非极性固定液。此时试样中各组分按沸点次序流出，沸点低的先流出，沸点高的后流出。如果非极性混合物中含有极性组分，当沸点相近时，极性组分先出峰。

第二，分离极性物质，则宜选用极性固定液。试样中各组分按极性次序流出，极性小的先流出，极性大的后流出。

第三，对于非极性和极性的混合物的分离，一般选用极性固定液。这时非极性组分先流出，极性组分后流出。

第四，分离能形成氢键的试样，一般选用极性或氢键型固定液。试样中各组分按与固定液分子间形成氢键能力的大小先后流出，最不易形成氢键的先流出，最易形成氢键的后流出。

第五，对于复杂的难分离物质，则可选用两种或两种以上的混合固定液。

第六，样品极性未知时，一般先用最常用的几种固定液做实验，根据色谱分离的情况，在 12 种固定液中选择合适极性的固定液。

以上是按极性相似原则选择固定液。此外，还可按官能团相似和主要差别进行选择，即若待测物质为酯类，则选用酯或聚酯类固定液，若待测物质为醇类，则可选用聚乙二醇固定液；若待测各组分之间的沸点有明显的差异，可选用非极性固定液；若极性有明显的不同，则选用极性固定液。

在实际应用时，一般依靠经验规律或参考文献，按最接近的性质来选择。

10.4 气相色谱检测器

气相色谱检测器的种类多达数十种，常用的是热导检测器、氢火焰离子化检测器、电子捕获检测器和火焰光度检测器 4 种。

根据检测原理的不同，可将检测器分为浓度型检测器和质量型检测器 2 种。浓度型检测器测量的是载气组分浓度的变化，即检测器的响应值和组分的浓度成正比，如热导检测器和电子捕获检测器。质量型检测器测量的是单位时间内进入检测器的组分量的变化，即检测器的响应值和组分的质量成正比，如氢火焰离子化检测器和火焰光度检测器。

10.4.1 热导检测器

热导检测器（thermal conductivity detetor，TCD）是气相色谱常用的检测器，也是最早的商品检测器。它结构简单，性能稳定，对无机物和有机物都有响应，线性范围宽且不破坏样品，是应用最广、最成熟的气相色谱检测器之一，适用于各种无机气体和有机物的分析，多用于永久气体的分析。但其灵敏度较低，一般适于常量及含量在 1.0×10^{-6} 数量级以上的组分分析。

（1）工作原理

热导池由热导池体和热敏元件组成，有双臂和四臂热导池两种类型，常用的是四臂热导池。其基本结构如图 10-3 所示，测量线路如图 10-4 所示。

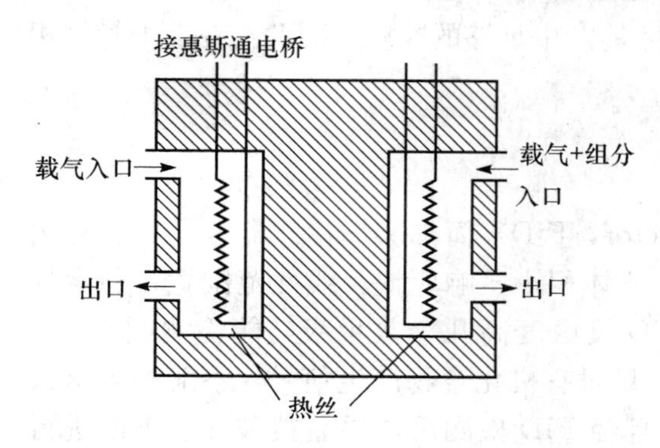

图 10-3 四臂热导池基本结构图

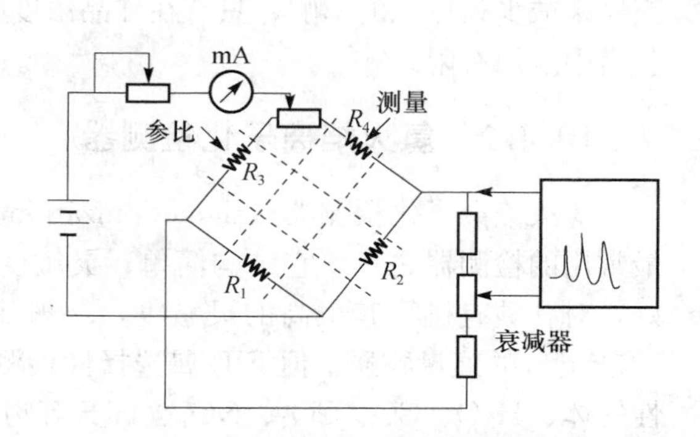

图 10-4 热导池惠斯通电桥测量线路图

热导池池体由不锈钢制成，有 4 个大小相同、形状完全对称的孔道，内装长度、直径及电阻完全相同的钨丝或铼钨丝，称为热敏元件，与池体绝缘。其中两臂为参比臂（R_2、R_3）；另两臂为测量臂（R_1、R_4），$R_1=R_2$，$R_3=R_4$。

TCD 的原理是基于不同的物质具有不同的热导系数，通过测量参比池和测量池中发热体热量损失的比率，即可测出气体的组成和含量。

当只有载气通过时，池内产生的热量与被载气带走的热量之间建立起热的动态平衡，参比臂和测量臂热丝的温度相同，$R_1 \times R_4 = R_2 \times R_3$，电桥处于平衡状态，无信号输出，记录仪输出一条平直的直线（基线）。

当载气和试样的混合气体进入测量臂时，由于混合气体的热导系数与载气不同，测量臂的温度发生变化，热丝的电阻值也随之变化，此时，测量臂和参比臂热丝的电阻值不再相等，电桥平衡被破坏，记录仪上产生相应的信号——色谱峰。混合气体与纯载气的热导系数相差越大，输出信号就越大。

(2) 影响 TCD 灵敏度的因素

TCD 实际上是一种检测柱流出物把热量从热丝上带走速率的装置，因此从热丝上带走热量的速率越快，其灵敏度就越高。可见，影响灵敏度的因素有桥电流、载气种类、池体温度和热导池的特性等。

桥电流 增加桥电流，会使热丝的温度提高，热丝与热导池体的温差加大，气体容易将热量传出去，灵敏度提高。一般地，TCD 的灵敏度 S 与桥电流 I 的 3 次方成正比，增大桥电流可迅速提高灵敏度。但电流太大，会使噪声加大，基线不稳，甚至会使金属丝氧化烧坏而影响热丝寿命。在保证灵敏度足够的情况下，应尽量使用低的桥电流。一般桥电流控制在 100～200 mA 之间（N_2 作载气时为 100～150 mA，H_2 作载气时为 150～200 mA 为宜）。

池体温度 降低池体温度，可使池体与热丝温差加大，有利于提高灵敏度。但池体温度不能太低，以免被测试样冷凝在检测器中，为此池体温度一般不应低于柱温。

载气种类 载气与试样的热导系数相差越大，灵敏度越高。选择热导系数大的 H_2 或 He 作载气有利于提高灵敏度。当用 N_2 作载气时，热导系数比它大的试样（如 CH_4），就会出现倒峰。

此外，减少热导池死体积也能达到提高灵敏度的目的。

TCD 是填充柱气相色谱中最常用的检测器，但由于 TCD 检测池体积太大，需要采用补充气来减少死体积的影响，只有在样品浓度高时才能产生足够的响应，因此，在毛细管气相色谱中应用有限。

10.4.2 氢火焰离子化检测器

氢火焰离子化检测器（flame ionization detector，FID）简称氢焰检测器，是气相色谱最常用的检测器之一。它结构简单、灵敏度高、死体积小、响应快、线性范围宽、稳定性好，对含碳有机物有很高的灵敏度，一般比 TCD 灵敏度高几个数量级，能检测到 1.0×10^{-12} g/s 的痕量物质。但 FID 属选择性检测器，只对有机化合物产生信号，不能检测永久性气体、H_2O、CO、CO_2、NO_x、H_2S 等物质，且经 FID 检测后，样品被破坏，不能进行收集。

(1) 工作原理

FID 以氢气和空气燃烧的火焰作为能源，利用含碳有机物在火焰中燃烧产生离子，在外加的电场作用下，使离子形成离子流，根据离子流产生的电信号强度，检测被色谱柱分离出的组分。

FID 的主要部件是离子室，由石英喷嘴、极化极（又称发射极）、收集极、气体入口和外罩组成（图 10-5）。

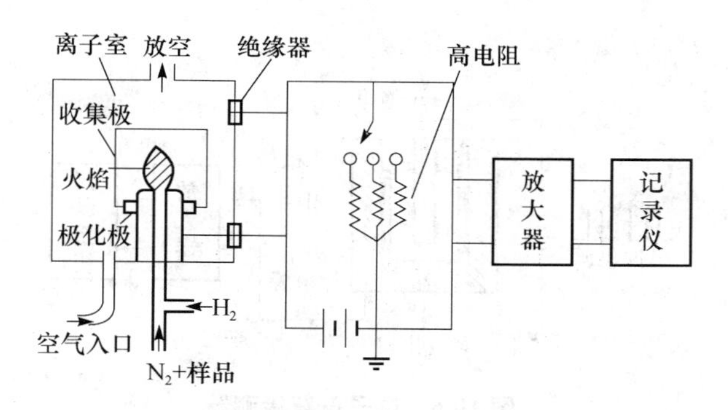

图 10-5　氢火焰离子化检测器组成图

在离子室下部，载气携带组分流出色谱柱后，在进入喷嘴前与氢气混合，空气由一侧引入。喷嘴用于点燃氢气火焰，在火焰上方筒状收集极（作正极）和下方圆环状极化极（作负极）间施加恒定的直流电压，形成一个静电场。被测组分随载气进入火焰，发生离子化反应，燃烧生成的正离子、电子在电场作用下向极化极和收集极做定向移动，从而形成电流。此电流经放大，由记录仪记录为色谱图。

火焰离子化机理至今还不十分清楚，普遍认为这是一个化学电离过程。有机物在火焰中先形成自由基，然后与氧作用产生正离子 CHO^+，再同水反应生成 H_3O^+ 离子。

(2) 影响 FID 灵敏度的因素

离子室的结构对火焰离子化检测器的灵敏度有直接影响，操作条件的变化如氢气、载气、空气的流速和检测室的温度等都对检测器灵敏度有影响。

氢氮比　载气的流量由色谱最佳分离条件确定，而氢气流量则以能达到最高响应值为度。氢气流量太低，易造成灵敏度下降和熄火；太高，又会使热噪声过大。最佳的氢氮比一般为 (1∶1)～(1∶1.5)，此时灵敏度高且稳定性好。

空气流量　空气不仅作为助燃气，也提供 O_2 以生成 CHO^+。当空气流量低时，FID 响应值随空气流量增加而增大，增大到一定值后（一般为 400 mL/min）则不再受空气流量影响。一般氢气流量与空气流量之比为 1∶10。空气流量不宜超过 800 mL/min，否则会使火焰晃动，噪声增大。如果各种气体中含有微量的有机杂质，也会严重影响基线的稳定性。

极化电压　极化电压低时，响应值随极化电压的增大而增大，当增大到一定值时，增加电压对响应值不再产生影响。增大极化电压，可使线性范围更宽，通常极化电压为 150～300 V。

10.4.3　电子俘获检测器

电子俘获检测器（electron capture detector，ECD）是应用广泛的一种具有选择性、高灵敏度的浓度型检测器。它的选择性是指它只对含电负性元素（如卤素、硫、磷、氮、氧）或基团的物质有响应，电负性越强，灵敏度越高；其高灵敏度表现在能测出 10^{-14} g/mL 的电负性物质。在环境分析中，电子俘获检测器多用于分析含卤素的化合物，如多氯联苯、有机氯农药等。电子俘获检测器的构造如图 10-6 所示。

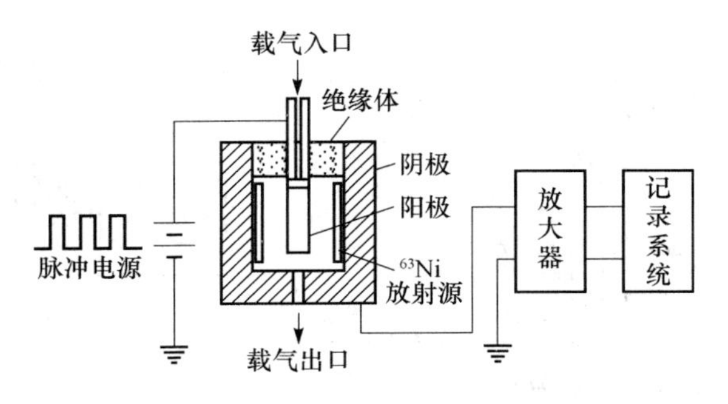

图 10-6 电子俘获检测器

在检测器池体内有一圆筒状β放射源（^{63}Ni 或^{3}H）作为阴极，一个不锈钢棒作为阳极。在此两极间施加一直流或脉冲电压。当载气（一般采用高纯氮）进入检测器时，在放射源发射的β射线作用下发生电离：

$$N_2 \longrightarrow N_2^+ + e^-$$

生成的正离子和慢速低能量的电子，在恒定电场作用下向极性相反的电极运动，形成恒定的电流即基流。当具有电负性的组分进入检测器时，它俘获了检测器中的电子而产生带负电荷的分子离子并放出能量：

$$AB + e^- \longrightarrow AB^- + E$$

带负电荷的分子离子和载气电离产生的正离子复合成中性化合物，被载气携出检测器外：

$$AB^- + N_2^+ \longrightarrow N_2 + AB$$

由于被测组分俘获电子，其结果使基流降低，产生负信号而形成倒峰。组分浓度愈高，倒峰愈大。

由于电子俘获检测器具有高灵敏度及高选择性，其应用范围日益扩大。它经常用于痕量的具有特殊官能团的组分的分析，如食品、农副产品中农药残留量的分析，大气、水中痕量污染物的分析等。

操作时应注意载气的纯度（应大于 99.99%）和流速对信号值和稳定性有很大的影响。检测器的温度对响应值也有较大的影响。由于线性范围较狭窄，只有 10^3 左右，要注意进样量不可太大。

10.4.4 火焰光度检测器

火焰光度检测器（flame photometric detector，FPD）是一种高选择性和高灵敏度的色谱检测器，对含磷、含硫的有机物和气体硫化物特别敏感，主要用于含硫、磷化合物的检测，特别是硫化物的痕量检测。在环境分析中常被用于分析水或土壤中的农药残留量、空气中的 H_2S、SO_2、CS_2 等污染物的含量。

FPD 的工作原理是利用富氢火焰使含硫、含磷杂原子化合物分解，形成激发态分子，当它们回到基态时，将发射出一定波长的光，此光强度与被测组分质量成正比，所以它属于光度法。

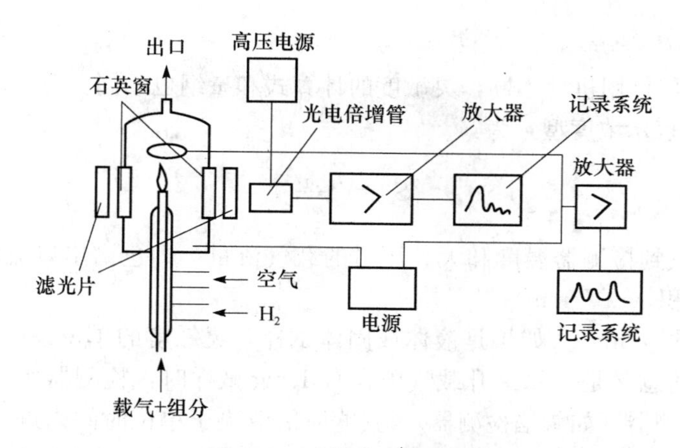

图 10-7 火焰光度检测器

FPD 检测器主要由火焰喷嘴、滤光片和光电倍增管 3 部分组成，如图 10-7 所示。

当含有硫（或磷）的试样进入氢焰离子室，在富氢-空气焰中燃烧时，有下述反应：

$$RS + 空气 + O_2 \longrightarrow SO_2 + CO_2$$

$$2SO_2 + 8H \longrightarrow 2S + 4H_2O$$

亦即有机硫化物首先被氧化成 SO_2，然后被 H 还原成 S 原子，S 原子在适当温度下生成激发态的 S_2^* 分子，当其跃迁回基态时，发射出 350～430 nm 的特征分子光谱。

$$S + S \longrightarrow S_2^*$$

$$S_2^* \longrightarrow S_2 + h\nu$$

含磷试样主要以 HPO 碎片的形式发射出 480～600 nm 波长的特征光。这些发射光通过滤光片照射到光电倍增管上，将光转变为光电流，经放大后在记录系统上记录下硫或磷化合物的色谱图。

10.4.5 检测器的性能指标

（1）*灵敏度* S（sensitivity）

检测器的灵敏度，亦称响应值或应答值。实验表明，一定浓度或一定质量的试样进入检测器后，就产生一定的响应信号 R。如果以进样量 Q 对检测器响应信号作图，就可得到一直线，如图 10-8 所示。图中直线的斜率就是检测器的灵敏度，以 S 表示之。因此，灵敏度就是响应信号对进样量的变化率。

$$S = \frac{\Delta R}{\Delta Q} \tag{10-11}$$

图中 Q_L 为最大允许进样量，超过此量时进样量与响应信号将不呈线性关系。

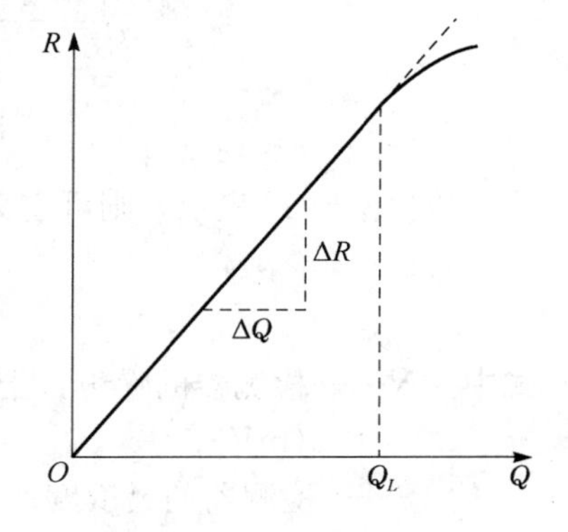

图 10-8 检测器的 R-Q 关系

测定检测器灵敏度时，一般将一定量的标准物质注入色谱仪中，利用所测定标准物质的色谱峰面积和色谱仪操作参数进行计算。

由于各种检测器作用机理不同，灵敏度的计算式和量纲也不同。对于浓度型检测器，其灵敏度 S_c（下标 c 表示浓度型）为：

$$S_c = \frac{q_{v,0}A}{m} \tag{10-12}$$

式中 $q_{v,0}$——校正到检测器温度和大气压时的载气流量，即色谱出口流量（mL/min）；

A——峰面积（mV/min）；

m——进样量（mg）。如果是液体或固体试样，灵敏度的单位是mV·mL/mg。

式（10-12）的意义是：每毫升载气中含有 1 mg 试样时，检测器所产生的毫伏数。

对于质量型检测器（如氢焰检测器），其响应值取决于单位时间内进入检测器某组分的量。浓度型与质量型检测器所以有这样的差别，主要是由于前者对载气有响应，而后者对载气没有响应的缘故。因此，质量型检测器采用每秒有 1 g 物质通过检测器时所产生的信号来表示灵敏度 S_m：

$$S_m = \frac{A}{m} \tag{10-13}$$

式中 A，m 符号意义同式（10-12）。

A 的单位采用 mV·s，因此，S_m 的单位为 mV·s/g。式（10-13）的意义是：有 1 g 样品通过检测器时，每秒钟所产生的毫伏数。

检测器的灵敏度只反映了检测器对某物质产生信号的大小，未能反映仪器噪声的干扰，而噪声会影响试样色谱峰的辨认，为此引入了检出限这一指标。

（2）检出限 D（detection limit）

检出限也称敏感度，是指检测器恰能产生和噪声相鉴别的信号时，在单位体积或时间内需向检测器进入的物质质量。通常认为恰能鉴别的响应信号至少应等于检测器噪声的 3 倍（图 10-9）。

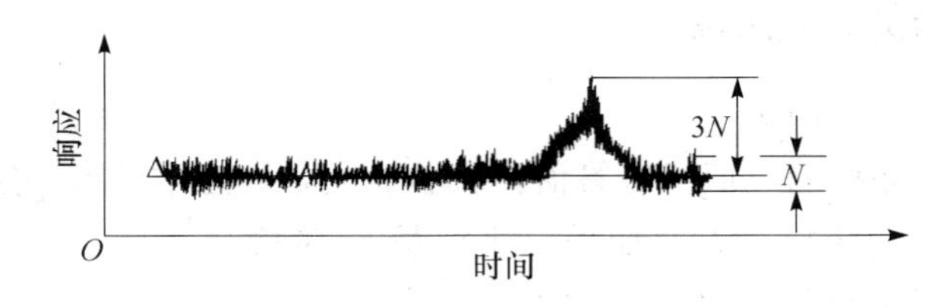

图 10-9 检出限

检出限以 D 表示，则可定义为：

$$D = \frac{3N}{S} \tag{10-14}$$

式中 N——检测器的噪声，指由于各种因素所引起的基线在短时间内左右偏差的响应数值（mV）；

S——检测器的灵敏度；

D——检出限。对浓度型检测器，D 的单位为 mg/mL；质量型检测器 D 的单位为 g/s。

检出限是衡量检测器性能好坏的综合指标，一般说来，D 值越小，说明检测器越敏感，越有利于痕量组分的分析。

(3) 最小检出量 Q_0 (minimum detectable quantity)

指检测器恰能产生和噪声相鉴别的信号时所需进入色谱柱的最小物质量（或最小浓度），以 Q_0 表示。

对质量型检测器，最小检出量为：

$$Q_0 = 1.065Y_{1/2}D \tag{10-15}$$

式中 $Y_{1/2}$——色谱峰半峰宽，以时间表示；

Q_0——最小检出量（g）。

而对浓度型检测器，最小检出量为：

$$Q_0 = 1.065Y_{1/2}q_{v,0}D \tag{10-16}$$

式中 $q_{v,0}$——载气流速；

Q_0——最小检出量（mg）。

由式（10-15）及式（10-16）可见，Q_0 与检测器的检出限成正比。但应注意：最小检出量与检出限是两个不同的概念，检出限只用来衡量检测器的性能，与检测器的灵敏度和噪声有关；而最小检出量 Q_0 不仅与检测器的性能有关，还与色谱柱效率及操作条件有关。所得色谱峰的半峰宽度越窄，Q_0 就越小。

(4) 响应时间 (response time)

响应时间指进入检测器的某一组分的输出信号达到其值的 63%时所需的时间，一般都小于 1 s。检测器的死体积越小，电路系统的滞后现象越小，响应速率就越快，响应时间就越小。

(5) 线性范围 (linear range)

检测器的线性范围是指被测组分的量与检测器信号大小之间保持线性关系的范围，用最大进样量与最小检出量的比值来表示，线性范围越大，越有利于准确定量。

一个性能优良的检测器应该是：灵敏度高、检出限低、死体积小、响应迅速、线性范围宽和稳定性好。

10.5 气相色谱定性方法

气相色谱法是一种高效、快速的分离技术，可分离几十种或几百种组分的混合物，定性分析就是要确定每个色谱峰是何种物质。应用气相色谱法进行定性分析还存在着一定的问题。长期以来，色谱工作者在这方面作了很多努力，创立了很多新方法和辅助技术，使其在定性方面有了很大进展，但总的来说，仍然不能令人满意。近年来，将气相色谱与质谱、光谱等技术联用的方法，既充分利用了色谱的高效分离能力，又利用了质谱、光谱的高鉴别能力，加上电子计算机对数据的快速处理及检索，为未知物的定性分析打开了广阔的前景。

10.5.1 根据色谱保留值进行定性分析

如前所述，各种物质在一定的色谱条件（固定相、操作条件）下均有确定不变的保留值，因此保留值可作为一种定性指标，它的测定是最常用的色谱定性方法。这种方法应用简便，不需其他仪器设备，但由于不同化合物在相同的色谱条件下往往具有近似甚至完全相同的保留值，因而这种方法的应用有很大的局限性。其应用仅限于当未知物通过其他方面的考虑（如来源，其他定性方法的结果等），已被确定可能为某几个化合物或属于某种类型时做最后的确证，其可靠性不足以鉴定完全未知的物质。

这种方法的可靠性与色谱柱的分离效率有密切关系。只有在高的柱效下，其鉴定结果才可认为有较充分的根据。为了提高可靠性，应采用重现性较好和较少受到操作条件影响的保留值。保留时间（或保留体积）由于受柱长、固定液含量、载气流速等操作条件的影响较大，重现性较差，因此一般宜采用仅与柱温有关，而不受操作条件影响的相对保留值 r_{21} 作为定性指标。

对于较简单的多组分混合物，如果其中所有待测组分均为已知，它们的色谱峰也能一一分离，则为了确定各个色谱峰所代表的物质，可将各色谱峰的保留值与相应的标准试样在同一条件下所测得的保留值进行对照比较。

但更多的情况是需要对色谱图上出现的未知峰进行鉴定。这时，首先充分利用对未知物了解的情况（如来源、性质等），估计出未知物可能是哪几种化合物。再从文献中找出这些化合物在某固定相上的保留值，与未知物在同一固定相上的保留值进行粗略比较，以排除一部分，同时保留少数可能的化合物。然后将未知物与每一种可能化合物的标准试样在相同的色谱条件下进行验证，比较两者的保留值是否相同。

如果两者（未知物与标准试样）的保留值相同，但峰形不同，仍然不能认为是同一物质。进一步的检验方法是将两者混合起来进行色谱实验。如果发现有新峰或在未知峰上有不规则的形状（例如峰略有分叉等）出现，则表示两者并非同一物质；如果混合后峰增高而半峰宽并不相应增加，则表示两者很可能是同一物质。

应注意，在一根色谱柱上用保留值鉴定组分有时不一定可靠，因为不同物质有可能在同一色谱柱上具有相同的保留值。所以应采用双柱或多柱法进行定性分析。即采用两根或多根性质（极性）不同的色谱柱进行分离，观察未知物和标准试样的保留值是否始终重合。

保留指数（retention index），又称科互茨指数，是一种重现性较其他保留数据都好的定性参数，可根据所用固定相和柱温直接与文献值对照而不需要标准试样。

保留指数 I 是把物质的保留行为用两个紧靠近它的标准物（一般是两个正构烷烃）来标定，并以均一标度（即不用对数）来表示。某物质的保留指数可由式（10-17）计算而得：

$$I = 100\left(\frac{\lg X_i - \lg X_Z}{\lg X_{Z+1} - \lg X_Z} + Z\right) \tag{10-17}$$

式中 X——保留值，可以用调整保留时间 t'_R 或调整保留体积 V'_R 表示；

i——被测物质；

Z，$Z+1$——具有 Z 个和 $Z+1$ 个碳原子数的正构烷烃。

被测物质的 X 值应恰在这两个正构烷烃的 X 值之间，即 $X_Z < X_i < X_{Z+1}$。正构烷烃的保留指数则人为地定为它的碳数乘以 100，例如，正戊烷、正己烷、正庚烷的保留指数分别为 500、600、700。因此，欲求某物质的保留指数，只要与相邻的正构烷烃混合在一起（或分别的），在给定条件下进行色谱实验，然后按式（10-17）计算其保留指数。

同一物质在同一柱上，其 I 值与柱温呈直线关系，这就便于用内插法或外推法求出不同柱温下的 I 值。保留指数的有效数字为 3 位，其准确度和重现性都很好，相对误差$<1\%$，因此只要柱温和固定液相同，就可用文献上发表的保留指数进行定性鉴定，而不必用纯物质。

10.5.2 与其他方法结合的定性分析法

(1) 与质谱、红外光谱等仪器联用

较复杂的混合物经色谱柱分离为单组分，再利用质谱、红外光谱或核磁共振等仪器进行定性鉴定。其中特别是气相色谱和质谱的联用，是目前解决复杂未知物定性问题的最有效工具之一（参见第 13 章质谱分析法）。

(2) 与化学方法配合进行定性分析

带有某些官能团的化合物，经一些特殊试剂处理，发生物理变化或化学反应后，其色谱峰将会消失、提前或移后，比较处理前后色谱图的差异，就可初步辨认试样含有哪些官能团。使用这种方法时可直接在色谱系统中装上预处理柱。如果反应过程进行较慢或进行复杂的试探性分析，也可使试样与试剂在注射器内或者其他小容器内反应，再将反应后的试样注入色谱柱。

10.5.3 利用检测器的选择性进行定性分析

不同类型的检测器对各种组分的选择性和灵敏度是不相同的，例如，热导检测器对无机物和有机物都有响应，但灵敏度较低；氢火焰离子化检测器对有机物灵敏度高，而对无机气体、水分、二硫化碳等响应很小，甚至无响应；电子捕获检测器只对含有卤素、氧、氮等电负性强的组分有高的灵敏度；火焰光度检测器只对含硫、磷的物质有信号；氮磷检测器对含卤素、硫、磷、氮等杂原子的有机物特别灵敏。利用不同检测器具有不同的选择性和灵敏度，可以对未知物大致分类定性。

10.6 气相色谱定量方法

在一定操作条件下，分析组分 i 的质量（m_i）或其在载气中的浓度与检测器的响应信号（色谱图上表现为峰面积 A_i 或峰高 h_i）成正比，可写作：

$$m_i = f'_i A_i \quad 或 \quad m_i = f''_i h_i \tag{10-18}$$

式（10-18）即为色谱定量分析的依据，式中的比例常数 f'_i 及 f''_i 分别称为峰面积和峰高定量校正因子。由式（10-18）可见，只要确定了峰面积或峰高及校正因子，就能计算待测组分在混合物中的含量。如果色谱峰对称而且尖、窄，则可假设半峰宽不变，用峰高定量；否则只能用峰面积定量；对于不同峰形的色谱峰，应采取不同的测量方法。

对称形峰的面积可采用峰高乘半峰宽法，即 $A=1.065\times h\times Y_{1/2}$；对于不对称峰、峰形很窄或交叠在半峰宽以上的峰，宜用峰高乘平均半峰宽法，即

$$A = h \cdot \frac{(Y_{0.15} + Y_{0.85})}{2} \tag{10-19}$$

式中　h——峰高；

　　$Y_{0.15}$，$Y_{0.85}$——0.15 倍和 0.85 倍峰高处的峰宽。

目前，气相色谱仪大多带有自动积分仪或由计算机控制的色谱数据处理软件。自动积分仪或色谱数据处理软件能自动测定色谱峰的全部面积，即使是不规则的峰也能给出较为准确的结果。此外，还可以自动打印保留时间、峰高、峰面积以及半峰宽等数据。

10.6.1　定量校正因子

（1）绝对校正因子 f_i'

由于同一检测器对不同物质具有不同的响应值，两个相等量的不同物质得不出相等的峰面积，或者说相等的峰面积并不意味着相等物质的量。因此，在计算时需将峰面积乘上一个换算系数 f_i'，使组分的面积转换成相应物质的量。f_i'定义为单位峰面积所相当的组分量，又称绝对校正因子。其计算如式（10-20）：

$$f_i'=\frac{m_i}{A_i} \tag{10-20}$$

式中　A_i——组分 i 面积；

　　m_i——组分 i 的量，它可以是质量，也可以是物质的量或体积（对气体）。

（2）相对定量校正因子 f_i

由于 f_i'受操作条件影响较大，测定比较困难。在实际工作中，以相对定量校正因子 f_i 代替 f_i'。

样品中各组分的定量校正因子与标准物的定量校正因子之比称为相对定量校正因子 f_i。平常所说的校正因子均为相对定量校正因子。其计算公式如下：

$$f_i=\frac{f_i'}{f_s'}=\frac{m_iA_s}{m_sA_i} \tag{10-21}$$

式中　m——质量；

　　A——面积；

　　i，s——代表待测组分和标准物。

从文献中可查到许多化合物的校正因子，它们均为相对校正因子，只与试样、标准物质和检测器类型有关，与操作条件、柱温、载气流速和固定液性质无关。

（3）相对校正因子的测量

相对校正因子一般由实验者自己测定。测定方法是：准确称量纯被测组分和标准物质，混合均匀后，在实验条件下进样分析，分别测量相应的峰面积，然后通过公式计算相对校正因子。一般地，热导池检测器标准物用苯，火焰离子检测器标准物用正庚烷。注意进样量应在线性范围内。

10.6.2　几种常用的定量计算方法

（1）归一化法

将所有出峰组分的含量之和按 100%计算的定量方法称为归一化法。当试样中各组分都能流出色谱柱，并在色谱图上显示色谱峰时，可用此法进行定量计算。

假设试样中有 n 个组分，每个组分的质量分别为 m_1，m_2，…，m_n，各组分含量的总和为 m，其中第 i 种组分的质量分数 p_i 可按式（10-22）计算：

$$p_i=\frac{m_i}{m}\times 100\%=\frac{m_i}{m_1+m_2+\cdots+m_n}\times 100\%$$

$$=\frac{A_i f_i}{A_1 f_1+A_2 f_2+\cdots+A_n f_n}\times 100\% \tag{10-22}$$

式中　A_1，A_2，…，A_n——样品中各组分峰面积；

f_1，f_2，…，f_n——定量校正因子。

归一化法简单、准确，不必称量和准确进样，操作条件如进样量、载气流速等变化时对结果影响较小，是气相色谱法中常用的一种定量方法。

（2）外标法

外标法是所有定量分析中最通用的一种方法，也称标准曲线法。测定方法为：将待测组分的纯物质配成不同浓度的标准系列，在一定操作条件下分别向色谱柱中注入相同体积的标准样品，测得各峰的峰面积或峰高，绘制 A-c 或 h-c 的标准曲线。在完全相同的条件下注入相同体积的待测样品，根据所得的峰面积或峰高从曲线上查得含量。

在已知组分标准曲线呈线性的情况下，可以用单点校正法测定。配制一个与被测组分含量相近的标准物，在同一条件下先后对被测组分和标准物进行测定，被测组分的质量分数为：

$$p_i=\frac{A_i}{A_s}\cdot p_s \tag{10-23}$$

式中　A_i，A_s——被测组分和标准物的数次峰面积的平均值；

p_s——标准物的质量分数。也可以用峰高代替峰面积进行计算。

外标法简便，不需要校正因子，但进样量要求十分准确，操作条件也需严格控制，适于日常控制分析和大量同类样品分析。

（3）内标法

当只需测定试样中某几个组分，而且试样中所有组分不能全部出峰时，可采用内标法。所谓内标法是将一定量的纯物质作为内标物，加入到准确称取的试样中，根据被测物和内标物的质量及其在色谱图上相应的峰面积比，求出某组分的含量。例如，要测定试样中第 i 种组分（质量为 m_i）的质量分数 p_i，可于试样中加入质量为 m_s 的内标物，试样质量为 m，则：

$$m_i=f_iA_i$$

$$m_s=f_sA_s$$

$$\frac{m_i}{m_s}=\frac{A_if_i}{A_sf_s}$$

$$m_i=\frac{A_if_i}{A_sf_s}\cdot m_s$$

$$p_i=\frac{m_i}{m}\times 100\%=\frac{A_if_i}{A_sf_s}\cdot\frac{m_s}{m}\times 100\% \tag{10-24}$$

式中 A_i，A_s——待测组分和内标物的峰面积；

f_i，f_s——待测组分和内标物的相对校正因子，一般常以内标物为基准，故 $f_s=1$。此时计算可简化为：

$$p_i=\frac{A_i}{A_s}\cdot\frac{m_s}{m}\cdot f_i\times 100\% \tag{10-25}$$

由式（10-25）可以看到，本法是通过测量内标物及欲测组分的峰面积的相对值来进行计算的，因而由于操作条件变化而引起的误差，将同时反映在内标物及欲测组分上而得到抵消，所以可得到较准确的结果。这是内标法的主要优点，该法在很多仪器分析方法上得到应用。

内标法中内标物的选择至关重要，需要满足以下条件：①应是样品中不存在的稳定易得的纯物质；②内标峰应在各待测组分之间或与之相近；③能与样品互溶但无化学反应；④内标物浓度应恰当，其峰面积与待测组分相差不大。

此法优点是定量较准确，而且不像归一化法有使用上的限制，但每次分析都要准确称取试样和内标物的质量，因而它不宜作快速控制分析。

10.7 气相色谱在环境分析中的应用

有机污染物对环境的危害已引起世界各国重视，我国制定的“中国环境优先污染物黑名单”包括 14 种化学类别 68 种有毒化学物质，其中有机物占 58 种（见表 1-1）。环境样品中的有机污染物通常含量低、种类多、成分复杂，要求采用高灵敏度、高选择性的分析方法，气相色谱法可满足大多数环境有机污染物的分析要求，能对多个组分进行有效分离并同时进行定量分析，因而在环境分析中应用十分广泛。国家环境保护局组织编写的《水和废水监测分析方法》及《空气和废气监测分析方法》中关于特定有机污染物的分析，绝大多数都是采用气相色谱方法。

10.7.1 气相色谱法测定水中苯系物

苯系物通常包括苯，甲苯，乙苯，邻、间、对位的二甲苯，异丙苯，苯乙烯 8 种化合物。在恒温的密闭容器中，水样中的苯系物在气、液两相间分配，达到平衡，取液上气相样品进行色谱分析。该法的最低检出浓度为 0.005 mg/L；测定上限为 0.1 mg/L，可用于监测石油化工、焦化、油漆、农药、制药等行业排放的废水，也可用于地表水的监测。

(1) 主要试剂

10 mg/L 苯系物混合水溶液贮备液：用 10 μL 微量注射器抽取色谱纯的苯系物标准物质苯、甲苯、乙苯、对二甲苯、间二甲苯、邻二甲苯、异丙苯和苯乙烯配制而成，于冰箱中保存，1 周内有效；NaCl，优级纯。

(2) 仪器与工作条件

①气相色谱仪，具 FID 检测器；②恒温水浴振荡器；③100 mL 全玻璃注射器或气密性注射器，并配有耐油胶帽；④5 mL 全玻璃注射器；⑤10 μL 微量注射器。

色谱条件：

色谱柱：以（3%有机皂土-101 白色担体）：（2.5%DNP-101 白色担体）=35：65 的柱填料填充于长 3 m，内径 4 mm 螺旋型不锈钢管柱或玻璃色谱柱中。

温度：柱温 65℃，气化室温度 200℃，检测器温度 150℃。

气体流量：氮气（99.999%）40 mL/min，氢气 40 mL/min，空气 400 mL/min。应根据仪器型号选用最合适的气体流速。

检测器：FID。

进样量：5 mL。

（3）分析步骤

顶空样品的制备 称取 20 g NaCl，放入 100 mL 注射器中，加入 40 mL 水样，排出针筒内空气，再吸入 40 mL 氮气，然后将注射器用胶帽封好，置于振荡器水槽中固定，恒温 30℃下振荡约 5 min，抽取液上空间的气样 5 mL 做色谱分析，记录各色谱峰的保留值及峰高。当废水中苯系物浓度较高时，可适当减少进样量。

校准曲线的绘制 用贮备液配成苯、甲苯、乙苯、对二甲苯、间二甲苯、邻二甲苯、异丙苯、苯乙烯浓度各为 5 μg/L、20 μg/L、40 μg/L、60 μg/L、80 μg/L、100 μg/L 的标准系列的水溶液。取不同浓度的标准系列溶液，按制备方法处理，取 5 mL 液上气相样品做色谱分析，并绘制浓度—峰高校准曲线。

（4）结果计算

由样品色谱图上量得苯系物各组分的峰高值，从各自的校准曲线上直接查得样品的浓度值。

（5）注意事项

① 配制苯系物标准贮备液时，要在通风良好的情况下进行，以免危害健康。

② 如不需要单个分析二甲苯异构体或异丙苯，可适当提高柱温，以缩短分析时间。如样品中不含异丙苯，在装柱时适当增加有机皂土对 DNP 的比例，以提高对二甲苯与间二甲苯的分离度。

③ 顶空样品制备是准确分析样品的重要步骤之一，如振荡时温度的变化及改变气、液两相的比例等都会使分析误差增大。如需第二次进样时，应重新恒温振荡。当温度等条件变化较大时，需对校准曲线进行校正。进样时所用的注射器应预热到稍高于样品温度。

④ 配制苯系物标准贮备液时，可先将移取的色谱纯苯系物加入到少量甲醇中后，再配制成水溶液。

10.7.2 二硫化碳萃取气相色谱法测定水中氯苯

氯苯类化合物的物理化学性质稳定，不易分解，在水中溶解度小，易溶于有机溶剂中。本法用二硫化碳萃取水中的氯苯，萃取液经浓缩后，取样注入气相色谱仪，用 FID 检测。该法的最低检出浓度为 0.01 mg/L，可用于地表水、地下水以及废水中氯苯的测定。

（1）主要试剂

甲醇、乙醇，优级纯；二硫化碳，分析纯或残留农药分析纯，经色谱测定无干扰峰。

无水 Na_2SO_4、NaCl，分析纯，在 300℃烘箱中烘烤 4 h，放入干燥器中，冷却至室温，装入玻璃瓶中备用。

1.00 mg/mL 氯苯贮备液：称取 100 mg 色谱纯氯苯于 100 mL 容量瓶中，用甲醇定容并混匀。也可购买商品标准贮备溶液。

净化水：用正己烷（残留农药分析纯级）洗涤过的蒸馏水或纯净水。

(2) 仪器与工作条件

①K-D 浓缩器，具 1 mL 刻度的浓缩瓶；②250 mL 分液漏斗；③微量注射器；④气相色谱仪，具 FID 检测器。

色谱条件：

色谱柱：柱长 2.5 m，内径 3 mm，内填 10%SE-30，涂渍在 60～80 目 Chromosorb W (AW-DMCS) 担体上。

柱温 100℃；气化室及检测器温度：200℃。

气体流量：载气（氮气）40 mL/min；氢气 50 mL/min；空气 500 mL/min。

进样量：1 μL。

(3) 分析步骤

样品预处理 取均匀水样 100 mL 置于 250 mL 分液漏斗中，加入 3 g NaCl，用 12 mL 二硫化碳分两次（8 mL，4 mL）萃取，充分振摇 5 min，并注意放气，合并的萃取液经无水 Na_2SO_4 脱水，收集到浓缩瓶中，再用少量二硫化碳溶剂洗涤分液漏斗和无水 Na_2SO_4 层。在 40℃以下用 K-D 浓缩器浓缩至 0.5～1 mL，并用二硫化碳定容至刻度。

校准曲线的绘制 用移液管移取适量贮备溶液至 100 mL 容量瓶中，用乙醇稀释至刻度，配制标准溶液。准确移取不同体积的标准溶液至 100 mL 容量瓶中，加入净化水定容至刻度，摇匀，将此溶液移入 250 mL 分液漏斗中，按样品的预处理方法用二硫化碳进行萃取、浓缩。取 1 μL 浓缩液进样作色谱分析，以氯苯的浓度对应其峰高或峰面积，绘制校准曲线。

样品的测定 在与绘制校准曲线相同的实验条件下，取 1 μL 经过预处理的待测水样萃取浓缩液进样作色谱分析，记录峰高或峰面积。

(4) 结果计算

采用单点校准外标法定量，水样中氯苯的浓度 c_i (mg/L) 按式 (10-26) 计算：

$$c_i = \frac{c_s A_i V_t}{A_s V_s} \tag{10-26}$$

式中 c_i——水样中氯苯的浓度 (mg/L)；

c_s——标样中氯苯的浓度 (mg/L)；

A_s——标样中测得氯苯的峰高或峰面积；

A_i——测得萃取浓缩液中氯苯的峰高或峰面积；

V_s——水样体积 (mL)；

V_t——萃取浓缩液的体积 (mL)。

(5) 注意事项

① 样品预处理是准确分析样品的重要步骤之一，标准样品的制备必须和分析水样步骤一致。

② 若二硫化碳溶剂中有干扰峰检出，应做硝化提纯处理。提纯方法有 2 种：

第一，在 1 000 mL 吸滤瓶中加 200 mL 二硫化碳，加入 50 mL 浓 H_2SO_4，置于电磁搅拌器上。另取盛有 50 mL 浓 HNO_3 的分液漏斗置入吸滤瓶口（用胶塞连接使其不漏气）。打开电磁搅拌器，抽真空升温至 45℃±2℃。从分液漏斗向溶液中滴加 HNO_3（同时剧烈搅拌 5 min），静置 5 min。如此交替进行 0.5 h（直到 HNO_3 加完为止）。将溶液全部转移到 500 mL分液漏斗中，静置 0.5 h左右，弃去酸层，水洗。加 10%K_2CO_3（或 Na_2CO_3）溶液中和至 pH 6.6～8.0，用水洗至中性，弃去水相。二硫化碳用无水 Na_2SO_4 干燥，重蒸后备用。

第二，取 1 mL 甲醛于 100 mL 的浓 H_2SO_4 中，混匀后作为甲醛—浓 H_2SO_4 萃取液。取市售的二硫化碳 250 mL 于 500 mL 分液漏斗中，加入 20 mL 的甲醛—浓 H_2SO_4 萃取液，振荡 5 min 后分层（注意及时放气）。经多次萃取至二硫化碳呈无色后，加入 20%Na_2CO_3 水溶液洗涤（至 pH 呈微碱性），重蒸馏取 46～47℃馏分。

10.7.3 气相色谱法测定水中五氯酚

在酸性条件下，将水样中的五氯酚钠转化为五氯酚，用正己烷萃取，再用 0.1 mol/L 的 K_2CO_3 溶液反萃取，使五氯酚转化为五氯酚盐进入碱性水溶液中，使五氯酚钠与水样中的氯代烃类（如六六六、DDT 等）及多氯联苯分离，消除干扰。然后在碱性溶液中加入乙酸酐与五氯酚盐进行乙酰化反应，最后用正己烷萃取生成的五氯苯乙酸酯，用备有电子捕获检测器的气相色谱仪进行分析测定。水样体积为 50 mL 时，最小检出浓度为 0.04 μg/L。本法适用于地表水中五氯酚的分析测定。

(1) 主要试剂

①正己烷、二氯甲烷，残留农药分析纯。②浓 H_2SO_4、KOH、K_2CO_3（使用时配制成 0.1 mol/L的溶液），优级纯。③乙酸酐，分析纯。④五氯酚，色谱纯。⑤五氯苯乙酸酯标准贮备液：称取 0.115 7 g 色谱纯五氯苯乙酸酯标准物，用正己烷溶解并稀释至 100 mL，该溶液浓度相当含五氯酚 1 mg/mL。使用时根据测定的线性范围，用正己烷稀释，配成系列浓度的标准溶液。

(2) 仪器与工作条件

①气相色谱仪，具电子捕获检测器，放射源^{63}Ni 或^{3}H；②10 μL 微量注射器。

色谱条件：

色谱柱：硬质玻璃填充柱，长 1.5～2.5 m，内径 3～4 mm；担体 Chromosorb W HP 80～100 目；固定液载荷量 1.5%OV-17+2%QF-1。

载气：高纯氮气（99.999%），用 5 A 分子筛净化；流速：40～60 mL/min。

气化室温度：220℃；柱温：180℃，不超过 250℃；检测器温度：220℃或 250℃，根据不同放射源决定使用温度。

(3) 分析步骤

采样 所采样品为地表水，待测物五氯酚不稳定，在阳光直接照射下易分解。因此，采样时使用棕色玻璃瓶收集水样，每 100 mL 水样中加入 1 mL 10%的 H_2SO_4 溶液和 0.5 g $CuSO_4$，放在暗处，4 ℃保存。如需保存超过 24 h，可将五氯酚萃取到正己烷中，置于暗处，4℃保存。

样品预处理 取均匀水样 50 mL 置于 250 mL 分液漏斗中，加入 1 mL 浓 H_2SO_4，分别用 50 mL 正己烷萃取两次，合并正己烷相，弃去水相。再用 10 mL 0.1 mol/L K_2CO_3 溶液，分为 5 mL、3 mL 和 2 mL 提取正己烷相 3 次，合并水相于 50 mL 分液漏斗中，加入 0.5 mL 乙酸酐，振摇 2 min 后再用 2 mL 正己烷萃取生成的五氯苯乙酸酯，有机相收集于 5 mL 离心管中待分析。

标准曲线的绘制 用五氯苯乙酸酯标准贮备溶液，按标准曲线的线性范围（10^2），用正己烷配制一系列浓度的标准溶液，用微量注射器进样 1 μL 或 2 μL。以测得的峰高或峰面积为纵坐标，五氯酚浓度为横坐标，绘制标准曲线。

样品测定 按标准曲线的测定条件，将经过预处理的样品用微量注射器进样，进样量 1～2 μL。根据保留时间定性，用标准曲线法定量。

（4）结果计算

水样中五氯酚浓度 $c_{样}$（μg/L）按式（10-27）计算：

$$c_{样}=\frac{c_{标}}{K} \tag{10-27}$$

式中 $c_{样}$——水样中五氯酚浓度（μg/L）；

$c_{标}$——由标准曲线查出的五氯酚浓度（μg/L）；

K——水样浓缩倍数（所取水样与水样衍生萃取后体积之比，本法 $K=25$）。

10.7.4 气相色谱法测定水中有机磷农药

本法适用于地表水、地下水及工业废水中甲基对硫磷、对硫磷、马拉硫磷、乐果、敌敌畏、敌百虫的测定。采用三氯甲烷萃取水中有机磷农药，用具火焰光度检测器的气相色谱仪测定。测定敌百虫时，由于其极性大、水溶性强，用三氯甲烷萃取的提取率为零，故采用将敌百虫转化为敌敌畏后再进行测定的间接测定法。当水体中有机物质含量较多，萃取时激烈震荡，会产生严重的乳化现象，影响预处理的操作，造成农药的损失。添加适量的 NaCl 可以避免产生严重的乳化现象，以消除干扰。本方法对甲基对硫磷、对硫磷、马拉硫磷、乐果、敌敌畏、敌百虫的检出限为 10^{-10}～10^{-9} g，检测下限通常为 5×10^{-5}～5×10^{-4} mg/L，当所用仪器不同时，方法的检出限范围有所不同。

（1）主要试剂

① 三氯甲烷、NaOH、盐酸，分析纯；无水 Na_2SO_4，分析纯，300℃烘 4 h 备用。

② 色谱标准物：甲基对硫磷、对硫磷、马拉硫磷、乐果、敌敌畏、敌百虫，纯度为 95%～99%。

③ 标准样品的制备：

a. 贮备溶液：以三氯甲烷为溶剂，准确称取一定量的色谱纯标准样品，准确至 0.2 mg，分别配制浓度为 2.5 mg/mL 的甲基对硫磷、对硫磷、马拉硫磷贮备溶液；浓度为 0.75 mg/mL 的敌敌畏贮备溶液；浓度为 5.0 mg/mL 的乐果贮备溶液。敌敌畏贮备溶液在 4℃可存放 2 个月，其余可存放半年。

b. 中间溶液：移取一定量的贮备溶液，以三氯甲烷为稀释溶剂，分别配制成浓度为 50 μg/mL的甲基对硫磷、对硫磷、马拉硫磷中间溶液；浓度为 7.5 μg/mL 的敌敌畏中间溶液；浓度为 100 μg/mL 的乐果中间溶液。

c. 标准工作溶液：根据检测器的灵敏度及所测水样浓度，分别等体积移取中间溶液于同一容量瓶中，用三氯甲烷作溶剂，配制所需浓度的标准工作溶液，在 4℃下可存放半个月。

（2）仪器与工作条件

①500 mL 分液漏斗；②具塞硬质玻璃柱，长 10 cm，内径 1 cm；③微量注射器：10 μL；④气相色谱仪，具火焰光度检测器（采用磷滤光片）。

色谱条件：

色谱柱：5% DC-200 + 7.5% QF-1 涂覆于白色酸洗硅烷化硅藻土担体（0.15～0.20 mm）；

玻璃柱：长 2 m，内径 3 mm，也可以使用性能相近的其他色谱柱。

进样口温度：240℃；柱箱温度：170℃；检测器温度：230℃。

载气流速：60 mL/min；氢气流速：160 mL/min。

进样量：2 μL。

（3）分析步骤

甲基对硫磷、对硫磷、马拉硫磷、乐果、敌敌畏的测定 摇匀样品并经玻璃滤膜过滤去除机械杂质，取试样 100 mL（或视水质而定）于 250 mL 烧杯中调节 pH 至 6.5，然后将试样转移至 250 mL 的分液漏斗中，用三氯甲烷萃取 3 次，每次三氯甲烷的用量为 5 mL（相比为 1∶20），振摇 5 min，静置分层。合并三氯甲烷，收集水层，将合并后的三氯甲烷经无水硫酸钠柱（柱内径 1 cm，长 15 cm，无水硫酸钠段为 8 cm）脱水后，供测定用。

分别将标准工作溶液及样品溶液进样作 GC 测定，以保留时间定性，组分的出峰次序依次为敌敌畏（敌百虫）、乐果、甲基对硫磷、马拉硫磷、对硫磷；以单点校准外标法定量。

敌百虫的测定 将上面步骤中收集的水层 pH 调至 9.6 后，倒入 250 mL 的锥形瓶中，盖好瓶塞并置于 50℃的水浴锅中进行碱解，不断摇动锥形瓶。15 min 后取出锥形瓶冷至室温后，将 pH 调至 6.5，并将此溶液转移至 250 mL 分液漏斗中，其余操作同上。

（4）结果计算

① 水样中甲基对硫磷、对硫磷、马拉硫磷、乐果、敌敌畏浓度 c_i（mg/L）按式（10-28）计算：

$$c_i = \frac{c_s A_i V_t}{A_s V_s} \cdot K \tag{10-28}$$

式中 c_i——水样中农药 i 的含量（mg/L）；

c_s——标样中农药 i 的含量（mg/L）；

A_i——萃取液中农药 i 的峰高（mm）；

A_s——标样中农药 i 的峰高（mm）；

V_t——萃取液体积（mL）；

V_s——水样体积（mL）；

K——水样稀释倍数。

② 水样中敌百虫浓度 c（mg/L）按式（10-29）计算：

$$c = \frac{c_1}{0.86} \tag{10-29}$$

式中 c——试样中敌百虫含量（mg/L）；

c_1——试样中由敌百虫转化生成敌敌畏的含量（mg/L）；

0.86——敌敌畏、敌百虫相对分子质量之比。

（5）注意事项

如三氯甲烷萃取液中的有机磷农药含量太低，在最小检出限以下，则需经 K-D 浓缩器浓缩至所需体积后再进行测定。如三氯甲烷层中的有机磷农药含量太高，则需少取水样或将原水用水稀释后再进行萃取。

10.7.5 气相色谱法测定土壤中多氯联苯

多氯联苯（PCBs）和多环芳烃（PAHs）属于持久性有机污染物（POPs），由于其亲脂性和抵抗生物降解性，在环境中长期持留，威胁着人类和野生动物的健康，成为公众最为关注的全球性污染物。土壤中的多氯联苯（PCBs）经索氏提取、净化后可用双柱—双 ECD 气相色谱测定，以保留时间定性，峰高或峰面积外标法定量。本方法对所选择的 18 种 PCBs 同系物的回收率>91.0%，最低检测限≤10 ng/kg。

（1）主要试剂

无水 Na_2SO_4，分析纯，经 500℃烘 4 h，冷却后置于干燥器中备用；正己烷（或石油醚，60～90℃）、丙酮，分析纯，均在配有分馏柱的全玻璃装置中重蒸，收集馏液于棕色玻璃瓶中待用；硅胶（色层用，100～200 目），130℃烘 8 h，冷至室温，置于玻璃瓶中加入 3%的超纯水摇匀，脱活，密封放置过夜，供装柱，以分离土壤样品提取液。

多氯联苯标准物：按 IUPAC 命名分别为 PCB_{28}、PCB_{52}、PCB_{70}、PCB_{74}、PCB_{76}、PCB_{77}、PCB_{87}、PCB_{99}、PCB_{101}、PCB_{118}、PCB_{126}、PCB_{153}、PCB_{141}、PCB_{138}、PCB_{167}、PCB_{185}、PCB_{180}、PCB_{194}共 18 种 PCB 同系物标准物，色谱纯。

准确称取各种标准物分别先用少量重蒸苯溶解，再以正己烷配制浓度各约为 2 000 μg/mL 的单组分标准贮备液，取各种贮备液适量，以正己烷稀释成混合标准母液，取混合标准母液以正己烷逐步稀释，配制成标准曲线工作液，其浓度范围为 1.0～100.0 ng/mL。

（2）仪器与工作条件

K-D 浓缩仪；恒温水浴；配有活塞的 8 mm×300 mm 玻璃层析柱。

Agilent 6890N 气相色谱仪，配双柱—双微池电子俘获检测器（GC/μECD）系统，7683 自动进样器，色谱工作站。

色谱条件：

双柱为：a. 毛细管柱 DB-5，30 m×0.32 mm×0.25 μm；b. 毛细管柱 DB-1701，30 m×0.32 mm×0.32 μm，柱 a 和 b 通过 Y 形管与分流/不分流进样口连接。

载气 He，柱流速 1.5 mL/min，辅助气体为高纯氮气，流速为 60 mL/min。

进样口温 240℃；检测器温 300℃；柱温 165℃，保持 2 min，以 2.5℃/min 的速度升温至 210℃，再以 15℃/min 的速度升温至 275℃保持 7 min。

进样量：3 μL。

（3）分析步骤

样品处理 准确称取待测土样 20.0 g，用 1∶1 正己烷（或石油醚）/丙酮液（v/v）

60 mL于65℃的水浴中索氏提取6 h后，提取液转入梨形瓶，在55℃水浴中，经旋转浓缩仪或K-D浓缩仪浓缩至近干，再加入15 mL正己烷继续浓缩至1～2 mL，为上柱样液，放置准备用硅胶柱分离。在玻璃层析柱底部放置少许脱脂棉，加入15 mL正己烷（或石油醚），依次填入10 mm无水Na_2SO_4，1.0 g（约2.4 mL）脱活硅胶，10 mm无水Na_2SO_4，敲实柱体并排出气泡，放出柱中溶液，弃去；待液面放至无水Na_2SO_4刚要露出时，将上柱样液转入柱中，每次用1 mL正己烷洗涤容器，共计洗涤3次，使上柱样液转移完全。加入16 mL正己烷为洗脱液，控制流出速度约为1 mL/min，收集前15 mL淋出液，浓缩至约1～2 mL，以N_2吹干；然后准确加入1 mL正己烷，在涡旋仪上摇匀，为待测液。将待测液转入GC样品瓶中，供测定。

色谱分析 将不同浓度的标准曲线工作液及待测液在相同工作条件下注入色谱分析，记录保留时间及峰面积。PCBs同系物在两根毛细管色谱上具有不同的保留时间，而且出峰顺序也有不同，只有在两根柱上保留时间与标准样都完全吻合的组分才可确认为PCBs。

（4）结果计算

样品的定量可选择一根柱的峰高或峰面积外标法定量。用Agilent 6890型色谱工作站处理数据，土壤中多氯联苯污染物的残留量W_i（ng/g）按式（10-30）计算：

$$W_i = \frac{c_i V}{m R_i} \tag{10-30}$$

式中 W_i——试样中多氯联苯同系物i残留量（ng/g）；

c_i——待测液中多氯联苯同系物i的浓度（ng/mL）；

V——待测液体积（mL）；

m——称取试样量（g）；

R_i——多氯联苯同系物i的添加回收率（%）。

10.7.6 气相色谱法测定土壤和底泥中有机氯农药

本方法适用于土壤、底泥中六六六、DDT的测定。用丙酮和石油醚在索氏提取器上提取底泥中的六六六、DDT，提取液经水洗、净化后用具电子捕获检测器的气相色谱仪测定。样品中的有机磷农药、不饱和烃以及邻苯二甲酸酯类等有机化合物均能被丙酮和石油醚提取，且会干扰六六六、DDT的测定，这些干扰物质可用浓H_2SO_4洗涤除去。

（1）主要试剂

①石油醚，沸程30～60℃或60～90℃，浓缩50倍后色谱测定应无干扰峰，如有干扰需用全玻璃蒸馏器重新蒸馏；②浓H_2SO_4、丙酮，分析纯；③无水Na_2SO_4，优级纯；④异辛烷，色谱进样无干扰峰；⑤硅藻土（celite）；⑥玻璃棉（过滤用）：在索氏提取器上用丙酮提取4 h，晾干后备用。

20 g/L硫酸钠（$Na_2SO_4 \cdot 10H_2O$）溶液：使用前用石油醚提取3次，溶液与石油醚之比为10∶1。

六六六、DDT贮备溶液：分别称取α-六六六、γ-六六六、β-六六六、δ-六六六、p,p'-DDE、o,p'-DDT、p,p'-DDD、p,p'-DDT（纯度为95%～99%）标准物100 mg（精确至1 mg），溶于异辛烷（β-六六六先用少量苯溶解），在容量瓶中定容至100 mL，在4℃可贮

存1年。也可购买商品标准贮备液。

六六六、DDT中间溶液：用移液管量取8种贮备溶液至100 mL容量瓶中，用异辛烷稀释至标线。8种贮备液量取的体积比为$V_{\alpha\text{-六六六}}$ ∶ $V_{\gamma\text{-六六六}}$ ∶ $V_{\beta\text{-六六六}}$ ∶ $V_{\delta\text{-六六六}}$ ∶ $V_{p,p'\text{-DDE}}$ ∶ $V_{o,p'\text{-DDT}}$ ∶ $V_{p,p'\text{-DDD}}$ ∶ $V_{p,p'\text{-DDT}}$＝1∶1∶3.5∶1∶3∶5∶3∶8。

六六六、DDT标准使用溶液：根据检测器的灵敏度及线性要求，用石油醚稀释中间溶液，配制几种浓度的标准使用溶液，在4℃可贮存2个月。

（2）仪器与工作条件

①1 L玻璃广口样品瓶；②100 mL索氏提取器；③250 mL分液漏斗；④25 mL量筒；⑤K-D浓缩器，50 mL梨形瓶下部连接具有1 mL刻度管的底瓶；⑥5 μL、10 μL微量注射器；⑦气相色谱仪，具电子捕获检器，检测器的放射源可采用^{63}Ni。

色谱条件：

色谱柱：填充柱1～2支（硅质玻璃），长1.8～2.0 m，内径2～3.5 mm。

色谱柱担体：Chromosorb W AW DMCS 80～100目。

色谱柱固定液：1.5% OV-17，1.95% QF-1

载气：氮气，纯度99.9%，氧的含量小于5 μL/L，用装5 A分子筛净化管净化；载气流速：60 mL/min。

气化室温度：200℃；柱温：180℃；检测器温度：220℃。

（3）分析步骤

样品处理 采集样品要用玻璃采样器或金属器械。样品装入玻璃瓶，到达实验室之后应尽快进行风干操作。将采集的样品全部倒在玻璃板上，铺成薄层，经常翻动，在阴凉处使其自然风干。风干后的样品，用玻璃棒碾碎后，过2 mm铜网筛除去粗砂砾和植物残体。

将上述样品反复按四分法缩分，最后留下足够分析的样品，再进一步用玻璃研钵予以磨细，过60目金属筛后，充分摇匀，装瓶备分析用。在制备样品时，必须注意样品不要受到污染。

提取 称取60目试样20.00 g（同时另称量20.00 g以测定试样水分含量）置于小烧杯中，加2 mL水、4 g硅藻土，充分混匀后全部移入滤纸筒内，用滤纸包好移入索氏提取器中，将40 mL石油醚和40 mL丙酮混合后倒入提取器中，使滤纸刚刚浸泡，剩余的混合溶剂倒入底瓶中。

将试样浸泡12 h后，再提取4 h，待冷却后将提取液移入250 mL分液漏斗中。用20 mL石油醚分3次冲洗提取器底瓶，将洗涤液并入分液漏斗中，向分液漏斗中加入150 mL 2% Na_2SO_4水溶液，振摇1 min，静置分层后，弃去下层丙酮水溶液，上层石油醚提取液供净化用。

净化 在盛有石油醚提取液的分液漏斗中，加入6 mL浓H_2SO_4，开始轻轻振摇，注意放气。然后激烈振摇5～10 s，静置分层后弃去下层H_2SO_4。重复上述操作数次，至H_2SO_4层无色为止。向净化的有机相中加入5.0 mL Na_2SO_4水溶液洗涤有机相2次，弃去水相，有机相通过铺有5～8 mm无水Na_2SO_4的三角漏斗（无水Na_2SO_4用玻璃棉支托），使有机相脱水。有机相流入具1 mL刻度管的K-D浓缩器，用3～5 mL石油醚洗涤分液漏斗和无水Na_2SO_4层，洗涤液收集至K-D浓缩器中。

样品的浓缩 将K-D浓缩器置于水浴锅内，水浴温度40～70℃，应使用沸程范围60～90℃石油醚时，控制水浴温度为70～100℃，当表观体积达到0.5～1 mL时，取下K-D浓缩器，冷却至室温，用石油醚冲洗玻璃接口并定容至一定体积，备色谱分析用。

色谱分析 在线性范围内配制一系列浓度的标准使用溶液，用微量注射器进样并作色谱分析，进样体积为5 μL或10 μL。同时注入相同体积的样品溶液作色谱分析，根据各组分的保留时间确定被测试样中出现的组分数目和组分名称，以单点校准外标法定量。

(4) 结果计算

土样中组分i的浓度W_i（ug/kg）按式（10-31）计算：

$$W_i = \frac{c_s A_i V}{A_s m} \tag{10-31}$$

式中 W_i——土样或底泥样品中组分i的浓度（μg/kg）；

A_i——样品中组分i的峰高（mm）；

c_s——标准溶液中组分i的浓度（μg/mL）；

A_s——标准溶液中组分i的峰高（mm）；

V——样品提取液最终体积（mL）；

m——土样或底泥样品质量（g）。

(5) 注意事项

① 新装填的色谱柱在通氮气条件下，连续老化至少48 h，老化时要注入六六六、DDT的标准使用溶液，待色谱柱对农药的分离及检测响应恒定后方能进行定量分析。

② 检出限的确定：当气相色谱仪灵敏度达到最高时，以噪声的2.5倍作为仪器的检出限。本方法要求仪器的灵敏度不低于10^{-11}g。

③ 样品预处理使用的有机溶剂有毒性、且易挥发燃烧，预处理操作需注意通风。

10.7.7 气相色谱法测定空气中的苯系物

本方法适用于污染源废气和环境空气中苯系物的测定，仪器对苯、甲苯、乙苯、二甲苯及三甲苯检出量至少为0.1 ng。当采样体积为10 L时，苯系物的最低检出浓度为10 μg/m^3。方法原理为：用活性炭吸附空气中的苯系物，用二硫化碳解吸，以气相色谱检测解吸溶液中苯系物的含量。

(1) 主要试剂

二硫化碳：使用前进行提纯，方法见“10.7.2 二硫化碳萃取气相色谱法测定水中氯苯”的注意事项。

苯系物标准溶液：可购买商品用二硫化碳配制的标准混合物；也可以用二硫化碳与色谱纯的苯、甲苯、乙苯、二甲苯及三甲苯直接配制苯系物标准溶液。

(2) 仪器与工作条件

活性炭采样管：用一根长7 cm，外径6 mm，内径4 mm的玻璃管，装填两部分各100 mg 20～40目活性炭，中间用2 mm的氨基甲酸酯泡沫材料隔开，管后部塞入3 mm的氨基甲酸酯泡沫塑料，管前部放入一团硅烷化玻璃毛。玻璃管两端用火熔封。活性炭在装管前于600℃环境下通氮处理1 h。活性炭采样管在以1 L/min的流量采样时，压降必须小于33.33 kPa

(250 mmHg)。该采样管也可以购买成品采样管。

气象色谱仪：具 FID 检测器。

色谱条件：

使用毛细管柱或填充柱均可。

毛细柱色谱条件：SE-54（5%-二苯基-95%-二甲基硅氧烷），30 m×0.25 mm×0.25 μm；升温程序：40℃-5 min-10℃/min-80℃；进样口温度 200℃，检测器温度 250℃；载气（氮气）流速 30 mL/min；氢气流量：46 mL/min，空气流量：400 mL/min。

填充柱色谱条件：2.5%DNP+3%有机皂土 101，3 m×2 mm；柱温 65℃，气化室温度 130℃，检测器温度 150℃；载气（氮气）流速 40 mL/min；氢气流量：46 mL/min，空气流量：400 mL/min。

（3）分析步骤

样品采集 用橡胶管将活性炭采样管与采样器连接，采样时采样管垂直向上进行采样，采样流量 0.5 L/min，采集时间为 20～120 min。采样结束后，将采样管两端封闭，4℃冷藏保存，应在 6 d 内解吸完毕，10 d 内分析完毕。

标准曲线的绘制 苯系物的分析采用外标法。向 5 mL 容量瓶或 2 mL 带螺盖的玻璃瓶中加入 100 mg 的活性炭，然后加入苯系物的标准溶液，苯系物的量分别为 1 ng，5 ng，10 ng，20 ng，50 ng，最后加入二硫化碳使二硫化碳和标准溶液的总体积为 1 mL，放置 30 min后进样分析。苯系物标准曲线一般需 3～5 个不同的浓度点，最低浓度点应接近于方法的检测限，各点的响应因子的相对标准偏差≤20%或曲线的相关系数>0.995 时，标准曲线合格。

样品的测定 将采样管中活性炭的前段和后段分别转移至 5 mL 的容量瓶或 2 mL 的玻璃瓶中，准确加入 1 mL 纯化过的二硫化碳，放置 30 min 后进样分析。记录保留时间和峰高，以保留时间进行定性，以峰高或峰面积定量。

（4）结果计算

样品中分析物质按式（10-32）至式（10-34）计算：

$$m = \frac{1\,000 \times m_s V_e}{V_i} \tag{10-32}$$

式中 m——样品中分析物质的总量（ng）；

m_s——根据标准曲线计算分析物质的量（ng）；

V_e——二硫化碳加入活性炭中的量（mL）；

V_i——仪器的进样量（μL）。

$$\text{样品浓度}(\mu g/m^3) = \frac{m_1 + m_2}{V_s} \tag{10-33}$$

式中 V_s——0℃，101.325 kPa 的大气压下标准采样体积（L）；

m_1，m_2——采样管前后两端分析物质的量（ng）。

$$V_s = \frac{PV \times 273}{(273 + t) \times 101.325} \tag{10-34}$$

式中 P——现场采样时的大气压（kPa）；

V——实际采样体积（L）；

t——实际采样温度（℃）。

（5）注意事项

① 采样器采样前或采样过程中发现流量有较大的波动时，均应使用皂膜流量计进行流量校正。如果采样前后流量变化大于10%，分析结果应为可疑数据。

② 每次采样时应做一个过程空白：采样管带到现场打开采样管的两端，不进行采样，然后同采样的采样管一样密封，带到实验室后与样品一样进行分析，分析的结果则为过程空白。

③ 当采样管后部活性炭测定的数值大于前部25%时，样品应重新采样。

④ 每使用一批新的活性炭时要进行苯系物在活性炭上的解吸效率实验，做解吸效率时每一个化合物的最后浓度应接近标准曲线的中间浓度，每一个化合物的解吸效率应≥80%。

解吸效率=(测定值−空白值)/实际加标量

思考题

1. 简述气相色谱分析的分离原理。
2. 气相色谱仪的基本设备包括哪几部分？各有什么作用？
3. 对固定液和担体的基本要求是什么？如何选择固定液？
4. 氢火焰离子化检测器和电子俘获检测器的基本原理是什么？它们各有什么特点？
5. 有哪些常用的色谱定量分析方法？试比较它们的优缺点及适用情况。
6. 有一标准样品含组分A和B，已知A对B的质量比为1.50。对此标准样品进行色谱分析时，得到A对B的峰面积比为1.25，则A相对于B的质量相对校正因子为（　　）

(A) 1.2　　(B) 0.833　　(C) 1.875　　(D) 不能确定

7. 为了研究成分复杂的废水中一有毒成分的含量变化规律，宜采用的色谱定量方法是（　　）

(A) 标准曲线法　　(B) 归一化法　　(C) 内标法

8. 用气相色谱法分离一对难分离的组分，分离效果不理想，且保留值十分接近。为了提高其色谱分离效率，最好采用下列哪种措施？（　　）

(A) 改变载气速度　　(B) 改变固定相　　(C) 改变载气性质

9. 用内标法测定二甲苯氧化母液中的乙苯和二甲苯异构体，该母液中含有杂质甲苯和甲酸等，称取样品0.272 8 g，加入内标物正壬烷0.022 8 g，测得结果如下：

组　分	正壬烷	乙苯	对二甲苯	间二甲苯	邻二甲苯
相对校正因子 f_i	1.02	0.97	1.00	0.96	0.98
峰面积（cm^2）	0.890	0.741	0.906	1.420	0.880

试求样品中乙苯和二甲苯各异构体的质量分数。

10. 在某色谱条件下，分析只含有二氯乙烷、二溴乙烷及四乙基铅三组分的样品，结果如下：

组　分	二氯乙烷	二溴乙烷	四乙基铅
相对校正因子 f_i	1.00	1.65	1.75
峰面积（cm^2）	1.50	1.01	2.82

试用归一化法求各组分的质量分数。

参考文献

朱明华，胡坪. 2008. 仪器分析 [M]. 4版. 北京：高等教育出版社.

高向阳. 2004. 新编仪器分析 [M]. 2版. 北京：科学出版社.

冯玉红. 2008. 现代仪器分析实用教程 [M]. 北京：北京大学出版社.

陈玲，郜洪文，等. 2008. 现代环境分析技术 [M]. 北京：科学出版社.

阎吉昌，徐书绅，张兰英. 2002. 环境分析 [M]. 北京：化学工业出版社.

陈怀满. 2005. 环境土壤学 [M]. 北京：科学出版社.

《水和废水监测分析方法》编委会. 2003. 水和废水监测分析方法 [M]. 4版. 北京：中国环境科学出版社.

《空气和废气监测分析方法》编委会. 2003. 空气和废气监测分析方法 [M]. 4版. 北京：中国环境科学出版社.

11

高效液相色谱分析

本章提要

高效液相色谱法是一种以高压输出的液体为流动相的色谱技术，其适合分析沸点高、热稳定性差、摩尔质量大的有机物的特点弥补了气相色谱法的不足，目前已成为环境有机污染物分析不可缺少的重要方法之一，其应用范围还将逐步扩展。本章介绍了高效液相色谱法的基本原理及仪器构造，要求掌握各种分离方式的原理、适用的分析对象及选择原则，理解常用检测器的原理、优缺点及适用范围，了解高效液相色谱法的优点及其在环境分析中的应用。

11.1 概　述

高效液相色谱法（high performance liquid chromatography，HPLC）又称高压或高速液相色谱法，是一种以高压输出的液体为流动相的色谱技术。它是20世纪60年代末发展起来的一种具有高分离速率、高分离效率和高灵敏度的现代液相色谱分析方法。与气相色谱法相比，高效液相色谱法具有以下3个方面的优点。

① 气相色谱法只能分析气体和沸点较低的化合物，可分析的有机物仅占有机物总数的20%。而高效液相色谱法只要求试样能制成溶液，不需要气化，因此不受试样挥发性的限制。对于那些沸点高、热稳定性差、摩尔质量大的有机物，主要采用高效液相色谱法进行分离和分析。

② 气相色谱法的流动相是惰性气体，仅起运载作用。高效液相色谱法中的流动相可以选择不同极性的液体，与固定相竞争对组分的作用，使高效液相色谱增加了一个控制和改进分离条件的参数。因此，通过改变固定相和流动相可以提高HPLC的分离效率。HPLC流动相对溶剂的要求是：纯度高、化学稳定性好、黏度低、对待测样品具有合适的极性和选择性，而且必须与检测器匹配。例如，所选择的溶剂在紫外检测器的工作波长下不能有紫外吸收；对示差检测器，溶剂的折光率应与组分的折光率有较大的差别。

③ 气相色谱法一般都在较高温度下进行分离和测定，其应用范围受到较大的限制。HPLC一般在室温下进行分离和分析，不受样品挥发性和高温下稳定性的限制，适于分离分析生物大分子、离子型化合物、不稳定天然产物和各种高分子化合物，如蛋白质、氨基酸、核酸、多糖类、植物色素、高聚物、染料、药物等组分。

由于气相色谱法更快、更灵敏、更方便而且耗费低，因此凡能用气相色谱法分析的样品一般不用HPLC。

除用于分离和分析外，HPLC还可用于制备，现已用制备色谱法生产出了许多高纯度的试剂和标准品，为此发展成了制备色谱；与质谱的联用，使样品的分离与鉴定达到了一个新的水平，使物质的定性更加便捷。

11.2 高效液相色谱法的基本原理

高效液相色谱法的基本原理与气相色谱法相似，因此气相色谱中的基本概念及基本理论如保留值、分配系数、分配比、分离度、塔板理论、速率理论等也基本上适用于高效液相色谱，但由于二者的流动相一个是气体，另一个是液体，液体的扩散系数只有气体的 $1/1\times10^4\sim1/10^5$、液体的黏度比气体大100倍，而密度为气体的1 000倍左右，这些差别显然将对色谱过程产生影响，因此在描述两种色谱基本理论时会有所不同。

11.2.1 液相色谱的速率方程

高效液相色谱也可以用气相色谱的塔板理论进行解释和计算。气相色谱的速率理论修正后也可用于高效液相色谱，并能对影响柱效的各种动力学因素进行合理解释。

液相色谱的 van Deemter 方程为：

$$H=2\lambda d_p+\frac{C_dD_m}{u}+\left(\frac{C_sd_f^2}{D_s}+\frac{C_md_p^2}{D_m}+\frac{C_{sm}d_p^2}{D_m}\right)\cdot u \tag{11-1}$$

（Ⅰ）　（Ⅱ）　（Ⅲ）　（Ⅳ）　（Ⅴ）

式中　H——塔板高度；

λ——固定相填充不规则因子；

C_d——常数；

C_s，C_m，C_{sm}——固定相、流动相和停滞流动相的传质阻力系数，当填料一定时为定值；

D_m，D_s——组分在流动相和固定相中的扩散系数；

d_f——固定相层的厚度；

d_p——固定相的平均颗粒直径；

u——流动相线速率。

式（11-1）中，Ⅰ和Ⅱ分别表示涡流扩散项和纵向扩散项。由于分子在液相中的扩散系数比气相中小 4～5 个数量级，因此在液相色谱中，Ⅱ可以忽略不计，而气相色谱中这一项却是最重要的。Ⅲ和Ⅳ分别为固定相传质阻力项和流动相传质阻力项；Ⅴ为在流动相停滞区域内的传质阻力项，如果固定相的微孔小而深，其传质阻力必会大大增加。

若将式（11-1）简化，可写作：

$$H=A+\frac{B}{u}+Cu$$

上式与气相色谱的速率方程形式是一致的［见式（10-10）］，其主要区别在于纵向扩散项可以忽略不计，影响柱效的主要因素是传质项。

由式（11-1）可知，要提高液相色谱分离的效率，必须得到小的 H 值，可以从色谱柱、流动相及流速等方面进行综合考虑。具体来说可采用以下措施来提高柱效：

① 采用颗粒小而均匀的填料填充色谱柱，且填充尽量均匀，以减少涡流扩散；

② 采用表面多孔的固定相做填料可减小填料的孔隙深度，以减小传质阻力；

③ 使用小分子溶剂做流动相，以减小流动相黏度；

④ 适当提高柱温以提高组分在流动相中的扩散系数；

⑤ 减小流动相流速可降低传质阻力项，但流速太低又会引起组分分子的纵向扩散，故流动相流速应恰当。

由于 H 与 d_p^2 成正比，在减小填料粒度的同时，孔隙深度也随之减小，故减小填料粒度是提高柱效的最有效途径。当填料粒度从 45 μm 减小到 6 μm 时，板高将降低 10 倍。

11.2.2　柱外效应

速率方程研究的是柱内溶质的色谱峰展宽，柱外效应也是影响高效液相色谱柱效的一个重要因素。所谓柱外效应是指色谱柱外各种因素引起的色谱峰扩展，是由于流动相在管壁邻近处的流速明显地比管中心区域快而引起的。当使用小内径柱时，柱外效应更加明显，包括柱前峰展宽和柱后峰展宽。

前峰展宽包括由进样及进样器到色谱柱连接管引起的峰展宽。由于进样器和进样器到色谱柱连接管的死体积以及进样时液流扰动引起的扩散都会引起色谱峰的展宽和不对称，故一般希望将样品直接进到柱头的中心部位。

柱后峰展宽主要是由检测器流通池体积和连接管等引起的，采用小体积检测器可以降低柱外效应。在实际工作中，柱外管道的半径为 2～3 mm 或更小。

为减少柱外效应的影响，应尽可能减小柱外死空间，即减小除柱子本身外，从进样器到检测池之间的所有死空间。例如，可采用零死体积接头来连接各部件。

11.3 高效液相色谱法的主要类型及其分离原理

根据分离机制的不同，HPLC 可分为液液分配色谱法、液固吸附色谱法、空间排阻色谱法、离子色谱法等。本章主要介绍液液分配色谱法、液固吸附色谱法、空间排阻色谱法的分离原理，离子色谱法的分离原理详见 12.2 内容。

11.3.1 液液分配色谱法

液液分配色谱法（liquid-liquid partition chromatography）的流动相和固定相都是液体，它是利用样品组分在固定相和流动相中溶解度的不同，从而在两相进行不同的分配以实现分离的方法。分配系数大者，保留值大。不同于气液色谱的是，液液分配色谱法中流动相的种类对分配系数有较大的影响。过去液液色谱的固定相是通过物理吸附的方法将液相固定液涂在担体表面，由于流动相的溶解作用或机械作用，很容易引起固定液的流失，且不能用于梯度洗脱。现多用化学键合的固定相，它是通过化学反应将有机分子键合在担体（一般为硅胶）表面形成单一、牢固的单分子薄层而构成的柱填充剂，采用的键合反应有酯化键合、硅氮键合和硅烷化键合等，其中以硅烷化键合反应最为常用。化学键合相具有以下特点：①固定相不易流失，柱的稳定性和寿命较高；②耐受各种溶剂，可用于梯度洗脱；③表面较为均一，没有液坑，传质快，柱效高；④能键合不同基团以改变其选择性，是较为理想的固定相。

可见，化学键合相不仅解决了固定液的流失问题，也改善了固定相的功能，而且也能用于梯度洗脱。

按照固定相和流动相的极性差别，液液分配色谱可分为正相色谱法和反相色谱法两类。

（1）正相色谱法

正相色谱法的流动相极性小于固定相，因此，样品中极性小的组分先流出，极性大的后流出。正相色谱法常用于分析中等极性和极性较强的化合物（如酚类、胺类、羰基类及氨基酸类物质等）。

正相键合相色谱法的固定相是极性填料，常以氰基或氨基等极性基团与硅胶发生化学键合；而流动相是非极性或弱极性的溶剂（如烷烃）。由于固定相有极性，因此，流动相的极性越强，洗脱能力也越强，常在流动相中加入乙醇、异丙醇、四氢呋喃、三氯甲烷等溶剂以调节组分的保留时间。

（2）反相色谱法

反相色谱法的流动相极性大于固定相，极性大的组分先流出色谱柱，极性小的后流出。

反相色谱法适用于分析中等极性或非极性化合物。

反相键合相色谱法的固定相是非极性填料，常将 C_{18}、C_8 烷基键合在硅胶上构成固定相；流动相则以极性强的水为基础溶剂，再加入能与水混溶的有机溶剂如甲醇、乙腈或四氢呋喃等以改变溶液的极性、调节保留时间。由于固定相是疏水的碳氢化合物，溶质与固定相之间的主要作用是非极性相互作用，也称疏水相互作用，因此溶剂的极性越弱则洗脱能力越强。因为反相色谱中水在流动相中所占比例的伸缩性很大，可以为 0～100%，从而使反相色谱法可用于水溶性、脂溶性化合物的分离。例如，在 ODS 柱上，采用甲醇—水或乙腈—水作流动相，可分离非极性或中等极性的化合物如同系物、稠环芳烃、药物、激素、天然产物及农药残留量等。目前反相色谱法在高效液相色谱法中应用最为广泛。

11.3.2 液固吸附色谱法

液固吸附色谱法（liquid-solid adsorption chromatography）以固体吸附剂为固定相，根据吸附作用的不同进行分离。由于吸附剂表面有活性吸附中心，当样品分子（X）被流动相带入柱内时，它将与流动相分子（S）在吸附剂表面发生竞争性吸附作用，其作用过程可表示为：

$$X_m + nS_a = X_a + nS_m \tag{11-2}$$

式中　m，a——表示流动相与吸附剂；

n——被吸附的溶剂分子数。

当吸附达到平衡时，吸附平衡常数：

$$K = \frac{[X_a] \cdot [S_m]^n}{[X_m] \cdot [S_a]^n} \tag{11-3}$$

K 大的组分，由于吸附剂对它的吸附力强，保留值就大。

液固吸附色谱中常用硅胶做固定相，而流动相是以烷烃为底剂的二元或多元溶剂系统，适用于分离相对分子质量中等的油溶性物质，对具有不同官能团的化合物和异构体具有较高的选择性。

11.3.3 空间排阻色谱法

空间排阻色谱法（steric exclusion chromatography）采用一定孔径的凝胶（一种多孔性物质）作固定相，其流动相可以是水溶液，也可以是有机溶剂。前者称为凝胶过滤色谱（gel filtration chromatography，GFC），后者称为凝胶渗透色谱（gel permeation chromatography，GPC），但二者的分离机制相同。

与其他色谱法不同的是，空间排阻色谱不是靠被分离组分在固定相和流动相之间的相互作用力的不同来进行分离，而是按被分离组分的分子尺寸与凝胶的孔径大小之间的相互关系进行分离。当样品由流动相携带流过色谱柱时，由于凝胶内具有一定大小的孔穴，体积大的分子不能渗透到孔穴中而被排阻，较早地被淋洗出来；小分子可完全渗透入内，最后洗出色谱柱；中等体积的分子部分渗透，介于二者之间洗出。这样将样品组分按分子体积的大小分离开来。其渗透过程模型如图 11-1 所示。

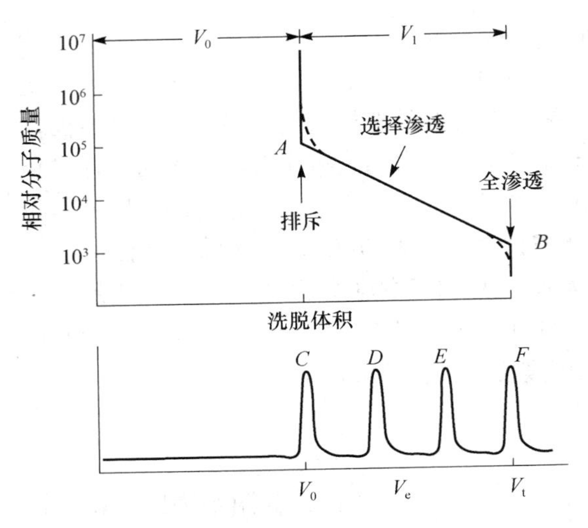

图 11-1 空间排阻色谱渗透过程模型图

图 11-1 中 A 点称为排斥极限点，凡比 A 点相对分子质量大的均被排斥在所有的凝胶孔之外，这些物质将以一个单一的谱峰 C 出现，在保留体积 V_0（相当于柱子凝胶颗粒之间的体积）时一起被洗脱；B 点称为全渗透极限点，凡比 B 点相对分子质量小的都可以完全渗入凝胶孔穴中，这些物质也将以一个单一的谱峰 F 出现，在保留体积 V_t 时一起被洗脱；相对分子质量介于两个极限点之间的，依其分子尺寸的大小而不同程度地进入孔穴中，进行选择性渗透，样品中各组分按相对分子质量降低的次序被洗脱。

空间排阻色谱要求流动相黏度低、沸点比柱温高 25～50℃，能溶解样品，与凝胶本身非常相似以便能润湿凝胶并防止吸附作用，此外还必须与检测器匹配。常用的流动相有四氢呋喃、甲苯、氯仿和水等。

空间排阻色谱法具有分析时间短、谱峰窄、灵敏度高、试样损失小以及色谱柱不易失活等优点，但峰容量有限，不能分辨分子大小相近的化合物如异构体等。空间排阻色谱法常用于测定高聚物的相对分子质量分布和各种平均相对分子质量，也可用于分离相对分子质量大的物质，如蛋白质、核酸、油脂、添加剂等，工业中主要用于分离纯化聚合物和蛋白质。

11.4 高效液相色谱仪

近年来，高效液相色谱技术获得了迅猛的发展。仪器的结构和流程也是多种多样的。现将典型的高效液相色谱仪的结构系统示于图 11-2。高效液相色谱仪一般都具备贮液器、高

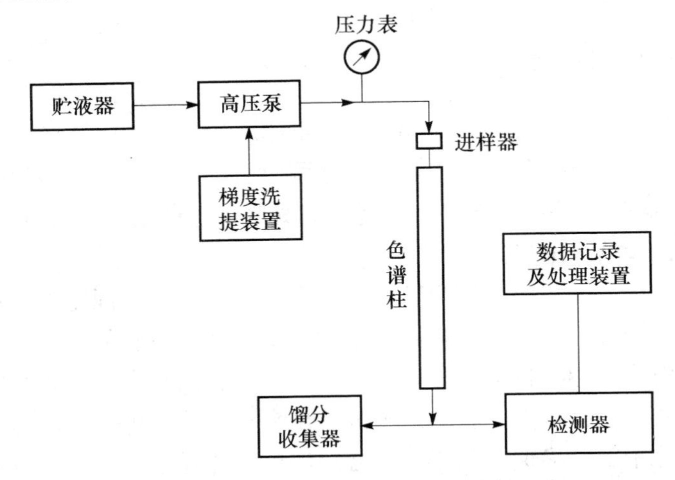

图 11-2 典型的高效液相色谱仪结构示意

压泵、梯度洗提装置、进样器、色谱柱、检测器、恒温器和色谱工作站等主要部件。由图 11-2 可见，贮液器中贮存的流动相（常需脱气）经过过滤后由高压泵输送到色谱柱入口。试样由进样器注入流动相系统，而后送到色谱柱进行分离。分离后的组分由检测器检测，输出信号供给数据记录及处理装置。如果需收集馏分作进一步分析，则在色谱柱一侧出口将试样馏分收集起来。现将高压输液系统、梯度洗提装置、进样系统、色谱柱和检测器等主要部件简述于后。

11.4.1 高压输液系统

高压输液系统由储液器、高压泵、过滤器等组成，其核心部件是高压泵。液相色谱分析的流动相是用高压泵来输送的。由于色谱柱很细（1～6 mm），填充剂粒度小（目前常用颗粒直径为 5～10 μm），因此阻力很大，为达到快速、高效的分离，必须有很高的柱前压力，以获得高速的液流。对高压输液泵来说，一般要求压力为 $1\ 500\times10^4$～$3\ 500\times10^4$ Pa，关键是要流量稳定，因为它不仅影响柱效能，而且直接影响到峰面积的重现性和定量分析的精密度，还会引起保留值和分辨能力的变化。高压泵输出压力还应平稳无脉动，这是因为压力的不稳和脉动的变化，对很多检测器来说是很敏感的，它会使检测器的噪声加大，仪器的信噪比变差。对于流速也要有一定的可调范围，因为流动相的流速是分离条件之一。此外，还应耐酸、耐碱、耐缓冲液腐蚀、死体积小、容易清洗、更换溶剂方便等。

常用的高压泵分为恒流泵和恒压泵两种。恒压泵输出的压力恒定，但流量受色谱柱阻力影响而不稳定，使保留时间的重现性差，现已很少使用。恒流泵在一定的操作条件下，输出的流量保持恒定，与色谱柱等引起的阻力变化无关。按结构的不同，恒流泵可分为螺旋泵和往复泵。往复泵又分为柱塞往复泵和隔膜往复泵两种，目前用得较多的是柱塞往复泵。

11.4.2 梯度洗提装置

梯度洗提（gradient elution）装置又称梯度洗脱或梯度淋洗装置。高效液相色谱法中的梯度洗提，和气相色谱法中的程序升温一样，给分离工作带来很大的方便，现在已成为完整的高效液相色谱仪中一个重要的不可缺少的部分。所谓梯度洗提，就是流动相中含有两种（或更多）不同极性的溶剂，在分离过程中按一定的程序连续改变流动相中溶剂的配比，通过流动相极性的变化来改变被分离组分的相对保留值，以提高分离效果。应用梯度洗提还可以使分离时间缩短，分辨能力增加，由于峰形的改善，还可以降低最小检出量和提高定量分析的精度。梯度洗提可以在常压下预先按一定的程序将溶剂混合后再用泵输入色谱柱，这种方式叫做低压梯度，也称外梯度，也可以将溶剂用高压泵增压以后输入色谱系统的梯度混合室，加以混合后送入色谱柱，即所谓高压梯度或称内梯度。

11.4.3 进样系统

HPLC 中的柱外效应很突出，而进样系统是引起柱前色谱峰展宽的主要因素。要求进样装置重复性好、死体积小、样品注入色谱柱柱头中心被瞬时“浓缩”成一小“点”。常用的进样装置有以下 3 种。

(1) 隔膜进样器

这种进样方式同气相色谱法一样，试样用微量注射器刺过装有弹性隔膜的进样器，针尖直达上端固定相或多孔不锈钢滤片，然后迅速按下注射器芯，试样以小滴的形式到达固定相床层的顶端。缺点是不能承受高压，在压力超过 1 500×10^4 Pa 后，由于密封垫的泄漏，带压进样实际上成为不可能。为此可采用停流进样的方法。这时打开流动相泄流阀，使柱前压力下降至零，注射器按前述方法进样后，关闭阀门使流动相压力恢复，把试样带入色谱柱。由于液体的扩散系数很小，试样在柱顶的扩散很缓慢，故停流进样的效果同样能达到不停流进样的要求。但停流进样方式无法取得精确的保留时间，峰形的重现性也较差。

(2) 高压定量进样阀

这是目前普遍采用的进样方式，通过进样阀（常用六通阀）直接向压力系统内进样而不必停止流动相流动的一种进样装置。六通进样阀的原理如图 11-3 所示。操作分两步进行。当阀处于装样位置（准备）时，1 和 6、2 和 3 连通，试样用注射器由 4 注入一定容积的定量管中。根据进样量大小，接在阀外的定量管按需要选用。

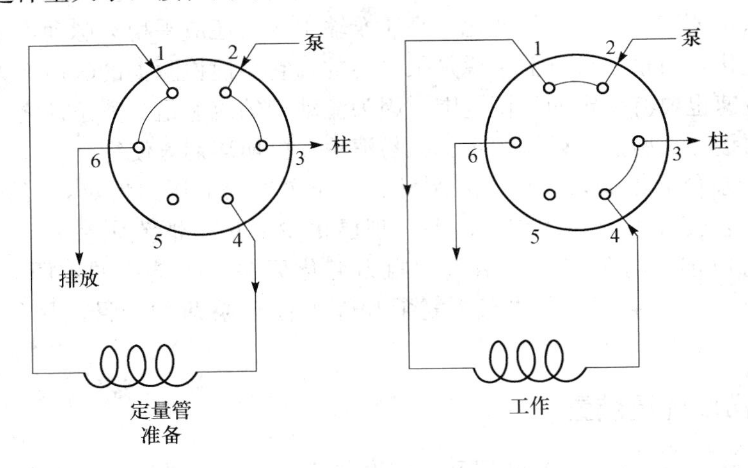

图 11-3　六通进样阀

注射器要取比定量管容积大 3～5 倍的试样溶液，多余的试样通过接连 6 的管道溢出。进样时，将阀芯沿顺时针方向迅速旋转使阀处于进样位置（工作），这时，1 和 2、3 和 4 连通，将贮存于定量管中固定体积的试样送入柱中。

如上所述，进样体积是由定量管的体积严格控制的，所以进样准确，重现性好，适于做定量分析。更换不同体积的定量管，可调整进样量。也可采用较大体积的定量管进少量试样，进样量由注射器控制，试样不充满定量管，而只是填充其一部分的体积。

(3) 自动进样器

当有大批量样品需做常规分析时，可采用自动进样器进样。自动进样器由程序或计算机控制，可自动进行取样、进样、清洗等，分为圆盘式、链式和笔标式 3 种。

11.4.4　色谱柱

色谱柱是 HPLC 的心脏，由柱管和固定相组成。柱管材料通常为不锈钢，微柱液相色谱法也可用熔融的石英毛细管作为柱管。按规格可将色谱柱分为分析型和制备型两类。其中分析柱又可分为常量柱、半微量柱和毛细管柱。常量分析柱柱长 10～30 cm，内径为 2～4.6 mm；半微量柱柱长 10～20 cm，内径为 1～1.5 mm；毛细管柱柱长 3～10 cm，内径为 0.05～1 mm；实验室制备柱柱长为 10～30 cm，内径为 20～40 mm。

色谱柱的柱效主要取决于固定相的性能和装柱技术，液相色谱柱一般采用匀浆法装填。固定相按承受高压泵的能力的不同可分为刚性固体和硬胶两大类。刚性固体以二氧化硅为基质，可以承受较高的压力，在它的表面键合上不同的基团所构成的键合固定相，应用范围非常广泛。硬胶由聚苯乙烯和二乙烯基苯交联而成，承受的压力较低，主要用于离子交换和空间排阻色谱。

按孔隙深度可将固定相分为表面多孔型和全多孔型两类。表面多孔型固定相是在实心玻璃外覆盖一层厚度为 1～2 μm 的多孔活性物质，形成无数向外开放的浅孔。由于多孔层厚度小、孔浅，所以死体积小、出峰快、柱效高，但柱容量有限。全多孔型固定相由直径为 1.0×10^{-3} μm 数量级的硅胶微粒聚集而成。由于颗粒细，孔仍然较浅，所以传质速率仍很高，柱效也高，其柱容量是表面多孔型的 5 倍，只是需更大的操作压力，通常采用的是此种固定相。

不同的液相色谱分离模式，采用的是不同性质的固定相。较小的固定相颗粒直径可以提高柱效，缩短柱长，可以加快分析时间。

在进样器和色谱柱之间还可以连接预柱或保护柱，这样不仅可以防止来自流动相或样品中不溶性微粒堵塞色谱柱，预柱还可以提高色谱柱寿命，但会增加峰的保留时间，降低保留值较小组分的分离效率。

11.4.5 检测器

理想的高效液相色谱检测器应具备灵敏度高、重现性好、响应快、线性范围宽、死体积小、对温度和流动相波动不敏感等特性。商品化的检测器有紫外光度检测器、荧光检测器、示差折光检测器、蒸发光散射检测器等多种类型。近年来发展的新型检测器有质谱检测器和傅里叶红外检测器，它们的使用使液相色谱定性功能大大增强。

(1) 紫外光度检测器

紫外光度检测器是一种选择性的浓度型检测器，是 HPLC 中应用最早、最广泛的检测器之一，它通过测定物质在流动池中吸收紫外光的大小来确定其含量。可分为固定波长检测器（单波长检测器）、可变波长检测器（多波长检测器）和光电二极管阵列检测器。

紫外光度检测器不仅灵敏度和选择性高，而且对环境温度、流动相流速波动和组成变化不敏感，无论等度或梯度淋洗都可使用，对强吸收物质的检测下限可达 1 ng。该法可以用来分析测定对紫外光（或可见光）有吸收的化合物，约有 70%的样品可以使用紫外吸收检测器进行分析测定；使用二极管阵列检测器还可以得到三维的色谱—光谱图像，可以对色谱峰的纯度进行鉴定。

(2) 荧光检测器

许多物质，特别是具有对称共轭结构的有机芳香族化合物分子受紫外光激发后，能辐射出较紫外光波长长的荧光。例如，多环芳烃、维生素 B、黄曲霉素、卟啉类化合物等，许多生化物质包括某些代谢产物、药物、氨基酸、胺类、甾族化合物都可用荧光检测器检测，其中某些不发射荧光的物质也可通过化学衍生转变成能发出荧光的物质而得到检测。荧光检测器具有极高的灵敏度和良好的选择性，其灵敏度可达每升微克级，比紫外吸收检测器高10～1 000倍，所需试样少，在药物和生化分析中有着广泛的用途。

(3) 示差折光检测器

示差折光检测器是一种通用型检测器，按其工作原理分为偏转式和反射式。示差折光检测器是借连续测定流通池中溶液折射率的方法来测定试样浓度的检测器。溶液的折射率是纯溶剂（流动相）和纯溶质（试样）的折射率乘以各物质的浓度之和。因此溶有试样的流动相和纯流动相之间折射率之差，表示试样在流动相中的浓度。几乎每种物质都有各自不同的折射率，因此，都可以用示差折光检测器来测定，但示差折光检测器灵敏度低，折光率随环境温度变化大，不能用于梯度洗脱。

(4) 蒸发光散射检测器

蒸发光散射检测器的检测原理是基于不挥发性溶质对光的散射现象，对所有固体物质均有几乎相等的响应，因此在高效液相色谱中是一种通用性较强的检测器。与示差折光检测器相比，蒸发光散射检测器的灵敏度高，响应信号不受溶剂和温度的影响，可用于梯度洗提。但不宜采用非挥发性缓冲溶液为流动相。目前，蒸发光散射检测器已广泛用于检测糖类、表面活性剂、聚合物、酯类等无紫外吸收或紫外吸收系数较小的物质。

HPLC的附属装置依使用者的不同要求而异，脱气装置、柱温箱、自动进样器、馏分收集及处理装置等都属于附属装置，如果使用得当，会大大增加仪器的功能，提高工作效率。

11.5 高效液相色谱分离类型的选择

应用高效液相色谱法对试样进行分离、分析，其方法的选择，应考虑各种因素，其中包括试样的性质（相对分子质量、化学结构、极性、溶解度参数等化学性质和物理性质）、液相色谱分离类型的特点及应用范围、实验室条件（仪器、色谱柱等）等。

相对分子质量较低，挥发性较高的试样，适于用气相色谱法。标准的液相色谱类型（液固色谱、液—液色谱、离子交换色谱、离子对色谱等）适用于分离相对分子质量为200～2 000的试样，＞2 000的则宜用空间排阻色谱法，此时可判定试样中具有高相对分子质量的聚合物、蛋白质等化合物，以及测出相对分子质量的分布情况。因此，在选择时应了解、熟悉各种液相色谱类型的特点。

了解试样在多种溶剂中的溶解情况，有助于分离类型的选用。例如，对能溶解于水的试样可采用反相色谱法。若溶于酸性或碱性水溶液，则表示试样为离子型化合物，以采用离子交换色谱法、离子对色谱法为佳（详见12.2内容）。

对非水溶性试样（很多有机物属此类），弄清它们在烃类（戊烷、己烷、异辛烷等）、芳烃（苯、甲苯等）、二氯甲烷或氯仿、甲醇中的溶解度是很有用的。溶于烃类（如苯或异辛烷），可选用液-固吸附色谱；溶于二氯甲烷或氯仿，则多用正相色谱和吸附色谱；溶于甲醇等，则可用反相色谱。一般用吸附分离异构体，用正相或反相色谱来分离同系物。空间排阻色谱可适用于溶于水和非水溶性、分子大小有差别的试样，表11-1所列可供在选择分离类型时参考。

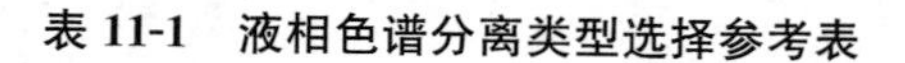

表 11-1 液相色谱分离类型选择参考表

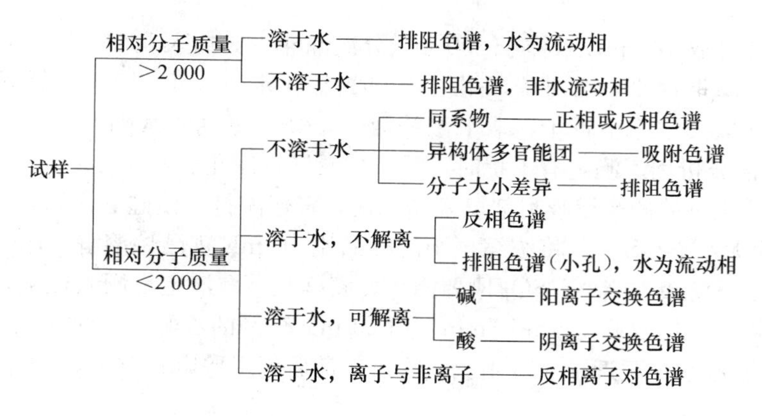

11.6 液相色谱在环境分析中的应用

高效液相色谱法弥补了气相色谱法的不足，对于沸点高、热稳定性差、摩尔质量大的有机污染物，用高效液相色谱法进行分析非常有效。目前高效液相色谱法已与气相色谱法共同成为环境有机污染物分析不可缺少的重要分析方法，随着高效液相色谱技术的飞速发展，其应用范围还将逐步扩展。

11.6.1 液相色谱法测定水中阿特拉津

阿特拉津又名莠去津、园去尽，是被广泛应用的化学除草剂之一，适用于旱地，易在土壤或沉积物中向下迁移而进入地下水，从而造成地下水污染。污染源中阿特拉津样品可采用高效液相色谱法测定，用二氯甲烷萃取水中的阿特拉津，浓缩、定容后用液相色谱仪分析，以紫外检测器检测；若有干扰可用硅酸镁柱进行净化。本方法适用于废水中阿特拉津的测定，方法的最低检测限为 0.02 μg/L。

（1）主要试剂

①丙酮，甲醇，优级纯；②二氯甲烷，分析纯，有干扰时需进行蒸馏；③无水 Na_2SO_4，分析纯，在 300℃温度下加热 4 h，冷却后装入磨口玻璃瓶中，于干燥器内保存；④NaCl，分析纯。⑤100 μg/mL 阿特拉津标准贮备溶液：称取 0.010 0 g 色谱纯阿特拉津标准样品，用少量二氯甲烷溶解后，再用甲醇准确定容至 100 mL，置于 4℃冰箱中保存。

（2）仪器与工作条件

①液相色谱仪：具紫外检测器；②旋转蒸发器；③K-D 浓缩器；④500 mL 分液漏斗，具聚四氟乙烯旋塞；⑤硅酸镁净化柱：200 mm×10 mm，具旋塞；⑥微量注射器，1 μL、5 μL。

色谱条件：

色谱柱：Zorbax ODS；柱温：40℃。

淋洗液：甲醇：水=5：1；淋洗液流速：0.5 mL/min。

检测波长：254 nm。

(3) 分析步骤

样品预处理 取 100 mL 水样于 250 mL 分液漏斗中，加入 5%的 NaCl，溶解后分别用 10 mL 二氯甲烷萃取两次，合并有机相，有机相经无水 Na_2SO_4 脱水后转入浓缩瓶中。用 K-D 浓缩器将萃取液浓缩至近干，取下浓缩瓶，用高纯氮气将其刚好吹干，以甲醇定容至 1.0 mL，供色谱分析用。测定有干扰时，采用硅酸镁柱净化。

净化 取活化过的硅酸镁吸附剂填入净化柱，轻轻敲打，使硅酸镁填实，然后填入一层大约 1 cm 厚的无水 Na_2SO_4。将浓缩至干的样品用 10 mL 正己烷溶解。用适量石油醚预淋洗净化柱，弃去淋洗液，当 Na_2SO_4 刚要露出，将样品萃取液定量倾入柱中，随即用 20 mL 石油醚冲洗。将洗脱速度调至 5 mL/min，用 20 mL 50%的乙醚—石油醚洗脱液洗脱。将洗脱液用 K-D 浓缩器浓缩至近干后，用氮气吹干，最后用甲醇定容至 1.0 mL，供 HPLC 分离测定用。

校准曲线的绘制 分别移取 100 mL 蒸馏水于 6 个 250 mL 分液漏斗中，依次加 100 μg/mL 的阿特拉津标准贮备液 0、0.5 μL、1 μL、5 μL、10 μL、50 μL，使水样浓度分别为 0、0.000 5 mg/L、0.001 mg/L、0.005 mg/L、0.01 mg/L、0.05 mg/L。各加入 5%的 NaCl，分别用 10 mL 二氯甲烷萃取 2 次，合并有机相，用无水 Na_2SO_4 脱水，经浓缩、定容至 1.0 mL，供 HPLC 测定。绘制峰面积（或峰高）对浓度的校准曲线。

(4) 结果计算

用单点校准外标法定量，水样中阿特拉津含量 c_i（mg/L）按式（11-4）计算：

$$c_i = \frac{A_i}{A_s} \cdot c_s \qquad (11\text{-}4)$$

式中 c_i——待测水样中阿特拉津的浓度（mg/L）；

A_i——测得水样萃取液中阿特拉津的峰高或峰面积；

c_s——标准水样中阿特拉津的浓度（mg/L）；

A_s——测得标准水样萃取液中阿特拉津的峰高或峰面积。

(5) 注意事项

水样萃取时，要加入 5%的 NaCl，加入量过多也会降低阿特拉津的萃取率。萃取液浓缩时，要用氮气吹干，然后马上停止，否则阿特拉津会有较大损失。

11.6.2 液相色谱法测定水中 6 种特定多环芳烃

本方法适用于饮用水、地下水、湖库水、河水及焦化厂和油毡厂的工业污水中荧蒽、苯并[b]荧蒽、苯并[k]荧蒽、苯并[a]芘、苯并[g，h，i]芘及茚苯[1，2，3-c，d]芘 6 种多环芳烃的测定。用环己烷萃取水中多环芳烃（PAH），萃取液通过佛罗里硅土柱，PAH 被吸附在柱上，用丙酮与二氯甲烷的混合溶剂洗脱 PAH，之后用具荧光或紫外检测器的高效液相色谱仪测定。本方法对上述 6 种 PAH 通常可检测到 ng/L 水平。

(1) 主要试剂

甲醇：HPLC 分析纯；纯水：电渗析水或蒸馏水，加 $KMnO_4$ 在碱性条件下重蒸；二氯甲烷、丙酮、环己烷：优级纯，用全玻璃蒸馏器重蒸馏，在测定化合物检测波长处不出现色谱干扰为合格；无水 Na_2SO_4（400℃加热 2 h）、$Na_2S_2O_3 \cdot 5H_2O$：分析纯；浓 H_2SO_4：优级纯。

佛罗里硅土（Florisil）：60～100 目，在 400℃加热 2 h，冷却后，用纯水调至含水量为 11%；沸石：100℃加热 1 h，冷却后，保存在具磨口塞的玻璃瓶中；玻璃棉或玻璃纤维滤纸：400℃加热 1 h，冷却后，保存在具磨口塞的玻璃瓶中。

200 μg/mL 单组分多环芳烃标准贮备液：分别称量上述 6 种固体多环芳烃标准物（纯度>96%）20 mg±0.1 mg，分别以环己烷溶解、定容至 100 mL，贮备液保存于 4℃冰箱中。

20 μg/mL 混合多环芳烃标准溶液：在同一个 10 mL 容量瓶中加入各种 PAH 贮备液 1 mL±0.01 mL，用甲醇稀释至标线，保存于 4℃冰箱中，此溶液中各种多环芳烃的浓度均为 20 μg/mL。

标准工作溶液：根据仪器灵敏度及线性范围的要求，取不同量的混合多环芳烃标准溶液，用甲醇稀释，配制成几种不同浓度的标准工作溶液。

（2）仪器与工作条件

玻璃器皿 采样瓶：1 L 具磨口玻璃塞的棕色玻璃细口瓶；1 000 mL 分液漏斗（具聚四氟乙烯旋塞）；250 mL 碘量瓶；500 mL 量筒；25 mL 具刻度及磨口玻璃塞的 K-D 浓缩瓶，容积必须进行标定；500 mL K-D 蒸发瓶；K-D Snyder 柱：三球，常量；K-D Snyder 柱：二球，微量；玻璃层析柱（具聚四氟乙烯旋塞）：柱长 250 mm，内径 10 mm。

仪器 恒温水浴（或恒温柱箱）；振荡器：调速，配备自动间歇延时控制仪。高效液相色谱仪：具恒流梯度泵系统、荧光和紫外检测器。

色谱工作条件

① 反相柱：填料为 Zorbax 5 μODS，柱长 250 mm，内径 4.6 mm；柱温：35℃。

② 流动相组成：A 泵：85%水+15%甲醇；B 泵：100%甲醇。

③ 洗脱：视色谱柱的性能可采用恒溶剂洗脱，即以 92%B 泵和 8%A 泵流动相组成，等浓度洗脱；或梯度洗脱，即以 60%B 泵+40%A 泵的组成洗脱，保持 20 min；以 3%B/min 增量至成为 96%B+4%A 泵的组成，保持至出峰完；8%B/min 减量至成为 60%B 泵+40%A 泵的组成，保持 15 min，使流动相组成恒定，为下一次进样准备好条件。

④ 流动相流量：30 mL/h 恒流或按柱性能选定流量。

⑤检测器波长的选择：6 种多环芳烃在荧光分光光度计特定条件下最佳的激发和发射波长见表 11-2。

表 11-2 6 种多环芳烃最佳的荧光激发和发射波长

化合物	激发波长 λ_{ex}（nm）	发射波长 λ_{em}（nm）
荧蒽	365	462
苯并［b］荧蒽	302	452
苯并［k］荧蒽	302	431

（续）

化合物	激发波长 λ_{ex}（nm）	发射波长 λ_{em}（nm）
苯并［a］芘	297	450 或 430
苯并［g，h，i］芘	302	149 或 407
茚苯［1，2，3-c，d］芘	300	500

水样中含茚苯［1，2，3-c，d］芘时选 λ_{ex}=340 nm，λ_{em}=450 nm 较好，在此波长下茚苯［1，2，3-c，d］芘的荧光强度较高；否则选 λ_{ex}=286 nm，λ_{em}=430 nm 对苯并［a］芘灵敏度较高。

⑥ 荧光计检测器：单色光荧光计使用 λ_{ex}=300 nm，λ_{em}=460 nm 为适宜；滤光器荧光计 λ_{ex}=300 nm，λ_{em}>370 nm 下测定。

⑦ 紫外检测器：在 254 nm 下检测 PAH。

⑧ 进样量：5～25 μL。

（3）分析步骤

水样的采集与保存 样品必须采集在玻璃容器中，采样前不能用水样预洗瓶子，以防止样品的沾染或吸附。防止采集表层水，保证所采样品具有代表性。在采样点采样及盖好瓶塞时，样品瓶要完全注满，不留空气。若水中有残余氯存在，要在每升水中加入 80 mg $Na_2S_2O_3$ 除氯。水样应放在暗处，置于 4℃冰箱保存。采样后应尽快在 24 h 内进行萃取，萃取后的样品在 40 d 内分析完毕。

水样萃取 摇匀水样，用量筒量取 500 mL 水样（萃取所用水样体积视具体情况而定，可增减）置于 1 000 mL 分液漏斗中，加入 50 mL 环己烷，手摇分液漏斗，放气几次后，安装分液漏斗于振荡器架上振摇 5 min，取下分液漏斗静置分层，分出下层水相用同样方法进行第二次萃取，水相弃去，合并上层环己烷相放入 250 mL 碘量瓶中，加无水 Na_2SO_4 脱水干燥。

萃取液的净化 饮用水中的环己烷萃取液可以不经柱层析净化，浓缩后直接进行分析。

地表水及工业污水环己烷萃取液的净化：

① 层析柱的装填：玻璃层析柱的下端放入少量玻璃棉或玻璃纤维滤纸以支托填料，加入 3 mL 环己烷润湿柱子。称 4～6 g 佛罗里硅土于小烧杯中，用环己烷制成匀浆，以湿式装柱法填入上述柱中。净化地表水的柱内填充 4 g 佛罗里硅土；净化污水的柱，填充 6 g 佛罗里硅土。放出柱中过量的环己烷至填料的界面。

② 萃取液的净化：从层析柱上端加入已脱水的环己烷萃取液，全部溶液以 1～2 mL/min 流速通过层析柱，用环己烷洗涤碘量瓶中的无水 Na_2SO_4 3 次，每次 5～10 mL，环己烷洗涤液亦加入到层析柱上，回收通过柱的环己烷。被吸附在柱上的 PAH 用丙酮和二氯甲烷的混合溶液洗脱，地表水用 100 mL（88 mL 丙酮+12 mL 二氯甲烷）混合液洗脱；污水用 75 mL（15 mL 丙酮+60 mL 二氯甲烷）混合液洗脱。洗脱液收集于已连接 K-D 蒸发瓶的 K-D 浓缩瓶中，加入两粒沸石，安装好三球 Snyder 柱待浓缩。

样品的浓缩 将 K-D 浓缩装置的下端浸入通风橱中的水浴锅中，在 65～70℃的水温下浓缩至约 0.5 mL，从水浴锅上移下 K-D 浓缩装置，冷却至室温，取下三球 Snyder 柱，用少量丙酮洗柱及其玻璃接口，洗涤液流入浓缩瓶中。加入一粒新沸石，装上二球 Snyder 柱，在水浴锅中如上述过程再浓缩至0.3～0.5 mL，留待分析。

HPLC分析 在线性范围内用混合PAH标准溶液配制几种不同浓度的标准溶液，其中最低浓度应稍高于最低检测限。将标准溶液与经过浓缩的样品分别用微量注射器进样分析，标准样品与样品进样体积应相同，两者的响应值也要相近。以试样的保留时间和标样的保留时间相比较来定性，以外标法定量。

（4）结果计算

水样中组分i的浓度c_i（μg/L）按式（11-5）计算：

$$c_i = \frac{c_s A_i V_t}{A_s V_s} \tag{11-5}$$

式中 c_i——水样中组分i的浓度（μg/L）；

A_i——样品中组分i的峰高（或峰面积）；

c_s——标样中组分i的浓度（μg/L）；

A_s——标样中组分i的峰高（或峰面积）；

V_t——萃取液浓缩后的总体积（mL）；

V_s——水样体积（mL）。

（5）注意事项

① 甲醇、环己烷、二氯甲烷及丙酮等为易燃有机溶剂，水样的萃取、净化及浓缩应在通风橱中操作。

② 有些多环芳烃是强致癌物，因此操作时必须极其小心。不允许人体与多环芳烃固体物质、溶剂萃取物、多环芳烃标准品接触。多环芳烃可随溶剂一起挥发而沾附于具塞瓶子的外部，因此，处理含多环芳烃的容器及实验操作过程必须使用抗溶剂的手套。被多环芳烃污染的容器可用紫外灯在360 nm紫外线下检查，并置于K_2CrO_7-浓H_2SO_4洗液中浸泡4 h。标准溶液应在有适当设备（如合适的毒气橱、防护衣服、防尘面罩等）的实验室中配制。用固体化合物配多环芳烃标准品，在没有合适的安全设备及尚未正确掌握使用技术之前，不能进行。

11.6.3 液相色谱法测定水中苯胺类化合物

本方法可测定环境水体和工业废水中的苯胺类化合物，最低检出限见表11-3。水样用二氯甲烷液—液萃取，K-D浓缩器浓缩，HPLC分别定量分析各种苯胺类化合物。水体中的酚类化合物对苯胺类化合物的分析检测有干扰，萃取时控制pH值在10～11之间可消除干扰，其他化合物的干扰可采用硅酸镁（佛罗里硅土）净化消除。

表11-3 苯胺类化合物的最低检出限

化合物名称	苯 胺	对硝基苯胺	间硝基苯胺	邻硝基苯胺	2,4-二硝基苯胺
最低检出限（μg/L）	0.3	1.3	0.4	0.9	0.6

（1）主要试剂

甲醇，色谱纯；乙酸铵、乙酸、二氯甲烷、无水Na_2SO_4（300℃烘4 h备用）、NaCl（300℃烘4 h备用），分析纯。

1 000 mg/L 单组分标准贮备溶液：称取表 11-3 中标准试剂各 100 mg，分别置于 100 mL 容量瓶中，用甲醇定容，于 2～5℃避光贮存。也可以购买商品标准贮备溶液。

100 mg/L 混合标准中间溶液：准确移取各贮备溶液 10.0 mL，置于同一个 100 mL 容量瓶中，用甲醇稀释至刻度。

标准校准溶液：根据液相色谱紫外检测器的灵敏度及线性要求，用甲醇分别稀释中间溶液，配制成几种不同浓度的标准溶液，现用现配。

（2）仪器与工作条件

①恒温水浴锅；②K-D 浓缩器，具 1 mL 刻度的浓缩瓶；③250 mL 分液漏斗，带聚四氟乙烯旋塞；④高效液相色谱仪，具紫外检测器。

硅酸镁净化柱：柱长 35 cm，内径 12 mm。称量硅酸镁 3 g，滴加 5%（0.15 g）的异丙醇并在振荡器上振荡 5 min。装填层析柱时，先将少量玻璃棉填入层析柱下端，用 2～3 mL 正己烷润湿柱内壁，在小烧杯中用正己烷将硅酸镁制成匀浆，以湿法装柱，柱顶铺少量无水 Na_2SO_4，放出柱中过量的正己烷至填料的界面以上。

色谱条件：

色谱柱：Zorbax ODS 250 mm×4.6 mm（内径）不锈钢柱。

流动相：0.05 mol/L 乙酸铵—乙酸缓冲液：甲醇（65∶35）的混合液。流速：0.8 mL/min。

紫外检测波长：285 nm；进样量 10 μL。

（3）分析步骤

样品预处理 取 100 mL 水样（地表水和地下水样取 1 000 mL）用 1 mol/L 的 NaOH 将水样 pH 值调至 11～12，加入 5 g NaCl。将水样转入 250 mL 的分液漏斗中，加入 10 mL 二氯甲烷充分振摇，萃取 2 min，有机相用无水 Na_2SO_4 过滤脱水，收集于鸡心瓶中，重复萃取 2 次，合并有机相，用 K-D 浓缩器将萃取液浓缩至 0.5 mL 左右，用甲醇定容至 1 mL，待色谱分析（若样品中有杂质干扰测定，可将浓缩液经硅酸镁柱净化）。

萃取液的净化 将样品移至装有活化的硅酸镁层析柱床的顶部，以适量正己烷洗净浓缩瓶并淋洗层析柱，再用甲醇淋洗层析柱，用浓缩瓶接取 25 mL 淋洗液，在 K-D 浓缩器上浓缩至 1 mL，待色谱分析用。

HPLC 测定 分别取 100 mg/L 的苯胺类化合物混合标样 0、10 μL、50 μL、100 μL、250 μL、500 μL、1 000 μL，用甲醇溶至 1 mL，使标样浓度分别为 0、1 mg/L、5 mg/L、10 mg/L、25 mg/L、50 mg/L、100 mg/L，用微量注射器取 10 μL 进样做 HPLC 分析，根据测定结果绘制校准曲线。再用同样方法对样品溶液做 HPLC 分析，记录色谱保留时间和响应值，用保留时间定性，单点校准外标法定量。

（4）结果计算

水样中组分 i 的浓度 c_i（mg/L）按式（11-6）计算：

$$c_i = \frac{c_s A_i V_t}{A_s V_s} \tag{11-6}$$

式中 c_i——水样中组分 i 的浓度（mg/L）；

A_i——样品中组分 i 的峰高（或峰面积）；

c_s——标样中组分 i 的浓度（mg/L）；

A_s——标样中组分 i 的峰高（或峰面积）；

V_t——萃取液浓缩后的总体积（mL）；

V_s——水样体积（mL）。

（5）注意事项

① 苯胺应为无色透明液体，如色泽变黄应重新蒸馏后使用。

② 萃取水中苯胺类化合物之前，必须严格将 pH 值调至 10～11，加入适量的 NaCl 有助于提高苯胺类化合物的回收率，避免严重的乳化现象发生。

③ 萃取液在浓缩后的最终容积不要低于 0.5 mL，否则苯胺类化合物的回收率较低。

11.6.4 液相色谱法测定水中邻苯二甲酸酯类化合物

本方法适用于水和废水中邻苯二甲酸二甲酯、邻苯二甲酸二丁酯和邻苯二甲酸二辛酯的测定。方法的检出限分别为邻苯二甲酸二甲酯 0.1 μg/L、邻苯二甲酸二丁酯 0.1 μg/L 和邻苯二甲酸二辛酯 0.2 μg/L。水样用正己烷萃取，经无水 Na_2SO_4 脱水后，用 K-D 浓缩器浓缩，在腈基柱或胺基柱上，以正己烷—异丙醇为流动相将邻苯二甲酸酯分离成单个化合物，用紫外检测器测定各化合物的峰高或峰面积，以外标法进行定量。

（1）主要试剂

①正己烷、甲醇，优级纯；②异丙醇、丙酮、石油醚，分析纯；③无水 Na_2SO_4，用前在马福炉中 350℃烘 4 h；④1 mol/L 盐酸，1 mol/L NaOH，由分析纯试剂配制成；⑤二次蒸馏水；⑥1 000 mg/L 单组分标准贮备液：分别称取 3 种标准物 100 mg，准确至 0.1 mg，溶于甲醇中，在容量瓶中定容至 100 mL，也可以购买商品标准贮备液；⑦100 mg/L 混合中间标准溶液：分别准确移取 3 种标样的贮备液各 10 mL 于同一 100 mL 容量瓶中，用甲醇定容；⑧玻璃棉或脱脂棉（过滤用）：在索氏提取器上用石油醚提取 4 h，晾干后备用。

（2）仪器与工作条件

①100 mL 具玻璃磨口塞的细口样品瓶；②250 mL 分液漏斗；③K-D 浓缩器，具 1 mL 刻度的浓缩瓶；④高效液相色谱仪，具紫外检测器。

色谱条件：

流动相：99%正己烷+1%异丙醇；流速：1.5 mL/min。

色谱柱：腈基柱或胺基柱均可（如用腈基柱常温即可，胺基柱需要 30℃温度）。腈基柱 30 cm×4 mm。

检测器：紫外检测器，测定波长 224 nm；进样体积：10 μL。

（3）分析步骤

样品预处理 将 100 mL 水样全部置于 250 mL 分液漏斗中，取 10 mL 正己烷，冲洗采样瓶后，倒入分液漏斗中，手动振摇 5 min（注意放气!），静置 30 min。先将水相放入一干净的烧杯中，再将有机相通过上面装有无水 Na_2SO_4 的漏斗，接至浓缩瓶中。将水相倒回分液漏斗中，以同样步骤再萃取 1 次。弃去水相，有机相通过原装有无水 Na_2SO_4 的漏斗连接到装有第一次萃取液的浓缩瓶中，再用少量正己烷洗涤分液漏斗和无水硫酸钠，接至原浓缩瓶内，在 70～80 水浴下浓缩至 1 mL 以下，定容至 1 mL，备色谱分析用。

校准曲线的绘制 准确移取混合中间标准溶液 1 mL 于 100 mL 容量瓶中，用甲醇定容至 100 mL，此溶液即为混合标准使用液，分取 6 个 250 mL 的分液漏斗分别放入 100 mL 二次蒸馏水，依次加入混合标准使用液 0、0.5 mL、1.5 mL、2.0 mL、2.5 mL、3.0 mL，按照样品预处理方法进行处理后，取样 10 μL 进行 HPLC 分析。

样品测定 预处理后的样品在与校准曲线相同测定条件下进行 HPLC 分析，以外标法定量。

（4）结果计算

水样中组分 i 的浓度 c_i（mg/L）按式（11-7）计算：

$$c_i = \frac{c_s A_i V_t}{A_s V_s} \tag{11-7}$$

式中 c_i——水样中组分 i 的浓度（mg/L）；

A_i——样品中组分 i 的峰高（或峰面积）；

c_s——标样中组分 i 的浓度（mg/L）；

A_s——标样中组分 i 的峰高（或峰面积）；

V_t——萃取液浓缩后的总体积（mL）；

V_s——水样体积（mL）。

（5）注意事项

① 因为邻苯二甲酸酯广泛用于塑料制品中，所以，在采样及测试过程中一定要避免使用塑料制品。

② 样品在浓缩过程中，注意不能将样品蒸干，要仔细冲洗浓缩管壁到预定体积，避免管壁吸附给测定带来误差。

③ 在分析完样品后，要用流动相多冲洗一段时间，直到基线走平为止，以免样品玷污柱子，可延长柱子寿命。

11.6.5 液相色谱法测定大气颗粒物中的苯并［a］芘

将采集在超细玻璃纤维滤膜上的可吸入颗粒物（空气动力学当量直径≤10 μm）中的苯并［a］芘［B(a)P］在乙腈—水或甲醇—水溶剂中超声提取，提取液注入高效液相色谱仪。通过色谱柱的 B(a)P 与其他化合物分离，然后用紫外检测器对 B(a)P 进行定量。用大流量采样器（流量为 1.13 m^3/min）连续采集 24 h，乙腈—水作流动相，B(a)P 的最低检出浓度为 6×10^{-5} μg/m^3；甲醇—水作流动相，B(a)P 的最低检出浓度为 1.8×10^{-4} μg/m^3。

（1）主要试剂

①乙腈：色谱纯；②甲醇：优级纯，用 0.45 μm 有机滤膜过滤，如有干扰峰存在，需用全玻璃蒸馏器重蒸；③二次蒸馏水：用全玻璃蒸馏器将一次蒸馏水或去离子水加 $KMnO_4$（碱性）重蒸；④B(a)P 标准贮备液（1.00 mg/mL）：称取 10.0 mg±0.1 mg 色谱纯 B(a)P，用乙腈溶解，在容量瓶中定容至 10 mL，贮于 2～5℃冰箱避光保存。

（2）仪器与工作条件

①5 mL 具塞玻璃刻度离心管；②10 mL 容量瓶；③10 μL、100 μL 微量注射器；④超细玻璃纤维滤膜：过滤效率不低于 99.99%；⑤超声波发生器：250 W；⑥采样器：流量调节范围 1.1～1.7 m^3/min；⑦离心机：6 000 r/min；⑧高效液相色谱仪：备有紫外检测器。

色谱条件：

色谱柱：反相 C18 柱，柱子的理论塔板数>5 000。

柱温：常温。

检测器：紫外检测器，测定波长 254 nm。

流动相流量：1.0 mL/min。

流动相组成：乙腈—水，线性梯度洗脱，组分变化见表 11-4。

表 11-4 流动相组分变化

时间（min）	溶液组成	时间（min）	溶液组成
0	40%乙腈-60%水	35	100%乙腈
25	100%乙腈	45	40%乙腈-60%水

（3）分析步骤

样品采集 采样前将超细玻璃纤维滤膜不重叠平放在马弗炉内，在 350℃下灼烧 2 h，置于干燥器中保存。然后按气溶胶的采样方法，连续采样 24 h，采样完毕后，将玻璃纤维滤膜取下，尘面朝里折叠，黑纸包好，塑料袋密封后迅速送回实验室，在低温冰箱中−20℃以下保存，7 d 内萃取，萃取液 30 d 内分析完毕。

标准曲线的绘制 用乙腈将贮备液稀释成 0.10 mg/mL 的溶液，然后用该溶液配制 3 个以上不同浓度的标准工作液。标准工作液浓度的确定应参照飘尘样品浓度范围，以样品浓度在曲线中段为宜。用微量注射器定量注入标准溶液作 HPLC 分析，测定其保留时间和峰面积（或峰高）。以峰面积（或峰高）对含量绘制标准曲线。标准曲线回归方程的相关系数应不低于 0.99。保留时间的变异系数在±2%。

样品测定 先将滤膜边缘无尘部分剪去，然后将滤膜等分成 n 份，取 $1/n$ 滤膜剪碎入 5 mL 具塞玻璃刻度离心管中，准确加入 5 mL 乙腈，超声提取 10 min，离心 10 min。用微量注射器抽取上清液进样，进样量为 10～40 μL，记录保留时间和峰面积（或峰高）。以保留时间定性，以峰面积（或峰高）定量。

每批样品或试剂有变动时，都应做空白试验。空白样品应经历样品制备和测定的所有步骤。

（4）结果计算

样品中 B(a)P 浓度 c（$\mu g/m^3$）按式（11-8）计算：

$$c=\frac{WV_t\times 10^{-3}}{(1/n)V_iV_s} \tag{11-8}$$

式中 c——环境空气可吸入颗粒物 B(a)P 浓度（$\mu g/m^3$）；

W——注入色谱仪样品中 B(a)P 量（ng）；

V_t——提取液总体积（μL）；

V_i——进样体积（μL）；

V_s——换算成标准状况下的采样体积（m^3）；

$1/n$——分析用滤膜在整张滤膜中所占比例。

（5）注意事项

测定样品前，用浓度居中的标准工作液（其检测数值必须大于 10 倍检测限）作标准曲线校正，组分响应值变化应在15%之内，如变异过大，则重新校准或用新配制的标准样品重新绘制标准曲线。

思考题

1. 试从分离原理、仪器构造及应用范围上简要比较气相色谱和液相色谱的异同点。
2. 高效液相色谱仪一般可分为哪几个部分?
3. 高效液相色谱法有哪些分离模式? 怎样进行选择?
4. 何谓化学键合相固定相? 它有什么突出的优点?
5. 何谓正相色谱和反相色谱?
6. 何谓梯度洗提? 它有什么优点?
7. 在反相液相色谱中，溶剂极性降低，则溶质的保留值会（　　）
   (A) 减小　　(B) 增大　　(C) 不变
8. 对流动相溶剂选择有限制的检测器是（　　）
   (A) 紫外吸收检测器　　(B) 示差折光检测器　　(C) 荧光检测器

参考文献

朱明华，胡坪. 2008. 仪器分析 [M]. 4版. 北京：高等教育出版社.

高向阳. 2004. 新编仪器分析 [M]. 2版. 北京：科学出版社.

冯玉红. 2008. 现代仪器分析实用教程 [M]. 北京：北京大学出版社.

陈玲，郜洪文，等. 2008. 现代环境分析技术 [M]. 北京：科学出版社.

阎吉昌，徐书绅，张兰英. 2002. 环境分析 [M]. 北京：化学工业出版社.

《水和废水监测分析方法》编委会. 2003. 水和废水监测分析方法 [M]. 4版. 北京：中国环境科学出版社.

《空气和废气监测分析方法》编委会. 2003. 空气和废气监测分析方法 [M]. 4版. 北京：中国环境科学出版社.

12

离子色谱分析

✦ ✦ ✦ ✦ ✦ ✦ ✦ ✦ ✦ ✦ ✦

本章提要

离子色谱是基于离子性化合物与固定相表面离子性基团之间的电荷相互作用来实现离子性物质分离和分析的色谱方法，是近三十年来各种色谱法研究中最活跃的领域之一，它不仅是分析阴离子的首选方法，也可以分析阳离子、极性有机物以及生物样品中的糖、氨基酸、肽、蛋白质等。本章主要介绍了离子色谱法的基本原理及仪器构造，要求掌握各种离子色谱法的分离机理，了解离子色谱仪的基本组成结构及离子色谱法在环境分析领域中的应用。

✦ ✦ ✦ ✦ ✦ ✦ ✦ ✦ ✦ ✦ ✦

12.1 概　　述

离子色谱法（ion chromatography，IC）是高效液相色谱技术的一种，是基于离子性化合物与固定相表面离子性基团之间的电荷相互作用来实现离子性物质分离和分析的色谱方法，具有分析速度快、灵敏度高、选择性好、样品用量少和易实现自动化等优点。

在 1975 年第一台离子色谱仪问世之前，离子型化合物的阴离子分析长期以来缺乏快速灵敏的方法，目前离子色谱法是唯一快速、灵敏（μg/L 级）和准确的多组分分析阴离子的方法，因而得到广泛重视和迅速的发展。近 30 年来，离子色谱是各种色谱法研究中最活跃的领域之一。20 世纪 80 年代前，离子色谱仅限于用离子交换分离和电导检测分析简单的阴、阳离子，随着新型电化学技术（抑制器、淋洗液发生器、离子回流）在离子色谱中的应用、新型离子色谱柱的研制与开发、检测手段的扩展以及与其他分析技术的联用，离子色谱的应用范围也在不断扩展，目前离子色谱不仅可分析各种类型的离子型化合物，还可以分析各种极性有机物，甚至可同时分离极性、离子型和中性化合物以及色谱性能相差极大的化合物。经过多年的应用，离子色谱已被国内外分析领域所接受，并被认为是一种很有发展前途的分析方法。

12.2 离子色谱法的主要类型及其分离原理

离子色谱法是高效液相色谱的一种模式，其色谱峰的迁移和扩展仍沿用柱色谱的理论进行描述，常用术语的定义与高效液相色谱相同，本章不再赘述。

根据不同的分离机理，可将离子色谱分为 3 种类型：离子交换色谱、离子排斥色谱、离子对色谱。离子交换色谱主要用于有机和无机阴、阳离子的分离；离子排斥色谱主要用于有机酸、无机弱酸和醇类的分离；离子对色谱主要用于表面活性阴离子和阳离子以及金属络合物的分离。在环境科学领域，应用最为广泛的当属离子交换色谱，该法是分析水溶液中阴离子的首选方法，目前已用于工业废水、饮用水、酸沉降物、大气颗粒物等样品中各种阴、阳离子检测。下面分别介绍 3 种离子色谱类型的分离原理。

12.2.1 离子交换色谱法

离子交换色谱法的分离机制是离子交换，该法以离子交换树脂为固定相，水溶液为流动相，基于离子交换树脂上可离解的离子与流动相中具有相同电荷的溶质离子间发生可逆交换，利用待测样品中各组分离子与离子交换树脂的亲和力不同进行分离。

离子交换树脂分为阳离子交换树脂和阴离子交换树脂，其交换过程可表示为：

阳离子交换　$$M^+ + Y^+R^- \rightleftharpoons Y^+ + M^+R^- \tag{12-1}$$

阴离子交换　$$X^- + R^+Y^- \rightleftharpoons Y^- + R^+X^- \tag{12-2}$$

式中　R——树脂；

Y——树脂上可电离的离子；

M^+，X^-——流动相中溶质的正负离子。

组分离子对离子交换树脂的亲和力越大，交换能力就越大，越易交换到树脂上，保留时间就越长；反之，亲和力小的离子，保留时间就越短。

凡是在溶剂中能够解离的物质通常都可以用离子交换色谱法来进行分离，离子交换色谱是离子色谱的主要分离形式，常用于不同基质中常见亲水性阴离子（SO_4^{2-}、HPO_4^{2-}、NO_2^-、NO_3^-、F^-、Cl^-、Br^-等）和常见亲水性阳离子（Li^+、Na^+、NH_4^+、K^+、Ca^{2+}等）的分离测定，一些碳水化合物也可以用离子交换法进行分离分析。

12.2.2 离子排斥色谱法

离子排斥色谱采用的填充物是高容量的离子交换树脂。道南（Danan）膜理论认为，阳离子交换树脂不能交换阴离子、阴离子交换树脂不能交换阳离子的原因是由于树脂内固定离子对溶液中带相同电荷离子的排斥作用（称 Danan 排斥效应）。由于 Danan 排斥，完全离解的酸不被固定相保留，在死体积处被洗脱，而未离解的非离子型化合物不受 Danan 排斥，可进入树脂微孔，由于溶质和固定相之间存在非离子性相互作用，溶质可在树脂微孔内的液体和流动相之间进行分配，因此，相对流动相分子的流速，溶质的流出被延迟。保留机理主要包括：Danan 排斥；疏水性（反向）的相互作用（吸附）；极性相互作用（氢键，正相）；π-π 电子相互作用。分离时几种机理可能同时发生，每种保留机理对整个过程的影响取决于被分离弱酸的分子结构和固定相的性质。

离子排斥色谱的一个特别的优点是可以分离测定在高酸性介质中的无机弱酸、有机弱酸和完全离解强酸。

12.2.3 离子对色谱法

离子对色谱法是将一种（或多种）与溶质分子电荷相反的离子（称为对离子或反离子）加到流动相中，使其与溶质离子结合形成中性的离子对化合物，此离子对化合物在色谱柱上被保留，保留的强弱主要取决于离子对化合物的解离平衡常数和离子对试剂的浓度。用于阴离子分离的对离子是烷基铵类，如氢氧化四丁基铵、氢氧化十六烷基三甲铵等；用于阳离子分离的对离子是烷基磺酸类，如己烷磺酸钠、庚烷磺酸钠等。

根据流动相和固定相的性质，离子对色谱法可分为正相离子对色谱法和反相离子对色谱法。目前广泛使用的是反相离子对色谱法，此法采用非极性的疏水固定相（如十八烷基键合相），含有对离子 Y^- 的甲醇—水（或乙腈—水）溶液作为极性流动相。试样离子 X^+ 进入柱内以后，与对离子 Y^- 生成疏水性离子对 X^+Y^-，后者在疏水性固定相表面分配或吸附。离子对的非极性端亲脂，极性端亲水，碳链越长则离子对化合物在疏水性固定相的保留越强，在极性流动相中加入的有机溶剂可加快淋洗速度。

离子对色谱的分离机理有不同的假说，现以离子对分配机理说明之。在色谱分离过程中，流动相中待分离的有机离子 X^+（也可以是带负电荷的离子）与固定相或流动相中带相反电荷的对离子 Y^-结合，形成离子对化合物 X^+Y^-，然后在两相间进行分配：

$$X^+_{水相} + Y^-_{水相} \xrightleftharpoons{K_{XY}} X^+Y^-_{有机相}$$

K_{XY}是其平衡常数：

$$K_{XY}=\frac{[X^+Y^-]_{有机相}}{[X^+]_{水相}\cdot[Y^-]_{水相}} \tag{12-3}$$

根据定义，溶质的分配系数 D_X 为：

$$D_X=\frac{[X^+Y^-]_{有机相}}{[X^+]_{水相}}=K_{XY}\cdot[Y^-]_{水相} \tag{12-4}$$

这表明，分配系数与水相中对离子 Y^- 的浓度和 K_{XY} 有关。根据式（12-4），随平衡常数 K_{XY} 和水相中对离子 Y^- 的浓度增大，分配系数会增大，相应的保留值会增大。平衡常数取决于对离子和有机相的性质。对离子的浓度是控制反相离子对色谱溶质保留值的主要因素，可在较大范围内改变分离的选择性。

离子对色谱法，特别是反相离子对色谱法解决了以往难分离混合物的分离问题，诸如酸、碱和离子、非离子的混合物，在环境分析中常用离子对色谱分析表面活性的阴离子和阳离子以及过渡金属络合物。另外，借助离子对的生成还可给试样引入紫外吸收或发荧光的基团，以提高检测的灵敏度。

12.3 离子色谱仪

离子色谱仪的构成与液相色谱仪大致相同，一般由输液系统、进样系统、分离系统、抑制或衍生系统、检测系统及数据处理系统等几部分组成。图 12-1 为典型双柱型离子色谱仪流程示意。

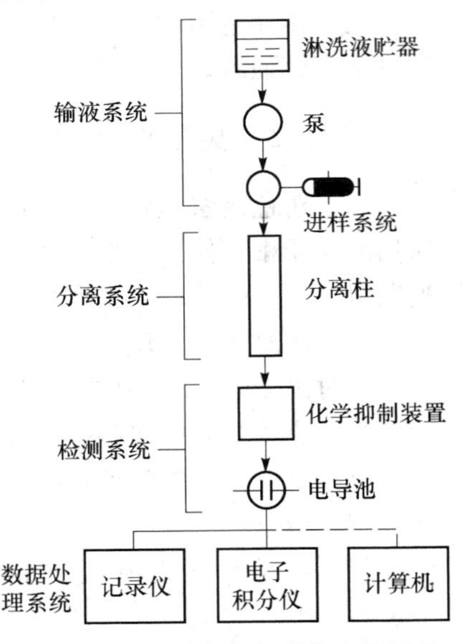

图 12-1 双柱型离子色谱仪流程示意

12.3.1 输液系统

离子色谱仪的输液系统包括储液瓶、高压输液泵、梯度淋洗装置等，与高效液相色谱的输液系统基本相似。不同之处是，由于离子色谱的流动相一般是酸、碱、盐或络合物的水溶液，因此，凡是流动相通过的管道、阀门、泵、柱子以及接头等不仅要求耐压，而且要耐酸碱腐蚀。目前国内外的离子色谱仪都采用全塑料系统。

12.3.2 进样系统

离子色谱的进样方式有 3 种类型：手动进样、气动进样和自动进样。

（1）手动进样

手动进样采用六通阀，其工作原理与 HPLC 相同（参见 11.4.3 节），但其进样量比 HPLC 要大，一般为 50 μL。

（2）气动进样

采用一定氦气或氮气气压作动力，通过两路四通加载定量管后，进行取样和进样，它有效地减少了手动进样因动作不同所带来的误差。

(3) 自动进样

自动进样是在色谱工作站控制下，自动进行取样、进样、清洗等一系列操作，操作者只需将样品按顺序装入贮样机中。自动进样可以达到很宽的样品进样量范围。

12.3.3 分离系统

离子色谱的分离系统是离子色谱的核心和基础。而离子色谱柱是离子色谱仪的“心脏”，高效柱和特殊分离柱的成功研制是离子色谱迅速发展的关键。

(1) 离子色谱填料

离子色谱是一种液—固色谱，为高效液相色谱的一种，但柱填料和分离机理有其自身特点。离子色谱柱填料的粒度一般在 5～25 μm 之间，比高效液相色谱的柱填料略大，因此其压力比高效液相色谱要小，一般为单分散，而且呈球状，主要有高分子聚合物填料和硅胶型填料两种。

高分子聚合物填料 离子色谱中使用最广泛的填料是聚苯乙烯，二乙烯苯共聚物。其中阳离子交换柱一般采用磺酸或羧酸功能基，阴离子交换柱填料则采用季胺功能基或叔胺功能基。离子排斥柱填料主要为全磺化的聚苯乙烯—二乙烯苯共聚物，这类离子交换树脂可在 pH0～14 范围内使用。如果采用高交联度的材料来改进，还可兼容有机溶剂，以抗有机污染。一般来说，离子交换型色谱柱的交换容量均很低。

硅胶型离子色谱填料 离子色谱中使用的另一种填料是硅胶型离子色谱填料，采用多孔二氧化硅柱填料制得，是用于阴离子交换色谱法的典型薄壳型填料。它是用含季胺功能基的甲基丙烯＋醇酯涂渍在二氧化硅微球上制备的。阳离子交换树脂是用低相对分子质量的磺化氟碳聚合物涂渍在二氧化硅微粒上制备的。这类填料的 pH 值使用范围为 4～8，一般用于单柱型离子色谱柱中。

(2) 色谱柱的结构

一般分析柱内径为 4 mm，长度为 100～250 mm，柱子两头采用紧固螺钉。高档仪器特别是阳离子色谱柱一般采用聚四氟乙烯材料，以防止金属对测定的干扰。随着离子色谱的发展，细内径柱受到人们的重视，2 mm 柱不仅可以使溶剂消耗量减少，而且对于同样的进样量，灵敏度可以提高 4 倍。

目前，最新型的微孔型离子色谱仪，由于其采用的色谱柱为 2 mm 内径，为常规的 4 mm 内径的色谱柱横截面的 1/4，因此在线速度不变的条件下，其流速为常规色谱的 1/4，因此它采用的泵的流速为 0.01～2.50 mL/min。其主要特点是柱塞比较小，但结构与常规的离子色谱仪相似。由于流速的减小，可以大大减少溶剂的用量。如以同样的量进样，灵敏度可以增大到原来的 4 倍。

12.3.4 抑制系统

对于抑制型（双柱型）离子色谱系统，抑制系统是极其重要的一个部分，也是离子色谱有别于高效液相色谱的最重要特点。

20 世纪 70 年代中期出现了应用电导检测器的新颖离子交换色谱法，该法在经典离子交换色谱法的基础上引入电导检测器为通用检测器，用 NaOH 等碱性洗脱液从分离柱的阴离子交换位置置换待测阴离子。以待测阴离子 Br^- 为例，当试样通过阴离子交换树脂时，流动相中待测阴离子 Br^- 与树脂上的 OH^- 离子发生交换，洗脱反应则为交换反应的逆过程：

$$R—OH^- + Na^+ Br^- \underset{洗脱}{\overset{交换}{\rightleftharpoons}} R—Br^- + Na^+ OH^-$$

当待测阴离子从柱中被洗脱下来进入电导池时，要求能检测出洗脱液中电导的改变。但洗脱液中 OH^- 的浓度要比试样阴离子浓度大得多才能使分离柱正常工作。因此，与洗脱液的电导值相比，由于试样离子进入洗脱液而引起电导的改变就非常小，其结果是用电导检测器直接测定试样中阴离子的灵敏度极差。若使分离柱流出的洗脱液通过填充有高容量 H^+ 型阳离子交换树脂的抑制柱，则在抑制柱上将发生两个非常重要的交换反应：

$$R—H^+ + Na^+ OH^- \longrightarrow R—Na^+ + H_2O$$

$$R—H^+ + Na^+ Br^- \longrightarrow R—Na^+ + H^+ Br^-$$

由此可见，从抑制柱流出的洗脱液中，洗脱液（NaOH）已被转变成电导值很小的水，消除了本底电导的影响。试样阴离子则被转变成其相应的酸，由于 H^+ 的离子淌度 7 倍于 Na^+，这就大大提高了所测阴离子的检测灵敏度。

（注：离子淌度为单位电场强度下某种离子在一定温度和一定介质中移动的速率，溶液中离子淌度大则电导率大。）

在阳离子分析中，也有相似的反应。此时以阳离子交换树脂作分离柱，一般用无机酸为洗脱液，洗脱液进入阳离子交换柱洗脱分离阳离子后，进入填充有 OH^- 型高容量阴离子交换树脂的抑制柱，将酸（即洗脱液）转变为水：

$$R^- OH^- + H^+ Cl^- \longrightarrow R^- Cl^- + H_2O$$

同时，将试样阳离子 M^+ 转变成其相应的碱：

$$R^- OH^- + M^+ Cl^- \longrightarrow R^- Cl^- + M^+ OH^-$$

因此抑制反应不仅降低了洗脱液的电导，而且由于 OH^- 的离子淌度为 Cl^- 的 2.6 倍，从而提高了所测阳离子的检测灵敏度。

抑制器的发展经历了多个发展时期，而目前商品化的离子色谱仪也分别采用不同的抑制手段及相关研究成果。

(1) 树脂填充抑制柱

树脂填充抑制柱采用高交换容量的阳离子树脂填充柱（阴离子抑制），通过 H_2SO_4 将树脂转化为氢型。它抑制容量不高，需要定期再生，而且死体积比较大，对弱酸根离子由于离子排斥的作用，往往无法准确定量。这类抑制器目前已经基本不用，但美国 Alttech 公司将这类抑制器加以改进，使填充柱需要再生时会变色，并采用电化学法再生，大大改进了传统的方法，提高了抑制器的性能。

阳离子抑制的情况与此正好相反，它采用高交换容量的阴离子树脂作填充柱。

(2) 纤维抑制器

纤维抑制器采用阳离子交换的中空纤维作为抑制器，外通 H_2SO_4 作为再生液，可连续对淋洗液进行再生，这种抑制器的死体积比较大，抑制容量也不高。

(3) 微膜抑制器

微膜抑制器采用阳离子交换平板薄膜，中间通过淋洗液，而外两侧通 H_2SO_4 再生液。

这种抑制器的交换容量比较高，死体积很小，可进行梯度淋洗。

（4）电解抑制器

电解抑制器采用阳离子交换平板薄膜，通过电解产生的 H^+，对淋洗液进行再生。美国Dionex公司对这类抑制器进行了改进，使之成为自再生，只要用淋洗液自循环或去离子水电解就可能实现再生，抑制容量可以通过改变电流的大小加以控制，而且死体积很小。美国Alttech公司采用填充柱抑制器，通过合适的电解进行再生，同样具有方便、高效的功能；其最新的DSPlus型抑制器，在化学抑制和电化学再生的基础上，再进行了二氧化碳的排除，可以有效降低背景电导值以实现不同碳酸盐的梯度淋洗。

具有分离柱和抑制柱的离子色谱法称为双柱型离子色谱法或化学抑制型离子色谱法（suppressed IC）。如果选用低电导的洗脱液（流动相），如 $1\times10^{-4}\sim5\times10^{-4}$ mol/L的苯甲酸盐或邻苯二甲酸盐等稀溶液，不仅能有效地分离、洗脱分离柱上的各个阴离子，而且背景电导较低，能显示试样中痕量 F^-、Cl^-、NO_3^- 和 SO_4^{2-} 等阴离子的电导信号。该方法称为单柱型离子色谱法，又称为非抑制型离子色谱法（unsuppressed IC），其分析流程类似于通常的高效液相色谱法，其分离柱直接连接电导检测器而不采用抑制柱。阳离子分离可选用稀 HNO_3、乙二胺硝酸盐稀溶液等作为洗脱液。洗脱液的选择是单柱法中最重要的问题，除与分析的灵敏度及检测限有关外，还决定能否将试样组分分离。单柱型离子色谱仪器简单，操作方便，对泵和检测器的腐蚀性小，但灵敏度比双柱型离子色谱低。

12.3.5 检测系统

离子色谱的检测器分为两大类，即电化学检测器和光学检测器，本文重点介绍电化学检测器。电化学检测器包括电导检测器、安培检测器，光学检测器包括紫外—可见光检测器和荧光检测器。表12-1为离子色谱中主要检测器及其应用范围。

表 12-1 离子色谱中主要检测器及检测范围

检测器类型	检测原理	应用范围
电导检测器	电导	pK_a 或 pK_b<7的阴、阳离子及有机酸
安培检测器	在电极上发生氧化还原反应	CN^-、S^{2-}、I^-、SO_3^{2-}、氨基酸、醇、醛、单糖、寡糖、酚、有机胺、硫醇
紫外—可见光检测器	紫外—可见光吸收	在紫外或可见光区有吸收的阴、阳离子，如过渡金属、镧系元素、二氧化硅等
荧光检测器	激发和发射	铵、氨基酸

（1）电导检测器

电导检测器是离子色谱的通用检测器，其作用原理是用两个相对电极测量水溶液中离子型溶质的电导，由电导的变化测定淋洗液中溶质浓度。电导检测器具有死体积小、灵敏度高（抑制电导法可达 10^{-9} g/mL）、线性范围宽（1.0×10^4）的特点，各种强酸、强碱的阴阳离子（如 Cl^-、NO_3^-、SO_4^{2-} 和 Na^+、K^+ 等）在电导检测器上均有很高的灵敏度，但一些弱酸离子由于不完全电离，测定的灵敏度较低。另外，电导检测器的响应受温度影响较大，因为温度对离子的迁移率、电导值有较大影响，因此要求严格控制温度，一般在电导池内放置热敏电阻器进行监测。在实际测量中为了消除温度变化带来的影响，现今的仪器都设计有温度补偿功能。

（2）安培检测器

安培检测器是一种用于测量电活性分子在工作电极表面发生氧化或还原反应时所产生电流变化的检测器。安培检测器的检测池有 3 种电极，分别是工作电极、参比电极和对电极。在工作电极和参比电极之间施加一个适当的电压，电活性物质在工作电极表面的氧化或还原作用所产生的电流的大小与进行电化学反应的被测物浓度成正比。安培检测器具有灵敏度高、选择性好、响应范围宽、电解池的死体积小等优点，常用于分析离解度较低、用电导检测器难于检测或根本无法检测的 $pK_a>7$ 的离子。

（3）紫外—可见光检测器

紫外—可见光检测器可用于分析在紫外或可见光区有吸收的阴、阳离子。由于许多无机阴离子在紫外区域无吸收，有吸收的阴离子其吸收波长也多在 220 nm 以下（表 12-2），所以紫外检测器在离子色谱检测中并不占据重要的地位；可见光检测器在离子色谱中最重要的应用是通过柱后衍生技术分析过渡金属和镧系元素。

表 12-2 常见无机阴离子的紫外线吸收波长

阴离子	波长（nm）	阴离子	波长（nm）
溴酸盐	200	金属氰化物	215
溴化物	200	硝酸盐	202
铬酸盐	365	亚硝酸盐	211
碘酸盐	200	硫化物	215
碘化物	227	硫氰酸盐	215
金属氯化物	215	硫代硫酸盐	215

（4）荧光检测器

荧光检测器在离子色谱中的使用频率与紫外—可见光检测器相比要更低。除了双氧铀根阳离子（UO_2^{2+}）外，一般无机阴离子和阳离子均不能发射荧光，荧光检测器在离子色谱中的应用主要是结合柱后衍生技术测定 α-氨基酸。

12.3.6 数据处理系统

离子色谱一般柱效不高，与气相色谱和高效液相色谱相比一般情况下离子色谱分离度不高，它对数据采集的速度要求不高，因此能够用于其他类型的数据处理系统，同样也可用于离子色谱中。而且在常规离子分析中，色谱峰的峰形比较理想，可以采用峰高定量分析法进行分析。

12.4 离子色谱在环境分析中的应用

离子色谱技术已经在环境分析中取得了相当大的进展。离子色谱法所能测定的离子中，有一部分是目前很难用其他方法测定的，尤其是阴离子长期缺乏快速、灵敏的分析方法，一直是沿用经典的容量法、重量法和光度法，这些方法大多操作步骤冗长费时，灵敏度低且有干扰，而离子色谱首次提供了快速、灵敏、准确测定阴离子的方法，可同时测定环境样品中多种阴离子组分。大气中的污染物如氨、氯化氢的分析，也可借助合适的吸收液将其转变为阴离子再用离子色谱法进行准确定量。目前在环境样品的酸雨分析、水质分析及大气分析中均可用离子色谱对多种阴阳离子进行有效的分离检测。

12.4.1 离子色谱法测定水样中的SO_4^{2-}、HPO_4^{2-}、NO_2^-、NO_3^-、F^-、Cl^-

本方法适用于地表水、地下水、饮用水、大气降水、生活污水和工业废水等中的无机阴离子测定。利用离子交换的原理，将水样注入碳酸盐—碳酸氢盐溶液并流经系列的离子交换树脂，基于待测阴离子对低容量强碱性阴离子树脂（分离柱）的相对亲和力不同而彼此分开。被分开的阴离子流经强酸性阳离子树脂（抑制柱）室，被转换为高电导的酸型，碳酸盐—碳酸氢盐则转变成弱电导的碳酸（清除背景电导）。用电导检测器测量被转变为相应酸型的阴离子，与标准进行比较，根据保留时间定性，峰高或峰面积定量。一次进样可连续测定6种无机阴离子（SO_4^{2-}、HPO_4^{2-}、NO_2^-、NO_3^-、F^-、Cl^-）。

（1）主要试剂

实验用水均为电导率小于0.5 μs/cm的二次去离子水，并经过0.45 μm微孔滤膜过滤。

淋洗液

① 淋洗贮备液（Na_2CO_3 0.18 mol/L-$NaHCO_3$ 0.17 mol/L）：分别称取19.078 g Na_2CO_3和14.282 g $NaHCO_3$（事先于105℃下经2 h烘干并置干燥器内放冷），溶于水中，移入1 000 mL容量瓶内，用水稀释至标线，摇匀。

② 淋洗使用液（Na_2CO_3 0.001 8 mol/L-$NaHCO_3$ 0.001 7 mol/L）：吸取上述淋洗贮备液10 mL于1 000 mL容量瓶中，用水稀释到标线，摇匀，用0.45 μm微孔滤膜过滤。

再生液 $c(1/2H_2SO_4)=0.05$ mol/L(使用新型离子色谱仪可不用再生液)。

弱淋洗液 $c(Na_2B_4O_7)=0.005$ mol/L。

6种阴离子单组分标准贮备液 NaF、NaCl、K_2SO_4、$NaNO_3$事先于105℃下经2 h烘干并保存在干燥器内，$NaNO_2$、Na_2HPO_4则于干燥器内干燥24 h以上。按表12-3所示，分别称取6种无机盐溶于水中，分别转移到6个1 000 mL容量瓶中，然后各加入10 mL淋洗贮备液，并用水稀释至标线，摇匀，贮存于聚乙烯瓶中，置于冰箱中冷藏。6种标准贮备液中各阴离子的浓度均为1 000 mg/L。

表12-3 配制标准贮备液的6种无机盐的称量质量

标准贮备液	NaF（F^-）	NaCl（Cl^-）	$NaNO_2$（NO_2^-）	$NaNO_3$（NO_3^-）	Na_2HPO_4（HPO_4^{2-}）	K_2SO_4（SO_4^{2-}）
质量（g）	2.210 0	1.648 5	1.499 7	1.370 8	1.495 0	1.814 2

混合标准使用液 分别从上述6种阴离子标准贮备液中吸取一定体积置入1 000 mL容量瓶中，加入10 mL淋洗贮备液，用水稀释到标线，配制成混合标准使用液Ⅰ。再移取20 mL混合标准使用液Ⅰ于100 mL容量瓶中，加入1 mL淋洗贮备液，用水稀释到标线，配制成混合标准使用液Ⅱ。所需取用的标准贮备液体积及配制后的混合溶液中各阴离子浓度见表12-4。

表 12-4 混合标准使用液的配制

		阴离子					
		F^-	Cl^-	NO_2^-	NO_3^-	HPO_4^{2-}	SO_4^{2-}
混合标准使用液Ⅰ	标准贮备液取用体积（mL）	5	10	20	40	50	50
	浓度（mg/L）	5.0	10.0	20.0	40.0	50.0	50.0
混合标准使用液Ⅱ	混合标准使用液Ⅰ取用体积（mL）	20	20	20	20	20	20
	浓度（mg/L）	1.0	2.0	4.0	8.0	10.0	10.0

（2）仪器与工作条件

仪器 ①离子色谱仪，具电导检测器；②微膜抑制器或抑制柱；③淋洗液或再生液贮存罐；④微孔滤膜过滤器；⑤预处理柱：内径 6 mm，长 90 mm，上层填充吸附树脂（约 300 mm 高），下层填充阳离子交换树脂（约 50 mm 高）。预处理柱的制备见附录。

色谱条件

色谱柱：阴离子分离柱和阴离子保护柱；阳离子交换树脂：100～200 目。

淋洗液流速：1～2 mL/min。

再生液流速：根据淋洗液流速来确定，使背景电导达到最小值。

电导检测器：根据样品浓度选择量程。

进样量：25 μL。

（3）分析步骤

校准曲线的绘制 根据样品浓度选择混合标准使用液Ⅰ或Ⅱ，配制 5 个浓度水平的混合标准溶液，测定其峰高（或峰面积）。以峰高（或峰面积）为纵坐标，以离子浓度（mg/L）为横坐标，用最小二乘法计算校准曲线的回归方程，或绘制工作曲线。

样品测定 水样采集后经 0.45 μm 微孔滤膜过滤，在与绘制校准曲线相同的色谱条件下测定样品的保留时间和峰高（或峰面积），根据校准曲线计算其中阴离子浓度。

高灵敏度的离子色谱法一般用稀释的样品，对未知的样品最好先稀释 100 倍后进样，再根据所得结果选择适当的稀释倍数。对有机物含量较高的样品，应先用有机溶剂萃取除去大量有机物，取水相进行分析；对污染严重、成分复杂的样品，可采用预处理柱法同时去除有机物和重金属离子。

空白试验 以试验用水代替水样，经 0.45 μm 微孔滤膜过滤后进行色谱分析。

（4）结果计算

水样中阴离子的浓度 c（mg/L）按式（12-5）计算：

$$c = \frac{h - h_0 - a}{b} \tag{12-5}$$

式中 c——水样阴离子浓度（mg/L）；

h——水样的峰高（或峰面积）；

h_0——空白峰高测定值；

b——回归方程的斜率；

a——回归方程的截距。

(5) 注意事项

① 亚硝酸根不稳定，最好临用前现配。

② 样品及淋洗液均需经 0.45 μm 微孔滤膜过滤，除去溶液中颗粒物，防止系统堵塞。

③ 注意整个系统不要进气泡，否则会影响分离效果。

④ 不同型号的离子色谱仪可参照本法选择合适的色谱条件。

⑤ 在每个工作日或淋洗液、再生液改变时，或分析 20 个样品后，都要对校准曲线进行校准。假如任何一个离子的响应值或保留时间大于预期值的±10%时，必须用新的校准标样重新测定。如果其测定结果仍大于±10%时，则需要重新绘制该离子的校准曲线。

⑥ 对于污染严重且成分复杂的样品，预处理柱可有效去除水样中所含的油溶性有机物和重金属离子，同时对所测定的无机阴离子均不发生吸附。

⑦ 不被色谱柱保留或弱保留的阴离子干扰 F^- 或 Cl^- 的测定。如乙酸与 F^- 产生共淋洗，甲酸与 Cl^- 产生共淋洗。若这种共淋洗的现象显著，可改用弱淋洗液（0.005 mol/L $Na_2B_4O_7$）进行洗脱。

⑧ 注意器皿的清洁，防止引入污染，干扰测定效果。

附录

1. 样品预处理柱的制备

(1) 吸附树脂的净化

用丙酮浸泡吸附树脂（YXA05，50～100 目）24 h，抽干后用甲醇盐酸（1+1）溶液浸泡 4 h，过滤后用甲醇洗涤，再用去离子水洗至无氯离子为止。

(2) 阳离子交换树脂的净化

用甲醇浸泡阳离子交换树脂（Y2X8，100～120 目）24 h，抽干后用 5%的盐酸溶液浸泡 4 h，然后用去离子水洗至无氯离子为止。

(3) 装柱

首先在预处理柱的下部装入阳离子交换树脂（约 50 mm 高），再装入吸附树脂（约 30 mm 高），柱床的两端和两层树脂之间填加一小团玻璃棉，用去离子水冲洗预处理柱，直至流出液无氯离子为止。

2. 预处理柱的再生

预处理柱可以连续处理水样，当吸附容量接近饱和时，用甲醇—盐酸（9+1）溶液洗涤，再用去离子水洗净后又可继续使用。

12.4.2 离子色谱法测定空气中的氨

用稀 H_2SO_4 吸收空气中的氨，生成硫酸铵，用离子色谱仪测定铵离子浓度，计算可得空气中氨的浓度。本方法检出限为 0.2 μg/10mL，当用 10 mL 吸收液、采样体积为 30 L 时，最低检出浓度为 0.007 mg/m^3。

(1) 主要试剂

实验用水均为电导率小于 0.5 μs/cm 的二次去离子水，并经 0.45 μm 的微孔滤膜过滤。

所用试剂均为分析纯试剂。

①吸收液：0.01 mol/L H_2SO_4；②淋洗液：0.02 mol/L 甲基磺酸；③NH_4Cl 标准贮备液：称取 0.785 5 g NH_4Cl，溶解于水，移入 250 mL 容量瓶中，用水稀释至标线，此溶液每毫升相当于含 1 000 μg 氨；④NH_4Cl 标准使用液：临用时，吸取 NH_4Cl 标准贮备液 5 mL 置于 250 mL 容量瓶中，用水稀释至标线，此溶液每毫升相当于含 20 μg 氨。

(2) 仪器

①10 mL 大型气泡吸收管；②250 mL、1 000 mL 容量瓶；③10 mL 具塞比色管；④1 mL 注射器；⑤空气采样器：流量范围 0～1 L/min；⑥离子色谱仪：具电导检测器。

(3) 分析步骤

采样 用一个内装 10 mL 0.01 mol/L H_2SO_4 吸收液的大型气泡吸收管，以 1 L/min 流量，采气 20～30 L。

标准曲线的绘制 根据仪器说明书选定测定条件。取 6 个 10 mL 具塞比色管，按表 12-5 配制标准系列。用离子色谱仪进行测定，以峰面积（或峰高）对氨含量（μg）绘制标准曲线。

表 12-5 氯化铵标准系列

项 目	瓶 号					
	0	1	2	3	4	5
氯化铵标准使用液（mL）	0	0.50	1.00	1.50	2.00	2.50
水（mL）	10.00	9.50	9.00	8.50	8.00	7.50
氨含量（μg）	0	10.0	20.0	30.0	40.0	50.0

样品测定 用绘制标准曲线相同的条件，测定样品的峰面积（或峰高），从标准曲线中查得相应的氨含量（μg）。

(4) 结果计算

试样氨含量 c（mg/m^3）按式（12-6）计算：

$$c = \frac{W}{V_n} \tag{12-6}$$

式中 c——试样氨含量（mg/m^3）；

W——样品溶液中的氨含量（μg）；

V_n——标准状态下的采样体积（L）。

(5) 注意事项

水能形成负峰或使峰高降低或倾斜，采用淋洗液配置标准可消除负峰干扰。

12.4.3 离子色谱法测定空气中的氯化氢

空气样品经过 0.3 μm 微孔滤膜阻留含氯化物的颗粒物后，用 $NaHCO_3$-Na_2CO_3 溶液吸收氯化氢气体，样品溶液中的氯离子用离子色谱法测定。本法检出限为 0.02 μg/mL，当用 10 mL 吸收液、采气 60 L 时，最低检出浓度为 0.003 mg/m^3。

(1) 主要试剂

实验用水均为电导率小于 1 μs/cm 去离子水，并经 0.45 μm 微孔滤膜过滤。

① 淋洗贮备液：称取 23.52 g $NaHCO_3$（优级纯）和 23.32 g 无水 Na_2CO_3（优级纯）溶解于水，稀释至 1 000 mL，贮于聚四氟乙烯或聚乙烯瓶中，封好，可长期保存。

② 淋洗液：使用时，取淋洗贮备液 20 mL，用水稀释至 2 000 mL。此溶液浓度为 $c(NaHCO_3)=2.8$ mmol/L、$c(Na_2CO_3)=2.2$ mmol/L。经 0.45 μm 微孔滤膜过滤后使用。

③ KCl 标准贮备液：称取 2.013 g KCl（优级纯，110℃经 2 h 烘干），溶解于淋洗液，移入 1 000 mL 容量瓶中，用淋洗液稀释至标线，贮于塑料瓶中。此溶液每毫升相当于含 1 000 μg 氯离子。

④ KCl 标准使用液：吸取 10 mL KCl 标准贮备溶液，置于 1 000 mL 容量瓶中，用淋洗液稀释至标线，贮于塑料瓶中。此溶液每毫升相当于含 10.0 μg 氯离子。

（2）仪器与工作条件

仪器 ①0.3、0.45 μm 乙酸纤维微孔滤膜；②抽气过滤装置；③聚四氟乙烯或聚乙烯塑料瓶；④50 μL 微量注射器；⑤10 mL 大型气泡吸收管；⑥滤膜采样夹：滤膜直径 30～40 mm；⑦空气采样器：流量 0～1 L/min；离子色谱仪，具电导检测器。

色谱条件

流动相：碳酸氢钠—碳酸钠淋洗液 $c(NaHCO_3\text{-}Na_2CO_3)=2.8$ mmol/L～2.2 mmol/L。

进样流量：2 mL/min；进样体积：50 或 100 μL。

柱温：室温（不低于 18℃）±0.5℃。

（3）分析步骤

采样 将 0.3 μm 微孔滤膜装在滤膜采样夹内，后面串联两支各装 10 mL 淋洗液的吸收管，以 1 L/min 流量，采气 60～120 L。

标准曲线的绘制 取 6 个 10 mL 容量瓶，按表 12-6 配制标准系列。各瓶用淋洗液稀释至 10 mL 标线，摇匀。按离子色谱条件，测定各标准溶液的保留时间和峰高，以峰高对氯离子浓度（μg/mL），绘制标准曲线。

表 12-6　KCl 标准系列

项　目	瓶　号					
	0	1	2	3	4	5
KCl 标准使用液（mL）	0	0.25	0.50	1.00	1.50	2.00
Cl^- 浓度（μg/mL）	0	0.25	0.50	1.00	1.50	2.00

（4）样品测定

采样后，将第一、二吸收管的样品溶液分别移入两支 10 mL 具塞比色管中，用少量淋洗液洗涤吸收管，洗涤液并入比色管，稀释至 10 mL 标线，摇匀。在与绘制标准曲线相同的条件下，测定保留时间和峰高。

（5）结果计算

试样氯化氢含量 c（mg/m^3）按式（12-7）计算：

$$c(HCl)=\frac{(c_1+c_2)\times 10.0}{V_n}\times\frac{36.45}{35.45} \tag{12-7}$$

式中　c——试样氯化氢含量（mg/m^3）；

c_1，c_2——第一、二吸收管样品溶液中氯离子浓度（μg/mL）；

36.45——1 mol 氯化氢分子的质量（g）；

35.45——1 mol 氯离子的质量（g）；

V_n——标准状态下的采样体积（L）。

（6）注意事项

① 当相对湿度较高时（如大于 75%），HCl 气体吸湿生成盐酸雾，被滤膜阻留，使测定结果偏低。记录采样时的相对湿度，以利比较。0.3 μm 微孔滤膜为疏水性，Cl^- 本底值低，适合于滤除颗粒物。

② 滤膜夹与第一吸收管、第一吸收管与第二吸收管之间，不可用乳胶管连接，应采用聚四氟乙烯或聚乙烯塑料管以内接外套法连接，即将塑料管插入滤膜夹出口及吸收管管口，用聚四氟乙烯生胶带（或生料带）缠好，接口处再套一小段乳胶管。

③ 若需同时测定颗粒物中氯化物，可将滤膜浸在 10 mL 淋洗液中，用超声波清洗器萃取 5～10 min，经 0.45 μm 微孔滤膜干过滤后，用离子色谱法测定。

④ 本法灵敏度高，吸收管、连接管及各器皿均应仔细洗涤；操作中注意防止自来水及空气微尘中氯化物的干扰；进样时手指勿触摸注射器内筒。

思考题

1. 根据分离机理可将离子色谱分为哪些类型？简述它们的分离原理。
2. 何谓化学抑制型离子色谱？试述其基本原理。
3. 离子色谱仪由哪几个部分构成？
4. 离子色谱的常用检测器有哪些？它们各自的应用范围如何？
5. 离子色谱仪与高效液相色谱仪的输液系统有何不同？

参考文献

朱明华，胡坪．2008．仪器分析［M］．4 版．北京：高等教育出版社．

高向阳．2004．新编仪器分析［M］．2 版．北京：科学出版社．

冯玉红．2008．现代仪器分析实用教程［M］．北京：北京大学出版社．

陈玲，郜洪文，等．2008．现代环境分析技术［M］．北京：科学出版社．

阎吉昌，徐书绅，张兰英．2002．环境分析［M］．北京：化学工业出版社．

《水和废水监测分析方法》编委会．2003．水和废水监测分析方法［M］．4 版．北京：中国环境科学出版社．

《空气和废气监测分析方法》编委会．2003．空气和废气监测分析方法［M］．4 版．北京：中国环境科学出版社．

13

质谱分析法

✦ ✦ ✦ ✦ ✦ ✦ ✦ ✦ ✦ ✦ ✦

本章提要

质谱分析法具有超高灵敏度、检测限低、样品量少、分析速率快的特点，其与色谱联用的技术结合了色谱仪出色的分离本领和质谱仪的高灵敏度及定性能力，在环境有机污染物的分析中占有重要地位。本章主要介绍了质谱分析基本原理、仪器构造及谱图解析方法，要求掌握质谱定性分析方法，包括相对分子质量的测定、分子式的确定和分子结构的确定方法，了解质谱发展历史、质谱定量分析方法及 3 种常用的质谱联用技术，并了解质谱分析在环境分析中的应用。

✦ ✦ ✦ ✦ ✦ ✦ ✦ ✦ ✦ ✦ ✦

13.1 质谱分析概述

质谱分析法是通过将样品转化为运动的气态离子并按质核比（m/z）分开而得到质谱。根据质谱图提供的信息可以进行多种无机物、有机物及生物大分子的定性和定量分析，复杂化合物的结构分析，样品中各种同位素比的测定及固体表面的结构和组成分析等。

从第一台质谱仪的出现至今已有100多年的历史。早期的质谱仪主要用于测量某些同位素的相对丰度和原子质量，20世纪40年代起用于气体分析和化学元素稳定同位素分析，60年代出现了气相色谱—质谱联用仪，使质谱仪的应用领域大大扩展，开始成为有机物分析的重要仪器。计算机的应用又使质谱分析法产生了飞跃，变得更加成熟，更加便捷。80年代以后又出现了一些新的质谱技术，如快原子轰击电离子源，基质辅助激光解吸电离源，电喷雾电离源，大气压化学电离源，以及随之而来的比较成熟的液相色谱—质谱联用仪，感应耦合等离子体质谱仪，傅里叶变换质谱仪等。目前质谱法日益广泛应用于原子能、石油、化工、冶金、医药、食品、陶瓷工业等部门，农业科学研究部门以及核物理、电子与离子物理、同位素地质学、有机化学、生物化学、地球化学、无机化学、临床化学、考古研究、空间探索等科学领域，同时，随着人们生活质量的不断提高，对环境质量的要求不断提高，质谱仪在环境监测和分析有毒有害物质中也得到了极大拓展应用。

13.2 质谱分析原理和仪器

质谱分析是利用特定的方法将样品气化后，气态分子通过压力梯度进入离子源器，经一定能量的电子轰击或离子分子反应，使粒子失去一个电子产生正离子，并裂解为一系列的离子碎片，然后进入磁场，在磁场中带电粒子的运动轨迹发生偏转，然后到达收集器，产生信号，信号的强度与离子的数目成正比，质核比（m/z）不同的碎片（或离子）偏转情况不同，记录仪记录下这些信号就构成质谱图，不同的分子得到的质谱图不同，通过分析质谱图可确定相对分子质量及推断化合物分子结构。

因此，质谱分析仪器必须具备下述几部分（图13-1）：

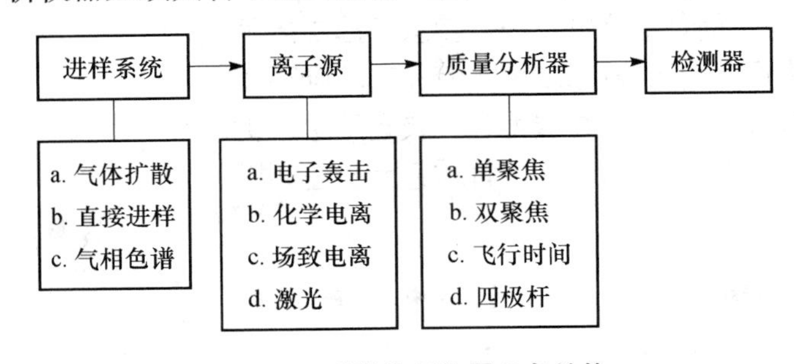

图13-1 质谱分析仪器必备结构

质谱仪种类非常多，工作原理和应用范围也有很大的不同。从应用角度，质谱仪可以分为有机质谱仪、无机质谱仪、同位素质谱仪、气体分析质谱仪等。本章主要讨论有机质谱仪的原理及其分析方法。

13.2.1 真空系统

质谱仪的离子产生及经过系统必须处于高真空状态（离子源的真空度应达到 10^{-3}～10^{-5} Pa，质量分析器应达 10^{-6} Pa），若真空度低，则造成离子源灯丝损坏，本底值增高，副反应过多从而使谱图复杂化，干扰离子源的调节，加速极放电等问题。一般质谱仪用机械泵抽成真空，后用高效率扩散泵连续抽气以保持真空，现代质谱仪采用分子泵可获得更高的真空度。

13.2.2 进样系统

进样系统的目的是高效重复地将样品引入到离子源中并且不能造成真空度的降低，目前质谱分析常用的进样方式有 3 种：注射进样、探针进样和色谱进样。

注射进样适合于气体及沸点不高、易于挥发的液体，通常在低真空（约 10^{-2} Pa）和 150℃温度下进行。

探针进样适合于高沸点的液体或固体，其为不锈钢杆，此方法可将微克级甚至更少试样送入电离室。探针杆的温度可冷却至约－100℃，或在数秒钟内加热到较高温度（如 300℃左右）。

对于有机化合物的分析，目前较多采用色谱—质谱联用，此时试样经色谱柱分离后，经分子分离器进入质谱仪的离子源。

13.2.3 离子源

离子源的功能是将进样系统引入的气态样品分子转化为离子。由于离子化所需要的能量随分子性质（如极性大小，含 N、P 等元素等）不同而差异很大，因此对于不同的分子及分析目的应选择不同的离解方法。许多方法可以将气态分子变成离子，它们已被广泛应用到质谱法中。现将主要的离子源介绍如下。

(1) 电子轰击离子源

最常用的离子源是电子轰击（electron impact，EI）离子源，这是一种应用最普遍、发展成熟的电离方法。其构造原理如图 13-2 所示。

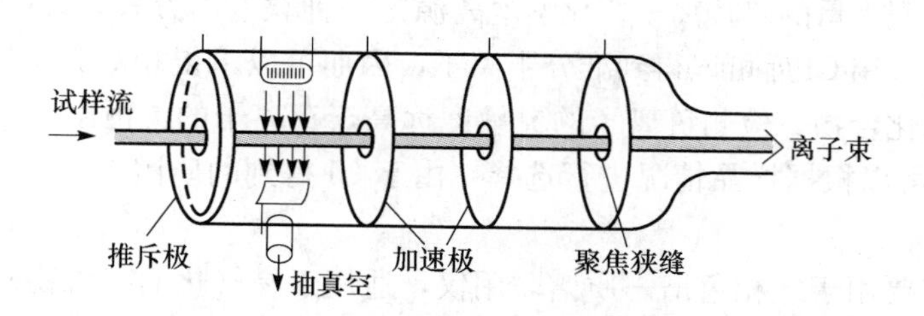

图 13-2 电子轰击离子源示意

由 GC 或直接进样杆进入的样品，以气体形式进入离子源，由灯丝发出的电子与样品分子发生碰撞使样品分子电离。一般情况下，灯丝与接收极之间的电压为 70 V，所有的标准质谱图都是在 70 eV 下做出的。在 70 eV 电子碰撞作用下，有机物分子可能被打掉一个电子形成分子离子，例如：

$$M + e^{-} \rightleftharpoons M^{+} + 2e^{-}$$

也可能会发生化学键的断裂形成碎片离子。由分子离子可以确定化合物相对分子质量，由碎片离子可以得到化合物的结构。对于一些不稳定的化合物，在70 eV的电子轰击下很难得到分子离子。为了得到相对分子质量，可以采用10～20 eV的电子能量，不过此时仪器灵敏度将大大降低，需要加大样品的进样量，而且，得到的质谱图不再是标准质谱图。

电子轰击电离源主要适用于易挥发有机样品的电离，GC-MS联用仪中都有这种离子源。其优点是工作稳定可靠，结构信息丰富，有标准质谱图可以检索。缺点是只适用于易气化的有机物样品分析，并且对有些化合物得不到分子离子。

(2) 化学电离源

有些化合物稳定性差，用EI法不易得到分子离子，因而也就得不到相对分子质量。为了得到相对分子质量可以采用化学电离源（chemical ionization，CI）电离方式。CI和EI在结构上没有多大差别。或者说主体部件是共用的。其主要差别是CI源工作过程中要引进一种反应气体。反应气体可以是甲烷、异丁烷、氨等。反应气的量比样品气要大得多。灯丝发出的电子首先将反应气电离，然后反应气离子与样品分子进行离子-分子反应，并使样品气电离。现以甲烷作为反应气，说明化学电离的过程。在电子轰击下，甲烷首先被电离：

$$CH_4 + e^{-} \longrightarrow CH_4^{+} + CH_3^{+} + CH_2^{+} + CH^{+} + C^{+} + H_2^{+} + H^{+} + ne^{-}$$

甲烷离子与分子进行反应，生成加合离子：

$$CH_4^{+} + CH_4 \longrightarrow CH_5^{+} + CH_3$$

$$CH_3^{+} + CH_4 \longrightarrow C_2H_5^{+} + H_2$$

加合离子与样品分子反应：

$$CH_5^{+} + XH \longrightarrow XH_2^{+} + CH_4$$

$$C_2H_5^{+} + XH \longrightarrow X^{+} + C_2H_6$$

生成的XH_2^{+}和X^{+}比样品分子XH多一个H或少一个H，可表示为（M±1），称为准分子离子。事实上，以甲烷作为反应气，除$(M+1)^{+}$之外，还可能出现$(M+17)^{+}$、$(M+29)^{+}$等离子，同时还出现大量的碎片离子。化学电离源是一种软电离方式，有些用EI方式得不到分子离子的样品，改用CI后可以得到准分子离子，因而可以求得相对分子质量。对于含有很强的吸电子基团的化合物，检测负离子的灵敏度远高于正离子的灵敏度，因此，CI源一般都有正CI和负CI，可以根据样品情况进行选择。由于CI得到的质谱不是标准质谱，所以不能进行库检索。

EI和CI源主要用于气相色谱—质谱联用仪，适用于易气化的有机物样品分析。

(3) 电喷雾电离源

电喷雾电离源（electronspray ionization，ESI）是近年来出现的一种新的电离方式。它主要应用于液相色谱—质谱联用仪。它既作为液相色谱和质谱仪之间的接口装置，同时又是电离装置，如图13-3所示。它的主要部件是一个多层套管组成的电喷雾喷嘴。最内层是液相色谱流出物，外层是喷射气，喷射气常采用大流量的氮气，其作用是使喷出的液体容易分散成微滴。另外，在喷嘴的斜前方还有一个补助气喷嘴，补助气的作用是使微滴的溶剂快速蒸发。在微滴蒸发过程中表面电荷密度逐渐增大，当增大到某个临界值时，离子就可以从表面蒸发出来。离子产生后，借助于喷嘴与锥孔之间的电压，穿过取样孔进入分析器。

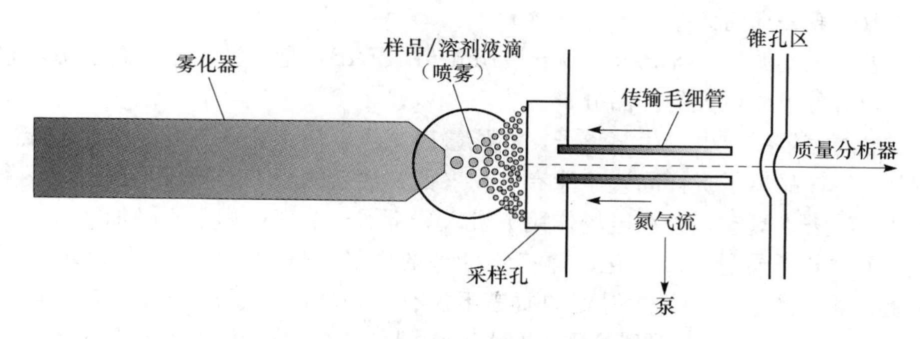

图 13-3　电喷雾电离源的示意

加到喷嘴上的电压可以是正，也可以是负。通过调节极性，可以得到正或负离子的质谱。其中值得一提的是电喷雾喷嘴的角度，如果喷嘴正对取样孔，则取样孔易堵塞。因此，有的电喷雾喷嘴设计成喷射方向与取样孔不在一条线上，而错开一定角度。这样溶剂雾滴不会直接喷到取样孔上，使取样孔比较干净，不易堵塞。产生的离子靠电场的作用引入取样孔，进入分析器。

电喷雾电离源是一种软电离方式，即便是相对分子质量大，稳定性差的化合物，也不会在电离过程中发生分解，它适合于分析极性强的大分子有机化合物，如蛋白质、肽、糖等。电喷雾电离源的最大特点是容易形成多电荷离子。这样，一个相对分子质量为 1×10^4 Da 的分子若带有 10 个电荷，则其质荷比只有 1 000 Da，进入了一般质谱仪可以分析的范围之内。根据这一特点，目前采用电喷雾电离，可以测量相对分子质量在 3×10^5 Da 以上的蛋白质。

（4）场致电离源

场致电离源（field ionization，FI）属温和的离子化技术，产生的碎片很少。场致电离源由两个尖细电极组成，电压梯度为 $10^7\sim10^8$ V/cm 的强电场，依靠这个电场把尖端附近纳米处的分子中的电子拉出来，使之形成正离子，然后通过一系列静电透镜聚焦成束，并加速到质量分析器中去。在场致电离的质量谱图上，分子离子峰很清楚，碎片峰很弱，这对相对分子质量测定很有利，但缺乏分子结构信息。为了弥补这个缺点，可以使用复合离子源，电子轰击—化学电复合源等。

（5）大气压化学电离源

大气压化学电离源（atmospheric pressure chemical ionization，APCI）的结构与电喷雾源大致相同，不同之处在于 APCI 喷嘴的下游放置一个针状放电电极，通过放电电极的高压放电，使空气中某些中性分子电离，产生 H_3O^+、N_2^+、O_2^+ 和 O^+ 等离子，溶剂分子也会被电离，这些离子与分析物分子进行离子—分子反应，使分析物分子离子化，这些反应过程包括由质子转移和电荷交换产生正离子，质子脱离和电子捕获产生负离子等。

大气压化学电离源主要用来分析中等极性的化合物。有些分析物由于结构和极性方面的原因，用ESI不能产生足够强的离子，可以采用APCI方式增加离子产率，可以认为APCI是ESI的补充。APCI主要产生的是单电荷离子，所以分析的化合物相对分子质量一般小于1 000 Da。用这种电离源得到的质谱很少有碎片离子，主要是准分子离子。

场致电离源和大气压化学电离源主要用于液相色谱-质谱联用仪。

(6) 快原子轰击电离源

快原子轰击电离源（fast atomic bombardment，FAB）是一种常用的离子源，它主要用于极性强、相对分子质量大的样品分析。

氩气在电离室依靠放电产生氩离子，高能氩离子经电荷交换得到高能氩原子流，氩原子打在样品上产生样品离子。样品置于涂有底物（如甘油）的靶上。靶材为铜，原子氩打在样品上使其电离后进入真空，并在电场作用下进入分析器。电离过程中不必加热气化，因此适合于分析大相对分子质量、难气化、热稳定性差的样品。例如，肽类、低聚糖、天然抗生素、有机金属络合物等。FAB源得到的质谱不仅有较强的准分子离子峰，而且有较丰富的结构信息。但是，它与EI源得到的质谱图很不相同。一是它的相对分子质量信息不是分子离子峰M，而往往是$(M+H)^+$或$(M+Na)^+$等准分子离子峰；二是碎片峰比EI谱要少。

FAB源主要用于磁式双聚焦质谱仪。

(7) 场解析电离源

场解析电离源（field desorption，FD）通常是在10 μm的阴极表面前端制造出一些微碳针（直径小于1 μm）多尖阵列，吸附的样品在加热解析，在发射丝附近的高压静电场（10^7～10^8 V/cm）的作用下，分子电离形成分子离子，其电离原理与场致电离相同。解吸所需能量远低于气化所需能量，故有机化合物不会发生热分解，因为试样不需气化而可直接得到分子离子，因此即使是热稳定性差的试样仍可得到很好的分子离子峰，在FD源中分子中的C—C键一般不断裂，因而很少生成碎片离子。

(8) 激光解吸源

激光解吸源（laser description，LD）是一种结构简单、灵敏度很高的新电离源。它利用一定波长的脉冲式激光照射样品使样品电离，被分析的样品置于涂有基质的样品靶上，脉冲激光束经平面镜和透镜系统后照射到样品靶上，基质分子吸收激光能量，与样品分子一起蒸发到气相并使样品分子电离。激光电离源需要有合适的基质才能得到较好的离子产率。因此，这种电离源通常称为基质辅助激光解吸电离源（matrix assisted laser description ionization，MALDI）。

MALDI常用的基质有2,5-二羟基苯甲酸、芥子酸、烟酸、α-氰基-4-羟基肉桂酸等。基质必须满足下列要求：能强烈的吸收激光的辐照，能较好地溶解样品形成溶液。

MALDI特别适合于飞行时间质谱仪（TOF）组合成MALDI-TOF。MALDI属于软电离技术，比较适合于分析生物大分子，如肽、蛋白质、核酸等。得到的质谱主要是分子离子、准分子离子，碎片离子和多电荷离子较少，可以得到精确的相对分子质量信息。

13.2.4 质量分析器

质量分析器的作用是将离子源产生的离子按质荷比m/z顺序分开并排列成谱。用于有机质谱仪的质量分析器有磁式双聚焦分析器、四极杆分析器、离子阱分析器、飞行时间分析器、回旋共振分析器等。

(1) 双聚焦分析器

双聚焦分析器（double focusing analyzer）是在单聚焦分析器的基础上发展起来的。因此，首先简单介绍一下单聚焦分析器。单聚焦分析器的主体是处在磁场中的扇形真空腔体。离子进入分析器后，由于磁场的作用，其运动轨道发生偏转改作圆周运动。其运动轨道半径 R 可由式（13-1）表示：

$$R = \frac{1.44 \times 10^{-2}}{B} \times \sqrt{\frac{m}{z} \cdot V} \qquad (13\text{-}1)$$

式中 R——运动轨道半径；

m——离子质量（amu）；

z——离子电荷量，以电子的电荷量为单位；

V——离子加速电压（V）；

B——磁感应强度（T）。

由式（13-1）可知，在一定的 B、V 条件下，不同 m/z 的离子其运动半径不同，这样，由离子源产生的离子，经过分析器后可实现质量分离。如果检测器位置不变（即 R 不变），连续改变 V 或 B 可以使不同 m/z 的离子顺序进入检测器，实现质量扫描，得到样品的质谱。单聚焦分析器可以是 180°的，也可以是 90°或其他角度的，其形状象一把扇子，因此又称为磁扇形分析器。单聚焦分析结构简单，操作方便但其分辨率很低。不能满足有机物分析要求，目前只用于同位素质谱仪和气体质谱仪。单聚焦质谱仪分辨率低的主要原因在于它不能克服离子初始能量分散对分辨率造成的影响。在离子源产生的离子当中，质量相同的离子应该聚在一起，但由于离子初始能量不同，经过磁场后其偏转半径也不同，而是以能量大小顺序分开，即磁场也具有能量色散作用。这样就使得相邻两种质量的离子很难分离，从而降低了分辨率。

为了消除离子能量分散对分辨率的影响，通常在扇形磁场前加一扇形电场，扇形电场是一个能量分析器，不起质量分离作用。质量相同而能量不同的离子经过静电电场后会彼此分开。即静电场有能量色散作用。如果设法使静电场的能量色散作用和磁场的能量色散作用大小相等方向相反，就可以消除能量分散对分辨率的影响。只要是质量相同的离子，经过电场和磁场后可以汇聚在一起。另外质量的离子汇聚在另一点。改变离子加速电压可以实现质量扫描。这种由电场和磁场共同实现质量分离的分析器，同时具有方向聚焦和能量聚焦作用，称作双聚焦质量分析器（图 13-4）。双聚焦分析器的优点是分辨率高，缺点是扫描速度慢，操作、调整比较困难，而且仪器造价也比较昂贵。

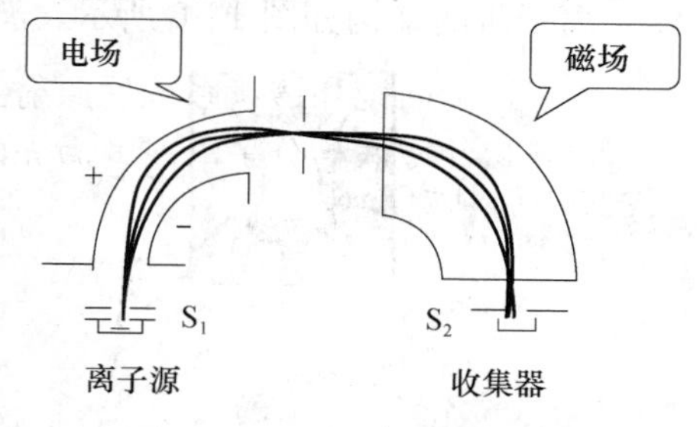

图 13-4 双聚焦质量分析器

(2) 四极杆分析器

四极杆分析器（quadrupole analyzer）由 4 根镀金属陶瓷或钼合金的截面为双曲面或圆形的棒状电极组成。两组电极间都施加有直流电压和叠加的交流电压，构成一个四极电场，如图 13-5 所示。

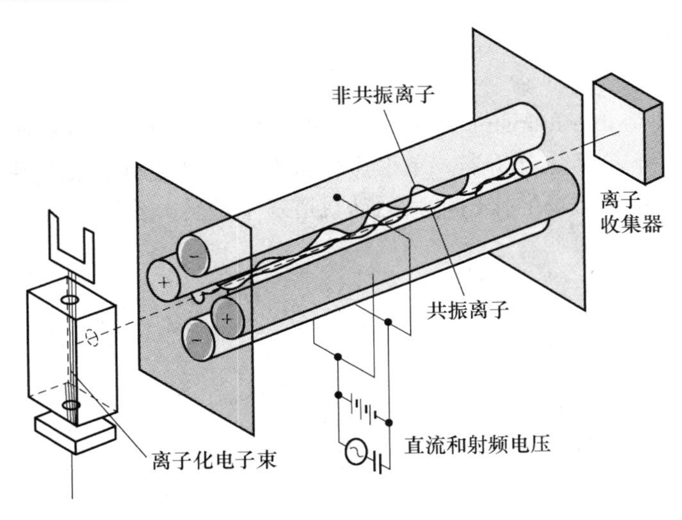

图 13-5　四极杆质量分析器示意

离子从离子源进入四极电场后，在场的作用下产生振动。当离子振幅是共振振幅时，可以通过四极电场到达检测器。如果交流射频电压频率恒定，在保持直流电压/射频电压大小比值不变的情况下，改变射频电压值，对应于一个射频电压值，只有某一种（或一定范围）质荷比的离子能够到达收集器并发出信号（这些离子称为共振离子），其他离子在运动的过程中撞击在筒形电极上而被“过滤”掉，最后被真空泵抽走（称为非共振离子），可实现不同离子质量的分离。四极杆质谱仪利用四极杆代替了笨重的电磁铁，故具有体积小、重量轻等优点，灵敏度较磁式仪器高，而且操作方便。另外，也可选择适当的离子通过四极电场，使干扰组分不被采集，消除组分间的干扰。适合于定量分析，但因为这种扫描方式得到的质谱不是全谱，因此，不能在质谱库中检索进行定性分析。

（3）离子阱质量分析器

离子阱的结构如图 13-6 所示。离子阱的主体是一个环电极和上下两端盖电极，环电极和上下两端盖电极都是绕 Z 轴旋转的双曲面，并满足$r_0^2=2Z_0^2$（r_0 为环形电极的最小半径，Z_0 为两个端盖电极间的最短距离）。直流电压 U 和射频电压 V_{rf}加在环电极和端盖电极之间，两端盖电极都处于低电位。与四极杆分析器类似，离子在离子阱内的运动遵守所谓马蒂厄微分方程，也有类似四极杆分析器的稳定图。在稳定区内的离子，轨道振幅保持一定大小，可以长时间留在阱内，不稳定区的离子振幅很快增长，撞击到电极而消失。对于一定质量的离子，在一定的 U 和 V_{rf}下，可以处在稳定区。改变 U 或 V_{rf}的值，离子可能处于非稳定区。如果在引出电极上加负电压，可以将离子从阱内引出，由

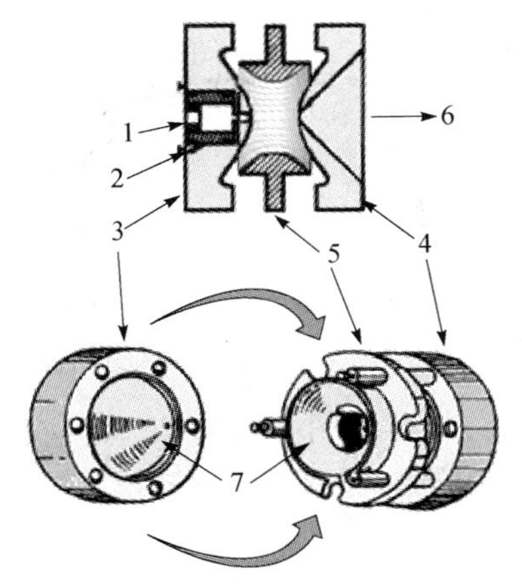

图 13-6　离子阱结构示意

1. 离子束注入　2. 离子闸门　3、4. 端电极
5. 环形电极　6. 至电子倍增器　7. 双曲线

电子倍增器检测。因此，离子阱的质量扫描方式与四极杆类似，是在恒定的U/V_{rf}下，扫描V_{rf}获取质谱。

离子阱的特点是结构小巧，质量轻，灵敏度高，而且还有多级质谱功能。它可以用于气相色谱-质谱联用技术（GC-MS），也可以用于液相色谱-质谱联用技术（LC-MS）。

（4）飞行时间质量分析器

飞行时间质量分析器（time of flight analyzer）的主要部分是一个离子漂移管。图 13-7 是这种分析器的原理图。离子在加速电压V作用下得到动能，则有：

$$\frac{mv^2}{2}=eV \quad 或 \quad v=\sqrt{\frac{2eV}{m}} \tag{13-2}$$

式中 m——离子的质量（amu）；

v——离子的速度（m/s）；

e——离子的电荷量，以电子的电荷量为单位；

V——离子加速电压（V）。

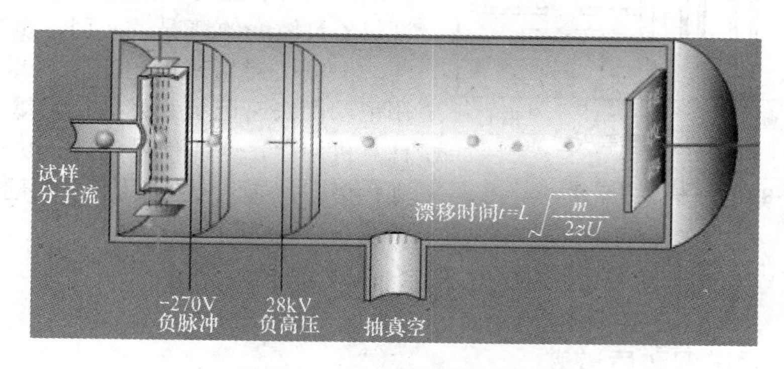

图 13-7 飞行时间质量分析器

离子以速度v进入自由空间（漂移区），假定离子在漂移区飞行的时间为t，漂移区长度为L，则：

$$t=L\sqrt{\frac{m}{2eV}} \tag{13-3}$$

式中 t——离子在漂移区飞行时间（s）；

L——漂移区长度（m）；

其他符号意义同式（13-2）。

由式（13-3）可以看出，离子在漂移管中飞行的时间与离子质量的平方根成正比。即对于能量相同的离子，离子的质量越大，达到接收器所用的时间越长，质量越小，所用时间越短，根据这一原理，可以把不同质量的离子分开。适当增加漂移管的长度可以增加分辨率。

飞行时间质量分析器的特点是质量范围宽，扫描速度快，既不需电场也不需磁场。但是，长时间以来一直存在分辨率低这一缺点，造成分辨率低的主要原因在于离子进入漂移管前的时间分散、空间分散和能量分散。这样，即使是质量相同的离子，由于产生时间的先后，产生空间的前后和初始动能的大小不同，达到检测器的时间就不相同，因而降低了分辨率。目前，通过采取激光脉冲电离方式，离子延迟引出技术和离子反射技术，可以在很大程度上克服上述3个原因造成的分辨率下降。现在，飞行时间质谱仪的分辨率可达 2×10^4 Da以上。最高可检相对分子质量超过 30×10^4 Da，并且具有很高的灵敏度。目前，这种分析器已广泛应用于气相色谱—质谱联用仪，液相色谱—质谱联用仪和基质辅助激光解吸飞行时间质谱仪中。

13.2.5 离子检测器和记录系统

质谱仪的检测主要使用电子倍增器，也有的使用光电倍增管。图13-8是电子倍增器示意图。由四极杆出来的离子打到高能打拿极产生电子，电子经电子倍增器产生电信号，记录不同离子的信号即得质谱。信号增益与倍增器电压有关，提高倍增器电压可以提高灵敏度，但同时会降低倍增器的寿命，因此，应该在保证仪器灵敏度的情况下采用尽量低的倍增器电压。由倍增器出来的电信号经放大器放大后，用记录仪快速记录到光敏记录纸上，或被送入计算机储存，这些信号经计算机处理后可以得到色谱图、质谱图及其他各种信息。

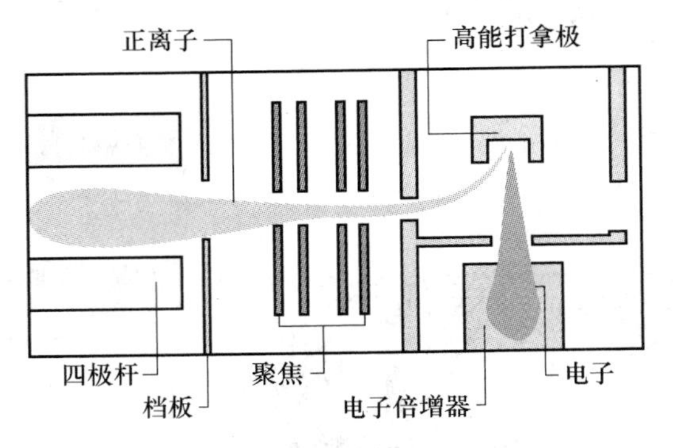

图13-8 电子倍增器示意

13.3 质谱峰和主要离子峰

13.3.1 质谱图和质谱表

质谱图以质荷比（m/z）为横坐标，以离子峰的相对丰度为纵坐标绘制的谱图。图中最高的峰称为基峰。基峰的相对丰度常定为100%，其他离子峰的强度按基峰的百分比表示。在文献中，质谱数据也可以用列表的方法表示。质谱表是用表格形式表示的质谱数值，质谱表中有两项即质荷比和相对强度。

13.3.2 质谱中主要离子峰

当气体或蒸气分子（原子）进入离子源（如电子轰击离子源）时，受到电子轰击而形成各种类型的离子。因而在所得的质谱图中可出现下述一些质谱峰。

（1）分子离子峰

多数分子易失去一个电子而形成的离子称为分子离子。所产生的峰称为分子离子峰或称母峰，一般用符号 $M^{+\cdot}$ 表示。其中“+”代表正离子，“·”代表不成对电子。分子离子峰的 m/z 就是该分子的相对分子质量。

对于有机化合物，杂原子的未成键电子（n电子）最易失去，其次 π 电子，再次是 σ 电子。所以对于含有氧、氮、硫等杂原子的分子，首先是杂原子失去一个电子而形成分子离子。此时正电荷位置可表示在杂原子上，如 $CH_3CH_2O^+H$。如果分子中没有杂原子而有双键，则双键电子较易失去，则正电荷位于双键的一个碳原子上。如果分子中既没有杂原子又没有双键，其正电荷位置一般在分支碳原子上。如果电荷位置不确定，或不需要确定电荷的位置，可在分子式的右上角标："┑+"，如 $CH_3COOC_2H_5$┑+。

（2）碎片离子峰

碎片离子是由于分子离子进一步裂解产生的。生成的碎片离子可能再次裂解，生成质量更小的碎片离子，另外在裂解的同时也可能发生重排，所以在化合物的质谱中，常看到许多碎片离子峰。碎片离子的形成与分子结构有着密切的关系，一般可根据反应中形成的几种主要碎片离子，推测原来化合物的结构。

（3）同位素离子峰

除 P、F、I 外，组成有机化合物的常见的几十种元素，如 C、H、O、N、S、Cl、Br 等都有同位素，它们的天然丰度见表 13-1，因而在质谱中会出现由不同质量的同位素形成的峰，称为同位素离子峰。同位素峰的强度比与同位素的丰度比是相当的。从表 13-1 可见，S、Cl、Br 等元素的同位素丰度高，因此含 S、Cl、Br 的化合物的分子离子或碎片离子，其 $(M+2)^+$ 峰强度较大，所以根据 M 和 $(M+2)^+$ 两个峰的强度比易于判断化合物中是否含有这些元素。

表 13-1　几种常见元素的精确质量、天然丰度及丰度比

元　素	同位素	精确质量	天然丰度（%）	丰度比（%）
H	^{1}H	1.007 825	99.985	$^{2}H/^{1}H$　0.015
	^{2}H	2.014 102	0.015	
C	^{12}C	12.000 000	98.893	$^{13}C/^{12}C$　1.11
	^{13}C	13.003 355	1.107	
N	^{14}N	14.003 074	99.634	$^{15}N/^{14}N$　0.37
	^{15}N	15.000 109	0.366	
O	^{16}O	15.994 915	99.759	$^{17}O/^{16}O$　0.04
	^{17}O	16.999 131	0.037	$^{18}O/^{16}O$　0.20
	^{18}O	17.999 159	0.204	
F	^{19}F	18.998 403	100.00	
S	^{32}S	31.972 072	95.02	$^{33}S/^{32}S$　0.8
	^{33}S	32.971 459	0.78	$^{34}S/^{32}S$　0.044
	^{34}S	33.967 868	4.22	
Cl	^{35}Cl	34.968 853	75.77	$^{37}Cl/^{35}Cl$　0.32
	^{37}Cl	34.965 903	24.23	
Br	^{79}Br	78.918 336	50.537	$^{81}Br/^{79}Br$　0.979
	^{81}Br	80.916 290	49.463	
I	^{127}I	126.904 477	100.00	

（4）重排离子峰

有些离子不是由简单断裂产生的，而是发生了原子或基团的重排，这样产生的离子称为重排离子。当化合物分子中含有 C=X（X 为 O、N、S、C）基团，而且与这个基团相连的链上有 γ 氢原子，这种化合物的分子离子碎裂时，此 γ 氢原子可以转移到 X 原子上去，同时 β 键断裂。例如，

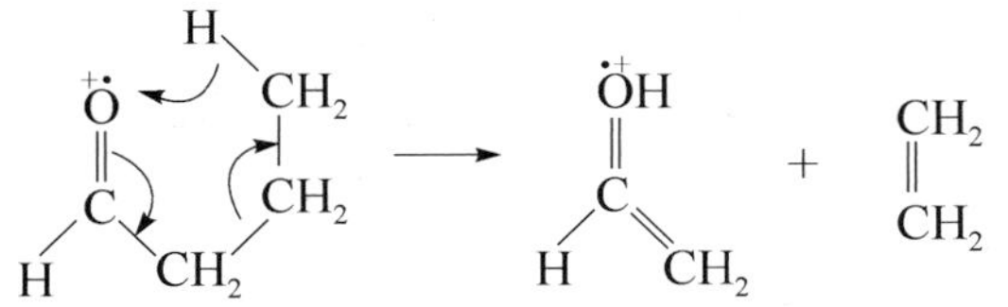

这种断裂方式是 Mclafferty 在 1956 年首先发现的，因此称为 Mclafferty 重排，简称麦氏重排。对于含有像羰基这样的不饱和官能团的化合物，γ 氢原子是通过六元环过渡态转移的。凡是具有 γ 氢原子的醛、酮、酯、酸及烷基苯、长链烯等，都可以发生麦氏重排。例如：

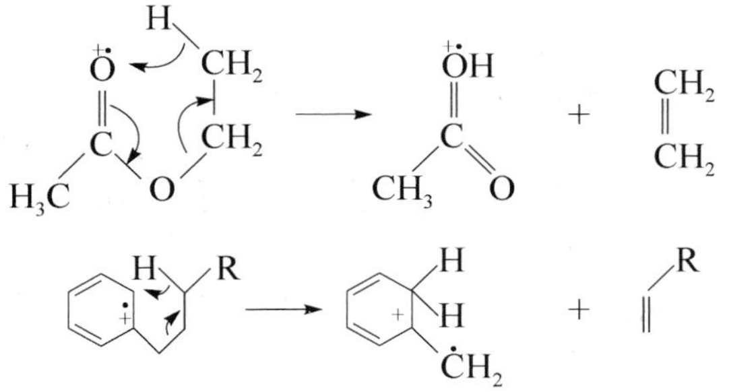

麦氏重排的特点如下：同时有两个以上的键断裂并丢失一个中性小分子，生成的重排离子的质量数为偶数。

除麦氏重排外，重排的种类还有很多，经过四元环、五元环都可以发生重排。重排既可以是自由基引发的，也可以是电荷引发的。

(5) 亚稳离子峰

以上各种离子都是指稳定的离子。实际上，在电离、裂解或重排过程中所产生的离子，都有一部分处于亚稳态，这些亚稳离子同样被引出离子源。例如，在离子源中生成质量为 m_1 的离子，当被引出离子源后，在离子源和质量分析器入口处之间的无场区（对于双聚焦质谱仪，在离子源、静电分析器、磁分析器及检测器之间存在 3 个无场区）飞行漂移时，由于碰撞等原因很易进一步分裂失去中性碎片而形成质量为 m_2 的离子，由于它的一部分动能被中性碎片夺走，这种 m_2 离子的动能要比在离子源直接产生的 m_2 小得多，所以前者在磁场中的偏转要比后者大得多，此时记录到的 m/z 要比后者小，这种峰称亚稳离子峰。例如，在十六烷的质谱中可以发现好几个亚稳离子峰，其 m/z 分别为 32.9，29.5，28.8，25.7 和 21.7。

亚稳离子峰钝而小，一般要跨 2～5 个质量单位，且 m/z 通常不是整数，故可利用这些特征加以区别。亚稳离子的质量用 m^* 来表示，以区别于正常情况下产生的 m_2^+。m_1、m_2 和 m^* 之间存在下列关系：

$$m^* = \frac{m_2^2}{m_1}$$

上述十六烷的例子中，因为 $41^2/57 \approx 29.49$，所以 m^* 29.5 表示存在如下裂开：

$$C_4H_9^+ \longrightarrow C_3H_5^+ + CH_4$$

$$m/z\ 57 \qquad m/z\ 41$$

这个例子表示，根据 m^* 就可找出 m_1 和 m_2，并证实有 $m_1^+ \rightarrow m_2^+$ 的裂解过程。这对解析一个复杂的质谱是很有用的。

13.4　质谱定性分析及图谱解析

质谱图可提供有关分子结构的许多信息，因而定性能力强是质谱分析的重要特点。以下简要讨论质谱在这方面的主要作用。

13.4.1　相对分子质量的测定

分子离子的质荷比就是化合物的相对分子质量。因此，在解释质谱时首先要确定分子离子峰，通常判断分子离子峰的方法如下：

① 分子离子峰一定是质谱中质量数最大的峰，它应处在质谱的最右端。

② 分子离子峰应具有合理的质量丢失。也即在比分子离子小 4～14 个及 20～25 个质量单位处，不应有离子峰出现。否则，所判断的质量数最大的峰就不是分子离子峰。因为一个有机化合物分子不可能失去 4～14 个氢而不断键。如果断键，失去的最小碎片应为 CH_3，它的质量是 15 个质量单位。同样，也不可能失去 20～25 个质量单位。表 13-2 列出从有机化合物中易于裂解出的游离基（附有黑点的）和中性分子的质量差，这对判断质量差是否合理和解析裂解过程有参考价值。

表 13-2　一些常见的游离基和中性分子的质量数

质量数	游离基或中性分子	质量数	游离基或中性分子
15	$\cdot CH_3$	45	$CH_3CHOH\cdot$，$CH_3CH_2O\cdot$
17	$\cdot OH$	46	CH_3CH_2OH，NO_2，$(H_2O+CH_2{=}CH_2)$
18	H_2O	47	CH_3S
20	HF	48	CH_3SH
26	$CH{\equiv}CH$，$\cdot C{\equiv}N$	49	$\cdot CH_2Cl$
27	$CH_2{=}CH\cdot$，CHN	50	CF_2
28	$CH_2{=}CH_2$，CO	54	$CH_2{=}CH-CH{=}CH_2$
29	$CH_3CH_2\cdot$，$\cdot CHO$	55	$\cdot CH{=}CHCH_2CH_3$
30	$NH_2CH_2\cdot$，CH_2O，NO	56	$CH_2{=}CHCH_2CH_3$
31	$\cdot OCH_3$，$\cdot CH_2OH$，CH_3NH_2	57	$\cdot C_4H_9$
32	CH_3OH	59	$CH_3OC\cdot{=}O$，CH_3CONH_2
33	$HS\cdot$，(CH_3+H_2O)	60	C_3H_7OH
34	H_2S	61	$CH_3CH_2S\cdot$
35	$Cl\cdot$	62	$(H_2S+CH_2{=}CH_2)$
36	HCl	64	CH_3CH_2Cl
40	$CH_3C{\equiv}CH$	68	$CH_2{=}C(CH_3)-CH{=}CH_2$
41	CH_2CHCH_3，CH_2CO	71	$\cdot C_5H_{11}$
43	$C_3H_7\cdot$，$CH_3CO\cdot$，$CH_2{=}CH-O$	73	$CH_3CH_2OC\cdot{=}O$
44	$CH_2{=}CHOH$，CO_2		

③ 分子离子应为奇电子离子，它的质量数应符合氮规则。所谓氮规则是指在有机化合物分子中含有奇数个氮时，其相对分子质量应为奇数。含有偶数个（包括 0 个）氮时，其相

对分子质量应为偶数。这是因为组成有机化合物的元素中，具有奇数价的原子具有奇数质量，具有偶数价的原子具有偶数质量，因此，形成分子之后，相对分子质量一定是偶数。而氮则例外，氮有奇数价而具有偶数质量，因此，分子中含有奇数个氮，其相对分子质量是奇数，含有偶数个氮，其相对分子质量一定是偶数。

如果某离子峰完全符合上述 3 项判断原则，那么这个离子峰可能是分子离子峰；如果 3 项原则中有 1 项不符合，这个离子峰就肯定不是分子离子峰。应该特别注意的是，有些化合物容易出现 M－1 峰或 M＋1 峰。另外，在分子离子很弱时，容易和噪音峰相混，所以，在判断分子离子峰时要综合考虑样品来源、性质等其他因素。

如果经判断没有分子离子峰或分子离子峰不能确定，则需要采取其他方法得到分子离子峰，常用的方法有：

① 降低电离能量：通常 EI 源所用电离电压为 70 V，电子的能量为 70 eV，在这样高能量电子的轰击下，有些化合物就很难得到分子离子。这时可采用 12 eV 左右的低电子能量，虽然总离子流强度会大大降低，但有可能得到一定强度的分子离子峰。

② 制备衍生物：有些化合物不易挥发或热稳定差，这时可以进行衍生化处理。例如，有机酸可以制备成相应的酯，酯类容易气化，而且容易得到分子离子峰，可以由此再推断有机酸的相对分子质量。

③ 采取软电离方式：软电离方式很多，有化学电离源、快原子轰击源、场解吸源及电喷雾源等。要根据样品特点选用不同的离子源。软电离方式得到的往往是准分子离子，然后由准分子离子推断出真正的相对分子质量。

13.4.2 分子式的确定

利用一般的 EI 质谱很难确定分子式。在早期，曾经有人利用分子离子峰的同位素峰来确定分子组成式。有机化合物分子都是由 C、H、O、N……等元素组成的，这些元素大多具有同位素，由于同位素的贡献，质谱中除了有质量为 M 的分子离子峰外，还有质量为 M＋1，M＋2 的同位素峰。由于不同分子的元素组成不同，不同化合物的同位素丰度也不同，贝农（Beynon）将各种化合物（包括 C、H、O、N 的各种组合）的 M、M＋1、M＋2 的强度值编成质量与丰度表，如果知道了化合物的相对分子质量和 M、M＋1、M＋2 的强度比，即可查表确定分子式。例如，某化合物相对分子质量为 M＝150（丰度 100％）。M＋1 的丰度为 9.9％，M＋2 的丰度为 0.88％，求化合物的分子式。根据贝农表可知，M＝150 化合物有 29 个，其中与所给数据相符的为 $C_9H_{10}O_2$。这种确定分子式的方法要求同位素峰的测定十分准确，而且只适用于相对分子质量较小，分子离子峰较强的化合物。如果是这样的质谱图，利用计算机进行库检索得到的结果一般都比较好，不需再计算同位素峰和查表。因此，这种查表的方法已经不再使用。

利用高分辨质谱仪可以提供分子组成式。因为 C、H、O、N 的原子量分别为 12.000 000，10.078 25，15.994 914，14.003 074，如果能精确测定化合物的相对分子质量，可以由计算机轻而易举地计算出所含不同元素的个数。目前傅里叶变换质谱仪、双聚焦质谱仪、飞行时间质谱仪等都能给出化合物的元素组成。

13.4.3 分子结构的确定

从前面的叙述可以知道，化合物分子电离生成的离子质量与强度，与该化合物分子的本身结构有密切关系。也就是说，化合物的质谱带有很强的结构信息，通过对化合物质谱的解释，可以得到化合物的结构。质谱图解析结构的方法和步骤如下所述。

① 由质谱的高质量端确定分子离子峰，求出相对分子质量，初步判断化合物类型及是否含有 Cl、Br、S 等元素。

② 根据分子离子峰的高分辨数据，给出化合物的组成式。

③ 由组成式计算化合物的不饱和度，即确定化合物中环和双键的数目。计算方法为：

$$\text{不饱和度}\ U = \text{四价原子数} - \frac{\text{一价原子数}}{2} + \frac{\text{三价原子数}}{2} + 1$$

例如，苯的不饱和度 $U=6-\frac{6}{2}+\frac{0}{2}+1=4$

不饱和度表示有机化合物的不饱和程度，计算不饱和度有助于判断化合物的结构。

④ 研究高质量端离子峰。质谱高质量端离子峰是由分子离子失去碎片形成的。从分子离子失去的碎片，可以确定化合物中含有哪些取代基。常见的离子失去碎片的情况有：

M-15（CH_3）
M-16（O，NH_2）
M-17（OH，NH_3）
M-18（H_2O）
M-19（F）
M-26（C_2H_2）
M-27（HCN，C_2H_3）
M-28（CO，C_2H_4）
M-29（CHO，C_2H_5）
M-30（NO）
M-31（CH_2OH，OCH_3）
M-32（S，CH_3OH）
M-35（Cl）
M-42（CH_2CO，CH_2N_2）
M-43（CH_3CO，C_3H_7）
M-44（CO_2，CS_2）
M-45（OC_2H_5，COOH）
M-46（NO_2，C_2H_5OH）
M-79（Br）
M-127（I）……

⑤ 研究低质量端离子峰，寻找不同化合物断裂后生成的特征离子和特征离子系列。例如，正构烷烃的特征离子系列为 m/z 15、29、43、57、71 等，烷基苯的特征离子系列为 m/z 91、77、65、39 等。根据特征离子系列可以推测化合物类型。

⑥ 通过上述各方面的研究，提出化合物的结构单元。再根据化合物的相对分子质量、分子式、样品来源、物理化学性质等，提出一种或几种最可能的结构。必要时，可根据红外和核磁数据得出最后结果。

⑦ 验证所得结果。验证的方法有：将所得结构式按质谱断裂规律分解，看所得离子和所给未知物质谱图是否一致；查该化合物的标准质谱图，看是否与未知质谱图相同；寻找标样，做标样的质谱图，与未知物质谱图比较等各种方法。

13.5 质谱定量分析

质谱检出的离子流强度与离子数目呈正比，因此通过离子流强度测量可进行定量分析。

其主要用于同位素测量、无机痕量分析和混合物的定量分析。以质谱法进行多组分有机混合物的定量分析时，应满足一些必要条件，如组分中至少有一个与其他组分有显著不同的峰、各组分的裂解模型具有重现性（1%）、组分的灵敏度具有一定的重现性（1%）等。

早期的质谱定量分析，主要应用于石油工业，例如，烷烃、芳香烃组分分析。但这些方法费时费力，对于复杂的有机混合物的定量分析，单独使用质谱仪分析较困难，目前已大多采用 GC-MS 联用技术，由于计算机的高度发展，同时配有数据化学工作站，这些问题已迎刃而解。在 GC-MS 得到的质量—色谱图上，峰面积与相应组分的含量成正比，若对某一组分进行定量测量，可以采用色谱分析法中的归一法、外标法、内标法等不同定量方法进行。

13.6 联用技术

13.6.1 气相色谱—质谱（GC-MS）联用技术

质谱法具有高灵敏度、定性能力强等特点，但有进样必须纯和定量分析较复杂的缺点；而气相色谱法具有分离效率高、定量分析简单的特点，但定性能力却较差。因此，将这两种方法联用，就可相互取长补短，使气相色谱仪成为质谱法理想的“进样器”，质谱仪成为气相色谱法理想的“检测器”。

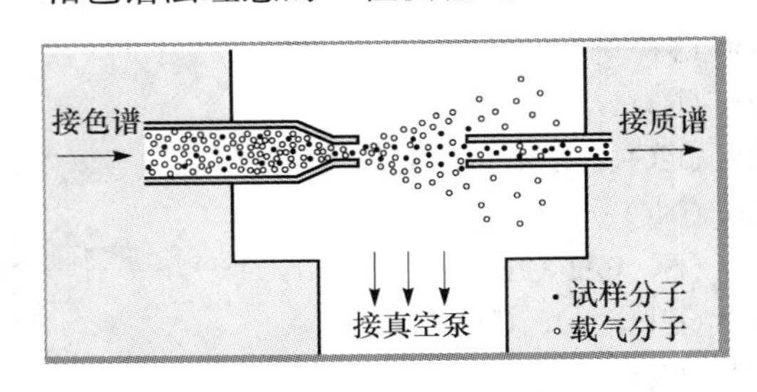

图 13-9 喷射式分子分离器

实现 GC-MS 联用的关键是接口装置，色谱仪和质谱仪就是通过它连接起来的。从毛细管气相色谱柱中流出的成分可直接引入质谱仪的离子化室，但填充柱必须经过一个分子分离器降低气压并将载气与样品分子分开。喷射式分子分离器是其中常用的一种，其结构如图 13-9 所示。色谱柱出口的具有一定压强的气流，通过狭隘的喷嘴孔，以超声膨胀喷射方式喷向真空室，在喷嘴出口端产生扩散作用，扩散速率与相对分子质量的平方根成反比，质量小的载气（在色谱—质谱联用仪中用氦作为载气）大量扩散，被真空泵抽除；组分分子通常具有大得多的质量，因而扩散得慢，大部分按原来的运动方向前进，进入质谱仪部分，这样就达到分离载气、浓缩组分的作用。为了提高效率，可以采用双组喷嘴分离器。

组分经离子源电离后，位于离子源出口狭缝处的总离子流检测器检测到离子流信号，经放大记录后成为色谱图。当某组分出现时，总离子流检测器发生触发信号，启动质谱仪开始扫描而获得该组分的质谱图。

气相色谱与质谱联用后，每秒可获数百至数千质量数离子流的信息数据，因此计算机系统数据化学工作站是一个重要而必需的组件，以采取和处理大量数据，并对联用系统进行操作及控制。

由于 GC-MS 所具有的独特优点，目前已得到十分广泛地应用。一般说来，凡能用气相色谱法进行分析的试样，大部分都能用 GC-MS 进行定性鉴定及定量测定。环境分析是 GC-MS 应用最重要的领域。水（地表水、废水、饮用水等）、危害性废物、土壤中有机污染物、空气中 VOCs、农药残留量等的 GC-MS 分析方法已被美国环境保护署及许多国家采用，有的已以法规形式确认。

GC-MS联用在我国环境领域也得到了较迅速的发展，随着人们生活质量提高，对环境质量标准要求的提高，尖端仪器的普及使用，标准不断修改和更新。同时，GC-MS技术和标准也促使其向其他法规性应用领域扩展，如法医毒品的检定、公安案例的物证、体育运动中兴奋剂的检验等，已形成或将形成一系列法定性或公认的标准方法。

13.6.2 液相色谱—质谱（LC-MS）联用技术

分离热稳定性差及不易蒸发的样品，气相色谱就有困难了，而液相色谱的应用则不受沸点和相对分子质量的限制，并能对热稳定性差的试样进行分离、分析，因此LC-MS联用技术就发展起来了。LC分离要使用大量的流动相，如何有效地除去流动相而不损失样品，是LC-MS联用技术的难题之一。

经过长期研究分析，直到20世纪90年代，由于新的联用接口技术的出现，如新型的电喷雾电离（electrospray ionization，ESI）接口，大气压化学电离源（atmospheric pressure chemical ionization，APCI）接口，大气压光致电离源（atmospheric pressure photo ionization，APPI）接口等，使得HPLC-MS联用得到突破，并得到高速发展。

HPLC-MS联用中，要根据不同分析要求选择接口技术，不同接口的工作原理不同，所得到的质谱信息及使用范围各不相同。对于ESI技术，它是迄今为止最为温和的电离方法，即便是相对分子质量大、稳定性差的化合物，也不会在电离过程中发生分解，它适合分子极性强的大分子有机化合物如蛋白质、多肽、糖类等。对于APCI技术，其主要用来分析中等极性的化合物。有些分析物由于结构和极性方面的原因，若用ESI不能产生足够强的离子，可以采用APCI方式增加离子产率，可以认为APCI是ESI的补充。

13.6.3 电感耦合等离子体质谱法（ICP-MS）

电感耦合等离子体质谱法（ICP-MS）是以等离子体为离子源的一种质谱型元素分析方法。主要用于多种元素的同时测定，并可与其他色谱分离技术联用，进行元素价态分析。最初的ICP-MS的概念出现在1970年，是源于继ICP-AES技术快速发展之后而产生的对下一代多元素分析仪器系统的需求。

电感耦合等离子体质谱仪一般由进样系统、电感耦合等离子体离子源、质量分析器和检测器组成。测定时样品由载气（氩气）引入雾化系统进行雾化后，以气溶胶形式进入等离子体中心区，在高温和惰性气体中被去溶胶化、气化解离和电离，转化成带正电荷的正离子，经离子采集系统进入质谱仪，质谱仪根据离子的m/z进行分离，根据元素质谱峰强度测定样品中相应元素的含量。

由于仪器在精密度、灵敏度、多元素同时分析能力、抗干扰能力、自动化等方面具有明显优势，因此ICP-MS特别适用于痕量及超痕量金属元素方面的分析，这使得ICP-MS在环境分析中应用越来越广，如地质样品和土壤中稀土元素和贵金属元素的分析。

13.7 质谱分析在环境分析中的应用

质谱分析方法具有超高灵敏度、检测限低、样品量少、分析速率快的特点。色谱—质谱联用技术凭借着色谱仪出色的分离本领和质谱仪的高灵敏度及定性能力，在环境有机污染物的分析中占有极为重要的地位，成为痕量有机物分析的有力工具，被广泛用于测定大气、降水、土壤、水体及其沉积物或污泥、工业废水及废气中的农药残留物、多环芳烃、卤代烷以及其他有机污染物和致癌物。电感耦合等离子体质谱法则在土壤样品中多种金属元素的分析方面发挥着越来越重要的作用。近两年色谱-质谱联用技术还被应用于空气中痕量酚类化合物和硝基苯类化合物等物质的分析，为环境分析开辟了一条新的途径。

13.7.1 气相色谱—质谱法测定水中多氯联苯（PCBs）

多氯联苯（PCBs）是一类非极性半挥发性的有机化合物包括 10 类共 209 种同系物。有良好的化学惰性，抗热性、疏水性和脂溶性极强等特点，广泛用于绝缘物质等，同时也是最持久的环境污染物之一。PCBs 能溶于富含脂肪的动物组织和器官，并可能引发癌症。水质一旦受到 PCBs 的污染，将严重危害到人体健康。准确监控水中的 PCBs 具有重要的意义。近年来，用气相色谱—质谱法（GC-MS）分析水中的 PCBs 的报道日渐增加，此方法具有良好的灵敏度和选择性，适用于批量水的分析。

（1）试剂

①PCBs 标准品；②正己烷和丙酮均为农残级；③NaCl 和无水 Na_2SO_4 均为优级纯（分别在 450℃马弗炉中烘烤 4 h，冷却后装入磨口塞玻璃瓶内，置于干燥器中备用）。

（2）仪器

①气相色谱—质谱联用仪；②旋转蒸发仪；③氮吹浓缩仪。

（3）样品保存

采集的地表水或地下水样应尽快分析，如不能及时分析，可贮于－4℃冰箱中，不能放置太久。

（4）样品制备

量取 1 000 mL 水样，置于盛有 30 g NaCl 的 1 000 mL 分液漏斗中，用 10 mL 丙酮分 3 次润洗样品瓶的内壁，丙酮润洗液倒入分液漏斗中，加入 10 μL 的 1.0 μg/mL 替代物（PCB103 PCB204 的混合溶液）于同一分液漏斗中，再加入 50 mL 正己烷，振摇 5 min 进行萃取。取下分液漏斗静置 10～30 min（静置时间视两相分开情况而定），将正己烷层转入 250 mL 平底烧瓶中，再向水相中加入 25 mL 正己烷进行第 2 次、第 3 次萃取，步骤同上，合并 3 次有机相，再向有机相中加入 5 g 无水 Na_2SO_4，稍稍振动放置 30 min 后过滤除去有机相中的水分，选择 35℃恒温水浴上旋转蒸发浓缩，当提取液剩至 5～10 mL 时将正己烷全部转移至 K-D 浓缩瓶中，氮气浓缩并用正己烷定容至 1 mL，进行 GC-MS 分析。

（5）气相色谱—质谱分析条件

VF-5MS 毛细管色谱柱（30 m×0.25 mm×0.25 m），进样口温度 260 ℃；柱温 110 ℃（保持 3 min），以 20℃/min 升至 230℃（保持 1 min），再以 2℃/min 升至 250℃（保持 1 min），最后以 20℃/min 升至 290℃（保持 5 min）；载气（氦气，纯度为 99.999%）流速为 1.0 mL/min；分流比 20∶1；进样量 1 μL。

质谱：电子轰击（EI）离子源，电离能量 70 eV；离子源温度 220℃；传输线温度 280℃；扫描范围为 45～650 amu/s；溶剂延迟时间为 9 min。

（6）说明

对空白水样进行加标回收试验。低浓度 PCBs 的 RSD 为 3.5%～9.7%，加标回收率为 88.5%～104.0%；高浓度 PCBs 的 RSD 为 2.6%～8.3%，加标回收率为 90.3%～102.0%。方法前处理抗干扰能力强，对近 200 个不同类型的水样测试检验，本方法非常适用于批量水样中多氯联苯的测定。

13.7.2 毛细管柱气相色谱—质谱法测定水中有机氯农药

有机氯农药在世界农业生产中长期担当防治害虫的主角。研究表明，有机氯杀虫剂虽然毒性较低，但在环境中的残留期比较长，较难降解，大多数品种均已停止生产使用。有机氯农药的大量施用不仅对农作物造成直接污染，而且会残留在土壤和水体中，通过食物链富集，进入人体而危害人类健康。本方法采用气相色谱—质谱联用技术（GC-MS）测定水中六六六、DDT 和环氧七氯，用质量检测器选择离子监测（SIM）模式，有效排除了杂质干扰，提高了检测灵敏度和准确度。

（1）试剂

①100 mg/L α-六六六、β-六六六、γ-六六六、δ-六六六、p,p'-DDE、p,p'-DDD、o,p'-DDT、p,p'-DDT 标准溶液，介质为石油醚，用时稀释成 10 mg/L 标准工作液，贮于 4 ℃冰箱避光保存；②1 000 mg/L 外-环氧七氯、内-环氧七氯标准溶液，介质为甲醇；③内标菲-d_{10}（纯度为 99%）；④甲醇、丙酮、二氯甲烷，色谱纯；⑤内标使用液：精确称取适量内标标准品，用甲醇配制成 20.0 mg/L 标准溶液。

（2）仪器

①气相色谱—质谱联用仪；②EI 离子源；③固相萃取装置；④氮气浓缩装置。

（3）气相色谱—质谱分析条件

进样口温度 270 ℃；柱温 80 ℃（保持 1 min），以 20℃/min 升至 230℃（保持 7 min；传输线温 280℃；四极杆温度 150℃；离子源 70 eV；温度 230℃；载气为高纯 He，柱内流量采用恒流控制为 1.0 mL/min；进样方式为无分流进样，0.8 min 后开启分流阀，分流比 20∶1；溶剂延迟时间 6 min；进样体积 1.0 μL。

（4）样品处理

活化萃取柱后，取水样 1～2 L 上样，加样结束后，用 10 mL 纯水洗涤小柱，抽真空 30 min 或通入高纯 N_2 除去小柱中的水分。洗脱后，在氮气浓缩仪上浓缩至 1 mL，加入内标菲-d_{10} 10.0 μL 待测。

（5）说明

采用本方法测定水中有机氯农药，定性、定量准确，干扰小，测定灵敏度高，经试验证明能满足水质监测的要求。

13.7.3 气相色谱—质谱法测定水中有机锡化合物

有机锡广泛用于聚氯乙烯（PVC）稳定剂、工业催化剂、杀虫剂、木材保存防腐剂及船泊防污涂料等，水体易受到船舶防污涂料中有机锡的污染。有机锡具有脂溶性，易进入生物体，在生物体内富集能够引起雌性软体动物变性、哺乳动物生殖毒性，对人体神经系统、胆管肝脏、皮肤和内分泌系统均有毒害和影响。因此，高选择性、高灵敏度和低检出限的分析方法是对有机锡污染状况、环境行为、生态毒理等问题研究的基础。对样品用不同前处理方法处理后，用气相色谱—质谱法联用方法可以同时测出6种不同有机锡。

(1) 试剂

①一丁基三氯化锡、二丁基二氯化锡、三丁基一氯化锡、三甲基一氯化锡、一苯基三氯化锡、三苯基一氯化锡皆为优级纯；②四乙基硼化钠、无水醋酸钠为分析纯；③冰醋酸、甲醇为色谱纯；④实验用水为超纯水。

(2) 仪器

①气相色谱—质谱联用仪；②振荡水浴器；③棕色硅烷化反应瓶；④酸度计。

(3) 分析步骤

标准溶液配制 标准溶液1 000 mg/L标准贮备液，棕色硅烷化反应瓶盛装，冰箱中一20℃黑暗保存，贮备液可使用1年，100 mg/L混合标准中间溶液每周配制。2%四乙基硼化钠（$NaBEt_4$）溶液用去离子水当天配制，2%NaDDTC溶液，用去离子水当天配制。醋酸-醋酸钠缓冲溶液（pH=4.75）。

样品制备 样品采回后避光保存，取出后立即分析测定。取标准工作溶液于棕色反应瓶中，加入缓冲溶液和四乙基硼化钠溶液进行衍生化反应，正己烷萃取，取上层有机相GC-MS分析。取1 000 mL样品水，加入盐酸、NaDDTC溶液，用200 mL二氯甲烷分两次萃取，合并有机相，28℃真空旋转蒸发至约1 mL，加入10 mL甲醇，继续旋转蒸发至无溶剂蒸出为止，将剩余溶液转移至棕色反应瓶中，按工作溶液分析方法处理。

分析条件 色谱柱：DB-5MS色谱柱（30 m×0.25 mm×0.25 μm)；进样口温度280℃；采用不分流进样，延迟1 min，进样量1 μL；进样口压力为12.7 psi；总气体流速64 mL/min；载气为氦气，流速1.0 mL/min；程序升温40℃，停留1 min，以5℃/min升至185℃，停留1 min，然后再以10℃/min升至280℃，停留5 min；MSD传输线温度280℃，离子源温度250℃；溶剂延迟时间4 min。EI源，电子轰击能量70 eV，电子倍增管电压1 776 V，SIM选择离子模式。

(4) 结果分析

水体中有机锡污染主要来源于船舶防污涂料中的三烃基锡和三苯基锡，三烃基锡结构不稳定，在海水中易分解，二烃基锡为分解中间产物，在水体中较三烃基锡更不稳定，三烃基锡和二烃基锡监测数据随机性较大，一烃基锡为分解终产物，结构相对稳定，所以一烃基锡在水体中的含量高于三烃基锡和二烃基锡。

(5) 注意事项

实验中避免使用塑料器皿，所有玻璃仪器，使用前必须洗净，10% HNO_3 浸泡2 h，热水洗净，再分别用蒸馏水、去离子水冲洗干净，烘干或自然晾干。

13.7.4 气相色谱—质谱法测定水中挥发性有机物（VOCs）

城市自来水来源有地下水、地表水，由于工业化城市排放污水中各种污染物会通过土壤渗透到地下，污染地下水源或直接进入到地表水系中，污染水环境，因而不可避免的会将这些污染物带入到人们日常饮用水中。饮用水中VOCs，特别是其中的低分子卤代烃和苯系物均已列入许多国家的环境优先监测污染物之列，并且根据不同污染物的生物毒性和其他性质制定出相应的环境标准。本方法适用于生活饮用水、水源地表水和地下水中的挥发性有机化合物。由于 VOCs 的沸点低、挥发性高，而且水中的 VOCs 含量一般都较低，因此需要合适的富集浓缩，目前各国通用的方法是吹扫捕集和直接顶空进样技术。我国国标《生活饮用水标准检验方法—有机物指标》(GB/T 5750.8—2006)，采用的吹扫捕集技术，下面介绍的方法为直接顶空进样技术。

(1) 试剂

①NaCl 优级纯（在 350℃下加热 6 h，除去吸附表面的有机物，冷却后保存在干净的试剂瓶中）；②挥发性有机化合物分析用标准溶液（23 种 VOCs，各化合物浓度为 1 000 mg/L，用甲醇作溶剂）；③水质分析用标准溶液（4-溴氟代苯，1 000 mg/L，甲醇为溶剂）。

(2) 仪器

①气相色谱-质谱联用仪；②顶空进样器。

(3) 分析步骤

样品分析 打开自来水开关 10 min 后，采集约 500 mL 自来水，充满玻璃瓶，封好保存。称取 3 g NaCl 放入到 30 mL 顶空样品瓶中，缓慢注入 10 mL 自来水货瓶装饮用水，加入 5 μL 浓度为 100 mg/L 的内标溶液，盖上硅橡胶垫和铝盖，封好后放入顶空进样器中待测。

外标溶液 将原始标准溶液用甲醇稀释为 10 mg/L 及 100 mg/L 的溶液，与样品分析相同，顶空瓶中放入 3 g NaCl，加入 10 mL 去离子水，之后分别加入 5 μL 和 10 μL 的 10 mg/L 溶液及5 μL 和 10 μL 的 100 mg/L 溶液，各瓶同时加入 5 μL 浓度为 100 mg/L 的内标溶液，加盖封好，放入顶空进样器中待测分析。得到的外标溶液浓度分别为 5、10、50、100 mg/L，内标浓度为 100 mg/L。

分析条件 顶空样品瓶加热温度为 60℃，加热平衡时间为 30 min。

色谱柱：DB624 石英毛细管柱 60 m×i. d. 0. 32 mm

色谱条件：柱温 50℃（保持 2 min），以 7℃/min 升至 120℃，再以 12℃/min 升至 200℃（保持 5 min）。

进样口温度 250℃，接口温度 230℃，分流进样。

飞流比为 1∶10。

定性分析：全扫描方式，检测器电压 1.8 kV。

定量分析：选择离子检测，检测器电压 1.8 kV。

(4) 结果分析

本测定方法除了有很好的线性定量校正曲线外，重现性和准确度都很高，能够得到可靠的分析数据。

13.7.5 电感耦合等离子体质谱法测定水中的金属元素

本方法适用于生活饮用水及其水源中的多种金属元素的测定。

(1) 原理

电感耦合等离子体质谱仪（ICP-MS）由离子源和质谱仪两个主要部分组成。样品溶液经雾化由载气送入ICP炬焰中，经过蒸发、解离、原子化和离子化等过程，转化为带正电的离子，经离子采集系统进入质谱仪，质谱仪根据质荷比进行分离。对于一定的质荷比，质谱的信号强度与进入质谱仪的离子数成正比，即样品浓度与质谱信号强度成正比。通过测量质谱的信号强度来测定试样溶液的元素浓度。

（2）试剂

除特别说明外，均使用优级纯试剂，水为《分析实验室用水规格和试验方法》（GB/T 6682—2008）规定的一级水。

①HNO_3（ρ=1.42 g/mL，65%）；②HNO_3（1+99）溶液；③过氧化氢（UPS级，30%）；④金属元素标准贮备液（100 mg/L）；⑤混合标准使用液（100.0 μg/L）；⑥内标溶液；⑦仪器调试溶液（用HNO_3溶液配制成浓度为含有^{7}Li、^{59}Co、^{115}In、^{208}Pb、^{238}U或其他金属元素1 μg/L的溶液；⑧用于调谐ICP-MS操作条件）；⑨氩气（使用高纯氩气（>99.999%）或液氩）。

（3）仪器

①ICP-MS（X-7，美国热电）；②可调式控温电热板；③聚四氟乙烯杯；④Millipore纯水器；⑤10 mL聚乙烯塑料管；⑥分析天平（感量0.1 mg）。

（4）分析步骤

仪器操作 ICP-MS样品提升量1.0 mL/min，雾化器冷却温度3 ℃，氩气压力0.6 MPa，其他主要参数设置见表13-3。

表13-3 ICP-MS主要参数

项 目	参 数	项 目	参 数
Forward power（振荡功率）	1 050.00	Analogue detector（模拟电压）	2 157
Cool（冷却气）	13.02	PC detector（脉冲电压）	3 843
Nebuliser（雾化气）	0.78	Focus（聚焦）	19.60
Auxiliary（辅助气）	0.75	Horizontal（水平位置）	3.00
Pole bias（四极电压）	−5.00	Hexapole bias（六极电压）	−6.00
Sampling depth（取样深度）	30.00	Vertical（垂直位置）	311.00

标准系列制备 根据要测定水样中的金属元素，制备一系列的标准溶液。

测定 在调谐仪器达到测定要求后，编辑测定方法及选择各待测元素同位素，在线引入内标溶液，观测内标灵敏度，使仪器产生的信号强度为200 000～500 000 CPS。测定P/A因子（脉冲、模拟转换系数），符合要求后，将试剂空白、标准系列、样品溶液依次进行测定。

（5）结果计算

以样品管中各元素的信号强度CPS，从标准曲线或回归方程中查得样品管中各元素的质量浓度（mg/L或μg/L）。

（6）注意事项

① 在重复性条件下获得的两次独立测定结果的绝对差值，不超过算术平均值的20%。

② 因汞易沉积，所以汞的浓度应尽量低。

③ 若仪器被污染，应用含金的溶液清洗。

13.7.6 电感耦合等离子体质谱法测定土壤中的Cd、Pb、Cu、Zn、Fe、Mn、Ni、Mo、As和Cr

土壤中元素测定以往常用分析手段有X射线、荧光光谱法、中子活化法、二次激光探针质谱法、电感耦合等离子体光谱、原子吸收以及分光光度法等。用原子吸收分光光度计或原子荧光分光光度仪能逐个检测浸提液中Cd、Pb、Cu、Zn、Fe、Mn、Ni、Mo、As、Cr10种元素，但是每个元素需应用不同的仪器和方法进行逐个分析，耗时长、操作烦琐。因此，开发一种高效、快速分析土壤中重金属的方法对全国土壤分析具有重要意义。电感耦合等离子体质谱（ICP/MS）法具有高灵敏度、低检出限、宽动态线性范围及多种元素可同时分析等传统分析仪器不可比拟的优势，已广泛应用各个领域。

（1）试剂

①Cd、Pb、Cu、Zn、Fe、Mn、Ni、Mo、As和Cr混合标准溶液（100 mg/L）；②内标溶液（1 000 mg/L）；HNO_3 和HCl均为优级纯；③$K_2Cr_2O_7$ 和NaCl均为基准试剂；④所有标准溶液配制过程使用的超纯水均为Millipore纯水器制备的去离子水。

（2）仪器

①电感耦合等离子体质谱仪（ICP-MS）；②多功能调速多用振荡器；③Millipore纯水器、低速自动平衡离心机。

（3）仪器及工作条件

用1 μg/L $^{7}Li/^{59}Co/^{115}In/^{238}U$ 调谐液（仪器自带）优化ICP-MS仪参数，使其灵敏度达到分析要求。主要参数：等离子体发射功率1 200 W，载气流速0.70 L/min、雾化气流速0.85 L/min，冷却气流速0.85 L/min，雾化室温度2℃。高纯液氩为载气。

（4）分析步骤

样品制备及处理 将样品自然风干、磨细、过2 mm筛、混合、分装、制成待分析样品。准确称取试样100～200 mg置于消化罐中，加入少量水润湿，加入5 mL浓 HNO_3，加盖，预消解过夜；加入5 mL HNO_3（13＋7）溶液和2 mL 30% H_2O_2 至微波消解器中消解。将消解液转移至50 mL容量瓶中，加水定容，经0.25 μm微膜过滤后测定。同时做空白试验。

测定 在调谐仪器达到测定要求后，编辑测定方法及选择各待测元素同位素，在线引入内标溶液，观测内标灵敏度，使仪器产生的信号强度为 2×10^5～5×10^5 CPS。测定P/A因子（脉冲、模拟转换系数），符合要求后，将试剂空白、标准系列、样品溶液依次进行测定。

（5）结果计算

以样品管中各元素的信号强度CPS，从标准曲线或回归方程中查得样品管中各元素的质量浓度（mg/L或μg/L）。

（6）说明

相对标准偏差为0.02%～1.21%，准确度和精密度良好。

思考题

1. 简述质谱分析仪器主要组成部分的作用及原理。

2. 主要的离子源有哪几种？最常用的是哪一种？

3. 比较场致电离源和场解析电离源的特点。

4. 简述四极杆分析器的工作原理。

5. 双聚焦质量分析器为什么能提高仪器的分辨率？

6. 飞行时间质量分析器有什么特点？

7. 在电子轰击离子源中有机化合物可能会产生哪些类型的离子？从这些离子的质谱峰中可以得到一些什么信息？

8. 利用质谱信息如何确定化合物的相对分子质量和分子式？

9. 怎样实现气相色谱—质谱联用？

10. 电感耦合等离子体质谱仪一般由哪几部分组成？

11. 有一化合物其分子离子的 m/z 分别为 120，其碎片离子的 m/z 为 105，问其亚稳离子的 m/z 是多少？

12. 某一未知物的质谱图如图所示，m/z 为 93、95 的谱线强度接近，m/z 为 79、81 峰也类似，而 m/z 为 49、51 的峰强度之比为 3∶1。试推测其结构。

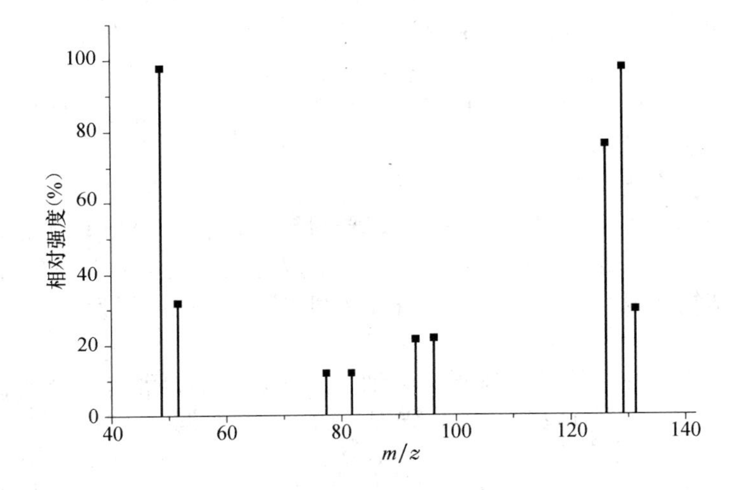

参考文献

阎吉昌，徐书绅，张兰英. 2002. 环境分析［M］. 北京：化学工业出版社.

黄杉生. 2008. 分析化学［M］. 北京：科学出版社.

邓重. 2009. 现代环境测试技术［M］. 北京：化学工业出版社.

Leo M L Nollet. 2005. 水分析手册［M］. 袁洪福，褚小立，王艳斌，等译. 北京：中国石化出版社.

祝学禹，郝玲，李利军，等. 1990. 石英毛细管柱测定水中挥发性氯代烃［J］. 环境污染与防治，3：42-45.

王永华，陶澍，李新云，等. 1997. 两次相平衡/气相色谱法测定水中挥发性氯代烃［J］. 环境化学，1：68-72.

刘清辉，曹放，马军，等. 2010. 气相色谱—质谱法测定水中 8 种多氯联苯［J］. 岩矿测试，29（5）：523-526

杨丽莉，母应锋，胡恩宇，等. 2008. 固相萃取—GC/MS 法测定水中有机氯农药［J］. 环境监测管理与技术，20（1）：25-28.

季海冰，潘荷芳，李震宇，等．2008．电感耦合等离子体质谱法测定土壤中重金属有效态浓度［J］．环境污染与防治，30（2）：60-66

齐剑英，李祥平，陈永亨，等．2008．动态反应电池—电感耦合等离子体质谱法测定土壤中重金属元素［J］．分析试验室，27（5）：30-33.

崔连艳，刘绍从，吕刚．2008．固相微萃取—气质联用测定海河水中痕量有机锡［J］．化学试剂，30（1）：23-25.

袁玲玲，牛增元，叶曦雯，等．2008．GC—MS 法测定青岛海滨海水中的有机锡［J］．海洋湖沼通报，30（1）：62-68.

中国人民共和国国家质量监督检验检疫总局，中国国家标准化管理委员会．2009．GB/T 8538—2008 饮用天然矿泉水检验方法［S］．北京：中国标准出版社.

中华人民共和国卫生部，中国国家标准化管理委员会．2007．GB/T 5750.1～13—2006．生活饮用水标准检验方法［S］．北京：中国标准出版社.

中华人民共和国环境保护部．2011．HJ 620—2011 水质 挥发性卤代烃的测定 顶空气相色谱法［S］．北京：中国环境科学出版社.

附

元素周期表

原子序数 —— 92 U —— 元素符号，红色指放射性元素

元素名称注*的是人造元素 —— 铀

$5f^36d^17s^2$ —— 外围电子层排布，括号指可能的电子层排布

238.0 —— 相对原子质量

非金属　金属　过渡元素

族 周期	ⅠA	ⅡA	ⅢB	ⅣB	ⅤB	ⅥB	ⅦB	Ⅷ			ⅠB	ⅡB	ⅢA	ⅣA	ⅤA	ⅥA	ⅦA	0	电子层	0族电子数
1	1 H 氢 $1s^1$ 1.008																	2 He 氦 $1s^2$ 4.003	K	2
2	3 Li 锂 $2s^1$ 6.941	4 Be 铍 $2s^2$ 9.012											5 B 硼 $2s^22p^1$ 10.81	6 C 碳 $2s^22p^2$ 12.01	7 N 氮 $2s^22p^3$ 14.01	8 O 氧 $2s^22p^4$ 16.00	9 F 氟 $2s^22p^5$ 19.00	10 Ne 氖 $2s^22p^6$ 20.18	L K	8 2
3	11 Na 钠 $3s^1$ 22.99	12 Mg 镁 $3s^2$ 24.31											13 Al 铝 $3s^23p$ 26.98	14 Si 硅 $3s^23p^2$ 28.09	15 P 磷 $3s^23p^3$ 30.97	16 S 硫 $3s^23p^4$ 32.07	17 Cl 氯 $3s^23p^5$ 35.45	18 Ar 氩 $3s^23p^6$ 39.95	M L K	8 8 2
4	19 K 钾 $4s^1$ 39.10	20 Ga 钙 $4s^2$ 40.08	21 Se 钪 $3d^14s^2$ 44.96	22 Ti 钛 $3d^24s^2$ 47.87	23 V 钒 $3d^34s^2$ 50.94	24 Cr 铬 $3d^54s^1$ 52.00	25 Mn 锰 $3d^54s^2$ 54.94	26 Fe 铁 $3d^64s^2$ 55.85	27 Co 钴 $3d^74s^2$ 58.93	28 Ni 镍 $3d^84s^2$ 58.69	29 Cu 铜 $3d^{10}4s^1$ 63.55	30 Zn 锌 $3d^{10}4s^2$ 65.39	31 Ga 镓 $4s^24p^1$ 69.72	32 Ge 锗 $4s^24p^2$ 72.61	33 As 砷 $4s^24p^3$ 74.92	34 Se 硒 $4s^24p^4$ 78.96	35 Br 溴 $4s^24p^5$ 79.90	36 Kr 氪 $4s^24p^6$ 83.80	N M L K	8 18 8 2
5	37 Rb 铷 $5s^1$ 85.47	38 Sr 锶 $5s^2$ 87.62	39 Y 钇 $4d^15s^2$ 88.91	40 Zr 锆 $4d^25s^2$ 91.22	41 Nb 铌 $4d\ 5s^1$ 92.91	42 Mo 钼 $4d^55s^1$ 95.94	43 Tc 锝 $4d^55s^2$ [99]	44 Ru 钌 $4d^75s^1$ 101.1	45 Rh 铑 $4d^85s^1$ 102.9	46 Pd 钯 $4d^{10}$ 106.4	47 Ag 银 $4d^{10}5s^1$ 107.9	48 Cd 镉 $4d^{10}5s^2$ 112.4	49 In 铟 $5s^25p^1$ 114.8	50 Sn 锡 $5s^25p^2$ 118.7	51 Sb 锑 $5s^25p^3$ 121.8	52 Te 碲 $5s^25p^4$ 127.6	53 I 碘 $5s^25p^5$ 126.9	54 Xe 氙 $5s^25p^6$ 131.3	O N M L K	8 18 18 8 2
6	55 Cs 铯 $6s^1$ 132.9	56 Ba 钡 $6s^2$ 137.3	57-71 La-Lu 镧系	72 Hf 铪 $5d^26s^2$ 178.5	73 Ta 钽 $5d^36s^2$ 180.9	74 W 钨 $5d^46s^2$ 183.8	75 Re 铼 $5d^56s^2$ 186.2	76 Os 锇 $5d^66s^2$ 190.2	77 Ir 铱 $5d^76s^2$ 192.2	78 Pt 铂 $5d^96s^1$ 195.1	79 Au 金 $5d^{10}6s^1$ 197.0	80 Hg 汞 $5d^{10}6s^2$ 200.6	81 Tl 铊 $6s^26p^1$ 204.4	82 Pb 铅 $6s^26p^2$ 207.2	83 Bi 铋 $6s^26p^3$ 209.0	84 Po 钋 $6s^26p^4$ [209]	85 At 砹 $6s^26p^5$ [210]	86 Rn 氡 $6s^26p^6$ [222]	P O N M L K	8 18 32 18 8 2
7	87 Fr 钫 $7s^1$ [223]	88 Ra 镭 $7s^2$ 226.0	89-103 Ac-Lr 锕系	104 Rf 𬬻* $(6d^27s^2)$ [261]	105 Ha 𬭊* $(6d^37s^2)$ [262]	106 𬭳* $(6d^47s^2)$ [263]	107 𬭛* $(6d^57s^2)$ [262]	108 𬭶* $(6d^67s^2)$ [265]	109 鿏* $(6d^77s^2)$ [266]											

镧系	57 La 镧 $5d^16s^2$ 138.9	58 Ce 铈 $4f^15d^16s^2$ 140.1	59 Pr 镨 $4f^36s^2$ 140.9	60 Nd 钕 $4f^46s^2$ 144.2	61 Pm 钷 $4f^56s^2$ [147]	62 Sm 钐 $4f^66s^2$ 150.4	63 Eu 铕 $4f^76s^2$ 152.0	64 Gd 钆 $4f^75d^16s^2$ 157.3	65 Tb 铽 $4f^96s^2$ 158.9	66 Dy 镝 $4f^{10}6s^2$ 162.5	67 Ho 钬 $4f^{11}6s^2$ 164.9	68 Er 铒 $4f^{12}6s^2$ 167.3	69 Tm 铥 $4f^{13}6s^2$ 168.9	70 Yb 镱 $4f^{14}6s^2$ 173.0	71 Lu 镥 $4f^{14}5d^16s^2$ 175.0
锕系	89 Ac 锕 $6d^17s^2$ 227.0	90 Th 钍 $6d^27s^2$ 232.0	91 Pa 镤 $5f^26d^17s^2$ 231.0	92 U 铀 $5f^36d^17s^2$ 238.0	93 Np 镎 $5f^46d^17s^2$ 237.0	94 Pu 钚 $5f^67s^2$ [244]	95 Am 镅* $5f^77s^2$ [243]	96 Cm 锔* $5f^76d^17s^2$ [247]	97 Bk 锫* $5f^97s^2$ [247]	98 Cf 锎* $5f^{10}7s^2$ [251]	99 Es 锿* $5f^{11}7s^2$ [252]	100 Fm 镄* $5f^{12}7s^2$ [257]	101 Md 钔* $(5f^{13}7s^2)$ [258]	102 No 锘* $(5f^{14}7s^2)$ [259]	103 Lr 铹* $(5f^{14}6d^17s^2)$ [260]

注：

1.相对原子质量录自1995年国际原子量表，并全部取4位有效数字。

2.相对原子质量加括号的为放射性元素的半衰期最长的同位素的质量数。